解构 Domain–Driven Design Explained

领域驱动设计

张逸◎著

人民邮电出版社

北京

图书在版编目（CIP）数据

解构领域驱动设计 / 张逸著. -- 北京 ：人民邮电
出版社，2021.9
ISBN 978-7-115-56623-2

Ⅰ. ①解… Ⅱ. ①张… Ⅲ. ①软件设计 Ⅳ.
①TP311.1

中国版本图书馆CIP数据核字(2021)第103973号

内 容 提 要

本书全面阐释了领域驱动设计（domain-driven design，DDD）的知识体系，内容覆盖领域驱动设计的主要模式与主流方法，并在此基础上提出"领域驱动设计统一过程"（domain-driven design unified process，DDDUP），将整个软件构建过程划分为全局分析、架构映射和领域建模 3 个阶段。除给出诸多案例来阐释领域驱动设计统一过程中的方法与模式之外，本书还通过一个真实而完整的案例全面展现了如何进行领域驱动设计统一过程的实施和落地。为了更好地运用领域驱动设计统一过程，本书还开创性地引入了业务服务、菱形对称架构、领域驱动架构、服务驱动设计等方法与模式，总结了领域驱动设计能力评估模型与参考过程模型。本书提出的一整套方法体系已在多个项目中推广和落地。

本书适合希望领会软件架构本质、提高软件架构能力的软件架构师，希望提高领域建模能力、打磨软件设计能力的开发人员，希望掌握业务分析与建模方法的业务分析人员，希望学习领域驱动设计并将其运用到项目中的软件行业从业人员阅读参考。

◆ 著　　　　张　逸
　　责任编辑　刘雅思
　　责任印制　王　郁　焦志炜
◆ 人民邮电出版社出版发行　　北京市丰台区成寿寺路 11 号
　　邮编　100164　　电子邮件　315@ptpress.com.cn
　　网址　https://www.ptpress.com.cn
　　北京七彩京通数码快印有限公司印刷
◆ 开本：800×1000　1/16
　　印张：37.5　　　　　　　　2021 年 9 月第 1 版
　　字数：875 千字　　　　　　2024 年 12 月北京第 12 次印刷

定价：149.90 元

读者服务热线：(010)81055410　印装质量热线：(010)81055316
反盗版热线：(010)81055315
广告经营许可证：京东市监广登字 20170147 号

谨以本书献给我的妻子漆茜，以及我们的孩子张子瞻。同时，也献给生我养我的父母！

序　一

——周吉鑫[①]

本书的读者是幸运的！我运用领域驱动设计磕磕绊绊十余年，读过本书的内容之后，深感它是一本可与《领域驱动设计》和《实现领域驱动设计》互补的书，它在领域驱动设计落地方面尤其出色。

2007年，我阅读了Eric Evans的《领域驱动设计》。2014年，我又阅读了由Eric Evans作序、Vaughn Vernon编写的《实现领域驱动设计》，后来，我有幸认识了该书的审校者张逸老师，和张逸老师的沟通令我受益匪浅。虽然知道张逸老师在领域驱动设计方面功力颇深，但在拜读了张逸老师的这本书的初稿之后，我依然非常吃惊，觉得张逸老师真正做到了将领域驱动设计知识融会贯通。张逸老师在这本书中对限界上下文、聚合、领域服务概念进行了深刻阐述，并通过案例的运用让研发人员在使用这些概念时不再迷惑。他还在参透了六边形架构、整洁架构与分层架构的本质后，大胆突破，提出了精简的菱形对称架构，从架构角度让领域驱动设计更加容易理解和落地，并通过服务驱动设计，以任务分解的方式让测试驱动开发和领域驱动设计无缝结合，让设计可以推导验证，让开发人员可以自然而然写出不再"贫血"的代码。

本书不仅具备国内作者难得的宽阔视野和理论深度，而且有丰富的案例与实战经验总结，其中一些总结还细心地标明了出处，如关于过度设计和设计不足的权衡案例后面的总结："具有实证主义态度的设计理念是面对不可预测的变化时，应首先保证方案的简单性；当变化真正发生时，可以通过诸如提炼接口（extract interface）[6]341的重构手法，满足解析逻辑的扩展。"

本书中有很多这样的总结，因此阅读这本书相当于吸收了很多本书的精华。记得张逸老师曾向我推荐过Robert Martin的《架构整洁之道》，当时我告诉他那是我2019年读的最好的一本书，而今天，我要告诉他，他的这本书是我2020年读到的最好的一本书！

① 周吉鑫，京东资深业务架构师，2011年起至今在京东公司进行物流系统的建模、分析和设计工作，主要工作包括京东亚洲一号WMS、WMS3.0～WMS6.0系统、云仓、国际化物流系统、无人仓系统等的建模、分析和设计。

序　二

——高翔凯[①]

2019年的冬天，我从台湾赶往上海，为公司内的团队进行领域驱动设计（DDD）与事件风暴的培训，在完成了培训工作后马不停蹄地赶往北京，只为了与领域驱动设计社区的伙伴王威、张逸相聚。在2019年领域驱动设计中国峰会（2019 DDD China Conference）上，我们分享了领域驱动设计台湾社区对领域驱动设计的理解与实践方式。是日恰巧迎来了北京的初雪，趁着此情此景，一行人把酒言欢，正是"初雪纷飞夜访，奇闻经历共话，点拨思绪再整，把酒笑谈学涯"。

当时我们探讨了一个很重要的话题：很多人在学习领域驱动设计时，往往初探不得其窍门，而工作背景不同的人看待这一方法又往往仅侧重于一部分战略指导，或者只关注战略设计实践的代码层级，但不管侧重于哪一部分，都会让这种经典的指导协作与实现业务战略目标的软件工程方法略显失重，无法尽得其精要。

2003年，Eric Evans的著作《领域驱动设计》从欧洲席卷而来，乃至于全球的软件工作者都渴望从他提出的领域建模方法中得到帮助，但十多年来，Eric Evans本人经常被问到："有没有一种方法可以很好地指引我们进行业务建模？什么样的建模才是合理的，或者说可以一次就成其事达其标？"Eric Evans本人在很多公开场合都提过，其实这一切都依然需要依赖一些经验和持续积累的领域知识。对于这样需要由高度经验法则施行的领域驱动设计，一般的软件架构师、程序员以及相关的从业人员往往望而却步，个中原因便是始终少了一个系统性的指引，将业务流程梳理的产物对接到后续的程序开发中，实现从业务架构到系统架构的良好实践，使常见的业务与技术之间的隔阂降到最低。

对于这本书，我首先要向张逸老师表达感激之情，然后祝贺本书的读者！感激张逸老师花了多年时间梳理并融合了其在软件设计领域的实务经验，将战略推进到战术过程中佚失的部分，并通过领域驱动设计统一过程（DDDUP），使领域驱动设计方法更加完备。祝贺本书的读者在拿到本书时就几乎综览了过去20多年的软件开发历程所提到的诸多重要元素。本书结合大量实务案例来探讨为何需要战略指导、为何需要以固有的战术设计范式指导实践，并辅以领域驱动

① 高翔凯（Kim Kao），Amazon Web Services（AWS）资深解决方案架构师，领域驱动设计台湾社区共同发起人之一。他的专长是软件系统设计，并致力于无服务器服务推广，推动企业透过领域驱动设计与便捷的云端服务打造更适切的建构系统方案，解决实际的业务问题。

设计统一过程的指导原则，指引读者逐步落地。本书不单纯以领域驱动设计来讲老生常谈的方法，而更像一位坐在你身边的资深架构师，与你结对进行系统架构设计，一起探索软件架构设计的奥秘。

　　如果读者对软件工程有极大的热情，渴望更好地理解、实施领域驱动设计，解决复杂的业务问题，就千万别错过这本书。但我最真切地提醒读者，在购书之后务必阅读与身体力行兼具。行之才是学之。

序 三

——王立[①]

自2003年Eric Evans的著作《领域驱动设计》面世以来，领域驱动设计（DDD）相关的实践书籍并不多，整体的理论发展速度并不快，以至于很长一段时间，开发团队的实践过程总是磕磕绊绊，这让他们觉得领域驱动设计的门槛很高，甚至有人怀疑领域驱动设计是否是一种足够成熟与体系化的方法论。根据我个人的经验，我确实发现其中不少问题仍旧没有什么经典论著能完全覆盖与讨论。看过这本书的内容后，我的感受是：无论是理论还是实践，领域驱动设计知识体系确实都已经成熟了，与国内外的经典领域驱动设计著作相比，这本书包含了更多案例，覆盖了更多问题场景，回答了更多人们不常考虑的细节。本书作者不仅继承了各类经典著作的精华，更难得的是他能够在实践中深入细节进行推敲，批判与改良一些不成熟的理论，甚至有了自己的理论创新，例如，提出了菱形架构概念、对强一致事务与聚合的边界的一致性提出挑战……特别是，他还创造性地提出了领域驱动设计统一过程（DDDUP），很好地总结了完整的领域驱动设计知识体系。

有些读者可能不理解本书为什么这么厚。网络上有大量碎片式的领域驱动设计文章，一个案例只有几页，市场上也有不少领域驱动设计方面的培训，两天就能帮我们"搞定"领域驱动设计，领域驱动设计的知识体系似乎并没有我们想象的那么丰满。但事实上，这本书将告诉我们，领域驱动设计背后完整的知识体系并没有那么简单，我们需要掌握的是从业务到技术的整个技能栈。我们必须接受的事实是：领域驱动设计是有一定学习曲线的。所以，不要拒绝一本足够厚的书，这恰恰是其价值的体现。这本书的各个部分不是泛泛而谈，而是通过展开细节，层层推进，帮助读者建立扎实的理论基础，并通过大量翔实的案例，让读者能灵活运用理论知识。对于初学者，本书尽可能详尽地把问题展开、讲透；对于有一定经验的老手，本书也有更多有深度的细节思考和理论拓展。相信这本书会成为国内领域驱动设计技术书籍的一个标杆。

张逸先生是我国最早一批接触并实践领域驱动设计的先行者，经验极其丰富。本书不仅是他在该领域十多年实战经验的沉淀和升华，也是他多年教学经验的总结和提炼。他曾经为很多行业巨头提供过咨询服务，是国内在领域驱动设计方面影响力最大的布道者之一。看到张逸先生的书终

---

① 王立，微信支付12级专家工程师、技术领导者。他从2006年起开始研究领域驱动设计，曾经在阿里巴巴、神州数码、网宿科技等上市公司担任技术专家与技术经理，现在负责腾讯微信支付和智慧零售技术团队在领域建模、分析和设计方面的实践指导。

于要出版了，我感到非常高兴，我们太需要这样一本既有理论升华又如此接地气的大作了。

　　我熟读了几乎所有的领域驱动设计经典著作，但仍旧从张逸先生的书中获益良多。我认为本书的广度、深度与创新性已经可以与该领域的国际经典著作看齐，这也是国人的骄傲。本书的出版是领域驱动设计理论界的一个重要事件，是对软件行业在领域驱动设计方面的巨大贡献，必将降低整个行业掌握领域驱动设计的门槛，加速领域驱动设计的普及。能为这本书作序是我的荣幸，同为领域驱动设计布道者，我将向我的同行强烈推荐本书。这本书也是我本人将来开展工作的重要理论指导。

序 四

——于君泽（右军）[①]

领域驱动设计方面的书现在不是太多，而是太少。想必不少读者受过《领域驱动设计》和《实现领域驱动设计》两本书的启蒙。本书是我特别推荐的领域驱动设计方面的技术书，为何特别推荐，且听下文。

大约在2007年，我第一次读《领域驱动设计》一书时，如读天书，主要记住了类似实体、值对象、工厂、仓储等概念。近年来，随着微服务的流行，国内对领域驱动设计的研究和实践愈发多了起来。

我对领域驱动设计的态度是：相对于战术设计，应该更看重战略设计。数年前，我醉心于研究领域模型。领域是业务变化中接近不变性的部分，业务包括领域对象、业务逻辑和界面交互3个层次，其中领域对象是最稳定的。2015年我组织领域建模工作坊活动时，用的就是《分析模式：可复用的对象模型》一书中的一个需求场景。2016年我写了一篇文章，强调了问题域和解决方案域的区分。张逸兄在GitChat上的两个连载专栏历时两年，创作数十万字，内容之丰满，关键节点探讨之深刻，于我之所见，浩瀚领域专家，无出其右者。虽大家都各自奔忙，仅偶有线上问候或者面聊，但皆有受益。本书的成书过程尤其令人钦佩，张逸兄不是直接将专栏调整成书，而是重新组织架构，提炼出自己的方法体系，可以说是推陈出新，自成一家。

张逸兄敢言人之所未言。领域驱动设计有四大不足：领域驱动设计缺乏规范的统一过程，领域驱动设计缺乏与之匹配的需求管理体系，领域驱动设计缺乏规范化的、具有指导意义的架构体系，领域驱动设计的领域建模方法缺乏固化的指导方法。他创造性地提出领域驱动设计统一过程，虽然此方法有无调整空间，一定是要在不断实践中去检验的，但单就他的这份胆识和专业，足以让人钦佩。

如果说非要给本书提一点儿意见的话，我觉得本书有点儿厚了。我认为一本好书也要兼顾读者的情况，最好能达到让读者快速上手的学习效果。但张逸兄坚持让本书以集大成者的面貌出现，洋洋洒洒数十万字，力求让其成为一本值得珍藏的技术书。

凡学习，须循序渐进。我建议读者把面向对象的分析（object-oriented analysis，OOA）、面向

① 于君泽（右军），技术专家，《深入分布式缓存：从原理到实践》和《程序员的三门课：技术精进、架构修炼、管理探秘》联合作者。

对象的设计（object-oriented design，OOD）、统一建模语言（unified modeling language，UML）、模式等相关知识作为阅读本书的前序内容。《领域驱动设计》一书也特别提到了"复杂性"，有一定的软件从业经验的朋友对"复杂性"更感同身受。

每个人心中都有一个哈姆雷特，每一位读者都可以登临领域驱动设计的阁楼，从不同的角度或俯瞰、或仰望、或凝视。我之所得：于道，是对限界上下文特别有共鸣的部分，以及问题空间（域）与解空间（域）；于术，是作者提出的领域驱动设计的"三大纪律八项注意"，可作为团队执行作战任务的纪律规范。其中，"三大纪律"是实施领域驱动设计的准则：

- ❏ 领域专家与开发团队在一起工作；
- ❏ 领域模型必须遵循统一语言；
- ❏ 时刻坚守两重分析边界与四重设计边界。

信笔至此，兹为张兄推荐。本书精彩之处甚多，留待读者去发现。祝阅读愉快！

前　言

写下本书第一个字的具体时间已不可考。从文档创建的时间看，本书的写作至少可以追溯到2017年11月，屈指算来，三载光阴已逝。为了本书，我已算得上呕心沥血。回想这三年多时光，无论是在万米高空的飞行途中，还是在蔚蓝海边的旅行路上，抑或工作之余正襟危坐于书桌之前，我的心弦一刻不敢放松，时刻沉思体系的构建，纠结案例的选择，反复推敲文字的运用。我力求输出最好的内容，希望打造领域驱动设计技术书籍的经典！

我在ThoughtWorks的前同事滕云开我的玩笑："老人家，你写完这本书，也就功德圆满了！""老人家"是我在ThoughtWorks的诨名。我虽然对此称呼一直敬谢不敏，不过写作至今，我已心力交瘁，被称作"老人家"，也算"名副其实"了。至于是否"功德圆满"，就要交给读者诸君来品评了。

本书内容主要来自我在GitChat发布的课程"领域驱动设计实践"。该课程历经两年打造，完成于2020年1月21日。当时的我，颇有感慨地写下如此后记：

> 课程写作结束了。战略篇一共34章，约15.5万字；战术篇一共71章，约35.1万字。合计105章，50.6余万字，加上2篇访谈录、2篇开篇词与这篇可以称为"写后感"的后记，共110章。如此成果也足可慰藉我为之付出的两年多的艰辛时光！

我对"领域驱动设计实践"课程的内容还算满意，然而，随着我对领域驱动设计的理解的蜕变与升华，我的"野心"也在不断膨胀，我不仅希望讲清楚应该如何实践领域驱动设计，还企图对这套方法体系进行深层次的解构。这也是本书书名《解构领域驱动设计》的由来。

所谓"解构"，就是解析与重构：

❑ 解析，就是要做到知其然更知其所以然；
❑ 重构，则要做到青出于蓝而胜于蓝。

我钦佩并且尊敬Eric Evans对领域驱动设计革命性的创造，他对设计的洞见让我尊敬不已。尤其在彻底吃透限界上下文的本质之后，微服务又蔚然成风，我更加佩服他的远见卓识。然而，尊敬不是膜拜，佩服并非盲从，在实践领域驱动设计的过程中，我确实发现了这套方法体系天生的不足。于是，我在本书中提出了我的GitChat课程不曾涵盖的领域驱动设计统一过程（domain-driven design unified process，DDDUP），相当于我站在巨人Eric Evans的肩膀上，构建了自己的一套领域驱动设计知识体系。

　　领域驱动设计统一过程的提出，从根基上改变了本书的结构。我调整和梳理了本书的写作脉络，**让本书呈现出与"领域驱动设计实践"课程迥然有别的全新面貌**。本书不再满足于粗略地将内容划分为战略篇和战术篇，而是在领域驱动设计统一过程的指导下，将该过程的3个阶段——全局分析、架构映射和领域建模作为本书的3个核心篇，再辅以开篇和融合，共分为5篇（20章）和4个附录，全面而完整地表达了我对领域驱动设计的全部认知与最佳实践。在对内容做进一步精简后，本书仍然接近600页，算得上是软件技术类别的大部头了。

　　该如何阅读这样一本厚书呢？

　　若你时间足够充裕，又渴望彻底探索领域驱动设计的全貌，我建议还是按部就班、循序渐进地进行阅读。或许在阅读开篇的3章时，你会因为太多信息的一次性涌入而产生迷惑、困扰和不解，这只是因为我期望率先为读者呈现领域驱动设计的整体面貌。在获得领域驱动设计的全貌之后，哪怕你只是在脑海中存留了一个朦胧的轮廓，也足以开启自己对设计细节的理解和认识。

　　若你追求高效阅读，又渴望寻求领域驱动设计问题的答案，可以根据目录精准定位你最为关心的技术讲解。或许你会失望，甚至产生质疑，从目录中你获得了太多全新的概念，而这些概念从未见于任何一本领域驱动设计的图书，这是因为这些概念都是我针对领域驱动设计提出的改进与补充，是我解构全新领域驱动设计知识体系的得意之笔——要不然，一本技术图书怎么会写三年之久呢？

　　我将自鸣得意的开创性概念一一罗列于此。

- ❑ **业务服务。**业务服务是全局分析的基本业务单元，在统一语言的指导下完成对业务需求的抽象，既可帮助我们识别限界上下文，又可帮助开发团队开展领域分析建模、领域设计建模和领域实现建模。业务服务的粒度也是服务契约的粒度，由此拉近了需求分析与软件设计的距离，甚至可以说跨越了需求分析与软件设计的鸿沟。
- ❑ **菱形对称架构。**虽然菱形对称架构脱胎于六边形架构与整洁架构，但它更为简洁，与限界上下文的搭配可谓珠联璧合，既保证了限界上下文作为基本架构单元的自治性，又融入了上下文映射的通信模式，极大地丰富了设计要素的角色构造型。
- ❑ **服务驱动设计。**服务驱动设计采用过程式的设计思维，却又遵循面向对象的职责分配，能在提高设计质量的同时降低开发团队的设计门槛，完成从领域分析模型到领域实现模型的无缝转换，并可作为测试驱动开发的前奏，让领域逻辑的实现变得更加稳健而高效。

　　以上概念皆为领域驱动设计统一过程的设计元素，又都能与领域驱动设计的固有模式有机融合。对软件复杂度成因的剖析，对价值需求和业务需求的划分，在领域驱动设计统一过程基础上建立的能力评估模型与参考过程模型，提出的诸多新概念、新方法、新模式、新体系，虽说都出自我的一孔之见，但也确乎来自我的一线实践和总结，我自觉其可圈可点。至于内容的优劣，还是交给读者评判吧。

　　若读者在阅读本书时有任何意见与反馈，可关注我的微信公众号"逸言"与我取得联系，我也会在公众号上发布后续我对领域驱动设计体系的更多探索与思考，也欢迎读者加入我的知识星球

"NoDDD"，与我共同探讨软件技术的二三事。

照例给出致谢！

感谢GitChat创始人谢工女士，没有她的支持与鼓励，就不会有"领域驱动设计实践"课程的诞生，自然也就不会让我下定决心撰写本书。感谢人民邮电出版社异步图书的杨海玲女士，她没有因为错过最好的出版时机而催促我尽快交稿，她的宽容与耐心使我有足够充裕的时间精心打磨本书的内容。感谢本书的责任编辑刘雅思以及异步图书的其他素未谋面的幕后工作者，是他们认真严谨地保障了本书顺利走完"最后一公里"，抵达终点。感谢京东周吉鑫、AWS高翊凯（Kim Kao）、腾讯王立与技术专家于君泽（花名"右军"）诸兄的抬爱，他们不仅拨冗为我的著作作序，也给了我许多好的建议与指点，提升了本书的整体质量。感谢老东家ThoughtWorks的徐昊、王威、肖然、滕云、杨云等同事，他们曾经是我同一战壕的战友，在写书过程中，我也得到了他们的鼎力相助。感谢阿里的彭佳斌（花名"言武"）、自主创业人张闯、中航信杨成科、工商银行劳永安，四位兄台作为试读本书的第一批读者，花费了大量时间认真阅读了我的初稿，提出了非常宝贵的反馈意见，帮助我订正了不少错误。感谢我的领域驱动设计技术交流群的近1600名群友，他们的耐心等待以及坚持不懈的督促，使我能够坚持写完本书。

之所以"三年磨一剑"，是希望通过我的努力让本书的质量对得起读者！可是，对得起读者的同时，我却对不起我生命中最重要的两个人：我的妻子漆茜与儿子张子瞻。这三年我把大部分业余时间都用于写作这本书，多少个晚上笔耕不缀，妻子陪着儿子，我则陪着电脑，对此我深感愧疚。妻儿为了支持我的创作，没有怨怼，只有默默的支持，子瞻还为本书贡献了一幅美丽的插图。本书的出版，有他们一大半的功劳！最后，还要感谢我的父母，每次匆匆回家看望他们，都只有极短的时间和他们聊天，挤出来的时间都留给了本书的写作！

在写这篇前言的前一天，我偶然读到苏东坡的一首小词：

春未老，风细柳斜斜。试上超然台上看，半壕春水一城花。烟雨暗千家。

寒食后，酒醒却咨嗟。休对故人思故国，且将新火试新茶。诗酒趁年华。

蓦然内心被叩击，仿佛心弦被优美的辞章轻轻地带着诗意拨弄。吾身虽不能上超然台，然而书成之后，可否看到半壕春水一城花？未曾饮酒，却咨嗟，是否多情笑我早生华发？如今的我，已然焙出新火，恰当新火试新茶，却不知待到明年春未老时，能否做到何妨吟啸且徐行的落拓不羁？无论如何，还当诗酒趁年华——仰天大笑出门去，吾辈岂是蓬蒿人！

张逸

于公元2020年11月24日夜

时旅居北京顺义区蓝天苑

资源与支持

本书由异步社区出品，社区（https://www.epubit.com/）为您提供相关资源和后续服务。

提交勘误

作者和编辑尽最大努力来确保书中内容的准确性，但难免会存在疏漏。欢迎您将发现的问题反馈给我们，帮助我们提升图书的质量。

当您发现错误时，请登录异步社区，按书名搜索，进入本书页面，点击"提交勘误"，输入勘误信息，点击"提交"按钮即可（见下图）。本书的作者和编辑会对您提交的勘误信息进行审核，确认并接受您的建议后，您将获赠异步社区的100积分。积分可用于在异步社区兑换优惠券、样书或奖品。

扫码关注本书

扫描下方二维码，您将会在异步社区微信服务号中看到本书信息及相关的服务提示。

与我们联系

本书责任编辑的联系邮箱是liuyasi@ptpress.com.cn。

如果您对本书有任何疑问或建议，请您发邮件给我们，并请在邮件标题中注明本书书名，以便我们更高效地做出反馈。

如果您有兴趣出版图书、录制教学视频或者参与技术审校等工作，可以直接发邮件给本书的责任编辑。

如果您来自学校、培训机构或企业，想批量购买本书或异步社区出版的其他图书，也可以发邮件给我们。

如果您在网上发现有针对异步社区出品图书的各种形式的盗版行为，包括对图书全部或部分内容的非授权传播，请您将怀疑有侵权行为的链接通过邮件发给我们。您的这一举动是对作者权益的保护，也是我们持续为您提供有价值的内容的动力之源。

关于异步社区和异步图书

"异步社区"是人民邮电出版社旗下IT专业图书社区，致力于出版精品IT图书和相关学习产品，为作译者提供优质出版服务。异步社区创办于2015年8月，提供大量精品IT图书和电子书，以及高品质技术文章和视频课程。更多详情请访问异步社区官网https://www.epubit.com。

"异步图书"是由异步社区编辑团队策划出版的精品IT专业图书的品牌，依托于人民邮电出版社近30年的计算机图书出版积累和专业编辑团队，相关图书在封面上印有异步图书的LOGO。异步图书的出版领域包括软件开发、大数据、AI、测试、前端和网络技术等。

异步社区

微信服务号

目　　录

附录

第一篇
开　篇

开篇，明义。

领域驱动设计（domain-driven design，DDD）需要应对软件复杂度的挑战！那么，软件复杂度的成因究竟是什么，又该如何应对？概括而言，即：

- ❏ 规模——通过分而治之控制规模；
- ❏ 结构——通过边界保证清晰有序；
- ❏ 变化——顺应变化方向。

领域驱动设计对软件复杂度的应对之道可进一步阐述为：

- ❏ 规模——以子领域、限界上下文对问题空间与解空间分而治之；
- ❏ 结构——以分层架构隔离业务复杂度与技术复杂度，形成清晰的架构；
- ❏ 变化——通过领域建模抽象为以聚合为核心的领域模型，响应需求之变化。

子领域、限界上下文、分层架构和聚合皆为领域驱动设计的核心元模型，分属战略设计和战术设计，贯穿了从问题空间到解空间的全过程。

领域驱动设计的开放性是其生命长青的基石，但它过于灵活的特点也让运用它的开发团队举步维艰。我之所以提出领域驱动设计统一过程，正是要在开放的方法体系指导之下，摸索出一条行之有效的软件构建之路，既不悖于领域驱动设计之精神，又不吝于运用设计元模型，通过提供简单有效的实践方法，建立具有目的性和可操作性的构建过程。

领域驱动设计统一过程分为3个阶段：

- ❏ 全局分析阶段；
- ❏ 架构映射阶段；
- ❏ 领域建模阶段。

每个阶段的过程工作流既融合了领域驱动设计既有的设计元模型，又提出了新的模式、方法和实践，丰富了领域驱动设计的外延。领域驱动设计统一过程对项目管理、需求管理和团队管理也提出了明确的要求，因为它们虽然不属于领域驱动设计关注的范畴，却是保证领域驱动设计实践与成功落地的重要因素。

领域驱动设计统一过程是对领域驱动设计进行解构的核心内容！

第1章

软件复杂度剖析

计算机编程的本质就是控制复杂度。

——Brian Kernighan

复杂的事物中蕴含着无穷的变化，让人既沉迷其美，又深恐自己无法掌控。我们每日每时对软件的构建就在与复杂的斗争中不断前行。软件系统的复杂度让我觉得设计有趣，因为每次发现不同的问题，都会有一种让人耳目一新的滋味油然而生，仿佛开启了新的旅程，看到了不同的风景。同时，软件系统的复杂度又让我觉得设计无趣，因为要探索的空间实在太辽阔，一旦视野被风景所惑，就会迷失前进的方向，感到复杂难以掌控，从而失去构建高质量系统的信心。

那么，什么是复杂系统？

1.1 什么是复杂系统

我们很难给复杂系统下一个举世公认的定义。专门从事复杂系统研究的Melanie Mitchell在接受 *Ubiquity* 杂志专访时，"勉为其难"地为复杂系统给出了一个相对通俗的定义："**由大量相互作用的部分组成的系统。与整个系统比起来，这些组成部分相对简单，没有中央控制，组成部分之间也没有全局性的通信，并且组成部分的相互作用导致了复杂行为。**" [1]388

这个定义庶几可以表达软件复杂度的特征。定义中的"组成部分"对于软件系统，就是所谓的"软件元素"，基于粒度的不同可以是函数、类、模块、组件和服务等。这些软件元素相对简单，然而彼此之间的相互作用却导致了软件系统的复杂行为。软件系统符合复杂系统的定义，不过是进一步证明了软件系统的复杂度。然而该如何控制软件系统的复杂度呢？恐怕还要从复杂度的成因开始剖析。

Jurgen Appelo从理解能力与预测能力两个维度分析了复杂度的成因[2]39。这两个维度各自分为不同的复杂层次：

❑ 理解能力维度——简单的（simple）和复杂的（complicated）；
❑ 预测能力维度——有序的（ordered）、复杂的（complex）和混沌的（chaotic）。

两个维度都蕴含了"复杂"的含义：前者与简单相对，意为复杂至难以理解，可阐释为"复杂难解"；后者与有序相对，意为它的发展规律难以预测，可阐释为"复杂难测"。在预测能力维度，"难测"还不是最复杂的层次，最高层次为混沌，即根本不可预测。两个维度交叉，可以形成6种代表不同复杂意义的层次定义，Jurgen Appelo通过图1-1形象地说明了各个复杂层次的特征。

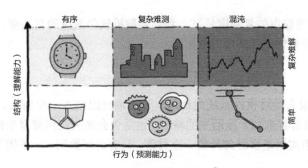

图1-1　复杂系统的特征①

以下是Jurgen Appelo对这些例子给出的说明[2]39：

> 我的内衣很简单。我很容易理解它们的工作原理。我的手表是精密复杂的，如果把它拆开，我需要很长时间才能了解其设计原理和组件。但是我的手表或我的内衣都没有什么让人吃惊的（至少对我而言）。它们是有序的、可以预测的系统。

> 一个三人软件开发团队也是简单的，只需要开几次会议，提供一些晚餐，外加几杯啤酒，就可以了解这个团队的每一个人了。一座城市是不简单的、繁杂的，出租车司机需要几年时间才能熟悉这座城市的所有街道、胡同、宾馆和饭店。但同时，团队和城市又都是复杂的。不管你有多了解它们，总会有意想不到的事情发生在它们身上。在某种程度上，它们是可预测的，但是你永远不清楚明天会发生什么。

> 双摆（两个摆锤互相连接）也是一个简单的系统，容易制作也很容易理解。但因为对钟摆的初始设置具有高度敏感性，所以它进行的是不可预测的混沌运动。股票市场也是混沌的，根据定义，它是不可预测的，否则每个人都知道怎么利用股票交易来赚钱，就会导致整个系统崩盘。但是，股票市场又不像钟摆那样，它是相当繁杂的。

软件系统属于哪一个复杂层次呢？

大多数软件系统需要实现的整体功能往往是难以理解的，同时，随着需求的不断演进，它又在一定程度具有未来的不可预测性，这意味着软件系统的"**复杂**"同时覆盖了"复杂难解"（complicated）与"复杂难测"（complex）两个层面，对标图1-1给出的案例，就是一座城市的复杂特征。无独有偶，Pete Goodliffe也将软件系统类比为城市，他说："软件系统就像一座由建筑和后面的路构成的城市——由公路和旅馆构成的错综复杂的网络。在繁忙的城市里发生着许多事情，控制流不断产生，它们的生命在城市中交织在一起，然后死亡。丰富的数据积聚在一起、存储起来，然后销毁。有各式各样的建筑：有的高大美丽，有的低矮实用，还有的坍塌破损。数据围绕着它们流动，形成了交通堵塞和追尾、高峰时段和道路维护。"[5]33既然如此，那么设计一个软件系统就像规划一座城市，既要考虑城市布局，以便居民的生活与工作，满足外来游客或商务人员的旅游或出差需求，又要考虑未来因素的变化，例如"当居民对城市的使用方式有所变化，或者受到外力的影响时，城市就会

---

① 图片来自Jurgen Appelo的《管理3.0：培养和提升敏捷领导力》。

相应地演化"[3]13。参考城市的复杂度特征，我们要剖析软件系统的复杂度，就可以从**理解能力**与**预测能力**这两个维度探索软件复杂度的成因。

1.2　理解能力

是什么阻碍了开发人员对软件系统的理解？设想项目组招入一位新人，当这位新人需要理解整个项目时，就像一位游客来到一座陌生的城市。他是否会迷失在错综复杂的城市交通体系中，不辨方向？倘若这座城市实则是乡野郊外的一座村落，只有房屋数间，一条街道连通城市的两头，他还会生出迷失之感吗？

因而，影响理解能力的第一要素是**规模**。

1.2.1　规模

软件的需求决定了系统的规模。一个只有数十万行代码的软件系统自然不可与有数千万行代码的大规模系统相提并论。软件系统的规模取决于需求的数量，更何况需求还会像树木那样生长。一棵小树会随着时间增长渐渐长成一棵参天大树，只有到了某个时间节点，需求的数量才会慢慢稳定下来。当需求呈现线性增长的趋势时，为了实现这些功能，软件规模也会以近似的速度增长。

系统规模的扩张，不仅取决需求的数量，还取决于需求功能点之间的关系。需求的每个功能不可能做到完全独立，彼此之间相互影响相互依赖，修改一处就会牵一发而动全身，就好似城市中的某条道路因为施工需要临时关闭，车辆只得改道绕行，这又导致了其他原本已经饱和的道路因为涌入更多车辆而变得更加拥堵。这种拥堵现象又会顺势向其他分叉道路蔓延，形成辐射效应。

软件开发的拥堵现象或许更严重，这是因为：

- ❑ 函数存在副作用，调用时可能对函数的结果做了隐含的假设；
- ❑ 类的职责繁多，导致开发人员不敢轻易修改，因为不知会影响到哪些模块；
- ❑ 热点代码被频繁变更，职责被包裹了一层又一层，没有清晰的边界；
- ❑ 在系统某个角落，隐藏着伺机而动的bug，当诱发条件具备时，就会让整条调用链瘫痪；
- ❑ 不同的业务场景包含了不同的例外场景，每种例外场景的处理方式都各不相同；
- ❑ 同步处理代码与异步处理代码纠缠在一起，不可预知程序执行的顺序。

随着软件系统规模的扩张，软件复杂度也会增长。这种增长并非线性的，而是呈现出更加陡峭的指数级趋势。这实际上是软件的熵发挥着副作用。正如David Thomas与Andrew Hunt认为的："虽然软件开发不受绝大多数物理法则的约束，但我们无法躲避来自熵的增加的重击。熵是一个物理学术语，它定义了一个系统的'无序'总量。不幸的是，热力学法则决定了宇宙中的熵会趋向最大化。当软件中的无序化增加时，程序员会说'软件在腐烂'。"[4]6

软件之所以无法躲避熵的重击，源于我们在构建软件时**无法避免技术债**（technical debt）①。不管软件的架构师与开发人员有多么的优秀，他们针对目前需求做出的看似合理的技术决策，都会

---

① 技术债由Ward Cunningham提出，他用债务形象地说明为遵循软件开发计划而做出推迟的技术决策，如文档、重构等。技术债是不可避免的，关键在于要通过维护一个技术债列表让技术债可见，并及时"还债"，避免更高的"利息"。

随着软件的演化变得不堪一击，区别仅在于债务的多少，以及偿还的利息有多高。根据Ward Cunningham的建议，对付技术债的唯一方案就是尽量让它可见，例如通过技术债列表或者技术债雷达等可视化形式及时呈现给团队成员，并制订计划主动地消除或降低技术债。

我曾经负责设计与开发一款商业智能（business intelligence，BI）产品，它需要展现报表下的所有视图。这些视图的数据来自多个不同的数据集，视图的展现类型多种多样，如柱状图、折线图、散点图和热力图等。在这个"逼仄"的报表问题空间中，需要满足如下业务需求：

- ❏ 在编辑状态下，支持对每个视图进行拖曳以改变视图的位置；
- ❏ 在编辑状态下，允许通过拖曳边框调整视图的尺寸；
- ❏ 点击视图的图形区域时，应高亮显示当前图形对应的组成部分；
- ❏ 点击视图的图形区域时，获取当前值，并对属于相同数据集的视图进行联动；
- ❏ 如果打开钻取开关，则在点击视图的图形区域时，获取当前值，并根据事先设定的钻取路径对视图进行钻取；
- ❏ 支持创建筛选器这样的特殊视图，通过筛选器选择数据，对当前报表中所有相同数据集的视图进行筛选。

以上业务需求都是事先规划好，并且可以清晰预见的，由于它们都对视图进行操作，因此视图控件的多个操作之间出现冲突。例如，高亮与级联都需要响应相同的点击事件。钻取同样如此，不同之处在于它要判断钻取开关是否已经打开。在操作效果上，高亮与钻取仅针对当前视图，联动与筛选则会因为当前视图的操作影响到同一张报表下相同数据集的其他视图。对于拖曳操作，虽然它监听的是MouseDown事件，但该事件与Click事件存在一定的冲突。

多个功能点的开发实现以及功能点之间存在的千丝万缕的关系带来了软件规模的成倍扩张：不同的业务场景会增加不同的分支，导致圈复杂度的增加；设计上如果未能做到功能之间的正交，就会使得功能之间相互影响，导致代码维护成本的增加；没有为业务逻辑编写单元测试，建立功能代码的测试网，就可能因为对某一处功能实现的修改引入了潜在的缺陷，导致系统运行的风险增加。纷至沓来的技术债逐渐积累，一旦累积到某个临界点，就会由量变引起质变，在软件系统的规模达到巅峰之时，迅速步入衰亡的老年期，成为"可怕"的遗留系统（legacy system）。这遵循了饲养场的奶牛规则：奶牛逐渐衰老，最终无奶可挤；与此同时，奶牛的饲养成本却在上升。

软件规模的一个显著特征是代码行数（lines of code）。然而，代码行数常常具有欺骗性。如果需求的功能数量与代码行数之间呈现出不成比例的关系，说明该系统的生命体征可能出现了异常，例如，代码行数的庞大其实可能是一种肥胖症，意味着可能出现了大量的重复代码。

我曾经利用Sonar工具对咨询项目的一个模块执行代码静态分析，分析结果如图1-2所示。

图1-2 代码静态分析结果

该模块代码共计40多万行，重复代码竟然占到了惊人的33.9%，超过一半的代码文件混入了重复代码。显然，这里估算的代码行数并没有真实地体现软件规模；相反，重复的代码还额外增加了软件的复杂度。

Neal Ford认为需要通过指标指导设计[1]，例如使用面向对象设计质量评估的平台工具iPlasma，通过它生成的指标可以作为评价软件规模的要素，如表1-1所示。

表1-1　质量评估指标

编　　码	说　　明
NDD	直接后代的数量
HIT	继承树的高度
NOP	包的数量
NOC	类的数量
NOM	方法的数量
LOC	代码行数
CYCLO	圈复杂度
CALL	每个方法的调用数
FOUT	分散调用（给定的方法调用的其他方法数量）

在面向对象设计的软件项目里，除了代码行数，包、类、方法的数量，继承的层次以及方法的调用数，还有我们常常提及的圈复杂度，都会或多或少地影响整个软件系统的规模。

1.2.2　结构

你去过迷宫吗？相似而回旋繁复的结构使得封闭狭小的空间被魔法般地扩展为一个无限的空间，变得无穷大，仿佛这空间被安置了一个循环，倘若没有找到正确的退出条件，循环就会无休无止，永远无法退出。许多规模较小却格外复杂的软件系统，就好似这样的一座迷宫。

此时，**结构**成了决定系统复杂度的一个关键因素。

结构之所以变得复杂，多数情况下还是由系统的质量属性（quality attribute）决定的。例如，我们需要满足高性能、高并发的需求，就需要考虑在系统中引入缓存、并行处理、CDN、异步消息以及支持分区的可伸缩结构；又例如，我们需要支持对海量数据的高效分析，就得考虑这些海量数据该如何分布存储，并如何有效地利用各个节点的内存与CPU资源执行运算。

从系统结构的视角看，单体架构一定比微服务架构更简单，更便于掌控，正如单细胞生物比人体的生理结构要简单。那么，为何还有这么多软件组织开始清算自己的软件资产，花费大量人力物力对现有的单体架构进行重构，走向微服务化？究其主因，还是系统的质量属性。

纵观软件设计的历史，不是分久必合合久必分，而是不断拆分的微型化过程。分解的软件元素不可能单兵作战。怎么协同，怎么通信，就成了系统分解后面临的主要问题。如果没有控制好，

---

[1] Neal Ford在《演化架构与紧急设计》系列文章中提到了通过指标指导紧急设计，包括使用iPlasma生成质量评估指标。

这些问题固有的复杂度甚至会在某些场景下超过分解带来的收益。例如，对企业IT系统而言，系统与系统之间的集成往往通过与平台无关的消息通信来完成，由此就会在各个系统乃至模块之间形成复杂的通信网结构。要理清这种通信网结构的脉络，就得弄清楚系统之间消息的传递方式，明确消息格式的定义，即使在系统之间引入企业服务总线（Enterprise Service Bus，ESB），也只能减少点对点的通信量，而不能改变分布式系统固有的复杂度，例如消息通信不可靠，数据不一致等因为分布式通信导致的意外场景。换言之，系统因为结构的繁复增加了复杂度。

软件系统的结构繁复还会增加软件组织的复杂度。系统架构的分解促成了软件构建工作的分工，这种分工虽然使得高效的并行开发成为可能，却也可能因为沟通成本的增加为管理带来挑战。管理一个十人团队和百人团队，其难度显然不可相提并论，对百人团队的管理也不仅仅是细分为10个十人团队这么简单，这其中牵涉到团队的划分依据、团队的协作模式、团队成员组成与角色构成等管理因素。

康威定律（Conway's law）[①]就指出："任何组织在设计一套系统（广义概念上的系统）时，所交付的设计方案在结构上都与该组织的沟通结构保持一致。"Sam Newman认为是需要"适应沟通途径"使得康威定律在软件结构与组织结构中生效[3]163。他分析了一种典型的分处异地的分布式团队。整个团队共享单个服务的代码所有权，由于分布式团队的地域和时区界限使得沟通成本变高，因此团队之间只能进行粗粒度的沟通。当协调变化的成本增加后，人们就会想方设法降低协调和沟通的成本。直截了当的做法就是分解代码，分配代码所有权，物理分隔的团队各自负责一部分代码库，从而能够更容易地修改代码，团队之间会有更多关于如何集成两部分代码的粗粒度的沟通。最终，与这种沟通路径匹配形成的粗粒度应用程序编程接口（application programming interface，API）构成了代码库中两部分之间的边界。

注意，与设计方案相匹配的团队结构指的是负责开发的团队组织，而非使用软件产品的客户团队。我们常常遇见分布式的客户团队，例如，一些客户团队的不同的部门位于不同的地理位置，他们的使用场景也不尽相同，甚至用户的角色也不相同，但在对软件系统进行架构设计时，我们却不能按照部门组织、地理位置或用户角色来分解模块（服务），并错以为这遵循了康威定律。

> 我曾经参与过一款通信产品的改进与维护工作。这是一款为通信运营商提供对宽带网的授权、认证与计费工作的产品，它的终端用户主要由两种角色组成：营业厅的营业员与购买宽带网服务的消费者。最初，设计该产品的架构师就错误地按照这两种不同的角色，将整个软件系统划分为后台管理系统与服务门户两个完全独立的子系统，为营业员与消费者都提供了资费套餐管理、话单查询、客户信息维护等相似的业务。两个子系统产生了大量重复代码，增加了软件系统的复杂度。在我接手该通信产品时，因为数据库性能瓶颈而考虑对话单数据库进行分库分表，发现该方案的调整需要同时修改后台管理系统与服务门户的话单查询功能。

无论设计是优雅还是拙劣，系统结构都可能因为某种设计权衡而变得复杂。唯一的区别在于

---

① 该定律由Melvin E. Conway在1967年发表的论文"How Do Committees Invent?"中提出。Fred Brooks在《人月神话》中引用了该思想，并明确称其为康威定律。本书多个章节都提及了康威定律对团队组织结构与软件体系架构的影响。

前者是主动地控制结构的复杂度，而后者带来的复杂度是偶发的，是错误的滋生，是一种技术债，它会随着系统规模的增大产生一种**无序设计**。《架构之美》中第2章"两个系统的故事：现代软件神话"详细地罗列了**无序设计**系统的几种警告信号[5]34：

- 代码没有显而易见的进入系统中的路径；
- 不存在一致性，不存在风格，也没有能够将不同的部分组织在一起的统一概念；
- 系统中的控制流让人觉得不舒服，无法预测；
- 系统中有太多的"坏味道"；
- 数据很少放在它被使用的地方，经常引入额外的巴洛克式缓存层，试图让数据停留在更方便的地方。

看一个无序设计的软件系统，就好像隔着一层半透明的玻璃观察事物，系统的软件元素都变得模糊不清，充斥着各种技术债。细节层面，代码污浊不堪，违背了"高内聚松耦合"的设计原则，要么许多代码放错了位置，要么出现重复的代码块；架构层面，缺乏清晰的边界，各种通信与调用依赖纠缠在一起，同一问题空间的解决方案各式各样，让人眼花缭乱，仿佛进入了没有规则的无序社会。

分层架构的引入原本是为了维护系统的有序性，而如果团队却不注意维护逻辑分层确定的边界，不按照架构规定的层次分配各个类的职责，就会随着职责的乱入让逻辑分层形成的边界变得越来越模糊。我在对一个项目进行架构评审时，曾看到图1-3所示的三层架构。

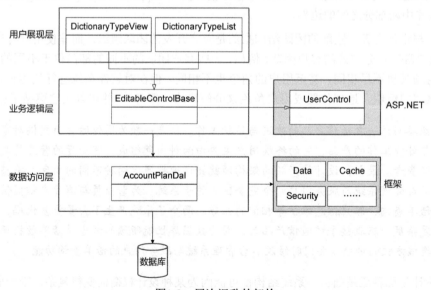

图1-3　层次混乱的架构

虽然架构师根据关注点的不同划分了不同的层次，但各个逻辑层没有守住自己的边界：业务逻辑层定义了EditableControlBase、EditablePageBase与PageBase等类，它们都继承自ASP.NET

框架的`UserControl`用户控件类，同时又作为自定义用户控件的父类，提供了控件数据加载、提交等通用职责；继承这些父类的子类属于用户控件，定义在用户展现层，如`EditablePageBase`类的子类（如`DictionaryTypeView`、`DictionaryView`和`DictionaryTypeList`等）。一旦逻辑层没有守住自己的边界，分层架构模式就失去了规划清晰结构的价值。随着需求的增加，系统结构会变得越来越混乱，最终陷入无序设计的泥沼。

1.3 预测能力

当我们掌握了事物发展的客观规律时，就具有了一定的对未来的预测能力。例如，我们洞察了万有引力的本质，就能够对观察到的宇宙天体建立模型，相对准确地推测出各个天体在未来一段时间的运行轨迹。然而，宇宙空间变化莫测，或许一个星球"死亡"产生的黑洞的吸噬能力，就可能导致那一片星域产生剧烈的动荡，这种动荡会传递到更远的星空，从而使天体的运行轨迹偏离我们的预测结果。毫无疑问，影响预测能力的关键要素在于变化。对变化的应对不妥，就会导致过度设计或设计不足。

1.3.1 过度设计

设计软件系统时，变化让我们患得患失，不知道如何把握系统设计的度。若拒绝对变化做出理智的预测，系统的设计会变得僵化，一旦有新的变化发生，修改的成本会非常大；若过于看重变化产生的影响，渴望涵盖一切变化的可能，若预期的变化没有发生，我们之前为变化付出的成本就再也补偿不回来了，这就是所谓的"过度设计"。

我曾经在设计一款教育行业产品时，因为考虑太多未来可能的变化，引入了不必要的抽象来保证产品的可扩展性，使得整个设计方案变得过于复杂。更加不幸的是，我所预知的变化根本不曾发生。该设计方案针对产品的UI引擎（UI engine）模块。作为驱动界面的引擎，它主要负责从界面元数据获取与界面相关的视图属性，并根据这些属性来构造界面，实现界面的可定制。产品展现的视图由诸多视图元素组合而成，这些视图元素的属性通过界面元数据进行定制。为此，我为视图元素定义了抽象的`ViewElement`接口，作为所有视图元素类型包括`SelectView`、`CheckboxGroupView`的抽象类型。

`ViewElement`决定了视图元素的类型，从而确定呈现的格式；至于真正生成视图呈现代码的职责，则交给了视图元素的解析器。由于我认为视图元素的呈现除需要支持现有的JSP之外，未来可能还要支持HTML、Excel等实现元素，因此在设计解析器时，定义了`ViewElementResolver`接口：

```
public interface ViewElementResolver {
    String resolve(ViewElement element);
}
```

`ViewElementResolver`接口确保了解析功能的可扩展性，为了更好地满足未来功能的变化，我又引入了解析器的工厂接口`ViewElementResolverFactory`以及实现该接口的抽象工厂类

AbstractViewElementResolverFactory：

```
public interface ViewElementResolverFactory {
    ViewElementResolver create(String viewElementClassName);
}
public abstract class AbstractViewElementResolverFactory implements
    ViewElementResolverFactory {
    public ViewElementResolver create(String viewElementClassName) {
        String className = generateResolverClassName(viewElementClassName);
        //通过反射创建ViewElementResolver对象
    }

    private String generateResolverClassName(String viewElementClassName) {
        return getPrefix() + viewElementClassName + "Resolver";
    }

    protected abstract String getPrefix();
}

public class JspViewElementResolverFactory extends AbstractViewElementResolverFactory {
    @Override
    protected String getPrefix() {
        return "Jsp";
    }
}
```

ViewElement 接口可以注入 ViewElementResolverFactory 对象，由它来创建 ViewElementResolver，由此完成视图元素的呈现，例如 SelectViewElement：

```
public class SelectViewElement implements ViewElement {
    private ViewElementResolver resolver;
    private ViewElementResolverFactory resolverFactory;
    public void setViewElementResolverFactory(ViewElementResolverFactory resolverFactory) {
        this.resolverFactory = resolverFactory;
    }
    public String Render() {
        resolverFactory.create(this.getClass().getName()).resolve(this);
    }
}
```

整个UI引擎模块的设计如图1-4所示。

如此设计看似保证了视图元素呈现的可扩展性，也遵循了单一职责原则，却因为抽象过度而增加了方案的复杂度。扩展式设计是为不可知的未来做投资，一旦未来的变化不符合预期，就会导致过度设计。具有实证主义态度的设计理念是面对不可预测的变化时，应首先保证方案的简单性。当变化真正发生时，可以通过诸如提炼接口（extract interface）[6]341的重构手法，满足解析逻辑的扩展。方案中工厂接口与抽象工厂类的引入，根本没有贡献任何解耦与扩展的价值，反而带来了不必要的间接逻辑，让设计变得更加复杂。到产品研发的后期，我所预期的HTML和Excel呈现的需求变化实际并没有发生。

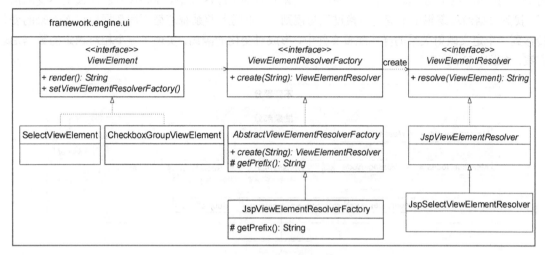

图1-4　UI引擎模块的类图

1.3.2　设计不足

要应对需求变化，终归需要一些设计技巧。很多时候，因为设计人员的技能不足，没有明确识别出未来确认会发生的变化，或者对需求变化发展的方向缺乏前瞻，所以导致整个设计变得过于僵化，修改的成本太高，从而走向了过度设计的另外一个极端，我将这一问题称为"设计不足"。

设计不足的方案只顾眼前，对于一定要发生的变化视而不见，这不仅导致方案缺乏可扩展性，甚至有可能出现技术实现方向的错误。这样的设计不是恰如其分的简单设计，而是对于糟糕质量视而不见的简陋处置，是为了应付进度蒙混过关用的临时花招，表面看来满足了进度要求，但在未来偿还欠下的债务时，需要付出几倍的成本。如果整个软件系统都由这样设计不足的方案构成，那么未来任何一次需求的变更或增加，都可能成为压垮系统的最后一根稻草。

我曾负责一个基于大数据的数据平台的设计与开发，该数据平台需要实时采集来自某行业各个系统各种协议的业务数据，并按照主题区的数据模型标准来治理数据。当时，我对整个行业的数据标准与规范尚不了解，对于数据平台未来的产品规划也缺乏充分认识。迫于进度压力，我选择了采用快速而简洁的硬编码方式实现从原始数据到主题区模型对象的转换，这一设计让我们能够在规定的进度周期满足同时应对多家客户治理数据的要求。

然而，作为一款数据平台产品，在该行业内进行广泛推广时，随着面向的客户越来越多，需要采集数据的上游系统也变得越来越多。此时，回首之前的方案设计，不由后悔不迭：方案的简陋导致了开发质量的低下和生产力的降低。此时的主题区划分已经趋于稳定，虽然需要支持的客户和上游系统越来越多，但要治理的数据所属的主题仍然在已有主题区范围之内，换言之，原始数据的协议是变化的，主题区的范围却相对稳定。通过对主题区模型与数据治理逻辑进行共性与可变性分析[7]，我识别出了原始数据消息的共性特征，建立了抽象的消息模型，又为主题区模型抽象出一套树形结构的核心主题模型，并基于此核心模型建立新的主题区模型。在确保主题区模型不变的情况下，找到数据治理逻辑中不变的转换过程与规则，将不同上游系统遵循不同数据协议而带来的变化转移到一个定义映射关系的样式配置文件中，形成对变化的隔离，实现了一个相对稳定的数据治理方案，如图1-5所示。

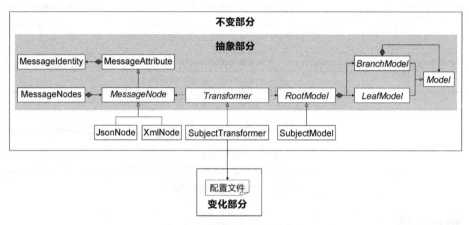

图1-5　隔离变化的设计方案

采用新方案之后，如果需要采集一个不超出主题区范围的全新系统，只需定义一个样式映射文件，并付出极少量定制开发的成本，就能以最快的迭代进度满足新的数据治理需求。正因为改进了旧有方案，团队才能够在不断涌入新需求的功能压力下，基本满足产品研发的进度要求。只可惜，之前的数据治理功能已经被多家客户广泛运用到生产环境中，对应的数据交换逻辑也依托于旧的主题区模型，使得整个数据平台产品在近两年的开发周期中一直处于新旧两套主题区模型共存的尴尬局面。由于一部分数据治理和数据交换逻辑要对接两套主题区模型，因此，迫于无奈，也必须实现两套数据治理和数据交换逻辑，无谓地增加了团队的工作量。由于改造旧模型的工作量极为繁重，团队一直未能获得喘息的机会对模型以新汰旧，因此这一尴尬局面还会在一段时间内继续维持下去。这正是设计不足在应对变化时带来的负面影响。

我们无法预知未来，自然就无法预测未来可能发生的变化，这就带来了软件系统的不可预测性。软件设计者不可能对变化听之任之，却又因为它的不可预测性而无可适从。在软件系统不断演化的过程中，面对变化，我们需要尽可能地保证方案的平衡：既要避免因为**设计不足**使得变化对系统产生根本影响，又要防止因为满足可扩展性让方案变得格外复杂，最后背上**过度设计**的坏名声。故而，变化之难，难在如何在设计不足与过度设计之间取得平衡。

第 2 章

领域驱动设计概览

> 软件的核心是其为用户解决领域相关的问题的能力。
> 所有其他特性，不管有多么重要，都要服务于这个基本目的。
>
> ——Eric Evans，《领域驱动设计》

应对复杂度的挑战，或许是构建软件的过程中唯一亘古不变的主题。为了更好地应对软件复杂度，许多顶尖的软件设计人员与开发人员纷纷结合实践提出自己的真知灼见，既包括编程思想、设计原则、模式语言、过程方法和管理理论，又包括对编程利器自身的打磨。毫无疑问，通过这些真知灼见，软件领域的先行者已经改变或正在改变我们构建软件的方法、过程和目标，我们欣喜地看到了软件的构建正在向着好的方向改变。然而，整个客观世界的所有现象都存在诸如黑与白、阴与阳、亮与暗的相对性，任何技术的发展都不是单向的。随着技术日新月异向前发展，软件系统的复杂度也日益增长。中国有一句古谚："道高一尺，魔高一丈。"又有谚语："魔高一尺，道高一丈。"究竟是道高还是魔高，就看你是站在"道"的一方，还是"魔"的一方。

在构建软件的场景中，软件复杂度显然就是"魔"，控制软件复杂度的方法则是"道"。在软件构建领域，"道"虽非虚无缥缈的玄幻叙述，却也不是绑定在具象之上的具体手段。软件复杂度的应对之道提供了一些基本法则，这些基本法则可以说放之四海而皆准，其中一条基本法则就是：能够控制软件复杂度的，只能是设计（指广泛意义上的设计）方法。因为我们无法改变客观存在的问题空间（参见2.1.2节对问题空间和解空间的阐释），却可以改变设计的质量，让好的设计为控制复杂度创造更多的机会。如果我们将软件系统限制在业务软件系统之上，又可得到另外一条基本法则："要想克服"（业务系统的）复杂度，就需要非常严格地使用领域逻辑设计方法。[8]1在近20年的时间内，一种有效的领域逻辑设计方法就是Eric Evans提出的**领域驱动设计**（domain-driven design）。

Eric Evans通过他在2003年出版的经典著作《领域驱动设计》（*Domain-Driven Design: Tackling Complexity in the Heart of Software*）全方位地介绍了这一设计方法，该书的副标题旗帜鲜明地指出该方法为"软件核心复杂性应对之道"。

领域驱动设计究竟是怎样应对软件复杂度的？作为一种将"领域"放在核心地位的设计方法，其名称足以说明它应对复杂度的态度。用Eric Evans自己的话来说："领域驱动设计是一种思维方式，也是一组优先任务，它旨在加速那些必须处理复杂领域的软件项目的开发。为了实现这个目标，本书给出了一套完整的设计实践、技术和原则。"[8]2

结合我们通过理解能力和预测能力两个维度对软件系统复杂度成因的剖析，确定了影响复杂度的3个要素：规模、结构与变化。控制复杂度的着力点就在这3个要素之上！领域驱动设计对软件复杂度的应对，是引入了一套提炼为模式的**设计元模型**，对业务软件系统做到了对规模的控制、结构的清晰化以及对变化的响应。

要深刻体会领域驱动设计是如何控制软件复杂度的，还需要整体了解Eric Evans建立的这一套完整的软件设计方法体系，包括该方法体系提出的设计概念与设计过程。

2.1　领域驱动设计的基本概念

领域驱动设计作为一个针对大型复杂业务系统的领域建模方法体系（不仅限于面向对象的领域建模），它改变了传统软件开发工程师针对数据库建模的方式，通过面向领域的思维方式，将要解决的业务概念和业务规则等内容提炼为领域知识，然后借由不同的建模范式将这些领域知识抽象为能够反映真实世界的领域模型。

Eric Evans之所以提出这套方法体系，并非刻意地另辟蹊径，创造出与众不同的设计方法与模式，而是希望恢复业务系统设计核心关注点的本来面貌，也就是认识到领域建模和设计的重要性，然而在当时看来，这却是全新的知识提炼。正如他自己所云："至少20年前[①]，一些顶尖的软件设计人员就已经认识到领域建模和设计的重要性，但令人惊讶的是，这么长时间以来几乎没有人写出点儿什么，告诉大家应该做哪些工作或如何去做……本书为做出设计决策提供了一个框架，并且为讨论领域设计提供了一个技术词汇库。"[8]这里提到的"技术词汇库"就是我提到的设计元模型。

2.1.1　领域驱动设计元模型

领域驱动设计元模型是以模式的形式呈现在大家眼前的，由诸多松散的模式构成，这些模式在领域驱动设计中的关系如图2-1所示。

领域驱动设计的核心是**模型驱动设计**，而模型驱动设计的核心又是领域模型，领域模型必须在**统一语言**（参见第4章）的指导下获得。为整个业务系统建立的领域模型要么属于**核心子领域**（参见第6章），要么属于**通用子领域**[②]。之所以区分子领域，一方面是为了将一个不易解决的庞大问题切割为团队可以掌控的若干小问题，达到各个击破的目的，另一方面也是为了更好地实现资产（人力资产与财力资产）的合理分配。

为了保证定义的领域模型在不同上下文表达各自的知识语境，需要引入**限界上下文**（参见第9章）来确定业务能力的自治边界，并考虑通过**持续集成**来维护模型的统一。**上下文映射**（参见第10章）清晰地表达了多个限界上下文之间的协作关系。根据协作方式的不同，可以将上下文映射分为

---

① 指的是《领域驱动设计》一书出版时（2003年）的20年前，也就是20世纪80年代。

② Eric Evans提出了核心领域与通用子领域，Vaughn Vernon在《实现领域驱动设计》一书中补充了支撑子领域。为了统一，我将"核心领域"称为"核心子领域"。

如下8种模式[①]：

- ❑ 客户方/供应方；
- ❑ 共享内核；
- ❑ 遵奉者；
- ❑ 分离方式；
- ❑ 开放主机服务；
- ❑ 发布语言；
- ❑ 防腐层；
- ❑ 大泥球。

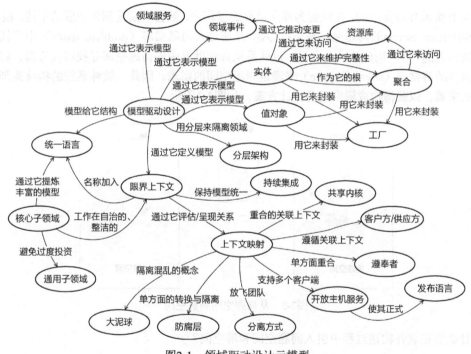

图2-1　领域驱动设计元模型

　　模型驱动设计可以在限界上下文的边界内部进行，它通过分层架构（layered architecture）将领域独立出来，并在统一语言的指导下，通过与领域专家的协作获得领域模型。表示领域模型的设计要素（参见第15章）包括实体（entity）、值对象（value object）、领域服务（domain service）和领域事件（domain event）。领域逻辑都应该封装在这些对象中。这一严格的设计原则可以避免领域逻辑泄露到领域层之外，导致技术实现与领域逻辑的混淆。

[①] Vaughn Vernon在《实现领域驱动设计》一书中补充了合作伙伴模式。

聚合（aggregate）（参见第15章）是一种边界，它可以封装一到多个实体与值对象，并维持该边界范围之内的业务完整性。聚合至少包含一个实体，且只有实体才能作为聚合根（aggregate root）。工厂（factory）和资源库（repository）（参见第15章）负责管理聚合的生命周期。前者负责聚合的创建，用于封装复杂或者可能变化的创建逻辑；后者负责从存放资源的位置（数据库、内存或者其他Web资源）获取、添加、删除或者修改聚合。

2.1.2 问题空间和解空间

哲学家常常会围绕真实世界和理念世界的映射关系探索人类生存的意义，即所谓"两个世界"的哲学思考。软件世界也可一分为二，分为构成描述需求问题的真实世界与获取解决方案的理念世界。整个软件构建的过程，就是从真实世界映射到理念世界的过程。

如果真实世界是复杂的，在映射为理念世界的过程中，就会不断受到复杂度的干扰。根据Allen Newell和Herbert Simon的问题空间理论："人类是通过在问题空间（problem space）中寻找解决方案来解决问题的"[9]，构建软件（世界）也就是从真实世界中的问题空间寻找解决方案，将其映射为理念世界的解空间（solution space）来满足问题空间的需求。因此，**软件系统的构建实则是对问题空间的求解，以获得构成解空间的设计方案**，如图2-2所示。

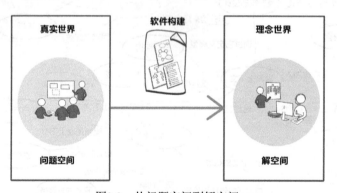

图2-2　从问题空间到解空间

为什么要在软件构建过程中引入问题空间和解空间？

实际上，随着IT技术的发展，软件系统正是在这两个方向不断发展和变化的。在问题空间，我们要解决的问题越来越棘手，空间规模越来越大，因为随着软件技术的发展，许多原本由人来处理的线下流程慢慢被自动化操作所替代，人机交互的方式发生了翻天覆地的变化，IT化的范围变得更加宽广，涉及的领域也越来越多。问题空间的难度与规模直接决定了软件系统的复杂度。

针对软件系统提出的问题，解决方案的推陈出新自然毋庸讳言，无论是技术、工具，还是设计思想与模式，都有了很大变化。解决方案不是从石头里蹦出来的，而必然是为了解决问题而生的。面对错综复杂的问题，解决方案自然也需要灵活变化。软件开发技术的发展是伴随着复用性和扩展性发展的。倘若问题存在相似性，解决方案就有复用的可能。通过抽象寻找到不同问题的共性时，相同的解决方案也可以运用到不同的问题中。同时，解决方案还需要响应问题的变化，能在变化发生时以最小的修改成本满足需求，同时保障解决方案的新鲜度。无疑，构成解空间的解决方案不仅要解决问题，还要控制软件系统的复杂度。

问题空间需要解空间来应对，解空间自然也不可脱离问题空间而单独存在。对于客户提出的需求，要分清楚什么是问题，什么是解决方案，真正的需求才可能浮现出来。在看清了问题的真相之后，我们才能有据可依地寻找真正能解决问题的解决方案。软件构建过程中的需求分析，实际就是对问题空间的定位与探索。如果在问题空间还是一团迷雾的时候就贸然开始设计，带来的灾难性结果是可想而知的。徐锋认为，"要做好软件需求工作，业务驱动需求思想是核心。传统的需求分析是站在技术视角展开的，关注的是'方案级需求'；而业务驱动的需求思想则是站在用户视角展开的，关注的是'问题级需求'。"[10]2

怎么区分方案级需求和问题级需求？方案级需求就好比一个病人到医院看病，不管病情就直接让医生开阿司匹林，而问题级需求则是向医生描述自己身体的症状。病情是医生要解决的问题，处方是医生提供的解决方案。

那种站在技术视角展开的需求分析，实际就是没有明确问题空间与解空间的界限。在针对问题空间求解时，必须映射于问题空间定义的问题，如此才能遵循恰如其分的设计原则，在问题空间的上下文约束下寻找合理的解决方案。

领域驱动设计为问题空间与解空间提供了不同的设计元模型。对于问题空间，强调运用**统一语言**来描述需求问题，利用**核心子领域**、**通用子领域**与**支撑子领域**来分解问题空间，如此就可以"揭示什么是重要的以及在何处付出努力"[11]9。除去统一语言与子领域，其余设计元模型都将运用于解空间，指导解决方案围绕着"领域"这一核心开展业务系统的战略设计与战术设计。

2.1.3　战略设计和战术设计

对于一个复杂度高的业务系统，过于辽阔的问题空间使得我们无法在深入细节的同时把握系统的全景。既然软件构建的过程就是对问题空间求解的过程，那么面对太多太大的问题，就无法奢求一步求解，需要根据问题的层次进行分解。不同层次的求解目标并不相同：为了把握系统的全景，就需要从宏观层次分析和探索问题空间，获得对等于软件架构的战略设计原则；为了深入业务的细节，则需要从微观层次开展建模活动，并在战略设计原则的指导下做出战术设计决策。这就是领域驱动设计的两个阶段：战略设计阶段和战术设计阶段。

战略设计阶段要从以下两个方面来考量。

❏ 问题空间：对问题空间进行合理分解，识别出核心子领域、通用子领域和支撑子领域，并确定各个子领域的目标、边界和建模策略。

❏ 解空间：对问题空间进行解决方案的架构映射，通过划分限界上下文，为统一语言提供知识语境，并在其边界内维护领域模型的统一。每个限界上下文的内部有着自己的架构，限界上下文之间的协作关系则通过上下文映射来体现和表达。

子领域的边界明确了问题空间中领域的优先级，限界上下文的边界则确保了领域建模的最大自由度。这也是战略设计在分治上起到的效用。当我们在战略层次从问题空间映射到解空间时，子领域也将映射到限界上下文，即可根据子领域的类型为限界上下文选择不同的建模方式。例如为处于核心子领域的限界上下文选择领域模型（domain model）模式[12]116，为处于支撑子领域（supporting subdomain）的限界上下文选择事务脚本（transaction script）模式[12]110，这样就可以灵活地平衡开发成本与开发质量。

战术设计阶段需要在限界上下文内部开展领域建模，前提是你为限界上下文选择了领域模型模式。在限界上下文内部，需要通过分层架构将领域独立出来，在排除技术实现的干扰下，通过与领域专家的协作在统一语言的指导下逐步获得领域模型。

战术设计阶段最重要的设计元模型是聚合模式。虽然聚合是实体和值对象的概念边界，然而在获得了清晰表达领域知识的领域模型后，我们可以将聚合视为表达领域逻辑的最小设计单元。如果领域行为是无状态的，或者需要多个聚合的协作，又或者需要访问外部资源，则应该将它分配给领域服务。至于领域事件，则主要用于表达领域对象状态的迁移，也可以通过事件来实现聚合乃至限界上下文之间的状态通知。

战略设计与战术设计并非割裂的两个阶段，而是模型驱动设计过程在不同阶段展现出来的不同视图。战略设计指导着战术设计，这就等同于设计原则指导着设计决策。Eric Evans就明确指出，"战略设计原则必须把模型的重点放在捕获系统的概念核心，也就是系统的'远景'上。"[8]231当一个业务系统的规模变得越来越庞大时，战略设计高屋建瓴地通过限界上下文规划了整个系统的架构。只要维护好限界上下文的边界，管理好限界上下文之间的协作关系，限制在该边界内开展的战术设计所要面对的就是一个复杂度得到大幅降低的小型业务系统。

人们常以"只见树木，不见森林"来形容一个人不具备高瞻远瞩的战略眼光，然而，若是"只见森林，不见树木"，也未见得是一个褒扬的好词语，它往往可以形容一个人好高骛远，不愿意脚踏实地将战略方案彻底落地。无论战略的规划多么完美，到了战术设计的实际执行阶段，团队在开展对领域的深层次理解时，总会发现之前被遗漏的领域概念，并经过不断的沟通与协作，"碰撞"出对领域的新的理解。对领域概念的新发现与完善除了能帮助我们将领域模型突破到深层模型，还可能促进我们提出对战略设计的修改与调整，其中就包括对限界上下文边界的调整，从而使战略设计与战术设计保持统一。

从战略设计到战术设计是一个自顶向下的设计过程，体现为设计原则对设计决策的指导；将战术设计方案反馈给战略设计，则是自底向上的演化过程，体现为对领域概念的重构引起对战略架构的重构。二者形成不断演化、螺旋上升的设计循环。

2.1.4　领域模型驱动设计

领域驱动设计是一种思维方式[8]2，而模型驱动设计则是领域驱动设计的一种设计元模型。因此，模型驱动设计必须在领域驱动设计思维方式的指导下进行，那就是面向领域的模型驱动设计，或者更加准确地将其描述为**领域模型驱动设计**。

领域模型驱动设计通过单一的领域模型同时满足分析建模、设计建模和实现建模的需要，从而将分析、设计和编码实现糅合在一个整体阶段中，避免彼此的分离造成知识传递带来的知识流失和偏差。它树立了一种关键意识，就是开发团队在针对领域逻辑进行分析、设计和编码实现时，都在进行**领域建模**，产生的输出无论是文档、设计图还是代码，都是组成**领域模型**的一部分。Eric Evans将那些参与模型驱动设计过程并进行领域建模的人员称为"亲身实践的建模者"（hands-on modeler）[8]40。

模型驱动设计主要在战术阶段进行，换言之，整个领域建模的工作是在限界上下文的边界约束下进行的，统一语言的知识语境会对领域模型产生影响，至少，建模人员不用考虑在整个系统范围下领域概念是否存在冲突，是否带来歧义。由于限界上下文拥有自己的内部架构，一旦领域模型牵涉到跨限界上下文之间的协作，就需要遵循限界上下文与上下文映射的架构约束了。

既然模型驱动设计是面向领域的，就必须明确以下两个关键原则。

❑ **以领域为建模驱动力**：在建模过程中，针对领域知识提炼抽象的领域模型，并不断针对领域模型进行深化与突破，直到最终以代码来表达领域模型。

❑ **排除技术因素的干扰**：领域建模与技术实现的关注点分离有助于保证领域模型的纯粹性，也能避免混淆领域概念和其他只与技术相关的概念。

模型驱动设计不能一蹴而就。毕竟，即使通过限界上下文降低了业务复杂度，对领域知识的理解也是一个渐进的过程。在这个过程中，开发团队需要和领域专家紧密协作，共同研究领域知识。在获得领域模型之后，也要及时验证，确认领域模型有没有真实表达领域知识。一旦发现遗漏或失真的现象，就需要重构领域模型。首先建立领域模型，然后重构领域模型，进而精炼领域模型，保证领域概念被直观而真实地表达为简单清晰的领域模型。显然，在战术设计阶段，模型驱动设计也应该是一个演进的不断完善的螺旋上升的循环过程。

2.2 领域驱动设计过程

领域驱动设计过程是一条若隐若现的由许多点构成的设计轨迹，这些点就是领域驱动设计的设计元模型。如果我们从问题空间到解空间，从战略设计到战术设计寻找到对应的设计元模型，分别"点亮"它们，那么这条设计轨迹就会如图2-3那样格外清晰地呈现在我们眼前。

领域驱动设计的过程几乎贯穿了整个软件构建的生命周期，包括对业务需求的探索和分析，系统的架构和设计，以及编码实现、测试和重构。面对客户的业务需求，由领域专家与开发团队展开充分的交流，经过需求分析与知识提炼，获得清晰明确的问题空间，并从问题空间的业务需求中提炼出**统一语言**，然后利用子领域分解问题空间，根据价值高低确定**核心子领域**、**通用子领域**和**支撑子领域**。

通过对问题空间开展战略层次的求解，获得**限界上下文**形成解空间的主要支撑元素。识别限界上下文的基础来自问题空间的业务需求，遵循"高内聚松耦合"的原则划分领域知识的边界，再通过**上下文映射**管理它们之间的关系。每个限界上下文都是一个相对独立的"自治王国"，可以根据限界上下文是否属于核心子领域来选择内部的架构。通常，需要通过**分层架构**将限界上下文内部的领域隔离出来，进入战术设计阶段，进行面向领域的模型驱动设计。

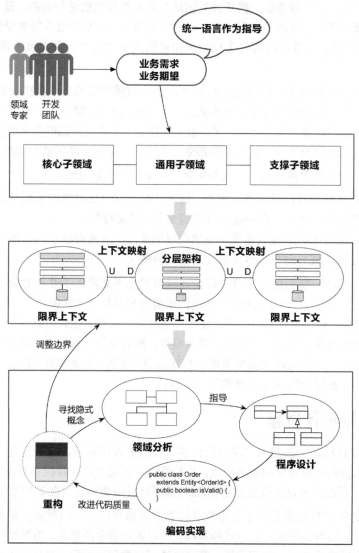

图2-3　领域驱动设计过程

　　选定一个限界上下文，在统一语言的指导下，针对该上下文内部的领域知识开展领域模型驱动设计。首先进行领域分析，提炼领域知识建立满足统一语言要求的领域分析模型，然后引入**实体**、值对象、领域服务、领域事件、聚合、资源库和工厂等设计要素开始程序设计，获得设计模型后在它的指导下进行编码实现，输出最终的领域模型。

在领域驱动设计过程中，战略设计控制和分解了战术设计的边界与粒度，战术设计则以实证角度验证领域模型的有效性、完整性和一致性，进而以迭代的方式分别完成对限界上下文与领域模型的更新与演化，各自形成设计过程的闭环。两个不同阶段的设计目标保持一致，形成一个连贯的过程，彼此之间相互指导与规范，最终保证战略架构与领域模型的同时演进。

2.3 控制软件复杂度

回到对软件复杂度的本质分析。问题空间的规模与结构制造了理解能力障碍，问题空间的变化制造了预测能力障碍，从而形成了问题空间的复杂度。问题空间的复杂度决定了"求解"的难度，领域驱动设计对软件复杂度的控制之道就是竭力改变设计的质量，也就是在解空间中引入设计元模型，对问题空间的复杂度进行有效的控制。

2.3.1 控制规模

问题空间的规模客观存在，除了在软件构建过程中通过降低客户的期望，明确目标系统的范围能够有效地限制规模，要在问题空间控制规模，我们手握的筹码确实不多，然而到了解空间，开发团队就能掌握主动权了。虽然不能改变系统的规模，却可以通过"分而治之"的方法将一个规模庞大的系统持续分解为小的软件元素，直到每个细粒度（视问题空间的问题粒度而定）的软件元素能够解决问题空间的一个问题为止。当然，这种分解并非不分原则地拆分，在分解的同时还必须保证被分解的部分能够被合并为一个整体。分而治之的过程首先是自顶向下持续分解的过程，然后又是自底向上进行整合的过程。

分而治之是一个好方法，可是，该采用什么样的设计原则、以什么样的粒度对软件系统进行分解，又该如何将分解的软件元素组合起来形成一个整体，却让人倍感棘手。领域驱动设计提出了两个重要的设计元模型：**限界上下文和上下文映射**，它们是控制系统规模最为有效的手段，也是领域驱动设计战略设计阶段的核心模式。

下面让我们通过一个案例认识到如何通过限界上下文控制系统的规模。

国际报税系统是为跨国公司的驻外雇员提供的、方便一体化的税收信息填报平台。税务专员通过该平台收集雇员提交的报税信息，然后对这些信息进行税务评审。如果税务专员评审出信息有问题，则将其返回给雇员重新修改和填报。一旦信息确认无误，则进行税收分析和计算，并生成最终的税务报告提交给当地政府以及雇员本人。

系统主要涉及的功能包括：

❑ 驻外雇员的薪酬与福利；

❑ 税收计划与合规评审；

❑ 对税收评审的分配管理；

- 税收策略设计与评审；
- 对驻外出差雇员的税收合规评审；
- 全球的签证服务。

主要涉及的用户角色包括：

- 驻外雇员（assignee）；
- 税务专员（admin）；
- 出差雇员的雇主（client）。

　　采用领域驱动设计，我们将架构的主要关注点放在了"领域"，在与客户进行充分的需求沟通和交流后，通过分析已有系统的问题空间，结合客户提出的新需求，在解空间利用限界上下文对系统进行分解，获得如下限界上下文。

- 账户（account）：管理用户的身份与配置信息。
- 日程（calendar）：管理用户的日程与旅行足迹。
- 工作（work record）：实现工作的分配与任务的跟踪。
- 文件共享（file sharing）：实现客户与系统之间的文件交换。
- 合规（consent）：管理合法的遵守法规的状态。
- 通知（notification）：管理系统与客户之间的交流。
- 问卷调查（questionnaire）：对问卷调查的数据收集。

　　整个系统的解空间分解为多个限界上下文，每个限界上下文提供了自身领域独立的业务能力，获得了图2-4所示的系统架构。

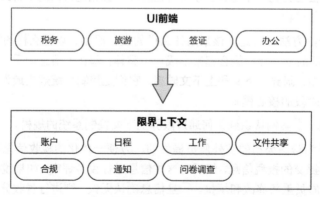

图2-4　引入限界上下文的国际报税系统架构

　　每个限界上下文都是一个独立的自治单元。根据限界上下文的边界划分团队，建立单独的代码库。团队只为所属限界上下文负责：除了需要了解限界上下文之间的协作接口，以确定上下文映射的模式，团队只需要了解边界内的领域知识，为其建立各自的领域模型。系统复杂度通过限界上下文的分解得到了明显的控制。

2.3.2 清晰结构

保持系统结构的清晰是控制结构复杂度的不二法门。关键在于，要以正确的方式认清系统内部的边界。限界上下文从业务能力的角度形成了一条清晰的边界，它与业务模块不同，在内部也拥有独立的架构（参见第9章），通过**分层架构**将领域分离出来，在业务逻辑与技术实现之间划定一条清晰的边界。

为何要在业务逻辑与技术实现之间划分边界呢？实际上仍然可以从软件复杂度的角度给出理由。

问题空间由真实世界的客户需求组成，需求可以简单分为**业务需求**与**质量需求**。

业务需求的数量决定了系统的规模，这是业务需求对软件复杂度带来的直观影响。以电商系统的促销规则为例。针对不同类型的顾客与产品，商家会提供不同的促销力度。促销的形式多种多样，包括赠送积分、红包、优惠券、礼品；促销的周期需要支持定制，既可以是特定的日期（例如"双十一"促销），也可以是节假日的固定促销模式。显然，促销需求带来了促销规则的复杂度，包括支持多种促销类型，根据促销规则进行的复杂计算。这些业务需求并非独立的，它们还会互相依赖、互相影响，例如在处理促销规则时，还需要处理好它与商品、顾客、卖家与支付乃至于物流、仓储之间的关系。这对整个系统的**结构**提出了更高的要求。如果不能维持清晰的结构，就可能因为业务需求的不断**变化**带来业务逻辑的多次修改，再加上沟通不畅、客户需求不清晰等多种局外因素，整个系统的业务逻辑代码会变得纠缠不清，系统慢慢腐烂，变得不可维护，最终形成一种Brian Foote和Joseph Yoder所说的"大泥球"系统。

我们可以将业务需求带来的复杂度称为"业务复杂度"（business complexity）。

软件系统的质量需求就是我们为系统定义的质量属性，包括安全、高性能、高并发、高可用性等，它们往往给软件的技术实现带来挑战。假设有两个经营业务完全一样的电商网站，但其中一个电商网站的并发访问量是另一个电商网站的一百倍。此时，针对下订单服务，要达到相同的服务水平，就不再是通过编写更好的业务代码所能解决的了。质量属性对技术实现的挑战还体现在它们彼此之间的影响，如系统安全性要求对访问进行控制，无论是增加防火墙，还是对传递的消息进行加密，又或者对访问请求进行认证和授权，都需要为整个系统架构添加额外的间接层。这会不可避免地对访问的低延迟产生影响，拖慢系统的整体性能。又比如为了满足系统的高并发访问，需要对业务服务进行物理分解，通过横向增加更多的机器来分散访问负载；同时，还可以将一个同步的访问请求拆分为多级步骤的异步请求，引入消息中间件对这些请求进行整合和分散处理。这种分离一方面增加了系统架构的复杂度，另一方面也因为引入了更多的资源，使得系统的高可用面临挑战，且增加了维护数据一致性的难度。

我们可以将质量需求带来的复杂度称为"技术复杂度"（technology complexity）。

技术复杂度与业务复杂度并非完全独立的，二者的共同作用会让系统的复杂度变得不可预期、难以掌控。同时，技术的变化维度与业务的变化维度并不相同，产生变化的原因也不一致。倘若未能很好地界定二者之间的关系，确定两种复杂度之间的清晰边界，一旦各自的复杂度增加，团队规模也将随之扩大，再糅以严峻的交付周期、人员流动等诸多因素，就好似将各种不稳定的易燃易爆气体混合在一个密闭容器中，随时都可能产生复杂度的组合爆炸，如图2-5所示。

要避免业务逻辑的复杂度与技术实现的复杂度混杂在一起，就需要确定业务逻辑与技术实现的边界，从而隔离各自的复杂度。这种隔离也符合关注点分离的设计原则。例如，在电商的领域逻辑中，订单业务关注的业务规则包括验证订单有效性，计算订单总额，提交和审批订单的流程等；技术关注点则从实现层面保障这些业务能够正确地完成，包括确保分布式系统之间的数据一致性，确保服务之间通信的正确性等。业务逻辑不需要关心技术如何实现。无论采用何种技术，只要业务需求不变，业务规则就不会变化。换言之，理想状态下，我们应该保证业务规则与技术实现是正交的。

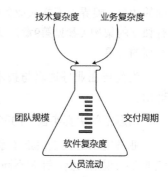

图2-5　业务复杂度与技术复杂度

领域驱动设计引入的**分层架构**规定了严格的分层定义，将业务逻辑封装到领域层（domain layer），支撑业务逻辑的技术实现放到*基础设施层*（infrastructure layer）。在领域层之上的*应用层*（application layer）则扮演了双重角色：一方面，作为业务逻辑的外观（facade），它暴露了能够体现业务用例的应用服务接口；另一方面，它又是业务逻辑与技术实现之间的黏合剂，实现了二者之间的协作。

图2-6展示了一个典型的领域驱动设计分层架构。领域层的内容与业务逻辑有关，基础设施层的内容与技术实现有关，二者泾渭分明，然后汇合在作为业务外观的应用层。应用层确定了业务逻辑与技术实现的边界，通过依赖注入（dependency injection）的方式将二者结合起来。

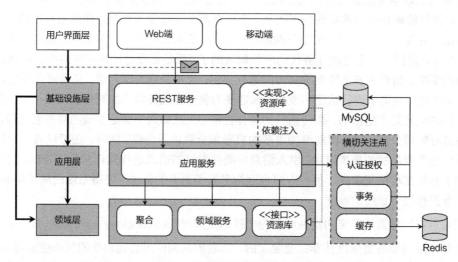

图2-6　领域驱动设计分层架构

　　抽象的**资源库**接口隔离了业务逻辑与技术实现。资源库接口属于领域层，资源库实现则放在基础设施层，通过依赖注入[①]可以在运行时为业务逻辑注入具体的资源库实现。无论资源库的实现怎么调整，领域层的代码都不会受到牵连。例如：领域层的领域服务OrderService通过OrderRepository资源库添加订单，OrderService并不会知道OrderRepository的具体实现：

```
package com.dddexplained.ecommerce.ordercontext.domain;

@Service
public class OrderService {
    @Autowired
    private OrderRepository orderRepository;

    public void execute(Order order) {
        if (!order.isValid()) {
throw new InvalidOrderException(String.format("the order which placed by buyer with %s
is invalid.", buyerId));
        }
        orderRepository.add(order);
    }
}

@Repository
public interface OrderRepository {
    void add(Order order);
}
```

　　领域驱动设计通过限界上下文隔离了业务能力的边界，通过分层架构隔离了业务逻辑与技术实现，如此就能保证整个业务系统的架构具有清晰的结构，实现了**有序设计**，可以避免不同关注点的代码混杂在一处，形成可怕的"大泥球"。

2.3.3　响应变化

　　未来的变化是无法控制的，我们只能以积极的态度拥抱变化。变被动为主动的方式就是事先洞察变化的规律，识别变化方向，把握业务逻辑的本质，使得整个系统的核心领域逻辑能够更好地响应需求的变化。

　　领域驱动设计通过**模型驱动设计**针对限界上下文进行领域建模，形成了结合分析、设计和实现于一体的领域模型。领域模型是对业务需求的一种抽象，表达了领域概念、领域规则以及领域概念之间的关系。一个好的领域模型是对统一语言的可视化表示，可以减少需求沟通可能出现的歧义。通过提炼领域知识，并运用抽象的领域模型去表达，就可以达到对领域逻辑的化繁为简。模型是封装，实现了对业务细节的隐藏；模型是抽象，提取了领域知识的共同特征，保留了面对变化时能够

良好扩展的可能性。

领域建模的一个难点是如何将看似分散的事物抽象成一个统一的领域模型。例如，我们要开发的项目管理系统需要支持多种软件项目管理流程，如瀑布、统一过程、极限编程或者Scrum，这些项目管理流程迥然不同，如果需要我们为各自提供不同的解决方案，就会使系统的模型变得非常复杂，也可能引入许多不必要的重复。通过领域建模，我们可以对项目管理领域的知识进行抽象，寻找具有共同特征的领域概念。这就需要分析各种项目管理流程的主要特征与表现，以从中提炼出领域模型。

瀑布式软件开发由需求、分析、设计、编码、测试、验收6个阶段构成，每个阶段都由不同的活动构成，这些活动可能是设计或开发任务，也可能是召开评审会。

统一过程（rational unified process，RUP）清晰地划分了4个阶段：先启阶段、细化阶段、构造阶段和交付阶段。每个阶段可以包含一到多个迭代，每个迭代有不同的工作，例如业务建模、分析设计、配置和变更管理等。

极限编程（eXtreme programming，XP）作为一种敏捷方法，采用了迭代的增量式开发，提倡为客户交付具有业务价值的可运行软件。在执行交付计划之前，极限编程要求团队对系统的架构做一次预研（architectural spike，又被译为架构穿刺）。当架构的初始方案确定后，就可以进入每次小版本的交付。每个小版本交付又被划分为多个周期相同的迭代。在迭代过程中，要求执行一些必需的活动，如编写用户故事、故事点估算、验收测试等。

Scrum同样是迭代的增量开发过程。项目在开始之初，需要在准备阶段确定系统愿景、梳理业务用例、确定产品待办项（product backlog）、制订发布计划以及组建团队。一旦确定了产品待办项以及发布计划，就进入冲刺（sprint）迭代阶段。sprint迭代过程是一个固定时长的项目过程，在这个过程中，整个团队需要召开计划会议、每日站会、评审会议和回顾会议。

显然，不同的项目管理流程具有不同的业务概念，例如瀑布式开发分为6个阶段，却没有发布和迭代的概念；RUP没有发布的概念；Scrum为迭代引入了冲刺的概念。不同的项目管理流程具有不同的业务规则，例如RUP的4个阶段可以包含多个迭代周期，每个迭代周期都需要完成对应的工作，只是不同工作在不同阶段所占的比重不同；XP需要在进入发布阶段之前进行架构预研，而在每次小版本发布之前，都需要进行验收测试和客户验收；Scrum的冲刺是一个基本固定的流程，每个迭代召开的"四会"（计划会议、评审会议、回顾会议和每日站会）都有明确的目标。

领域建模就是要从这些纷繁复杂的领域逻辑中寻找到能够表示项目管理领域的概念，对概念进行抽象，确定它们之间的关系。经过分析这些项目管理流程，我们发现它们的业务概念和规则上虽有不同之处，但都归属于软件开发领域，因此必然具备一些共同特征。

从项目管理系统的角度看，无论针对何种项目管理流程，我们的主题需求是不变的，就是要为这些管理流程制订软件开发计划（plan）。不同之处在于，计划可以由多个阶段（phase）组成，也可以由多个发布（release）组成。一些项目管理流程没有发布的概念，我们也可以认为是一个**发**

布。那么，到底是一个发布包含多个阶段，还是一个阶段包含多个发布呢？我们发现，在XP中明显地划分了两个阶段：架构预研阶段与发布计划阶段，而发布只属于发布计划阶段。因而从概念内涵上，可以认为是阶段（phase）包含了发布（release），每个发布又包含了一到多个迭代（iteration）。至于Scrum的sprint概念，其实可以看作迭代的一种特例。每个迭代可以开展多种不同的活动（activity），这些活动可以是整个团队参与的会议，也可以是部分成员或特定角色执行的实践。对计划而言，我们还需要跟踪任务（task）。与活动不同，任务具有明确的计划起止时间、实际起止时间、工作量、优先级和承担人。

于是可提炼出图2-7所示的统一领域模型。

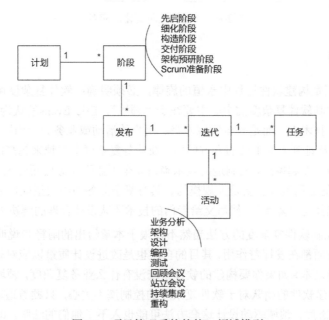

图2-7　项目管理系统的统一领域模型

为了让项目管理者更加方便地制订项目计划，产品经理提出了计划模板功能。当管理者选择对应的项目管理生命周期类型后，系统会自动创建满足其规则的初始计划。基于增加的这一新需求，我们更新了之前的领域模型，如图2-8所示。

在增加的领域模型中，生命周期规格（life cycle specification）是一个隐含的概念，遵循领域驱动设计提出的规格（specification）模式[8]154，封装了项目开发生命周期的约束规则。

领域模型以可视化的方式清晰地表达了业务含义。我们可以利用这个模型指导后面的程序设计与编码实现：当需求发生变化时，能够敏锐地捕捉到现有模型的不匹配之处，并对其进行更新，使得我们的设计与实现能够以较小的成本响应需求的变化。

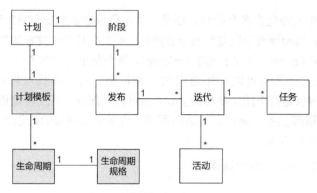

图2-8   领域模型对变化的应对

2.4   冷静认识

控制软件复杂度是构建软件过程中永恒的旋律，必须明确：软件复杂度可以控制，但不可消除。领域驱动设计控制软件复杂度的中心主要在于"领域"，Eric Evans就认为："很多应用程序最主要的复杂度并不在技术上，而是来自领域本身、用户的活动或业务。"[8]2这当然并不全面，随着软件的"触角"已经蔓延到人类生活的方方面面，在业务复杂度变得越来越高的同时，技术复杂度也在不断地向技术极限发起挑战，其制造的技术障碍完全不亚于业务层面带来的困难。领域驱动设计并非"银弹"，它的适用范围主要是大规模的、具有复杂业务的中大型软件系统，至于对技术复杂度的应对，它的选择是"隔离"，然后交给专门的技术团队设计合理的解决方案。

领域驱动设计控制软件复杂度的方法当然不仅限于本章给出的阐释和说明，它的设计元模型在软件构建的多个方面都在发挥着作用，其目的自然也是改进设计质量以应对软件复杂度——这是领域驱动设计的立身之本！如果你要构建的软件系统没有什么业务复杂度，领域驱动设计就发挥不了它的价值；如果构建软件的团队对于软件复杂度的控制漠不关心，只顾着追赶进度而采取"头痛医头，脚痛医脚"的态度，领域驱动设计这套方法可能也入不了他们的法眼。即便认识到了领域驱动设计的价值，怎么用好它也是一个天大的难题。我尝试破解落地难题的方法，就是重新梳理领域驱动设计的知识体系，尝试建立一个固化的、具有参考价值的领域驱动设计统一过程。

第3章

领域驱动设计统一过程

> 只凭经验，我们得经过遥遥辽远的汗漫之游，才能得到便利直捷之径。
>
> ——洛节·爱铿，转引自托马斯·哈代的《德伯家的苔丝》

距离领域驱动设计的提出已有十余年，开发人员面对的软件开发模式、开发技术和IT规模都有了天翻地覆的变化。即使领域驱动设计作为一种设计思维方式与软件设计过程，并未涉及具体的开发技术，但技术的发展仍然会对它产生影响，就连Eric Evans自己也认为："如果在推行领域驱动设计时继续照本宣科地使用《领域驱动设计》一书，这就不太光彩了！"[1]

领域驱动设计具有一定的开放性，只要遵循"以领域为驱动力"的核心原则，就可以在软件构建过程中使用不限于领域驱动设计提出的方法，以控制软件复杂度。事实上，在领域驱动设计社区的努力下，如今的领域驱动设计包容的实践方法与模型已经超越了Eric Evans最初提出的领域驱动设计范畴。这是一套可以自我成长自我完善的过程体系，只要软件仍然以满足用户的业务需求为己任，领域驱动设计就不会脱离它成长的土壤。

既然看到了领域驱动设计的开放性，只要不违背它的核心原则，我们自然可以按照对它的理解，结合自身在项目中的实践来扩展整套方法论。社区对领域驱动设计的补充更多地体现在对设计元模型的不断丰富上。以"模式"作为表达方式的设计元模型是一种松散的组织方式，每个模式都有其意图与适用性，这意味着我们可以轻松地添加新的模式。目前，社区已经为这套设计元模型分别增加了诸如支撑子领域、领域事件、事件溯源、命令查询职责分离（command query responsibility segregation，CQRS）等模式，本书也针对上下文映射提出了**发布者/订阅者模式**（参见第10章），为限界上下文定义了**菱形对称架构模式**（参见第12章），在领域建模阶段增加了**角色构造型**（参见第16章）的概念，提出了**服务驱动设计**（参见第16章）方法。

领域驱动设计的开放性还体现在适用范围的扩大。它作为一种方法论，囊括了在软件设计领域提炼出来的诸多真知灼见，并以设计原则和模式的形式将其呈现出来。这些设计原则和模式具备技术领先性和前瞻性，体现了顽强的生命力，仿佛可以预见技术发展的未来。例如：它"预见"了微服务架构，可以将限界上下文作为设计和识别微服务边界的参考模式；它"预见"了文档型的NoSQL数据库，可以使用聚合模式封装NoSQL数据库的每一项；它"预见"了中台战略，可以通过对子领域的划分提供能力中心构建的设计支持。

---

[1] 来自 Eric Evans 在2017年的 Explore DDD 大会上所作的开幕式主题演讲。

领域驱动设计的开放性是其永葆青春的秘诀。当然，在选择为这套方法论添砖加瓦时，也不能率意而为，肆意扩大领域驱动设计的外延，仿佛它是一个筐，什么都能向里面装。本着实证主义的态度，在对现有领域驱动设计体系进行完善之前，需要充分了解它现存的不足。

3.1　领域驱动设计现存的不足[①]

领域驱动设计体系构建在设计元模型的基础之上，具有前所未有的开放性。然而，这种由各种模式构成的松散模型却也使得它对设计上的指导过于随意，对技能的要求过高。如果没有掌握其精髓，就难以合理地运用这些设计元模型。归根结底，领域驱动设计缺乏一个系统的统一过程作为指导。虽然领域驱动设计划分了战略设计阶段与战术设计阶段，但这两个阶段的划分仅仅是对构成元模型的模式进行类别上的划分，例如将限界上下文、上下文映射等模式划分到战略设计阶段，将聚合、实体、值对象等模式划分到战术设计阶段，却没有一个统一过程去规范这两个阶段需要执行的活动、交付的工件以及阶段里程碑，甚至没有清晰定义这两个阶段该如何衔接、它们之间执行的工作流到底是怎样的。毕竟，除了极少数精英团队，大多数开发团队都需要一个清晰的软件构建过程作为指导。领域驱动设计没能形成这样的统一过程，使得其缺乏可操作性。团队在运用领域驱动设计时，更多取决于设计者的行业知识与设计经验，使得领域驱动设计在项目上的成功存在较大的偶然性。因此，**领域驱动设计缺乏规范的统一过程，是其不足之一**。

领域驱动设计倡导以"领域"为设计的核心驱动力，这就需要针对问题空间的业务需求进行领域知识的抽象和精炼。可是，系统的问题空间是如何识别和界定出来的？问题空间的业务需求又该如何获得，具备什么样的特征？如何定义它们的粒度和层次？如何规范和约定团队各个角色对问题空间的探索和分析？在不同阶段，业务需求的表现形式与验证标准分别是什么？针对种种问题，领域驱动设计都没有给出答案，甚至根本未曾提及这些内容！虽说可以将这些问题纳入需求管理体系，从而认为它们不属于领域驱动设计的范畴，可是，不同层次的业务需求贯穿于领域驱动设计过程的每个环节，例如识别限界上下文需要对业务需求和业务流程有着清晰的理解，建立领域模型需要的领域知识和概念也都来自于细粒度层次的业务需求，更不用说领域驱动设计本身就强调领域专家需要就领域知识与开发团队进行充分沟通。可以说，没有好的问题空间分析，就不可能获得高质量的领域架构与领域模型。因此，**领域驱动设计缺乏与之匹配的需求分析方法，是其不足之二**。

领域驱动设计战略设计阶段的核心模式是限界上下文，指导架构设计的核心模式是分层架构，前者决定了业务架构和应用架构，后者决定了技术架构。领域驱动设计的核心诉求是让业务架构和应用架构形成绑定关系，同时降低与技术架构的耦合，使得在面对需求变化时，应用架构能够适应业务架构的调整，并隔离业务复杂度与技术复杂度，满足架构的演进性。领域驱动设计虽然给出了这些模式的特征，却失之于简单松散，不足以支撑复杂软件项目的架构需求。更何况，对于如何从

[①] 这里分析的不足，主要针对Eric Evans的著作《领域驱动设计》中的内容，社区针对这些不足也提出了各自的解决方案或模式。

问题空间映射到战略层次的解空间、问题空间的业务需求如何为限界上下文与上下文映射的识别提供参考等问题，领域驱动设计完全语焉不详。因此，**领域驱动设计缺乏规范化的、具有指导意义的架构体系，是其不足之三。**

在战术设计阶段，领域驱动设计虽然以模型驱动设计为主线，却没有给出明确的领域建模方法。无论是否采用敏捷的迭代建模过程，整个建模过程分为分析、设计和实现这3个不同的活动都是客观存在的事实。虽然要保证领域模型的一致性，但这3个活动存在明显的存续关系，每个活动的目标、参与角色和建模知识存在本质差异，这也是客观存在的事实。领域驱动设计却没有为领域分析建模、领域设计建模和领域实现建模提供对应的方法指导，建模活动率性而为，要获得高质量的领域模型，主要凭借建模人员的经验。因此，**领域驱动设计的领域建模方法缺乏固化的指导方法，是其不足之四。**

3.2　领域驱动设计统一过程

针对领域驱动设计现存的这4个不足，我对领域驱动设计体系进行了精简与丰富。精简，意味着做减法，就是要剔除设计元模型中不太重要的模式，凸显核心模式的重要性，并对领域驱动设计过程进行固化，提供简单有效的实践方法，建立具有目的性和可操作性的构建过程；丰富，意味着做加法，就是突破领域驱动设计的范畴，扩大领域驱动设计的外延，引入更多与之相关的方法与模式来丰富它，弥补其自身的不足。

软件构建的过程就是不断对问题空间求解获得解决方案，进而组成完整的解空间的过程。在这个过程中，若要构建出优良的软件系统，就需要不断控制软件的复杂度。因此，我对领域驱动设计的完善，就是在问题空间与解空间背景下，定义能够控制软件复杂度的领域驱动设计过程，并将该过程执行的工作流限定在领域关注点的边界之内，避免该过程的扩大化。我将这一过程称为**领域驱动设计统一过程**（domain-driven design unified process，DDDUP）。

3.2.1　统一过程的二维模型

领域驱动设计统一过程参考了统一过程（rational unified process，RUP）的二维开发模型。整个过程的二维模型如图3-1所示，横轴代表推动领域驱动设计在构建过程中的时间，体现了过程的动态结构，构成元素主要为3个阶段（phase），每个阶段可以由多个迭代构成；纵轴表现了领域驱动设计在各个阶段中执行的活动，体现了过程的静态结构，构成元素包括工作流（work flow）和元模型（meta model）。

不同于RUP等项目管理过程，领域驱动设计统一过程并没有也不需要覆盖完整的软件构建生命周期，例如软件的部署与发布就不在该统一过程的考虑范围内。结合领域驱动设计对问题空间和解空间的阶段划分、对战略设计和战术设计的层次划分，整个统一过程分为3个连续的阶段：

- ❑ 全局分析阶段；
- ❑ 架构映射阶段；
- ❑ 领域建模阶段。

每个阶段都规定了自己的里程碑和产出物。里程碑作为阶段目标，可以作为该阶段结束的标志，避免团队无休止地投入人力物力到该阶段的工作流中；每个阶段都必须输出产出物，这些产出物无论形式如何，都是领域知识的一部分，并作为输入，成为执行下一阶段工作流的重要参考，甚至可以指导下一个阶段工作流的执行。根据情况，团队可以对每个阶段的产出物进行评审。每个团队可以设定验收规则，甚至做出严格规定，只有本阶段产出物通过了评审，才可以进入下一个阶段。

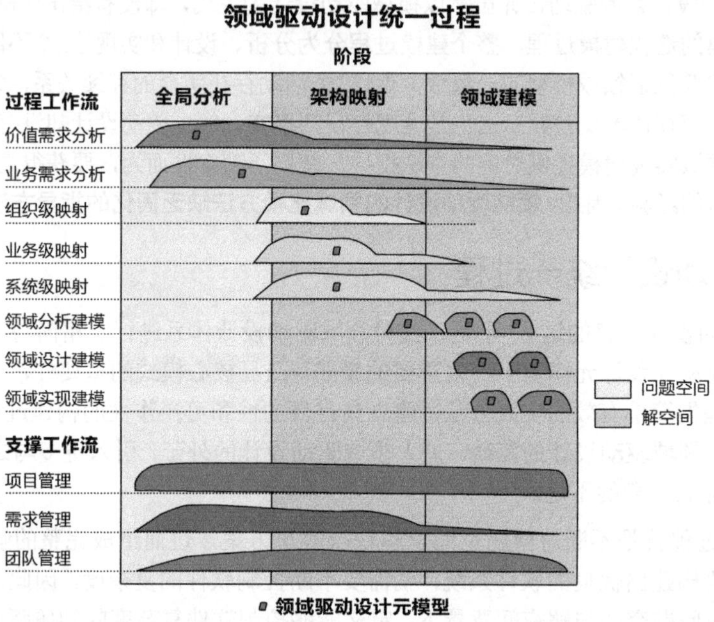

图3-1 领域驱动设计统一过程

统一过程的每个阶段要执行的活动主要通过工作流来表现，一个工作流就是一个具有可观察结果的活动序列。整个统一过程的工作流分为过程工作流（process work flow）与支撑工作流（supporting work flow）。每个工作流都可能贯穿统一过程的所有阶段，只不过因为阶段目标与工作流活动的不同，工作流在不同阶段所占的比重各不相同，意味着在不同阶段花费的人力成本与时间成本的不同。图3-1中工作流图例的面积直观地体现了这种成本的差异。例如，价值需求分析工作流主要用于确定系统的利益相关者、系统愿景和系统范围，这些活动与全局分析阶段需要达成的里程碑相吻合，但这并不意味着在项目进入架构映射阶段时就不需要执行该工作。软件系统就像一座不断扩张的城市，通过价值需求分析获得的利益相关者、系统愿景和系统范围也会随着软件系统问题空间的变化而发生调整，其他工作流同样如此。

过程工作流构成了领域驱动设计统一过程的主要活动，它融合了领域驱动设计元模型，为工作流提供设计原则和模式的指导。这也使得整个统一过程保留了领域驱动设计的特征，遵循了"以领域为驱动力"的核心原则。支撑工作流严格说来不属于领域驱动设计的范围，但对它们的选择却会在整个统一过程中不断地影响着实施领域驱动设计的效果。领域驱动设计不能与它们强行绑定，毕竟不同企业、不同团队的文化基因和管理机制存在差异，但需要选择与领域驱动设计统一过程具有高匹配度的支撑工作流。

3.2.2 统一过程的动态结构

领域驱动设计统一过程的动态结构通过3个阶段，从问题空间到解空间完整而准确地展现了运用领域驱动设计构建目标系统的过程。这里所谓的"目标系统"是一个抽象的概念，取决于领域驱动设计统一过程的运用范围，既可大至整个组织，将该组织的所有IT系统都囊括在这一统一过程之下（问题空间的范围也将由此扩大至整个组织），也可小至一个已有系统的新开发功能模块，将其独立出来，严格遵循该统一过程，运用领域驱动设计完成其构建。目标系统的大小直接决定了问题空间的大小，自然也就决定了它所映射的解空间的大小。

1. 全局分析阶段

全局分析（big picture analysis）阶段的目标是探索与分析问题空间。该阶段主要通过对目标系统执行价值需求分析与业务需求分析这两个工作流，完全抛开对解决方案的思考与选择，仅仅从需求分析的角度以递进方式开展对问题空间的深入剖析。整个全局分析过程如图3-2所示。

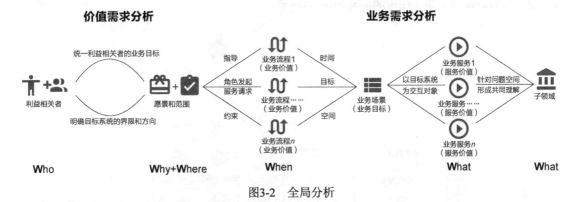

图3-2 全局分析

从价值需求开始，识别目标系统的利益相关者，明确系统愿景，识别系统范围。只有明确了利益相关者，才能就不同利益相关者的项目目标达成共识，以明确组织对目标系统树立的愿景，确保构建的目标系统能够对准组织的战略目标，避免软件投资方向的偏离。通过了解目标系统的当前状态和预期的未来状态，可以确定目标系统的范围，从而界定问题空间的边界，为进一步探索目标系统的解决方案提供战略指导。价值需求分析的成果看似虚无缥缈，似乎都是宏观层次言不及义的大话、套话，实则描绘了目标系统的蓝图，避免开发团队只见树木不见森林，缺乏对系统的整体把控。同时，它还指明了目标系统的方向，为我们确定和排列业务需求优先级提供了参考，为解空间进行技术选型和技术决策提供了依据，做出恰如其分的设计。

在价值需求的指导和约束下，根据用户发起的服务请求，逐一梳理出提供**业务价值**的动态业务流程，体现了多个角色在不同阶段进行协作的执行序列。每个业务流程都具有时间属性，通过划定里程碑时间节点，即可在**业务目标**的指导下将业务流程划分为不同时间阶段的多个业务场景。业务场景由多个角色共同参与，每个角色在该场景下与目标系统的一次功能交互，都是为了满足该角色希望获得的服务价值，由此即可获得业务服务。

在对业务需求进行深入分析后，可以结合价值需求分析的结果，将那些对准系统愿景的业务需求放到核心子领域，将提供支撑作用的业务需求放到支撑子领域，将提供公共功能的业务需求放到通用子领域，由此就可以从价值角度完成对问题空间的分解。

全局分析阶段的**里程碑目标**是探索和固定目标系统的问题空间，通过分析价值需求与业务需求，获得以业务服务为业务需求单元的**全局分析规格说明书**（参见附录D）。

参与全局分析阶段的角色包括客户或客户代表、业务分析师、产品经理、用户体验设计师、架构师或技术负责人、测试负责人。其中，客户、业务分析师、产品经理共同扮演领域专家的角色，并在本阶段作为关键的引导者和推动者。

2．架构映射阶段

架构映射（architectural mapping）阶段根据全局分析阶段获得的产出物，即价值需求与业务需求，分别从组织级、业务级与系统级3个层次完成对问题空间的求解，映射为架构层面的解决方案。整个架构映射阶段与主要工作流的关系如图3-3所示。

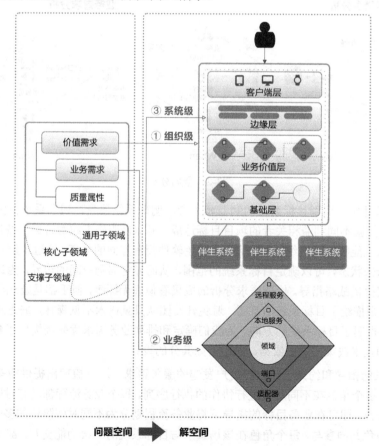

图3-3　架构映射

通过全局分析阶段完成对问题空间的探索后，对解空间架构层面的解决方案映射，几乎可以做到顺势而为。通过执行**组织级映射**、**业务级映射**与**系统级映射**这3个过程工作流，分别获得组织级架构、业务级架构与系统级架构。

在执行组织级映射时，**设计者站在整个组织的高度**，在全局分析阶段输出的价值需求的指导下，通过**系统上下文**呈现利益相关者、目标系统与伴生系统之间的关系。系统上下文实际上确定了解空间的边界，除了系统边界与外部环境之间必要的集成，整个开发团队都工作在系统上下文的边界之内。

一旦确定了系统上下文，就可以**根据全局分析阶段输出的业务需求执行业务级映射**。根据语义相关性和功能相关性对**业务服务**表达出来的业务知识进行归类与归纳，即可识别出边界相对合理的**限界上下文**。限界上下文的内部架构遵循**菱形对称架构模式**，充分体现它作为自治的架构单元、领域模型的知识语境，提供独立完整的业务能力；限界上下文之间则通过不同的**上下文映射模式**表达上游和下游之间的协作方式，规范服务契约。

系统级映射建立在限界上下文之上，在全局分析阶段划分的子领域的指导下，**在系统上下文的边界内部建立系统分层架构**。该分层架构将属于核心子领域的限界上下文映射为**业务价值层**，将支撑子领域和通用子领域的限界上下文映射为**基础层**，并从前端用户体验的角度考虑引入**边缘层**，为前端提供一个统一的网关入口，并通过聚合服务的方式响应前端发来的客户端请求。

架构映射阶段的**里程碑目标**是完成从问题空间到解空间的架构映射，通过组织级映射、业务级映射和系统级映射获得遵循领域驱动架构风格的架构映射战略设计方案（参见附录D）。

架构映射阶段就是目标系统的架构战略设计。解决方案的获得建立在全局分析结果的基础之上，不同层次的映射方法引入了不同的领域驱动设计元模型，建立的领域驱动架构风格发挥了这些设计元模型的价值，保证了目标系统架构的一致性，以限界上下文为核心的业务级架构与系统级架构也成了响应业务变化的关键。

参与架构映射阶段的角色包括业务分析师、产品经理、用户体验设计师、项目经理、架构师、技术负责人、开发人员。其中，业务分析师和产品经理共同扮演领域专家的角色。由于架构映射阶段属于解空间的范畴，邀请客户参与本阶段的战略设计活动，可能会适得其反。若有必要，在执行组织级映射获得系统上下文的过程中，可以咨询和参考客户的意见。在本阶段，架构师（尤其是业务架构师与应用架构师）应成为关键的引导者和推动者。

3. 领域建模阶段

领域建模阶段是对问题空间战术层次的求解过程，它的目标是建立领域模型。领域建模必须在领域驱动架构风格的约束下，在限界上下文的边界内进行。这样一方面用分而治之的思想降低了领域建模的难度，另一方面也体现了领域建模依据的统一语言存在限定的语境，这也是模型驱动设计区别于其他建模过程的根本特征。根据领域模型表现特征的不同，领域建模可分为**领域分析建模**、**领域设计建模**和**领域实现建模**，对应于本阶段的3个主要过程工作流。整个领域建模阶段与主要工作流的关系如图3-4所示。

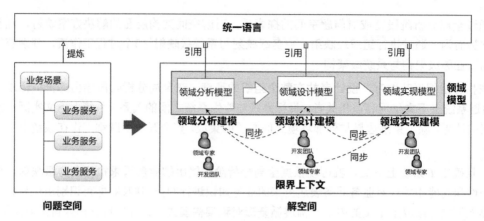

图3-4　领域建模

领域建模是一个统一而连续的过程。执行领域分析建模时，**以领域专家为主导**，整个领域特性团队共同针对限界上下文对应的领域开展分析建模，即在统一语言的指导下对业务服务进行提炼与抽象，获得的领域概念形成**领域分析模型**；执行领域设计建模时，**以开发团队为主导**，围绕每个完整的业务服务开展设计工作，获得**领域设计模型**；领域实现建模仍然**由开发团队主导**，在拆分业务服务为任务的基础上开展测试驱动开发，编写出领域相关的产品代码和单元测试代码，形成**领域实现模型**。

领域分析模型、领域设计模型和领域实现模型共同组成了领域模型。在执行主要的过程工作流时，还需要注意领域分析模型、领域设计模型和领域实现模型之间的同步，保证领域模型的统一。

推动领域建模完成从问题空间到解空间战术求解的核心驱动力是"领域"，在领域驱动设计统一过程中，就是通过**业务服务**表达领域知识，成为领域分析建模、领域设计建模和领域实现建模的驱动力。

领域建模阶段的**里程碑目标**是完成从问题空间到解空间的模型构建，通过领域分析建模、领域设计建模和领域实现建模逐步获得领域模型。领域模型包括如下内容。

- ❑ 领域分析模型：业务服务规约和领域模型概念图。
- ❑ 领域设计模型：以聚合为核心的静态设计类图和由角色构造型组成的动态序列图与序列图脚本。
- ❑ 领域实现模型：实现业务功能的产品代码和验证业务功能的测试代码。

参与领域建模阶段的角色主要为领域特性团队业务分析师、开发人员和测试人员，其中业务分析师负责细化业务服务，测试人员为业务服务编写验收标准，开发人员进行服务驱动设计和测试驱动开发，共同完成领域建模。

3.2.3　统一过程的静态结构

领域驱动设计统一过程通过纵轴展现了**工作流**（work flow），包括过程工作流与支撑工作流。

其中，在执行过程工作流时，还需要应用领域驱动设计元模型中的模式（pattern）或丰富到领域驱动设计体系中的方法（method）。

1. 过程工作流

在讲解领域驱动设计统一过程的各个阶段时，我已阐述了这些阶段与各个过程工作流之间的关系，图3-1也通过工作流图示的面积大小体现了这种关系。这一对应关系主要体现了各个阶段执行活动的主次之分，过程工作流的执行效果会直接影响阶段的里程碑与产出物。

统一过程的所有过程工作流都运用了领域驱动设计的设计元模型。正是通过这种方式将相对零散的设计元模型糅合到一个完整的设计过程中，为开发团队运用领域驱动设计提供过程指导。为了更好地使领域驱动设计落地，我在沿用设计元模型的基础上，丰富了领域驱动设计体系，增加了一些新的方法，这些方法也可以认为是设计元模型的一部分。过程工作流与其运用的设计元模型之间的关系如表3-1所示。

表3-1 过程工作流与设计元模型

过程工作流	模式	方法
价值需求分析	统一语言	商业模式画布
业务需求分析	统一语言、核心子领域、通用子领域、支撑子领域	业务流程图、服务蓝图、业务服务图、事件风暴
组织级映射	系统上下文	系统上下文图、业务序列图
业务级映射	限界上下文、上下文映射、菱形对称架构	V型映射过程、事件风暴、服务序列图、康威定律、领域特性团队
系统级映射	核心子领域、通用子领域、支撑子领域、系统分层架构	康威定律
领域分析建模	统一语言、限界上下文、模型驱动设计	快速建模法、事件风暴
领域设计建模	统一语言、模型驱动设计、实体、值对象、聚合、领域服务、领域事件、资源库、工厂、事件溯源	角色构造型、服务驱动设计
领域实现建模	统一语言、模型驱动设计	测试驱动开发、简单设计、测试金字塔

无论模式还是方法，都有知识零散之虞，它们就像一颗颗晶莹剔透的珍珠，在实践落地时常常会有遗珠之憾，因此需要用领域驱动设计统一过程这条线把它们串联起来，打造成一件完整的珠宝首饰，如此才能发出整体的耀眼光芒。

2. 支撑工作流

虽说领域驱动设计是以"领域"为核心关注点的软件构建过程，但它仍然属于软件构建的技术范畴；而我们在软件构建工作中面对的太多问题，实际属于管理学的范畴。《人件》认为："开发的本质迥异于生产；然而，开发管理者的思想却通常被生产环境衍生而来的管理哲学所左右。"[13]同理，当我们改变了软件构建的过程时，如果还在沿用过去那一套管理软件构建的方法，就会出现"水土不服"的现象。因此，领域驱动设计统一过程需要对**项目管理流程、需求管理体系**和**团队管理制度**做出相应的调整，这些共同组成了统一过程的支撑工作流。

关于项目管理，Eric Evans早在十余年前就提到了敏捷开发过程与领域驱动设计之间的关系，

他提出了两个开发实践[8]3:

□ 迭代开发;

□ 开发人员与领域专家具有密切的关系。

领域驱动设计统一过程并未对项目管理流程做出硬性的规定,然而迭代开发因为其增量开发、小步前行、快速反馈、响应变化等优势,能够非常好地与领域驱动设计相结合,可考虑将其引入领域建模阶段,形成分析、设计和实现的迭代建模与开发流程。全局分析阶段与架构映射阶段也可采用迭代模式,但它们在管理流程上更像RUP的先启阶段。短暂快速的先启阶段与迭代建模的增量开发相结合,形成一种"最小计划式设计"。它是软件开发过程的中庸之道,既避免了瀑布型的计划式设计因为庞大的问题空间形成分析瘫痪(analysis paralysis),又不至于走向无设计的另一个极端。

领域驱动设计的成败很大程度上取决于需求的质量。全局分析阶段的主要目标就是对问题空间进行价值需求分析与业务需求分析;在领域建模阶段,也需要领域特性团队的业务分析师针对全局分析获得的业务服务进行深入分析。这些都是领域驱动设计统一过程对需求管理流程的要求。

与需求管理流程不同,领域驱动设计统一过程并没有强制约定需求分析的方法,团队可以根据自身能力和方法的要求,选择用例需求分析方法,也可以选择协作性更强的用户故事地图或者事件风暴,甚至将多种需求分析方法与实践结合起来,只要能获得更有价值的业务需求。当然,为了让参与者能够在需求分析与管理过程中达成共识,也需要就需求术语定义"统一语言"。表3-2列出了统一过程使用的技术术语与主流需求分析方法使用的技术术语之间的对应关系。

表3-2　需求分析的统一语言

领域驱动设计统一过程	业务与系统建模	精益需求	用户故事地图	事件风暴
业务流程	业务序列图	用户体验地图	叙事主线	事件流
业务场景	业务用例	史诗故事	无	关键事件与泳道
业务服务	系统用例	特性	活动	决策命令
业务任务	用例执行步骤	用户故事	任务	决策命令

领域驱动设计统一过程使用业务流程、业务场景、业务服务和业务任务4个层次的技术术语来体现不同层级的业务需求。

领域驱动设计对团队管理也提出了要求:"团队共同应用领域驱动设计方法,并且将领域模型作为项目沟通的核心。"[8]6这一要求的目的是让团队成员更好地沟通与交流,并在团队内部形成一种公共语言,在开发节奏上保持与建模过程的步调一致。为了促进团队的充分交流,应为提供业务能力的限界上下文建立领域特性团队,为具有内聚功能的模块建立组件团队,针对客户端调用者尤其是前端UI建立前端组件团队,这种团队组建方式也符合康威定律的要求。

第二篇
全 局 分 析

解决问题的第一要务是明确问题。尚不知问题就尝试求解，自然就是无的放矢。全局分析的目标就是确定问题空间，在统一语言的指导下，通过各种可视化手段，由领域专家与团队一起完成对问题空间的探索，帮助领域驱动设计对准问题，输出价值需求和业务需求。

价值需求既是目标系统的目标，也是对目标系统问题空间的界定和约束，指导着业务需求分析；业务需求由动态的业务流程和静态的业务服务组成，二者的结合依靠业务场景按照时间点和业务目标对业务流程进行的切分。运用商业模式画布，可以获得组成价值需求的利益相关者、系统愿景和系统范围。

业务流程的梳理可以帮助团队对问题空间的各条业务线形成整体认识，弄清楚各种角色如何参与到一个完整的流程中，而流程的时序性也可以避免识别业务服务时可能出现的缺失。业务流程图与服务蓝图以可视化的方式形象地呈现了每一个提供业务价值的业务流程。

业务服务是角色与目标系统之间的一次功能性交互，是体现了服务价值的功能行为。一直以来，该如何确定业务需求层次、划分业务需求粒度，总是众说纷纭，没有一个客观统一的标准。业务服务将目标系统视为一个黑箱，从功能性交互的完整性保证了每个业务服务都是正交的，无须再考虑业务服务的层次和粒度，或者说，只要确定了完整性，保障了正交性，业务服务的层次与粒度也就确定下来了。业务服务图和业务服务规约分别以可视化和文本方式呈现了每一个业务服务。

业务服务是全局分析阶段的基本业务单元，它的输出对于架构映射与领域建模具有以下重要意义。

- ❏ 架构映射：业务服务是识别限界上下文、确定上下文映射的基础，同时，它的粒度正好对应每个限界上下文向外公开的服务契约。
- ❏ 领域建模：业务服务规约既是领域分析建模的重要参考，又是服务驱动设计的起点。

全局分析是领域驱动设计统一过程的起点，它的目的是探索问题空间，使团队就问题空间的价值需求和业务需求达成共识，并在统一语言的指导下将其清晰地呈现出来。只有将问题定义清楚，团队才能更好地寻求解决方案。

第4章

问题空间探索

> 一旦你了解了问题所在，答案就变得相对简单了。我从中得出结论：
> 我们应该立志去增强人类的自我意识，这样才能更好地去理解问题所在。
>
> ——埃隆·马斯克，《埃隆·马斯克的冒险人生》

在项目之初，问题空间对我们而言是完全未知的。我们就像进入一座陌生城市的游客，充满了困惑。想要游刃有余、悠然自得地穿梭于这座城市的巷陌街衢，就必须事先做一番有计划的探索。考虑到巨细无遗的探索会耗费大量的时间，在项目开发的早期，我们应在宏观层次对问题空间做一次全方位的梳理和分析，这就是领域驱动设计统一过程的**全局分析阶段**。

探索问题空间并非兴之所至、率性而为的一场漫游，其目的在于获得合理的"求解方程"，若取漫游的态度作漫无目的之探索，既费时又费力，还不能取得最佳效果，结果可能像一只无头苍蝇撞入错综复杂的蜘蛛网中，越挣扎，越没有出路。对问题空间的探索如做路径规划，需要体现问题的方向与层次，否则就会在重重迷雾中失去前进的方向；又像一场遇见美好自己的旅游，以游客的心境融入时空的场景中，享受一场视觉的盛宴。既要做到空间的规划，又要融入场景的体验，最佳方法就是通过5W模型展开对问题空间的探索。

4.1 全局分析的5W模型

要清晰地描述一件事情，可以遵循6W要素的情景叙述法：谁（Who）基于什么原因（Why）在什么地点（Where）什么时候（When）做了什么事情（What），是怎么做到的（hoW）。

6W要素中的前5个要素皆与问题空间需要探索的内容存在对应关系。

- ❑ Who：利益相关者。
- ❑ Why：系统愿景。
- ❑ Where：系统范围。
- ❑ When：业务流程。
- ❑ What：业务服务。

由于全局分析是在宏观层次对问题空间的分析，因此无须考虑属于怎么做（hoW）的具体实现细节，由此就构成了图4-1所示的全局分析的5W模型。

全局分析的5W模型包含**价值需求**和**业务需求**，它们共同组成了目标系统的问题空间。

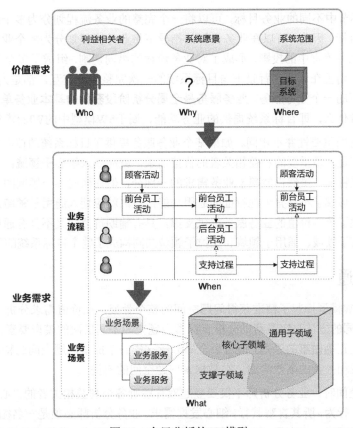

图4-1　全局分析的5W模型

价值需求需要从系统价值的角度进行分析获得。没有价值，系统就没有开发的必要，而价值一定是为人提供的。不同角色的人对于该系统的期望并不相同，牵涉到的利益也不相同，这也是将系统的参与者称为"利益相关者"（stakeholder）[①]的原因。利益相关者是团队进行需求调研的主要访谈对象。在综合利益相关者提出的各种价值之后，我们需要对这些价值进行提炼和概括，并将所有利益相关者关注的主要价值统一到一个方向上，如此就明确了系统的愿景。确定了系统的愿景，就可将其作为业务目标的衡量标准，并通过分析目标系统的当前状态与未来状态，确定目标系统的范围。利益相关者、系统愿景和系统范围共同组成了目标系统的**价值需求**，分属于5W模型中的Who模型、Why模型与Where模型。

业务需求由动态的**业务流程**与静态的**业务场景、业务服务**构成。每个业务流程都体现了一个业务价值，多个角色在不同阶段参与到这个业务流程中，所执行的所有业务行为都是为完成该业务价值服务的。整个流程由处于不同时间点的执行步骤构成，具有时间属性，属于5W模型中的When

---

① 《系统架构：复杂系统的产品设计与开发》（第232页）提到"利益相关者"的概念来自Edward Freeman在1984年出版的 *Strategic Management: A Stakeholder Approach*。这一概念在有的图书中也被翻译为"利益相关人""涉众"或"干系人"。

模型。根据流程环节中不同的业务目标，可以将一个完整的业务流程划分为多个阶段，每个阶段都完成自己的业务目标。因此，可以在业务目标的指导下将业务流程划分为多个业务场景。业务场景好像业务目标在业务流程中的投影，形成了对业务流程的纵向切割，组成了多个角色执行业务服务的时空背景。每个角色在该时空背景下与目标系统的一次完整功能交互，都是为了获得服务价值，这就是业务场景下的一个业务服务。**业务服务是全局分析阶段获得的基本业务单元**。业务服务描述了目标系统到底做什么，即目标系统提供的业务功能，属于5W模型中的What模型。

不同业务服务的重要性并不相同。如果某个业务服务提供了目标系统的核心价值，或者具有不可替代的作用，满足了最重要的利益相关者的价值需求，就应划入**核心子领域**；如果某个业务服务并没有鲜明的领域特征，虽然仍然属于业务需求的一部分，但在面向各个领域的业务系统中都能看到，又不可或缺，形成了不具有个性特征的通用功能，自然就应划入**通用子领域**；如果某个业务服务为另外一些提供了核心价值的业务服务提供支撑，具有辅助价值却又不具有通用意义，就应划入**支撑子领域**。核心子领域、通用子领域和支撑子领域共同构成了整个目标系统的问题空间。

4.2　高效沟通

全局分析的5W模型撑起了精准获得问题空间的整个骨架，在价值需求分析与业务需求分析过程中，需要引入不同的方法与实践帮助分析者探索问题空间不同层次的模型要素。运用正确的方法、遵循正确的过程是正确做事的原则，但对于全局分析这样一个探索问题空间的特殊阶段，还离不开业务分析师与利益相关者的高效沟通，它是探索问题空间的前提。

在探索问题空间时，业务分析师不仅要竖起双耳聆听各个利益相关者的"心声"，还要擦亮眼睛观察用户的操作行为，听其言观其行，细心发掘需求。业务分析师必须是一名循循善诱的引导者，与利益相关者共同组成一个密不可分的利益共同体，共同培育需求。发掘和培育需求的过程需要双向的沟通、反馈，更要达成对领域知识理解上的共识。每个人心中都对原始需求有自己的理解，如果没有正确的沟通交流方式，团队达成的所谓"需求一致"不过是一种假象罢了。因此，高效沟通的基础是达成共识。

4.2.1　达成共识

每个人获得的信息不同、知识背景不同，各自的角色不同又导致我们设想的上下文也不相同。诸多的不同使得我们在对话交流中好似被蒙住了双眼，面对需求这头大象，各自获得了局部的知识，却自以为掌控了全局，如图4-2所示。

或许有人会认为利益相关者提出的需求就应该是全部，我们只需理解利益相关者的需求，然后积极响应这些需求即可。传统的开发合作模式更妄图以合同的形式约定需求知识，要求甲乙双方在一份沉甸甸的需求规格说明书上签字画押，以为如此即可约定需求内容和边界。一旦出现超出合同范围的变更，就需要将变更申请提交到需求变更委员会进行评审。这种方式一开始就站不住脚，因为我们对客户需求的理解存在3个方向的偏差：

❑ 我们从利益相关者了解到的需求并非最终用户的需求；

❑ 若无有效的沟通方式，需求的理解偏差会导致结果与预期大相径庭；

❑ 理解到的需求并没有揭示完整的领域知识，导致领域建模与设计出现认知偏差。

图4-2 盲人摸象[①]

Jeff Patton使用图4-3所示的漫画来描述达成共识的过程[14]25。

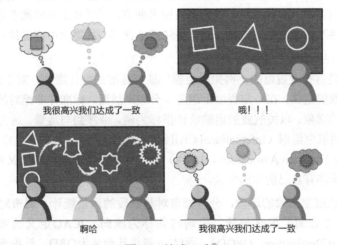

图4-3 达成一致[②]

这幅漫画形象地展现了多个角色之间如何通过可视化的交流形式逐渐达成共识。正如前面所述，在团队交流中，每个人都可能"盲人摸象"。怎么避免认知偏差？很简单，就是要用可视化的方式展现出来。绘图、使用便签、编写用户故事或测试用例，都是重要的辅助手段。可视化形式的交流可以让不同角色看到需求之间的差异。一旦明确了这些差异，就可以利用各自掌握的知识互补

———————————

① 谢谢我的孩子张子瞻绘制了这幅精彩的盲人摸象插图！

② 引自《用户故事地图》。

不足去掉有余，最终得到大家都一致认可的需求，形成统一的认知模型。

4.2.2　统一语言

达成共识的目的是确定目标系统的**统一语言**（ubiquitous language）[1]。获得统一语言就是在全局分析过程中不断达成共识的过程，即团队中各个角色就系统愿景、范围和业务需求达成一致，并通过一种直观的形式体现出来，以作为沟通与协作的基础。

使用统一语言可以帮助我们将参与讨论的利益相关者、领域专家和开发团队拉到同一个维度空间进行讨论。没有达成这种一致，那就是鸡同鸭讲，毫无沟通效率，甚至会造成误解。因此，在沟通需求时，团队中的每个人都应使用统一语言进行交流。

一旦确定了统一语言，无论是与领域专家的讨论，还是最终的实现代码，都可以通过相同的术语清晰准确地定义和表达领域知识。重要的是，当我们建立了符合整个团队皆认同的一套统一语言后，就可以在此基础上寻找正确的领域概念，为建立领域模型提供重要参考。利用统一语言还可以对领域模型做完整性检查，保证团队中的每位成员共享相同的领域知识。

1．统一的领域术语

形成统一的领域术语，尤其是基于模型的语言概念，是让沟通达成一致的前提。开发人员与领域专家掌握的知识存在差异，开发人员更擅长技术细节，领域专家更熟悉业务，两种角色之间的交流就好似使用两种不同语言的人直接交谈，必然磕磕绊绊。从需求中提炼统一语言，就是在两种不同的语言之间进行正确翻译的过程。

某些领域术语是有行业规范的，例如财会领域就有标准的会计准则，对于账目、对账、成本、利润等概念都有标准的定义，在一定程度上避免了分歧。然而，标准并非绝对的，在某些行业甚至存在多种标准共存的现象。以民航业的运输统计指标为例，牵涉到与运量、运力和周转量相关的术语，就存在国际民用航空组织（International Civil Aviation Organization，ICAO）与国际航空运输协会（International Air Transport Association，IATA）两大体系，而中国民航局又有自己的中文解释，航空公司和各大机场亦有自己衍生的定义。

例如，针对一次航空运输的运量，分为**城市对**与**航段**的运量统计。**城市对**运量统计的是出发城市到目的城市两点之间的旅客数量，机场将其称为**流向**。ICAO定义的领域术语为City-pair（On-Flight Origin and Destination，OFOD），而IATA则将其命名为O&D。**航段**运量又称为**载客量**，指某个特定航段上承载的旅客总数量，ICAO将其称为TFS（Traffic by flight stage），而IATA则将其称为Segment Traffic。

城市对与**航段**这两个概念很容易混淆。以航班CZ5724为例[2]，该航班从北京（目的港代码PEK）

---

① 也有图书将其翻译为"通用语言"，就中文意义而言，使用"统一"一词更能体现它的目的，即在整个团队中就需求达成一致。

② 本例和图4-4来自中国民航局信息中心大数据建设处副处长邢伟在2017年参加IATA会议时的演讲。我在现场聆听了这一精彩的分享，并由此认识了邢伟先生，在此感谢他的授权。

出发，经停武汉（目的港代码WUH）飞往广州（目的港代码CAN）。假定从北京到武汉的旅客数为105，从北京到广州的旅客数为14，从武汉到广州的旅客数为83，则统计该次航班的**城市对运量**时，应该对3个城市对（即PEK-WUH、PEK-CAN、WUH-CAN）分别进行统计，而**航段运量**的统计则仅仅分为两个航段（即PEK-WUH与WUH-CAN）。至于从北京到广州的14名旅客，则被截分为了两段，分别计数。如图4-4所示。

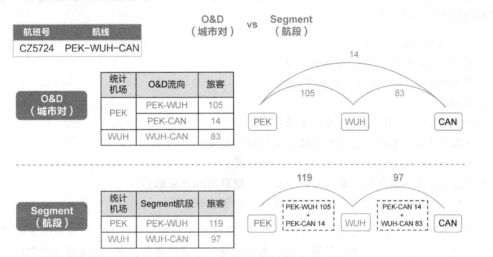

图4-4 城市对和航段的差异

如果我们不明白城市对运量与航段运量的真正含义，就可能混淆两种指标的统计计算规则。这种术语理解错误带来的缺陷往往难以发现，除非业务分析师、开发人员和测试人员能就此知识的理解达成一致。

可以通过定义一个大家一致认可的术语表来建立统一语言。术语表包含整个团队精炼出来的术语概念，以及对该术语的清晰明了的解释。若有可能，可以为难以理解的术语提供具体的案例。该术语表是领域建模的关键，是模型的重要参考规范，能够真实地反映模型的领域意义。一旦术语发生变更，也需要及时更新。

在维护领域术语表时，建议给出对应的英文术语，否则可能直接影响到代码实现，因为从中文到英文的翻译可能多种多样，甚至千奇百怪。翻译得不够纯正地道倒也罢了，糟糕的是针对同一个确定无疑的领域概念形成了多套英文术语。例如在数据分析领域，针对"维度"与"指标"两个术语，可能会衍生出两套英文定义，分别为dimension与metric、category与measure。这种混乱人为地制造了沟通障碍。好的统一语言既是正确的，又是一致的，如果真的无法找到准确的英文概念表达，我宁愿牺牲正确性，也要保证统一语言的一致性。

2. 领域行为描述

领域行为描述可以视为领域术语甄别的一种延伸。领域行为是对业务过程的描述，相对于领域术语，它体现了更加完整的业务需求以及复杂的业务规则。在描述领域行为时，需要满足以下要求：

□ 从领域的角度而非实现角度描述领域行为；
□ 若涉及领域术语，必须遵循术语表的规范；
□ 强调动词的精确性，符合业务动作在该领域的合理性；
□ 要突出与领域行为有关的领域概念。

以项目管理系统为例，我们采用 Scrum 敏捷项目管理流程，要描述 Sprint Backlog 的任务安排，可以编写如下所示的用户故事：

作为一名 Scrum Master，
我想要将 Sprint Backlog 分配给团队成员，
以便明确 Backlog 的负责人并跟踪进度。
验收标准：
* 被分配的 Sprint Backlog 没有被关闭；
* 分配成功后，系统会发送邮件给指定的团队成员；
* 一个 Sprint Backlog 只能分配给一个团队成员；
* 若已有负责人与新的负责人为同一个人，则取消本次分配；
* 每次对 Sprint Backlog 的分配都需要保存，以便查询。

在用户故事中，**将 Sprint Backlog 分配给团队成员**就是一种领域行为，它是角色在特定上下文中触发的动作。该领域行为规定了服务提供者与消费者之间的业务关系，形成行为的契约，即领域行为的前置条件、执行主语、宾语和执行结果。这些描述丰富了该领域的统一语言，直接影响了API 的设计。针对分配 Sprint Backlog 的行为，用户故事明确了未关闭的 Sprint Backlog 只能分配给一个团队成员，且不允许重复分配，体现了分配行为的业务规则。验收标准中提出对任务分配的保存，实际上也帮助我们得到了 `SprintBacklogAssignment` 这个领域概念。

显然，领域行为同样是统一语言的一部分。我们可将其加入领域术语表，并给出对应的英文术语，在领域建模时，相应的术语需与其保持一致。

3. 大声说出来

定义和确定统一语言，有利于消除领域专家与团队之间、团队成员之间的分歧与误解，使得各种角色能够在相同的语境下行事，避免"盲人摸象"的"视觉"障碍。

在明确统一语言时，需要"大声说出来"，清晰地表达出统一语言蕴含的领域概念，否则就可能像图 4-3 揭示的那样，在出现理解偏差的时候尚不自知，各个角色还以为达成了统一语言的共识。知之为知之，不知为不知，千万不要以你的"知道"去揣测别人的"知道"。在需求沟通中，但凡有不明确的领域概念，就要大声说出来，不要胆怯，也不要害怕在客户面前暴露你的业务知识盲区：有时候，你不知道的业务知识，客户同样懵懂不知呢。

有一次，我参加某机场系统的用户访谈，对客户反复提到的"过站航班""过夜航班""停场航班"等概念感到茫然，便大声说出了我的困惑，没想到，机场的业务部门其实对这些概念也没有一致的定义，由于各个机场的情形并不相同，民航局也未就这些概念给出定义。于是，我们和客户一起探索，结合他们自身的业务要求和背景，最终确定了这些领域概念的定义，至少在该机场内确定了他们的统一语言。

要"大声说出来"，除了积极地沟通并引入可视化的手段，有时候还需要"局外人"的介入。局外人不了解业务，任何领域概念对他而言可能都是陌生的。通过局外人的不断提问，有可能发现，所谓"已达成一致"的领域概念，不过是成员各自思维模型中的固有概念：大家都以为已经向局外人明确了自己对概念的理解，实际上不同人的理解相去甚远。

在针对一款供应链产品进行用例分析时，资金团队通过可视化的方式标识了各个用例。他（她）们用各种颜色的即时贴代表各种用例，将它们张贴在白板上，形成图4-5所示的用例图，然后一起就此进行沟通。

图4-5中的"付现汇"和"付票据"主用例都包含"提交银行"子用例。团队在描述该子用例时，根据自己理解的业务就用例的描述达成了一致，而我作为一名"局外人"，却无法理解"提交银行"这一子用例。同时我也发现，既然付现汇和付票据都包含"提交银行"子用例，为何不复用该子用例呢？我提出了我的困惑，希望团队成员为我讲解什么是"提交银行"。结果发现，分别负责付现汇和付票据的团队成员讲出来的子用例存在显著差异：付现汇主用例中的"提交银行"子用例指的是"提交收款指令"，付票据主用例的"提交银行"

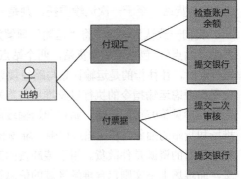

图4-5 付现汇和付票据的用例图

子用例指的则是"提交电票指令"。直到大声说出该子用例的业务含义时，团队成员方才恍然大悟，认识到统一语言的意义不仅在于统一概念，还要统一认识，确定以无歧义的方式精确描述业务。这些团队成员都是深耕该行业十余年的资深分析人员与开发人员，而他们早已烂熟于胸的业务知识却遮掩了真相，这也算得上是一种"知见障"了吧。

4. 价值

在领域驱动设计中，怎么强调统一语言都不为过！如果我们不能做到使用统一语言来表达业务逻辑，就不敢奢谈领域驱动设计了。

建立统一语言不限于全局分析阶段，实际上它贯穿了整个领域驱动设计统一过程。在全局分析阶段，所有参与价值需求分析与业务需求分析的领域专家和开发团队成员都通过统一语言来就业务知识达成共识，以此来探索问题空间；在架构映射阶段，需要统一语言来规范对业务服务的描述，才能通过语义相关性与功能相关性识别限界上下文；到了领域建模阶段，领域模型与统一语言的关系更是成为一种相辅相成的关系，统一语言指导着领域建模，而领域建模的成果又反过来丰富了统一语言，确保了领域模型与统一语言的一致性。

毋庸讳言，若能在全局分析阶段准确地把握统一语言，就能在进入解空间后，给架构映射阶段和领域建模阶段带来更好的指导。

我在为一家物流公司提供领域驱动设计的咨询时，发现他们对运输的定义未曾形成统一语言。他们认为运输是一个单段运输，整体的一个多式联运则被认为是一项委托，而委托又是客户提出的需求订单。这就导致团队在使用运输、委托和订单等概念时总是产生混淆，形成了混乱的领域概念，在进行架构设计与领域建模时，就显得格外别扭。

我为该项目引入了领域驱动设计统一过程，清晰地划出了全局分析阶段，要求团队在全面梳理产品需求时，进一步确定各种领域概念的统一语言。我和他们一起分析，结合不同的业务场景分别理解运输、委托和订单等领域概念，发现承运人在确认委托时，需要对整个运输过程制订计划。在制订计划时，所谓的一次运输可能是从A到B的铁路运输，也可能是从B到C的公路运输，还可能是从A经B到C的多式联运。如果是铁路运输，到达的B站就是铁路堆场，如果是公路运输，到达的C站就是货站。至于一次运输委托，则是一次完整的运输过程。

我们一致认为：应该将"运输"理解为**从起点到终点的整个运输过程**。整个运输过程可能经过多个"站点"，包括堆场和货站，两个站点之间的运输则称为"运输段"。当我们在谈论运输这一领域概念时，往往指的是运输计划与路径规划，在这一业务背景下，无须考虑委托合同的签订、履行，也无须考虑运输指令的执行以及堆场与货站的差异。这些概念实际上各自代表了限界上下文的知识语境（参见第9章）。运输、站点和运输段属于运输上下文，用于管理运输计划与运输路线，站点是堆场和货站的抽象。在运输过程中，堆场和货站是两个完全不同的概念：堆场针对的资源是集装箱，货站针对的资源是件散货。用于装卸货的工作区域和用于存储货物的仓库组成一个独立的货站上下文，而堆场上下文则包含堆场区域的信息管理以及掏箱、转场和修箱等业务操作。运输上下文中的站点概念并不牵涉对站点内部的管理，这就使得运输与站点之间的逻辑互不干扰，如图4-6所示。

在建立了运输上下文的领域模型之后，我们发现铁路运输和公路运输可以合并到同一个运输领域模型中，并体现为运输的两种方式。开发团队在日常交流和讨论中提及的委托、规划、计划，其实是同一个概念。我们定义其统一语言为**运输规划**，它与运输形成了一对一的关系。

没有统一语言，就不能消除沟通的歧义，也不能就正确的领域逻辑达成一致认识。对问题空间的全局分析就是梳理各种需求问题的领域概念，如果能在这个阶段逐步形成统一语言，就能

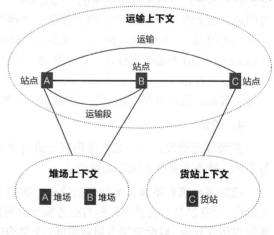

图4-6　不同限界上下文的领域概念

清晰地明确问题，在对问题进行求解时，就有了参考的标准。当然，我们不要简单地认为统一语言是一个术语表，或者一份文档、模板、规范。**统一语言是领域驱动设计的指导原则**，无论是编写全局分析规格说明书，还是确定架构映射战略设计方案，抑或建立领域模型，都需要"虔诚"地体现它的意志，甚至说统一语言统领整个领域驱动设计过程，似乎也不为过。

4.3 高效协作

难以想象，一个仅靠文字组成的文档进行纸面（或电子邮件）交流的团队，会是一个高效协作的团队。在我开展咨询工作时，每次与客户一起开会讨论问题，倘若会议室没有一块白板，或者没有准备白板纸与即时贴，我就感觉没法把团队调动起来，也无法准确表达我想要说明的含义。

"一图胜千言"，通过引入分析与设计图形来丰富表达力是交流方式的进步，然而，面临高复杂度的大规模业务系统，仅靠直观的分析图形来进行全局分析显然不够，我们还需要改变协作的方式。

Scott Millett就建议："要让你的知识提炼环节充满有趣的互动，可以引入一些有促进作用的游戏以及其他形式的需求收集方式来吸引你的业务用户。"[11]19归根结底，全局分析阶段就是从宏观层面对领域知识的提炼。在这个过程中，没有高效的协作方法，就无法实现高效的交流，更难说达成共识形成统一语言了。

要让全局分析过程"充满有趣的互动"，就要以视觉方式引导团队，召开视觉会议来促进团队的高效沟通。这种视觉会议具有更强的**参与感**，在互动过程中提高了参与者的投入意识；共同协作创造的全景图，体现了团队整体的**全景思维**；创建了更容易记忆的媒介，极大地增加了**群体记忆**[15]18。

正因为如此，我在全局分析阶段引入了视觉会议形式的各种协作方法。这些方法的共同特征是通过可视化的互动方式建立开发团队、领域专家和利益相关者之间的高效协作。

4.3.1 商业模式画布

Alexander Osterwalder和Yves Pigneur提出的商业模式画布（business model canvas）可以用于价值需求分析。这一方法适合分析师通过召集团队进行头脑风暴，并以画布的可视化方式引导大家一起梳理目标系统（当然也可以说是产品）的价值需求。一个典型的商业模式画布如图4-7所示。

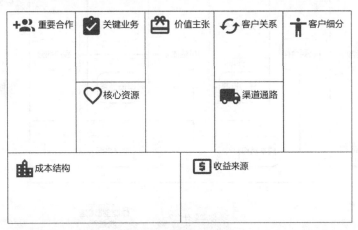

图4-7 商业模式画布

商业模式画布由9个板块构成。

❑ **客户细分**（customer segments）：企业所服务的一个或多个客户分类群体，可以是企业组织、最终用户等。

- ❑ **价值主张**（value propositions）：通过价值主张来解决客户难题和满足客户需求，为客户提供有价值的服务。
- ❑ **渠道通路**（channels）：通过沟通、分销和销售渠道向客户传递价值主张，即企业将销售的商品或服务交付给客户的方式。
- ❑ **客户关系**（customer relationships）：在每一个客户细分市场建立和维护企业与客户之间的关系。
- ❑ **收益来源**（revenue streams）：通过成功提供给客户的价值主张获得营业收入，是企业的盈利模式。
- ❑ **核心资源**（key resources）：企业最重要的资产，也是保证企业保持竞争力的关键，这些资源包括人力和物力。
- ❑ **关键业务**（key activities）：通过执行一些关键业务活动，运转企业的商业模式。
- ❑ **重要合作**（key partnership）：需要从企业外部获得资源，就需要寻求合作伙伴。
- ❑ **成本结构**（cost structure）：该商业模式要获得成功所引发的成本构成。

要建立团队的高效协作，需要选择一位引导师在白板（或白板纸）上绘制好商业模式画布的模板，然后分别针对这9个板块向参会者提出对应的问题。为了让交流变得更加高效，在引导师提出问题之后，可以让参会者针对这些问题将个人的想法写在即时贴上。引导师将大家写好的即时贴张贴在画布对应的板块上，然后逐项进行讨论，以求达成共识。在询问问题时，选择板块的顺序是有讲究的：顺序代表了思考的方向、认知的递进，或者准确地说就是一种心流，是一种层层递进的因与果的驱动力，如图4-8所示。

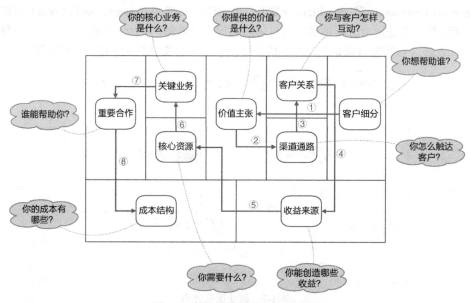

图4-8　商业模式画布的驱动方向

针对目标系统而言，首先需要确定目标系统要帮助的各类型细分的客户，以更好地明确它的价值主张。然而，有了意向客户，也有了为客户提供的价值，又该如何将价值传递给客户呢？这就驱动出目标系统的渠道通路。渠道通路的形式取决于目标系统如何与客户互动，因而需定义出客户关系。理清楚了客户关系，就可以思考目标系统能够创造哪些收益，确定收益来源。至此，目标系统的方向与轮廓已大致确定，接下来需要考虑如何落地的问题。这时需要识别企业的可用资源，并与实现该目标系统需要的资源相比对，以确定核心资源。这些核心资源是为目标系统的关键业务服务的。要推进关键业务，只靠一家公司或一个团队独木难支，需要得到合作伙伴的帮助。最后，需要确定要实现该目标系统需要的成本，如此才能确定采用该商业模式的目标系统是否有利润可期。

4.3.2 业务流程图

业务流程图（transaction flow diagram，TFD）善于表现业务流程。它通过使用诸如任务流程图、泳道图等图形形象地描述真实世界中各种业务流程的执行步骤与处理过程。

在绘制业务流程图时，尽量使用标准的可视化符号，如此就可以形成一种交流的统一语言。常用的流程图符号如图4-9所示。

泳道图（swimlane）是最为常用的业务流程图表现形式，它能够很好体现部门或者角色在流程中的职责以及上下游的协作关系。泳道图通过两个维度分别表现业务流程的划分阶段与参与部门（或岗位），分别称为阶段维度与部门/岗位维度，如图4-10所示。

图4-9　常用的流程图符号

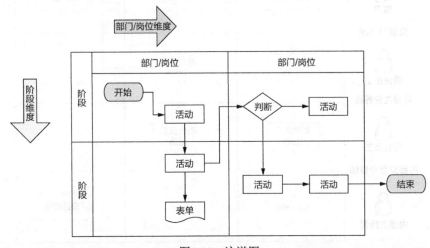

图4-10　泳道图

部门/岗位维度决定了某个活动由哪个部门或岗位完成，例如企业的人力资源部、商城运营的客服；阶段维度由不同的阶段组成，每个阶段体现了各个部门或岗位执行活动的一个业务目标，流程图中的各个阶段应处于同一个层级。垂直和水平方向的泳道决定了一个网格内的活动由该部门该岗位在该阶段执行。泳道图并没有死板地规定部门/岗位维度与阶段维度所在的方向，例如，阶段维度可以放在水平方向，也可以放在垂直方向；有的泳道图甚至可能只有部门/岗位维度，而没有清晰地刻画阶段维度。

　　绘制业务流程图时，为保证业务流程的清晰度，倘若一个主业务流程中还牵涉到多个嵌套的子流程，可以使用子流程符号来"封装"子流程的执行步骤细节。

4.3.3　服务蓝图

　　服务蓝图是用于服务设计的主要工具，相较于用户体验地图或用户旅程，它以更加全面的视角展现了客户与前台员工、前台员工与后台员工、后台员工与内部支持者（包括支持部门或支持系统）之间的协作。因此，服务蓝图能够全方位地展现具有完整业务价值的业务流程。如果将一个业务流程理解为是对客户提供的服务，那么一个服务蓝图就对应了一个业务流程。

　　服务蓝图通过3条分界线（即可见性分界线、交互分界线、内部交互分界线）将一个完整的业务流程分割为不同参与角色执行业务活动的不同区域。分割出来的各个区域代表了不同角色的活动类型，也体现了不同的观察视图，在保证业务流程全貌的基础上清晰地体现了参与角色、活动类型、活动阶段的不同特征。服务蓝图的可视化模板如图4-11所示。

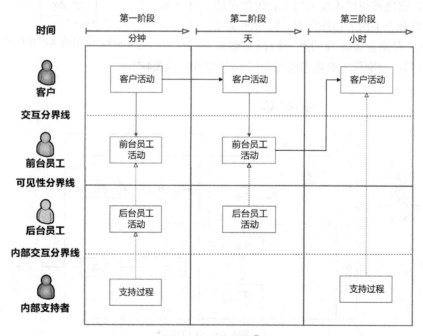

图4-11　服务蓝图[①]

---

① 可见性分界线区分前台和后台，在服务蓝图中用实线表示，交互分界线和内部交互分界线用虚线表示。

这3条分界线清晰地展现了各个角色的职责边界，形成了以下4个活动区域。

❑ **客户活动**（customer actions）：客户为了满足自己的服务要求执行的操作。

❑ **前台员工活动**（onstage employee actions）：客户能够看到的前台员工操作的行为和步骤。

❑ **后台员工活动**（backstage employee actions）：发生在客户看不到的后台，支持前台的后台员工活动。

❑ **支持过程**（support process）：内部支持者为前台、后台员工履行服务提供支持。

在这4个活动区域面向的角色中，客户通常属于组织外的角色，前台员工和后台员工属于组织内的角色。不同角色履行不同的职责，构成了各自的活动类型：客户只会与前台员工发生行为上的互动协作，互动分界线清晰地划分了组织的边界；前台员工与后台员工也存在行为上的互动协作，可见性分界线体现了前台与后台的差异，同时也向客户屏蔽了他（她）不需要了解的业务环节（即后台员工行为与支持过程），杜绝了客户与后台员工之间的行为交互。在可见性分界线的内部，支持过程又被内部交互分界线隔出。参与支持过程的角色为内部支持者，而支持过程的行为往往组成了业务流程的支持流程。4个活动区域在分界线的保护下，泾渭分明地执行各自的活动。

时间因素将服务地图展现的角色活动分为不同的阶段，形成了具有时间节点的纵向区域。在划分时间阶段时，不要仅从客户的角度考虑，而要使所有角色参与到整个业务流程中，为了实现一个共同业务价值，在不同阶段满足了不同的业务目标。例如，对于购买商品这一业务流程，从客户角度看，可以划分为商品浏览、购买、消费和评价4个阶段，对电商平台而言，前台员工与客户的互动发生在购买（商品咨询）与评价（售后服务）两个阶段，后台员工的活动包括出货、配送等阶段。这些阶段虽然是客户不需要了解的，但缺少了这些阶段，客户又无法完成商品的购买。

在运用服务蓝图展现一个完整的业务流程之前，团队需要事先了解服务企业的组织结构和员工角色，这些角色与客户一起共同组成参与服务蓝图的角色。绘制服务蓝图需要团队与提供服务的组织成员共同协作，协作的过程就是将业务流程逐步呈现的过程，具体步骤如下：

（1）在空白的白板上画出交互分界线，在左侧对应位置分别贴上当前业务流程的客户角色；

（2）从客户角度描绘整个业务流程中为客户提供服务的过程，写在即时贴上，按照时间顺序依次贴在交互分界线的上方；

（3）识别出与客户活动存在互动关系的前台员工活动，写在即时贴上并标记出前台员工角色，贴在对应活动下方，用带箭头的实线表示活动之间的调用关系，箭头方向体现了流程方向；

（4）画出可见性分界线，在左侧对应位置贴上后台员工角色；

（5）识别出支持前台员工活动的后台员工活动，写在即时贴上并标记出后台员工角色，贴在对应活动下方，用带箭头的虚线表示支持关系，箭头指向被支持的活动；

（6）画出内部交互分界线；

（7）识别出支持各类活动的支持过程，并标记出内部支持者角色，用带箭头的虚线表示支持关系，箭头指向被支持的活动。

服务蓝图是展现业务流程的全景图。无论是线上活动还是线下活动，也不管是顺序调用还是等待消息通知，只要是该业务流程的执行步骤，都需要在服务蓝图中体现出来。服务蓝图是真实世界业务流程的真实体现。

4.3.4　用例图

用例（use case）是对一系列活动（包括活动变体）的描述；主体（subject）执行并产生可观察的有价值的结果，并将结果返回给参与者（actor）[16]226。如果将整个组织作为用例的主体，参与者就应该是组织外的角色，用例表现的就是该角色与组织之间的一次交互，此时的用例称为**业务用例**，代表了组织的本质价值[17]75；如果将目标系统作为用例的主体，参与者就变成了目标系统外的角色（人或者外部系统），此时的用例称为**系统用例**，表现的是角色与目标系统之间的一次交互，通过这种交互，参与者获得了目标系统提供的业务价值。显然，用例的主体体现了边界的大小与层次，它决定了参与者的角色、价值的层次以及参与者和主体之间的交互形式。

可以通过用例图对主体行为进行可视化建模。一个用例图由火柴棍人表示的参与者、椭圆形表示的用例、矩形表示的主体边界和连线表示的关系共同构成。如果还需要表现一个用例内部的执行步骤，还可以有用例的包含用例、扩展用例，以及可能具有的泛化关系（参与者的泛化或用例的泛化），如图4-12所示。

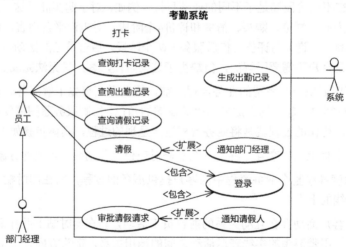

图4-12　考勤系统的用例图

用例名是领域知识的呈现，更是统一语言的有效输入。用例名应使用动词短语，描述时需要字斟句酌，把握每一个动词和名词的精确表达。动词是领域行为的体现，名词是领域概念的象征，这些行为与概念就能再借助领域模型传递给设计模型，最终通过可读性强的代码来体现。

采用视觉形式的用例图可以更好地促进团队的交流，让所有团队成员与领域专家一起参与业务需求分析。抛开一本正经的UML建模工具，使用即时贴以头脑风暴的形式协作地绘制用例图，会取得意想不到的良好效果。

　　在进行可视化用例图协作时，分析者将整张白板当作用例图的主体，并就主体的边界（是组织还是目标系统）达成共识，然后分别找出所有参与者，在黄色即时贴上写上参与者的名称，贴在白板上。接下来，选择其中一个参与者，站在主体边界的角度思考该参与者与主体之间的交互，或者该主体能为参与者提供什么具有价值的服务，以动词短语描述出来，写在蓝色即时贴上，贴在白板相应位置，作为系统用例。若有必要，可继续针对用例识别出绿色的包含用例与扩展用例。识别出该参与者的所有用例后，依次调整顺序，并在确认用例没有错误或疏漏后，在白板上绘制连线将它们连起来。注意用例与统一语言之间的关系：用例的描述是统一语言的一部分，而在命名用例时，又要从已有的统一语言中提取描述精确的领域概念。

4.3.5　事件风暴

　　Alberto Brandolini提出的事件风暴（参见附录B）是以一种工作坊形式对复杂业务领域进行探索的高效协作方法。它对业务探索的改进体现在两点：

- ❑ 以事件为核心驱动力对业务开展探索；
- ❑ 强调可视化的互动，更好地调动所有参与者共同对业务展开探索。

　　白色画卷纸、胶带纸条、各种颜色的即时贴以及马克笔成了开展事件风暴的利器。将白色画卷纸张贴在一面足够宽的墙上，它就成了所有参与者的“作战沙盘”，所有人都面对着这面墙开始互动：识别业务流程中的事件、讨论描述事件的统一语言、拿着即时贴进行张贴或者调整位置……一场轰轰烈烈的糊墙游戏面壁而展开，如图4-13所示。

图4-13　事件风暴

用于领域驱动设计的事件风暴有以下两个层次。

- ❑ 探索业务全景：属于宏观层次，寻找业务流程产生的事件，形成一个全景的事件流。
- ❑ 领域分析建模：属于设计层次，通过探索业务全景获得的事件流，围绕着事件获得领域分析模型。

　　在全局分析阶段，可以引入宏观层次的事件风暴，探索目标系统的问题空间，获得与业务流程对应的事件流。由于事件流具有时间属性，通过标记时间轴上的关键时间点或者识别关键事件，可以划分出业务场景，而由角色触发的事件则体现了业务场景下的业务服务，由此即可获得问题空间的业务需求。

4.3.6 学习循环

商业模式画布、服务蓝图、事件风暴之类的协作方法都是视觉会议形式的协作方法。这种协作方法之所以能够促进团队高效协作，是因为它使得每个与会者都能充分参与，形成一种良性的群体思考过程，这一过程就是图4-14所示的学习循环。

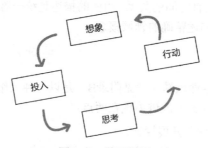

图4-14 学习循环

学习循环"开始于对意图和任务焦点的想象，接着是探索与投入，然后是思考和发现模式，最后是决定行动与应用。这些步骤整合了我们认知的知觉、情绪、思考和感觉部分。"[15]11探索问题空间本身就是从未知到已知的学习过程，视觉会议协作方式对传统协作方式最大的变革在于**它将原本属于个人的学习过程转变为群体共同工作的学习过程**。协作的难能可贵之处就是要向着一个共同目标以正确而高效的步伐迈进，不止如此，在这个过程中还需要创意与见解形成脑力的激荡。从想象开始，通过视觉化吸引团队投入，然后用视觉思维呈现每个人的想法，最后就可以收获探索的结果，以决定下一步的行动。

如上所述的各种视觉协作方式虽然并非领域驱动设计的内容，但是，它们都遵循了学习循环的过程，不仅通过可视化的互动协作方式提高每一位团队成员的主观能动性，让他们积极参与到每一次全局分析活动中，还促进了领域专家和开发团队的交流，促使其达成共识，定义统一语言，完成对问题空间的探索。

第 **5** 章

价值需求分析

> 如果观众告诉我，"你的动机与效果已经一致"，就等于告诉我，创作是成功的；
> 如果反之，观众觉得动机与效果是矛盾的，就宣告了创作的失败。
>
> ——木心，《动机与效果》

"**天**下熙熙，皆为利来；天下攘攘，皆为利往。"不得不说这句话道破了世情的现实与无奈，然而折射到软件开发领域，倒也点明了软件开发的本质：开发软件系统，皆为利来利往。软件系统的利，就是为客户解决问题、创造机会，也就是为客户带来价值。

价值需求分析会对整个目标系统进行价值判断，识别利益相关者、明确系统愿景、确定系统范围，从而构成全局分析阶段要获得的价值需求。让利益相关者希望获得的价值清晰地浮现出来，就能确认系统的定位，站在宏观层次把握全局分析的目标与方向。价值需求就好像一把标尺，每当我们捕获到一条业务需求，就用这把标尺度量它的尺寸是否满足我们的要求；价值需求又好像一杆秤，每当我们挖掘到一条业务需求，就拿到这杆秤上称一称，然后根据它的质量（俗称重量）来确定优先级。

5.1 识别利益相关者

要识别利益相关者，要先明确什么是利益相关者，以及利益相关者到底包括哪些角色。

5.1.1 什么是利益相关者

"利益相关者是积极参与项目、受项目结果影响，或者能够影响项目结果的个人、团队或组织。"[18]57由于全局分析阶段的分析目标是我们的目标系统，且该系统为要处理的问题空间，因此可以将利益相关者定义为与目标系统存在利益关系的个人、团队或组织。当然，在识别利益相关者时，眼光不能局限在目标系统，而应放到整个企业乃至整个行业生态圈的大背景。

利益相关性并不仅指获得利益，也指损害利益。利益可以是经济上诸如投资回报这样实际可以量化的指标，也可以是开发的目标系统解决了相关人的痛点与问题，由此改进了工作流程，提高了工作效率，为相关人提供了原来不曾拥有的价值等抽象概念。从正向理解，那就是展望目标系统的成功开发会给哪些人或角色带来如上价值；反过来，则是如果目标系统的开发遇到了障碍甚至遭遇了滑铁卢，又会影响到哪些人或角色。

以网约车平台为例。存在利益关系的角色包括网约车公司、出租车司机、专车或快车司机、乘客。负责运营网约车平台的公司作为一家企业，需进一步细化该企业哪些部门的利益与打车软件的成败息息相关，例如负责运营的出租车事业部、专车事业部等，负责体验的后台支撑部、公关部等，牵涉到的角色包括策略制订人、管理人员、技术开发人员、设计团队、实现人员、运营人员、销售人员、服务人员以及营销人员等。网约车平台支持出租车叫车，解决了出租车司机接单不够便捷的问题，同时也牵涉出租车司机与网约车公司间的账务关系。由于出租车司机也可以不通过网约车平台为乘客提供服务，因此他们与网约车平台间的利益关系远不如专车或快车司机与平台的关系这么紧密，在某些城市，网约车平台甚至损害了出租车司机的利益。乘客是网约车平台的主要用户，软件的功能直接影响到他们的利益，例如提供预约时间订车的功能，解决了乘客叫车难的痛点。

上述角色是存在显而易见利益关系的利益相关者。除此之外，还有一些不那么明显的利益关系，如对网约车平台的投资人来说，软件的成败直接影响投资回报率。同样存在利益关系的还有竞争者或者潜在的竞争者，如别的网约车公司以及出租车公司。如果网约车公司除了利用共享车资源，还自己提供专车，那么提供专车的供应商也可能成为打车软件的利益相关者。此外，还有网约车相关法律法规的制定者，网约车安全的监管者，乃至与地面出行有关的交通部门，影响网约车经营范围的交通地域（如火车站、机场等场所）的所属机构，也可能是网约车平台的利益相关者。举例来说，在网约车人身安全事故频频发生之后，在监管部门的要求下，网约车平台增加了提供紧急联系电话、路线偏离警示、司机身份验证等与安全相关的业务需求。

如果目标系统不是整个网约车平台，而是仅包含网约车平台的专车服务平台，由于目标系统发生了变化，利益相关者的范围也需要做出相应调整。例如，出租车公司与出租车司机就不再属于该目标系统的利益相关者，除非我们将出租车公司当作专车服务平台的竞争者。虽然运营网约车平台的企业仍然是专车服务平台的利益相关者，但与目标系统利益相关的部门也会发生变化，如专车事业部才是主要的利益相关者。因此，全局分析阶段的价值需求分析是明确**目标系统**的利益相关者，而不是对企业做战略分析，虽然二者之间或多或少存在一定的关系。企业的战略规划必然会影响目标系统的开发计划，开发一个目标系统也需要对准企业的战略目标。

5.1.2 利益相关者的分类

可以简单地根据范围将利益相关者分为组织内部和组织外部。这一分类标准最简单，只需确定该利益相关者到底是在目标系统所在组织的范围内还是范围外。由于利益相关者并不一定是具体的人，也可以指参与该目标系统的角色，因此组织内的部门也可被认为是利益相关者。角色不同，与其相关的利益关系自然也有所不同。

按照组织范围划分利益相关者过于简单，参考价值不大。在分辨利益相关者时，可以分析价值需求的影响方向。目标系统提供的业务需求会输出价值，使得利益相关者能够从目标系统的成功开发中获取利益，这类利益相关者又可称为**受益的利益相关者**（beneficial stakeholder），或者简称为"受益者"（beneficiary）[19]233；另一种利益相关者会为目标系统的成功输入价值，因而团队可以"从他们那里获取解决问题所需的东西"，此类利益相关者可称为**解决问题的利益相关者**（problem stakeholder）[19]233，或者简称为"支持者"。^①这两类利益相关者与团队、目标系统的关系如图5-1所示。

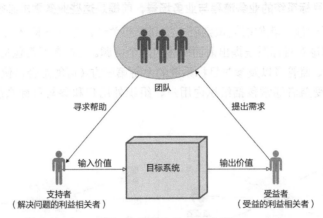

图5-1 利益相关者的分类

图5-1所示的关系图隐含着两条上下游关系链。

一条是价值流向的上下游关系链。我们可以结合价值交换理论来理解它们之间的关系。"利益相关者理论的一个核心原则，就是认为**利益相关者的价值是从交换中得来的**。"[19]238 在确定受益者时，可以提出如下问题：谁会从目标系统输出的价值中受益？显然，根据这一问题确定利益相关者时，其实也驱动出了目标系统的价值需求和业务需求，即利益相关者的期望以及满足该期望需要输出的特性功能。例如，网约车平台一旦上线，直接获得输出价值的主要利益相关者就是乘客，乘客的期望为"随时随地的叫车服务与安全舒适的乘坐体验"，并由此催生出该平台需要开发的特性功能。在确定支持者时，可以提出如下问题：目标系统要获得成功的输入值，需由谁来提供？根据这一问题确定利益相关者，意味着找出了目标系统要获得成功需要的先决条件，也决定了团队需要获得这些利益相关者的支持与帮助。例如，网约车平台需要取得成功，需要投资者的资金投入，需要企业运营部门的业务支持，还需要通过交通监管者的审批，如果不具备这些先决条件，团队再怎么努力也无法顺利地完成目标系统。通过价值交换理论提出的这两个问题可被认为是价值交换过程的两个组成部分，前者是输出价值满足受益者的需求，后者是支持者的输入价值满足团队的需求。

另一条是服务方向的上下游关系链。受益者拥有需求，要让需求得到满足，就需要团队为其提供服务，团队是受益者的上游；支持者为团队提供了必要的输入，团队要让目标系统取得成功，就需要寻求他们的帮助，但目标系统的成功却未必给支持者带来价值，因此，支持者是团队的上游。这种上下游关系也决定了利益相关者的重要性与优先级。**在价值需求分析阶段，支持者更加重要，**

---

① 《系统架构：复杂系统的产品设计与开发》一书还定义了一种并非利益相关者的受益者，称为"慈善受益人"。但我认为，既然该角色从目标系统获益了，就应该是利益相关者的一部分，更何况，创造太多的概念反而干扰了我们正确地理解利益相关者，因此我在这里只借鉴了利益需求的影响方向，将利益相关者分为"受益的利益相关者"与"解决问题的利益相关者"。

他们决定目标系统的愿景与范围，确定开发目标系统的约束条件；在业务需求分析阶段，受益者更加重要，他们决定了目标系统的业务流程与业务场景，前提是这些业务需求必须获得支持者的认可。

在价值需求分析阶段，我们需要识别所有的利益相关者，包括支持者与受益者。识别的方法就是根据**价值交换理论**对目标系统提出前面所述的两个问题。支持者通常包括组织、组织下的相关部门与员工、投资者、监管者以及参与目标系统的上游第三方（可能是合作伙伴，也可能是第三方系统所属的组织），受益者通常包括组织内用户、组织外用户和参与目标系统的下游第三方，如图5-2所示。

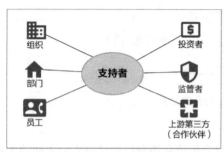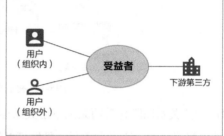

图5-2　支持者和受益者

受益者中的组织内用户通常就是组织的员工，组织外用户通常为客户。要注意区分作为支持者的员工与作为受益者的组织内用户的差异，后者更强调他（她）是目标系统的操作者，即实际要操作和使用目标系统的角色，如网约车组织内的车辆调度人员。

明确"用户是目标系统的实际操作者"这一点有助于分辨一个角色是否是受益者。如果目标系统是为火车站开发的售票系统，作为购票者的旅客就不是用户，因为他（她）不是该售票系统的实际操作者，火车站的售票工作人员才是。有的火车站在售票时特别体贴地用另一台显示器向旅客展示工作人员售票的操作过程，便于旅客了解火车路线、时刻和车票的基本信息，但操作权仍然掌握在售票工作人员手上。倘若目标系统是"12306"App，那么旅客在购买车票时，就是App的实际操作者。

图5-3直观地说明了利益相关者是支持者与受益者的抽象。

在不同项目类型的背景下，支持者与受益者还可能参差多态地"表演"不同的角色。在识别利益相关者时，需要定位这些角色到底是为目标系统输入价值的支持者，还是目标系统输出价值的受益者，如此才能明确在进行价值需求分析时应该找谁，进行业务需求分析时又该找谁，不会因为混淆角色而影响团队的判断。例如，对面向B端的企业项目而言，作为支持者的员工同时又是受益者（作为用户角色），在进行需求访谈和调研时，就要分辨对方提出的内容，哪些属于项目的愿景，哪些属于业务需求；如果是企业的自研项目，则团队与作为支持者的部门可能属于同一家组织，甚至团队成员自身也可能成为利益相关者，此时辨明利益相关者的身份就显得至关重要了；倘若目标系统面向C端的互联网产品，则支持者与受益

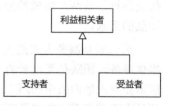

图5-3　支持者与受益者的抽象

者之间普遍存在明确的分界线，而我们很难直接面对作为受益者的产品最终用户，这时，企业内部的产品经理就在其中扮演用户代表的角色，可以被认为是受益者。

5.2　明确系统愿景

系统愿景（system vision）是对目标系统价值需求的精炼提取，若能以精简的话语清晰描述出来，就能帮助团队就项目需要达成的目标达成共识。明确系统愿景的一种方式是将其描绘为一张蓝图，利用一种贴切的比喻向利益相关者对蓝图进行勾勒。一次，我去拜访一家民航业通航领域的龙头企业，企业负责人向我们描述的系统愿景就一句话：打造一个通航领域的淘宝平台。在我们已经了解通航领域业务背景、经营模式和盈利方式的前提下，这样动人的描述确实能够一下子抓住我们的眼球，并能瞬间把握主要利益相关者的业务期望，毕竟淘宝是如何取得商业成功的，所有人都了然于胸。

借鉴电梯演讲（elevator pitch）也可以帮我们快速确定系统愿景。可以认为电梯演讲是一种交流方法，在价值需求分析阶段，就可以通过它来组织语言，描述系统愿景。电梯演讲的参考模板如下：

产品名称；

产品所属类别；

描述目标客户的需求或机会；

阐释产品能够带来的关键价值（或者说购买的理由）；

与竞争产品的不同之处。

譬如，我们要打造一款敏捷商业智能（bussiness intelligence，BI）工具，使用电梯演讲的模板，就可将系统愿景描述为：

产品名称：超级BI。

产品所属类别：一款基于大数据平台的敏捷BI工具。

描述目标客户的需求或机会：它能够让普通用户像数据分析师那样洞察数据，以可视化形式展现自己或领导需要看到的数据分析结果。

阐释产品能够带来的关键价值（或者说购买的理由）：购买我们的BI产品可以让数据分析变得更简单，让数据变得更有价值。

与竞争产品的不同之处：与Tableau、PowerBI等竞争产品的不同之处在于，它更加轻量级、操作更简单、支持中国式报表定制，而且价格更便宜。

倘若仅仅是在全局分析阶段定义系统愿景，还可以进一步简化上述电梯演讲模板，只需描述系统要做什么，为何要做。描述系统要做什么，是对系统核心功能的一种概括，决定了该系统的特征，简言之，可以由此决定产品名或产品类型。阐释为何要做该系统，就是从价值的角度分析该系统能够从利益相关者获得什么样的利益、得到什么样的机会、解决什么样的问题。

倘若不能一下子抓住目标系统的愿景，也可以通过精细的分析来获得。一个好的系统愿景，会将所有利益相关者统一到一个方向上。如何统一？答案就是分析利益相关者提出的业务期望。由于系统愿景由支持者决定，甚至准确地讲，由于监管者与上游合作伙伴属于纯粹的问题解决者，因此真正需要统一业务期望的是组织和投资者。

组织和投资者提出的业务期望，实则就是他（她）们为系统设定的业务目标（business object）。组织和投资者的关注点有所不同：前者偏向于经营相关的业务目标，后者偏向于财务相关的业务目标。例如，目标系统上线后，顾客满意度至少达到××，就属于经营相关的业务目标；目标系统上线后，在6个月取得××%的市场份额，就属于财务相关的业务目标。当然，这两种类型的业务目标并不矛盾，因为最终目标还在于目标系统给组织带来收益（包括成本控制与收入利润）。要提炼目标系统的愿景，可以梳理客户与投资者各个角色的业务目标，然后根据利益相关者的重要性和优先级对每个角色提出的目标进行取舍与平衡，进而统一到一个方向，形成最终的系统愿景。

5.3 确定系统范围

确定系统范围是为了确定目标系统问题空间的边界。**系统范围保证了问题空间的开放性，同时又能确保问题空间内业务需求的收敛性**。系统范围并非一个密闭的问题空间，而是为业务需求是否属于目标系统划定了变化的方向以及范围的界线，正如图5-4所示的手电筒那样，它照射出一束光线，被光线笼罩的部分都属于系统的范围，而光线可以沿着一个方向不断延伸。

图5-4 系统范围

系统范围确定的界线可以将无效的、不合理的需求拒之门外，确保了业务需求的收敛性；系统范围认定的方向又提供了指导依据，允许接纳吻合此方向的新的业务需求，保证了问题空间的开放性。静态的界线确定了问题空间的边界，代表趋势的方向保证了系统范围的动态性，允许团队在项目进度、预算、资源和质量的约束内对每个版本的内容进行调整。

光线笼罩的范围取决于光源与光线的尽头。系统范围与之类似，取决于目标系统的当前状态（光源）与未来状态（光线的尽头），只要我们明确了二者，自然就可勾画出系统的范围界线与变化方向。

无论是改造旧系统或为旧系统增加功能，还是启动一个全新项目，都需要了解目标系统的当前状态。或许有人会心存疑惑：一个全新项目的当前状态不应该是零吗，还有何了解的必要？实际并非如此，虽然对一个全新项目而言，目标系统还没有开始构建，但有可能已经存在一个隐含运行的业务流程。这就好似18世纪、19世纪的古老银行早已存在存款、取款、贷款等业务流程了，只是不具备取代某些人工操作的IT系统罢了。类似这样表达当前真实状态的业务流程，未必是目标系统需要实现的目标，却可以作为确定系统范围的起点。

要了解目标系统的状态，需要识别出它的可用资源，包括业务资源、人力资源、IT资源和资金资源。业务流程属于业务资源的一部分，除了业务流程，还需要了解用户当前已有的操作手册、需求文档、业务知识（包括专业领域的行业知识）。在条件允许的情况下，在全局分析阶段收集到的业务资源越详尽，越有利于我们对问题空间的探索，自然也越有利于确定目标系统的当前状态。

要识别的人力资源，就是与目标系统相关的利益相关者与参与构建整个目标系统的团队资源。识别利益相关者自不待言，了解可用的团队资源自然也很重要，如果缺乏足够的人力，就更要学会控制系统的范围，否则就会影响项目的交付与迭代计划。

IT资源就是目标系统所在组织现有的系统资源情况，包括硬件资源与软件资源，尤其需要了解与目标系统范围可能存在交集、重叠和集成的现有系统的当前状态。明确这些系统非常重要，目标系统的部分功能可能会取代这些系统，也可能需要和这些系统集成，无论如何，它们的现状会直接影响到目标系统的范围，甚至影响到整个构建过程。

毫无疑问，资金资源至关重要，没有资金，软件研发也就寸步难行，资金的多少决定了构建的系统能够走多远，能够涵盖多少业务需求。团队需要就资金资源进行成本收益的评估，也会影响对系统范围的界定。

了解目标系统的未来状态，就是要了解那束光究竟能走多远！既然那束光代表了目标系统的未来，就会融合利益相关者的目标。业务目标、组织的战略规划和产品规划（或者产品路线图）共同构成了未来状态的业务资源。与了解当前状态相同，除了需要识别业务资源，还需要识别人力资源、IT资源和资金资源，只不过这些资源是就未来期望的状态做出的前瞻性规划，存在较大的不确定性，在目标系统的构建过程中，需要随时对这些资源做出调整。

在确定了目标系统的未来状态与当前状态之后，就可根据未来状态与当前状态识别出来的资源界定系统的界线与方向。所谓"界线与方向"是一种较为模糊的定义，为了清晰地勾勒出系统的范围，需要通过整合当前状态与未来状态之后的目标列表的方式来呈现，如图5-5所示。

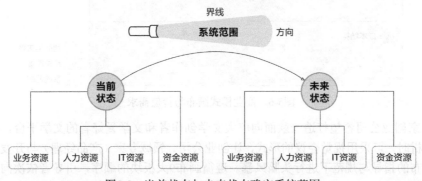

图5-5　当前状态与未来状态确定系统范围

业务目标是系统边界的判断标准。通过需求调研获得的原始需求，必须吻合系统范围中目标列表的其中一条或多条目标，才被认为是问题空间中业务需求的一部分。

目标系统的当前状态、未来状态和目标列表共同构成了目标系统的范围。

5.4　使用商业模式画布

分析价值需求，就是对尚处于"懵懂状态"的目标系统进行探索。目标系统要么是过去的旧模样，需要以新汰旧，要么还存在客户心中，只是一种若隐若现的概念……种种情形，不一而足。如果没有分析清楚目标系统的价值需求，就无法定位业务需求，更谈不上进行领域驱动设计了。

在还未确定价值需求之前，目标系统的模样真可以说是"千人千面"。要就价值需求达成共识，单靠开发团队对需求展开调研，对客户进行引导，然后就期望获得客户一致认可的价值需求定义，无异于天方夜谭。分析价值需求时，一定要让客户和团队坐在一起，通过有效的互动形式进行协作与交流，将价值需求通过可视化方式明白无误地表达出来，以达成共识。这种高效的协作方法就是前面提及的商业模式画布。

商业模式画布的9大板块与价值需求之间的关系如图5-6所示。

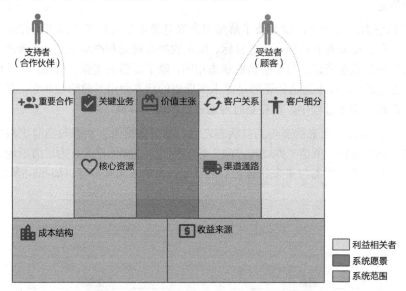

图5-6　商业模式画布与价值需求

假设一家创业公司希望打造一款面向广大文学创作者和文学爱好者的文学平台，在对其进行价值需求分析时，可采用视觉会议的形式，让创业公司、领域专家（产品经理）与开发团队一起在商业模式画布的指导与规范下进行头脑风暴。遵循画布9大板块的顺序，引导者依次向与会人员提出问题，通过即时贴展示大家对当前版本的想法与意见。与会人员对这些想法和意见依次进行讨论，得到图5-7所示的商业模式画布。

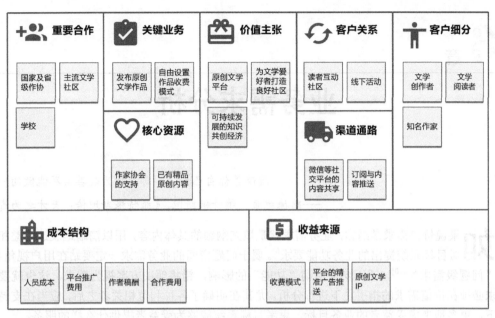

图5-7 文学平台的商业模式画布

　　这一过程当然不是一蹴而就的，例如对客户进行细分时，一开始并没有找出"知名作家"，待到考虑收益来源时，考虑到文学平台的影响力与品牌塑造，才想到邀请知名作家入驻文学平台，并由此确定引入作家协会的支持，考虑和作家协会的合作。商业模式画布的好处在于它可以有效地启发和约束思维，采用面对面互动的高效协作方式，也有助于尽快就目标系统的价值需求达成一致。

第**6**章

业务需求分析

就改善你自己好了，那是你为改善世界能做的一切。

——路德维希·维特根斯坦，《维特根斯坦传：天才之为责任》

如果说价值需求是纲领，业务需求就是填充纲领的具体内容，用以清晰地表达利益相关者对目标系统提出的业务功能要求[①]。属于问题空间的业务需求一定要站在用户视角展开，属于"问题级需求"[10]，千万勿受所谓"功能"的影响，错将解决方案视为需求，这也就要求业务需求必须在价值需求的指引之下进行分析。尤其在明确了各种利益相关者之后，应当在支持者的帮助下，更多地考虑受益者的业务目标，思考目标系统能够为受益者提供什么样的服务。

要完整地展现问题空间的业务需求，需要通过动静结合的方式进行需求分析，既要体现多个角色为实现同一个业务价值进行协作的执行序列，又要体现角色与目标系统之间为完成业务目标进行的功能性交互，即动态的业务流程与静态的业务场景。

如果从需求层次来看，业务需求根据价值和目标可分为如下3个层次。

❏ 业务流程：体现了一个完整的业务价值。

❏ 业务场景：在一个阶段内共同满足多个角色的业务目标，也可认为是该阶段的里程碑目标。

❏ 业务服务：系统为一个角色提供的服务价值。

其中，业务服务属于业务场景的进一步细化，是全局分析阶段的基本业务单元。

6.1 业务流程

软件系统的核心价值在于响应用户的服务请求，系统内部以及系统之间通过一系列的协作各自履行不同的业务职责，共同满足该服务请求对应的各阶段业务目标，从而为用户提供业务价值。这一协作的过程可以称为"业务流程"。

---

① 需求的分类有多种定义，Karl E. Wiegers的著作《软件需求》定义了需求层次（第6页），从类别上将需求分为功能性需求和非功能性需求，领域驱动设计主要应对的需求为功能性需求。功能性需求又分为业务需求、用户需求、功能需求、系统需求。这些定义显得似是而非而又纷繁复杂，较难区分它们各自表达的真实含义。我借鉴了徐锋的《有效需求分析》中提到的价值需求概念，将与领域逻辑有关的需求简单地分为两个层次：价值需求和业务需求。价值需求相当于Wiegers提出的业务需求，业务需求相当于用户需求。

6.1.1　业务流程的关键点

在识别目标系统的业务流程时，需要把握两个关键点[①]：完整和边界。

一个有效的业务流程必须是**完整**的、端对端的服务过程，简言之，发起一个业务流程必有其起因，也有其结果（体现为业务价值），从因到果体现的就是端到端的完整性。原因只能有一个，但它带来的结果存在多种可能。例如，顾客购买商品是一个完整的端对端业务流程。购买商品的请求就是因，商品买到顾客手上就是果；商品缺货，顾客未能如意买到自己想要的商品也是果；顾客账户余额不足，导致购买交易失败同样还是果。构成该购买流程的诸多活动，如加入购物车、结算、支付等活动都不是购买请求的业务价值，不具备端对端的完整性，这些活动实则属于购买商品业务流程的执行步骤。

针对目标系统识别业务流程，就需要结合系统范围确定业务流程的**边界**。例如目标系统为挂号系统，则挂号系统满足了病人的挂号请求后，就履行了它的职责，为病人提供了业务价值，至于病人接受医生诊断与治疗的流程则不在要识别的业务流程范围之内。在界定业务流程边界时，还需要结合完整性进行综合判断。还是考虑挂号系统，病人挂号时需要支付挂号费用，虽然具体的支付活动发生在挂号系统之外，但由于支付活动属于挂号业务流程不可缺少的环节，因而需要纳入挂号流程中。

业务流程的起点往往由一个角色向目标系统发起服务请求，而要完成整个流程，则需要多个角色共同参与协作。在梳理业务流程时，必须采用全方位视角来观察目标系统和目标系统所在的组织，确定各个角色在该流程中应该履行的职责和它们的协作顺序。

6.1.2　业务流程的分类

从业务流程的特征看[②]，可以分为主业务流、变体业务流和支撑业务流。主业务流代表从因到果的端到端主体流程；变体业务流是主业务流的变体，即从主业务流中脱离而形成的独立业务流（因为出现了干扰主业务流并导致主业务流无法完成的主客观因素）；支撑业务流则是为主业务流与变体业务流提供支持的辅助流程。

从业务流程的发起者看，可以分为外部业务流、内部业务流和管理业务流。外部业务流往往由组织外用户（客户）主动发起服务请求；内部业务流则由组织内用户（员工）主动发起服务请求的流程；管理业务流由负责管理职能的业务部门人员主动发起的服务请求，且该服务请求主要在于实现控制、监督、审批等管理意图的流程。

6.1.3　业务流程的呈现

呈现业务流程最为直接的方式自然是运用业务流程图。业务流程图为动态的业务需求提供了简单清晰的可视化方案，可以帮助受众快速了解业务本身的运作形式，明确业务规则。

以文学平台为例，可使用业务流程图中的泳道图呈现用户、作者、读者和平台之间的关系，如图6-1所示。

[①] 参考了徐锋的《有效需求分析》对业务流程的剖析（第91页）。

[②] 对业务流程的分类，主要参考了徐锋的《有效需求分析》。

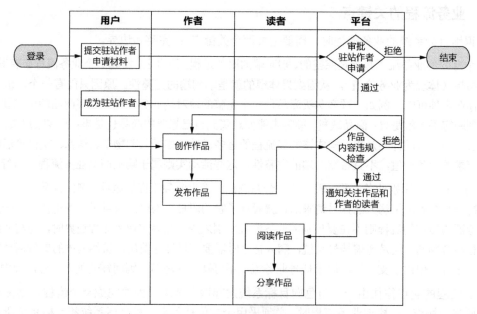

图6-1　文学平台的业务流程图

业务流程图更像对真实世界业务执行流程的真实反映，直观地体现了各个角色、部门之间的交流与协作。业务流程图的各个角色（或部门）是平等的，并无主次之分，都是参与流程的协作方。

根据业务流程的分类，一个完整的业务流程可能牵涉到组织内外各种用户角色，组成业务流程的执行活动虽然都是为了最后要满足的业务价值，但在执行环节中的操作目的与意图却不相同。组织内的一些执行步骤对主动发起服务请求的角色而言，甚至是不可见的。一些提供业务支撑或管理意图的执行步骤，可能出现在多个不同的业务流程中。因此，对于一个复杂的业务流程，既要从全景视角体现其完整性，又要准确地划分边界，可以使用服务蓝图来呈现。

以文学平台为例，阅读作品的业务流程涉及的参与角色只有阅读者，属于服务蓝图中的客户角色。在使用服务蓝图表示该业务流程时，不会牵涉到组织内的前台员工和后台员工，自然不会产生与他（她）们的交互。使用服务蓝图表达阅读作品的业务流程如图6-2所示。

服务蓝图从左到右体现了时间因素。倘若两个活动没有明显的时间先后顺序，可以纵向排列，表示二者不分先后，例如"撰写读书笔记"和"标记精彩内容"就没有先后顺序之分。纵向区域根据参与角色的业务目标进行划分，如"决定购买""加入书架"等活动虽然看起来和阅读无关，但实际上它们为阅读作品这一业务目标提供了必要的执行步骤，离开了"阅读作品"这一业务目标，它们就没有存在的价值了；"评价作品"和"分享作品"具有独立的业务目标，因此它们被分为两个独立的纵向区域，虽然这两个活动与"撰写读书笔记"等活动并无时间先后顺序，但受限于二维图形的表达力，只能横向排列，这时可以辅以箭头来表示流程执行顺序。

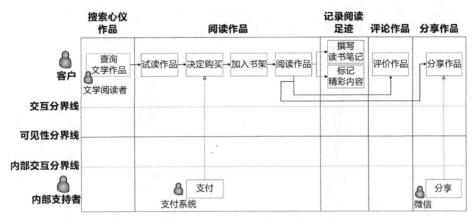

图6-2 阅读作品的服务蓝图

在阅读作品的服务蓝图中，只有阅读者参与到了流程中。除此之外，还引入了支持过程。不同于前台员工和后台员工，内部支持者可以是组织内的支持部门，也可以是业务流程提供支持的目标系统自身或外部的伴生系统（参见第8章），如图中的支付系统与微信就属于文学平台的伴生系统。实际上，服务蓝图中的支持行为往往组成了业务流程中的支撑业务流，如图6-2中的支付活动与分享活动其实都是阅读主流程的支撑业务流。

每个业务流程只有一个起点，该起点必然由服务蓝图的客户角色发起服务请求。这意味着，在一张服务蓝图中只能由一个客户参与，它所反映的业务流程其实是一个客户的旅程。以文学创作的业务流程为例，它的服务蓝图如图6-3所示。

交互分界线之外的客户活动都由一个客户执行。注意理解这里提到的**一个客户**，指的是一个实实在在的人，如果采用了用户画像，就是你从海量真实客户中提炼和刻画出来的有名有姓的虚拟人物，而不是这个人头上戴着的角色帽子。在文学创作的业务流程中，客户可以是托尔斯泰，但他在还没有申请成为驻站作者时，他的角色为注册用户。换言之，参与该业务流程的客户角色包含了注册用户与作者，甚至还可以细粒度地识别出申请人（针对提交申请活动）角色，但参与到业务流程中的客户只是托尔斯泰这个具体的人，就是写出《战争与和平》和《安娜·卡列尼娜》的那个人。

如果目标系统只面向组织用户，根本没有组织外的客户角色参与业务流程，又或者服务蓝图要描绘的业务流程完全属于组织的内部过程，那么，参与服务的员工亦可视为服务蓝图中的客户角色。

服务蓝图中的前台员工与后台员工都属于组织内员工，该如何区分二者的差异呢？关键在于可见性分界线，它恰好隔离了前台员工活动和后台员工活动，意味着前者在幕前发生，后者在幕后发生。这也解释了为何客户不会与后台员工产生行为交互，因为后台员工对客户而言，是完全不可见的。以文学创作流程的服务蓝图为例，审批人对申请的审批就属于后台员工活动，从流程图看，当审批人审批通过申请后，会向申请人发送通知，这也正是图6-3中由"审批申请"到"提交申请"的箭头的含义，但这两个角色并没有直接产生行为交互。与之相对，编辑角色作为前台员工，在咨询和建议时，直接与注册用户和作者发生了对话，形成了可见的协作关系。

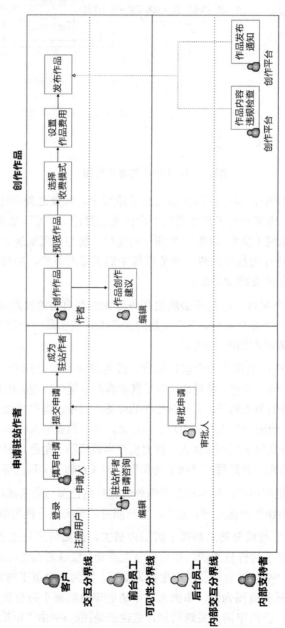

图6-3   文学创作的业务流程

在实际进行业务流程分析时,可以将业务流程图与服务蓝图结合起来,体现不同层次的业务流程。例如,先使用泳道图形式的业务流程图梳理业务流程的总体运行过程,这一总体运行过程对准了价值需求中的系统愿景,再使用服务蓝图进行细化,建立相对独立的体现业务价值的主业务流,以及与之对应的变体业务流和支撑业务流。除了业务流程图与服务蓝图,诸如线框图和UML图中的活动图与序列图都可以表示业务流程,只是表现形式各异,为分析人员提供的观察角度也不尽相同罢了。

6.2 业务场景

什么是场景?从字面理解,"场"是时间和空间的概念,"景"是情景和互动。**场景就是角色之间为了实现共同的业务目标进行互动的时空背景,通过角色在特定时间、空间内执行的活动来推动情景的发展,形成角色与目标系统之间的体验与互动。**当我们用场景来描述业务需求时,可以将体现业务目标的场景称为"业务场景"。在理解业务需求时,业务场景以用户为中心,采用一种身临其境的方式体验用户角色的操作行为。作为通过业务场景体现用户对产品的使用状态的例子,图6-4展示了手机的来电显示界面,左侧为锁屏场景下的来电显示,右侧为未锁屏场景下的来电显示。

图6-4 不同场景下的来电显示

为何需要设计两种不同的来电显示界面呢?因为它们各自体现了不同的用户使用场景。设计者假设用户会将锁屏后的手机放进裤兜,如果仍然通过触碰按钮来接听或拒绝电话,出现误操作的概率要远大于采用滑动接听的方式。

6.2.1 业务场景的5W模型

接听电话的业务场景体现了构成业务场景的5个要素:角色(Who)、时间(When)、空间(Where)、活动(What)和业务目标(Why):要下班了(时间),我将手机锁屏后放进裤兜(空间),家里人(角色)打来电话(活动),我(角色)拿出手机(活动),通过滑动接听电话(活动),与家里人建立了联系(业务目标)。与之相对的是业务流程,通过服务蓝图也体现了这5个要素,不同之处在于,一个业务流程的不同阶段体现了不同的业务目标。这充分说明:一个动态的业务流程是由一到多个静态的业务场景构成的,业务流程是端对端的完整协作过程,业务场景则是在业务目标的指导下在时间维度对业务流程的纵向切分。

组成业务场景的5个要素恰好构成了图6-5所示的问题描述的5W模型,可以认为它是粒度更细的问题空间。

在一个业务场景中,所有角色执行的活动都是为了满足一个共同的业务目标,这是确定业务场景的关键。业务服务之间的协作存在时间流逝的痕迹,即这些服务在某个时间阶段内通过协作形成了相对完整的执行序列。这些活动都发生在确定的空间范围内,也就是目标系统的系统范围。

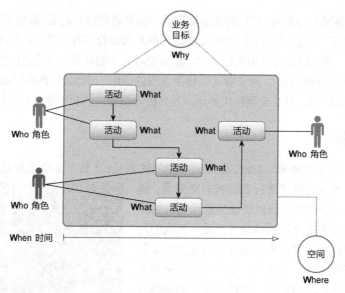

图6-5   业务场景的5W模型

只要按照阶段性的业务目标划分业务流程，就可以获得业务场景。以文学创作的业务流程为例，参考该流程的服务蓝图，可以获得如下业务场景：

❑ 驻站作者申请；
❑ 原创作品创作。

业务场景的名称直接体现了该场景的业务目标，参与场景的角色可能存在多个，每个角色为了满足共同的业务目标执行各自的活动。**划分业务场景时，活动是业务流程的各个执行步骤，不能直接映射为业务服务**。业务服务是组成业务需求的基本业务单元，对它的识别是业务需求分析阶段的关键。

6.2.2   业务服务

分析业务需求时，分析人员往往受困于需求功能层次的界定。例如，Alistair Cockburn就用云朵（或风筝）、海平面和鱼（或蛤）3个层次来展现不同的目标层次[20]50，分别对应概要层次目标（summary-level goal）、用户目标（user goal）和子功能层次目标（subfunction-level goal），图6-6阐释了这些目标层次[20]50。

在Cockburn的隐喻中，海平面是一条可见的分界线，Jeff Patton就说："一个海平面级别的任务，是指我们会连续完成的、通常在完成之后才去做其他事情的任务。"[14]88即便如此，在分析业务需求时，分析人员往往难以辨别正确的用户目标层次，因为所谓的"用户目标"会受到不同领域、不同视角的影响，就连Cockburn自己也说："找出正确的目标层次是关于用例的一个最棘手的问题。"[20]如图6-6中的注册用户，为何不是用户目标，而被放到海平面之下的子功能层次目标中呢？这是因为在广告和订单领域，注册用户并非市场人员或买家的用户目标。如果切换到身份管理领域，情形就不同了，对于游客角色，注册用户属于可见的用户目标，应该位于海平面。

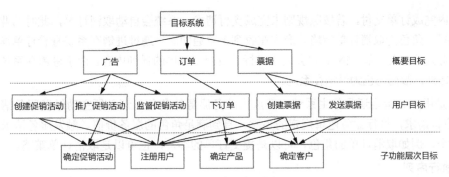

图6-6　3个目标层次

如果能够引入相对客观的判断标准作为基本业务单元的划分依据，就能规避主观对层次或目标的判断带来的模棱两可。**业务服务**[①]解决了这一问题，它是**角色主动向目标系统发起服务请求完成的一次完整的功能交互，体现了服务价值的业务行为**。业务服务的定义实则包含了3条用于判断的客观标准：服务价值、角色和执行序列。

1．服务价值

所谓"服务价值"，就是要站在目标系统的角度，思考它能为执行业务服务的角色提供什么样的服务。服务价值决定了业务服务是否满足角色的服务请求，回答了角色为何要参与该业务服务的原因。例如，"提交订单"是一个具有服务价值的业务服务，如果客户不执行该业务服务，整个购买流程就无法完成；验证订单虽然提供了验证订单有效性的价值，但它对客户而言却是隐藏不知的，因为如果订单为有效订单，那么客户可能不知道在提交订单时还存在这一操作。实际说来，验证订单其实是提交订单的一个执行步骤。

2．角色

一个业务服务必须有一个角色作为发起者，它会触发业务请求，通常包括**用户**（user）、**策略**（policy）或**伴生系统**（accompanying system）[②]。

用户是关心业务服务的人或组织（部门），通过执行某个操作触发服务请求，例如发送一条消息、按一个按钮或者输入一个按键。作为角色的策略较为特殊，它属于规则的一种特殊情况，需要通过定时器按照条件定时主动触发，因此也可以认为策略是封装了业务规则的定时器。位于目标系统之外的伴生系统作为角色，也可以主动触发一个业务服务，前提是触发后的执行逻辑属于目标系统的范围。

以电商平台作为目标系统。客户要购买商品，需要通过点击"提交订单"按钮发起提交订单的服务请求，此时的业务服务为"提交订单"，角色为客户用户。客户在提交订单之后，业务规则要求

[①] 业务架构也定义了业务服务的概念。《微服务设计：企业架构转型之道》将业务服务定义为"表示显式定义的暴露业务行为，代表了用于实现组织内外客户需求的服务，并处理主体与主体之间、主体与客体之间的连接物。"本书定义的业务服务与业务架构中的业务服务是完全不同的概念。

[②] 业务服务的角色相当于系统用例的最终主参与者（ultimate primary actor），这里提到的策略角色，实际参考了事件风暴中的概念，细节参见附录B。

在15分钟内完成订单支付，若按照规则未完成支付请求，系统会自动取消订单，此时的业务服务为"取消订单"，角色为取消订单策略。商家在收到下单通知后，通过进销存系统查看订单详情，此时的业务服务为"查询订单详情"，它会调用目标系统获得订单的详细内容。由于进销存系统在电商平台的范围之外，故而角色为进销存系统。

无论是用户、策略还是伴生系统，要成为业务服务的角色，都必须**主动**触发服务请求，目标系统[①]响应该请求，执行业务逻辑规定的步骤，直到满足角色的服务价值。触发服务请求的角色也可以是多个，例如取消订单的角色，可以是提交订单的客户，也可以是取消订单策略。

3．执行序列

业务服务的**执行序列**意味着执行的所有步骤都是连续且不可中断的，如此才能完成一次完整的功能交互。考虑顾客在超市购物的业务场景，顾客推着购物车在超市中寻找自己要买的商品，并将它们一一放到购物车，选好商品后推车到收银台结账；收银员扫完所有商品的条形码后，计算出总价；顾客付款，拿好已购商品走出超市，业务场景结束。如果将整个超市视为我们要设计的目标系统，那么目标系统中的角色就是顾客与收银员。

顾客参与的业务服务包括：

❑ 加入购物车；
❑ 付款。

收银员参与的业务服务包括：

❑ 扫描商品条形码；
❑ 收款。

这4个业务服务都是连续且不可中断的完整过程。"加入购物车"与"付款"是两个分开的业务服务，因为顾客有可能在将商品加入购物车后，突然接到一个电话，没有买东西就离开了超市。在收银员的"收款"业务服务中，还有"计算商品总价""计算商品折扣""增加会员积分"等操作，但是它们都是连续执行的。收银员计算了商品总价后，如果不执行收款工作，顾客就没法付款，这意味着"收款"才是完整的业务服务，"计算商品总价"只是它的一个执行步骤。

在理解执行序列的完整功能交互时，还需结合需求的业务规则而定。以订单为例，假定业务规则规定，用户在提交订单后必须通过商户对订单进行人工审批，这意味着"提交订单"和"审批订单"的执行序列存在中断，它们是两次独立而完整的功能交互，应各自定义为业务服务；如果审批订单在客户提交订单后由系统按照审批规则自动完成，审批订单就没有发起请求的角色，它就变成了提交订单业务服务的一个执行步骤。

业务服务的上述3个关键要素相辅相成，缺一不可，共同决定了一个业务功能是否是一个正确的业务服务。

---

① 由于领域驱动设计通常不考虑UI前端，因此在识别业务服务时，响应服务请求的目标实则指目标系统的后端，即解空间识别的限界上下文。

为什么引入业务服务

业务服务代表了角色与目标系统的一次交互，它的含义与位于用户目标的系统用例非常相似。那为何我还要引入一个新的概念？

一直以来，通过业务建模进行软件设计都存在一个误区和一个难点。误区在于团队进行需求分析时，没有拎清问题空间与解空间的差异，混淆了问题级需求与方案级需求，也容易让技术实现干扰需求分析。难点在于如何消除需求分析到软件设计的鸿沟，使得需求分析的结果能够作为指导设计的参考。

业务服务规避了用例层次的含混不清，它不看业务功能的粒度和层次，只考虑是否是角色向目标系统发起的一次完整功能交互，并以此作为划分业务服务的标准。这一标准界定的粒度使得问题空间的一个业务服务恰好对应解空间的一个服务契约，即第12章定义的菱形对称架构的北向网关。不仅如此，业务服务还可以帮助确定限界上下文，并通过建立业务服务与限界上下文的映射关系，确定限界上下文之间以及限界上下文与伴生系统之间的协作关系；业务服务规约则为领域建模提供了建模依据，帮助分解任务和明确职责分配，并在通过测试驱动开发进行领域实现建模时，作为识别和编写测试用例的主要参考。换言之，业务服务虽然位于问题空间，但它又成为解空间中架构、设计与编码的核心驱动力。

即使如此，它并没有混淆问题空间和解空间。在识别和细化业务服务时，领域专家并不需要知道解空间的设计要素，只需针对目标系统进行业务需求分析，并遵循统一语言对其进行准确描述即可。

6.2.3 业务服务的识别

要获得业务服务，可以基于业务流程和业务场景，分别梳理执行环节的每个用户活动，然后根据业务服务的3个标准判断并梳理出问题空间的业务服务。表6-1列出了阅读作品和文学创作业务流程中的所有业务服务。

表6-1 文学平台的业务服务

查询文学作品	阅读作品	购买作品
将作品加入书架	撰写读书笔记	标记精彩内容
评价作品	分享作品	登录
提交驻站作者申请	审批驻站作者申请	创作作品
预览作品	设置作品收费模式	设置作品费用
发布作品	……	

对比表6-1中的业务服务与业务流程图（参见图6-3）中的用户活动，它们存在细微的差异，例如，在图6-3所示的文学创作的业务流程中，包含了"作品内容违规检查"和"作品发布通知"用户活动，然而根据业务服务的判断标准，这两个用户活动只是"发布作品"业务服务执行序列中的执行步骤，不属于业务服务。

6.2.4　业务服务的呈现

业务流程可以通过业务流程图与服务蓝图以可视化协作的形式进行呈现，而业务场景和业务服务的可视化呈现，则借用了UML用例图形式的业务服务图①。

1. 业务服务图

用例图的组成要素与业务场景的5W模型颇为相似，二者形成了如下对应关系。

- 参与者：代表了场景5W模型的Who。
- 用例：代表了场景5W模型的What。
- 用例关系：包括使用、包含、扩展、泛化、特化等关系，其中，使用（use）关系代表了场景5W模型的Why，即用例为参与者提供了价值。
- 边界：代表了场景5W模型的Where。

用例图是领域专家与开发团队之间进行沟通的一种可视化手段，它以目标系统为主体边界，例如，以整个文学平台作为主体边界形成的用例图如图6-7所示。

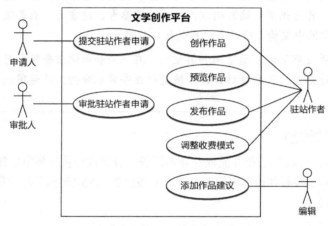

图6-7　文学平台的用例图

用例图中的椭圆形本来表示一个系统用例，**这里用来表示业务服务**。图6-7列出的业务服务仅仅是该平台的"冰山一角"，因为用例图将目标系统看作"能独立对外提供服务的整体"[17]146，也就是说，整个目标系统是用例图的主体边界。如果目标系统的规模较大，就会形成一个非常庞大的用例图。虽说一图胜千言，但如果图形太过庞大，密密麻麻的连线像一张蜘蛛网一般，带来的可视化效果恐怕还不如诚恳的文本描述。

引入业务场景，可为每个业务场景绘制一个用例图，主体边界就变成了业务场景，如图6-8所示。

图6-8通过业务场景表现主体边界，内部的椭圆呈现了一个个业务服务，可将这样的图称为**业**

---

① 除了业务场景和业务服务进行业务需求分析，还可以运用事件风暴，它的分析方式与呈现方式有其特殊之处，详细内容参见本书的附录B。

务服务图，以示业务服务与用例的区别。注意，业务场景虽然成为业务服务图的主体边界，但业务服务面对的主体仍然为目标系统，否则就有悖于业务服务的本质。

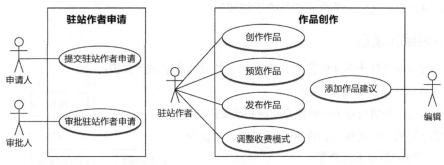

图6-8 业务服务图

2. 业务服务规约

除了可以使用业务服务图对业务服务进行可视化呈现，还可以为其编写文本形式的业务服务规约。为了更好地表现业务服务角色、服务价值和执行序列这3个特征，我糅合了用户故事和用例规约的形式，将业务服务规约分为表6-2所示的组成元素。

表6-2 业务服务规约的组成元素

组成元素	说明
服务编号	标记业务服务的唯一编号
服务名	动词短语形式的服务名
服务描述	作为<角色>
	我想要<服务功能>
	以便<服务价值>
触发事件	触发该业务服务的事件，如按钮点击、策略规则的触发或接收指定的消息等
基本流程	用于表现业务服务的主流程，即执行成功的业务场景
替代流程	用于表现业务服务的扩展流程，即执行失败的业务场景
验收标准	一系列可以接受的条件或者业务规则，以要点形式列举

要编写业务服务规约，需要深入业务服务内部，展现它的执行步骤，描述的内容可以作为服务序列图（参见第11章）与领域分析建模（参见第14章）的参考，也是服务驱动设计（参见第16章）进行任务分解的重要输入。在全局分析阶段，为保持对问题空间整体的把握，也为了避免出现分析瘫痪，只需对业务需求细分到业务服务粒度即可。

6.3 子领域

当目标系统的问题空间通过业务流程、业务场景和业务服务呈现在团队面前时，问题空间的面貌才变得清晰起来。然而，即使我们将全局分析的粒度控制在业务服务层次，倘若面临一个庞大的问题空间，这些业务单元仍然过散、过细，不利于形成利益相关者、领域专家和开发团队对问题空间的共同理解。

问题空间太大，业务服务又太小，我们需要寻找一个粒度合理的业务单元，一方面降低问题空间规模过大带来的业务复杂度，另一方面帮助领域专家与开发团队更好地把握问题空间而不至于迷失在业务细节中。这个业务单元就是"子领域"。

6.3.1   子领域元模型

经过领域驱动设计十多年的发展，社区就子领域达成了如下共识：

❑ 子领域属于问题空间的范畴；
❑ 子领域用于分辨问题空间的核心问题和次要问题。

为了区分问题空间的核心问题和次要问题，领域驱动设计引入了图6-9所示的元模型。

核心子领域[①]是目标系统最为核心的业务资产，体现了目标系统的核心价值。核心子领域体现了问题空间的

图6-9   子领域的元模型

核心问题，它的成败直接影响了系统愿景，而通用子领域和支撑子领域则体现了问题空间的次要问题，它们包含的内容并非利益相关者的主要关注点：通用子领域包含的内容缺乏领域个性，例如各行各业的领域都需要授权认证、企业组织等业务；支撑子领域包含的内容往往为核心子领域的功能提供了支持，例如物流系统的路径规划业务需要用到地图服务，则地图功能就属于支撑子领域。

通过判断价值高低可以确定哪些业务属于核心子领域、通用子领域或支撑子领域，它们都很重要，因为缺失了任何一个子领域，目标系统都会变得不完整，没有通用子领域与支撑子领域，核心子领域的功能也无法运行。

子领域的划分并非绝对，对于不同的行业背景、不同的目标系统，对领域核心问题的认识也会随之发生变化。正如前面提及的地图服务，在物流系统中属于支撑子领域，但从地图服务供应商的角度来看，地图服务是供应商的核心竞争力所在，属于其核心子领域。对于专注做授权认证的公司，授权认证业务具有了专有领域的特点，提供了核心价值，应该归属为该公司软件系统的核心子领域。

当我们将问题空间的业务需求划归为核心子领域时，意味着这些业务需求优先级更高，值得投入更多的成本（时间成本、人力成本和资金成本）去实现与完善。Eric Evans甚至建议："让最有才能的人来开发核心子领域，并据此要求进行相应的招聘。在核心子领域中努力开发能够确保实现系统蓝图的深层模型和柔性设计。仔细判断任何其他部分的投入，看它是否能够支持这个提炼出来的核心。"[8]280让最有才能的团队成员工作在核心子领域，可能会让那些参与通用子领域与支撑子领域开发的团队成员对自身能力产生怀疑，从而影响团队文化建设。但不可否认，很多企业确实会考虑以购买或外包的方式构建通用子领域与支撑子领域。

为了保证企业的核心竞争力，不仅需要最有才能的团队成员参与开发目标系统的核心子领域，还要改变对它的认识。Scott Millett与Nick Tune就提出将核心子领域当作一款产品而非一个项目来

----

① Eric Evans的《领域驱动设计》将其称为"核心领域"，为了统一概念，我将其称为"核心子领域"。

对待[11]36。这是因为产品需要结合企业战略进行规划，它的功能需要不断演化，属于核心子领域的领域模型也需要不断演进和重构，形成深层模型，作为企业的核心资产来被维护。

全局分析阶段是在确定了目标系统的范围之后才开始确定子领域。我们划分出核心子领域、通用子领域和支撑子领域，其目的是促进团队对问题空间的共同理解，包括确定业务功能的优先级。至于这些子领域该如何构建，选择什么样的解决方案，究竟是购买现有产品还是交给外包团队，诸如此类的问题都属于解空间的内容，通常会在架构映射阶段解决。全局分析阶段要解决的应是子领域的识别与划分。

6.3.2　子领域的划分

划分问题空间的子领域仍然是"分而治之"思想的体现，是控制问题空间复杂度的一种手段。要划分子领域，关键在于确定核心子领域。Eric Evans给出的方法是**领域愿景描述**（domain vision statement），即"写一份核心子领域的简短描述以及它将会创造的价值，也就是'价值主张'"[8]288。这实际上就是价值需求分析中需要确定的系统愿景，以及组成系统范围的业务目标列表。

价值需求的指引可以帮助团队确定哪些是核心子领域，哪些是通用或支撑子领域。至于问题空间到底该分为哪些子领域，就需要团队对目标系统整体进行探索，然后根据目标系统的**功能分类策略**对其进行子领域的分解。这些功能分类策略有以下几种。

- ❑ 业务职能：当目标系统运用于企业的生产和管理时，与目标系统业务有关的职能部门往往会影响目标系统的子领域划分，并形成一种简单的映射关系。
- ❑ 业务产品：当目标系统为客户提供诸多具有业务价值的产品时，可以按照产品的内容与方向进行子领域划分。
- ❑ 业务环节：对贯穿目标系统的核心业务流进行阶段划分，然后按照划分出来的每个环节确定子领域。
- ❑ 业务概念：捕捉目标系统中一目了然的业务概念，将其作为子领域。

如果按照业务职能划分子领域，只需要了解企业的组织结构，就可以轻而易举地获得对应的子领域。例如为一所学校开发一套管理系统，按照学校的业务职能划分，就可以获得教务、学生管理、科研、财务、人事等子领域，这些子领域实际上恰好对应学校的职能部门，如教务处、学生处、科研处、财务处、人事处等。在识别子领域时，需要就目标系统的范围确定组织结构的范围，例如管理系统的范围没有要求支持图书馆的管理，我们就不需要考虑图书馆这一机构，也不会识别出图书馆子领域。

如果按照业务产品划分子领域，就可以确定企业的产品线或业务线，根据描绘出的业务结构得到各个与之对应的子领域。例如，为银行开发网银系统，就可以根据储蓄业务、信用卡业务、理财业务、外汇业务、保险业务等业务产品确定对应的子领域。同理，在确定这些子领域时，也需要界定它是否在目标系统的范围内。

若根据业务环节划分子领域，确定核心业务流就成为重中之重。对一个全景流程而言，一定存在多个明显的时间节点，将流程划分为具有不同目标的业务环节。例如，一个典型的电商平台，买家购买商品的业务流程就是该目标系统的其中一个核心业务流，该业务流明显可以划分为购买、仓储、配送、售后等业务环节。这些业务环节不正好形成了电商平台的子领域吗？

如果要通过捕捉业务概念的方法识别子领域，就需要依靠对问题空间的深刻理解和一种分析中的直觉。寻找的业务概念往往属于人、事、物中的一种，由此形成的子领域其实就是对这些业务概念的管理。例如，当我们想到一款音乐在线平台时，一下子浮现在我们脑海中的业务概念会有哪些？音乐、歌手、直播、电台……这些业务概念是否一目了然呢？当然！根据这些业务概念就能找到与之对应的管理这些业务概念的子领域，如歌手子领域的主要功能，就是对歌手的管理。

划分了子领域后，还需要结合价值需求中的系统愿景判断哪些子领域是核心子领域，哪些子领域是通用或支撑子领域。当然，上述列出的功能分类策略未必能帮助我们穷尽整个问题空间的子领域，但它们确实为子领域的识别提供了不错的参考。识别子领域时，确定核心子领域是关键，也是识别过程的起点。在获得了核心子领域之后，再来通盘考虑这些核心子领域都需要哪些通用功能，又或者针对一个个核心子领域，去寻找与它相关却并非核心关注点的支撑功能，即可获得通用子领域和支撑子领域。

不可否认，划分子领域的过程存在很多经验因素，一个对该行业领域知识了如指掌的领域专家，可以在确定了目标系统的愿景与范围之后，快速地给出一份子领域列表。因此，领域专家的参与就显得至关重要！开发团队要和领域专家协作，把这份可能存在于领域专家脑海中的子领域列表显现出来，然后就子领域的划分、名称和分类进行讨论，一旦确定了子领域，再将之前识别出来的业务服务分配到各个子领域，形成对问题空间的共同理解。

6.3.3　子领域映射图

获得的子领域最好以**子领域映射图**的形式进行可视化。用整个椭圆形代表目标系统的问题空间，从椭圆中划分出来的每一个区域代表一个子领域。每个子领域标记了它究竟是核心子领域、通用子领域还是支撑子领域。文学平台的子领域映射图如图6-10所示。

分析问题空间时，必须从业务角度进行沟通和交流，对子领域的划分也不例外。如果将技术方案带入这个过程中，全局分析就会变味，获得的子领域就会掺杂解决方案的内容，或者干脆受到解决方案的影响，形成一些偏技术的子领域[①]。

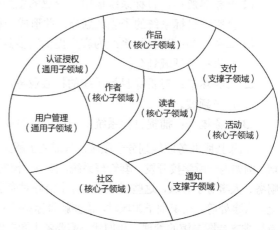

图6-10　文学平台的子领域映射图

领域驱动设计统一过程旗帜鲜明地将全局分析阶段划入问题空间的范畴，正是基于这一目的。为了减少技术方案对子领域的影响，可以考虑在划分子领域时，将那些具有技术背景的团队角色（如技术负责人、开发人员）排除在外，只保留领域专家、业务分析师、业务架构师、项目经理和测试人员，除非技术角色能够分清问题空间与解空间的界限。

---

① 不要混淆技术问题与属于业务问题的技术内容，例如安全属于技术问题，不能为安全划分一个子领域；但是，如果要开发的目标系统本身属于安全领域，安全就属于问题空间的内容，自然可以将安全视为一个子领域。

第三篇
架 构 映 射

架构映射对应解空间的战略设计层次。

本阶段，映射成为获得架构的主要设计手段。价值需求中利益相关者、系统愿景和系统范围可映射为系统上下文，业务服务通过对业务相关性的归类与归纳可映射为限界上下文，系统上下文与限界上下文共同构成了系统架构的重要层次，前者勾勒出解空间的控制边界，后者勾勒出领域模型的知识边界，组成了一个稳定而又具有演进能力的领域驱动架构。

限界上下文是架构映射阶段的基本架构单元，封装了领域知识的领域对象在知识语境的界定下，扮演不同的角色，执行不同的活动，对外公开相对完整的业务能力，此为限界上下文的定义。这一定义充分说明了限界上下文的本质特征：它是领域模型的知识语境，又是业务能力的纵向切分。设计限界上下文时，需要满足自治单元的4个要素：最小完备、自我履行、稳定空间、独立进化。一个自治的限界上下文一定遵循菱形对称架构模式。

菱形对称架构模式将整个限界上下文分为内部的领域层和外部的网关层，网关层根据调用方向分为北向网关和南向网关。北向网关体现了"封装"的设计思想，根据通信方式的不同分为远程服务与应用服务；南向网关体现了"抽象"的设计思想，将抽象与实现分离，分为端口与适配器。在诸多上下文映射模式中，除了共享内核与遵奉者模式，其余模式都应在菱形对称架构网关层的控制下进行协作。

系统上下文对应解空间的范围，它站在组织层面思考利益相关者、目标系统和伴生系统之间的关系。它通过系统分层架构体现目标系统的逻辑结构，并按照子领域价值的不同，为限界上下文确定了不同的层次。根据康威定律的规定，系统分层架构可以映射为由前端组件团队、领域特性团队和组件团队组成的开发团队。

限界上下文是顺应业务变化进行功能分解的软件元素，菱形对称架构规定了限界上下文之间、限界上下文与外部环境之间的关系，由系统分层架构模式与菱形对称架构模式组成的**领域驱动架构风格**则是指导架构设计与演进的原则。这些内容符合架构的定义，同时也是对控制软件复杂度的呼应。

领域建模要在架构的约束下进行，系统上下文和限界上下文的边界对领域模型起到了设计约束的作用。根据限界上下文的价值高低，属于支撑子领域和通用子领域的限界上下文，往往因为业务简单而无须进行领域建模，以实现快速开发，降低开发成本。因此，架构映射是领域建模的前提，也可以被认为是战略对战术的设计指导。

第 **7** 章

同 构 系 统

城堡所在的那处山峰连个影子都望不见，雾霭和黑暗完全吞噬了它，同样地，

也不存在哪怕一点点能够昭示出那座巨大城堡所在位置的光亮。

——弗兰茨·卡夫卡，《城堡》

对于同一个目标系统，问题空间代表了真实世界的真实系统，解空间是一面镜子，利用求解过程照射的光，将这一真实的系统映成理念世界的虚拟系统。虚拟系统是通过对真实世界的概念进行抽象与提炼获得的：如果求解的光足够明亮，解空间这面镜子足够光滑而平整，映出的虚拟系统就足够逼真。除了系统的本质不同，真实系统和虚拟系统的结构应保持一致，形成两个"同构"的系统。侯世达认为所谓**同构系统**，就是"两个复杂结构可以互相映射，并且每一个结构的每一部分在另一个结构中都有一个相应的部分" [21]67，这说明，**同构系统的组成部分可以形成一一对应的映射关系**，这正是架构映射的存在前提。

在领域驱动设计统一过程的架构映射阶段，不只存在真实系统与虚拟系统这一组同构系统。从问题空间到解空间的架构映射属于领域驱动设计的战略层面，在该层面获得的解决方案通过架构呈现其战略意义。几乎所有设计良好的软件系统的架构都是相似的，它们共同具有的架构之美符合优良架构的定义；反过来，若能在架构设计时遵循优良架构的定义，也能收获设计良好的软件系统。架构定义的概念系统与架构设计的模式系统只有形成同构系统，才能保证架构设计的过程不会偏离架构定义的方向。在领域驱动设计统一过程中，这一组同构系统的映射关系是通过**领域驱动架构风格**来完成的。

康威定律的定义明确指出团队组织与系统结构互为映射关系，因而我们也可将团队组织形成的管理系统与设计方案形成的架构系统视为一组同构系统。在开篇讲解支撑工作流（参见第3章）时，正是在这一映射关系的作用下，领域驱动设计统一过程对团队管理提出了要求。虽然属于团队管理范畴，但也可以认为这是团队管理对架构设计的一种约束，在架构映射阶段需要考虑这一组同构系统之间的映射关系。

整个架构映射阶段由如下3组同构系统构成。

❑ 架构定义的概念系统与架构设计的模式系统：对应架构映射阶段的概念层次。
❑ 问题空间的真实系统与解空间的软件系统：对应架构映射阶段的设计层次。
❑ 设计方案的架构系统与团队组织的管理系统：对应架构映射阶段的管理层次。

概念层次的同构系统为架构映射建立了理论基础，设计层次的同构系统体现了动态的架构映射过程，而管理层次的同构系统则对映射获得的架构提出了划分软件元素的约束，使得在战略层次（架构层次）对问题空间的求解变得有序而富有指导意义。

"认识到两个已知结构有同构关系，这是知识的一个重要发展——正是这种对于同构的认识在人们的头脑中创造了意义。"[21]67在我们对问题空间进行求解时，当发现在问题空间中存在一个系统、在解空间也存在一个对应的同构系统的时候，只要确定了二者的映射原则，就可以进行系统的推导。利用同构系统的特征，就可以让战略阶段的求解过程变得更加简单：一旦确定同构系统一侧的组成部分，就能根据映射原则获得另一侧的组成部分。这就好似两个存在映射函数的集合，在已知一个集合的前提下，通过映射函数就能轻而易举获得另一个集合。

7.1 概念层次的同构系统

概念层次的同构系统围绕着架构的定义展开映射。在软件领域，**架构**（architecture）是最引人注目的概念，表达了高层次的设计指引、原则和具体的设计模型。正如Martin Fowler认为的："无论架构是什么，它都与重要的事物有关。"①然而，这一含混不清的定义显然不能让人满意。虽然至今仍然没有一个得到业界公认的架构定义，不过，若能比较一些获得大多数人认可的架构定义，或许能窥见架构定义的基本特征。

7.1.1 架构的定义

IEEE 1471对架构的定义为："架构是以组件、组件之间的关系、组件与环境之间的关系为内容的某一系统的基本组织结构，以及指导上述内容设计与演化的原则。"[32]

RUP 4+1视图模型的提出者Philippe Kruchten对架构的定义为："软件架构包含了关于以下内容的重要决策：软件系统的组织；选择组成系统的结构元素和它们之间的接口，以及当这些元素相互协作时所体现的行为；如何组合这些元素，使它们逐渐合成为更大的子系统；用于指导这个系统组织的架构风格：这些元素以及它们的接口、协作和组合。"[32]

卡内基·梅隆大学软件工程研究院的Len Bass等人则将架构定义为："系统的软件架构是对系统进行推演获得的一组结构，每个结构均由软件元素、这些元素的关系以及它们的属性组成。"[33]4

软件标准组织和架构大师对架构的定义虽然有着不同的表现形式，但它们蕴含的本质特征极为相似，概括而言，一个设计良好的架构应具有如下基本设计要素：

- ❑ 功能分解的软件元素；
- ❑ 软件元素之间的关系；
- ❑ 软件元素与外部环境之间的关系；
- ❑ 指导架构设计与演化的原则。

① 参见Martin Fowler发表在IEEE Software 2003年9月的文章"Who Needs an Architect?"。

架构是解空间控制软件复杂度的核心力量。对解空间进行功能分解，并以一个封装良好的软件元素来表达系统的结构，可以有效地控制软件系统的规模；管理好软件元素之间的关系以及软件元素与外部环境之间的关系，可以保证系统结构的清晰度；无论是软件元素的分解，还是关系的梳理，都需要响应需求的变化并随之对架构进行演化。至于该如何设计、如何演化，不可能给出过于具体的"解题方法"，只能"直指本心"，给出符合软件架构思想的设计原则与演化原则。由是观之：

- 软件元素的分解能够有效地**控制规模**；
- 梳理软件元素及外部环境的关系可以**清晰结构**；
- 架构设计与演化原则保证了架构能够**响应变化**。

显然，架构定义的设计要素实际上是对软件复杂度的一种回答。

然而，这样的架构定义并没有回答以下问题：

- 该如何分解软件元素；
- 软件元素体现为什么形式；
- 该如何梳理关系；
- 设计与演化的原则是什么。

这些问题显然不该由一个统一的架构定义来回答。它们甚至没有一个确定的答案，而需要架构师在设计具体系统的架构时，一一做出符合具体系统现状的解答——这是架构师需要面临的挑战。

7.1.2 架构方案的推演

为了让这一挑战变得更加容易，可以在抽象和具体之间寻找到一种平衡的架构设计方法，获得具有指导意义的架构方案。

要取得架构设计方法的平衡，需要弄清楚各种架构之间的关系。TOGAF[①]的**架构开发方法**（architecture development method，ADM）规划了组成企业架构的内容：业务架构、信息系统架构（分为应用架构和数据架构）和技术架构。它们分别对应架构模型的3个层次：业务层、应用层和技术层，如图7-1所示。

在企业架构中，业务架构"从企业战略出发，按照企业战略设计业务及业务过程；业务过程是需要业务能力支撑的，从战略到业务再到对业务能力的需要，就形成了支持企业战略实现的能力布局"[22]15。信息系统架构中的数据架构梳理和治理企业数据资产，建立数据标准与数据模型，形成企业全域数据的全生命周期管理；应用架构则描述了各种用于支持业务架构并对数据架构所定义的各种数据进行处理的应用系统；应用系统的划分需要从功能布局的角度支撑业务架构需要提供的业务能力，并就业务能力需要使用的数据进行处理。到了技术架构阶段，就需要将应用架构定义的

---

① TOGAF由国际标准权威组织The Open Group制订，为"开放组织架构框架"（The Open Group Architecture Framework）的缩写，属于企业架构（enterprise architecture）的一种方法体系，其关键是架构开发方法。

应用组件映射为对应的技术组件，并从物理层面和逻辑层面对架构进行分解，就技术实现做出设计决策与技术选型。

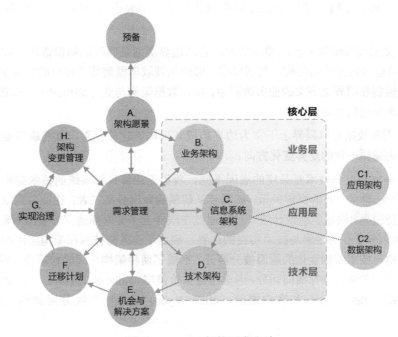

图7-1 TOGAF架构开发方法

运用到体现企业战略规划的企业架构中，3个架构在架构开发方法中存在明显的前后延续关系：业务架构定义业务能力，指导信息系统架构的设计，确定与之对应的数据模型与应用系统；技术架构根据技术参考模型与所处行业的通用技术模型确定融合了业务逻辑与技术实现的解决方案。它们的观察视角自然有所不同，由此也分别形成了不同的架构师角色，各自撷取整体架构景观的一部分，在架构开发方法的指导下进行融合，形成企业架构的解决方案全景图。

如果将企业架构的关注层次从企业下沉到目标系统，要获得目标系统的架构解决方案，仍然需要从业务、数据、应用和技术这4个观察视角来思考系统的整体架构。不同的观察视角可以分离不同的关注点，也可以降低架构设计的复杂度，这是一种行之有效的办法。问题在于：当业务需求发生变化时，如果需要调整目标系统的业务架构，该怎么让数据架构、应用架构和技术架构随之发生的变化降到最少？

当变化不可避免时，一种行之有效的方法是**共同顺应变化的方向**，如此就能降低变化带来的影响。若能寻找到一种"软件元素"将业务架构与应用架构绑定起来，就能让它们共同顺应业务需求变化的方向。在领域驱动设计中，这样的软件元素就是**限界上下文**（参见第9章）。

限界上下文是根据领域知识语境对业务进行的功能分解，体现了独立的业务能力。作为一个表达业务能力的自治架构单元，它可以在业务架构中维护业务的边界。同时，它又通过对应用架构的纵向切分来支持业务能力,使得**业务架构的业务边界与应用架构的应用边界保持一定的重叠**,遵守相同的边界划分原则,完成对业务架构与应用架构之间的绑定。我们通过限界上下文获得组成业务架构的软件元素时,实际上已经同步地获得了应用架构的应用系统,保证了二者的同步演进。

限界上下文通过领域模型表达领域知识,它的边界实则是领域的知识语境。在知识语境的边界内,通过领域模型定义数据架构的数据模型,形成从领域模型到数据模型的映射关系,就能**将数据模型的变化控制在限界上下文的业务边界中**,保证数据架构与业务架构的同步演进,提高数据架构响应业务需求变化的能力。

业务、应用和数据都以限界上下文为边界构成其架构的软件元素,就能**确保业务架构、应用架构和数据架构遵循一致的业务变化方向**。

考虑到业务复杂度与技术复杂度的成因不同,我们无法将目标系统的技术架构也绑定到业务架构上。既然无法建立一致的绑定关系,就需要从解耦的角度分离二者,让业务需求谨慎地与具体的技术因素保持距离。领域驱动设计统一过程通过在限界上下文内部建立的**菱形对称架构**(参见第12章),清晰地划分了业务逻辑与技术实现的边界,确定了业务与技术在架构层次的正交关系,**使得引起业务架构与技术架构变化的原因被分离开,形成了两种架构之间的松耦合**。同时,从复用和变化的角度对技术关注点进行横向切分,形成由**业务价值层**(value-added layer)、**基础层**(foundation layer)、**边缘层**(edge layer)和**客户端层**(client layer)组成的**系统分层架构**(system layered architecture)。

7.1.3　领域驱动架构风格

构建在限界上下文之上的系统体现了一种相同的架构风格,我将其称为**领域驱动架构风格**(domain-driven architectural style)。该架构风格由领域驱动设计元模型中用于解空间战略设计的模式构成,规范了目标系统架构的设计,定义了指导架构演进的原则。由该架构风格形成的模式系统做到了对抽象的架构定义的具体化:

- ❑ 通过限界上下文划分软件元素;
- ❑ 通过限界上下文的菱形对称架构管理软件元素之间的关系;
- ❑ 通过系统上下文界定软件元素与外部环境中伴生系统的关系,通过菱形对称架构与系统分层架构管理软件元素与环境资源之间的关系;
- ❑ 确立以领域为核心驱动力、业务能力为核心关注点作为指导架构设计与演化的原则。

由此形成了图7-2所示的架构定义的概念系统与架构设计的模式系统之间的映射关系。

整个目标系统的解空间分为系统上下文与限界上下文两个层次。系统上下文层次界定了目标系统与伴生系统之间的关系,通过系统分层架构模式进行约束;限界上下文体现了领域模型和业务能力的边界,通过菱形对称架构模式进行约束。它们同指导设计与演化的架构原则共同组成了领域驱动架构风格的模式系统。

从抽象的架构定义映射为具体的领域驱动架构风格，就在抽象和具体之间找到了架构设计方法的平衡，形成了一种固化的架构映射规范，作为在设计层次将问题空间映射到解空间形成架构解决方案的设计指导。

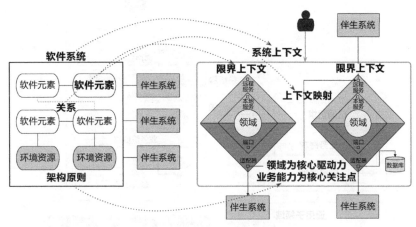

图7-2　概念层次的同构系统

7.2　设计层次的同构系统

对问题空间的求解，就是从问题空间跨入解空间，形成能够满足价值需求与业务需求的架构方案。遵循领域驱动架构风格，可以尝试将问题空间的价值需求与业务需求分别映射为构成领域驱动架构风格的设计要素。

首先，价值需求以组织为视角分析了目标系统的愿景与范围，形成以系统上下文为核心的**组织级映射**；其次，业务需求的业务服务以目标系统为视角体现了具体的业务功能，形成以限界上下文与菱形对称架构为核心的**业务级映射**；最后，业务需求对子领域的划分从业务价值的角度确定了各个业务功能所处的层次，形成以系统分层架构为核心的**系统级映射**。组织、业务和系统3个层次映射的结果共同构成了解空间的架构方案，形成了设计层次的同构系统，即问题空间的真实系统与解空间的软件系统。

两个同构系统的映射关系蕴含了不断细化与深入的动态映射过程，该过程如图7-3所示。整个映射过程根据不同层次分为3个步骤。

- ❑ 组织级映射：站在整个组织的高度，通过全局分析阶段输出的价值需求确定组织级的**系统上下文**。
- ❑ 业务级映射：通过全局分析阶段输出的业务需求，根据业务相关性对业务服务进行归类与归纳，识别出边界合理的**限界上下文**，并为其建立**菱形对称架构**。
- ❑ 系统级映射：进入系统内部，在全局分析阶段划分的子领域指导下，建立**系统分层架构**，将属于核心子领域的限界上下文映射为业务价值层，将通用子领域和支撑子领域的限界上下文映射为基础层，并确定它们之间协作的上下文映射模式，定义服务契约。

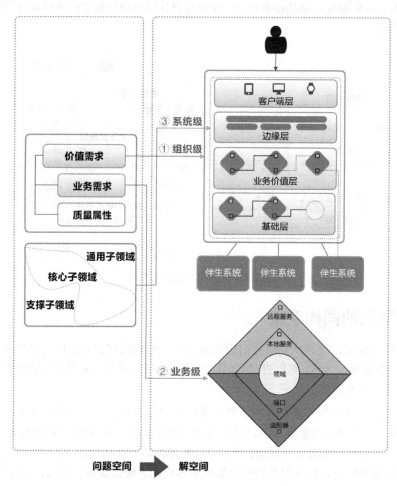

图7-3   设计层次的同构系统

这3个步骤实则就是领域驱动设计统一过程架构映射阶段的3个核心工作流。

架构映射过程实则借鉴了数学思维中的问题求解思路：将需要求解的问题当作未知内容，针对问题，层层逆推，寻找更小的未知问题，直到能够根据现有的已知内容求解。此时，目标系统的架构解决方案就呼之欲出了。

让我们一起来推演一下对问题层层逆推的过程。"如何获得问题空间的架构方案"是团队需要求解的问题，解决该问题的前提在于以下两个问题。

❑ 待求解的问题空间是什么？
❑ 问题空间与解空间架构方案的关系是什么？

逆推获得了这两个问题后，我们分别求解。

价值需求与业务需求相对完整地反映了问题空间，因此，第一个问题在全局分析阶段已经得到了解决。对于第二个问题，我们通过概念层次的同构系统建立的架构映射规范，确定了由系统上下文、限界上下文、菱形对称架构和系统分层架构组成的领域驱动架构风格。该风格构成了解空间的架构方案，并与构成问题空间的价值需求和业务需求形成映射关系。一旦建立了映射关系，第二个问题就转换为如下几个问题。

- ❑ 如何通过价值需求获得组织级的系统上下文？
- ❑ 如何通过业务需求获得业务级的限界上下文，并确定菱形对称架构？
- ❑ 如何通过子领域获得系统分层架构？

对目标系统进行架构设计是一个发散的问题，而问题空间与解空间的架构映射关系就像一片棱镜膜，对这一发散的问题进行了适度的收敛。收敛后的3个问题更为具体，在问题空间已经确定的前提下，更容易得出领域驱动架构风格，这也说明了全局分析阶段与架构映射阶段之间具有延续性。对这3个问题的求解，也是架构映射阶段主要讨论的内容。

7.3 管理层次的同构系统

管理层次的同构系统是对康威定律的一种解释。架构设计的目标系统投影在设计方案上，形成了**架构系统**，在领域驱动设计中，它的基本构成单元就是代表软件元素的限界上下文；投影在组织结构上，就形成了**管理系统**，它的基本构成单元则为开发该限界上下文的团队。为了满足团队的高效开发需求，在将架构系统映射为管理系统时，必须考虑交流与协作的成本，组建的团队需要符合领域驱动设计统一过程中团队管理支撑工作流的要求。

7.3.1 组建团队的原则

要符合团队管理支撑工作流的要求，首先需要考虑团队的规模。一个理想的开发团队规模最好能符合亚马逊公司创始人Jeff Bezos提出的"Two-Pizza Teams规则"，即2PTs规则。该规则认为"如果两个比萨都不能喂饱一个团队的成员，那这个团队的规模就太大了"。大体而言，2PTs规则就是要将团队成员人数控制在5～9人，以形成一个高效沟通的小团队。

2PTs规则自有其科学依据。哈佛心理学教授J. Richard Hackman提出了"链接管理"（link management）的想法。所谓"链接"（link），就是人与人之间的沟通，链接数N遵循如下公式（其中n为团队的人数）：

$$N = \frac{n(n-1)}{2}$$

链接的数量直接决定了沟通的成本：4个成员的团队，链接数为6；6个成员的团队，链接数增长到15；6个成员团队的规模再翻倍，链接数就会陡增至66。图7-4直观地展现了链接数增长带来的沟通障碍。

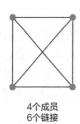  

4个成员　　　　　　　6个成员　　　　　　　12个成员
6个链接　　　　　　　15个链接　　　　　　　66个链接

图7-4　沟通的成本①

随着沟通成本的增加，团队的适应性也会下降。Jim Highsmith认为："最佳的单节点（你可以想象成是通信网络中可以唯一定位的人或群体）链接数是一个比较小的值，它不太容易受网络规模的影响。即使网络变大，节点数量增加，每个节点所拥有的链接数量也一定保持着相对稳定的状态。"[23]要做到人数增加不影响到链接数，就是要找到这个节点网络中的最佳沟通数量，这正是2PTs规则的科学依据。

控制了团队规模，并不能完全解决沟通问题。如果划分权责不当，即使遵循了2PTs规则，交流不畅的现象依然存在。Edsger Wybe Dijkstra就程序员的分工问题举了一个非常贴切的例子[24]：

假设有3位住在不同城市的作曲家，决定共同谱写一首弦乐四重奏。一种分工方式是你写第一乐章、我写慢板乐章、他写终曲。另一种方式是你写第一小提琴，我写大提琴，他写中提琴。如果是后一种划分，作曲家们就需要进行大量的沟通。这个例子很好地说明了实用与不实用的劳动分工。程序员必须考虑到这一点。

按照曲谱篇章分工的方式，实际上就是按照特性来组织软件开发团队，这种团队被称为"特性团队"（feature team）；按照乐器分工的方式，那就是按照成员的专业技能划分团队，这样的团队被称为"组件团队"（component team）。

组件团队强调专业技能与功能的复用，例如熟练掌握数据库开发技能的成员组建一个数据库团队、深谙前端框架的成员组建一个前端开发团队。这种团队组织模式强调专业的事情交给专业的人去做，可以更好地发挥每个人的技能特长，保持技术学习的专注度，然而短处是团队成员业务知识的缺失、对客户价值的漠视。

还有一种特殊的组件团队，它按照团队成员的职能而非专业技能组织团队，如业务分析人员组成业务团队，开发人员组成开发团队，测试人员组成测试团队，甚至还有专门的文档团队。这种团队可以被称为"单一功能的组件团队"。职能的划分往往意味着企业组织结构的部门分解，如开发部、测试部、业务分析部等，这种团队组织模式往往与企业组织结构匹配，适合人力资源的日常管理，故而在许多大型组织中屡见不鲜。

开发一个完整特性，需要协调参与该特性开发的多个组件团队；从业务分析到最后发布该特

---

① 图片来自Livewire Markets网站中的文章"If you can't feed a team with two pizzas, it's too-large"。

性，又需要协调多个单一功能的团队，从而导致团队之间的交流频繁发生，造成交流成本的增加。当业务变更发生时，更是一场灾难！例如，当客户提出需要调整用户信息的一个字段，需要业务团队协调开发团队与测试团队讨论这一变更，再由开发团队修改代码，测试团队修改测试用例。开发团队了解到这一业务变更后，还需要协调数据库组件团队、业务组件团队和前端组件团队，分别对数据表、领域模型和视图模型进行修改。完成修改后，还要通知测试团队对该修改进行测试。倘若测试团队又分为集成测试团队、系统测试团队等组件团队，又需要协调这些测试组件团队的工作。倘若这样的团队还分处不同城市，且包含了来自不同供应商组成的外包团队，可以想象这样的场景会是多么糟糕！

特性团队就能规避不必要的跨团队沟通与交流。大力推进特性团队建设的爱立信公司在一份报告[1]中指出："特性是我们开发并交付给客户功能的自然构成单位，是团队理想的任务。在给定时间、质量标准和预算范围内，特性团队将负责把这一特性交付给客户。特性团队必须是跨专业功能的，因为工作范围需要涵盖从联系客户到系统测试的各个阶段，并且包含系统中所有受特性影响的领域（跨组件领域）。"

这一定义说明了特性团队是一个交付领域特性的跨功能团队，它将需求分析、架构设计、开发测试等多个角色糅合在一起，且包含了该领域特性所需的专业领域的专家，不同角色共同协作实现该领域特性的完整的端对端开发。注意，特性团队并未要求其成员是通才型的全栈工程师，毕竟术业有专攻，在学习精力和时间有限的情况下，只要保证该特性团队作为一个整体能够打通软件开发的全栈即可。Craig Larman总结了一个理想特性团队的特征：

- ❑ 长期存在，即团队凝聚成一体以取得较高的绩效，不间断地负责新特性的开发；
- ❑ 跨专业功能、跨组件；
- ❑ 同地协作；
- ❑ 横跨所有组件和科目（分析、编程、测试等），共同开发一个完整的以客户为中心的特性；
- ❑ 有许多通用型专家组成；
- ❑ 在Scrum中团队人数通常为7±2人。

特性团队的人数特征满足了2PTs规则，以特性进行分工的特征也符合限界上下文作为控制领域模型的业务边界的要求，也就是说特性团队与限界上下文之间存在映射关系。一旦确定限界上下文，就等同于确定了特性团队的工作边界；确定了限界上下文之间的关系，也就意味着确定了特性团队之间的合作模式，反之亦然。在领域驱动设计统一过程中，为了凸显面向领域的特征，我们可以将满足2PTs原则的特性团队称为**领域特性团队**。

7.3.2 康威定律的运用

遵循领域驱动架构风格，目标系统的**系统分层架构**自底向上分别由基础层、业务价值层、边

---

① 参见E.-A. Karlsson等人在2000年召开的大会International Conference on Software Engineering（ICSE）上发表的论文"Daily build and feature development in large distributed projects"。

缘层和客户端层构成。根据康威定律，基础层的限界上下文取决于上下文映射模式，可映射为管理系统的组件团队或领域特性团队；业务价值层由限界上下文体现纵向的业务能力，故而映射为管理系统的领域特性团队；边缘层与客户端层主要面向客户，是站在客户体验的角度思考功能的划分，需要的技能主要为前端开发的单一技能，故而映射为管理系统的前端组件团队。根据这样的映射关系，就可获得对应的团队组织结构，如图7-5所示。

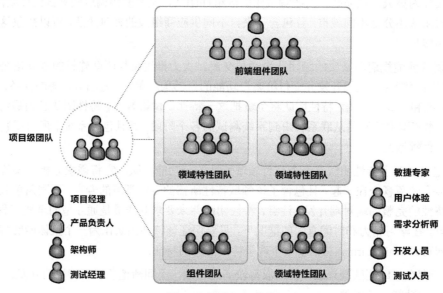

图7-5   团队组织结构

按照领域特性组建团队可以使同一个限界上下文的团队成员沟通更加顺畅，因为领域特性团队共享了该限界上下文的领域知识。倘若位于基础层的通用型限界上下文或支撑型限界上下文为目标系统提供了专有功能，需要具有专门知识去解决那些公共型的基础问题，也可以为其建立专门的组件团队。

第 **8** 章

系统上下文

所有系统都有边界（可能宇宙是个例外）。

——Edward Crawley、Bruce Cameron和Daniel Selva，《系统架构：复杂系统的产品设计与开发》

软件系统当然不是无边无际的，却往往没有定义清晰的边界。每个人心中都有一个自己定义的系统边界，这种"自以为是"让人失去了探索外界的好奇心。系统之外到底还有什么呢？仿佛边界是一堵墙，只需轻身一攀，就能看清系统内外的风景，心里觉得触手可及，也就不再迫切探寻了。殊不知我们以为明确存在的边界并非那么清晰。谁都以为系统边界已经确定，所以谁也不曾想到要去证明边界的存在，或者去追问它有没有清晰地显现。

8.1 "系统内"和"系统外"

系统边界总这样含糊不清地存在着：开发团队嘴里说着"系统"，其实连系统的范围到底有哪些都语焉不详。这是许多软件项目的真实状况。侯世达剖析了更为普遍的状况。他认为，出现这种情况要么是因为无人意识到这是一个系统，要么是因为每个人对系统边界的定义并不相同。他举了一个生动的例子[21][51]：

> 假设一个人A正在看电视，另一个人B进了屋子，并且明显地表示不喜欢当时的状况。A可能认为自己理解了问题的所在，并且试图通过从当前系统（那时的电视节目）退出来改变现状，于是A轻轻按了一下频道按钮，找一个好一点儿的节目。不过B可能对于什么是"退出系统"有更极端的概念——把电视机关掉！当然也有这种情况：只有极少数的人有那种眼光，看出一个支配着许多人生活的系统，而以前却从来没有人认为这是一个系统。

A和B对系统的理解完全不一样，甚至可能A并没有认识到这是一个系统。让我们把侯世达描绘的场景搬到软件开发领域：

> 假设一个软件团队成员A正在进行架构设计，绘制了漂亮的框图表现各个业务功能与基础模块之间的关系，成员B与之沟通，并且明显地表示不喜欢当时的架构设计。A可能认为自己理解了问题的所在，并且试图通过调整架构的软件元素来改变这个现状，于是他轻轻拖了一下鼠标，调整了架构中模块的位置。不过B可能对于架构的调整有更极端的概

念——把调整的模块删掉！

你以为这是一个虚拟的场景吗？并非如此！

一家运营商想要创建一个针对全网的端到端检测系统，以发挥开发运营一体化的优势。该系统希望覆盖全国所有省（自治区、直辖市）网点，部署硬探针实时采集各网点的数据，以支持业务数据分析的需求。系统由整个集团组建开发团队，建立全国统一的平台。在开发团队对该系统进行架构设计时，我作为咨询师被邀请参与了对该架构的咨询。在了解系统需求后，我评审了他们初步给出的系统架构，对数据采集模块提出了我的疑问：数据采集模块需要接入全国各省（自治区、直辖市）网点，由于各网点存在多套硬探针系统，数据协议和接口皆不一致，该如何实现不同系统的实时数据采集？

我的疑问提醒了团队：究竟是由集团定义数据采集的规范与协议，各网点负责部署硬探针实现自己的采集功能，并按照集团规定的协议与规范推送到系统；还是将各网点的数据采集纳入系统范围内，作为系统的一部分功能？显然，团队还未考虑到这一点。换言之，网点数据采集模块是否属于系统的边界之内，仍然处于含糊不清的状态。团队对系统的理解存在分歧，在我提出这个问题之前，团队成员甚至还未认识到系统边界并未确定。

侯世达提到："在人类的日常事务经验中，几乎不可能将'在系统之内'和'在系统之外'清楚地区别开，生活是由许多连接并交织又常常不协调的'系统'组成的，用'系统内''系统外'这类词汇来思考似乎过于简单化了"[21]52。在架构映射阶段，我们不能想当然地认为团队成员都理解了系统的意义，并能清楚地区分系统内和系统外。这就解释了为何要为软件系统引入系统上下文。

8.2　系统上下文

系统上下文（system context）属于Simon Brown提出的C4模型①，该模型"通过在不同的抽象层次上重新定义方块和虚线框的含义来将我们的表达限制在一个抽象层次上，从而避免在表达的时候产生抽象层次混乱的问题②"。不同的抽象层次关注点不同，需要考虑的细节也有所不同。

系统上下文代表了目标系统的解空间。要注意，**问题空间和解空间的边界并不一定完全重叠**。在确定系统上下文时，可以从目标系统向外延伸，寻找那些虽然不是本系统的部件，却对系统的价值体现具有重要意义的对象：这些对象就是目标系统范围之外的**伴生系统**（accompanying system）[19]75。伴生系统位于系统上下文的边界之外，但它提供的功能可能属于问题空间的业务需求范畴。

8.2.1　伴生系统

伴生系统的类型直接影响了目标系统与伴生系统的协作。如果目标系统与伴生系统对应的团

---

① Simon Brown提出的C4模型将整个系统分为4个层次：系统上下文（System Context）、容器（Container）、组件（Component）和类（Class）。

② 参见ThoughtWorks仝键发表在ThoughtWorks洞见的文章《可视化架构设计——C4介绍》。

队处于同一组织下，就有了紧密协作的可能，目标系统所在的团队甚至可以与伴生系统共同协商接口的定义；如果伴生系统是对外采购的外部系统，我们作为采购方，就具有一定的控制权，可以决定选择哪一款系统，这一决定可以作为架构决策的一部分。

　　了解伴生系统的状态也很重要。如果伴生系统是已经在生产环境中运行的现有系统或遗留系统，对伴生系统提出改进要求就几乎不可行，我们只能被动地做出决策，如通过了解它对外公开的接口与通信协议，以确定目标系统与伴生系统之间的交互形式。倘若伴生系统也处于开发过程中（通常在这种情形下，伴生系统的开发团队属于同一组织），目标系统的开发团队就应该尝试与之建立良好的协作与交流机制，共同协商接口以及集成方式，讨论和确定合理的发布计划。

8.2.2　系统上下文图

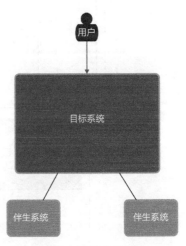

图8-1　系统上下文图

　　可以通过系统上下文图表示系统上下文。在系统上下文图中，两种颜色的框图各自代表目标系统和伴生系统，整个系统上下文图如图8-1所示，以目标系统为核心，勾勒出用户、目标系统和伴生系统之间的关系。

　　系统上下文图不会展现目标系统的细节，目标系统是一个黑箱，代表解空间的边界，环绕在解空间边界之外的是目标系统的外围环境，如此即可直观地体现"系统内"与"系统外"的内涵与外延。

　　绘制系统上下文图时，需要弄明白目标系统与伴生系统之间的依赖方向。北向依赖意味着伴生系统会调用目标系统的服务，需要考虑目标系统定义了什么样的服务契约；南向依赖意味着目标系统调用伴生系统的服务，需要了解伴生系统定义的接口、调用方式、通信机制，甚至判断当伴生系统出现故障时，目标系统该如何处理。

8.3　系统上下文的确定

　　全局分析阶段输出的价值需求有助于确定系统上下文。

8.3.1　参考价值需求

　　价值需求中的**利益相关者**可以充当系统上下文的用户，**系统范围**可以帮助界定系统解空间的边界，分辨哪些功能属于目标系统，哪些属于伴生系统，也就是区分"系统内"和"系统外"。对解空间边界的确定还需要结合**系统愿景**进行判断，因为在进行设计决策时，与系统愿景不相匹配的功能往往不会作为目标系统的核心功能，如果构建成本太高，就可能优先考虑购买。

　　以一家经营网上书店的企业为例。企业的战略目标是拓展线上销售。为了满足这一战略目标，要求开发一个个性书店系统。该系统的愿景是为顾客提供个性化的购书体验，以达到提高在线销售量的目的；系统范围主要包括在线销售与售后服务；顾客、商家和配货员是该系统的利益相关者。

　　根据企业当前的业务生态与运行状况，结合目标系统的愿景和范围，明确推荐、支付和配送属于目标系统之外的伴生系统。推荐功能由推荐系统提供，作为企业内的系统由另一个团队负责开发和运营维护，在获取顾客的购买偏好与个性特征后，结合大数据建立推荐算法模型，提供高匹配度的图书推荐服务；支付功能与配送功能分别由企业外部的第三方支付系统和物流系统提供服务。由此确定了用户、目标系统和伴生系统之间的关系，绘制图8-2所示的系统上下文图。

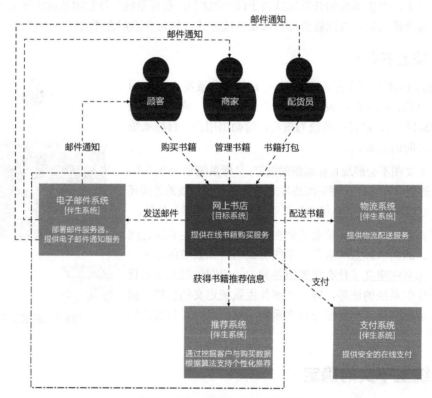

图8-2　网上书店的系统上下文图

8.3.2　业务序列图

　　系统上下文图虽然直观体现了企业级的利益相关者、目标系统和伴生系统之间的关系，但它主要体现的是这些参与对象的静态视图。要展现目标系统与伴生系统之间的动态协作关系，可以引入**业务序列图**。

　　业务序列图实际脱胎于UML的**序列图**。序列图可以从左侧的角色开始，体现消息传递的次序。这隐含了一种驱动力：我们每次从左侧的参与对象开始，寻找与之直接协作的执行步骤，然后层层递进地推导出整个完整的协作流程。

　　倘若将序列图用于企业级的系统抽象层次，就可以通过它直观地表示利益相关人员、目标系统和伴生系统之间的协作顺序，以一种运动的态势展现价值流阶段。这就形成了业务序列图[17]101。

　　绘制业务序列图时，参与协作的系统是一个完整的整体，所以我们不需要也不应该考虑参与系统的内部实现细节。序列图上的消息代表的不是数据之间的流动，而是参与系统承担的职责。以顾客购买书籍为例，其业务序列图如图8-3所示。

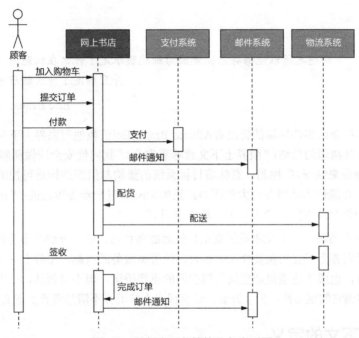

图8-3　顾客购买书籍的业务序列图

　　无论是系统上下文图还是业务序列图，核心的目标都是明确目标系统解空间的范围，也就是勾勒出界定系统外与系统内的那条边界线。在确定了解空间的范围后，目标系统就固定下来，由系统上下文明确它与利益相关者、伴生系统之间的关系，以便正确地建立目标系统位于解空间的架构。

第**9**章

限界上下文

细胞之所以能够存在，是因为细胞膜限定了什么在细胞内，什么在细胞外，

并且确定了什么物质可以通过细胞膜。

——Eric Evans，《领域驱动设计》

我曾经有机会向事件风暴的提出者Alberto Brandolini请教他对限界上下文的理解。他做了一个非常精彩的总结："限界上下文意味着安全。"我问他安全应做何解？他解释说："安全在于控制，不会带来惊讶。"控制，意味着目标系统的架构与组织结构是可控的；没有惊讶，虽然显得不够浪漫，却能让团队避免过大的压力。正如Alberto进一步告诉我的："出乎意料的惊讶会导致压力，而压力就会使得团队疲于加班，缺少学习。"

这当然是真正看清限界上下文本质的高论！然而曲高和寡，这一理解并不能解除我们对限界上下文的困惑。虽说限界上下文的重要性无须多言，随着微服务的兴起，限界上下文更是被拔高到战略设计的核心地位，也成了连接问题空间与解空间的重要桥梁，但不可否认，一方面，领域驱动设计社区纷纷发声强调它的重要性；另一方面，还有很多人依旧弄不清楚限界上下文到底是什么。

9.1 限界上下文的定义

什么是限界上下文（bounded context）？我认为，要明确限界上下文的定义，需要从"限界"与"上下文"这两个词的含义来理解。上下文表现了业务流程的场景片段，整个业务流程由诸多具有时序的活动组成，随着流程的进行，不同的活动需要不同的角色参与，并导致上下文因为某个活动的执行发生切换，形成了场景的边界。因而，**上下文其实是动态的业务流程被边界静态切分的产物。**

假设有这样一个业务场景：我作为一名咨询师从成都出发前往深圳为客户做领域驱动设计的咨询。无论是从家乘坐地铁到达成都双流机场，还是乘坐飞机到达深圳宝安机场，抑或从宝安机场乘坐出租车到达酒店，我的身份都是一名乘客，虽然因为交通工具的不同，我参与的活动也不尽相同，但无论是上车下车，还是办理登机手续、安检、登机以及下机等活动，都与交通出行有关。

那么，我坐在交通工具上，是否就一定代表我属于这个上下文？未必！注意，其实交通出行上下文模糊了"我"而强调了"乘客"这个概念。这一概念代表了参与到该上下文的"角色"，或者说"身份"。我坐在飞机上，忽然想起给客户提供的咨询方案有待完善，于是拿出电脑，在万米

高空完善我的领域驱动设计咨询方案。此时的我虽然还在飞机上，身份却切换成了一名咨询师，执行的业务活动也与咨询内容有关，当前的上下文也就从出行上下文切换为咨询上下文。

当我作为乘客乘坐出租车前往酒店，并至前台办理入住手续时，我又"撕下了乘客的面具"，摇身一变成为酒店上下文的宾客角色，当前的上下文随之切换为住宿上下文。次日清晨，我离开酒店前往客户公司。随着我走出酒店这一活动的发生，住宿上下文又切换回交通出行。我到达客户所在地开始以一名咨询师身份与客户团队交谈，了解他们的咨询目标与现有痛点，制订咨询计划与方案，并与客户一起评审咨询方案，于是，当前的上下文又切换为咨询上下文了。

无论是交通出行还是入住酒店，都需要支付费用。支付的费用虽然不同，支付的行为也有所差别，需要用到的领域知识却是相同的，因此支付活动又可以归为支付上下文。

上下文在流程中的切换犹如同一个演员在不同电影扮演了不同的角色，参与了不同的活动。由于活动的目标发生了改变，履行的职责亦有所不同。上述场景如图9-1所示。

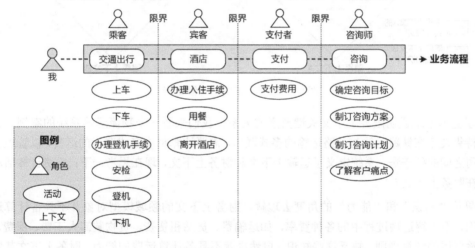

图9-1　咨询活动的上下文切换

每个限界上下文提供了不同的**业务能力**，以满足当前上下文中各个**角色**的目标。这些角色只会执行满足当前限界上下文业务能力的**活动**，因为限界上下文划定了**领域知识**的边界，不同的限界上下文需要不同的领域知识，形成了各自的**知识语境**。业务能力与领域知识存在业务相关性，要提供该业务能力，需要具备对应的领域知识。领域知识由限界上下文的**领域对象**所拥有，或者说，这些领域对象共同提供了符合当前知识语境的业务能力，并被分散到对象扮演的各个**角色**之上，由角色履行的**活动**来体现。如果该角色执行该活动却不具备对应的领域知识，说明对活动的分配不合理；如果该活动的目标与该限界上下文保持一致，却缺乏相应知识，说明该活动需要与别的限界上下文协作。领域知识、领域对象、角色、活动、知识语境以及业务能力之间的关系可以通过图9-2形象地展现。

由图9-2可知，**封装了领域知识的领域对象组成了领域模型**，在知识语境的界定下，不同的领域对象扮演不同的角色，执行不同的业务活动，并与限界上下文内的其他非领域模型对象[①]一起，对外提供完整的业务能力。

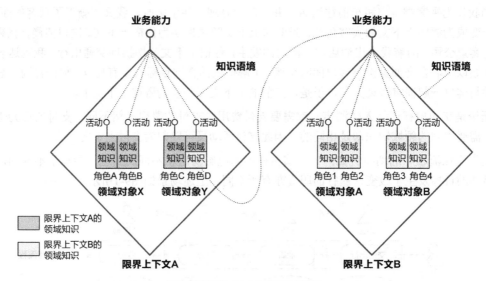

图9-2　限界上下文的关键要素

为了更形象地说明限界上下文关键要素的关系，我们来看一个物流运输系统的案例。该系统能够支持集装箱在铁路运输与公路运输的多式联运，需要计算每次多式联运的运费，以管理公司与委托公司之间的往来账。系统定义了运输上下文和财务上下文，现在思考一下：运费计算活动是否可以放在财务上下文？

如果从"知识"和"能力"的角度去理解，财务上下文的领域模型对象并不具备计算运费的领域知识，不了解运输过程中的各种费率，如运输费、货站租赁费、货物装卸人工费、保费，也不了解运输费用的计算规则。缺乏这些知识，自然也就不具备计算运费的能力。财务上下文其实只需要获得与往来账有关的结算费用，而不是具体的运费计算过程。

既然财务上下文不具备计算运费的能力，就不应该将运费计算活动放到财务上下文，而应考虑将其放到运输上下文，因为计算运费需要的领域知识都在它的知识语境内。财务需要运费计算的结果，说明财务上下文需要运输上下文的支持，调用运输上下文提供的业务能力。结合前面对限界上下文的理解，生成运输委托往来账的业务场景就可体现为两个限界上下文业务能力的协作，如图9-3所示。

限界上下文之间业务能力的协作是复用性的体现，显然，**限界上下文之间的复用体现为对业务能力的复用，而非对知识语境边界内领域模型的复用**。

---

① 领域模型对象包括领域服务、由实体和值对象组成的聚合、领域事件，非领域模型对象包括各种远程服务、本地服务、各种端口和适配器，这些对象组成了第16章的领域驱动设计角色构造型。

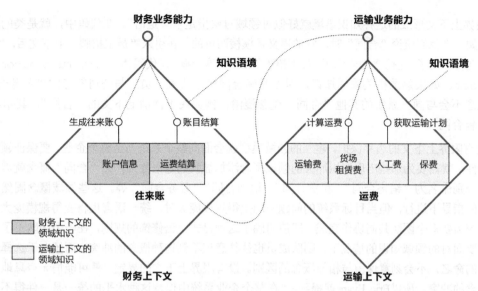

图9-3　业务能力的协作

9.2　限界上下文的特征

根据限界上下文的定义，可以明确它的业务特征与设计特征。

在识别限界上下文时，必须考虑它的业务特征：

- ❑ 它是领域模型的知识语境；
- ❑ 它是业务能力的纵向切分。

在设计限界上下文时，必须考虑它的设计特征：

- ❑ 它是自治的架构单元。

9.2.1　领域模型的知识语境

让我们先来读一个句子：

wǒ yǒu kuài dì.

到底是什么意思？究竟是"我有快递"还是"我有块地"？哪个意思才是正确的呢？确定不了，或者说即使确定了也可能引起误解！我们需要结合说话人说这句话的语境来理解。例如：

- ❑ wǒ yǒu kuài dì, zǔ shàng liú xià lái de. ——我有块地，祖上留下来的。
- ❑ wǒ yǒu kuài dì, shùn fēng de. ——我有快递，顺丰的。

日常对话中，说话的语境就是帮助我们理解对话含义的**上下文**。理解业务需求时，同样需要借助这样的上下文，形成能够达成共识的知识语境[①]。

---

① 实际上英文单词context本身就可以翻译为"语境"。

　　限界上下文形成的这种知识语境就好似对领域对象指定了"定语"。在代码中，就是类的命名空间。例如，当我们谈论"合同"时，它的语义是模棱两可的，在引入"员工招聘"上下文后，"合同"概念就变得明朗了，它隐含地表示了"员工招聘的合同"这一概念，代码体现为recruitingcontext.Contract。如果熟悉相关领域知识，即可明确合同概念代表了员工与公司签订的"劳务合同"，这一概念不会与同一系统的其他"合同"概念混淆，例如属于营销上下文的"合同"，其本质含义是"销售合同"。

　　没有限界上下文的边界保护，建立的领域模型就会面向整个系统乃至整个企业，要保证领域概念的一致性，就需要为那些出现知识冲突的领域概念添加显式的定语修饰，如"合同"概念就需要明确细分，分别命名为"销售合同""租赁合同""培训合同""劳务合同"等。这些领域概念固然都在统一语言的指导下进行，但当目标系统的问题空间变得规模庞大时，统一语言也将变得规模庞大。一个目标系统需要多个团队共同协作完成。即使明确了这种显式定语修饰的规则，在一个团队不了解其他团队需要面对的领域知识的情况下，团队成员也往往意识不到这种概念的冲突，而倾向于选择适合自己团队的命名，不会刻意保留与相似概念的区别。没有限界上下文的界定，就可能悄无声息地出现了领域概念的冲突。所以Eric Evans就提到："在整个企业系统中保持这种水平的统一是一件得不偿失的事情。在系统的各个不同部门中开发多个模型是很有必要的，但我们必须慎重地选择系统的哪些部分可以分开，以及它们之间是什么关系……大型系统领域模型的完全统一既不可行，也不划算。"[8]234

　　这种"得不偿失"还体现在界定领域知识的难度上。领域概念的一致性与完整性并不仅仅体现在领域模型的命名上，它蕴含的业务规则也必须保证一致而完整。许多时候，在同一个目标系统表达相同领域概念的模型对象，在不同上下文，需要关注的领域知识也可能并不相同。Martin Fowler在解释限界上下文的文章[①]中，就给出了图9-4所示的领域模型图。

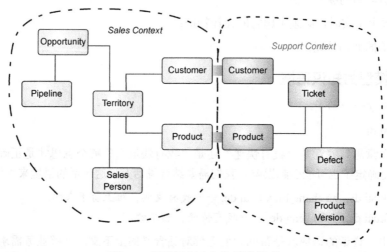

图9-4　领域概念冲突的领域模型

---

　　① 参见Martin Fowler的博客文章"BoundedContext"。

在图9-4中，销售人员和售后人员面对的客户（Customer）是同一个领域概念，机缘巧合下，甚至可能是同一个人，扮演的也是同一个角色，产品（Product）也如此。然而，因为销售人员与售后人员工作内容和工作性质的不同，他们需要了解客户和产品的领域知识存在较大差异：为了精准营销，销售人员需要掌握客户的信息越详细越好，包括客户的职业、收入、消费习惯等，而售后人员为了提供售后服务，掌握客户的联系方式与联系地址就足矣。如果没有限界上下文引入的知识语境，要么需要生硬地造出一个个细小的具有修饰语的领域概念，要么就创造出一个合并了各种属性的庞大类。

在问题空间，统一语言形成了团队对领域知识的共识，它贯穿于领域驱动设计统一过程始终，在架构映射阶段与领域建模阶段起到的作用就是维护领域模型的一致性。Eric Evans将模型的一致性视为模型的最基本要求："模型最基本的要求是它应该保持内部一致，术语总具有相同的意义，并且不包含互相矛盾的规则：虽然我们很少明确地考虑这些要求。模型的内部一致性又叫作统一（unification），在这种情况下，每个术语都不会有模棱两可的意义，也不会有规则冲突。除非模型在逻辑上是一致的，否则它就没有意义。"[8]233限界上下文的边界就是领域模型的边界，它的目的就在于维护领域模型的一致性，这一目的与统一语言的作用重合，因此可以认为：**统一语言在解空间的作用域针对每个限界上下文**。

9.2.2 业务能力的纵向切分

要理解所谓"业务能力的纵向切分"，就要明确一个问题：为何领域驱动设计不使用模块（module）、服务（service）、库（library）或组件（component）这些耳熟能详的概念来表现业务能力？

要回答这一疑问，需要先弄清这些概念的真正含义。Neal Ford认为："模块意味着逻辑分组，而组件意味着物理划分。"[31]39且组件有两种物理划分形式，分别为库和服务："库……往往和调用代码在相同的内存地址内运行，通过编程语言的函数调用机制进行通信……服务倾向于在自己的地址空间中运行，通过低级网络协议（比如TCP/IP）、更高级的网络协议（比如SOAP），或REST进行通信。"[31]39

模块属于逻辑架构视图的软件元素，组件（库和服务）属于物理架构视图的软件元素。模块与组件的区别体现了观察视图的不同，它们之间并不存在必然的映射关系。模块虽然是逻辑分组的结果，却不仅仅针对业务逻辑，某些基础设施的功能如文件操作、文件传输、网络通信等，也可以视为功能的逻辑划分，并在逻辑架构视图中被定义为模块，然后在物理架构视图中根据具体的质量属性要求实现为库或者服务。为了与限界上下文做对比，不妨将体现了业务逻辑划分的模块称为"业务模块"。

业务模块是否就是限界上下文呢？非也！因为模块作为体现职责内聚性的设计概念，缺乏一套完整的架构体系支撑，它的边界是模糊不清的。业务模块是从业务角度针对纯粹的业务逻辑的归类与组织，仅此而已。它缺乏自顶向下端对端的独立架构，使得自身无法支撑业务能力的实现，如图9-5所示。

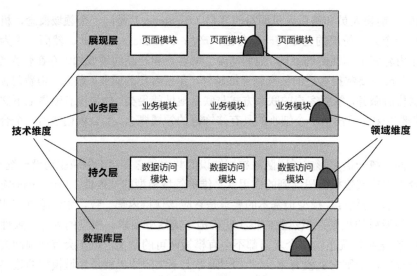

图9-5 模块的划分①

图9-5所示的架构首先从技术维度进行关注点切分，形成一个分层架构；然后，业务模块又在此基础上针对业务层进行了领域维度[25]56的再度切分，封装了纯粹的领域逻辑。**业务模块不具备独立的业务能力**，只有把分散在各层中与对应领域维度有关的业务模块、数据访问模块以及数据库层的数据库或数据表整合起来，才能为展现层的页面模块提供完整的业务能力支撑——这正是业务模块的致命缺陷。分散在分层架构各个层次的领域维度切片也说明了**模块的划分没有按照同一个业务变化方向进行**，一旦该领域维度的业务逻辑发生变化，就需要更改整个系统的每一层。这正是我所谓的"模块缺乏一套完整架构体系支撑"的原因所在。

限界上下文与之相反。Eric Evans指出："根据团队的组织、软件系统的各个部分的用法以及物理表现（代码和数据库模式等）来设置模型的边界。在这些边界中严格保持模型的一致性，而不要受到边界之外问题的干扰和混淆。"[8]236这意味着限界上下文边界的控制力不只限于业务，还包括实现业务能力的技术内容，如代码与数据库模式。**它是对目标系统架构的纵向切分，切分的依据是从业务进行考虑的领域维度**。为了提供完整的业务能力，在根据领域维度进行切分时，还需要考虑支撑业务能力的基础设施实现，如与该业务相关的数据访问逻辑，以及将领域知识持久化的数据库模型，形成纵向的逻辑边界，即限界上下文的边界。然后，在限界上下文的内部，再从技术维度根据关注点进行横向切分，分离业务逻辑与技术实现，形成内部的独立架构。当然，考虑到前后端分离的架构以及用户体验的特殊性，通常，限界上下文并不包含对展现层的纵向切分。切分后的架构如图9-6所示。

对比图9-5和图9-6可以发现，模块与限界上下文在设计思想上有本质区别。

❑ **模块**：先从技术维度进行横向切分，再从领域维度针对领域层进行纵向切分。业务模块仅包

---

① 本图参考了《演进式架构》一书的图4-11。

含业务逻辑，需要其他层模块的支持才能提供完整的业务能力。这样的架构没有将业务架构、应用架构、数据架构绑定起来，一旦业务发生变化，就会影响到横向层次的各个模块。

❑ 限界上下文：先从领域维度进行纵向切分，再从技术维度对限界上下文进行横向切分，因此限界上下文是一个对外暴露业务能力的架构整体。无论是业务架构、应用架构，还是数据架构，都在一个边界中，一旦业务发生变化，只会影响到与该业务相关的限界上下文。

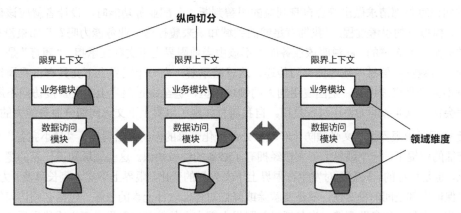

图9-6 纵向切分的限界上下文

限界上下文的引入改变了架构的格局。限界上下文是一个整体，与之强相关的领域维度切片被集中在一处，如此就能降低业务变化带来的影响，因为变化影响的内容被收拢在一处。限界上下文自身又可视为一个小型的应用系统。按照关注点分离原则进行横向切分，把蕴含业务逻辑的领域层单独剥离出来，形成清晰的结构，隔离业务复杂度与技术复杂度。

限界上下文是领域驱动设计战略层面最重要、最基本的架构设计单元。 对外，限界上下文提供了清晰的边界，在边界保护下，整个目标系统的业务架构、应用架构与数据架构才能统一起来；对内，限界上下文的内部架构又确定了业务与技术的边界，实现了对技术架构的解耦。内外结合，就形成了业务能力的纵向切分。

9.2.3 自治的架构单元

限界上下文作为基本的架构设计单元，既要体现领域模型的知识语境，又要能独立提供业务能力。这就要求它具有自治性，形成自治的架构单元。

自治的架构单元具备4个要素，即最小完备、自我履行、稳定空间和独立进化，如图9-7所示。

最小完备 是实现限界上下文自治的基本条件。所谓"完备"，是指限界上下文在履行属于自己的业务能力时，拥有的领域知识是完整的，无须针对自己的信息去求助别的限界上下文，这就避免了不必要的领域模型依赖。简言之，限界上下文的完备性，就是领域模

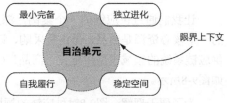

图9-7 自治的4个要素

型的完备性，也就是领域知识的完备性。当然，仅追求限界上下文的完备性是不够的。要知道，一个大而全的领域模型必然是完备的，所以为了避免领域模型被盲目扩大，就必须通过"最小"加以限制，避免将不必要的职责错误地添加到当前限界上下文。最小完备体现了限界上下文作为**领域模型知识语境**的特征。

自我履行意味着由限界上下文自己决定要做什么。限界上下文就好似拥有了智能，能够根据自我拥有的知识对外部请求做出符合自身利益的明智判断。分配业务功能时，设计者就应该化身为限界上下文，模拟它的思考过程："我拥有足够的领域知识来履行这一业务能力吗？"如果没有，而领域知识的分配又是合理的，就说明该业务能力不该由当前限界上下文独立承担。"履行"是对能力的承担，而非对数据或信息单纯地拥有与传递，这就暗示着，当一个限界上下文具有自我履行的意识时，它就不会轻易突破边界，企图复用别人的领域模型，甚至绕过限界上下文直接访问不属于它的数据，而会优先以业务能力协作进行复用。自我履行体现了限界上下文**纵向切分业务能力**的特征。

稳定空间要求限界上下文必须防止和减少外部变化带来的影响。在满足了"最小完备"与"自我履行"特征的前提下，一个限界上下文已经拥有了必备的领域知识。这些领域知识代表的逻辑即使发生了变化，也是可控的。只有面对发生在限界上下文外界的变化，限界上下文才鞭长莫及、力不从心。因此，要保证内部空间的稳定性，就是要解除或降低对外部软件元素的依赖，包括必须访问的环境资源如数据库、文件、消息队列等，也包括当前限界上下文之外的其他限界上下文或伴生系统。解决之道就是通过**抽象**的方式降低耦合，只要保证访问接口的稳定性，外界的变化就不会产生影响。

独立进化则与稳定空间相反，指减少限界上下文内部变化对外界产生的影响。这体现了边界的控制力，对外公开稳定的接口，而将内部领域模型的变化封装在限界上下文的内部。显然，满足独立进化的核心思想是**封装**。抽象与封装都要求限界上下文划分合理而清晰的内外层次，在其边界内部形成独立的架构空间，即通过菱形对称架构的网关层（参见第12章）满足限界上下文响应变化的能力。

限界上下文自治的4个要素相辅相成。最小完备是基础，只有赋予了限界上下文足够的知识，才能保证它的自我履行。稳定空间对内，独立进化对外，二者都是对变化的有效应对，而它们又通过最小完备和自我履行来保证限界上下文受到变化的影响最小。遵循自治特性的限界上下文构成了整个系统的架构单元，成为响应业务变化与技术变化的关键支撑点。

9.2.4 案例：供应链的商品模型

让我们通过供应链的一个案例，深刻体会自治的限界上下文与模块的不同之处。供应链系统的一个核心资源是商品，无论是采购、订单、运输还是库存，都需要用到商品的信息，因而需要在供应链系统的领域模型中定义"商品"（Product）模型。在未引入限界上下文边界之前，领域模型如图9-8所示。

为了便于理解，图9-8对供应链的领域模型做了精简，仅仅展现了与商品概念相关的领域模型。代表商品概念的Product类在整个领域模型中唯一表达了真实世界的商品概念，但在采购、订单、运输、库存等不同视角中，商品却呈现了不同的面貌。例如，采购员在采购商品时，并不需要了解与运输相关的商品知识，如商品的高度、宽度和深度；运输商品时，配送人员并不关心商品的进价、最小起订量和供货周期。在没有边界的领域模型中，Product类若要完整呈现这些差异性，就必须包含与之相关的领域知识，使得**Product**领域模型变得越发臃肿，最后可能被定义为图9-9所示的类。

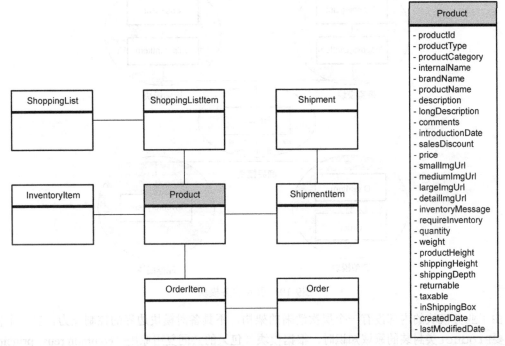

图9-8　供应链的领域模型　　　　　　　　　　图9-9　`Product`类的定义

　　Product类涵盖了整个供应链系统范围的商品知识。没有边界限定这些知识，就可能因为定义的模棱两可引起领域概念的冲突。例如，管理库存时，仓储团队需要知道商品的高度，以便确定它在仓库的存放空间。于是，仓储团队在建模时为Product类定义了height属性来代表商品的高度。运输商品时，运输团队也需要知道商品的高度，目的是计算每个包裹的占用空间。同样都是高度，却在库存和运输这两个场景中，代表了不同的含义：前者是商品的实际高度，后者为商品的包装高度。如果将它们混为一谈，就会引起计算错误。在同一模型下为了避免这种冲突，只能为属性添加定语来修饰，图9-9中的模型就将高度分别定义为productHeight和shippingHeight。

　　这样一个庞大的Product类必然违背了"单一职责原则"[26]，包含了多个引起它变化的原因。当采购功能对商品的需求发生变化时，需要修改它；当运输功能对商品的需求发生变化时，也需要修改它……它成了一个极不稳定的热点。它为不同的业务场景公开了不同的信息，因此封装遭到了破坏，依赖变得更多，就像一块巨大的磁铁，产生了强大的吸力，将与之相关的模块或类吸附其上，造成了业务逻辑的强耦合。

　　为供应链系统引入业务模块是否能解决这些问题呢？业务模块是对业务逻辑的划分。可划分为采购模块、运输模块、库存模块、订单模块和商品模块，根据业务功能的相关性强弱，Product 类应定义在商品模块中，形成图9-10所示的模块结构。

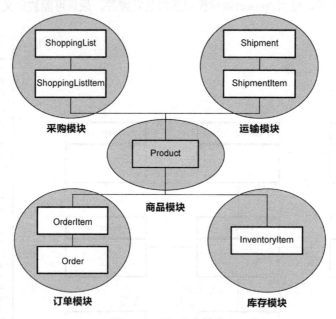

图9-10　引入业务模块

由于业务模块的内部没有一个层次清晰的架构，不具备对模块边界的控制能力。当各个模块都需要Product类封装的领域知识时，根据模块（包）的共同复用原则（common reuse principle，CRP）[26]，为了复用Product类，调用Product的业务模块都需要依赖整个商品模块，一个类的复用导致了多个业务模块紧紧地耦合在一起。随着需求不断变化，这些业务模块的边界会变得越来越模糊。模块之间存在若有若无的依赖，原本的内聚力缺了边界的有效隔离，就会慢慢吸附上诸多灰尘，渐渐填补模块之间的空隙，变成一个"大泥球"。一个直观的现象就是庞大的Product类在各个模块之间传来传去，而在Product类的实现中，随处可见采购、订单、运输和库存等业务逻辑的踪影，形成了"你中有我、我中有你"的狎昵关系[6]85。目标系统的架构因为缺乏空隙变得没有弹性，无法响应业务变化，架构的演化也会变得步履蹒跚。

究其原因，**业务模块没有按照领域模型的知识语境划分商品概念的边界**，使得商品的领域知识被汇聚到了一处。在不同的业务场景下，不同的业务能力需要商品的不同知识，但这样一个集中的Product类显然无法做到业务能力的纵向切分。模块缺失了自治能力，使得它控制边界的能力太弱，无法满足大型项目响应业务变化的架构需求。

限界上下文首先需要满足"最小完备"的自治特征，根据不同的知识语境划分专属于自己的领域模型。不同业务场景对商品领域知识的需求是分散的，相同业务场景需要的商品领域知识却是内聚的，如果仍然定义为一个Product类，就会形成多个具有不同内聚性的领域知识，如图9-11所示。

图9-11　不同内聚性的领域知识

　　如果不将商品的运输高度、宽度、是否装箱等领域知识赋给运输上下文，运输上下文就缺乏"完备性"，可要是将商品进价、最小起订量和供货周期也一股脑儿提供给它，就破坏了"最小性"对知识完备的约束。因此，"最小完备"要求限界上下文对领域模型各取所需，拥有自己专属的领域模型，根据知识语境定义独立的Product类，如图9-12所示。

　　不同的限界上下文都定义了Product类。理解领域模型时，应基于当前上下文的知识语境，如ShoppingListItem关联的Product类表达了与采购相关的商品领域知识。倘若要确认多个限界上下文的商品是否属于同一件商品，可由商品上下文统一维护商品的唯一身份标识，将限界上下文之间对Product类的依赖更改为对productId的依赖，并以此维持商品的唯一性。

　　基于"自我履行"的要求，一个限界上下文应该根据自己拥有的信息判断该由谁来履行基于领域知识提供的业务能力。例如，运输上下文需要了解商品是否装箱，即获得inShoppingBox的领域知识，由于在它的知识语境中定义了包含该领域知识的Product类，它就可以自己履行这一业务能力；倘若它还需要了解商品的详情，这一领域知识交给了商品上下文，此时，它不应该越俎代庖绕开商品上下文，直接访问存储了商品详情的数据表，因为这破坏了"自我履行"原则。这进一步说明了限界上下文之间的复用是通过业务能力进行的。

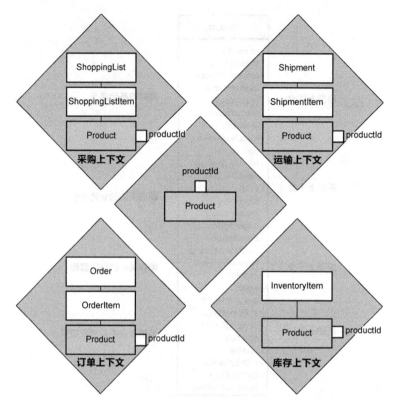

图9-12   对商品概念形成知识语境

为了确保"独立进化"的能力，菱形对称架构的北向网关保护了领域模型，不允许领域模型"穿透"限界上下文的边界。一个限界上下文不能直接访问另一个限界上下文的领域模型，而是需要调用北向网关的服务，该服务体现了限界上下文对外公开的业务能力，服务返回了满足该请求需要的消息契约模型。服务与消息的引入避免了二者的耦合，保留了领域模型独立进化的能力。例如，商品上下文定义了"获取商品基本信息"服务，库存上下文定义了"检查库存量"服务，分别返回 ProductResponse 与 InventoryResponse 消息对象。

要想维持限界上下文的"稳定空间"，可以通过菱形对称架构的南向网关建立抽象的客户端端口，将变化封装在适配器的实现中。例如，订单上下文需要调用库存上下文公开的"检查库存量"服务，为了抵御该服务可能的变化，就需要通过抽象的客户端端口 InventoryClient，将变化封装在适配器 InventoryClientAdapter 中。库存上下文为了检查库存量，需要访问库存数据库。数据库属于外部的环境资源，为了不让它的变化影响领域模型，亦需要定义抽象的资源库端口 InventoryRepository，隔离访问数据库的实现。

对比业务模块，限界上下文更加淋漓尽致地展现了"自治"的特征。它通过其边界维持了各自领域模型的一致性，避免出现一个庞大而臃肿的领域模型，并利用内部的菱形对称架构保证了限界上下文之间的松耦合，支撑它对业务能力的实现，建立了保证领域模型不受污染的边界屏障。

9.3 限界上下文的识别

不少领域驱动设计专家都非常重视限界上下文，越来越多的实践者也看到了它的重要性。Mike Mogosanu认为："限界上下文是领域驱动设计中最难解释的原则，但或许也是最重要的原则。可以说，没有限界上下文，就不能做领域驱动设计。在了解聚合根（aggregate root）、聚合（aggregate）、实体（entity）等概念之前，需要先了解限界上下文。"遗憾的是，即使是领域驱动设计之父Eric Evans对于如何识别限界上下文，也语焉不详。

限界上下文的质量直接制约我们的设计，而高明的架构师雅擅于此，一个个限界上下文随着他们的设计而跃然于纸上，让我们惊叹于概念的准确性和边界的合理性。当被问起如何获得这些时，他们却笑称这是妙手偶得。软件设计亦是一门艺术，似乎需要凭借一种妙至毫巅、心领神会的神秘力量，于刹那之间迸发灵感，促生设计的奇思妙想——实情当然不是这样。若要说让人秘而不宣的神奇力量真的存在，那就是架构师们经过千锤百炼造就的"经验"。

Andy Hunt分析了德雷福斯模型（Dreyfus model）的5个成长阶段，即新手、高级新手、胜任者、精通者和专家。对于最高阶段的"专家"，Andy Hunt得出一个有趣的结论："专家根据直觉工作，而不需要理由。"[27]21这一结论充满了神秘色彩，让人反复回味，却又显得理所当然：专家的"直觉"实际就是通过不断的项目实践磨炼出来的。当然，经验的累积过程需要方法，否则所谓数年经验不过是相同的经验重复多次，没有价值。Andy Hunt认为："需要给新手提供**某种形式的规则**去参照，之后，高级新手会逐渐形成一些**总体原则**，然后通过系统思考和自我纠正，建立或者遵循**一套体系方法**，慢慢成长为胜任者、精通者乃至专家。"因此，从新手到专家是一个量变引起质变的过程，在没有能够依靠直觉的经验之前，我们需要一套方法。

Edward Crawley谈到过系统思考者在对复杂系统进行分析或综合时可以运用的技巧："自顶向下和自底向上是思考系统时的两种方向……我们先从系统的目标开始，然后思考概念及高层架构。在制订架构时，我们会反复地对架构进行细化，并在我们所关注的范围内，把架构中的实体分解到最小……自底向上……就是先思考工件、能力或服务等最底层的实体，然后沿着这些实体向上构建，以预测系统的涌现物。除了这两种方式，还有一种方法是同时从顶部和底部向中间行进，这叫作由外向内的思考方式。"[19]44在识别限界上下文时，可以借鉴这一思路。

9.3.1 业务维度

识别限界上下文的过程，就是将问题空间的业务需求映射到解空间限界上下文的过程。全局分析阶段的**业务需求分析工作流**采取自顶向下的分析方法：将问题空间中的业务流程根据时间维度切分为各个相对独立的业务场景，再根据角色维度将业务场景分解为业务服务。然后，架构映射阶段的**业务级映射工作流**又采取自底向上的求解方法：从业务服务逆行而上，通过逐步的归类与归纳获得体现业务能力的限界上下文。问题空间的分析过程与解空间的求解过程共同组成了图9-13所示的识别限界上下文的**V型映射过程**。

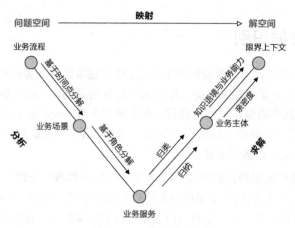

图9-13　V型映射过程

整个映射过程从分解、归类和归纳，到边界梳理，形成了一套相对固化的映射过程，在一定程度上消解了我们对经验的依赖。全局分析阶段输出的业务服务，作为分析过程的终点，同时又是求解过程的起点，在V型映射过程中起了关键作用。

1．业务知识的归类

业务服务是表达业务知识的最基本元素，按照业务相关性对其进行归类，就是按照"高内聚"原则划定业务知识的边界，就好像整理房间，相同类别的物品会整理放在一处，例如衣服类，鞋子类，图书类……每个类别其实就是所谓的"主体"。业务相关性主要体现为：

❑ 语义相关性；

❑ 功能相关性。

业务服务的定义遵循了统一语言，通过动词短语对其进行描述，动词代表领域行为，动词短语中的名词代表它要操作的对象。

语义相关性意味着存在相同或相似的领域概念，对应于业务服务描述的名词，如果不同的业务服务操作了相同或相似的对象，即可认为它们存在**语义相关性**。

功能相关性体现为领域行为的相关性，但它并非设计意义上领域行为之间的功能依赖，而是**指业务服务是否服务于同一个业务目标**。

以文学平台为例，诸如"查询作品""预览作品""发布作品""阅读作品""收藏作品""评价作品""购买作品"等业务服务皆体现了"作品"语义，可考虑将其归为一类；"标记精彩内容""撰写读书笔记""评价作者""加入书架"等业务服务与"作品""作者""书架"等语义有关，属于比较分散的业务服务，但从业务目标来看，实则都是为平台的读者提供服务，为此，可以认为它们具有功能相关性，可归为同一类[①]。

语义相关性的归类方法属于一种表象的分析，只要业务服务的名称准确地体现了业务知识，

---

① 后文通过亲密度分析时，会调整根据业务相关性划分的业务主体。

归类就变得非常容易；分析功能相关性需要挖掘各个业务服务的业务目标，站在业务需求的角度进行深入分析，需要付出更多的心血才能获得正确的分类。

2．业务知识的归纳

对业务服务进行了归类，就划定了业务的主体边界。接下来，就需要对主体边界内的所有业务服务进行业务知识的归纳。

归纳的过程就是抽象的过程，需要概括所有业务服务所属的主体特征，并使用准确的名词表达它们，形成业务主体。业务主体是候选的限界上下文，主要原因在于它的主体边界还需要结合限界上下文的特征做进一步梳理。归纳的过程就是对业务主体命名的过程。业务主体的命名遵循单一职责原则，即这个名称只能代表唯一的最能体现其特征的领域概念。倘若对业务服务的归类欠妥当，命名就会变得困难，要是找不到准确的名称，就该反过来思考之前的归类是否合理，又或者在之前的归类之上建立一个更高的抽象。因此，归纳业务主体时，对其命名亦可作为检验限界上下文是否识别合理的一种手段。

以文学平台为例，如下业务服务具有"读者群"的语义，可归类为同一业务主体：

❑ 建立读者群；
❑ 加入读者群；
❑ 发布群内消息；

如下业务服务从行为上具有交流的相同业务目标，可从功能相关性归类为同一业务主体：

❑ 实时聊天；
❑ 发送离线消息；
❑ 一对一私聊；
❑ 发送私信。

进一步归纳，无论是读者群的语义概念，还是交流的业务目标，都满足"社交"这一主体特征，就可将它们统一归纳为"社交"业务主体。

在对业务服务进行归类时，倘若将"阅读作品""收藏作品""关注作者""查看作者信息"等业务服务归为一类，在为该业务主体进行命名时，就会发现它们实际存在两个交叉的主体，即"作品"和"作者"，这时，我们不能强行将其命名为"作品和作者"业务主体，因为这样的命名违背了单一职责原则，传递出主体边界识别不合理的信号！

3．业务主体的边界梳理

业务主体的确定依据了业务相关性，体现了"高内聚"原则，位于同一主体内的业务服务相关性显然要强于不同主体的业务服务，这种"亲疏"关系决定了业务主体的边界是否合理。因此，**分析亲密度**可以帮助我们进一步梳理业务主体的边界。对亲密度的判断，实则需要明确业务服务需要的领域知识和哪一个业务主体相关性更强，它的服务价值与哪一个业务主体的业务目标更接近。例如，对比图9-14所示的两个业务主体，是否发现了亲密度的差异？

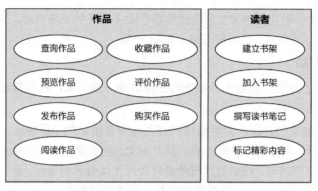

图9-14   两个业务主体的业务服务

虽然作品业务主体内的"收藏作品""评价作品"与"购买作品"都与"作品"语义有关，但它们与"查询作品"等业务服务不同，除了要用到作品的领域知识，还需要用到读者的领域知识；同时，它们的服务价值也都是为读者服务的。分析亲密度，我认为"收藏作品""评价作品"与"购买作品"等业务服务更适合放在读者业务主体。若对领域知识的归纳还存在犹疑不定之处，可进一步探索业务服务规约，从更为细节的业务服务描述确定领域知识的主次之分，进一步明确业务服务到底归属于哪一个限界上下文更为合适。

在梳理业务主体的边界时，还要结合**限界上下文特征**对其进行判断。

一个重要的判断依据是领域模型的**知识语境**。倘若在多个业务主体中存在相同或相似的概念，不要盲目地从语义相关性对其进行归类，还要考虑它们在不同的业务主体边界内，是否代表了不同的领域概念。限界上下文规定了解空间领域模型边界的统一语言，两个相同或相似的概念如果代表了不同的领域概念，却存在于同一个限界上下文，必然会带来领域概念的冲突。

例如，文学平台识别出了会员业务主体，该主体定义了账户和银行账户领域概念，前者为会员的账户信息，包括"会员ID""名称""会员类别"等属性，后者提供了支付需要的银行信息，二者代表的概念完全不同。银行账户通过定语修饰说明了概念用于支付，并不会导致领域概念的冲突，然而从领域概念的知识语境来看，假设将会员业务主体定义为限界上下文，银行账户是否应该放在会员上下文？表面看来，银行账户也是账户的属性，但它与会员ID、会员名称等属性不同，它仅适用于支付相关的业务场景，倘若文学平台还定义了支付上下文，银行账户领域概念更适合归类到支付上下文。

另一个重要的判断依据是**业务能力的纵向切分**。位于同一个限界上下文的业务服务应提供统一的业务能力，要么是业务能力的核心功能，要么为业务能力提供辅助能力支撑。分析业务能力的角度接近于功能相关性的分析，服务于同一个业务目标，实则就是要提供完整的业务能力。

仍以文学平台为例，它为了促进文学爱好者关注平台，加强与文学创作者之间的互动，由平台组织定期的文学创作大赛、线下作者见面会，文学爱好者可以报名参加这些线上和线下的活动。文学创作大赛的业务服务属于活动业务主体，这是将比赛当作平台组织的活动；线下作者见面会的业务服务属于社交业务主体，因为它的目的是促进平台成员的交流与互动。活动业务主体定义了"报名参加比赛"业务服务，社交业务主体定义了"报名参加作者见面会"业务服务，显然，这两个业务服务都需要平台提供报名的业务能力，该业务能力放在上述任何一个业务主体都不合适，遵循纵向切分业务能力的要求，将其放在一个单独的限界上下文才能更好地为它们提供能力支撑。

通过对业务主体的边界梳理，就确定了业务维度的限界上下文。

4. 呈现限界上下文

业务服务图可以用来呈现业务维度的限界上下文。全局分析阶段获得了业务服务图，它可作为识别限界上下文的起点。针对业务服务图中每个业务场景的业务服务进行业务相关性分析，通过归类和归纳，形成业务主体，再对其边界进行梳理，获得业务维度的限界上下文，图9-15所示的业务服务图呈现了作品上下文。

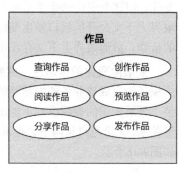

图9-15　作品上下文

此时的业务服务图是对业务服务的归纳，它抹去了角色的信息，因为在映射限界上下文时，角色概念变得无关紧要，甚至角色的存在可能会误导我们对限界上下文的判断。

虽然都是业务服务图，全局分析阶段的业务服务图是对问题空间的探索，业务服务图的边界体现了业务场景；架构映射阶段的业务服务图是对问题空间的求解，它的边界是解空间的业务边界，即业务维度的限界上下文边界。二者的映射关系体现了业务级架构映射的特点。

为何要进行业务服务到限界上下文的映射

在对问题空间进行全局分析后，即使凭借经验，也能识别出一部分正确的限界上下文。例如，对于一个电商后台系统，即使不采用V型映射过程，也可以轻易地识别出"订单""商品""库存""购物车""交易""支付""发票""物流"等限界上下文，为何要需要进行业务服务到限界上下文的映射呢？

一方面，如此凭经验识别出的限界上下文边界是否合理，需要进一步验证，又或者可能漏掉一些必要的限界上下文；另一方面，即使获得了这样的限界上下文，也对架构的落地没有指导意义。如果不确定业务服务究竟属于哪一个限界上下文，就无法确定领域模型的边界，也无法真实地探知限界上下文之间的协作关系和协作方式，实际上就等同于没有清晰地勾勒出限界上下文的边界。没有划定清晰的边界，最后仍然会导致领域代码的混乱，形成事实上的"大泥球"。

通过V型映射过程不仅获得了业务维度的限界上下文，同时还确定了限界上下文与业务服务之间的映射关系，这对于在设计服务契约时确定限界上下文之间的协作关系，在领域分析建模时确定领域模型与限界上下文的关系，在领域设计建模时确定由哪个限界上下文的远程服务响应服务请求，都具有非常重要的参考价值。

9.3.2　验证原则

在获得了限界上下文之后，还应该遵循限界上下文的验证原则对边界的合理性进行验证。

1. 正交原则

正交性要求："如果两个或更多事物中的一个发生变化，不会影响其他事物，这些事物就是正交的。"[4]变化的影响主要体现在变化的传递性，即一个事物的变化会传递到另一个事物引起它的变化，但这个变化影响并不包含彼此正交的点。例如，限界上下文之间存在调用关系，当被调用的限界上下文公开的接口发生变化，自然会影响调用方。这一影响是合理的，也是软件设计很难避免的依赖。故而限界上下文存在正交性，指的是各自边界封装的业务知识不存在变化的传递性。

要破除变化的传递性，就要保证每个限界上下文对外提供的业务能力不能出现雷同，这就需要保证为完成该业务能力需要的领域知识不能出现交叉；要让领域知识不能出现交叉，就要保证封装了领域知识的领域模型不能出现重叠。业务能力、领域知识、领域模型，三者之间存在层次的递进关系，无论是自顶向下去推演，还是自底向上来概括，都不允许同一层次之间存在非正交的事物，如图9-16所示。

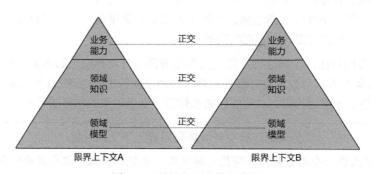

图9-16　限界上下文的正交性

领域模型违背了正交性，意味着各自定义的领域模型对象代表的领域概念出现了重复。注意，限界上下文展现的领域概念具有知识语境，不能因为领域概念名称相同就认为领域概念出现了重复。判断领域模型的重复性，必须将限界上下文作为修饰，将二者组合起来共同评判。例如，在供应链系统中，商品限界上下文、运输限界上下文与库存限界上下文的领域模型都定义了Product类，但结合各自的知识语境，这一领域模型类实际代表了不同的领域概念；在保险系统，车险限界上下文、寿险限界上下文的领域模型都定义了Customer类，关注的客户属性也是近似的，属于相同的领域概念，导致领域模型的重复。

领域知识违背了正交性，代表了业务问题的解决方案出现了重复，通常包含了领域行为与业务规则，例如在电商系统中，运费计算的规则不能同时存在于多个限界上下文，如果在订单上下文和配送上下文都各自实现了运费计算的逻辑，就会使得这一重复蔓延到系统各处，一旦运费计算规则发生变化，就需要同时修改多个限界上下文，修改时，如果遗漏了某个重复的实现，还会引入潜在的缺陷。

业务能力违背了正交性，意味着业务服务出现的重复。例如，在一个物流系统中，地图上下文提供了地理位置定位的业务服务，结果在导航上下文又定义了这一服务。之所以出现这一结果，可能是因为各个领域特性团队沟通不畅。

2．单一抽象层次原则

单一抽象层次原则（Single Level of Abstraction Principle，SLAP）来自Kent Beck的编码实践，他在组合方法（Composed Method）模式中要求："保证一个方法中的所有操作都在同一个抽象层次" [28]24。不过，这一原则却是由Gleann Vanderburg在理解了这一概念之后提炼出来的。识别限界上下文时，归纳业务知识的过程就是抽象的过程，限界上下文的名称代表一个抽象的概念，因此，我们可以引入该原则作为限界上下文的验证原则。

要理解单一抽象层次原则，需要先了解什么是概念的抽象层次。

抽象这个词的拉丁文为abstractio，原意为排除、抽出。中文对这个词语的翻译也很巧妙，顾名思义，可以理解为抽出具体形象的东西。例如，人是一个抽象的概念，一个具体的人有性别、年龄、身高、相貌、社会关系等具体特征，而抽象的人就是不包含这些具体特征的一个概念。抽象概念指代一类事物，因此，抽象实际上并非真正抽出这些具体特征，而是对一类具有共同特征的事物进行归纳，从而抹掉具体类型之间的差异。

抽象层次与概念的内涵有关，概念的内涵即事物的特征。内涵越小，意味着抽象的特征越少，抽象的层次就越高，外延也越大，反之亦然。例如，男人和女人有性别特征的具体值，人抽象了性别特征，使得该概念的内涵要少于男人或女人，而外延的范围却更大，抽象层次也就更高。同理，生物的概念层次要高于人，物质的概念层次又要高于生物。

违背了单一抽象层次原则的限界上下文会导致概念层次的混乱。一个高抽象层次的概念由于内涵更小，使得它的外延更大，就有可能包含低抽象层次的概念，使得位于不同抽象层次的限界上下文存在概念上的包含关系，这实际上也违背了正交原则。例如，在一个集装箱多式联运系统中，商务上下文与合同上下文就不在一个抽象层次上，因为商务的概念实际涵盖了合同、客户、项目等更低抽象层次的概念；运输、堆场、货站限界上下文则遵循了单一抽象层次原则，运输上下文是对运输计划和路线的抽象，堆场上下文是对铁路运输场区概念的抽象，货站上下文则是对公路运输站点工作区域相关概念的抽象，它们关注的业务维度可能并不相同，但不影响它们的抽象层次位于同一条水平线上。

抽象层次与重要程度无关，不能说提供支撑功能的限界上下文低于提供核心业务能力的限界上下文。仍然是在集装箱多式联运系统，运输、堆场以及货站等限界上下文都需要作业和作业指令，区别在于操作的作业内容不同。提炼出来的作业上下文为运输、堆场以及货站等限界上下文提供了业务功能的支撑，但它们属于同一抽象层次的限界上下文。

3．奥卡姆剃刀原理

限界上下文作为高层的抽象机制，体现了我们在软件构建过程中对领域思考的本质，它是架构映射阶段的核心模式。因此，限界上下文的识别直接影响了领域驱动设计的架构质量。通过分解、归类、归纳到最后的验证之后，如果对识别出来的限界上下文的准确性依然心存疑虑，比较务实的做法是**保证限界上下文具备一定的粗粒度**。

　　这正是奥卡姆剃刀原理的体现，即"切勿浪费较多东西去做用较少的东西同样可以做好的事情"，更文雅的说法就是"如无必要，勿增实体"[30]352。遵循该原则，意味着当我们没有寻找到必须切分限界上下文的必要证据时，就不要增加新的限界上下文。倘若觉得功能的边界不好把握分寸，可以考虑将这些模棱两可的功能放在同一个限界上下文中。待到该限界上下文变得越来越庞大，以至于一个领域特性团队无法完成交付目标；又或者违背了限界上下文的自治原则，或者质量属性要求它的边界需要再次切分时，再对该限界上下文进行分解，增加新的限界上下文。这才是设计的实证主义态度。

9.3.3　管理维度

　　正如架构设计需要多个视图全方位体现架构的诸多要素，我们也应从更多的维度全方位分析限界上下文。如果说从业务维度识别限界上下文更偏向于从业务相关性判断业务的归属，那么基于团队合作划分限界上下文的边界则是从管理维度思考和确定限界上下文合理的工作粒度。

　　管理层次的同构系统实现了架构系统与管理系统的映射，其中扮演关键作用的是限界上下文与领域特性团队之间的映射。这一映射的理论基础来自康威定律。如果团队的工作边界与限界上下文的业务边界不匹配，就需要调整团队或限界上下文的边界，使得二者的分配更加合理，降低沟通成本，提高开发效率。

　　这是否意味着限界上下文与领域特性团队之间的关系是一对一的关系呢？如果是，就意味着团队的工作边界与限界上下文的边界重合，自然是理想的；可惜，限界上下文与团队的划分标准并不一致。如果目标系统为软件产品，领域特性团队可以在很长一段时间保证其稳定性；如果目标系统为项目，参与研发的领域特性团队就很难保证它的稳定了。此外，团队的规模是可以控制的，限界上下文的粒度却要受到业务因素、技术因素以及时间因素的影响，要让二者的边界完全吻合，实在有些勉为其难。

　　如果无法做到二者一对一的映射，至少要避免出现将一个限界上下文分配给两个或多个团队的情形。因此，在识别限界上下文时，团队的工作边界可以对限界上下文的边界划分以启发："限界上下文的粒度是过粗，还是过细？"当一个限界上下文的粒度过粗，以至于计划中的功能特性完全超出了领域特性团队的工作量，就应该考虑分解限界上下文。因此，领域特性团队与限界上下文的映射关系应如图9-17所示。

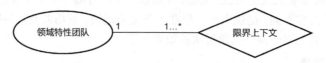

图9-17　领域特性团队与限界上下文

　　一个领域特性团队与限界上下文形成一对一或者一对多的关系，意味着项目经理需要将一个或多个限界上下文分配给6～9人的领域特性团队。对限界上下文的粒度识别就变成了**对团队工作量的估算**。

　　基于管理维度判断限界上下文工作边界划分是否合理时，还可以依据**限界上下文之间是否允许并行开发**进行判断。无法并行开发，意味着限界上下文之间的依赖太强，违背了"高内聚松耦合"原则。

　　无论是限界上下文，还是领域特性团队，都会随着时间推移发生动态的演化。康威就认为："大多数情况下，最先产生的设计都不是最完美的，主导的系统设计理念可能需要更改。因此，组织的灵活性对于有效的设计有着举足轻重的作用。必须找到可以鼓励设计经理保持他们的组织精简与灵活的方法。"根据二者的映射关系，ThoughtWorks的技术雷达提出了"康威逆定律"（Inverse Conway Maneuver），即"围绕业务领域而非技术分层组建跨功能团队[①]"。这里所谓的"业务领域"，在领域驱动设计的语境中，就是指限界上下文。换言之，就是先确定限界上下文的边界，再由此组织与之对应的领域特性团队。倘若限界上下文的边界发生演进，则领域特性团队也随之演进，以保证二者的匹配度。限界上下文与领域特性团队的边界相互影响，意味着在管理层面，每个领域特性团队的负责人也需要判断新分配的任务是否属于限界上下文的边界。不当的任务分配会导致团队边界的模糊，进而导致限界上下文边界的模糊，影响它对领域模型的控制。利用康威定律与康威逆定律，就能将限界上下文与领域特性团队结合起来。二者相互影响，形成对限界上下文边界动态的持续改进。

　　领域特性团队对识别限界上下文的促进不只体现为团队规模传递的分解信号，它的组建原则同样有助于加深我们对限界上下文边界的认识。Jurgen Appelo认为，一个高效的团队需要满足两点要求[2]：

❑ 共同的目标；
❑ 团队的边界。

　　虽然Jurgen Appelo在提及边界时，是站在团队结构的角度来分析的，但在确定团队的工作边界时，恰恰与限界上下文的边界暗暗相合。建立一个良好的领域特性团队，需要保证如下两点。

❑ **团队成员应对团队的边界形成共识**。这意味着团队成员需要了解自己负责的限界上下文边界，以及该限界上下文如何与外部的资源以及其他限界上下文进行通信；同时，限界上下文内的领域模型也是在统一语言指导下达成的共识。
❑ **团队的边界不能太封闭**（拒绝外部输入），**也不能太开放**（失去内聚力），即所谓的"渗透性边界"[2]。这种渗透性边界恰恰与"高内聚松耦合"的设计原则完全契合。

　　针对这种"渗透性边界"，团队成员需要对自己负责开发的需求"抱有成见"。在识别限界上下文时，"任劳任怨"的好员工并不是真正的好员工。一个好的员工明确地知道团队的职责边界，应该学会勇于承担属于团队边界内的需求开发任务，也要敢于拒绝强加于他（她）的职责范围之外的需求。通过团队每个人的主观能动，促进组织结构的"自治单元"逐渐形成，进而催生出架构设计上的"自治单元"。同理，"任劳任怨"的好团队也不是真正的好团队。团队对自己的边界已经达成了共识，为什么还要违背这个共识去承接不属于自己边界内的工作呢？这并非团队之间的恶性竞争，也不是工作上的互相推诿，恰恰相反，这实际上是一种良好的合作：表面上是在维持自己的利益，然而在一个组织下，如果每个团队都以这种方式维持自我利益，反而会形成一种"你给我搔背，我也替你抓抓痒"的"互利主义"。

---

① 参见Jim Highsmith与Neal Ford的文章"The CxO Guide to Microservices"。

互利主义最终会形成团队之间的良好协作。如果团队领导者与团队成员能够充分认识到这一点，就可以从团队层面思考限界上下文。此时，限界上下文就不仅仅是架构师局限于一孔之见去完成甄别，而是每个团队成员自发组织的内在驱动力。当每个人都在思考这项工作该不该我做时，他们就是在变相地思考职责的分配是否合理、限界上下文的划分是否合理。

9.3.4　技术维度

Martin Fowler认为："架构是重要的东西，是不容易改变的决策。如果我们未曾预测到系统存在的风险，不幸它又发生了，带给架构的改变可能是灾难性的。"利用限界上下文的边界，就可以将这种风险带来的影响控制在一个极小的范围。从技术维度看限界上下文，首先要关注目标系统的**质量属性**（quality attribute）。

1. 质量属性

架构映射阶段虽然是以"领域"为中心的问题求解过程，但这并非意味在整个过程中可以完全不考虑质量需求、技术因素和实现手段。对一名架构师而言，考虑系统的质量属性应该成为一种工作习惯。John Klein和David Weiss就认为："软件架构师的首要关注点不是系统的功能……你关注的是需要满足的品质（即质量属性）。品质关注点指明了功能必须以何种方式交付，才能被系统的利益相关人所接受，系统的结果包含这些人的既定利益。" [5]19

既要面向领域进行架构映射，又要确保质量属性得到满足，还不能让业务复杂度与技术复杂度混淆在一起——该如何兼顾这些关键点？领域驱动设计要求：

- ❑ 识别限界上下文时，应首先考虑业务需求对边界的影响，在限界上下文满足了业务需求之后，再考虑质量属性的影响；
- ❑ 技术因素在影响限界上下文的边界时，仍然要保证领域模型的完整性与一致性。

在确定了系统上下文即解空间的边界之后，业务级映射是从领域维度对整个目标系统进行的纵向切分，由限界上下文实现业务之间的正交性。例如，订单业务与商品业务各自业务的变化互不影响，只有协作关系会成为垂直相交的交点。在限界上下文内部，菱形对称架构（参见第12章）定义了内部的领域层与外部的网关层，完成对限界上下文内部架构的内外切分，实现了业务功能与技术实现的正交性。例如，订单业务与订单数据库的操作变化互不影响，它们之间的调用关系通过端口的解耦，形成了唯一依赖的垂直交点。

如果认为某个限界上下文的部分业务功能不能满足质量属性需求，就需要调整限界上下文的边界。虽然变化因素是质量属性，但影响到的内容却是对应的业务功能。为了不破坏设计的正交性，仍应按照业务变化的方向进行切分，也就是通过纵向切分，将质量因素影响的那部分业务功能完整地分解出来，形成一个个纵向的业务切片，组成一个单独的限界上下文。同时仍然在限界上下文内部保持菱形对称架构，以隔离业务功能与技术实现，并在一个更小的范围维持领域模型的统一性和一致性。

考虑电商平台开展的秒杀业务。一种秒杀方式同时规定了秒杀数量和秒杀时间，如果商品秒杀完毕或者达到规定时间，就会结束秒杀活动；另一种秒杀是超低价的限量抢购，如"一元抢购"，价格只有一元，限量一件商品。无论秒杀采用什么样的业务规则，其本质仍然是一种电商的营销行为，业务流程仍然是下订单、扣除库存、支付订单、配送和售后，只是部分流程根据秒杀业务的特性进行了精简。遵循领域驱动架构风格（参见第12章），假定我们设计了图9-18所示的由限界上下文构成的电商平台架构。

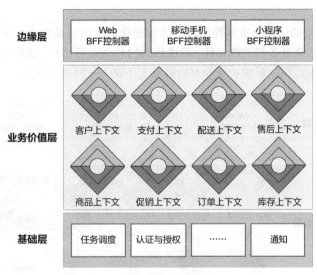

图9-18　电商平台架构

从业务需求角度考虑，由于秒杀业务属于促销规则的一种，因此与秒杀有关的领域模型被定义在促销上下文内。买家完成秒杀之后，提交的订单、扣减的库存和购买商品的配送，与其他营销行为并无任何区别，与秒杀相关的订单模型、库存模型以及配送模型也都放在各自的限界上下文内。当电商平台引入了新的秒杀业务后，原有架构的订单上下文、库存上下文和配送上下文都不需要调整，唯一需要改变的是促销上下文的领域模型能够表达秒杀的领域知识，这正是正交性的体现。

然而，秒杀业务的增加不止于领域逻辑的变化，还包括其他特性。

❑ **瞬时并发量大**：秒杀时会有大量用户在同一时间进行抢购，瞬时并发访问量突增数十乃至数百倍；

❑ **库存量少**：参与秒杀活动的商品库存量通常很少，只有极少数用户能够成功购买，这样才能增加秒杀的刺激性，并保证价格超低的情况下不至于影响销售利润。

瞬时并发量大，就要求系统能在极高峰值的并发访问下，既保证系统的高可用，又要满足低延迟的要求，确保用户的访问体验不受影响；库存量少，就要求系统能在极高峰值的并发访问下，在不影响正常购买的情况下避免超卖。在保证秒杀业务的高可用时，还必须保证其他业务功能的正常访问，不因为秒杀业务的高并发占用其他业务服务的资源。在高并发访问要求下，可扩展性、高可用性、资源独占性、数据一致性等多个质量属性决定了秒杀业务对已有架构产生了影响，除了必要的技术手段，如限流、削峰、异步、缓存，还有一种根本的手段，就是分离秒杀业务与已有业务。

从领域驱动设计的角度讲，秒杀业务的技术因素影响了电商平台的限界上下文划分。

遵循领域驱动架构风格，虽然这些技术因素看起来影响了系统的技术实现层面，但我们对现有架构的改造并不是提炼出与技术因素有关的模块，如异步处理模块、缓存模块，因为这些模块从变化频率与方向看，不只是为秒杀业务提供支撑，而是面向了整个系统，属于系统分层架构定义的基础层内容。

分析引起架构调整的这些质量属性需求，导致变化的主因还是秒杀业务，自然就该在各个限界上下文中提炼出与秒杀业务相关的功能，形成纵向的秒杀业务切片。这些业务切片仍然按照领域层与网关层的内外层次组织，形成一个专有的限界上下文——秒杀上下文，如图9-19所示。

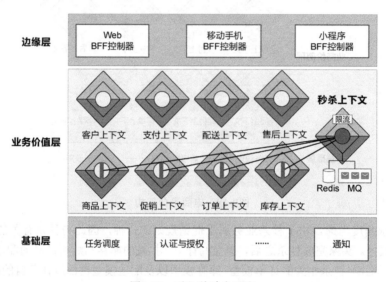

图9-19　引入秒杀上下文

秒杀上下文相当于为秒杀业务建立了一个独立王国。供秒杀业务的商品、秒杀业务的促销规则、秒杀订单和库存都定义在秒杀上下文的领域模型中。当秒杀请求从客户端传递到秒杀限界上下文时，可对北向网关的远程服务进行技术调整（如增加专门的限流功能），只允许少部分流量进入服务端；在提交订单请求时，可以调整南向网关资源库适配器的实现，并不直接访问秒杀的订单数据库，而是访问Redis缓存数据库，以提高访问效率。客户在支付秒杀订单时，仍然发生在秒杀限界上下文内部，可选择由北向网关的本地服务发布PaymentRequested事件，引入消息队列作为事件总线完成异步支付，以减轻秒杀服务端的压力。这一系列改进的关键在于引入了一个纵向切片的秒杀上下文，于是就可以将秒杀的整体业务从已有系统中独立出来，为其分配单独的资源，保证资源的隔离性以及秒杀服务自身的可伸缩性。[1]

---

[1] 这里针对秒杀系统的架构设计是从领域驱动设计的角度进行思考的。因为存在高并发访问这一风险，从而驱动我们为秒杀定义专门的限界上下文。在确定了秒杀上下文的边界后，再针对秒杀业务进行领域建模，同时运用诸如限流、削峰、缓存等技术手段，才是我认为的最佳方式。具体的技术手段，可以参考曹林华的51CTO博客"秒杀架构设计"。

2. 复用和变化

不管是复用领域逻辑还是复用技术实现，都是设计层面考虑的因素。需求变化更是影响设计策略的关键因素。基于限界上下文自治性的4个特征，可以认为这个自治的单元其实就是逻辑复用和封装变化的设计单元。这时对限界上下文边界的考虑，更多出于技术设计因素，而非出于业务因素。

运用复用原则分离出来的限界上下文往往对应于支撑子领域，作为支撑功能可以同时服务于多个限界上下文。我曾经为一个多式联运管理系统团队提供领域驱动设计咨询服务，通过与领域专家的沟通，我注意到他在描述运输、货站和堆场的相关业务时，都提到了作业和指令的概念。虽然属于不同的领域，但作业的制订与调度、指令的收发都是相同的，区别只在于作业与指令的内容，以及作业调度的周期。为了避免在运输、货站和堆场各自的限界上下文中重复设计和实现作业与指令等领域模型，可以将作业与指令单独划分到一个专门的限界上下文中。它作为上游限界上下文，提供对运输、货站和堆场的业务支撑。

限界上下文对变化的应对，其实体现了"单一职责原则"，即对于一个限界上下文，不应该存在两个引起它变化的原因。依然考虑物流联运管理系统。团队的设计人员最初将运费计算与账目、结账等功能放在了财务上下文中。这样，当国家的企业征税政策发生变化时，财务上下文也会相应变化。此时，引起变化的原因是财务规则与政策的调整。倘若运费计算的规则也发生了变化，也会引起财务上下文的变化，但此时引起变化的原因却是物流运输的业务需求。如果我们将运费计算单独从财务上下文中分离出来，就可以让它们独立演化，这样就符合限界上下文的自治原则，实现了两种不同关注点的分离。

3. 遗留系统

限界上下文自治原则的唯一例外是遗留系统。如果目标系统需要与遗留系统协作（注意，它并不一定是系统上下文之外的伴生系统），通常需要为它单独建立一个限界上下文。无论该遗留系统是否定义了领域模型，都可以通过限界上下文的边界作为屏障，以避免遗留系统的混乱结构对系统整体架构的污染，也可以避免开发人员在开发过程中陷入遗留系统庞大代码库的泥沼。

系统之所以要将现有遗留系统当作一个限界上下文，要么是因为还要继续维护遗留系统，满足新增需求，要么是因为系统的一部分业务功能需要与遗留系统集成。对于前者，遗留系统限界上下文定义了一个独立进化的自治边界，它能小心翼翼控制新增需求的代码，并以适合遗留系统特性的方式自行选择开发与设计模式；对于后者，与之集成的限界上下文由于采用了菱形对称架构模式，因此可通过南向网关的客户端端口来固定当前限界上下文，使之不受遗留系统的影响，甚至可以通过此方式，慢慢对遗留系统进行重构。在重构的过程中，仍然需要遵循自治原则，站在调用者的角度观察遗留系统，考虑如何与它集成，然后逐步对其进行抽取与迁移，形成自治的限界上下文。

第10章

上下文映射

甘其食，美其服，安其居，乐其俗。

邻国相望，鸡犬之声相闻，民至老死不相往来。

——老子，《道德经》

限界上下文即使都被设计为自治的独立王国，也不可能"老死不相往来"。要完成一个完整的业务场景，可能需要多个限界上下文的共同协作。只有如此，才能提供系统的全局视图。

每个限界上下文的边界只能控制属于自己的领域模型，对于彼此之间的协作空间却无能为力。在将不同的限界上下文划分给不同的领域特性团队进行开发时，每个团队只了解自己工作边界内的内容，跨团队交流的成本会阻碍知识的正常传递。随着变化不断发生，难免会在协作过程中产生边界的裂隙，导致限界上下文之间产生无人管控的灰色地带。当灰色地带逐渐陷入混沌时，就需要引入**上下文映射**（context map）让其恢复有序。

10.1 上下文映射概述

软件系统的架构，无非分分合合的艺术。限界上下文封装了分离的业务能力，上下文映射则建立了限界上下文之间的关系。二者合一，就体现了高内聚松耦合的架构原则。高内聚的限界上下文要形成松耦合的协作关系，就需要在控制边界的基础上管理边界之间的协作关系。业务场景的协作是起因，它突破了限界上下文的**业务边界**。当我们将限界上下文视为团队的**工作边界**时，这种协作关系就转换成团队的协作，需要用项目管理手段来解决。为了避免限界上下文之间产生混乱的灰色地带，还需要引入一些软件设计手段，让跨限界上下文之间的协作变得更加可控。

以客户提交订单业务场景为例。验证订单时，需要检查商品的库存量，提交订单时需要锁定库存，由此产生订单上下文与库存上下文的协作。协作必然带来领域知识的传递，意味着两者的模型需要互通有无。为了满足这一业务协作关系，工作在订单上下文的团队需要库存团队配合提供检查库存与锁定库存的服务接口，由此产生了两个团队之间的协作。如果库存团队提供的服务总在变化，订单团队就需要采取一定的设计手段来避免服务变化带来的干扰。

上下文映射的目的是**让软件模型、团队组织和通信集成之间的协作关系能够清晰呈现，为整个系统的各个领域特性团队提供一个清晰的视图**。呈现出来的这个视图就是**上下文映射图**。

上下文映射图将提供服务的限界上下文称为"上游"上下文，与之对应，消费（调用）服务的限界上下文自然称为"下游"上下文。"上游"和"下游"这两个术语其实是借喻于河流。一条大河奔流而下，上游水质、水量和流速的任何变化都会影响到下游，下游浩浩汤汤的河水也主要来自上游，因此，上下游关系既表达了影响作用力的方向，也代表了知识的传递方向。

绘制上下文映射图时，使用U代表上游，D代表下游，如图10-1所示。

以订单上下文与库存上下文为例。库存为订单提供了检查库存与锁定库存的服务，如果服务的接口发生了变化，就会影响到订单上下文。知识的传递也如此，库存上下文为订单上下文提供这两个服务时，会将库存量的知识传递给位于下游的订单上下文。因此，库存上下文是订单上下文的上游，如图10-2所示。

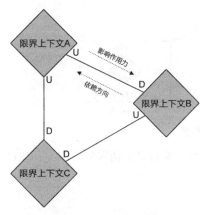

图10-1 上下游关系

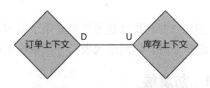

图10-2 订单上下文与库存上下文

上下文映射图的可视化呈现只是一种形式，重要的是限界上下文的协作模式，它们组成了上下文映射的元模型。Eric Evans定义的上下文映射模式包括客户方/供应方[①]、共享内核、遵奉者、分离方式、防腐层、开放主机服务与发布语言。随着领域驱动设计社区的发展，又诞生了合作关系模式与大泥球模式[②]。它们也被Eric Evans编入了 *Domain-Driven Design Reference*，算是得到了"官方"的认可。

为了更好地理解上下文映射模式，分析这些模式的特征与应用场景，我将它们归纳为两个类别：**通信集成模式**与**团队协作模式**。通信集成模式从技术实现角度讨论了限界上下文之间的通信集成方式，关注点主要体现在对限界上下文边界的定义与保护，确定模型之间的协作关系以及通信集成的机制和协议；团队协作模式将限界上下文的边界视为领域特性团队的工作边界，限界上下文之间的协作实际上展现了团队之间的协作方式。

---

① Eric Evans将该模式命名为客户方/供应方开发（customer/supplier development）模式，我认为开发这个词在团队协作模式中是不言而喻的，因而将该模式名称做了精简。

② 大泥球模式实际上是领域驱动设计对待混乱遗留系统的一种方式，它作为技术因素影响着限界上下文的设计，充分体现了限界上下文的边界控制力。一旦我们将其视为限界上下文，它与其他限界上下文的协作仍然需要根据具体的业务场景，选择不同的上下文映射模式，因此，我并未将其放入上下文映射的元模型中。

10.2　通信集成模式

通信集成模式决定了限界上下文之间的协作质量。只要产生了协作，就必然会带来依赖，选择正确的通信集成方式，就是要在保证协作的基础上尽可能降低依赖，维护限界上下文的自治性。

与通信集成有关的上下文映射模式如图10-3所示。

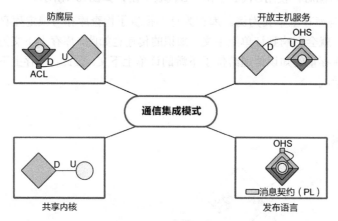

图10-3　通信集成模式

在图10-3中，我以菱形代表采用了菱形对称架构（参见第12章）的限界上下文，以U和D分别代表上游和下游，以圆形代表只有领域模型的领域层。

10.2.1　防腐层

正如David Wheeler所说："计算机科学中的大多数问题都可以通过增加一层间接性来解决。"防腐层（anti corruption layer，ACL）的引入正是"间接"设计思想的一种体现。在架构层面，为限界上下文之间的协作引入一个间接的层，就可以有效隔离彼此的耦合。

防腐层往往位于下游，通过它隔离上游限界上下文可能发生的变化，这也正是"防腐层"得名的由来。若下游限界上下文的领域模型直接调用了上游限界上下文的服务，就会产生多个依赖点，如图10-4所示。

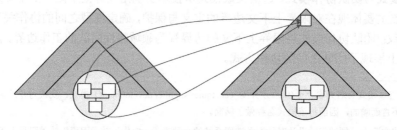

图10-4　下游对上游的依赖

下游团队无法掌控上游的变化。变化会影响到下游领域模型的多处代码，破坏了限界上下文的自治性，引入防腐层，在下游定义一个与上游服务相对应的接口，就可以将掌控权转移到下游团队，即使上游发生了变化，影响的也仅仅是防腐层的单一变化点，只要防腐层的接口不变，下游限界上下文的其他实现不会受到影响，如图10-5所示。

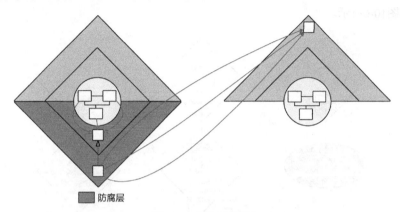

防腐层

图10-5　引入防腐层

当上游限界上下文存在多个下游时，倘若都需要隔离变化，就需要在每个下游限界上下文的自治边界内定义相同的防腐层，造成防腐层代码的重复。如果该防腐层封装的转换逻辑较为复杂，重复的成本就太大了。为了避免这种重复，可以考虑将防腐层的内容升级为一个独立的限界上下文。

例如，在确定电商平台的系统上下文不包含支付系统的前提下，所有的支付逻辑都被推给了外部的支付系统，订单上下文在支付订单时、售后上下文在发起商品退货请求时都需要调用。虽说支付逻辑封装在支付系统中，但在向支付系统发起请求时，难免需要定义一些与支付逻辑相关的消息模型。可以认为，它们都是集成支付系统的适配逻辑。这些逻辑该放在哪里呢？原本防腐层是这些逻辑的最佳去处，但位于下游的订单上下文与售后上下文都需要这些逻辑，就会带来支付适配逻辑的重复。这时就有必要引入一个简单的支付上下文，用来封装与外部支付系统的集成逻辑。

该支付上下文仅仅是一层薄薄的适配业务，是从各个下游上下文的防腐层代码成长起来的，其逻辑简单到不需要定义领域模型。它成为订单上下文与售后上下文的上游，故而需要定义对外公开的服务。服务的实现是对支付系统服务的适配，同时还包括与之对应的消息契约（参见第11章）。

不要将这个由防腐层升级成的限界上下文与其他提供了业务能力的限界上下文混为一谈。说起来，防腐层升级成的限界上下文更像伴生系统放在系统上下文内部的一个代理。

在讲解如何识别限界上下文时我提到，从技术维度考虑，可将遗留系统视为一个单独的限界上下文，通常作为上游而存在。为了避免遗留系统对下游限界上下文造成污染，也可为消费遗留系统的下游限界上下文引入防腐层。

为防腐层的调用引入一个新的限界上下文，就能帮助我们渐进地完成对遗留系统的迁移。迁移时要从调用者的角度观察遗留系统，先在新的限界上下文中建立防腐层需要消费的服务接口，并在接口实现中指向遗留系统的已有实现；在验证了集成的功能无误后，站在调用者角度分辨遗留系统中需要复用的业务功能，再将其复制到这个新的限界上下文。整个迁移过程需要小步前行，针对一个一个业务功能逐步完成映射。如果这些业务功能属于核心子领域，则应该以领域建模的方式改写、重写或重构遗留代码。一旦通过对迁移功能的测试和验证，遗留系统也就完成了历史使命。整个迁移过程如图10-6所示。

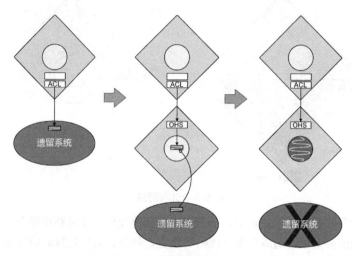

图10-6   对遗留系统的迁移

在逐步替换遗留系统功能的过程中，防腐层仅仅扮演了"隔离"的作用，**防腐层从未提供真正的业务实现**，业务实现被放到了另一个限界上下文中，防腐层会向它发起调用。

10.2.2   开放主机服务

如果说防腐层是下游限界上下文对抗上游变化的利器，开放主机服务（open host service，OHS）就是上游服务招徕更多下游调用者的"诱饵"。设计开放主机服务，就是定义公开服务的协议，包括通信的方式、传递消息的格式（协议）。同时，开放主机服务也可被视为一种承诺，保证开放的服务不会轻易做出变化。

Eric Evans在提出开放主机服务模式时，并未明确地定义限界上下文的通信边界。不同的部署方式，例如本机系统和分布式系统，需要不同的通信机制：本地通信与分布式通信的区别主要体现在是否需要跨越进程边界。

之所以将"进程"作为划分通信边界的标准，是因为它代表了两种不同的编程模式：

❑ 进程内组件之间的调用方式；
❑ 跨进程组件之间的调用方式。

这两种编程模式直接影响了限界上下文之间的通信集成模式，可以以**进程**为单位将通信边界分为进程内与进程间两种边界。对开放主机服务而言，服务的契约定义可能完全相同，进程内与进程间的调用形式却大相径庭。为示区别，我将进程内的开放主机服务称为**本地服务**（即领域驱动设计概念中的**应用服务**①），将进程间的开放主机服务称为**远程服务**，它们应尽可能地共享同一套对外公开的服务契约。服务契约不属于领域模型的一部分（参见第11章）。

倘若上下游的限界上下文位于同一个进程，下游就应该直接调用上游的应用服务，以规避分布式通信引发的问题，例如序列化带来的性能问题、分布式事务的一致性问题以及远程通信带来的不可靠问题；若它们位于不同进程，下游就需要调用上游的远程服务，自然也需要遵循分布式通信的架构约束。因为通信机制的不同，一旦限界上下文的通信边界发生了变化，就不可避免地要影响下游限界上下文的调用者。为了响应这一变化，需要将防腐层与开放主机服务结合起来。防腐层就好像开放主机服务的"代理"：由于应用服务与远程服务的服务契约相同，因此防腐层在指向开放主机服务时就可以保证接口不变，而仅仅改变内部的调用方式。

即使同为远程服务，选择了不同的分布式通信技术，也会定义出不同类型的远程服务。用于远程服务的主流分布式通信技术包括RPC、消息中间件、REST风格服务，以及少量遗留的Web服务。基于RPC通信机制定义的远程服务被命名为**提供者**（provider），面向的是服务行为；基于表述性状态迁移（REpresentational State Transfer，REST）风格定义的远程服务被命名为**资源**（resource），面向的是服务资源；基于消息中间件通信机制定义的远程服务被命名为**订阅者**（subscriber），面向的是事件。还有一种远程服务面向前端UI，可能采用Web服务或REST风格服务，为前端视图提供了模型对象，因此被命名为**控制器**（controller）。

10.2.3 发布语言

发布语言（published language）是一种公共语言，用于两个限界上下文之间的模型转换。防腐层和开放主机服务都是访问领域模型时建立的一层包装，前者针对发起调用的下游，后者针对响应请求的上游，以避免上下游之间的通信集成将各自的领域模型引入进来，造成彼此之间的强耦合。因此，**防腐层和开放主机服务操作的对象都不应该是各自的领域模型**，这正是引入发布语言的原因。

如果下游防腐层调用了上游的开放主机服务，则二者操作的发布语言存在一一映射。例如，订单上下文作为库存上下文的下游，它会调用检查库存的开放主机服务InventoryResource：

```
package com.dddexplained.ecommerce.inventorycontext.northbound.remote.resource;

@RestController
@RequestMapping(value="/inventories")
public class InventoryResource {
    @Autowired
    private InventoryAppService inventoryAppService;

    @PostMapping
    public ResponseEntity<InventoryReviewResponse> check(CheckingInventoryRequest request) {
        InventoryReviewResponse reviewResponse = inventoryAppService.checkInventory(request);
```

---

① 对远程服务和本地服务的定义可以清晰地体现服务为进程内还是进程外，但是为了和领域驱动设计的概念对应，我们仍然保留了应用服务的概念，由其指代本地服务。为避免概念的混淆，在本书后面一概以应用服务指代本地服务。

```
            return new ResponseEntity<>(reviewResponse, HttpStatus.OK);
    }
}
```

CheckingInventoryRequest 和 InventoryReviewResponse 作为服务接口方法 check()
的请求消息与响应消息，组成了该服务的发布语言。

订单上下文引入了防腐层，定义了抽象接口 InventoryClient。它使用的是当前限界上下
文定义的领域对象：

```
package com.dddexplained.ecommerce.ordercontext.southbound.port.client;

public interface InventoryClient {
    InventoryReview check(Order order);
}
```

它的实现需要调用库存上下文 InventoryResource 服务的接口方法 checkInventory()，这
意味着它需要发送与之对应的请求消息，并获得该服务返回的响应消息：

```
package com.dddexplained.ecommerce.ordercontext.southbound.adapter.client;

public class InventoryClientAdapter implements InventoryClient {
    private static final String INVENTORIES_RESOURCE_URL = "http://inventory-service/
inventories";

    @Autowired
    private RestTemplate restTemplate;

    @Override
    public InventoryReview check(Order order) {
        CheckingInventoryRequest request = CheckingInventoryRequest.from(order);
        InventoryReviewResponse reviewResponse = restTemplate.postForObject(INVENTORIES_
RESOURCE_URL, request, InventoryReviewResponse.class);
        return reviewResponse.to();
    }
}
```

在 InventoryClientAdapter 的实现中，领域模型对象转换的 CheckingInventoryRequest
和 InventoryReviewResponse 类与上游限界上下文的发布语言对应，可以认为是防腐层的发布
语言。之所以要重复定义，是因为库存上下文与订单上下文分属不同进程，需要支持各自进程内对
消息协议的序列化与反序列化[①]。当然，若上下游的限界上下文位于同一进程内，则下游的防腐层
也可以调用上游的本地服务，并复用上游的发布语言，无须重复定义。

我将开放主机服务操作的发布语言称为"消息契约"（message contract）。防腐层调用开放主机
服务时用到的发布语言，亦可认为是消息契约。

---

① 为了避免发布语言的重复定义，另一种做法是将上下游都需要调用的消息类放在一个单独的 JAR 包中，如此即可满
足发布语言的复用。不过，这一做法可能引入耦合，一旦上游的发布语言发生变化，就需要重新部署，破坏了下游
限界上下文的独立性。

遵循发布语言模式的消息契约模型为领域模型提供了一层隔离和封装。这样做除了能避免领域模型的外泄，也在于二者变化的原因和方向并不一致。

❑ 粒度不同：开放主机服务通常设计为粗粒度服务，位于领域模型的领域服务则需要满足单一职责原则，粒度更细。细粒度的领域服务操作领域模型，粗粒度的开放主机服务操作消息契约模型。例如，下订单领域服务或许只需要完成对订单的验证与创建，而下订单开放主机服务有可能还需要在成功创建订单之后，通知下订单的买家以及商品的卖家。

❑ 持有的信息完整度不同：开放主机服务面向限界上下文外部的调用者。调用者在发起请求消息时，了解的信息并不完整，基于"最小知识原则"，不应苛求调用者提供太多的信息。例如，提供转账功能的开放主机服务，请求消息只需提供转出账户与转入账户的ID，并不需要整个Account领域模型对象。调用者在获得服务返回的响应消息时，可能只需要转换后的信息，例如在获取客户信息时，调用者需要的客户名可能就是一个全名。有的服务调用者还可能需要多个领域对象的组合，例如查询航班信息时，除了需要获得航班的基本信息，还需要了解航班动态与航班资源信息，客户端希望发起一次调用请求，就能获得所有完整的信息。

❑ 稳定性不同：因为开放主机服务要公开给外部调用者，所以应尽量保证服务契约的稳定性。消息契约作为服务契约的组成部分，它的稳定性实际上决定了服务契约的稳定性。一个频繁变更的开放主机服务是无法讨取调用者"欢心"的。领域模型则不然。设计时本身就应该考虑领域模型对需求变化的响应，即使没有需求变化，我们也要允许它遵循统一语言或者满足代码可读性而对其进行频繁的重构。

发布语言需要定义一种标准协议，以体现几个层面的含义。

一个层面是为开放主机服务定义标准的通信消息协议，使得双方在进行分布式通信时能够遵循标准进行序列化和反序列化。可以选择的协议包括XML、JSON和Protocol Buffers等，当然，消息协议的选择还要取决于远程服务选择的通信机制。

另一个层面是为消息内容定义的标准协议，这样的标准协议可以采用行业标准，也可采用组织标准，或者采用为项目定义的一套内部标准。针对特定的领域，还可以使用领域特定语言（Domain Specific Language，DSL）来定义发布语言。它的实践往往是在领域层之外包装一层DSL。一般会使用外部DSL表达发布语言，通过清晰明白、接近自然语言的方式来定义脚本。

10.2.4　共享内核

当我们将一个限界上下文标记为共享内核时，一定要认识到它实际上暴露了自己的领域模型，这就削弱了限界上下文边界的控制力。

任何软件设计决策都要考量成本与收益，只有收益高于成本，决策才是合理的。 共享内核的收益不言而喻，成本则来自耦合。这违背了自治单元的"独立进化"原则，一个限界上下文一旦决定复用共享内核，就得承担它可能发生变化的风险。要让收益高于成本，就必须能够控制共享内核模型的变化。Eric Evans就指出："共享内核不能像其他设计部分那样自由更改。"[8]249因此，我们只能将那些稳定且具有复用价值的领域模型对象封装到共享内核上下文中。

一些行业通用的值对象（参见第15章）是相对稳定的，例如金融领域的`Money`、`Currency`类，用户领域的`Address`、`Phone`类，运输领域的`QuantityBreak`类，零售领域的`Price`、`Quantity`类等。这些类型通常属于通用子领域，会被系统中几乎所有的限界上下文复用。

核心子领域最为关键的抽象模型也可能是稳定的。这些抽象模型往往与行业核心业务的本质特征有关，并经历了漫长时间的淬炼，形成了稳定的结构。建立这样的模型，就是要找到领域知识与业务流程中最本质的特征，并对其进行合理抽象。Martin Fowler总结的"分析模式"[35]亦是为了达到这一目的，即定义稳定的可复用的领域对象模型。Peter Coad等人提出的彩色UML方法，则提炼出与领域无关的组件[36]13，然后在其基础上梳理与领域有关的组件，形成的领域对象模型存在较高的稳定性和复用性。诸如这样通过分析模式或彩色建模获得的领域模型，皆有可能作为共享内核，至少也可作为核心领域模型的参考。这些领域模型都是对行业核心知识的分析，在保证足够抽象层次的同时，又形成了固定的行业惯例。它们又都属于问题空间的核心子领域，属于企业的核心资产，因此值得付出大量的时间成本与人力成本去打造。

由于共享内核缺乏自治能力，往往以库的形式被其他限界上下文复用，因此可以认为它是一种特殊的进程内通信集成模式。

10.3　团队协作模式

如果将限界上下文理解为对团队工作边界的控制，且遵循康威定律和康威逆定律，就可将限界上下文之间的关系映射为领域特性团队之间的协作。Vaughn Vernon就认为："上下文映射展现了一种组织动态能力，它可以帮助我们识别出有碍项目进展的一些管理问题。"[37]因此，在确定限界上下文的团队协作模式时，需要更多站在团队管理与角色配合的角度去思考。

依据团队的协作方式与紧密程度，我定义了5种团队协作模式，如图10-7所示。

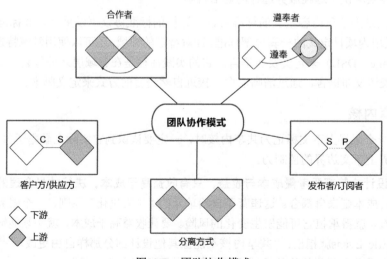

图10-7　团队协作模式

图10-7用菱形图示代表限界上下文映射的领域特性团队，菱形之间的关联线代表它们之间的关系，菱形的位置代表团队所处的地位。

10.3.1　合作者

Vaughn Vernon将合作者（partnership）模式定义为："如果两个限界上下文的团队要么一起成功，要么一起失败，此时他们需要建立起一种合作关系。他们需要一起协调开发计划和集成管理。两个团队应该在接口的演化上进行合作以同时满足两个系统的需求。应该为相互关联的软件功能制订好计划表，这样可以确保这些功能在同一个发布中完成。"[37]

团队之间的良好协作当然是好事，可要是变为一起成功或一起失败的"同生共死"关系，就未必是好事了：那样只能说明两个团队分别开发的限界上下文存在强耦合关系，正是设计限界上下文时需要竭力避免的。同生共死，意味着彼此影响，设计上就是双向依赖或循环依赖的体现。解决的办法通常有如下3种。

❑ 合并：既然限界上下文存在如此紧密的合作关系，就说明当初拆分的理由较为牵强。与其让它们因为分开而"难分难舍"，不如干脆让它们合在一起。

❑ 重新分配：将产生特性依赖的职责分配到正确的位置，尽力移除一个方向的多余依赖，减少两个团队之间不必要的沟通。

❑ 抽取：识别产生双向（循环）依赖的原因，然后将它们从各个限界上下文中抽取出来，并为其建立单独的限界上下文。

倘若限界上下文之间存在相互依赖（mutually dependent），又没有更好的技术手段解决这种职责纠缠问题，那么，在上下文映射中明确声明团队之间采用"合作者"模式是引入这一模式的主要目的。Eric Evans明确提出："当两个上下文中任意一个的开发失败会导致整个交付失败时，就需要努力迫使负责这两个上下文的团队加强合作。"[①]这时，合作者模式成了一种风险标记，提醒我们要加强管理手段和技术手段去促进两个团队紧密的合作，如采用敏捷发布火车（agile release train）[②]建立一种持续的团队合作机制，要求参与的团队一起做计划、一起提交代码、一起开发和部署，采用持续集成（continuous integration，CI）[③]的方式保证两个限界上下文的集成度与一致性，避免因为其中一个团队的修改影响集成点的失败。

因此，我们要认识到合作者模式是一种"不当"设计引起的"适当"的团队协作模式。

10.3.2　客户方/供应方

当一个限界上下文单向地为另一个限界上下文提供服务时，它们对应的团队就形成了**客户方/供**

---

① 参见Eric Evans的*Domain-Driven Design Reference*。

② 属于大规模敏捷框架（Scaled Agile Framework，SAFe）提出的一种管理实践。

③ Eric Evans的《领域驱动设计》将持续集成定义为战略模式中的一种，但它实际上已经被公认为敏捷社区的技术实践之一。

应方（customer/supplier）模式。这是最为常见的团队协作模式，客户方作为下游团队，供应方作为上游团队，二者协作的主要内容包括：

- ❑ 下游团队对上游团队提出的服务调用需求；
- ❑ 上游团队提供的服务采用什么样的协议与调用方式；
- ❑ 下游团队针对上游服务的测试策略；
- ❑ 上游团队给下游团队承诺的交付日期；
- ❑ 当上游服务的协议或调用方式发生变更时，如何控制变更。

供应方的上游团队面对的下游团队往往不止一个。如何排定不同服务的优先级，如何为服务建立统一的抽象，都是上游团队需要考虑的问题。下游团队需要考虑上游服务还未实现时该如何模拟上游服务，以及当上游团队不能按时履行交付承诺时的应对方案。上游团队定义的服务接口形成了上下游团队共同遵守的契约，在架构映射阶段与领域建模阶段，双方团队需要事先确定服务接口定义。若因为存在需求变化或技术实现带来的问题需要变更服务接口的定义，则上游团队要及时与所有下游团队进行协商，或告知该变更，由下游团队评估该变更可能带来的影响。若下游团队因为需求变化对上游服务的定义提出了不同的消费需求，也应及时告知上游团队。

例如，人力资源系统的通知上下文作为供应方定义了通知服务，该服务需要为许多下游的限界上下文提供功能支撑。在上下文映射中，将通知上下文与其他限界上下文标记为"客户方/供应方"关系时，就要求与通知服务相关的团队充分协作。客户方应结合自己的业务需求对通知服务提出要求，例如培训上下文要求提供邮件、站内信息推送等通知方式，并要求通知内容能够支持模板定义，而招聘上下文则要求支持短信通知，以便更加方便地通知到应聘者。供应方团队在了解到这些多样化需求后，确定服务的接口定义与调用方式，告知客户方。客户方若认为设计的服务存在不妥，可以要求供应方对服务做出调整，至少也可以就该服务的定义进行协商或设计评审。

通常，供应方希望定义一个通用的服务一劳永逸地解决各个客户方提出的调用请求，例如将短信、邮件和站内消息推送等通知方式糅合在一个服务里，并通过服务请求中的notificationType来区分通知类型。相反，客户方希望调用的服务具有清晰的意图、简单的接口。由于供应方与客户方各自了解的信息并不对等，这就需要双方就服务的通用性与易用性达成设计方案的一致。例如，招聘上下文只需要供应方提供短信通知服务，并不了解培训上下文需要的邮件与站内信息通知服务，因此有可能无法理解为何在调用服务时，还需要传递notificationType值。此外，不同通知类型要求的请求信息也不相同，例如短信通知需要知道手机号码，邮件通知需要电子邮件地址，站内信息通知则需要用户ID。当客户端请求差异过大时，统一服务的代价就会太高，服务的调用信息也可能存在部分冗余。

协商服务接口的定义时，还需要根据限界上下文拥有的领域知识，维持各自的职责边界。譬如，通知上下文定义了Message与Template领域对象，后者内部封装了一个Map<String,String>类型的属性。Map的key对应模板中的变量，value为实际填充的值。由于通知上下文并不了解各种组装通知内容的业务规则，因此，在协调上下文的映射关系时，供应方团队需要明确：通知服务仅履行填充模板内容的职责，但不负责对值的解析。显然，供应方团队作为上游服务的提供者，有权拒绝超出自己职责范围的要求，严格地恪守自己的自治边界。

客户方对供应方服务的调用形成了两个限界上下文之间的集成点，因此应采用持续集成分别为上、下游限界上下文建立集成测试、API测试等自动化测试，完成从构建、测试到发布的持续集成管道，规避两个限界上下文之间的集成风险，及时而持续地反馈上游服务的变更。若二者位于不同的进程边界，还需要跟踪和监控调用链，并考虑引入熔断器，避免引起服务失败带来的连锁反应。

10.3.3 发布者/订阅者

发布者/订阅者（publisher/subscriber）模式并不在Eric Evans提出的上下文映射模式之列，但在事件成为领域驱动设计建模的"一等公民"①之后，发布者/订阅者模式也被普遍用于处理限界上下文之间的协作关系，因此，我认为是时候将它列入上下文映射模式了。

发布者/订阅者模式本身是一种通信集成模式。本质上，它脱胎于设计模式中的观察者（observer）模式[31]194，当它用于系统之间的集成时，即企业集成模式中的发布者-订阅者通道（publisher-subscriber channel）模式[38]71。采用这一模式时，往往由消息队列担任事件总线发布与订阅事件。在消息处理场景中，这是一种惯用的设计模式，故而Java消息服务（Java Message Service，JMS）定义了TopicPublisher与TopicSubscriber接口分别代表发布者与订阅者，用以指导和规范这一模式的设计。Frank Buschmann等人也将发布者/订阅者模式列入分布式基础设施模式中，将其作为一种消息通知机制，用以告知组件相关状态的变化和其他需要关注的事件[34]。

现有的通信集成模式已经涵盖了发布者和订阅者的职责：事件订阅者可以视为开放主机服务，事件发布者则是防腐层的一部分。通过发布/订阅事件参与协作的限界上下文，以更松散的耦合度对团队协作提出了新的要求。事件的发布者属于上游团队，但它与供应方团队不同之处在于，前者主动发布事件提供服务，后者被动提供服务供客户方调用。事件的订阅者属于下游团队，但它会主动监听事件总线，一旦接收到事件，就会执行对应的事件处理逻辑。除了事件，双方感知不到对方的存在。

当我们将团队协作标记为发布者/订阅者模式②时，意味着他们之间的协作将围绕着"事件"进行。无论事件是领域事件，还是应用事件，都属于业务事件而非技术事件，因而在发布与订阅过程中产生的事件流，代表了贯穿多个场景的业务流程，决定了团队之间的协作方式。例如，如果我们将电商系统中订单上下文与配送上下文之间的上下文映射定义为发布者/订阅者模式，意味着它包含了一个由事件流组成的业务场景：

❑ 订单在完成支付后，需要发布OrderConfirmed事件，配送上下文监听到该事件后，执行配送流程；

❑ 当配送结束后，配送上下文又会发布ShipmentDelivered事件，订单上下文监听到该事件后，会关闭订单，将订单的状态标记为"COMPLETED"。

---

① 在编程语言中，"一等公民"的概念是由英国计算机学家Christopher Strachey提出来的，指支持所有操作的实体，这些操作通常包括"作为参数传递""从函数返回""修改并分配给变量"等。

② 在本书，如果考虑的并非团队协作模式，而是技术实现的模式，则称之为"发布-订阅模式"，以示区别。

该事件流可以通过表10-1来表示。

表10-1   事件的发布者与订阅者

ID	事件	发布者	订阅者
0007	OrderConfirmed	订单上下文	配送上下文
0008	ShipmentDelivered	配送上下文	订单上下文

很明显，采用发布者/订阅者映射模式的这两个团队，他们互为发布者和订阅者，这样的协作方式看起来更像合作者模式，但协作的紧密程度却远远没有达到"同生共死"的关系；若说是客户方/供应方模式也有不妥，因为两个不同的事件决定的上下游关系是互逆的。

这正体现了发布者/订阅者模式有别于其他协作模式的特殊性。

10.3.4   分离方式

分离方式（separate way）的团队协作模式是指两个限界上下文之间没有一丁点儿的关系。这种"无关系"仍然是一种关系，而且是一种最好的关系，意味着我们无须考虑它们之间的集成与依赖，它们可以独立变化，互相不影响。还有什么比这更美好的呢？

电商网站的支付上下文与商品上下文之间就没有任何关系，二者是"分离方式"的体现。虽然从业务角度理解，客户购买商品，确乎是为商品进行支付，但在商品上下文中，我们关心的是商品的价格，而在支付上下文，关注的却是每笔交易的金额。商品价格的变化也不会影响支付上下文，支付上下文只负责按照传递过来的支付金额完成付款交易，并不关心这个支付金额是如何计算出来的。

不过，二者的领域模型都依赖Money值对象，如果其中一方的领域模型复用了另一方的领域模型，就不可避免地带来了协作关系。这也正是要求在上下文映射中确定这种"无关系"协作模式的原因所在。一旦确定为"分离方式"映射模式，就要彻底隔断这两个团队之间的任何联系。既然双方都需要Money值对象，要遵循分离方式模式，就可以通过在两个限界上下文中重复定义Money值对象来完成解耦。不要害怕这样的重复，在领域驱动设计中，我们遵循的原则应该是**"只有在一个限界上下文中才能消除重复"**[8]249。

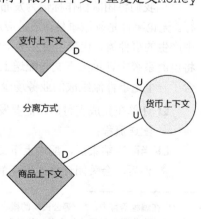

图10-8   保持分离方式

如果我们深为它产生的重复感到羞愧，还可以运用"共享内核"模式。毕竟Money值对象还会牵涉到复杂的货币转换以及高精度的运算逻辑。当重复的代价太高，且该模型属于一个稳定的领域概念时，共享内核能以更优雅的方式平衡重复与耦合的冲突。例如单独定义一个货币上下文，将其作为支付上下文与商品上下文的共享内核，同时保持了支付上下文与商品上下文之间的分离关系，如图10-8所示。

一旦系统的领域知识变得越来越复杂，导致多个限界上下文之间存在错综复杂的关系时，要识别两个限界上下文之间压根没有一点关系，就需要敏锐的"视力"了。同时，要将两个限界上下文的团队协作定义为"分离方式"模式，也需要承担设计的压力，一旦确定有误，就可能因为隐含的关系没有发现，导致遗漏必要的服务定义。有时候，我们也会刻意追求这种模式，如果解耦的价值远远大于复用的价值，即使两个限界上下文之间存在复用形成的上下游关系，也可以通过引入少许重复，彻底解除它们之间的耦合。

没有关系的关系看起来似乎无足轻重，其实不然。它对设计质量的改进以及团队的组织都有较大帮助。两个毫无交流与协作关系的团队看似冷漠无情，然而，正是这种"无情"才能促进它们独立发展，彼此不受影响。

10.3.5 遵奉者

不管是客户方/供应方，还是发布者/订阅者，它们所在的团队之间都存在清晰的上下游关系，用于指导上游团队与下游团队之间的协作。虽然服务由上游团队提供，但它本质上应该是应下游团队的需求做出的响应。然而，一旦控制权发生了反转，服务的定义与实现交由上游团队全权负责时，遵奉者（conformist）模式就产生了。

这种情形在现实的团队合作中可谓频频发生，尤其当两个团队分属于不同的管理者时，牵涉到的因素不仅仅与技术有关。**限界上下文影响的不仅仅是设计决策与技术实现，还与企业文化、组织结构直接有关。**许多企业推行领域驱动设计之所以不够成功，除了团队成员不具备领域驱动设计的能力，还要归咎于企业文化和组织结构层面，比如企业的组织结构人为地制造了领域专家与开发团队的壁垒，又比如两个限界上下文因为利益倾轧而导致协作障碍。团队领导的求稳心态，也可能导致领域驱动设计的改良屡屡碰壁，无法将这种良性的改变顺利地传递下去。从这一角度看，遵奉者模式更像一种"反模式"。当两个团队的协作模式被标记为"遵奉者"时，其实传递了一种组织管理的风险。

当上游团队不积极响应下游团队的需求时，下游团队该如何应对？Eric Evan给出了如下3种可能的解决途径[8]253。

❑ 分离方式：下游团队切断对上游团队的依赖，由自己来实现。
❑ 防腐层：如果自行实现的代价太高，可以考虑复用上游的服务，但领域模型由下游团队自行开发，然后由防腐层实现模型之间的转换。
❑ 遵奉者：严格遵从上游团队的模型，以消除复杂的转换逻辑。

最后一种方式，实际上是权衡了复用成本和依赖成本的情况下做出的取舍。当下游团队选择"遵奉"于上游团队设计的模型时，意味着：

❑ 可以直接复用上游上下文的模型（好的）；
❑ 减少了两个限界上下文之间模型的转换成本（好的）；
❑ 使得下游限界上下文对上游产生了模型上的强依赖（坏的）。

Eric Evans告诫我们对领域模型的复用要保持清醒的认识，他说："限界上下文之间的代码复用是很危险的，应该避免。"[8]241如果不是因为重复开发的成本太高，应避免出现遵奉者模式。

采用遵奉者模式时，需要明确这两个限界上下文的统一语言是否存在一致性，毕竟，限界上下文的边界本身就是为了维护这种一致性而存在的。理想状态下，互为协作的两个限界上下文都应该使用自己专属的领域模型，因为不同限界上下文观察统一语言的视角多少会出现分歧，但模型转换的成本确实会令人左右为难。设计总是如此，没有绝对好的解决方案，只能依据具体的业务场景权衡利弊得失，以求得到相对好（而不是最好）的方案。这是软件设计让人感觉棘手的原因，却也是它的魅力所在。

虽然共享内核与遵奉者模式都是下游限界上下文对上游限界上下文领域模型的复用，选择它们的起因却迥然不同。选择遵奉者模式是被动的选择，因为上游团队对下游团队的合作不感兴趣，只得无可奈何地顺从于它。共享内核却是团队高度合作的结果，从团队协作的角度看，它与合作者模式、客户方/供应方模式并无太大差异，之所以采用共享内核，完全可以看作是对通信集成方式的选择。

10.4　上下文映射的设计误区

在确定上下文映射之前，需要先确定两个限界上下文之间是否真正存在协作关系。

10.4.1　语义关系形成的误区

一个常见误区是惯以语义之间的关系去揣测限界上下文之间的关系。譬如，客户提交订单的业务服务如图10-9所示。

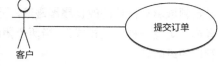

图10-9　提交订单业务服务

其中，"客户"作为业务服务的角色，是一个领域概念；"订单"是另一个领域概念。这两个领域概念从语义上分属客户上下文与订单上下文。客户提交订单时，是否意味着客户所属的客户上下文需要发起对订单上下文的调用？如果是，就意味着订单上下文是客户上下文的上游，二者可映射为客户方/供应方模式。

然而，我们不可妄下判断，而需从对象的职责进行判断。对象履行职责的方式有3种，Rebecca Wirfs-Brock将其总结为3种形式[39]：

❑ 亲自完成所有的工作；
❑ 请求其他对象帮忙完成部分工作（和其他对象协作）；
❑ 将整个服务请求委托给另外的帮助对象。

只有后两种形式才会产生对象的协作。两个限界上下文之间若存在上下游的同步调用关系，必然意味着参与协作的对象分属两个限界上下文。关键需要明确这样的对象协作是否存在：

❑ 职责由谁来履行，这牵涉到领域行为该放置在哪一个限界上下文的对象；
❑ 谁发起对该职责的调用，倘若发起调用者与职责履行者在不同限界上下文，意味着二者存在协作关系，并能确定上下游关系。

提交订单的职责由谁来履行呢？依据面向对象的设计原则，**一个对象是否该履行某一个职责，是由它所具备的信息（即对象的知识）决定的**。职责就是对象的行为，它具备的信息就是对象的数据。遵循信息专家模式（information expert pattern）[41]，要求"将职责分配给拥有履行一个职责所必需信息的类"，即"信息专家"。既然提交订单职责操作的信息主体就是订单，就应该考虑将该职责分配给拥有订单信息的订单上下文。

提交订单的职责又该由谁发起调用呢？在真实世界，当然由客户提交订单，因此客户是发起提交订单服务请求的用户角色。但是，对限界上下文而言，提交订单是订单上下文对外公开的远程服务，调用者并非客户上下文，而是前端的用户界面。客户通过前端的用户界面与后端的限界上下文产生交互，如图10-10所示。

由于**限界上下文的边界并不包含前端的用户界面**，用户界面层发起对限界上下文的调用自然也不属于限界上下文之间的协作。真实世界中真正点击"提交订单"按钮的那个客户，其实是委托前端发起对订单上下文的调用。

当我们将调用职责分配给前端的用户界面时，需要保持警惕，切忌不分青红皂白，一股脑儿地将本该由限界上下文调用的工作全都交给前端，以此来解除限界上下文之间的耦合。前端确乎是发起调用的最佳位置，但前提是，**我们不能让前端承担本由后端封装的业务逻辑**。前端只该做界面呈现的工作，职责的分配不公，会带来角色的错位。如果我们一味地让前端承担了太多业务职责，当一个系统需要多种前端类型支持时，过分的职责分配就会让前端出现大量重复代码，业务逻辑也会"偷偷"地泄露到限界上下文之外。

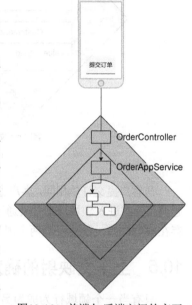

图10-10　前端与后端之间的交互

10.4.2　对象模型形成的误区

如果说通过语义关系推导限界上下文关系是犯了将真实世界与对象的理想世界混为一谈的错误，那么，识别上下文映射的另一种误区就是将对象的理想世界与领域模型世界混为一谈了。例如，在分析客户与订单的关系时，会得到图10-11所示的一对多的对象模型。

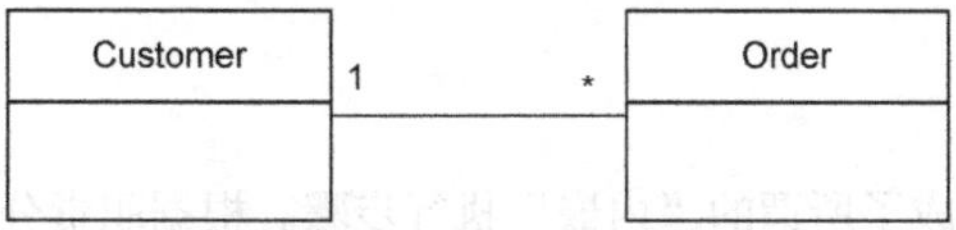

图10-11　一对多的对象模型

Customer类属于客户上下文，Order类属于订单上下文，遵循二者的一对多关系，就会产生两个限界上下文的依赖。但在设计领域模型时，实际并非如此。Customer与Order之间的关系通过CustomerId来维持彼此的关联。虽然Customer与Order之间共享了CustomerId，但这种共享**仅限于值而非类型**，不会产生领域模型的依赖，如图10-12所示。

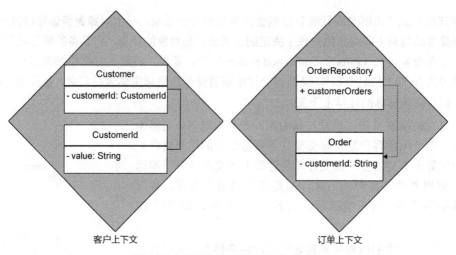

图10-12　没有模型依赖的限界上下文

与客户提交订单相同，客户查询订单仍然通过前端向订单上下文远程服务OrderController发起调用，在进入领域层后，又通过OrderRepository获得订单数据。Customer与Order之间不存在模型依赖，不会引起两个限界上下文的协作。

10.5　上下文映射的确定

只有当一个领域行为成为另一个领域行为"内嵌"的执行步骤，二者操作的领域逻辑分属不同的限界上下文，才会产生真正的协作，形成除"分离方式"之外的上下文映射模式。

10.5.1　任务分解的影响

要解决一个工程问题，可以通过任务分解把一个大问题拆分成多个小问题，为这些小问题形成各自的解决方案，再组合在一起[42]108。以计算订单总价为例，它需要根据客户类别确定促销策略，计算促销折扣，从而计算出订单的总价。计算订单总价是当前场景最高层次的目标，可以分解为以下任务：

❏ 获得客户类别；
❏ 确定促销策略；
❏ 计算促销折扣。

这3个任务为"计算订单总价"提供了功能支撑，形成了所谓的"内嵌"执行步骤。根据职责分配的原则，计算订单总价属于订单上下文，获得客户类别属于客户上下文，确定促销策略并计算促销折扣属于促销上下文。这些领域行为彼此内嵌，形成一种"犬牙交错"的协作方式，横跨了3个不同的限界上下文。

任务分解存在不同的抽象层次，观察的视角不同，抽象的特征不同，分解出来的任务所处的抽象层次也会不同，进而影响到限界上下文协作的顺序。

一种任务分解方式是将计算订单总价视为一个总控制者，由它协调所有的支撑任务，层次如下：

❑ 计算订单总价——订单上下文。
　　◆ 获得客户类别——客户上下文。
　　◆ 获得促销策略——促销上下文。
　　◆ 计算促销折扣——促销上下文。

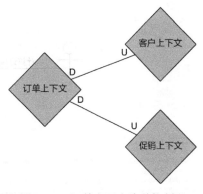

订单上下文总览全局，分别通过客户上下文与促销上下文执行对应的子任务。最后，由订单上下文完成订单总价的计算。客户上下文与促销上下文互不知晓，它们同时作为订单上下文的上游被动地接收下游发起的调用，获得的上下文映射图如图10-13所示。

图10-13　订单上下文为总控制者

如果将获得客户类别视为获得促销策略的实现细节，它的抽象层次就会降低，成为获得促销策略任务的子任务，任务分解的层次与顺序就变为：

❑ 计算订单总价——订单上下文。
　　◆ 获得促销策略——促销上下文。
　　　　○ 获得客户类别——客户上下文。
　　◆ 计算促销折扣——促销上下文。

订单上下文只需了解获得的促销策略。至于该策略如何而来，属于促销上下文的内部职责。于是，促销上下文成了订单上下文的上游，客户上下文又成了促销上下文的上游，如图10-14所示。

图10-14　促销上下文封装了细节

可以进一步对职责进行封装。对计算订单总价而言，它只需要知道最终的促销折扣。获得促销策略是计算促销折扣的细节，获得客户类别又是获得促销策略的细节，从而形成了层层递进的抽象：

❑ 计算订单总价——订单上下文。
　　◆ 计算促销折扣——促销上下文。
　　　　○ 获得促销策略——促销上下文。
　　　　　　◇ 获得客户类别——客户上下文。

这样的任务分解方式建立了更多的抽象层次，因而封装更加彻底。合理的封装让订单上下文了解的细节更少，减少了限界上下文的协作次数。对促销上下文而言，"计算促销折扣"才是提供服务价值的用例，更加适合定义为开放主机服务，"获得促销策略"则属于内部的领域行为，无须公开。

　　第二种和第三种任务分解方式形成的上下文映射图完全一样，协作序列则有所不同。第二种任务分解形成的协作序列如图10-15所示。

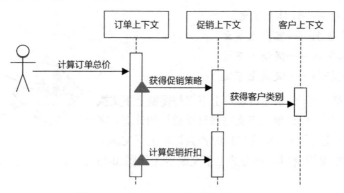

图10-15　公开两个服务的促销上下文

　　图10-15中的三角形体现了订单上下文与促销上下文的协作，意味着促销上下文需要定义两个开放主机服务，订单上下文会发起两次调用。

　　第三种任务分解形成的协作序列如图10-16所示。

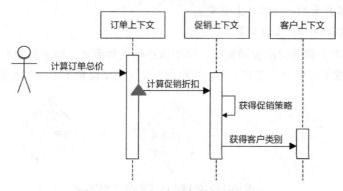

图10-16　公开一个服务的促销上下文

　　很明显，这种任务分解方式更加合理：订单上下文与促销上下文之间的协作减少为一次，后者公开的开放主机服务只有一个。

　　对比几种任务分解的方式，**最小知识法则**（principle of least knowledge）成了最后的胜者。它好像一个魅惑的精灵，让限界上下文乐意屈从，甘心成为一个了解最少知识的快乐"傻子"。有舍才有得，限界上下文克制住了刺探别人隐私的好奇心，反而保全了属于自己的自治权。

　　要正确认识限界上下文之间真正的协作关系，仅凭臆测是不对的。确定上下文映射模式的工作是与服务契约设计（参见第11章）的工作同时进行的。设计服务契约时，需要通过为业务服务建立服务序列图（参见第11章）才能真正弄明白限界上下文之间的真实协作关系，在确定服务契约的同时，上下文映射模式自然也就确定了。

10.5.2　呈现上下文映射

在确定了上下文映射后，还需要将其可视化，以便直观地呈现目标系统限界上下文关系的全貌，这个可视化工具就是**上下文映射图**。

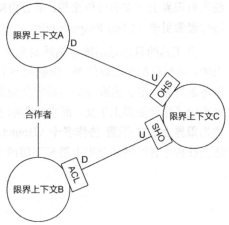

上下文映射图利用椭圆框代表限界上下文，连线代表限界上下文之间的关系，并在连线上通过文字标记出上下游关系或选择的上下文映射模式，如图10-17所示。

如果为限界上下文引入了菱形对称架构（参见第12章），由于它结合了防腐层模式、开发主机服务模式和发布语言模式，故而在上下文映射图中，若以菱形代表限界上下文，就已经说明了对应的通信集成模式。一个例外是共享内核模式，它对应的领域模型直接公开在外。为示区别，可使用椭圆表示采用共享内核模式的限界上下文。由此，上下文映射图可对各个图例进行明确规定：

图10-17　上下文映射图

❑ 菱形或椭圆代表限界上下文，无须说明它们之间采用的通信集成模式；

❑ 连线代表限界上下文之间的协作关系，其中虚线仅适用于发布者/订阅者模式；

❑ 连线两端，若C和S结合，代表客户方/供应方（**Customer /Supplier**）模式；若P和S结合，代表发布者/订阅者（**Publisher /Subscriber**）模式；遵奉者模式需要在连线上清晰说明为遵奉者（conformist）；没有连线，说明为分离方式模式；有连线无说明文字，则为合作者模式，也可用带有双向箭头的连线表示。

以一个供应链项目为例，图10-18是它的上下文映射图。

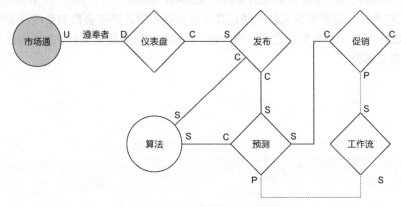

图10-18　供应链的上下文映射图

解读此图，可以直接得出彼此之间的团队协作模式，由于菱形和椭圆已经说明了它们采用的通信集成模式，故而无须另行说明。

如果目标系统的规模较大，识别出来的限界上下文数量较多，绘制出的上下文映射图可能显得极度复杂，让人无法快速地辨别出它们之间的关系。这时，可以降低要求，不去呈现整个目标系统所有限界上下文的协作全貌，借鉴由Kent Beck与Ward Cunningham提出的图10-19所示的**类-职责-协作者索引卡**（Class-Responsibility-Collaborator index card，CRC索引卡）。

此工具的目的是清晰地描述对象之间的协作关系，且这种协作关系是从对象的职责角度进行思考，从而驱动出合理的类。明确限界上下文之间的协作关系，相当于将限界上下文作为参与业务服务的对象，定义的服务契约即它所应履行的职责。至于协作者，则需要区分上游和下游，以说明谁影响了当前限界上下文，而它又影响了谁。既然该卡片的主体是限界上下文，可以将这样的卡片称为**限界上下文-职责-协作者卡**（BoundedContext-Responsibility-Collaborator card，BRC卡）。其中，还要在协作者区域划分出上游和下游两个子区域，如图10-20所示。

图10-19　CRC索引卡

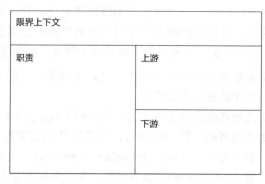

图10-20　BRC卡

为限界上下文绘制上下文映射图的目的是以可视化方式直观地展现限界上下文之间的协作关系。对上下文映射模式的选择会对系统的架构产生影响，甚至可以认为是一种架构决策，例如发布者/订阅者模式的选择、遵奉者模式的选择、共享内核模式的选择都会影响系统的架构风格。上下文映射图及BRC卡可以和服务契约定义放在一起，共同组成服务定义文档，并作为组成架构映射战略设计方案的重要部分。

第 **11** 章

服务契约设计

> 社会秩序是一种神圣的权利，它是所有其他权利的基础。
> 但是，这种权利绝非源于自然，而是建立在契约的基础之上。
>
> ——让-雅克·卢梭，《社会契约论》

在软件领域，使用最频繁的词语之一就是"服务"。领域驱动设计也有领域服务和应用服务之分，菱形对称架构则将开放主机服务分为远程服务和本地服务，其中本地服务即Eric Evans提出的应用服务。全局分析阶段输出的业务需求也被我称为**业务服务**。业务服务满足了角色的服务请求，在解空间体现为服务与客户的协作关系，形成的协作接口可称为**契约**（contract）。一个业务服务对应于架构映射阶段需要定义的服务契约[①]，体现为菱形对称架构北向网关的开放主机服务。服务契约面向服务模型，它向客户端传递的消息数据称为消息契约。消息契约是组成服务契约的一部分。

11.1 消息契约

消息契约对应上下文映射的发布语言模式，根据客户端发起对服务操作的类型，分为命令、查询和事件[②]。

- ❑ **命令**：是一个动作，要求其他服务完成某些操作，会改变系统的状态。
- ❑ **查询**：是一个请求，查看是否发生了什么事。重要的是，查询操作没有副作用，也不会改变系统的状态。
- ❑ **事件**：既是事实又是触发器，用通知的方式向外部表明发生了某些事。

不同的操作类型决定了客户端与服务端不同的协作模式，常见的协作模式包括请求/响应（request/response）模式、即发即忘（fire-and-forget）模式与发布/订阅（publish/subscribe）模式。查询操作采用请求/响应模式。命令操作如果需要返回操作结果，也需选择请求/响应模式，否则可以选择即发即忘模式，并结合业务场景选择定义为同步或异步操作。至于事件，自然选择发布/订阅模式。

11.1.1 消息契约模型

操作类型与协作模式决定了消息契约模型。

[①] 业务服务属于问题空间，服务契约属于解空间，一个业务服务映射到解空间，一定有一个服务契约与之对应，但解空间的服务契约未必对应问题空间的业务服务，二者之间的映射关系并非互逆的。

[②] 参见Ben Stopford的文章"Build Services on a Backbone of Events"。

遵循请求/响应协作模式的消息契约分为**请求消息**与**响应消息**。请求消息按照操作类型的不同分为*查询请求*（query request）和*命令请求*（command request）。若操作为命令，返回的响应消息为*命令结果*（command result）；若操作为查询，返回的响应消息又分为两种：面向前端UI的*视图模型*（view model）与面向下游限界上下文的*数据契约*（data contract）。遵循即发即忘协作模式的消息契约只有命令请求消息，遵循发布/订阅协作模式的消息契约就是事件本身。整个消息契约模型如图11-1所示。

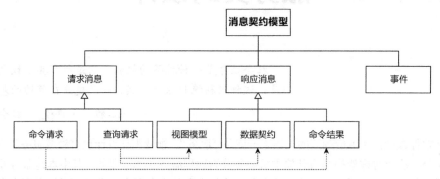

图11-1　消息契约模型

消息契约模型最好遵循统一的命名规范。

对于请求消息，我建议以"动名词+Request"的形式命名，例如，将查询商品请求命名为 `QueryingProductRequest`，将下订单请求命名为 `PlacingOrderRequest`，有的实践通过 `Query` 与 `Command` 后缀来区分查询操作与命令操作，也是很好的做法，尤其在CQRS架构模式（参见第18章）中，这样的命名能更清晰地区分操作类型。

对于响应消息，建议视图模型以 `Presentation` 或 `View` 为后缀，数据契约以 `Response` 为后缀，命令结果以 `Result` 为后缀。例如，查询订单返回的数据契约命名为 `OrderResponse`，向前端UI返回的视图模型则为 `OrderPresentation` 或 `OrderView`，取消订单的命令结果命名为 `OrderCancellingResult`。如果返回的视图模型和数据契约为多个消息契约对象，就要看消息契约对象的集合是否具有业务含义，再决定是否有必要对集合类型进行封装，因为封装的集合类型会直接影响到响应消息的契约定义。视图模型与数据契约尽量以扁平结构返回，若确实需要嵌套（如订单嵌套了订单项），那么内嵌类型也应定义对应的消息契约对象（如 `OrderResponse` 嵌套 `OrderItemResponse`）。

消息契约模型定义在限界上下文的外部网关层，它的引入是为了保护领域模型，这是菱形对称架构明确要求的。对远程服务而言，为它定义消息契约模型的做法，实则运用了*数据传输对象*（data transfer object，DTO）*模式*[①]（参见第19章）。

之所以引入消息契约模型而非直接暴露领域模型，不只是"为了减少方法调用的数量"。以下

[①] DTO本身作为一种模式，用于封装远程服务的数据，因而既可用于UI客户端，又可用于非UI客户端。为了更好地区分远程服务以及它的协作模式与数据定义，在本书中，我不再使用DTO这一术语，而以消息契约来代表（本质上属于发布语言）。消息契约的类型足以表明它组成了什么样的服务契约，面向什么样的调用者，采用了什么样的上下文映射模式。

原因说明了远程服务直接调用领域模型对象的坏处。

- ❑ **通信机制**：领域模型对象在进程内传递，无须序列化和反序列化。为了支持分布式通信，需要让领域模型对象支持序列化，这就造成了对领域模型的污染。
- ❑ **安全因素**：领域驱动设计提倡避免贫血模型，且多数领域实体对象并非不可变的值对象。若直接暴露给外部服务，调用者可能会绕过服务方法直接调用领域对象封装的行为，或者通过 set 方法修改其数据。
- ❑ **变化隔离**：若将领域对象直接暴露，就可能受到外部调用请求变化的影响。领域逻辑与外部调用的变化方向往往不一致，需要一层间接的对象来隔离这种变化。

引入专门的消息契约对象自然也有付出。在大多数业务场景中，消息契约对象与对应的领域模型对象之间的相似度极高，会造成一定程度的代码重复，也会增加二者之间的转换成本。

11.1.2　消息契约的转换

领域模型对象与消息契约对象之间的转换应基于信息专家模式，优先考虑将转换行为分配给消息契约对象，因为它最了解自己的数据结构。相反，领域模型对象位于限界上下文的内部领域层，遵循"整洁架构"[43]（参见第12章）思想，它不应该知道消息契约对象。

转换行为分为两个方向。

一个方向是将消息契约对象转换为领域模型对象。由于消息契约对象将自身实例转换为领域模型对象，故而定义为实例方法：

```
package com.dddexplained.eas.trainingcontext.message;

public class NominationRequest implements Serializable {
    private String ticketId;
    private String trainingId;
    private String candidateId;
    private String candidateName;
    private String candidateEmail;
    private String nominatorId;
    private String nominatorName;
    private String nominatorEmail;
    private TrainingRole nominatorRole;

    public NominationRequest(String ticketId,
                    String trainingId,
                    String candidateId,
                    String candidateName,
                    String candidateEmail,
                    String nominatorId,
                    String nominatorName,
                    String nominatorEmail,
                    TrainingRole nominatorRole) {
        this.ticketId = ticketId;
        this.trainingId = trainingId;
        this.candidateId = candidateId;
        this.candidateName = candidateName;
```

```
        this.candidateEmail = candidateEmail;
        this.nominatorId = nominatorId;
        this.nominatorName = nominatorName;
        this.nominatorEmail = nominatorEmail;
        this.nominatorRole = nominatorRole;
    }

    public Candidate toCandidate() {
        return new Candidate(candidateId, candidateName, candidateEmail, TrainingId.from
(trainingId));
    }
}
```

另一个方向是将领域模型对象转换为消息契约对象。由于消息契约对象的实例还没有创建，故而定义为静态方法[①]：

```
package com.dddexplained.eas.trainingcontext.message;

public class TrainingResponse implements Serializable {
    private String trainingId;
    private String title;
    private String description;
    private LocalDateTime beginTime;
    private LocalDateTime endTime;
    private String place;

    public TrainingResponse(
            String trainingId,
            String title,
            String description,
            LocalDateTime beginTime,
            LocalDateTime endTime,
            String place) {
        this.trainingId = trainingId;
        this.title = title;
        this.description = description;
        this.beginTime = beginTime;
        this.endTime = endTime;
        this.place = place;
    }

    public static TrainingResponse from(Training training) {
        return new TrainingResponse(
                training.id().value(),
                training.title(),
                training.description(),
                training.beginTime(),
                training.endTime(),
                training.place());
    }
}
```

---

① 在Scala中，可以在北向网关为领域模型对象定义隐式方法。调用者在调用该转换方法时，更像领域模型对象拥有的
实例方法。C#的扩展方法也能做到这一点。

　　领域模型对象往往以聚合（参见第15章）为单位，聚合的设计原则要求聚合之间通过根实体的ID进行关联。如果消息契约需要组装多个聚合，又未提供聚合的信息，就需要求助于南向网关的端口访问外部资源。例如，当Order聚合的OrderItem仅持有productId时，如果客户端执行查询请求时希望返回具有产品信息的订单，就需要在组装OrderResponse消息对象时通过ProductClient端口获得产品信息。为了避免消息契约对象依赖南向网关的端口，最好由专门的装配器（assembler）对象[12]负责消息契约对象的装配：

```
package com.dddexplained.ecommerce.ordercontext.message;

public class OrderResponseAssembler {
    private ProductClient productClient;

    public OrderResponse of(Order order) {
        OrderResponse orderResponse = OrderResponse.of(order);
        orderResponse.addAll(compose(order));
        return orderResponse;
    }

    private List<OrderItemResponse> compose(Order order) {
        Map<String, ProductResponse> orderIdToProduct = retrieveProducts(order);
        return order.getOrderItems.stream()
                                    .map(oi ->compose(oi, orderIdToProduct))
                                    .collect(Collectors.toList());
    }
    private Map<String, ProductResponse> retrieveProducts(Order order) {
        List<String> productIds = order.items().stream.map(i -> i.productId()).collect
(Collectors.toList());
        return productClient.allProductsBy(productIds);
    }
    private OrderItemResponse compose(OrderItem orderItem, Map<String, ProductResponse>
orderIdToProduct) {
        ProductResponse product = orderIdToProduct.get(orderItem.getProductId());
        return OrderItemResponse.of(orderItem, product);
    }
}
```

　　有的设计实践将消息契约与抽象的服务契约接口放在一个单独的JAR包（或.NET程序集）中，此时的消息契约就不能依赖领域模型，则可以考虑在应用服务层引入专门的装配器对象。

　　消息契约模型与领域模型的转换不属于领域逻辑的一部分，因而一定要注意维护好菱形对称架构中内部领域层与外部网关层的边界。

11.2　服务契约

　　领域驱动设计的服务契约对应上下文映射的开放主机服务模式，通常指采用分布式通信的远程服务。如果不采用跨进程通信，则应用服务也可认为是服务契约，与远程服务共同组成菱形对称架构的北向网关。

11.2.1　应用服务

Eric Evans定义了领域驱动设计的分层架构，在领域层和用户界面层之间引入了应用层："应用层要尽量简单，不包含业务规则或者知识，而只为下一层（指领域层）中的领域对象协调任务，分配工作，使它们互相协作。" [8]44若采用对象建模范式（参见附录A），遵循面向对象的设计原则，应尽可能为领域层定义细粒度的领域模型对象。细粒度设计不利于它的客户端调用，基于KISS（Keep It Simple and Stupid）原则或最小知识原则，我们希望调用者了解的知识越少越好、调用越简单越好，这就需要引入一个间接的层来封装。这就是应用层存在的主要意义。

1. 应用服务设计的准则

应用层定义的内容主要为应用服务（application service），它是外观（facade）模式的体现，即"为子系统中的一组接口提供一个一致的界面，外观模式定义了一个高层接口，这个接口使得这一子系统更加容易使用" [31]122。使用外观模式的场景主要包括：

- ❑ 当你要为一个复杂子系统提供一个简单接口时；
- ❑ 当客户程序与抽象类的实现部分之间存在着很大的依赖性时；
- ❑ 当你需要构建一个层次结构的子系统时，使用外观模式定义子系统中每层的入口点。

这3个场景恰好说明了应用服务作为外观的本质。对外，应用服务为外部调用者提供了一个简单统一的接口，该接口为一个完整的业务服务提供了自给自足的功能，使得调用者无须求助于别的接口就能满足服务请求；对内，应用服务自身并不包含任何领域逻辑，仅负责协调领域模型对象，通过其领域能力来组合完成一个完整的应用目标。应用服务是调用领域层的入口点，通过它降低客户程序与领域层之间的依赖，自身不应该包含任何领域逻辑。由此可得到应用服务设计的第一条准则：**不包含领域逻辑的业务服务应被定义为应用服务**。

一个完整的业务服务，多数时候不仅限于领域逻辑，也不仅限于访问数据库或者其他第三方服务，往往还需要和如下逻辑进行协作：

- ❑ 消息验证；
- ❑ 错误处理；
- ❑ 监控；
- ❑ 事务；
- ❑ 认证与授权；
- ❑ ⋯⋯

Scott Millett等人认为以上内容属于**基础架构问题**[11]679。它们与具体的领域逻辑无关，且在目标系统中，可能会作为复用模块被诸多服务调用。调用时，这些关注点是与领域逻辑交织在一起的，属于**横切关注点**。

从面向切面编程（aspect-oriented programming，AOP）的角度看，所谓"横切关注点"就是那些在职责上是内聚的，但在使用上又会散布在所有对象层次中，且与所散布到的对象的核心功能毫无关系的关注点。与"横切关注点"对应的是"核心关注点"，就是与系统业务有关的领域逻辑。

例如，订单业务是核心关注点，提交订单时的事务管理以及日志记录则是横切关注点：

```
public class OrderAppService {
    @Service
    private PlacingOrderService placingOrderService;

    // 事务管理为横切关注点
    @Transactional(propagation=Propagation.REQUIRED)
    public void placeOrder(Order order) {
        try {
            placingOrderService.execute(order);
        } catch (DomainException ex) {
            // 日志记录为横切关注点
            logger.error(ex.getMessage());
            // ApplicationException派生自RuntimeException，事务会在抛出该异常时回滚
            throw new ApplicationException("failed to place order", ex);
        }
    }
}
```

横切关注点与具体的业务无关，与核心关注点在逻辑上应该是分离的。为保证领域逻辑的纯粹性，应尽量避免将横切关注点放在领域模型对象中。于是，应用服务就成了与横切关注点协作的最佳位置。由此，可以得到应用服务设计的第二条准则：**与横切关注点协作的服务应被定义为应用服务。**

2. 应用服务与领域服务

虽然说应用服务被推出到领域层外，放到了一个单独的应用层中，但它对领域模型对象的包装也常常让人无法区这些包装逻辑算不算领域逻辑的一部分。于是，在领域驱动设计社区，就产生了应用服务与领域服务之辩。例如，对"下订单"用例而言，我们在各自的领域对象中定义了如下行为：

❑ 验证订单是否有效；

❑ 提交订单；

❑ 移除购物车中已购商品；

❑ 发送邮件通知买家。

这些行为的组合正好满足了"下订单"这个完整用例的需求，同时，为了保证客户调用的简便性，我们需要协调这4个领域行为。这一协调行为牵涉到不同的领域对象，因此只能定义为服务。此时，这个服务应该定义为应用服务，还是领域服务？

Eric Evans没能就此给出一个确凿的答案。他的阐释反倒让这一争辩变得云山雾罩："应用层类（这里指应用服务）是协调者，它们只负责提问，而不负责回答，回答是领域层的工作。"[8]110该怎么理解这一阐释？我们可以将"提问"理解为Why，即明确应用服务代表的业务服务的服务价值；"回答"则是What，就像下级汇报工作一般，即领域服务向应用服务汇报它到底做了什么。这实际上是服务价值与业务功能之间的关系。业务服务为发起服务请求的角色提供了服务价值，该价值由应用服务提供。要实现这一服务价值，需要若干业务功能按照某种顺序进行组合，组合的顺序就是编制，编制的业务功能就是回答问题的领域模型对象。

针对业务功能的编制工作，应用与领域的边界恰恰显得含混不清。毕竟，在一些领域服务的

内部，也不乏对业务功能的编制，因为业务功能是具有层级的。价值与功能在不同的层次会产生一种层层递进的递归关系。例如，下订单是业务价值，验证订单就是实现该业务价值的业务功能。再进一层，又可以将验证订单视为业务价值，而将验证订单的配送地址有效性作为实现该业务价值的业务功能。

　　Scott Millett 等人又给出了一个判断标准："决定一系列交互是否属于领域的一种方式是提出'这种情况总是会出现吗？'或者'这些步骤无法分开吗？'的问题。如果答案是肯定的，这看起来就是一个领域策略，因为这些步骤总是必须一起发生的。如果这些步骤可以用若干方式重新组合，可能它就不是一个领域概念。"[11]690 这一判断标准大约是基于"任务编制"得出的结论。如果领域逻辑的步骤必须一起发生，就说明这些逻辑不存在"任务编制"的可能，因为它们在本质上是一个整体，只是基于单一职责原则与分治原则进行了分解，做到对象各司其职而已。如果领域步骤可以用若干方式重新组合，就意味着可以有多种方式进行"任务编制"。因此，任务编制逻辑就属于应用逻辑的范畴，编制的每个任务则属于领域逻辑的范畴。前者由应用服务来承担，后者由领域模型对象来承担。

　　还有一种区分标准是辨别逻辑到底是应用逻辑还是领域逻辑。在领域驱动设计背景下，领域与软件系统服务的行业有关，如金融行业、制造行业、医疗行业和教育行业等。在领域驱动设计统一过程的全局分析阶段，我们将目标系统问题空间的领域划分为核心子领域、通用子领域和支撑子领域，它们解决的是不同的问题关注点。在解空间，应用服务和领域服务都属于一个具体的限界上下文，必然映射到问题空间的某一个子领域上。由此，似乎可以得出一个推论：领域逻辑对应问题空间各个子领域包含的业务知识和业务规则；应用逻辑则为了完成业务服务而包含除领域逻辑之外的其他业务逻辑，包括作为基础架构问题的横切关注点，也可能包含对非领域知识相关的处理逻辑，如对输入、输出格式的转换等。这些逻辑并不在子领域的问题空间范围内。

　　Eric Evans 用银行转账的案例讲解应用逻辑与领域逻辑的差异。他说："资金转账在银行领域语言中是一项有意义的操作，而且它涉及基本的业务逻辑。"[8]69 这就说明资金转账属于领域逻辑。至于应用服务该做什么，他又说道："如果银行应用程序可以把我们的交易进行转换并导出到一个电子表格文件中，以便进行分析，那么这个导出操作就是应用服务。'文件格式'在银行领域中是没有意义的，它也不涉及业务规则。"[8]69

　　到底选择应用服务还是领域服务，就看它的实现到底属于应用逻辑的范畴，还是领域逻辑的范畴，判断标准就是看服务代码蕴含的知识是否与它所处的限界上下文要解决的问题关注点直接有关。如此说来，针对"下订单"业务服务，在前面列出的 4 个领域行为中，只有"发送邮件"与购买子领域没有关系，因此可考虑将其作为要编制的任务放到应用服务中。如此推导出来的订单应用服务实现为：

```java
public class OrderAppService {
    @Service
    private PlacingOrderService placingOrderService;

    // 此时将NotificationService视为基础设施服务
    @Service
    private NotificationService notificationService;
```

```
// 事务管理为横切关注点
@Transactional(propagation=Propagation.REQUIRED)
public void placeOrder(PlacingOrderRequest request) {
    try {
        Order order=request.to();
        orderService.placeOrder(order);
        notificationService.send(notificationComposer.compose(order));
    } catch (InvalidOrderException Exception ex) {
        // 日志记录为横切关注点
        logger.error(ex.getMessage());
        // ApplicationException派生自RuntimeException，事务会在抛出该异常时回滚
        throw new ApplicationException("failed to place order", ex);
    }
}
```

即便如此，应用逻辑与领域逻辑的边界线依旧模糊。通过菱形对称架构维护的领域与网关的边界，应用服务与领域服务将作为不同的角色构造型（参见第16章）。它们承担不同的职责，共同参与到一个业务服务的实现中。通过对应用服务与领域服务之间的协作进行约定，就可以破解应用服务与领域服务之争。

11.2.2　远程服务

建立服务模型的思想不同，定义的远程服务也不同，由此驱动出来的服务契约模型也有所不同。大体而言，可分为：面向资源的服务建模思想驱动出**服务资源契约**，它又根据调用者的不同分为资源服务和控制器服务；面向行为的服务建模思想驱动出**服务行为契约**，采用了面向服务架构（service-oriented architecture，SOA）的概念模型，被定义为提供者服务；面向事件的服务建模思想驱动出**服务事件契约**，该契约的消费者反而成了限界上下文的开放主机服务，即订阅者服务。

1. 服务资源契约

面向资源的服务建模思想，遵循了REST架构风格。Jim Webber等人认为REST服务设计的关键是**从资源的角度思考服务设计**："资源是基于Web系统的基础构建块，在某种程度上，Web经常被称作是'面向资源的'。一个资源可以是我们暴露给Web的任何东西，从一个文档或视频片段，到一个业务过程或设备。从消费者的观点看，资源可以是消费者能够与之交互以达成某种目标的任何东西。" [44]12

服务本身是一种行为，但面向资源的服务建模思想要求我们将关注点放在该行为要操作的目标对象上，由此识别出服务资源来组成服务模型。例如查询订单服务行为操作的目标对象为订单，资源就应该是Orders①。有的服务看起来似乎只有行为没有资源，这就驱使我们去寻找那个隐含的资源概念，而不能通过行为建立服务模型。例如执行一次统计分析，不能将服务资源建模为AnalysisService，而应该尝试识别资源对象：执行统计分析就是创建一个分析结果，资源为AnalysisResults。

---

① 遵循REST风格的命名规范，通常将资源对应的名词定义为复数。

如果服务资源面向下游限界上下文，可以将该服务以"<资源名>+Resource"格式命名，例如OrderResource；如果服务资源面向前端UI，可遵循模型-视图-控制器（Model-View-Controller，MVC）模式，资源就是模型，服务为控制器，可以以"<模型名>+Controller"格式命名，例如OrderController。无论是资源还是模型，结合领域驱动设计，都可以映射为领域模型中的聚合，即以聚合根实体为入口，将聚合内的领域模型当作资源。

仅仅识别出资源并不足以建立服务资源模型，建立服务资源模型的最终目的是设计REST风格服务。一个REST风格服务实际上是对客户端与资源之间交互协作的抽象，利用了**关注点分离**原则分离了资源、访问资源的动作和表述资源的形式，如图11-2所示。

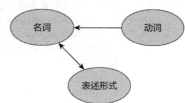

资源作为名词，是对一组领域概念的映射；动词是在资源上执行的动作。服务端在执行完该动词后，返回给客户端的内容则以某种表述形式呈现，它们共同组成了一个完整的**服务资源契约**。

图11-2   客户端与资源协作的抽象模型

为了保证客户端与服务端之间的松耦合，REST架构风格对访问资源的动词提炼了统一的接口。这正是Roy Fielding推导REST风格时的一种架构约束，他认为："使REST架构风格区别于其他基于网络的架构风格的核心特征是，**它强调组件之间要有一个统一的接口**。通过在组件接口上应用通用性的软件工程原则，整体的系统架构得到了简化，交互的可见性也得到了改善。实现与它们所提供的服务是解耦的，这促进了独立的可进化性。然而，付出的代价是，统一接口降低了效率，因为信息都使用标准化的形式来转移，而不能使用特定于应用的需求的形式。"[①]

为了满足统一接口的约束，REST采用标准的HTTP语义，即GET、POST、PUT、DELETE、PATCH、HEAD、OPTION、TRACE这8种不同类型的HTTP动词，来描述客户端和服务端的交互。到底选择哪一类型的动词，除了从业务行为的特性进行判断，还需要考虑两个指标：

❑ 幂等性，即一次或多次执行该操作产生的结果是否一致；
❑ 安全性，即操作是否改变服务器的状态，产生了副作用。

就常用的GET、POST、PUT、PATCH和DELETE而言，它们的操作含义与指标如表11-1所示。

表11-1   常用HTTP动词

HTTP动词	操作含义	幂等性	安全性
GET	从服务器取出资源（一项或多项）	是	是
POST	在服务器新建一个资源	否	否
PUT	在服务器更新资源（客户端提供改变后的完整资源）	是	否
PATCH	在服务器更新资源（客户端提供改变的属性）	不确定	否
DELETE	从服务器删除资源	是	否

① 参见Roy Fielding的论文《架构风格与基于网络的软件架构设计》。该论文由李锟译为中文版。

由于REST风格服务遵循了统一接口的约束，使得它具有扩展性的同时，也牺牲了对业务语义的表达。例如，OrderResource资源的URI定义为https://dddexplained.com/cafe/orders/12345，HTTP动词为PUT，由此组成的服务契约无法说明该服务到底做了什么。如前所述，一个完整的服务资源契约需要包含资源、动词和表述形式，其中，表述形式就是该服务契约对应的消息契约，即消息契约中的请求消息和响应消息。请求消息可能是包含在URI中的变量或者参数，也可能包含在HTTP请求消息的消息体中；响应消息除了包含客户端需要获得的信息，还包含与HTTP动词对应的HTTP状态码。

2. 服务行为契约

如果将服务视为一种行为，那么客户端与服务之间的协作更像一种方法调用关系。服务行为的调用者可以认为是服务消费者（service consumer），提供服务行为的对象则是服务提供者（service provider）。为了让服务消费者能够发现服务，还需要提供者发布已经公开的服务，需要引入服务注册（service registry），从而满足图11-3所示的SOA概念模型。

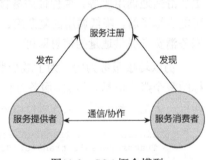

图11-3 SOA概念模型

以服务行为驱动服务契约的定义，需要根据消费者与提供者之间的协作关系来确定。消费者发起服务请求，提供者履行职责并返回结果，构成了**服务行为契约**。服务行为契约体现了协作双方的义务与权力，它的定义应遵循Bertrand Meyer提出的**契约式设计**（design by contract）思想。Meyer认为："契约的主要目的是：尽可能准确地规定软件元素彼此通信时的彼此义务和权利，从而有效组织通信，进而帮助我们构造出更好的软件。"契约式设计对消费者和提供者两方的协作进行了约束：作为请求方的消费者，需要定义发起请求的必要条件，这就是服务行为的输入参数，在契约式设计中被称为**前置条件**（pre-condition）；作为响应方的提供者，需要阐明服务必须对消费者做出保证的条件，在契约式设计中被称为**后置条件**（post-condition）。前置条件和后置条件组成了服务行为契约的消息契约模型。

前置条件和后置条件是对称的：前置条件是消费者的义务，同时就是提供者的权利；后置条件是提供者的义务，同时就是消费者的权利。

以转账服务为例，从发起请求的角度来看，服务消费者为义务方，服务提供者为权利方。契约的前置条件为源账户、目标账户和转账金额。当服务消费者发起转账请求时，它的义务是提供前置条件包含的信息。如果消费者未提供这3个信息，又或者提供的信息是非法的，例如值为负数的转账金额，则服务提供者就有权利拒绝请求。

从响应请求的角度来看，权利与义务发生了颠倒，服务消费者成了权利方，服务提供者则为义务方。一旦服务提供者响应了转账请求，其义务就是返回转账操作是否成功的结果，同时，这也是消费者应该享有的权利。如果消费者不知道转账结果，就会因这笔交易而感到惴惴不安，甚而会因为缺乏足够的返回信息而发起额外的服务，例如再次发起转账请求或查询交易历史记录。

这就会导致消费者和提供者之间的契约关系遭到破坏。遵循契约式设计的转账服务契约可以定义为：

```
public interface TransferService {
    TransferResult transfer(SourceAccount from, TargetAccount to, Money amount);
}
```

TransferService服务契约的定义利用SourceAccount与TargetAccount区分源账户和目标账户，通过Money类型封装货币币种，避免传递值为负数的转账金额，保证转账交易结果的准确性；TransferResult封装了转账的结果，与布尔类型不同，它不仅可以标示结果成功或失败，还可包含转账结果的提示消息。

契约式设计会谨慎地规定双方各自拥有的权利和义务。为了让服务能够更好地"招徕"顾客，会更多地考虑服务消费者，毕竟"顾客是上帝"嘛，需要让权利适当向消费者倾斜，努力让消费者更加舒适地调用服务。要保证服务接口的易用性，应遵循"最小知识法则"，让消费者对提供者尽可能少地了解，降低调用的复杂度。从契约的角度讲，就是将服务消费者承担的义务降到最少，让服务消费者提供适量的信息即可。

仍以转账服务为例。为了减少服务消费者承担的义务，可以考虑是否需要消费者提供源和目标的整个账户信息？显然，服务方自身具备了获取账户信息的能力，消费者实际只需提供账户的ID即可，于是，转账服务契约可修改为：

```
public interface TransferService {
    TransferResult transfer(String sourceAcctId, String targetAcctId, Money amount);
}
```

当服务行为设计的驱动者转向服务消费者时，设计思路就可以采用意图导向编程（programming by intention）的设计轨迹："先假设当前这个对象中，已经有了一个理想方法，它可以准确无误地完成你想做的事情，而不是直接盯着每一点要求来编写代码。先问问自己：'假如这个理想的方法已经存在，它应该具有什么样的输入参数，返回什么值？还有，对我来说，什么样的名字最符合它的意义？'"[45]

在定义服务行为模型时，我们也可以问自己以下几个问题。

❑ 假如服务行为已经存在，它的前置条件与后置条件应该是什么？
❑ 服务消费者应该承担的最小义务包括哪些，而它又应该享有什么样的权利？
❑ 该用什么样的名字才能表达服务行为的价值？

采用意图导向编程设计服务契约时，需要区分触发业务服务的角色，明确它所处的业务场景。例如，同样都是投保行为，如果是企业购买团体保险，需要请求者提供保额、投保人、被保人、等级保益、受益人和销售渠道等信息；如果是货物托运人购买运输保险，请求者应提供保额、货物名称、运输路线、运输工具和开航日期等信息。

服务消费者与服务提供者之间通常采用RPC通信机制。为了调用远程服务，消费者需要在客户端获得远程服务的一个本地引用。因此，服务行为契约需要遵循接口与实现分离的设计原则，分离抽象的服务契约接口和具体的实现。消息契约与抽象的服务契约放在一起，同时部署在客户端与服务端。部署在客户端的服务契约作为调用远程服务的"代理"，服务行为契约的实现则部署在服务端。

服务行为契约的变化对客户端的影响要比服务资源契约大。由于客户端直接依赖包括消息契约的服务提供者接口，因此一旦服务接口发生了变化，就需要重新编译服务接口包。

3. 服务事件契约

倘若客户端与服务端协作双方不再关注服务的行为，也无须操作服务资源，而是就状态变更触发的事件达成协作契约，就形成了**服务事件契约**。服务端的服务事件契约通过发布事件达成通知状态变更的目的；客户端的调用者会订阅事件，当事件到达后对事件进行处理。这意味着**服务事件契约就是事件**，是客户端与服务端之间传递的唯一媒介。这正是典型的**事件驱动架构**（event-driven architecture，EDA）风格（参见附录B）。

既然契约就是事件，意味着发布者与订阅者之间的耦合仅限于事件。发布者不需要知道究竟有哪些限界上下文需要订阅该事件，只需要按照自己的心意，在业务状态发生变更时发布事件；订阅方也不需要关心它所订阅的事件究竟来自何方，只需要主动拉取事件总线的事件消息，或等着事件总线将来自上游的事件消息根据事先设定的路由推送给它。

事件存在两种不同的定义风格：事件通知（event notification）和事件携带状态迁移（event-carried state transfer）。

采用事件通知风格定义的事件不会传递整个领域模型对象，而是仅携带该领域模型对象的身份标识（ID）。这样传递的事件是不完整的，倘若事件的订阅者需要进一步了解该领域模型对象的更多属性，就需要通过ID调用发布者所在限界上下文的远程服务。服务的调用为限界上下文引入了复杂的协作关系，反过来破坏了事件带来的松耦合。

为了避免不必要的限界上下文协作，可考虑将事件定义为一个自给自足的对象，这就是事件携带状态迁移的定义风格。所谓"自给自足"，是发布者与订阅者协商的结果，且只满足该事件参与协作的业务场景，并不一定要求传递整个领域模型对象。例如，对于"付款已收到"事件，就没必要在其中传递该付款所对应的所有水单信息。

为了区分事件的作用范围，我将领域层发布的事件称为领域事件（domain event），它属于领域模型设计要素（参见第15章）定义在菱形对称架构的内部领域层；将应用服务发布的事件称为应用事件（application event），通常定义在外部网关层。

领域事件通常用于聚合之间的协作，或者作为事件溯源模式（参见附录B）操作的对象。**应用事件才是服务事件契约的组成部分**，如果领域事件也需要穿越限界上下文的边界，就要保证领域事件的稳定性，这一要求与对实体、值对象的要求完全一致。为了确保限界上下文的自治性，也可以考虑将领域事件转换为应用事件。

一个定义良好的应用事件应具备如下特征：

❑ 事件属性应以基本类型为主，保证事件的平台中立性，减少甚至消除对领域模型的依赖；

- ❑ 发布者的聚合ID作为构成应用事件的主要内容；
- ❑ 保证应用事件属性的最小集；
- ❑ 为应用事件定义版本号，支持应用事件的版本管理；
- ❑ 为应用事件定义唯一的ID；
- ❑ 为应用事件定义创建时间戳，支持对事件的按序处理；
- ❑ 应用事件应是不变的对象。

我们可以为应用事件定义一个抽象父类：

```java
public class ApplicationEvent implements Serializable {
    protected final String eventId;
    protected final String occuredOn;
    protected final String version;

    public ApplicationEvent() {
        this("v1.0");
    }

    public ApplicationEvent(String version) {
        eventId = UUID.randomUUID().toString();
        occuredOn = new Timestamp(new Date().getTime()).toString();
        this.version = version;
    }
}
```

我们经常会面对存在两种操作结果的应用事件。不同的结果会导致不同的执行分支，响应事件的方式也有所不同。定义这样的应用事件也存在两种不同的形式。一种形式是将操作结果作为应用事件携带的值，例如支付完成事件：

```java
package com.dddexplained.store.paymentcontext.message.event;

public class PaymentCompleted extends ApplicationEvent {
    private final String orderId;
    private final OperationResult paymentResult;

    public PaymentCompleted(String orderId, OperationResult  paymentResult) {
        super();
        this.orderId = orderId;
        this.paymentResult = paymentResult;
    }
}

package com.dddexplained.store.paymentcontext.message.event;

public enum OperationResult {
    SUCCESS = 0, FAILURE = 1
}
```

　　这样的事件定义方式可以减少事件的个数，但由于事件自身没有体现的业务含义，事件订阅者就需要根据OperationResult的值做分支判断。例如订单上下文北向网关的远程服务PaymentEventSubscriber订阅了PaymentCompleted应用事件：

```
package com.dddexplained.store.ordercontext.northbound.remote.subscriber;

public class PaymentEventSubscriber {
    @Autowired
    private ApplicationEventHandler eventHandler;

    @KafkaListener(id = "payment", clientIdPrefix = "payment", topics = {"topic.
ecommerce.payment"}, containerFactory = "containerFactory")
    public void subscribeEvent(String eventData) {
        ApplicationEvent event = json.deserialize<PaymentCompleted>(eventData);
        eventHandler.handle(event);
    }
}
```

　　ApplicationEventHandler是一个接口，由应用服务OrderAppService实现，在处理PaymentCompleted应用事件时，要对支付操作的结果进行判断：

```
package com.dddexplained.store.ordercontext.northbound.local.appservice

public class OrderAppService implements ApplicationEventHandler {
    @Autowired
    private UpdatingOrderStatusService updatingService;
    @Autowired
    private ApplicationEventPublisher eventPublisher;

    public void handle(ApplicationEvent event) {
        if (event instanceOf PaymentCompleted) {
            onPaymentCompleted((PaymentCompleted)event);
        } else {...}
    }

    private void onPaymentCompleted(PaymentCompleted paymentEvent) {
        if (paymentEvent.OperationResult == OperationResult.SUCCESS) {
            updatingService.execute(paymentEvent.orderId(),OrderStatus.PAID);
            ApplicationEvent orderPaid = composeOrderPaidEvent(paymentEvent.orderId());
            eventPublisher.publishEvent("payment", orderPaid);
        } else {...}
    }
}
```

　　要保证订阅者代码的简洁性，可以采用第二种形式，即通过事件类型直接表现操作的结果：

```
public class PaymentSucceeded extends ApplicationEvent {
    private final String orderId;

    public PaymentSucceeded (String orderId) {
        super();
        this.orderId = orderId;
```

```
    }
}

public class PaymentFailed extends ApplicationEvent {
    private final String orderId;

    public PaymentFailed (String orderId) {
        super();
        this.orderId = orderId;
    }
}
```

应用事件的类型直接表达了支付结果，订阅者就可以为各个应用事件分别编写处理方法：

```
private void onPaymentSucceeded(PaymentSucceeded paymentEvent) {}
```

```
private void onPaymentFailed(PaymentFailed paymentEvent) {}
```

服务事件契约往往需要引入事件总线完成事件的发布与订阅。事件的传递采用了异步非阻塞的通信方式，发布者在发布事件后无须等候，也不关心该事件是否被订阅，被哪些限界上下文订阅。除了事件，参与协作的发布上下文与订阅上下文可以做到完全自治。

11.3　设计服务契约

倘若限界上下文采用菱形对称架构，则限界上下文之间、前端与限界上下文之间以及限界上下文与伴生系统之间的协作都将通过北向网关与南向网关进行。

设计服务契约，实则是要定义限界上下文远程服务或应用服务的服务契约。倘若目标系统的系统分层架构（参见第12章）引入了边缘层，在定义服务契约时，还需要从UI的角度思考控制器远程服务的契约定义。

在限界上下文边界内，远程服务与应用服务的服务方法通常形成一对一的映射关系。它们都作为角色构造型（参见第16章）满足客户端向目标系统发起的服务请求，提供服务价值。如此一来，远程服务或应用服务的服务方法就会作为服务驱动设计（参见第16章）的唯一入口点，服务方法履行的职责其实就是全局分析阶段获得的业务服务。

11.3.1　业务服务的细化

对发起服务请求的角色而言，目标系统是一个黑箱。但到了架构映射阶段，目标系统的问题空间已经被映射为由多个限界上下文组成的解空间，一个业务服务有可能需要多个限界上下文共同协作。因此，要设计服务契约，就应该围绕着业务服务开展。

无论是限界上下文北向网关的远程服务，还是边缘层的控制器远程服务，都可以响应角色发出的服务请求。在前后端分离的架构下，应用服务通常不会直接面对角色发起的服务请求，但可能参与限界上下文的协作，即面对下游限界上下文南向网关客户端端口的调用。这种调用关系发生在限界上下文之间，除了需要确定服务契约，还需要确定上下文映射模式。

设计服务契约时，需要注意区分以下概念：

❑ 公开给UI前端或外部调用者的服务契约；
❑ 公开给下游限界上下文的服务契约。

为了更加准确地识别出目标系统所有限界上下文公开的服务契约，就需要针对全局分析阶段获得的业务服务进行细化。设计服务契约时，无须考虑领域模型对象，只需要考虑：

❑ 面向UI的控制器服务；
❑ 面向第三方调用或下游限界上下文的资源服务；
❑ 面向第三方调用或下游限界上下文的供应者服务；
❑ 面向下游限界上下文的应用服务；
❑ 发生在发布者与订阅者之间的应用事件；
❑ 作为发布语言的消息契约。

设计服务契约的前提是已经识别出目标系统的限界上下文。当我们开始针对业务服务进行梳理时，可以抹去领域逻辑的细节，重点关注：

❑ 哪一个限界上下文（或边缘层）公开服务，以响应角色的服务请求；
❑ 哪些限界上下文参与了业务服务的执行，定义了什么样的服务。

为了弄清楚参与业务服务的协作方式，需要为业务服务编写业务服务规约。例如，文学平台的发布作品业务服务规约如下。

服务编号：L0006
服务名： 发布作品
服务描述：

    作为作者

    我想要发布我的作品

    以便更多读者阅读我的作品

触发事件：

    作者点击"发布文章"按钮

基本流程：

  1. 检查作品是否符合发布标准

  2. 对作品内容进行违规检查

  3. 发布作品

  4. 发送消息通知作品的订阅者

替代流程：

1a. 如果作品不符合发布标准，提示"作品不符合发布标准"

2a. 如果作品内容未通过违规检查，提示"作品内容包含敏感内容，禁止发布"

3a. 如果作品发布失败，提示失败原因

验收标准：
1. 作品标题字数不得超过50个字符（1个汉字为2个字符）
2. 作品标题只能使用汉字、英文字符和数字
3. 发布的作品必须包含标题、作品类型和作品内容，且内容在规定字数范围内
4. 作品发布成功后，状态为"已发布"
5. 作品的订阅者收到作品发布的通知
6. 作品的订阅者可以阅读已发布的作品

梳理出业务服务规约有利于我们根据业务的执行步骤绘制服务序列图。

11.3.2 服务序列图

服务序列图的本质是UML的序列图（sequence diagram）。序列图通过消息流产生一种不断向前的设计驱动力。限界上下文作为序列图的参与对象，发出的消息实则就是我们要识别的服务契约，而消息之间的传递，也代表了限界上下文之间的协作。如果执行步骤还需要与目标系统之外的伴生系统产生协作，则伴生系统也将作为序列图的参与对象。我将这样由伴生系统与限界上下文参与的序列图称为**服务序列图**。引入服务序列图的目的就是弄清楚限界上下文之间、限界上下文与伴生系统、外部调用者与限界上下文之间的执行序列，从而帮助我们确定服务契约。

业务服务中由角色发起的服务请求是服务序列图的起点。绘制服务序列图的前提是已经通过架构映射阶段的V型映射过程获得了限界上下文。

以文学平台为例，假定我们通过V型映射过程对业务服务进行归类与归纳，识别出如下限界上下文：

❑ 会员上下文；
❑ 作品上下文；
❑ 社交上下文；
❑ 促销上下文；
❑ 合规上下文；
❑ 账户上下文；
❑ 推荐上下文；
❑ 支付上下文；
❑ 通知上下文。

现在分析"发布作品"这一业务服务。

如果不考虑边缘层，文学平台的作者应该向作品上下文的控制器远程服务发起"发布作品"的服务请求。该业务服务操作的资源是"作品"（literature）。作品上下文是发布作品业务服务的当前限界上下文，是服务序列图的设计起点，如图11-4所示。

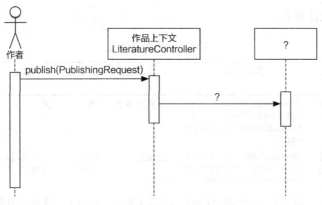

图11-4　服务序列图的设计起点

作品上下文作为当前限界上下文，在绘制服务序列图时，就应当以自治的角度对其进行思考：哪些执行步骤是它可以自我履行的，哪些执行步骤又需要求助于其他限界上下文或伴生系统。分析的标准无非两点：业务能力和领域知识，这也正是限界上下文的特征。

根据发布作品的业务服务规约，发布作品时，需要先检查作品是否符合发布标准，检查规则包括作品标题、类型、内容字数等基本属性是否符合要求，这些领域知识是作品上下文具备的，故而无须求助其他限界上下文。作品内容的违规检查能力明确规定由合规上下文承担，因此在服务序列图中，紧接着参与协作的上下文为合规上下文。同理，发布作品成功后，需要借助通知上下文的能力向订阅者发送站内通知。考虑到通知可以采用异步方式进行，可以由作品上下文发布应用事件到事件总线，通知上下文向事件总线订阅该事件。至于订阅者的信息，就在作品上下文中，属于它能够自我履行的职责范围。最终获得的服务序列图如图11-5所示。

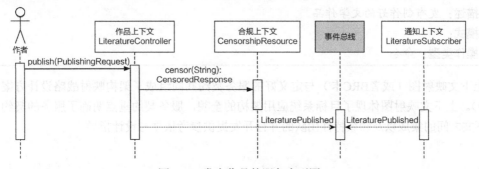

图11-5　发布作品的服务序列图

服务序列图以动态交互的形式展现了限界上下文之间的协作关系。同时，通过对消息的定义也驱动出了与该业务服务相关的服务契约。

11.3.3　服务契约的表示

根据服务序列图输出的内容，即可获得服务契约的定义，可以通过表11-2所示的服务契约表列出每个服务契约的设计信息。

表11-2 服务契约表

服务功能	服务功能描述	服务方法	生产者	消费者	模式	业务服务	服务操作类型
发布作品	发布创作好的文学作品	`LiteratureController::` `publish(request:` `PublishingRequest):` `void`	作品上下文	UI	无	发布作品	命令
检查合规性	检查待发布作品的合规性	`CensorshipResource::` `censor(content:String):` `CensoredResponse`	合规上下文	作品上下文	客户方/供应方模式	发布作品	查询
通知	发送站内通知	`LiteraturePublished`	作品上下文	通知上下文	发布者/订阅者模式	发布作品	事件

　　服务契约表的格式并非固定或唯一的，我们也可以添加更详尽的列来描述服务契约的信息，例如增加服务契约的命名空间、消息契约定义等。表中的"模式"指的是上下文映射模式。如果该服务契约并非发生在限界上下文之间，可以将模式标记为"无"。

　　表现服务契约的格式并不重要，只要能清晰地描述服务契约的基本属性，为后续的领域建模提供设计参考，什么样的格式都可以。例如，我们也可以采用文档形式描述每个服务契约：

服务：`LiteratureController`

业务服务：发布作品

命名空间：`iworks.literaturecontext.northbound.remote.controller`

服务契约定义：`publish(request: PublishingRequest):void`

描述：发布创作好的文学作品

模式：无

操作类型：命令

　　上下文映射图（或者BRC卡）与定义好的服务契约共同组成了架构映射战略设计方案（参见附录D）。上下文映射图体现了目标系统应用架构的全貌，服务契约重点明确了服务的契约，为限界上下文之间的集成以及领域特性团队的并行开发提供参考依据与设计指导。

第 **12** 章

领域驱动架构

> 我们谈到交响乐的"架构"，反过来，又将架构称为"凝固的音乐"。
>
> ——Deryck Cooke，《音乐语言》

领域驱动架构是针对领域驱动设计建立的一种架构风格。它以领域为核心驱动力，以业务能力为核心关注点，建立目标系统的架构解决方案。其核心元模型为系统上下文与限界上下文，并以它们为边界，形成各自的架构模式：系统分层架构模式与菱形对称架构模式。

12.1　菱形对称架构

限界上下文是架构映射阶段的基本架构单元，每个限界上下文都是一个自治的独立王国。一个典型的限界上下文是**以领域模型为核心关注点进行纵向切分的自治单元**。它在边界内维护着由自己控制的架构体系，使得内部所有的软件元素共同形成一个相对独立的主体，为系统贡献了内聚的业务能力。它在领域驱动设计中的重要性不言而喻。然而，Eric Evans在提出限界上下文的概念时，并没有提出与之匹配的架构模式。他提出的分层架构是对整个系统的层次划分，核心思想是将领域单独分离出来。这是从技术维度对整个系统的横向切分，与限界上下文领域维度的纵向切分形成了一种交错的架构体系。从系统层次观察这种交错的架构体系，可以映射出系统级的架构，而对于限界上下文内部，我们也亟需一种架构模式来表达它内部的视图，以满足它的自治特性。领域驱动设计社区做出的尝试是为限界上下文引入六边形架构。

12.1.1　六边形架构

六边形架构（hexagonal architecture）又被称为端口适配器（port and adapter），由Alistair Cockburn提出。Cockburn给出的定义为：无论是被用户、程序、还是自动化测试或批处理脚本驱动，应用程序都能一视同仁地对待，最终使得应用程序能独立于运行时设备和数据库进行开发与测试。[①]

应用程序封装了领域逻辑，并将其放在六边形的边界内，使得它与外界的通信只能通过端口和适配器进行。端口存在两个方向：入口和出口。与之相连的适配器自然也存在两种适配器：入口适配器（inbound adapter，又称driving adapter）和出口适配器（outbound adapter，又称driven adaptor）。

[①] 原文为"Allow an application to equally be driven by users, programs, automated test or batch scripts, and to be developed and tested in isolation from its eventual run-time devices and databases."。

入口适配器负责处理系统外部发送的请求（即驱动应用程序运行的用户、程序、自动化测试或批处理脚本向入口适配器发起），将该请求适配为符合内部应用程序执行的输入格式，转交给端口，再由端口调用应用程序。出口适配器负责接收内部应用程序通过出口端口传递的请求，对其进行适配后，向位于外部的运行时设备和数据库发起请求。

从内外边界的视角观察端口与适配器的协作，整个过程如图12-1所示。

在Cockburn对六边形架构的初始定义中，应用程序位于六边形边界内部，封装了支持业务功能的领域逻辑。入口端口与出口端口在六边形边界上，前者负责接收外部的入口适配器转换过来的请求，后者负责发送应用程序的请求给外部的出口适配器，由此可以勾勒出一个清晰的六边形，如图12-2所示。

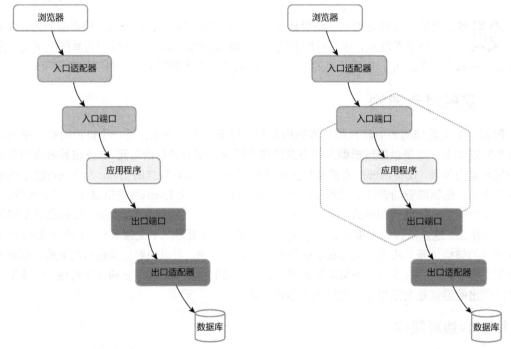

图12-1   端口与适配器的协作方向   图12-2   端口所在的六边形

限界上下文是在专有知识语境下业务能力的体现。这一业务能力固然以领域模型为核心，却必须通过与外部环境的协作方可支持其能力的实现。因此，限界上下文的边界实则包含了对驱动它运行的入口请求的适配与响应逻辑，也包含了对外部设备和数据库的访问逻辑。要将限界上下文与六边形架构结合起来，就需要将入口适配器和出口适配器放在限界上下文的边界内，构成一个外部的六边形，如图12-3所示。

六边形架构清晰地勾勒出限界上下文的两个边界。

❑ **外部边界**：通过外部六边形将单独的业务能力抽离出来，隔离了不同的业务关注点。我将此六边形称为"应用六边形"。

❏ **内部边界**：通过内部六边形将领域单独抽离出来，隔离了业务复杂度与技术复杂度。我将此六边形称为"领域六边形"。

以预订机票场景为例。用户通过浏览器访问订票网站，向订票系统发起订票请求。根据六边形架构，浏览器访问的网站前端位于应用六边形之外，属于驱动应用程序运行的起因。订票请求通过浏览器发送给以REST风格服务契约定义的控制器服务ReservationController。ReservationController作为入口适配器，介于应用六边形与领域六边形之间，在接收到以JSON格式传递的前端请求后，将其转换（反序列化）为入口端口ReservationAppService需要的请求对象。入口端口为应用服务，位于领域六边形的边界之上。当它接收到入口适配器转换后的请求对象后，调用位于领域六边形边界内的领域服务TicketReservation，执行领域逻辑。在执行订票的领域逻辑时，需要向数据库添加一条订票记录。这时，位于领域六边形边界内的领域模型对象会调用出口端口ReservationRepository。出口端口为资源库，位于领域六边形的边界之上，定义为接口，真正访问数据库的逻辑则由介于应用六边形与领域六边形间的出口适配器ReservationRepositoryAdapter实现。该实现访问了数据库，将端口发送过来的插入订票记录的请求转换为数据库能够处理的消息，执行插入操作。该业务场景在六边形架构中的体现如图12-4所示。

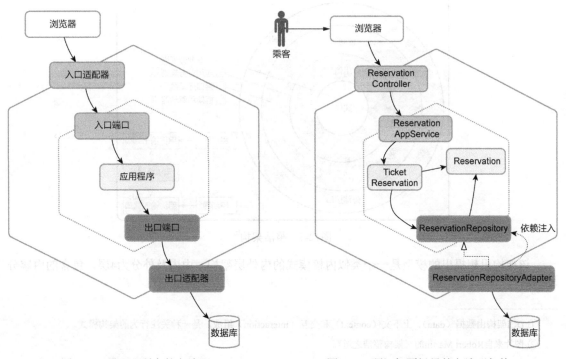

图12-3　适配器所在的六边形　　　　　图12-4　预订机票场景的六边形架构

六边形架构中的端口是解耦的关键。入口端口体现了"封装"的思想，既隔离了外部请求转换必需的技术实现，如REST风格服务的序列化机制与HTTP请求路由等基础设施功能，又防止了领域模型向外泄露，因为端口公开的服务接口方法已经抹掉了领域模型的信息。出口端口体现了"抽象"的思想，它通常被定义为抽象接口，不包含任何具体访问外部设备和数据库的实现。入口端口抵御了外部资源可能对当前限界上下文造成的侵蚀，因此，入口适配器与入口端口之间的关系是一个依赖调用关系；出口端口隔离了领域逻辑对技术实现以及外部框架或环境的依赖，因此，出口适配器与出口端口之间的关系是接口实现关系。

12.1.2   整洁架构思想

Robert Martin总结了六边形架构以及其他相似架构（如DCI架构[①]）的共同特征，他认为："它们都具有同一个设计目标：按照不同关注点对软件进行切割。也就是说，这些架构都会将软件切割成不同的层，至少有一层只包含该软件的业务逻辑，而用户接口、系统接口则属于其他层。"[43]限界上下文同样是对软件系统的切割：外部切割的方向是领域维度的业务能力；内部切割的方向是技术维度的关注点，体现清晰的层次结构。内部切割的层次结构也应遵循整洁架构（clean architecture）[43]的思想。Robert Martin使用图12-5体现整洁架构。

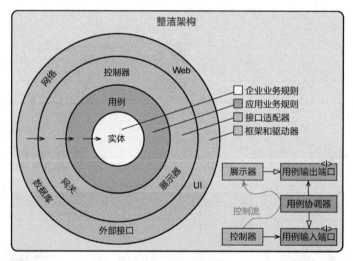

图12-5   整洁架构[②]

该架构思想提出的模型是一个类似内核模式的内外层架构。由内及外分为4层，包含的内容分别为：[③]

---

① DCI架构由数据（data）、上下文（context）和交互（interaction）组成，是一种关注行为的架构模式。

② 图片来自Robert Martin的《架构整洁之道》。

③ 注意"企业业务规则"与"应用业务规则"的区别。前者为纯粹领域逻辑的业务规则，后者则面向应用，需要串接支持领域逻辑正常流转的非业务功能，通常为一些横切关注点，如日志、安全、事务等，从而保证实现整个应用业务流程。

- 企业业务规则；
- 应用业务规则；
- 接口适配器；
- 框架和驱动器。

解密整洁架构模型，可以发现许多值得深思的架构特征。

- 不同层次的组件的变化频率不相同，引起变化的原因也不相同。
- 层次越靠内的组件依赖的内容越少，处于核心的业务实体没有任何依赖。
- 层次越靠内的组件与业务的关系越紧密，属于特定领域的内容，因而难以形成通用的框架。
- 业务实体封装了企业业务规则，准确地讲，它组成了面向业务的领域模型。
- 应用业务规则层是打通内部业务与外部环境的一个通道，因而提供了输出端口与输入端口，但它对外呈现的接口是一个用例，体现了系统的应用逻辑。
- 接口适配器层包含了网关、控制器与展示器，用于打通应用业务逻辑与外层的框架和驱动器。
- 位于外部的框架与驱动器负责对接外部环境，不属于限界上下文的范畴，但选择这些框架和驱动器，是设计决策要考虑的内容。

遵循整洁架构思想的限界上下文就是要根据变化的速率与特征进行切割，定义一个由同心圆组成的内外分离的架构模型。该模型的每个层次体现了不同的关注点，维持了清晰的职责边界。在这个架构模型中，**外层圆代表的是机制，内层圆代表的是策略**[43]。机制属于技术实现的细节，容易受到外界环境变化的影响；策略与业务有关，封装了限界上下文最为核心的领域模型，最不容易受到外界影响而变化。遵循**稳定依赖原则**（stable dependencies principle）[26]，一个软件元素应该依赖于比自己更稳定的软件元素，因此，依赖方向应该从外层圆指向内层圆，以保证核心的领域模型更加纯粹，不对外部易于变化的事物形成依赖，隔离了外部变化的影响。

整洁架构与六边形架构一脉相承。六边形架构中的应用六边形与领域六边形就是根据变化速率对关注点的切割，位于外层的适配器分别通过职责委派与接口实现依赖了内部对应的端口，端口又依赖了内部的领域模型。

但是，六边形架构仅仅区分了内外边界，提炼了端口与适配器角色，却没有规划限界上下文内部各个层次与各个对象之间的关系；整洁架构又是通用的架构思想，提炼的是企业系统架构设计的基本规则与主体。二者都无法完美地契合限界上下文的架构诉求。因此，当我们将六边形架构与整洁架构思想引入限界上下文时，还需要引入分层架构给出更为细致的设计指导，即确定层、模块和角色构造型（参见第16章）之间的关系。

12.1.3　分层架构

分层架构是运用最为广泛的架构模式，几乎每个软件系统都需要通过层（layer）来隔离不同的关注点（concern point），以此应对不同需求的变化，使得这种变化可以独立进行。Scott Millett

等人解释了在领域驱动设计中引入分层架构模式的原因和目的："为了避免将代码库变成大泥球并因此减弱领域模型的完整性且最终减弱可用性，系统架构要支持技术复杂度与领域复杂度的分离。引起技术实现发生变化的原因与引起领域逻辑发生变化的原因显然不同，这就导致**基础设施和领域逻辑问题会以不同速率发生变化**。"[11]104

引起变化的原因不同导致了变化的速率不同，体现了单一职责原则（single-responsibility principle，SRP）。Robert Martin 认为单一职责原则就是"一个类应该只有一个引起它变化的原因"[26]，换言之，如果有两个引起类变化的原因，就需要将类分离。若将单一职责原则运用到分层架构模式，考虑的变化粒度就是层。

软件的经典三层架构自顶向下由用户界面层（user interface layer）、业务逻辑层（business logic layer）和数据访问层（data access layer）组成，如图12-6所示。

经典三层架构在过去的大多数企业系统中得到广泛运用，这有其历史原因：在提出该分层架构模式的时代，多数企业系统往往较为简单，本质上都是采用客户端-服务器风格的数据库管理系统，对业务的处理就是对数据库的管理，而用户界面的呈现与业务逻辑并未在物理上分离。如果在逻辑上不加以解耦，就无法有效隔离界面呈现、业务功能与数据访问，代码纠缠在一起，形成大泥球一般的代码库。分层满足了职责分类的要求。

领域驱动设计在经典三层架构的基础上做了改良，在用户界面层与业务逻辑层之间引入了新的一层，即应用层。同时，层次的命名也发生了变化。业务逻辑层被更名为领域层自然是题中应有之义，而将数据访问层更名为基础设施层，则突破了之前数据库管理系统的限制，扩大了这个负责封装技术复杂度的基础逻辑层的内涵。图12-7为Eric Evans定义的分层架构[8]43。

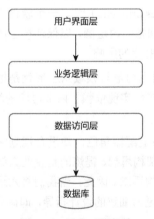

图12-6　经典三层架构

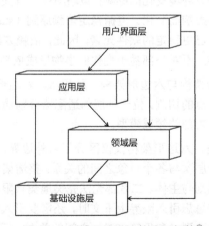

图12-7　领域驱动设计的分层架构①

Eric Evans对各层的职责做了简单的描述[8]44，如表12-1所示。

---

① 图片来自Eric Evans的《领域驱动设计》。

表12-1　层的职责

层次	职责
用户界面/展现层	负责向用户展现信息以及解释用户命令
应用层	很薄的一层，用来协调应用的活动。它不包含业务逻辑，不保留业务对象的状态，但保留应用任务的进度状态
领域层	本层包含关于领域的信息，这是业务软件的核心所在。在这里保留业务对象的状态，对业务对象和它们状态的持久化被委托给了基础设施层
基础设施层	本层作为其他层的支撑库。它提供了层间的通信，实现对业务对象的持久化，包含对用户界面层的支撑库等作用

视分层为一个固有的架构模式，其滥觞应为Frank Buschmann等人著的《面向模式的软件架构（卷1）：模式系统》。Buschmann等人对分层的描述为："分层架构模式有助于构建这样的应用：它能被分解成子任务组，其中每个子任务组处于一个特定的抽象层次上。"[46]

所谓的"分层"是逻辑上的分层，为一种水平的抽象层次。既然为水平的分层，必然存在层的高与低，抽象层次的不同，又决定了分层的数量。因此，为了理解分层架构，我们需要解决如下问题：

❑ 分层的依据与原则是什么；
❑ 层与层之间是怎样协作的。

1. 分层的依据与原则

之所以要以水平方式对整个系统进行分层，是因为我们下意识地确定了一个认知规则：**机器为本，用户至上**。机器是运行系统的基础，但我们打造的系统却是为用户提供服务的。分层架构中的层次越往上，其抽象层次就越面向业务、面向用户；分层架构中的层次越往下，其抽象层次就变得越通用、面向设备。为什么经典分层架构为三层架构？正是源于这样的认知规则：向上，面向用户的体验与交互；居中，面向应用与业务逻辑；向下，面对各种外部资源与设备。

在为系统建立分层架构时，完全可以基于经典三层架构，沿着水平方向进一步切分属于不同抽象层次的关注点。因此，**分层的第一个依据是基于关注点为不同的调用目的划分层次**。领域驱动设计的分层架构之所以要引入应用层，目的就是给调用者提供完整的业务用例，使调用者无须与细粒度的领域模型对象直接协作。

分层的第二个依据是面对变化。分层时应针对不同的变化原因确定层次的边界，严禁层次之间互相干扰，或者至少将变化对各层带来的影响降到最低。例如，对数据库结构的修改会影响到基础设施层的数据模型①以及领域层的领域模型，但当我们仅需修改基础设施层中数据库访问的实现逻辑时，就不应该影响到领域层了。**层与层之间的关系应该是正交的**。

我们还应该遵循单一抽象层次原则（SLAP），运用到分层架构，就是确保**同一层**的组件处于**同一个抽象层次**。

---

① 在领域驱动设计中，基础设施层的数据模型指的是数据库的模式（schema），即数据表的设计以及表之间的关系，并非定义的数据模型对象。持久层要访问的模型对象其实是领域模型对象。

2. 层之间的协作

在大多数人的固有认识中，分层架构的依赖都是自顶向下传递的。从抽象层次看，层次越处于下端，就会变得越通用，与具体的业务隔离得越远，从而形成基础设施层。为了避免重复制造轮子，它还会调用位于系统外部的平台或框架，如依赖注入框架、对象关系映射（object relational mapping，ORM）框架、消息中间件等，以完成更加通用的功能。若依赖的传递方向仍然采用自顶向下方式，就会导致包含领域逻辑的领域层依赖于基础设施层，又因为基础设施层依赖于外部平台或框架，使得领域层也将受制于外部平台或框架。

依赖倒置原则（dependency inversion principle，DIP）[26]提出了对自顶向下依赖的挑战，要求**高层模块不应该依赖于低层模块，二者都应该依赖于抽象**。这个原则正本清源，给了我们新的思路——谁规定在分层架构中，依赖就一定要沿着自顶向下的方向传递？我们常常理解依赖，是因为被依赖方需要为依赖方（调用方）提供功能支撑。这是从功能复用的角度来考虑的，但不能忽略变化对系统产生的影响！与建造房屋一样，分层的模块需要"构建"在稳定的模块之上。谁更稳定？抽象更稳定。因此，依赖倒置原则隐含的本质是，**我们要依赖不变或稳定的元素（类、模块或层）**，也就是该原则的第二句话：**抽象不应该依赖于细节，细节应该依赖于抽象**。

这一原则实际是**面向接口设计**原则的体现，即"针对接口编程，而不是针对实现编程"[31]。遵循这一原则，作为调用者的高层模块只知道低层模块的抽象，而懵然不知其实现。这样带来的好处是：

- □ 低层模块的细节实现可以独立变化，避免变化对高层模块产生污染；
- □ 编译时，高层模块可以独立于低层模块单独存在；
- □ 对高层模块而言，低层模块的实现是可替换的。

倘若高层依赖于低层的抽象，就必然面对一个问题：如何将具体的实现传递给高层的类？在高层通过接口隔离了对具体实现的依赖，意味着这个具体依赖被转移到了外部，究竟使用哪一种具体实现，应由外部的调用者决定，只有在运行调用者代码时，才将外面的依赖传递给高层的类。Martin Fowler形象地将这种机制称为依赖注入（dependency injection）。

层之间的协作还有可能是自底向上通信，例如在计算机集成制造系统中，往往会由低层的设备监测系统去监测设备状态的变化。当状态发生变化时，需要将变化的状态通知到上层的业务系统。如果说自顶向下的消息传递被描述为"请求"（或调用），则自底向上的消息传递则被形象地称为"通知"。倘若颠倒一下方向，自然也可以视为这是上层对下层的观察，故而可以运用观察者（observer）模式，在上层定义Observer接口，并提供update()方法供下层主体（subject）在感知状态发生变更时调用。

面向接口设计带来了低层实现对高层抽象的依赖，观察者模式带来了低层主体对高层观察者的依赖。它们都体现了分层架构中低层对高层的依赖，颠覆了固有思维形成的自顶向下的依赖方向。

理解了分层的依据和原则，确定了层之间的协作关系，就能够更加自如地运用分层架构。它通过水平抽象体现了关注点分离。只要存在相同抽象层次的关注点，就可以单独为其建立一个逻辑层。抽象层数不是固定的，每一层的名称也不必一定遵循经典的分层架构要求。当然，层的数量需要权衡：**层太多，会引入太多的间接而增加不必要的开支；层太少，又可能导致关注点不够分离，使得系统的结构不够合理。**

12.1.4　演进为菱形对称架构

回到限界上下文的内部视图。

六边形架构通过外部的应用六边形与内部的领域六边形，将整个限界上下文分隔为图12-8所示的3个区域。

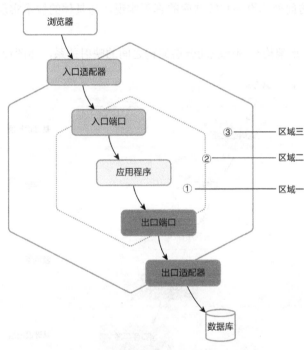

图12-8　六边形架构分隔的3个区域

可惜，六边形架构并未对这3个区域命名，这就为团队的协作交流制造了障碍。例如，当团队成员正在讨论一个入口端口的设计时，需要确定入口端口在代码模型的位置，即它的命名空间。我们既不可能说它放在"领域六边形的边线"上，也不可能为该命名空间定义一个冗长的包名，例如`currentbc.boundaryofdomainhexagon`。命名的目的是交流，然后形成一种约定，就可以使沟通更为默契。因此，我们需要寻找一种"架构的统一语言"，为这些区域命名，如此即可将六边形的设计元素映射到代码模型对应的命名空间。

从关注点分离的角度看，六边形架构实则为隔离内外的分层架构，因此我们完全可以将两个六边形隔离出来的3个区域映射到领域驱动设计的分层架构上。映射时，自然要依据设计元素承担的职责来划分层次。

❏ **入口适配器：**响应边界外客户端的请求，需要实现进程间通信以及消息的序列化和反序列化。这些功能皆与具体的通信技术有关，故而映射到基础设施层。

❑ **入口端口**：负责协调外部客户端请求与内部应用程序之间的交互，恰好与应用层的协调能力相配，故而映射到应用层。

❑ **应用程序**：承担了整个限界上下文的领域逻辑，包含了当前限界上下文的领域模型，毫无疑问，应该映射到领域层。

❑ **出口端口**：作为一个抽象的接口，封装了对外部设备和数据库的访问，由于它会被应用程序调用，遵循整洁架构内部层次不能依赖外部层次的原则，只能映射到领域层。

❑ **出口适配器**：访问外部设备和数据库的真正实现，与具体的技术实现有关，应该映射到基础设施层。

如此就建立了六边形架构与领域驱动分层架构之间的映射关系，如图12-9所示。

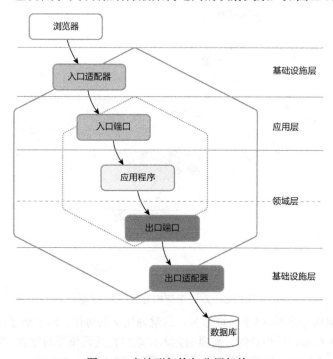

图12-9　六边形架构与分层架构

通过这一映射，我们为六边形架构的设计元素找到了统一语言。例如，入口端口属于应用层，它的命名空间自然应命名为currentbc.application。这一映射关系与命名规则实则为指导团队开发的架构原则。当团队成员在讨论设计方案时，一旦确定该类属于入口端口，大家就都能知道它归属于应用层，定义在application命名空间下。

在确定分层架构与六边形架构的映射关系时，对出口端口的层次映射显得非常勉强，二者在设计概念上存在冲突。六边形架构的出口端口用于抽象领域模型对外部环境的访问，位于领域六边形的边线之上。根据分层原则，我们应该将介于领域六边形与应用六边形的中间区域划分到基础设施层；根据六边形架构的协作原则，领域模型若要访问外部资源，又需要调用出口端口；根据整洁架构思想，位于内部的领域层不能依赖外部的基础设施层，自然也就不能依赖出口端口了。

要消弭设计原则的矛盾，唯一的办法是将出口端口放在领域层。对访问数据库的出口端口而言，领域驱动设计定义的**资源库**（参见第15章）就放在了领域层。将资源库放在领域层确有论据佐证，毕竟，在抹掉数据库技术的实现细节后，资源库的接口方法就是对**聚合**（参见第15章）的管理，包括查询、修改、增加和删除行为。这些行为也可视为领域逻辑的一部分。然而，领域模型要访问的外部环境不仅限于数据库，还包括文件、网络和消息队列等，也包括别的限界上下文与目标系统之外的伴生系统。为了隔离领域模型与外部环境，同样需要为它们定义抽象的出口端口。它们又该放在哪里呢？

如果仍然将这些出口端口放在领域层，就很难自圆其说。例如，出口端口EventPublisher负责将事件发布到消息队列，如果放在领域层，即使作为抽象接口不提供任何具体实现，也会显得不伦不类。如果将其移出，放在外部的基础设施层，又违背了整洁架构思想。如果将资源库从其他出口端口单独剥离出来，又破坏了六边形架构对端口定义的一致性。

与其如此纠结，不如尝试突破观念！

我们可以将六边形架构看作一个对称的架构：以领域为轴心，入口适配器与出口适配器是对称的，入口端口与出口端口也是对称的。同时，适配器又必须和端口对应，如此方可保证架构的松耦合。剖析端口与适配器的本质，实质上都是对外部系统或外部资源的处理，只是处理的方向各有不同。Martin Fowler将"封装访问外部系统或资源行为的对象"定义为网关[12]，引入限界上下文的内部架构，就代表了领域层与外部环境之间交互的出入口，即：

$$网关 = 端口 + 适配器$$

网关统一了端口和适配器。根据入口与出口方向的不同，为了体现它所处的方位，我将网关分别命名为北向网关（northbound gateway）与南向网关（southbound gateway）。

北向网关提供了由外向内的访问通道。这一访问方向符合整洁架构的依赖方向，因此不必对北向网关元素进行抽象[①]，只需为外部的调用者提供服务契约。为了避免内部领域模型的泄露，北向网关的服务契约不能直接暴露领域模型对象，需要为组成契约的方法参数和返回值定义专门的模型。该模型主要用于调用者的请求和响应，因而称为"消息契约模型"。北向网关的服务契约必须调用领域模型的业务方法才能满足调用者的请求，由于领域模型并不知道消息契约模型，需要北向网关负责完成这两个模型之间的互换。北向网关既要对外提供服务契约，又要对内完成模型的转换，相当于同时承担了端口与适配器的作用，因而不再区分入口端口和入口适配器。限界上下文的外部请求可能来自进程外，也可能来自进程内，进程内外的差异，决定了通信协议的不同。有必要根据进程的边界将北向网关分为本地网关与远程网关，前者支持进程内通信，后者用于进程间通信。

南向网关负责封装领域层对外部环境的访问。所谓"外部环境"，包括如数据库、消息队列、文件系统之类的环境资源，也包括目标系统内的上游限界上下文与目标系统外的伴生系统，它们也是组成整洁架构的最外层圆环，包含了具体的技术细节。这些外部环境变化的方向和频率与领域模

---

① 采用RPC协议的北向网关服务契约，由于需要在调用者提供该远程服务的本地代理，因此需要抽象与实现的分离。

型完全不同，需要分离抽象接口与具体实现，也就是六边形架构的出口端口与出口适配器，它们共同组成了南向网关。南向网关的命名已经代表了出口方向，因此无须区分入口和出口，可直接命名为端口与适配器。端口未提供任何实现，即使被领域层的领域模型调用，也不会将技术实现混入领域逻辑中。运行时，系统通过依赖注入将适配器实现注入领域层，满足领域逻辑对外部设备的访问需求。

整个对称架构的结构如下所示：

- ❑ 北向网关
    - ◆ 远程
    - ◆ 本地
- ❑ 领域
- ❑ 南向网关
    - ◆ 端口
    - ◆ 适配器

六边形架构的入口适配器与入口端口在对称架构中被合并为北向网关，并依据通信协议的区别分为为远程网关与本地网关；出口端口与出口适配器共同组成了南向网关，在对称架构中分别代表南向网关的抽象和实现。如此，即构成了图12-10所示的由内部领域模型与外部网关组成的对称架构。

对称架构凸显了领域层的重要地位，抹去了领域驱动设计原有分层架构中的基础设施层与应用层，以对称的外部网关层代替。在限界上下文内部，网关层为领域层与外部环境之间的协作提供支撑，二者的区别仅在于方向。

该对称架构虽脱胎于六边形架构与分层架构，却又有别于二者。对称架构北向网关定义的远程网关与本地网关同时承担了端口与适配器的职责，这实际上改变了六边形架构端口-适配器的风格。领域层与南北网关层的内外分层结构，以及南向网关规定的端口与适配器的分离，又与领域驱动设计的分层架构渐行渐远。为了更好地体现这一架构模式的对称特质，我换用菱形结构来表达，将其称为**菱形对称架构**[①]（rhomboid symmetric architecture），如图12-11所示。

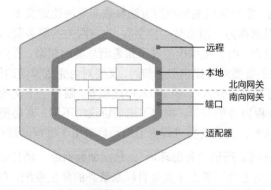

图12-10　内部领域模型与外部网关组成的对称架构

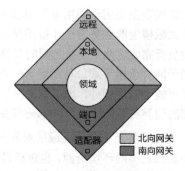

图12-11　菱形对称架构

---

① 菱形对称架构形如钻石（diamond亦有菱形之义），亦可称为钻石架构。

12.1.5 菱形对称架构的组成

菱形对称架构从分层架构与六边形架构汲取了营养，形成了以领域为轴心的内外分层对称结构，以此作为推荐的限界上下文内部架构。考虑到目前的系统多采用前后端分离的架构，且前端UI的设计更多是从用户体验的角度对视图元素进行划分，与限界上下文的边界划分并不吻合，因此，限界上下文边界并未将前端UI包含在内。一个遵循了菱形对称架构的限界上下文包括的设计元素有：

❑ 北向网关的远程网关；
❑ 北向网关的本地网关；
❑ 领域层的领域模型；
❑ 南向网关的端口抽象；
❑ 南向网关的适配器实现。

限界上下文以领域模型为核心向南北方向对称发散，在边界内形成了清晰的逻辑层次。内部领域层与外部网关层恰好体现了业务复杂度与技术复杂度的分离。每个组成元素之间的协作关系表现了清晰直观的自北向南的调用关系。仍以预订机票场景为例，参与该场景的各个类在菱形对称架构下的位置与协作关系如图12-12所示。

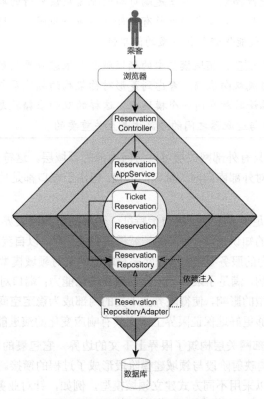

图12-12 预订机票的菱形对称架构

本地网关ReservationAppService映射为领域驱动设计元模型中的应用服务，对外提供了完整的预订机票用例，对内调用了领域层的领域模型对象。为了支持分布式调用，在本地网关之上定义了远程网关ReservationController，它是一个面向前端视图遵循MVC模式设计的远程服务。端口ReservationRepository映射为领域驱动设计元模型中的资源库，是对数据库访问的抽象。适配器ReservationRepositoryAdapter提供了该端口的实现。领域层的领域服务TicketReservation调用了端口，并在运行时将适配器注入领域服务，以支持机票预订记录的持久化。

资源库作为端口

资源库作为南向网关的端口，颠覆了领域驱动设计对资源库的定位。资源库的作用在于管理聚合的生命周期，将资源库接口视为领域模型的一部分，是领域驱动设计的一条重要指导原则。即便如此，我仍然愿意将资源库放到南向网关。无论资源库是什么，它本质上起到了分离领域行为与持久化行为的作用。它的操作单元是聚合，一个聚合对应一个资源库。聚合是领域模型中最小的自治单元，为了保证领域模型的稳定性，它不会依赖于任何外部资源，甚至不应该感知到资源库的存在，只有领域服务才需要与资源库协作。为了隔离领域模型与数据库的持久化，有必要对资源库进行抽象，这不正是端口与适配器应该履行的职责吗？数据库如此，其他外部资源与环境同样如此。如果我们对所有的外部环境一视同仁，皆以端口抽象之，以适配器封装内部的技术细节，就能保证架构方案的简单性。

资源库需要操作领域模型，领域模型中的领域服务又依赖抽象的端口，这可能导致领域层与南向网关的端口之间形成双向依赖。考虑到菱形对称架构的领域层与网关层仅仅是一种逻辑划分，只要确保二者在编译时放在同一个模块中，这样的双向依赖就可以接受的。为了保证领域模型的纯粹性，端口与适配器之间的分离才是至关重要的。

菱形对称架构规定，只有外部网关层可以访问内部的领域层。这符合整洁架构的设计原则，唯一的例外是内部领域层对外部南向网关端口的依赖。但由于端口都是抽象的，它仍然遵循稳定依赖原则和依赖倒置原则。

菱形对称架构完全满足限界上下文的自治特征。菱形的边界即限界上下文的边界，以**最小完备**的方式实现了领域模型的知识语境；内部的领域模型自成一体，以**自我履行**的方式响应外部网关对它的调用，满足业务能力的服务要求；远程网关与本地网关对领域模型的封装，避免了内部的变化对外部的调用者产生影响，满足了限界上下文的**独立进化**能力；端口对外部资源访问的抽象，防止了外部的变化对领域模型的影响，使得限界上下文的内部成为**稳定空间**。显然，菱形对称架构对自治架构单元的呼应，能够更好地保证限界上下文具有响应变化的演进能力。

菱形对称架构通过外部网关层构筑了限界上下文的边界，它包裹的领域模型通常采用领域建模驱动设计获得，使得架构映射阶段与领域建模阶段形成了过程的衔接。针对不同的业务场景，在网关边界的保护下，也可以采用不同方式建立领域模型，例如，针对业务操作主要为"增删改查"的业务场景，采用事务脚本与贫血模型也未尝不可；在一些特殊场景下，如统计分析或CQRS的查询场景，领域模型甚至可以被弱化至无，即领域模型对象等同于数据模型和消息契约模型。这样的菱形对称架构可以称为**弱化的菱形对称架构**，但仍然满足了限界上下文的"独立进化"和"稳定空间"特性。在架构层面，它与采用领域建模形成领域模型的常规菱形对称架构并无差异，仍然是自治的架构单元。

12.1.6 引入上下文映射

菱形对称架构还能有机地与上下文映射模式结合起来，充分展现了这一架构风格更加适用于领域驱动设计。二者的结合主要体现在北向网关与南向网关对上下文映射模式的借用。

1. 引入开放主机服务

对比上下文映射的通信集成模式，**开放主机服务模式的设计目标与菱形对称架构的北向网关完全一致**。开放主机服务为限界上下文提供对外公开的一组服务，以便下游限界上下文方便地调用它。根据限界上下文通信边界的不同，进程内通信调用本地网关，进程间通信调用远程网关。二者都遵循开放主机服务模式。

为了更好地体现上下文映射模式，可以将北向网关的远程网关和本地网关分别命名为远程服务和本地服务。

远程服务是为跨进程通信定义的开放主机服务。根据通信协议和消费者的差异，远程服务可分为资源服务、控制器服务、供应者服务和订阅者服务。它们分别属于服务资源契约、服务行为契约和服务事件契约（参见第11章）。

本地服务是为进程内通信定义的开放主机服务，对应于应用层的应用服务[①]。引入应用服务的价值在于：

- ❑ 对领域模型形成了一层间接的外观层，避免领域模型泄露；
- ❑ 对于进程内协作的限界上下文，降低了跨进程调用的通信成本与序列化成本。

根据服务契约与调用方的不同，远程服务可以分为如下4种。

- ❑ 资源（resource）服务：服务资源契约，面向下游限界上下文或第三方调用者，服务的消息契约模型由请求消息与响应消息组成。
- ❑ 控制器（controller）服务：服务资源契约，面向UI前端，服务的消息契约模型为面向前端的展现（presentation）模型。
- ❑ 提供者（provider）服务：服务行为契约，面向下游限界上下文或第三方调用者，服务的消息契约模型由请求消息与响应消息组成。
- ❑ 订阅者（subscriber）服务：服务事件契约，服务的消息契约模型就是事件。

无论是什么类型的远程服务，一旦它接收到外部请求，都必须经由应用服务才能发起对领域

[①] 为了体现本书定义与领域驱动设计的延续性，同时避免概念不清引起的混淆，从本章开始，若非特别情况，我都以"应用服务"代表本地服务，也可以认为是应用服务扮演了本地服务的角色。

层的调用请求。

2．引入防腐层

如果将防腐层防止腐化的目标从上游限界上下文扩大至当前限界上下文的所有外部环境，包括如数据库、消息队列这样的环境资源，也包括目标系统外的伴生系统，防腐层就承担了菱形对称架构南向网关的角色。其中，南向网关的端口提供了抽象，并由适配器封装访问外部环境的具体实现，它们共同组成了防腐层。

根据一个限界上下文与之协作的外部环境的不同，端口可以分为如下3种。

- ❑ 资源库（repository）端口：隔离对外部数据库的访问，对应的适配器提供聚合的持久化能力。
- ❑ 客户端（client）端口：隔离对上游限界上下文或第三方服务的访问，对应的适配器提供对服务的调用能力。
- ❑ 发布者（publisher）端口：隔离对外部事件总线的访问，对应的适配器提供发布事件消息的能力。

若限界上下文还需要与其他外部环境，如文件、网络，也可以定义其他对应的端口。

3．引入发布语言

保证限界上下文自治的一个关键在于隔离领域模型。除了共享内核模式和遵奉者模式，限界上下文应尽量避免将领域模型暴露在外，因此需要为北向网关的服务建立消息契约模型。远程服务和应用服务的方法定义不应包含领域模型对象，而应采用消息契约模型。

当南向网关需要访问上游的限界上下文时，倘若上游也采用了菱形对称架构，南向网关的客户端就需要调用（复用）上游限界上下文定义的消息契约模型。如果这两个限界上下文不在同一进程，下游无法复用上游的消息契约模型，则需要定义与之对应的消息契约模型。由于南向网关的客户端端口会被领域层的领域服务调用，为了避免消息契约模型对领域模型造成污染，客户端端口的定义不应该牵涉到任何消息契约模型，对消息契约模型的调用或定义仅放在（或者隔离在）客户端适配器。

北向网关和南向网关的消息契约模型组成发布语言。

引入发布语言后，通常由北向网关的应用服务完成（或调用）消息契约模型与领域模型之间的转换。有时，远程服务与它调用的应用服务采用的消息契约模型并不相同，还需要完成两种不同消息契约模型的转换。同理，南向网关的客户端适配器也可能需要完成消息契约模型与领域模型之间的转换。

12.1.7　改进的菱形对称架构

当我们将上下文映射模式引入菱形对称架构后，整个架构的设计元素变得更加简单，各层之间的关系与边界也更加清晰。它也可以体现为一种全新的分层架构，菱形对称架构与分层架构之间的关系如图12-13所示。

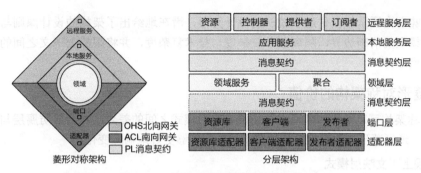

图12-13　菱形对称架构[①]与分层架构

菱形对称架构对领域驱动设计的分层架构做出了调整。用户展现层被当作外部资源推到限界上下文的边界之外，还去掉了应用层和基础设施层的概念，以统一的网关层进行概括，并以北向与南向分别体现来自不同方向的请求。原本属于应用层的应用服务放在了北向网关，位于领域层的资源库则被推向了外部的南向网关，由此形成的对称结构突出了领域模型的核心作用，更加清晰地体现了业务逻辑、技术功能与外部环境之间的边界。遵循菱形对称架构的限界上下文代码模型如下：

```
currentcontext
  - ohs(northbound)
      - remote
          - controller
          - resource
          - provider
          - subscriber
      - local
          - appservice
      - pl(message)
  - domain
  - acl(southbound)
      - port
          - repository
          - client
          - publisher
      - adapter
          - repository
          - client
          - publisher
      - pl(message)
```

该代码模型使用了上下文映射的模式名，ohs代表开放主机服务模式，pl代表发布语言，acl代表防腐层模式，当然，我们也可以使用北向（northbound或north）与南向（sourthbound或sourth）取代ohs与acl作为包名，使用消息（message）契约取代pl的包名。这取决于不同团队对这些设计要素的认识。无论如何，作为整个系统的架构师，一旦确定在限界上下文层次运用菱形对称

---

① 采用发布语言模式的消息契约模型仍然属于网关层的组成部分，若无特别要求，可以不在菱形对称架构图中体现出来。

架构，就意味着向团队成员传递了**统一的设计元语**，潜在地给出了架构的设计原则与指导思想，即维持领域模型的清晰边界，隔离业务复杂度与技术复杂度，并将限界上下文之间的协作通信隔离在领域模型之外。

12.1.8　菱形对称架构的价值

菱形对称架构可以更加清晰地展现上下文映射模式之间的差异，并凸显防腐层与开放主机服务的重要性，遵循菱形对称架构的领域驱动架构亦能够更好地响应变化。

1. 展现上下文映射模式

让我们以查询订单业务场景来展现菱形对称架构对上下文映射模式的体现。

查询订单时，需要获取订单项对应商品的商品信息，即产生订单上下文与商品上下文的协作关系，进而产生两个限界上下文的**模型依赖**。随着设计视角的变化，选择的上下文映射模式也在相应发生变化，菱形对称架构可以清晰地体现这一变化。

上游的商品上下文团队总是高高在上，不大愿意理睬下游团队的呼唤，而下游团队又不愿意抛开上游团队另起炉灶，就会无奈选择**遵奉者模式**。或者，如果认为商品上下文设计的领域模型足够稳定，且具有非常大的复用价值，就可以主动选择**共享内核模式**。它们的共同特点都是复用上游的领域模型，此时的模型依赖应准确地描述为领域模型的依赖，通过菱形对称架构，可以表现为图12-14。

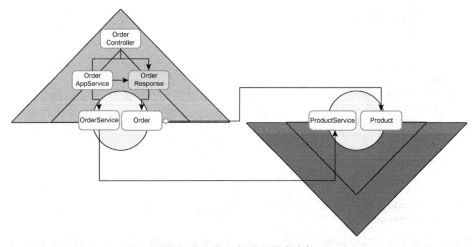

图12-14　遵奉者或者共享内核

图12-14清晰地展现了复用领域模型会突破菱形对称架构北向网关修筑的堡垒，让商品上下文的领域模型直接暴露在外。下游限界上下文修筑的南向网关防线也形同虚设，因为它被领域层的`OrderService`"完美"地忽略了。

如果订单上下文与商品上下文位于同一进程，根据菱形对称架构的定义，位于下游的订单上下文可以通过其南向网关发起对商品上下文北向网关中应用服务的调用。为了保护领域模型，商品上下文在北向网关中还定义了消息契约模型，表现为图12-15。

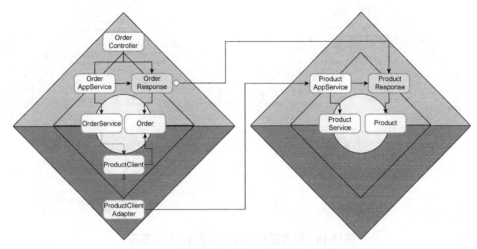

图12-15 防腐层与开放主机服务的应用服务

此时的菱形对称架构体现了**防腐层模式**与**开放主机服务模式**的共同协作，两边的领域模型互不知情，但为了避免重复的模型定义，位于下游的订单上下文直接复用了上游定义的消息契约模型类ProductResponse，以减少转换消息模型对象的成本。此时的"模型依赖"可以视为对"消息契约模型的依赖"，由于南向网关中的ProductClient端口对调用关系进行了抽象，防腐层的价值仍然存在。

虽然ProductClientAdapter直接复用了上游的ProductResponse类，但是，在ProductClient端口的接口定义中，却不允许出现上游的消息契约模型，否则就会让消息契约模型侵入订单上下文的领域模型中。为此，**南向网关客户端端口的接口方法应操作自己的领域模型**，然后由适配器完成消息契约模型与领域模型的转换。

如果订单上下文与商品上下文位于不同进程，它们之间就不存在模型依赖了，需各自定义自己的模型对象。例如，订单上下文南向网关的ProductClientAdapter调用了商品上下文北向网关的外部服务ProductResource[①]，该服务操作的消息契约模型为ProductResponse。为了支持消息反序列化，就需要在订单上下文的南向网关定义与之一致的ProductResponse类，如图12-16所示。

如图12-16所示，在各自限界上下文内部定义各自的消息契约模型，彻底解除了两个限界上下

---

① 如果这种跨进程调用方式采用了RPC，则远程服务将定义为提供者（Provider）服务。RPC的客户端通过部署在本地的Stub以代理方式发起对远程服务的调用，因此在设计时要遵循接口与实现分离的原则。作为提供者服务接口一部分的消息契约对象，与抽象的服务接口放在同一个包中，并同时部署在客户端和服务端，相当于下游的限界上下文仍然复用了上游的消息契约模型，与REST风格服务协作产生的模型依赖略有不同。

文之间的"模型依赖"，南向网关防腐层与北向网关开放主机服务也降低了两个限界上下文的耦合。

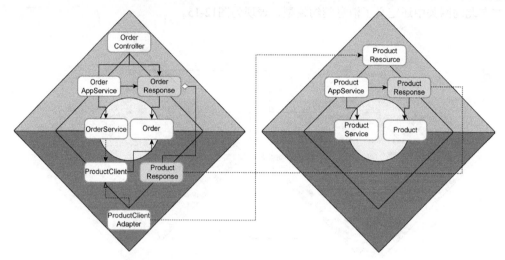

图12-16   防腐层与开放主机服务的远程服务

模型依赖的解除并不意味着两个限界上下文是彻底解耦的。即使它们各自定义了自己的消息契约模型，斩断了因为复用模型引起的依赖链条，却仍然存在隐含的逻辑概念映射关系，这一映射关系体现为对变化的级联反应。假如电商平台要求为销售的所有商品添加一个"是否绿色环保"的新属性，为此，商品上下文领域层的Product类新增了isGreen属性，对应地，北向网关层定义的ProductResponse类也需随之调整。这一知识的变更也会传递到下游的订单上下文。当然，通过对开放主机服务进行版本管理，或在下游引入防腐层进行隔离保护，一定程度可维持订单上下文领域模型的稳定性。但是，如果需求要求商品信息必须呈现"是否绿色环保"的属性，就只能修改订单上下文中ProductResponse类的定义了。

若真正体会了限界上下文作为知识语境的业务边界特征，就可以将订单包含的商品信息视为订单上下文的领域模型。隐含的统一语言为"已购商品"，与商品上下文的商品属于不同的领域概念，位于不同的业务边界，但共享同一个productId。

在订单上下文中，已购商品对应的领域类Product作为Order聚合的组成部分，它的生命周期与Order的生命周期绑定在一起，统一由OrderRepository管理。这意味着在保存订单时，业已保存与订单相关的商品信息，在获取订单及其商品信息时，无须求助于商品上下文。此时，查询订单的业务场景不会带来二者之间的协作关系，形成了**分离方式**的上下文映射模式，如图12-17所示。

或许有人会提出疑问：订单上下文的商品信息仅包含了订单需要的商品基本信息，若需获取更多商品信息，是否意味着订单上下文需要向商品上下文发起请求呢？其实不然，因为这一请求并非由订单上下文发起，而是通过客户在前端点击商品的"查看详情"按钮发起调用。由于页面已经包含了productId的值，前端可直接向商品上下文的远程服务ProductController发起调用请求，与订单上下文无关。

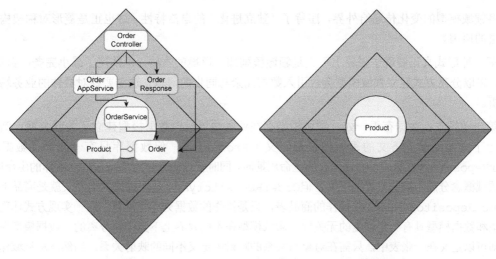

图12-17 分离方式

上述3种场景以及对上下文映射模式的运用，模拟了模型依赖的3种形式。

- 消息契约模型依赖：上下文映射采用防腐层与开放主机服务模式结合的模式，下游上下文可以直接复用上游上下文的消息契约模型，也可以各自定义，但在逻辑概念上仍然存在依赖关系。
- 领域模型依赖：上下文映射采用共享内核或遵奉者模式，下游上下文的领域模型直接复用上游上下文的领域模型。
- 无模型依赖：上下文映射采用分离方式模式，限界上下文根据自己的知识语境定义自己的领域模型，从而解除了对上游的模型依赖关系。

第一种形式最为常见，菱形对称架构的南向网关与北向网关充分凸显其价值，尽可能地消除了两个限界上下文之间的耦合。

第二种形式青睐"复用"的价值，尝试满足DRY原则（即Don't Repeat Yourself，不要重复你自己）[4]，力图保证整个系统只有一处表达领域概念的知识。当领域概念发生变化时，就可以做到只修改一处，避免了霰弹式修改[6]。但是，在领域驱动设计中，**DRY原则的适用范围应为限界上下文**，即只在一个限界上下文中考虑消除重复，因为过度强调复用会带来依赖的代价。

复用领域模型的决定无法预知未来的变化。一旦两个限界上下文对相同的领域模型产生了不同的需求，变化的方向就会变得不一致。于是乎，修改开始发散。谁都希望复用它，复用的理由却各不相同，使得它承担的职责越来越多，导致引起它变化的原因也越来越多，慢慢就会沦为低内聚的领域模型对象。设计从最初对霰弹式修改的规避，走向了另一个极端，产生了发散式变化[6]。

相较于重复，限界上下文之间的高度耦合更是不可原谅的缺点。在两个或多个限界上下文之间复用领域模型是一种危险的选择。下游限界上下文缺少南向网关的隔离，使得它无法抵御外界的影响，违背了"稳定空间"的自治特性；上游限界上下文缺少北向网关的统一接口定义，使得它轻

12

易地将领域模型的变化传递给外界，违背了"独立进化"的自治特性。这也正是菱形对称架构引入网关层的原因。

第三种形式真正展现了限界上下文是**领域模型知识语境**的本质，也体现了**最小完备**的自治性。然而，采取分离方式建立领域模型会否引入数据冗余与同步的问题？这需要针对具体的业务场景进行分析。

第一种场景：数据存于一处，领域模型存在业务边界，但数据模型建立了关联关系。例如，订单上下文与商品上下文的领域模型都定义了Product类，但数据库只有一张商品数据表。OrderRepository在管理Order聚合的生命周期时，同时管理该聚合内部Product实体的生命周期。虽然领域概念分属不同的限界上下文，但OrderRepositoryAdapter操作的商品表就是商品上下文ProductRepositoryAdapter操作的商品表，只是操作的数据列存在差异。这一实现方式体现了领域模型和数据模型具有一定程度的无关性。领域模型在不同限界上下文中是分离的，数据模型在数据库中却可以定义在一张表中，只需在对象与关系的映射中定义不同的映射关系。当然，从领域建模的角度讲，应遵循领域模型来设计数据模型，保持二者的一致性。因此，这一设计方式本身不值得推荐。

第二种场景：数据按照不同的业务边界通过分库或者分表来分散存储，用相同的ID保持关联。如此既维护了领域的边界，也维护了数据的边界。这一设计突出了限界上下文的边界保护作用，更易于从单体架构向微服务架构迁移。该设计对业务边界的要求更高，对属性定义也更为苛刻。它不允许在不同的业务边界出现相同业务含义的属性，否则就会导致数据冗余，进而带来数据同步的问题。

例如，订单上下文内部的Product类对应了订单库中的商品表，商品上下文内部的Product类对应了商品库中的商品表，它们之间通过ProductId保证商品的唯一性。如果两个上下文的Product类都定义了name属性，就意味着两个商品表存在相同的name数据列。当一张表的name值进行了修改，就必须同步该修改另一张表。要规避这种情况，就必须守住限界上下文的领域模型边界。例如订单上下文的Product类就不应该定义name属性，如果需要获取商品名，应通过商品上下文获得。这一设计遵循了自治单元的"最小完备"性。

第三种场景：数据虽然看似存在冗余，实则在进入各自的限界上下文边界后，已经割裂了彼此之间的关系，不再依据相同的变化原因。

例如，订单上下文定义的Product类包含了price属性，商品上下文的Product类也定义了该属性。这是否导致数据冗余，当商品上下文的商品价格被修改后，需要同步保存在订单中的商品价格吗？答案是否定的。在客户提交订单后，订单包含的商品价格就与商品上下文脱离了关系，被订单上下文单独管理。在客户提交订单的那一刹那，已购商品的价格就被冻结了，之后产生的任何调价行为或促销行为，都不会作用于一个已经提交的订单。

如此看来，在维护好领域模型的知识语境的前提下，我们应优先选择分离方式。分离方式对领域模型的定义要求甚高，如果领域模型的归属依旧蒙昧未明，就"取法乎上，仅得乎中"，考虑采用消息契约模型依赖。只要守住限界上下文的业务边界，这不失为一条更具平衡特征的中策。它既能有效地维护限界上下文的领域模型边界，又能降低上下文映射带来的依赖强度。虽然付出了重复定义与模型转换的成本，换来的却是限界上下文独立演化的相对自由，这事实上正是菱形对称架构体现出来的响应变化的能力。

2. 更好地响应变化

限界上下文之间产生协作时，可以通过菱形对称架构更好地响应协作关系的变化。它设定了一个基本原则，即下游限界上下文需要通过南向网关与上游限界上下文的北向网关进行协作。简而言之，就是防腐层与开放主机服务的协作。这是两种通信集成模式的融合，当把这一方式运用到两种团队协作模式上时，既能促进上下游团队之间的合作，又能保证各个团队相对的独立性。这两种团队协作模式就是：

❏ 客户方/供应方模式；
❏ 发布者/订阅者模式。

客户方/供应方模式采用同步通信实现上下游团队的协作，参与协作的角色包括下游客户方和上游供应方。

❏ **下游客户方**：防腐层的客户端端口代表上游服务的接口，客户端适配器封装了对上游服务的调用逻辑。
❏ **上游供应方**：开放主机服务的远程服务与本地的应用服务为下游提供具有业务价值的服务。

客户方的适配器究竟该调用供应方的远程服务还是本地的应用服务，取决于这两个限界上下文的通信边界。

如果客户方与供应方位于同一个进程边界，客户方的适配器就可以直接调用应用服务。进程内的调用更加健壮，更加可控，避免了分布式通信的网络传输成本，也省掉了消息协议的序列化成本。供应方的应用服务作为北向网关，同样提供了对领域模型的保护，确保了领域模型的独立性和完整性。同一进程的协作图如图12-18所示。

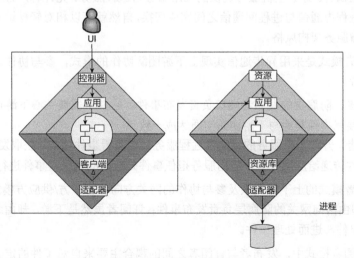

图12-18 同一进程的协作

如果客户方与供应方位于不同进程边界，就由远程服务来响应客户方适配器发起的调用。根据通信协议与序列化机制的不同，可以选择资源服务或供应者服务作为远程服务来响应这样的分布式调用。远程服务在收到客户端请求后，会通过应用服务将请求传递给领域层的领域模型。不同进程的协作图如图12-19所示。

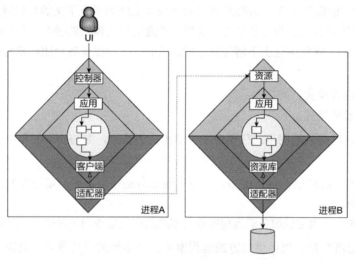

图12-19   不同进程的协作

虽然Eric Evans并未要求为每个参与协作的限界上下文都定义防腐层与开放主机服务，但菱形对称架构扩大了防腐层与开放主机服务的外延，使得防腐层与开放主机服务之间的协作成了客户方/供应方映射模式的标准通信模式。南向网关的防腐层保证了端口与适配器的分离，解除了对供应方开放主机服务的强耦合。开放主机服务提供的应用服务与远程服务，允许客户方与供应方的协作能够相对自如地在进程内通信与进程间通信之间完成切换，自然就可以相对轻松地将一个系统从单体架构风格迁移到微服务架构风格。

发布者/订阅者模式是采用异步通信实现上下游团队协作的模式，参与协作的角色包括上游发布者和下游订阅者。

    ❑ **上游发布者**：防腐层的发布者端口负责发布事件。它并不需要关心下游订阅者如何消费事件，但需要就事件契约与下游团队沟通达成一致。

    ❑ **下游订阅者**：开放主机服务的订阅者远程服务需要监听事件总线，获取发布者发布的事件，然后将事件传递给应用服务，应用服务担任事件处理器的角色对事件进行处理。

发布者/订阅者模式的上下游关系及参与协作的网关方向和客户方/供应方模式完全不同。发布者虽然是上游，却由南向网关的防腐层负责发布事件；订阅者虽然是下游，却由北向网关的开放主机服务负责订阅事件，进而处理事件。

在发布者/订阅者模式中，发布者与订阅者之间的耦合主要来自对事件的定义。如果发布者修改了事件，就会影响到订阅者，发布者传递给下游的知识其实就是事件本身。它们的上下游关系也就由此确定。

当两个团队分别为事件的发布者与订阅者时，它们之间往往通过引入事件总线作为中介来维持彼此的通信。在限界上下文内部，需要隔离领域模型与事件总线的通信机制。采用菱形对称模型，即可通过网关层的设计元素来实现这种隔离。事件的发布者位于南向网关，发布者端口提供抽象定义，事件的订阅者属于北向网关的远程服务，事件处理器即应用服务。

我们还需要判断是谁引起了事件的发布。

如果事件由应用服务发布，该事件就是应用事件，它的触发者可能是当前限界上下文外部的客户端。例如，前端UI发起对远程服务的调用，然后委派给了应用服务。应用服务调用领域层执行完整个业务服务的领域逻辑后，组装好待发布的应用事件，通过调用南向网关的发布者端口，由注入的发布者适配器最终完成事件的发布。完整的调用关系如图12-20所示。

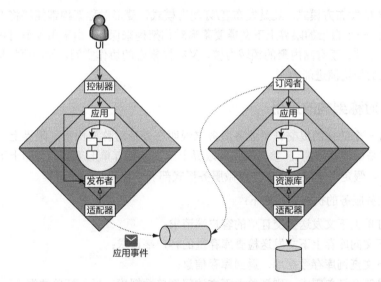

图12-20 发布和订阅应用事件

如果是领域层的领域模型对象在执行某一个领域行为时发布了事件，该事件就为领域事件。由于发布事件需要与外部的事件总线协作，它会调用南向网关的发布者端口。为了保证领域模型中聚合的纯粹性，应由领域服务调用发布者端口，完成对领域事件的发布。调用关系如图12-21所示。

引入事件总线的发布者/订阅者模式具有松耦合的特点。在结合了防腐层与开放主机服务之后，领域模型并不依赖发布事件与订阅事件的实现机制，意味着它们对事件总线的依赖也能够降到最低。只要通过积极的团队协作，定义满足上下游共同目标的事件，它们就能很好地响应业务的变化。

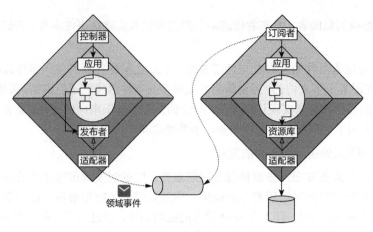

图12-21 发布和订阅领域事件

无论是客户方/发布方模式，还是发布者/订阅者模式，菱形对称架构都能够将上游的变化产生的影响降到最低。一个自治的限界上下文需要菱形对称架构来保证。由采用菱形对称架构的限界上下文组成的业务系统，既有高内聚的领域内核，又有松耦合的协作空间，就能更好地响应变化，使得系统具有更强的架构演进能力。

12.1.9 菱形对称架构的运用

让我们通过一个简化的提交订单业务服务来说明在菱形对称架构下，限界上下文之间以及内部各个设计元素是如何协作的[①]。参与协作的限界上下文包括订单上下文、仓储上下文、通知上下文和客户上下文。假定每个限界上下文以微服务形式部署，位于不同的进程。

提交订单业务服务的执行过程如下：

❑ 客户向订单上下文发送提交订单的客户端请求；
❑ 订单上下文向库存上下文发送检查库存量的客户端请求；
❑ 库存上下文查询库存数据库，返回库存信息；
❑ 若库存量符合订单需求，则订单上下文访问订单数据库，插入订单数据；
❑ 插入订单成功后，移除购物车对应的购物车项；
❑ 订单上下文调用库存上下文的锁定库存量服务，对库存量进行锁定；
❑ 提交订单成功后，发布OrderPlaced事件到事件总线；
❑ 通知上下文订阅OrderPlaced事件，调用客户上下文获得该订单的客户信息，组装通知内容；
❑ 通知上下文调用短信服务，发送短信通知客户。

1. 订单上下文的内部协作

客户要提交订单，通过前端UI向订单上下文远程服务OrderController提交请求，然后将

---

① 本例的代码请在GitHub中搜索"agiledon/diamond"获取。

请求委派给应用服务OrderAppService：

```
package com.dddexplained.diamonddemo.ordercontext.northbound.remote.controller;

@RestController
@RequestMapping(value="/orders")
public class OrderController {
    @Autowired
    private OrderAppService orderAppService;

    @PostMapping
    public void placeOrder(PlacingOrderRequest request) {
        orderAppService.placeOrder(request);
    }
}

package com.dddexplained.diamonddemo.ordercontext.northbound.local.appservice;

@Service
public class OrderAppService {
    @Autowired
    private OrderService orderService;

    @Transactional(rollbackFor = ApplicationException.class)
    public void placeOrder(PlacingOrderRequest request) {}
}
```

远程服务与应用服务操作的消息契约模型定义在message包中：

```
package com.dddexplained.diamonddemo.ordercontext.message;

import java.io.Serializable;
import com.dddexplained.diamonddemo.ordercontext.domain.Order;

public class PlacingOrderRequest implements Serializable {
    public Order to() {
        return new Order();
    }
}
```

这些消息契约模型都定义了如to()和from()之类的转换方法，用于消息契约模型与领域模型之间的互相转换。

2. 订单上下文与库存上下文的协作

订单上下文的应用服务OrderAppService收到PlacingOrderRequest请求，在将该请求对象转换为Order领域对象后，通过领域服务OrderService提交订单。提交订单时，需要验证订单的有效性，再检查库存量。验证订单的有效性由Order聚合根承担，库存量的检查通过南向网关的客户端端口InventoryClient：

```
package com.dddexplained.diamonddemo.ordercontext.domain;

@Service
```

```
public class OrderService {
    @Autowired
    private InventoryClient inventoryClient;

    public void placeOrder(Order order) {
        if (order.isInvalid()) {
            throw new InvalidOrderException();
        }

        InventoryReview inventoryReview = inventoryClient.check(order);
        if (!inventoryReview.isAvailable()) {
            throw new NotEnoughInventoryException();
        }

        ......
    }
}
```

由于南向网关的客户端端口InventoryClient是面向领域模型的，端口的接口定义不能掺杂任何与领域模型无关的内容，故而接口方法操作的对象应为领域模型对象：

```
package com.dddexplained.diamonddemo.ordercontext.southbound.port.client;

public interface InventoryClient {
    InventoryReview check(Order order);
    void lock(Order order);
}
```

客户端适配器InventoryClientAdapter实现了端口接口，需要在其内部将领域模型对象转换为上游远程服务能够识别的消息契约对象：

```
package com.dddexplained.diamonddemo.ordercontext.southbound.adapter.client;

@Component
public class InventoryClientAdapter implements InventoryClient {
    private static final String INVENTORIES_RESOURCE_URL = "http://inventory-service/
inventories";

    @Autowired
    private RestTemplate restTemplate;

    @Override
    public InventoryReview check(Order order) {
        CheckingInventoryRequest request = CheckingInventoryRequest.from(order);
        InventoryReviewResponse reviewResponse = restTemplate.postForObject(INVENTORIES_
RESOURCE_URL, request, InventoryReviewResponse.class);
        return reviewResponse.to();
    }

    @Override
    public void lock(Order order) {
        LockingInventoryRequest inventoryRequest = LockingInventoryRequest.from(order);
        restTemplate.put(INVENTORIES_RESOURCE_URL, inventoryRequest);
    }
}
```

订单上下文与库存上下文位于不同进程，需要各自定义消息契约，故而在订单上下文的南向网关中定义对应的消息契约模型CheckingInventoryRequest和InventoryReviewResponse：

```
package com.dddexplained.diamonddemo.ordercontext.message;

import java.io.Serializable;
import com.dddexplained.diamonddemo.ordercontext.domain.Order;

public class CheckingInventoryRequest implements Serializable {
    public static CheckingInventoryRequest from(Order order) {}
}

package com.dddexplained.diamonddemo.ordercontext.message;

import java.io.Serializable;
import com.dddexplained.diamonddemo.ordercontext.domain.InventoryReview;

public class InventoryReviewResponse implements Serializable {
    public InventoryReview to() {}
}
```

3. 库存上下文的内部协作

当下游的订单上下文发起对库存上下文远程服务InventoryResource的调用时，又会通过应用服务InventoryAppService来调用领域服务InventoryService，然后，经由端口InventoryRepository与适配器InventoryRepositoryAdapter访问库存数据库，获得库存量的检查结果：

```
package com.dddexplained.diamonddemo.inventorycontext.northbound.remote.resource;

@RestController
@RequestMapping(value="/inventories")
public class InventoryResource {
    @Autowired
    private InventoryAppService inventoryAppService;

    @PostMapping
    public ResponseEntity<InventoryReviewResponse> check(CheckingInventoryRequest request) {
        InventoryReviewResponse reviewResponse = inventoryAppService.checkInventory(request);
        return new ResponseEntity<>(reviewResponse, HttpStatus.OK);
    }
}

package com.dddexplained.diamonddemo.inventorycontext.northbound.local.appservice;

@Service
public class InventoryAppService {
    @Autowired
    private InventoryService inventoryService;

    public InventoryReviewResponse checkInventory(CheckingInventoryRequest request) {
        InventoryReview inventoryReview = inventoryService.reviewInventory(request.to());
```

```
                return InventoryReviewResponse.from(inventoryReview);
        }
}

package com.dddexplained.diamonddemo.inventorycontext.domain;

@Service
public class InventoryService {
    @Autowired
    private InventoryRepository inventoryRepository;

    public InventoryReview reviewInventory(List<PurchasedProduct> purchasedProducts) {
        List<String> productIds = purchasedProducts.stream().map(p -> p.productId()).
collect(Collectors.toList());
        List<Product> products = inventoryRepository.productsOf(productIds);

        List<Availability> availabilities = products.stream().map(p -> p.checkAvailability
(purchasedProducts)).collect(Collectors.toList());
        return new InventoryReview(availabilities);
    }
}

package com.dddexplained.diamonddemo.inventorycontext.southbound.port.repository;

@Repository
public interface InventoryRepository {
    List<Product> productsOf(List<String> productIds);
}
```

4. 订单上下文成功提交订单

领域服务OrderService在确认了库存量满足订单需求后，通过端口OrderRepository以及适配器OrderRepositoryAdapter访问订单数据库，插入订单数据。一旦订单插入成功，还需要移除购物车中对应的购物车项。由于购物车与订单都在订单上下文中，订单上下文的领域服务OrderService可以直接调用领域服务ShoppingCartService。移除购物车项后，领域服务OrderService还要调用库存上下文的远程服务InventoryResource锁定库存量，从而成功完成订单的提单。领域服务OrderService的实现如下：

```
package com.dddexplained.diamonddemo.ordercontext.domain;

@Service
public class OrderService {
    @Autowired
    private OrderRepository orderRepository;
    @Autowired
    private InventoryClient inventoryClient;

    public void placeOrder(Order order) {
        if (!order.isValid()) {
            throw new InvalidOrderException();
        }
```

```
InventoryReview inventoryReview = inventoryClient.check(order);
if (!inventoryReview.isAvailable()) {
    throw new NotEnoughInventoryException();
}


orderRepository.add(order);
    ShoppingCartService.removeItems(order.customerId(),
        Order.purchasedProducts());
inventoryClient.lock(order);
    }
}
```

5. 订单上下文发布应用事件

订单上下文的应用服务OrderAppService会在OrderService成功提交订单之后组装OrderPlaced应用事件，调用端口EventPublisher，经由适配器EventPublisherAdapter将事件发布到事件总线：

```
package com.dddexplained.diamonddemo.ordercontext.northbound.local.appservice;

@Service
public class OrderAppService {
    @Autowired
    private OrderService orderService;
    @Autowired
    private EventPublisher eventPublisher;

    private static final Logger logger = LoggerFactory.getLogger(OrderAppService.class);

    @Transactional(rollbackFor = ApplicationException.class)
    public void placeOrder(PlacingOrderRequest request) {
        try {
            Order order = request.to();
            orderService.placeOrder(order);

            OrderPlaced orderPlaced = OrderPlaced.from(order);
            eventPublisher.publish(orderPlaced);
        } catch (DomainException ex) {
            logger.warn(ex.getMessage());
            throw new ApplicationException(ex.getMessage(), ex);
        }
    }
}
```

发布的OrderPlaced应用事件属于订单上下文南向网关的消息契约。位于不同进程的订阅者要订阅该应用事件，为了满足反序列化的要求，需要在所属限界上下文的北向网关定义与之对应的应用事件。在提交订单的业务场景中，该事件的订阅者只有通知上下文，因此在通知上下文北向网关的消息契约中也定义了一个相同的OrderPlaced应用事件。

6. 通知上下文订阅应用事件

通知上下文的远程服务EventSubscriber订阅了OrderPlaced事件，一旦接收到该事件，就交由事件处理器处理该事件。事件处理器是一个接口，定义为：

```
public interface OrderPlacedEventHandler {
    void handle(OrderPlaced event);
}
```

应用服务NotificationAppService实现了事件处理器接口，可以通过调用领域层的NotificationService领域服务来处理该事件：

```
package com.dddexplained.diamonddemo.notificationcontext.northbound.remote.subscriber;

public class EventSubscriber {
    @Autowired
    private OrderPlacedEventHandler eventHandler;

    @KafkaListener(id = "order-placed", clientIdPrefix = "order", topics = {"topic.e-
commerce.order"}, containerFactory = "containerFactory")
    public void subscribeEvent(String eventData) {
        OrderPlaced orderPlaced = JSON.parseObject(eventData, OrderPlaced.class);
        eventHandler.handle(orderPlaced);
    }
}

package com.dddexplained.diamonddemo.notificationcontext.northbound.local.appservice;

@Service
public class NotificationAppService implements OrderPlacedEventHandler {
    @Autowired
    private NotificationService notificationService;

    public void handle(OrderPlaced orderPlaced) {
        notificationService.notify(orderPlaced.to());
    }
}
```

7. 通知上下文与客户上下文的协作

NotificationService领域服务会调用端口CustomerClient，然后可以经由适配器CustomerClientAdapter向客户上下文的远程服务CustomerResource发送调用请求。在客户上下文内部，由北向南，依次通过远程服务CustomerResource、应用服务CustomerAppService、领域服务CustomerService和南向网关的端口CustomerRepository与适配器CustomerRepositoryClient完成对客户信息的查询，返回调用者需要的信息。通知上下文的领域服务NotificationService在收到该响应消息后，组装领域对象Notification，再通过本地的端口SmsClient与适配器SmsClientAdapter，调用短信服务发送通知短信：

```
package com.dddexplained.diamonddemo.notificationcontext.domain;

@Service
```

```
public class NotificationService {
    @Autowired
    private CustomerClient customerClient;
    @Autowired
    private SmsClient smsClient;

    public void notify(Notification notification) {
        CustomerResponse customerResponse = customerClient.customerOf(notification.to().id());
        notification.filledWith(customerResponse.to());

        smsClient.send(notification.to().phoneNumber(), notification.content());
    }
}
```

整个流程到此结束。显然，若每个限界上下文都采用菱形对称架构[①]，代码结构就会变得非常清晰。各个层各个模块各个类都有着各自的职责[②]，泾渭分明，共同协作。同时，网关层对领域层的保护是不遗余力的，没有让任何领域模型对象泄露到限界上下文边界之外。唯一带来的成本就是需要重复定义消息契约对象，并实现领域模型与消息契约模型之间的转换逻辑。

12.2 系统分层架构

系统上下文界定了目标系统解空间的范围，通过运用分而治之的思想，将整个解空间分解为多个限界上下文，降低了目标系统的规模。菱形对称架构模式为限界上下文内部建立了清晰的结构，并对它们之间的协作进行约束和指导。相较而言，系统上下文位于更高的层次，也需要引入与之匹配的架构模式，把限界上下文当作基本的架构单元，从目标系统的角度确定整个系统的结构。这个架构模式就是**系统分层架构**。

12.2.1 关注点分离

对于一个大型的复杂系统，遵循关注点分离原则对其进行分解总是最为有效的降低复杂度的手段。

关注点分离需要按照变化的方向进行，如此才能满足架构的正交性。将目标系统视为一个长方体，沿纵向与横向两个方向的关注点对长方体进行纵横切分。传统的纵横切分只有一个抽象层次，即系统的抽象层次，如图12-22所示。

领域驱动设计则不然。限界上下文根据业务能力对整个系统进行了纵向切分，并在它的自治边界内建立了独立的架构。限界上下文的纵向切分并非彻底的、自顶向下的完整切分，例如它并没有将前端的展现层包含在内，其自治性又突破了纵横交错的界限，形成了图12-23所示的架构。

---

① 共享内核或遵奉者模式不会严格遵循菱形对称架构。第18章要讲解的CQRS模式也是一个例外，针对查询场景不需要采用菱形对称架构。

② 领域层各个类的职责分配遵循服务驱动设计。

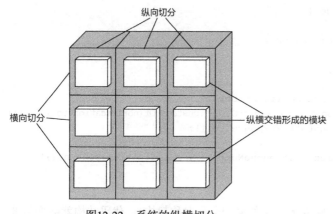

图12-22　系统的纵横切分

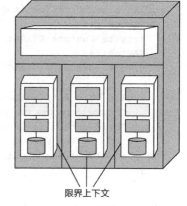

图12-23　限界上下文的纵向切分

　　这样的架构虽然仍然存在水平方向与垂直方向的切分，但如果将限界上下文看作一个黑箱，它更像一种扁平结构。扁平结构保证了架构的简单性，但随着系统变得越来越复杂，其抽象层次的不同会使得它的简单性无法满足系统的复杂度，就好似一家大型国际企业，往往无法采用扁平的组织结构进行有效管理。

　　之所以出现扁平结构，是因为我们将所有的限界上下文放在了同一个抽象层次。在系统层面，限界上下文统一了业务、持久化和数据库，作为一个整体与UI展现逻辑形成了横向切分，遂演变为由UI展现层与限界上下文组成的两层结构。

12.2.2　映射子领域

　　限界上下文虽然是根据领域维度对目标系统进行纵向切分，但并不意味着所有的限界上下文都位于同一个水平抽象层次。这种不分主次的结构违背了领域驱动设计的精炼目标。Eric Evans指出："一个严峻的现实是我们不可能对所有设计部分进行同等的精化，而是必须分出优先级。"[8]279领域驱动设计对这种优先级的回应就是为整个问题空间划分子领域，并依据重要程度划分为核心子领域、支撑子领域和通用子领域。既然架构映射阶段是对问题空间的求解过程，那么，子领域针对问题空间的优先级划分自然会影响到解空间的架构决策，并将其映射到整个系统的架构上。

　　子领域的划分关键在于"选择核心"，也就是精炼出那些"能够表示业务领域并解决业务问题的模型部分"[8]280。这部分模型能够为系统增加业务价值，形成**问题空间的核心子领域到解空间限界上下文的映射**。还有一部分模型，它们抽象出来的概念要么是很多业务都需要的，要么就是支撑业务的某个方面，这意味着它们借助核心子领域映射的限界上下文间接为系统提供业务价值，这部分模型在解空间的位置，正是**问题空间中通用子领域和支撑子领域到解空间限界上下文的映射**。要形成问题空间与解空间的同构映射，就需要为限界上下文确定优先级。我们需要改变分层架构的技术视角，从价值的角度将所有的限界上下文分为两个层次。

　　❑ **业务价值层**（value-added layer）：映射核心子领域。

　　❑ **基础层**（foundation layer）：映射通用子领域和支撑子领域。

划分子领域的目的在于确定建模的成本，并由此进行合理的工作分配。属于核心子领域的领域逻辑值得用最好的团队实施领域驱动设计，通过领域建模来保障领域模型的质量；属于通用子领域或支撑子领域的领域逻辑可以交给非核心开发人员用简便快速的方法完成，甚至可以考虑购买或者外包。这意味着位于基础层的限界上下文可以采用弱化的菱形对称架构。如图12-24所示，基础层的限界上下文可以是一个纯粹的库，不需要访问如数据库这样的外部资源，或者可以只提供属于它边界内的领域模型。

限界上下文虽然处于两个不同的层次，但并未改变业务能力纵向切分的本质，只不过它们的层次是由业务价值的差异决定的。每个限界上下文的内部都包含了属于自身业务语境的模型，只是面向的领域不同罢了。

以电商系统为例。业务价值层的配送上下文映射核心子领域，为电商系统提供了业务价值，它面向的领域与物流有关；基础层的导航上下文映射支撑子领域，并未提供直接的业务价值，却为配送功能提供了导航服务，它面向的领域与GIS有关；同样位于基础层的身份上下文映射通用子领域，为业务价值层的几乎所有限界上下文都提供了身份认证功能，但并不属于电商系统的业务价值，它面向的领域与安全有关。

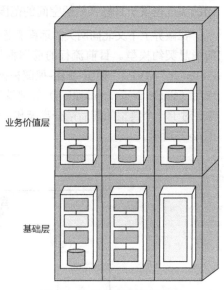

业务价值层

基础层

图12-24　映射子领域的层次

不要将基础层与领域驱动设计的基础设施层混为一谈，因为在菱形对称架构中，基础设施层实际上是网关层。在系统分层架构中，架构师要学会运用限界上下文来切分业务能力的关注点。即使是技术实现细节，作为负责该限界上下文的团队，同样需要面向领域来设计，只是对领域层的设计未必需要领域建模，并可能以库的组件形式进行物理部署。技术实现的要求也使得该团队更像一个组件团队，而非领域特性团队。例如业务价值层的多个限界上下文都需要文件上传与下载功能，且这些功能都在系统上下文的边界内，就可将它们视为问题空间的支撑子领域或通用子领域，映射为基础层的限界上下文。相反，如果只有业务价值层的一个限界上下文需要文件上传和下载功能，且这些功能由团队自行实现，则这些功能就属于菱形对称架构的南向网关，对应于领域驱动设计分层架构的基础设施层。

设计时，一定要注意**系统上下文**的边界。系统边界之外的功能不属于任何一个限界上下文。假设某个开源库实现了文件上传和下载功能，情形就发生了变化。由于该开源库不在系统上下文的边界内，对需要调用该功能的限界上下文而言，只需在南向网关定义文件上传和下载的端口，并由适配器调用该开源库实现该功能。但是，如果文件上传和下载的适配器需要适配大量功能，甚至需要定义与文件相关的领域模型对象，或者提供系统专用的配置信息，说明该适配功能具有了独立能力，就可以在基础层定义文件传输上下文。业务价值层的各个限界上下文仍然保留南向网关的文件上传和下载端口，只是在适配器中将原来对外部开源框架的调用转为对文件传输上下文服务的调用。

12.2.3 边缘层

虽然前端UI被推到限界上下文的边界之外，但系统上下文层次的架构必须考虑它，毕竟前端UI的实现也属于目标系统解空间的范围。

在限界上下文北向网关的远程服务中，控制器服务专门用于与前端UI的交互，提供代表视图展现的消息契约模型。目前流行的前端框架都遵循MVC模式或其变种**模型-视图展现器**（Model-View Presenter，MVP）、**模型-视图-视图模型**（Model-View-ViewModel，MVVM）等模式，并采用单页应用（single page application）的前端开发范式。前端呈现的内容由后端服务提供，即视图模型对象。对于一个典型的前后端分离架构，倘若采用单页应用，则前后端各对象之间的交互方式大抵如图12-25所示。

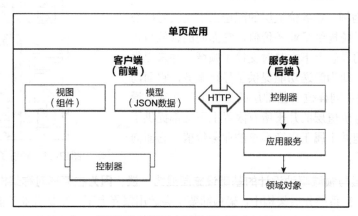

图12-25　单页应用的前后端交互

由于设计视角的不同，前端UI往往无法与限界上下文一一对应，一个页面可能需要向多个限界上下文的远程服务发送请求，不同请求的返回值用于渲染同一个页面的不同控件。若前端UI还需要支持多种前端应用，就会导致前端UI与限界上下文的协作关系形成叠加，进一步加剧了二者之间的不匹配关系。这种不匹配关系还会体现到团队组织上。根据康威定律，前端开发人员不属于限界上下文领域特性团队的一部分，由此需要组建专门的前端团队。前后端的不匹配会为前端团队与后端领域特性团队制造交流障碍。

此处再次引用David Wheeler的名言：“计算机科学中的大多数问题都可以通过增加一层间接性来解决。”前后端之间的不匹配问题亦可以引入间接层来解决。该间接层位于服务端，提供了与前端UI对应的服务端组件，并成为组成前端UI的一部分。面向不同的前端应用，间接层可以提供不同的服务端组件。由于引入的这一间接层具有后端服务的特征，却又为前端提供服务，因而被称为**为前端提供的后端**（Backends For Frontends，BFF）层。

前端团队显然更加理解UI的设计。为了更好地协调前端团队与后端领域特性团队的沟通与协作，往往由前端团队定义BFF层的接口。甚至在技术选型上，为了消除前端开发人员的技术壁垒，选择基于JavaScript的Node.js，然后由前端团队实现BFF层。

BFF层作为中间层为不同的前端应用提供服务，如分别为Web前端与移动前端提供不同的服务接口。不仅如此，它还提供了聚合服务的职责，将本该由多个限界上下文提供的远程服务聚合为一个服务，如图12-26所示。

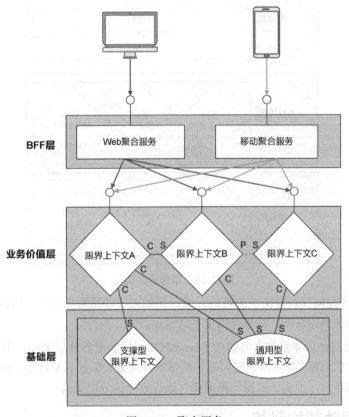

图12-26　聚合服务

BFF层同时履行了UI适配与服务聚合的职责，好像专门为后端建立了一个供前端访问的边缘。事实上，它确实可以建立一个网络边缘来保护后端的业务价值层与基础层。例如在物理部署上，可以将BFF层部署在一个DMZ（demilitarized zone）区，而将后端的业务价值层与基础层部署在安全级别更高的防火墙内网。这时的BFF层就不只限于其名称所指代的含义了。为了更好地体现这一中间层的边缘价值，可将其更名为边缘层（edge layer）。

边缘层的定义更加抽象。只要满足边缘含义的职责，事实上都可以封装在这一层。例如微服务架构风格所需的API网关，也属于介于后端与前端的边缘。整个系统分层架构的演进如图12-27所示。

图12-27　系统分层架构

图12-27中的虚线框代表架构中的可选元素。例如对于非微服务架构，可以不使用API网关；对于前端调用相对简单的系统，甚至可以没有边缘层。

系统分层架构的分层体系与命名参考了SoundCloud的微服务分层架构。不同之处在于，它引入了领域驱动设计的元模型，以问题空间的子领域映射业务价值层和基础层，并将限界上下文作为层次内的基本架构单元，形成了依据价值重要性进行划分的分层架构。

12.3　领域驱动架构风格

一个好的架构能够响应需求变化进行不断的演进。Neal Ford等人指出："构建演进式架构的关键之一在于决定自然组件的粒度以及它们之间的耦合，以此来适应那些通过软件架构支持的能力。"[31]41限界上下文的自治能力可以满足演进式架构对自然组件[1]粒度与耦合的要求。限界上下文的菱形对称架构保证了领域模型的稳定性。网关层清晰地隔离了领域模型与外部环境，又通过运用上下文映射模式指导限界上下文之间的协作，为协作双方预留了足够的弹性空间，满足了演进式架构的要求。

---

① Neal Ford、Rebecca Parsons和Patrick Kua在《演进式架构》一书中提出了"架构量子"的概念：架构量子是具有高功能内聚并可以独立部署的组件，包括支持系统正常工作的所有结构性元素。对系统业务进行纵向切分的自治限界上下文基本符合架构量子的概念。

　　架构的演进能力只是质量元素的一方面,确保架构的一致性才是设计的关键。Frederick Brooks就认为"一致性应该是所有质量原则的根基"[47]97,还引入Blaauw的论断——"好的架构应该是直接的,人们掌握了部分系统后就可以推测出其他部分"——来说明满足了一致性的架构才是好的计算机架构。

　　一个一致的架构必须遵循统一的架构风格。那么,什么是风格呢?Roy Fielding认为:"风格是一种用来对架构进行分类和定义它们的公共特征的机制。每一种风格都为组件的交互提供了一种抽象,并且通过忽略架构中其余部分的偶然性细节,来捕获一种交互模的本质特征。"

　　显然,风格是对架构的一种分类。这一分类是由软件元素(即定义中的组件)及软件元素之间交互的公共特征决定的。忽略架构中的偶然性细节,就是要找出那些稳定不变的本质特征,对其进行抽象。

　　领域驱动设计在架构层面获得的抽象元素就是**系统上下文**与**界限上下文**,它们**围绕领域为核心驱动力,以业务能力为核心关注点**,分别形成了两个层次的架构模式:**系统分层架构模式**与**菱形对称架构模式**。系统分层架构保证了整个系统上下文结构的一致性;菱形对称架构规定了界限上下文清晰的边界,并对它们的交互形成了约束与指导。毫无疑问,它们共同组成了一种独特的架构风格。根据其特征,我将其命名为**领域驱动架构风格**。

　　架构风格必须是清晰的。Brooks认为清晰的风格源自"设计者在大范围的宏观与微观决策中获得了一定程度的一致性"[47]99。对于一个高度复杂的软件系统架构,领域驱动架构风格以系统上下文为宏观层次,对该层次的架构决策由系统分层架构进行规范。到了微观层次,领域驱动架构风格以界限上下文为基本的架构单元,它的架构决策由菱形对称架构进行规范。系统分层架构与菱形对称架构虽然层次不同,设计的驱动力与关注点却是一致的,都是以领域为核心驱动力,以业务能力为核心关注点做出的决策。这就保证了架构在宏观与微观决策中的一致性,也决定了它的清晰风格。

　　领域驱动架构风格如图12-28所示。

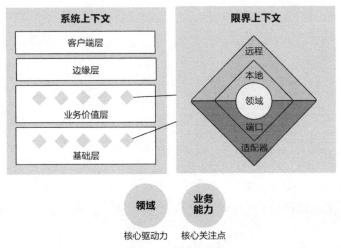

图12-28　领域驱动架构风格

领域驱动架构风格充分利用了限界上下文的自治性与开放性。

当限界上下文化身为运行在进程内部的库时，即演进为**单体架构模式**；当限界上下文根据不同的业务场景定义为不同的通信边界时，即演进为**面向服务架构模式**（或者认为是单体架构与微服务架构组成的混合架构）；当限界上下文的通信边界被界定为进程间通信时，即演进为**微服务架构模式**；当限界上下文之间的协作采用发布者/订阅者映射模式时，即演进为**事件驱动架构模式**。显然，支撑领域驱动架构风格演进能力的关键要素，正是领域驱动战略设计的核心模式——限界上下文。

领域驱动架构风格充分利用了系统上下文对解空间的边界定义，并在约束一致性的同时，保证了设计的实用性。

系统分层架构对限界上下文进行了界定与规范，使得它们能够采取一致的方式提供业务能力。同时，根据限界上下文所属子领域的不同，结合具体的业务场景降低对限界上下文的设计要求，不再一视同仁地严格要求运用菱形对称架构；对于基础层的限界上下文，甚至可以不采用领域建模。

根据业务能力进行纵向切分的限界上下文未必满足面向前端的服务请求。系统分层架构引入边缘层来封装和聚合各个自治的业务能力，同时为前端提供不同的展现模型。无论是单体架构模式、面向服务架构模式还是微服务架构模式，实则都可以遵循系统分层架构。它们之间的区别仅在于限界上下文的通信边界。如此就可以让遵循领域驱动设计的系统架构做到业务架构与应用架构、数据架构的统一，并保证这三者与技术架构的隔离。

第四篇
领 域 建 模

领域建模的过程是模型驱动设计的过程，也是迭代建模的过程。

不可妄求一蹴而就地获得完整的领域模型，也不可殚精竭虑地追求领域模型的尽善尽美。领域建模的分析、设计和实现是循序渐进的增量建模，不同建模过程的目标与侧重点也不尽相同。

领域分析模型负责捕捉表示领域知识的领域概念，明确它们之间的关系，形成反映真实世界的对象概念图。其获得的分析模型全面而粗略。得其大概，既不至于遗漏重要的领域概念，又不至于因为过分定义领域属性而陷入分析瘫痪。

领域设计模型在领域分析模型的基础上加入对设计和实现的思考，为对象概念图套上聚合的镣铐，在保证概念完整性、独立性、不变量和一致性的基础上，更好地管理对象的生命周期。服务驱动设计则赋予了领域模型以动能，在对业务服务进行任务分解的基础上，由外自内由各种角色构造型参与协作，形成了连续执行的消息链条，驱动出远程服务、应用服务、领域服务、聚合和各种端口的方法，既验证了领域模型对象的正确性与完整性，又丰富了领域模型的内容。

领域实现模型基于服务驱动设计输出的任务列表和序列图脚本开展测试驱动开发。领域层的产品代码与测试代码共同构成领域实现模型。由于拥有单元测试的保护，又有及时重构改进代码的质量，领域实现模型变得整洁而稳定，形成具有运行能力的核心领域资产。实现领域模型也是对领域设计模型和领域分析模型的一次验证。

聚合是领域建模阶段的基本设计单元。领域分析模型向领域设计模型的演进是通过识别聚合完成的。聚合边界的约束能力使得领域设计模型在保证细粒度对象定义的同时，又能通过封装实体与值对象的细节简化对象模型，降低领域模型的复杂度。一旦确定了聚合，就可以由此定义资源库端口和领域服务，并按照信息专家模式将体现领域逻辑的原子任务分配给聚合，建立富领域模型。聚合是纯粹的，它不依赖于任何访问外部资源的端口，因此它也是稳定的；因为聚合是稳定的，所以以它为核心建立的领域模型也变得更加稳定。

第 **13** 章
模型驱动设计

> 他就像一个魔法师，从大礼帽里变出一只老鹰，随后掏出一只鸽子。
> 随后，他解释，拆析，并重构他那令人费解的哲思。
>
> ——马洛伊·山多尔，《伪装成独白的爱情》

从架构映射阶段进入领域建模阶段，简单说来，就是跨过战略视角的限界上下文边界进入它的内部，从菱形对称架构的内外分层进入每一层尤其是领域层的内部进行战术设计。在思考如何进行领域建模时，首先需要思考的问题就是：什么是模型？

13.1 软件系统中的模型

先来看看Eric Evans对模型的阐述："为了创建真正能为用户活动所用的软件，开发团队必须运用一整套与这些活动有关的知识体系。所需知识的广度可能令人望而生畏，庞大而复杂的信息也可能超乎想象。**模型**正是解决此类信息超载问题的工具。**模型**这种知识形式对知识进行了选择性的简化和有意的结构化。适当的模型可以使人理解信息的意义，并专注于问题。"[8]2

如何才能让庞大而复杂的信息变得更加简单，让分析人员的心智模型可以容纳这些复杂的信息呢？那就是利用抽象化繁为简，通过标准的结构来组织和传递信息，形成可以推演的解决方案。这就是模型。模型反映了现实问题，表达了真实世界存在的概念，但它并不是真实问题与真实世界本身，而是分析人员对它们的一种加工和提炼。这就好比真实世界中的各种物质可以用化学元素来表达，例如流动的水是真实世界存在的物体，而"水"（water）这个词则是该物体与之对应的概念，H_2O则是水的化学式，也是一种模型。同时，H_2O也是化学世界的统一语言。

模型往往是交流的有效工具，因而需要用经济而直观的形式来表达，其中最常用的表现形式之一就是图形。例如轨道交通线网图，如图13-1所示。

该交通线网图体现了模型的许多特点。首先，它是**抽象**的，并非真实世界中轨道交通线网的真实缩影，图中的每个线路其实都是理想化的几何图形，以线段为主，仅仅展现了方位、走向和距离。其次，它利用了**可视化**的元素。这些元素实际上都是传递信息的信号量，例如使用不同的颜色来区分线路，使用不同大小的形状与符号来区分普通站点与中转站。最后，模型**传递了重要的模型要素**，例如线路、站点、站点数量、站点距离、中转站以及方向，因为对乘客而言，仅需要这些要素即可获得有用的路径规划与指导信息。

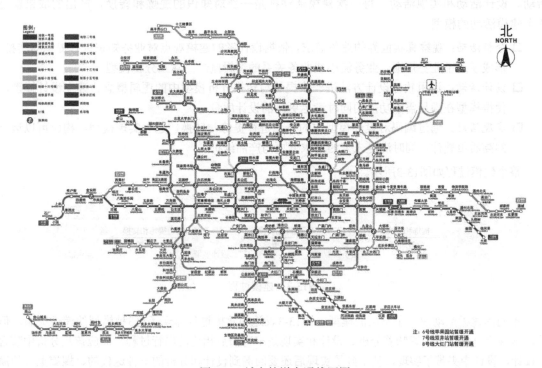

图13-1 城市轨道交通线网图

模型的重要性并不体现在它的表现形式，而在于**它传递的知识**。它是从需求到编码实现的知识翻译器，通过对杂乱无章的问题进行梳理，消除无关逻辑乃至次要逻辑的噪声，然后按照知识语义进行分类与归纳，遵循设计标准与规范建立一个清晰表达业务需求的结构。这个梳理、分类和归纳的过程就是建模的过程，建立的结构即模型。

13.2 模型驱动设计

建模过程与软件开发生命周期的各种不同的活动息息相关，它们之间的关系大体如图13-2所示。

建模活动用灰色的椭圆表示，它涵盖了需求分析、软件架构、详细设计、编码与调试等活动，有时候，测试、集成和保障维护活动也会在一定程度上影响系统的建模。为了便于更

图13-2 软件开发生命周期的各种活动

好地理解建模过程，我将整个建模过程中主要开展的活动称为"建模活动"，并统一归纳为分析活动、设计活动和实现活动。每一次建模活动都是**一次对知识的提炼和转换**，产出的成果就是各个建模活动的模型。

- ❏ **分析活动**：观察真实世界的业务需求，依据设计者的建模观点对业务知识进行提炼与转换，形成表达了业务规则、业务流程或业务关系的逻辑概念，建立**分析模型**。
- ❏ **设计活动**：运用软件设计方法进一步提炼与转换分析模型中的逻辑概念，建立**设计模型**，使得模型在满足需求功能的同时满足更高的设计质量。
- ❏ **实现活动**：通过编码对设计模型中的概念进行提炼与转换，建立**实现模型**，构建可以运行的高质量软件，同时满足未来的需求变更与产品维护。

整个建模过程如图13-3所示。

图13-3　建模过程

不同的建模活动建立了不同的模型，图13-3表达的建模过程体现了这3种模型的递进关系。但是，这种递进关系并不意味着分析、设计和实现是一种前后相连的串行过程，而应该是分析中蕴含了设计，设计中夹带了实现，甚至到了实现后还要回溯到设计和分析的一种迭代的、螺旋上升的演进过程。不过，在建模的某一瞬间，针对同一问题，分析、设计和实现这3个活动不能同时进行。它们其实是相互影响、不断切换和递进的关系。一个完整的建模过程，就是**模型驱动设计**（model-driven design）。

在进行模型驱动设计时，同样需要区分问题空间和解空间，否则，就可能会将问题与解决方案混为一谈，在不清楚问题的情况下开展建模工作，从而输出一个错误模型，无法真实地反映真实世界。即使面对同一个问题空间，当我们采取不同的视角对问题进行分解时，也会引申出不同视角的解决方案，并驱使我们建立不同类型的模型。

将问题空间抽取出来的概念视为数据信息，在求解过程中关注数据实体的样式和它们之间的关系，由此建立的模型就是**数据模型**；将每个问题视为目标系统为客户端提供的服务，在求解过程就会关注客户端发起的请求以及服务返回的响应，由此建立的模型就是**服务模型**；围绕着问题空间的业务需求，在求解过程中力求提炼出表达领域知识的逻辑概念，由此建立的模型就是**领域模型**。毫无疑问，领域驱动设计选择的建模过程，实则是**领域模型驱动设计**。

针对真实世界的问题空间建立抽象的模型，会组成一个由抽象领域概念组成的理念世界。理念世界是真实世界问题空间向解空间的一个投影，投影的方法就是对问题空间求解的方法。在领域驱动设计中，这个求解方法就是领域建模，如图13-4所示。

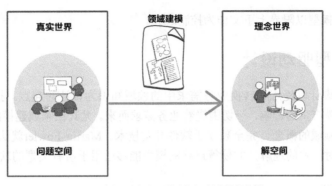

图13-4　问题空间到解空间的领域建模

当系统规模达到一定程度后，软件复杂度陡然增加，要想直接将问题空间映射为解空间的领域模型，需要极高的驾驭能力。建立的领域模型也仅仅体现了对真实世界的一个水平切面，在面对业务变化时，其稳定性与响应能力都面临着极大的考验。

架构映射阶段在这个过程中起到了关键的架构支撑作用。以限界上下文为核心要素构建的架构是在更高的抽象层次上对业务的划分，故而它的稳定性要强于领域模型。菱形对称架构与系统分层架构沿着变化方向与维度对关注点进行了有效的切分，提高了整个系统响应变化的能力。映射获得的架构形成了支撑这个系统的骨架，确保它应对风险和响应变化的能力。整个系统的解空间通过限界上下文进行了分解，使得整个系统的规模得到了有效的控制。真实世界投射而成的理念世界被限界上下文分割为多个小的解空间。对限界上下文进行领域建模，就相当于对一个小规模的软件系统进行领域建模，如图13-5所示。

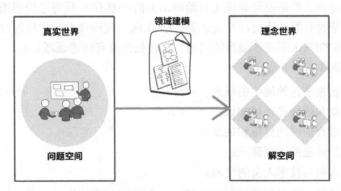

图13-5　对限界上下文进行领域建模

领域建模属于战术层次的求解方法，对应于领域驱动设计统一过程的领域建模阶段，在架构映射阶段输出的架构方案的指导下进行。作为领域模型知识语境的限界上下文，也会对建立的领域模型进行约束，并通过边界确保领域模型在该范围内的完整性和一致性。领域建模阶段形成的求解过程就是领域模型驱动设计。它在如下方面有别于其他模型驱动设计：

❑ 以领域为建模起点，提炼真实世界的领域知识，建立领域模型；

❑ 建立的领域模型以限界上下文作为控制边界。

13.3　领域模型驱动设计

领域模型驱动设计以提炼和转换业务需求中的领域知识为设计的起点。提炼领域知识时，要排除技术因素对建模产生的影响，一切围绕着业务需求而来。尤其在领域建模的分析活动中，领域模型表达的是业务领域的概念，完全独立于软件开发技术。Martin Fowler 就认为："这种独立性可以使技术不会妨碍对问题的理解，并使得最终的模型能够适用于所有类型的软件技术。"[35]3

13.3.1　领域模型

Eric Evans 强调了模型的重要性，总结了模型在领域驱动设计中的作用[8]：

❑ 模型和设计的核心互相影响；

❑ 模型是团队所有成员使用的统一语言的中枢；

❑ 模型是浓缩的知识。

如何才能得到能够准确表达业务需求的模型呢？首先，我们需要认识到模型和领域模型是两个不同层次的概念。根据我们观察真实世界业务需求的视角，建模过程建立的模型还可以是数据模型或服务模型。领域模型驱动设计建立的模型自然是"领域模型"，可以将其定义**为以"领域"为关注核心的模型，是对领域知识严格的组织且有选择的抽象**。

即便有了这个定义，也没能清晰地说明领域模型到底长什么样子，包含了什么内容。

领域模型究竟是什么？是使用建模工具绘制出来的 UML 图？是通过编程语言实现的代码？或者干脆就是一个完整的书面设计文档？我认为，UML 图、代码和设计文档仅仅是表达领域模型的一种载体。绘制出来的 UML 图或者编写的代码与文档如果没有传递领域知识，那就不是领域模型。因此，领域模型应该具备以下特征：

❑ 运用统一语言来表达领域中的概念；

❑ 蕴含业务活动和规则等领域知识；

❑ 对领域知识进行适度的提炼和抽象；

❑ 由一个迭代的演进的过程建立；

❑ 有助于业务人员与技术人员的交流。

既然如此，不管采用的表现形式如何，只要一个模型正确地传递了领域知识，并有助于业务人员与技术人员的交流，就可以说是领域模型。这是一个更不容易犯错误的定义。它其实体现了一种建模原则。很可惜，这样的原则并不能指导开发团队运用领域驱动设计。诸如这样打太极的原则与模糊定义，并不能让开发团队满意。他们还是会执着地追问："领域模型**到底**是什么？"

Eric Evans 并没有就此做出正面解答，但他在模型驱动设计中提到了模型与程序设计之间的关系："模型驱动设计不再将分析模型和程序设计分离开，而是寻求一种能够满足这两方面需求的单一模型。"[8]31这说明分析模型和程序设计应该一起被放入同一个模型中。这个单一模型就是"领域模型"。他反复强调程序设计与程序实现应该忠实地反映领域模型，并指出："软件系统各个部分的设计应该忠实地反映领域模型，以便体现出这二者之间的明确对应关系。"[8]32同时，还要求："从模型中获取用于程序设计和基本职责分配的术语。让程序代码成为模型的表达。"[8]32在我看来，分析真实世界后提炼出的概念模型，就是**领域分析模型**；设计对领域模型的反映，就是**领域设计模型**；代码对领域模型的表达，就是**领域实现模型**。领域分析模型、领域设计模型和领域实现模型在领域视角下，成了领域模型中相互引用和参考的不可或缺的组成部分，它们分别是分析建模活动、设计建模活动和实现建模活动的产物。

模型驱动设计非常强调模型的一致性。Eric Evans甚至认为："将分析、建模、设计和编程工作过度分离会对模型驱动设计产生不良影响。"[8]39这正是我将分析、设计和实现都统一到模型驱动设计中的原因。因此，倘若我们围绕着"领域"为核心进行设计，采用的就是领域模型驱动设计，整个领域模型应该包含图13-6所示的领域分析模型、领域设计模型和领域实现模型。

领域建模阶段的不同活动获得的领域模型其侧重点不同，参与建模的人员也有所差异，分别获得的模型共同构成了一个完整的领域模型。

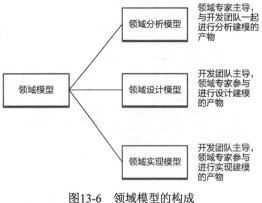

图13-6　领域模型的构成

13.3.2　共同建模

为了保证领域模型的一致性、真实性、完整性，并将模型蕴含的知识传递到团队的每一个成员，无论是领域建模的哪一个阶段，都应尽可能引导领域专家和整个开发团队参与到建模活动中来，进行**共同建模**，而不是由专职的分析师或设计师使用冷冰冰的建模工具绘制UML图。

领域模型的目的在于交流，引入直观而又具备协作能力的**可视化手段**能够促进共同建模。通过使用各种颜色的即时贴、马克笔和白板纸等可视化工具，让彩色的领域模型成为一种沟通交流的视觉工具，如图13-7所示。领域模型中的领域概念、协作关系皆生动形象地活跃在彩色图形上，使得团队协作成为可能，让领域模型更加直观，从而避免沟通上的误差与分歧，使得团队能够迅速就领域模型达成一致。

结对编程也可认为是共同建模的一种实践。在建立领域实现模型时，可通过结对编程进行测试驱动开发。测试用例体现了具体的业务场景，测试方法的命名更加接近自然语言，Given-When-Then模式与业务场景的描述非常契合。**领域专家**也可以参与到结对编程中来。由于领域层的代码模型仅为业务逻辑的表达，领域专家能够敏锐地发现代码模型是否与领域概念保持一致，从而帮助开发人员打磨代码。代码即模型，这是领域模型最理想的表现形式，也是领域建模最终的模型产物。

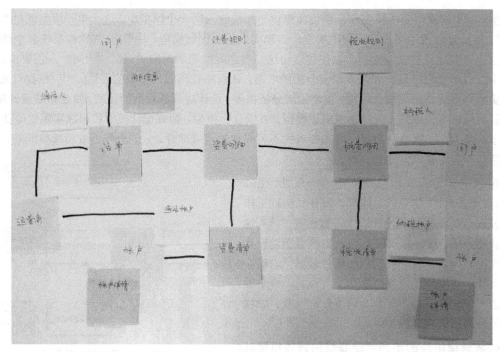

图13-7　共同建模获得的领域分析模型

13.3.3　领域模型与统一语言

　　领域模型之所以划分为3个模型，是因为不同活动的交流对象与交流重心各不相同。在领域分析建模活动中，开发团队与领域专家一起工作，通过建立更加准确而简洁的领域分析模型，直观地传递着不同角色对领域知识的理解。在领域设计建模活动中，必须基于领域分析模型对模型中的对象做出设计改进，考虑职责的合理分配与良好的协作，建立具有指导意义的领域设计模型。在领域实现建模活动中，代码必须是领域设计模型的忠实表现，意味着它其实也忠实表现了领域分析模型蕴含的领域知识。

　　一言以蔽之，让领域分析模型服务于开发团队与领域专家，领域设计模型服务于软件设计人员，领域实现模型服务于开发人员。3个模型各司其职，各取所需，共同组成了领域模型。

　　在领域建模过程中，我们需要不断地从统一语言中汲取建模的营养，并**通过统一语言维护领域模型的一致性**。当开发团队根据领域分析模型建立领域设计模型时，如果发现领域分析模型的概念未能准确表达领域知识，又或者缺少了隐式概念，就需要调整领域分析模型，使得领域设计模型与领域分析模型保持一致。领域实现模型亦当如此。显然，统一语言为领域模型驱动设计提供了一致的领域概念，使得领域模型在整个领域建模阶段保持了同步。至于统一语言的获得，自然来自全局分析阶段获得的业务需求，如此就将全局分析与领域建模衔接在一起，如图13-8所示。

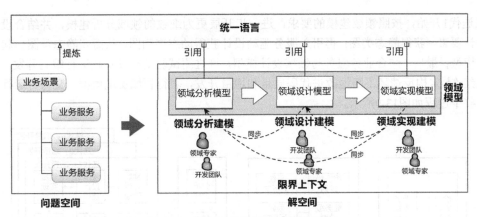

图13-8 统一语言指导下的领域建模

13.3.4 迭代建模

分析、设计和实现并非3个割裂的阶段，而是领域模型驱动设计的3个建模活动。在领域驱动设计统一过程中，我将领域模型驱动设计的过程定义为**领域建模阶段**，主要执行3个过程工作流：

❑ 领域分析建模；
❑ 领域设计建模；
❑ 领域实现建模。

这3个过程工作流就是领域模型驱动设计的3个建模活动。在项目开发过程中，这3个过程工作流并非前后衔接的瀑布流程：领域特性团队的一部分团队成员在执行领域分析建模的同时，会有另一些团队成员在进行领域设计建模和领域实现建模。

领域建模是针对问题空间的战术求解过程，同时，它也需要接受领域驱动架构风格的指导，故而在迭代建模之前，需要率先完成全局分析与架构映射。采用最小计划式开发流程，在先启阶段完成全局分析，获得价值需求和业务需求，然后执行架构映射，获得由系统上下文与限界上下文构成的领域驱动架构。为了避免分析瘫痪（analysis paralysis），先启阶段的周期应控制在两周到一个月左右。

先启阶段结束后，就进入领域模型驱动设计的迭代开发阶段。迭代开发阶段的目标是获得领域模型，不妨参考Scott W. Ambler敏捷建模的思想，将其称为**迭代建模**（iteration modeling）。

领域特性团队的业务分析人员需要在迭代建模的准备阶段（迭代0）细化问题空间的业务服务，为其编写业务服务规约[1]，然后在其基础上，通过提炼领域知识，获得由领域概念组成的领域分析模型。

---

[1] 条件允许的情况下，可以在先启阶段执行架构映射时，针对核心子领域的业务服务编写规约，获得细化的业务需求，因为识别上下文映射、定义服务契约也需要业务服务规约。

从迭代1开始，按照领域建模的要求，进一步开展更为细致的领域分析建模，并结合设计元模型的设计要素，获得静态类图；再引入服务驱动设计获得动态序列图，从而和静态类图一起组成领域设计模型；最后，结合业务服务与领域设计模型，推进测试驱动开发实践进行编码开发，以小步快速的红-绿-重构反馈环不断地改进代码质量和增量开发，获得领域实现模型，交付可运行的功能特性。整个过程如图13-9所示。

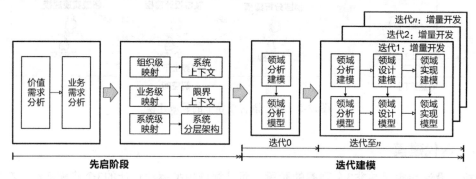

图13-9　从先启阶段到迭代建模

迭代建模与迭代的增量开发一脉相承。它避免了在建模过程尤其是分析建模活动出现分析瘫痪，也避免了在设计建模活动中的过度设计，同时还能快速地开发出新功能及时获得用户的反馈。领域模型也随着增量开发而不断演化，始终指导着设计与开发。

迭代建模使得建模活动成为迭代开发中不可缺少的一个重要环节，但整个活动却是轻量的，有效地促进了团队成员的交流，符合Kent Beck提出的核心价值观：沟通、简单和灵活。

第 **14** 章

领域分析建模

> 是的，客户，在银行业务上，我们把和我们有来往的人通称为客户。
>
> ——狄更斯，《双城记》

不管采用什么样的软件开发过程，对于一个复杂的软件系统，都必然需要对问题空间展开分析，有的放矢地针对该软件系统的需求寻找设计上的解决方案。在战术层面，领域驱动设计要求的分析方法就是以"领域"为中心对业务需求展开分析建模，获得**领域分析模型**。这个过程要求开发团队与领域专家一起来完成。在对业务需求进行领域分析建模时，一个重要参考就是统一语言。

14.1 统一语言与领域分析模型

在领域建模阶段，领域模型与统一语言之间是一种相辅相成的关系。统一语言可以作为领域建模尤其是领域分析建模的依据，建立的领域模型又反过来组成了统一语言。开发人员要学会使用统一语言描述构成领域模型的类、方法甚至领域层的每一行代码，并时刻保证领域模型与统一语言的一致性。

统一语言不仅构成了领域模型，还是领域建模过程中无形的最高设计准绳。为了保证分析与设计的质量，我们需要不停地追问以下问题。

- ❑ 我们设计的模型符合统一语言吗？
- ❑ 限界上下文的领域概念遵循统一语言吗？
- ❑ 类名与方法名满足统一语言的规范吗？

这就好比你开车到一个陌生的城市。统一语言就是地图导航，不停地发出声音提醒你行进的方向。当你驶入错误的地方时，它也会及时地修正路线，然后给予你正确的提示。

领域专家在与开发团队进行协作时，不管是"大声地"通过对话进行交流，还是形成全局分析规格说明书，只是交流的载体不同，使用的仍然是单词和短语。消除了分歧并就领域知识达成共识的统一语言，正是由这些单词和短语组成。相较于普通交流的自然语言，统一语言更加精练，更加简洁，也更加准确。字斟句酌而形成的统一语言将成为领域分析建模的一把利器。

14.2 快速建模法

为了快速通过业务需求获得领域模型，Russell Abbott提出了一种"名词动词法"。他建议写下问题描述，然后划出名词和动词。名词代表了候选对象，动词代表了这些对象上的候选操作[①]。如果在领域分析建模之前，业务分析人员能够提供高质量的业务服务规约，就可以快速识别规约中的名词，提炼出领域概念，组成领域分析模型。

由于领域分析建模应由领域专家主导开发团队共同建模，为防引起交流上的障碍，应尽量避免引入软件设计要素。我一直认为，**在分析之初，不考虑任何技术实现手段，一切围绕着领域知识进行建模，是领域模型驱动设计的关键**。通过动词识别领域对象的操作，实则进入了设计范畴。毕竟，对方法的识别牵涉到职责分配的合理问题，若职责分配不当，会导致对象之间的协作不合理。我倾向于在领域设计建模时通过服务驱动设计确定职责的分配，而在领域分析建模阶段，目的还是寻找出领域概念。

识别业务服务的名词固然可以快速获得领域分析模型，但一些隐藏的领域概念可能会被我们遗漏，一些关键领域概念的缺失影响了领域分析模型的质量。针对业务服务的动词进行建模可以作为一种有效的补充手段。

对动词建模并非为领域模型对象分配职责、定义方法，而是将识别出来的动词当作一个领域行为，然后看它是否产生了影响管理、法律或财务的**过程数据**。该过程数据表现的概念同样属于领域分析模型，实际是Peter Coad定义的**时标架构型**（moment-interval archetype）。理解什么是时标架构型，有助于针对动词建模。

时标架构型的核心要素是时刻或时段。它代表了出于商业和法律上的原因，我们需要处理并跟踪的某些事情，这些事情是在某个时刻或某一段时间内发生的……（它）寻找的是问题空间中具有重要意义的时刻或时段。[36]显然，**时刻或时段是时标架构型的特征属性**。在这个时刻或时段，有某件事情发生了，而这件事情对我们要处理的领域而言，具有重要意义。如果缺少对它的记录，就会影响到商业的运营管理、造成经济损失或引起法律纠纷。一言以蔽之，时标架构型的核心要素包括**时刻/时段**和**重大事件**，二者缺一不可。例如，一次销售发生在某一个时刻，如果缺少对销售的记录，会影响企业的收支估算，影响销售人员的提成。一次租赁从登记入住到租约期满，发生在一个时段，如果缺少对租赁的记录，会导致租赁双方的法律纠纷。

具有时标架构型特征的对象可称之为"时标对象"，**时标对象的时刻或时段是代表业务含义的关键属性**，不能将记录数据的创建或修改时间戳与时标属性混为一谈，也不可认为属于日期/时间类型的业务属性是时标属性。例如，一个员工具有出生日期属性，但员工的出生日期对一个企业而言，没有重要意义，因而不是时标属性。即使一个对象具有时标属性，也未必就是时标对象。例如，员工入职日期是值得记录的关键时标属性，但员工却并非时标对象，因为员工这个对象并非入职日期这个时刻发生的事件，入职OnBoarding对象才是。

寻找时标对象要先从业务流程中找到任何一个重大的时刻或时段，再来分析在这个时刻或时段到底发生了什么事情，是否需要记录过程数据，如果缺少了过程数据，会否对运营管理产生影响，会否带来经济损失，或引起法律纠纷。例如，在2020年6月7日9时：

---

① 参见Russell Abbott的论文 "Program Design by Informal English Description"。

- ❑ 学生甲在图书馆借阅了一本《领域驱动设计》；
- ❑ 客户乙取走了一笔3000元人民币的款项；
- ❑ 交警丙处理了一起交通违法事项；
- ❑ 买家丁在淘宝购买了一支护手霜。

以上事件都发生在2020年6月7日9时，产生的记录在各自系统都具有不可缺失的重要意义。缺少一次借阅记录，可能导致图书馆丢失一本书；交易记录存储失败，会影响银行的对账；少记录一次处罚，会影响执法公正；订单找不到了，可能产生买家和卖家间的纠纷。

结合时标对象的特征，可以将其理解为**一个领域行为在某个时刻或时段生成的过程数据**。如前给出的例子，借阅图书行为产生了借阅记录(Borrowing)，取款行为产生了交易记录(Transaction)，罚款行为开出了罚单（Ticket），购买护手霜行为产生了订单（Order），这些对象无一不是行为的中间结果，也就是操作行为的过程数据。之所以称为"过程数据"，是因为它并非执行该领域行为的目标。例如，取款行为的目标是钞票，不是交易记录，购买护手霜行为的目标是护手霜，不是订单。

为了区别Russell Abbott提出的"名词动词法"，同时也希望快速推进领域分析建模的过程，响应迭代建模的精神，我将这一分析建模方法称之为**快速建模法**，它的建模过程分为4个步骤，如图14-1所示。

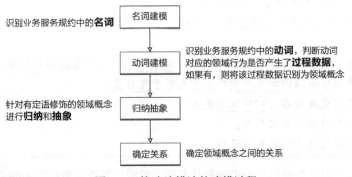

图14-1 快速建模法的建模过程

14.2.1 名词建模

名词建模的基础是业务服务规约，建模人员迅速找出规约描述中的名词，在统一语言的指导下将其一一映射为领域模型对象。这些领域模型对象往往最容易识别，以此为基础就可以轻易地获得一个像模像样的领域分析模型。这一成果势必会增加建模人员的建模信心。统一语言的梳理与参考也促进了建模人员对业务的理解。

通过名词建模时，不要犹豫。只要名词属于领域概念，符合统一语言的要求，就快速将它拈出来，放到领域分析模型中。

以电商系统的提交订单业务服务为例，它的规约描述如下。

> **服务编号**：EC-0010
>
> **服务名**：提交订单
>
> **服务描述**：
>
> 　　作为<u>买家</u>，
>
> 　　我想要<u>提交订单</u>，
>
> 　　以便买到我心仪的<u>商品</u>。
>
> **触发事件**：
>
> 　　买家点击"提交订单"按钮
>
> **基本流程**：
>
> 　　1. <u>验证订单有效性</u>；
>
> 　　2. <u>验证库存</u>；
>
> 　　3. <u>插入订单</u>；
>
> 　　4. 从<u>购物车</u>中<u>移除所购商品</u>；
>
> 　　5. 通知买家订单已提交。
>
> **替代流程**：
>
> 　　1a. 如果订单无效，给出提示信息；
>
> 　　2a. 如果所购商品缺货，给出提示信息；
>
> 　　3a. 若订单提交失败，给出失败原因。
>
> **验收标准**：
>
> 　　1. 订单需要包含<u>客户 ID</u>、<u>配送地址</u>、<u>联系信息</u>及已购商品的<u>订单项</u>；
>
> 　　2. 订单项中商品的<u>购买数量</u>要小于或等于<u>库存量</u>；
>
> 　　3. 订单提交成功后，<u>订单状态</u>更改为"已提交"；
>
> 　　4. 购物车对应商品被移除；
>
> 　　5. 买家收到订单已提交的通知。

业务服务规约中以**下划线**标记的内容都是名词，对应于领域分析模型中的类型或类型的属性。即使为类型的属性，若该属性体现了领域概念的特征，也当识别为领域类型。例如，名词"配送地址"（ShippingAddress）是"订单"（Order）的属性，但同样体现了"地址"这一重要的领域概念。业务服务的角色在领域分析模型中同样应该被定义为类型，它与构成业务服务宾语的领域概念之间存在关联关系，如"买家"（Buyer）与"订单"（Order）。

业务服务规约的用词表达要遵循统一语言的标准要求。当然，自然语言的表达形式往往不够精确，因而在将名词转换为领域概念时，需要进一步分析和甄别，尤其要注意描述不当带来的分析陷阱，或者要善于发觉描述中可能隐藏的概念。例如"购物车对应商品被移除"描述了购物车中的商品，但实际指的是"购物车项被移除"。只不过在买家心中，并不存在"购物车项"这一概念。

在勾勒出需求描述中的名词时，需要注意部分中文词语需要结合上下文判断词性（英文却不必如此）。例如"通知（notify）买家订单已提交"和"买家收到订单已提交的通知（notification）"

都包含了"通知"一词，但后者才是名词，表达了"通知"的领域概念。图14-2就是对提交订单业务服务规约运用名词建模获得的领域分析模型。

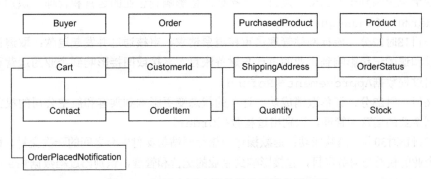

图14-2 运用名词建模获得的领域分析模型

在该模型中，我定义了`OrderPlacedNotification`而非`Notification`来表示通知的领域概念，这是希望清晰地表达提交订单的通知行为。倘若认为通知的类型取决于传递给它的值，则可以定义通用的`Notification`类。

14.2.2 动词建模

名词之后是动词。再次强调，识别动词并非为领域模型对象分配职责、定义方法，而是将识别出来的动词当作一个领域行为，然后看它是否产生了影响管理、法律或财务的**过程数据**，从而获得时标对象并将其放到领域分析模型中。并非每一个动词都会产生过程数据，如果没有，就跳过，继续识别下一个动词；一旦找到，就将其放到领域分析模型。

例如，作为咨询师的我在2020年6月6日接受了一个咨询任务，要在次日从成都到北京出差。为此，我需要预订去程机票。以下是我的一系列操作行为。

❑ 6月6日16时30分，我使用自己的账号名登录到一家旅行网站：**登录行为**产生了登录请求，它与企业运营和管理无关，无须产生过程数据。

❑ 6月6日16时32分，我查询了6月7日从成都到北京的航班：**查询航班行为**获得了航班查询结果，它与企业运营和管理无关，不需要被识别为领域模型对象。

❑ 6月6日16时40分，我选定了查询结果中的一个去程航班，在输入乘客信息后提交订单，发起支付：**提交订单行为**生成了机票预订订单，**支付行为**产生支付凭证，旅行网站会向航空公司**预订航班**；订单、支付凭证影响到企业的财务和账目，航班预订影响到乘客的权益，直接或间接影响到企业的运营和管理，识别出过程数据`Order`、`Payment`和`FlightSubscription`。

❑ 6月6日17时，旅行网站通知我订票成功：**通知行为**会产生订票成功的通知信息，但它与企业运营和管理无关；旅行网站完成**订票支付交易**，它会影响企业的财务账目，例如对往来账的清算与结算，识别出过程数据`Transaction`。

14

- 6月6日18时20分，客户突然调整了咨询任务安排，延期到一个月后执行。我需要取消航班：重新登录网站**取消订单**，并**发起退款请求**。订单状态变更影响到乘客和航空公司的权益；退款请求影响到企业的交易账目，直接或间接影响到企业的运营和管理，识别出过程数据 Order 和 RefundRequest。
- 6月6日18时22分，旅行网站管理员审核退票请求，审核通过并发起退款：**取消订单的审核记录和退款记录**影响到企业的审计与财务账目，直接或间接影响到企业的运营和管理，识别出过程数据 Approvement 和 Refund。
- 6月6日18时23分，订单取消成功：订单的状态变更影响到乘客和航空公司的权益，间接影响到企业的运营和管理，识别出过程数据 Order。
- 6月7日18时30分，退款成功：**退款操作**为旅行网站与支付中介之间的一次交易，影响到乘客和企业的权益与财务账目，直接影响到企业的运营和管理，识别出过程数据 Transaction。

需要记录的过程数据如图14-3所示，它们就是动词建模识别出来的领域模型对象。

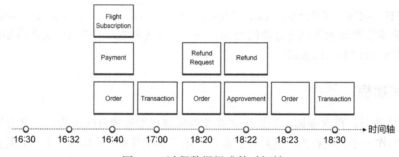

图14-3　过程数据组成的时间轴

通过动词寻找时标对象时，可以针对动词对应的领域行为发起与领域专家之间的问答，当然也可以是设计者自己的自问自答。提问的模式如下所示。

- 针对动词代表的领域行为，是否需要记录过程数据？
- 如果缺少了过程数据，会否影响运营管理、引起法律纠纷或造成经济损失？

第一个问题是正向的，**驱动**出隐藏的关键概念；第二个问题是反向的，用以**验证**挖掘出来的业务概念是否真的属于领域分析模型中的核心概念。正反两个方向的分析驱动力如图14-4所示。

在提交订单业务服务规约中，以**波浪线**标记的内容都是动词，分别为：提交、买、验证、移除、通知。针对这些动词代表的领域行为，就可以做正反方向的分析。例如，针对动词"提交"对应的提交订单行为，询问：

- 提交订单是否需要记录过程数据？

图14-4　正反两个方向的分析驱动力

于是发现，订单正是提交行为产生的过程数据。继续询问：

❑ 如果缺少了订单，会否影响运营管理、引起法律纠纷或造成经济损失？

显然，如果没有订单，库存无法针对该订单配送商品，买家和卖家可能就商品的购买产生不必要的纠纷。通过动词建模，就识别出了订单领域概念[①]。

针对"验证"对应的验证订单有效性与验证订单库存行为进行询问，发现验证行为只会产生验证结果，无须记录任何过程数据，可以忽略该动词。

动词建模可以找到名词建模可能遗漏的具有时标对象特征的领域概念，弥补了名词建模的不足。

14.2.3 归纳抽象

通过名词建模和动词建模快速确定领域分析模型后，为提高模型的质量，可对已有领域概念进行归纳抽象。归纳抽象时，主要针对那些**由定语修饰的领域概念**。

名词建模直接将业务服务描述中的名词转换为领域模型，其中，可能包含那些**有定语修饰的名词**，如配送地址、家庭地址、已付款金额、冻结资金等。要注意**分辨它们是类型的差异，还是值的差异**。如果是值的差异，类型就应该相同，应归并为一个领域概念。例如，收货地址与家庭地址表达了不同的值，但它们其实都是地址Address类型；订单状态和商品状态似乎修饰的都是状态，但实际上代表完全不同的类型，两个概念不能合并。

倘若修饰名词的定语也是一个名词，且为领域分析模型中的领域概念，它对应的领域概念就可能是另一个领域概念的属性，如账户状态、开户行地址，可认为是账户（Account）和开户行（AccountBank）领域概念的属性。可以确认一下这样的属性是否有单独定义领域概念的必要。**领域驱动设计鼓励在领域分析建模阶段形成细粒度的领域概念。**

有些定语的修饰比较隐晦，要注意对主要名词的甄别。例如收款行与付款行，看起来好像两个完整的词，实则可以定义为"收款的银行"与"付款的银行"。如此一来，就清晰地体现了它们都是银行Bank类型，区别在于职责（角色）的不同。

通过对领域概念的归纳抽象，可把过于零乱分散的领域概念做进一步过滤，让领域分析模型变得更加紧凑和精简。当然，不要为了抽象而抽象，否则可能删掉一些有价值的领域概念。整体看来，领域分析建模提炼出来的领域概念是**多比少好**，在分不清楚一个领域概念该保留还是删除时，应优先考虑保留，待到领域设计建模时再做进一步甄别。

在归纳抽象过程中，还要注意剔除掉那些与业务服务的服务价值明显不符，对整个领域模型也没有贡献的领域概念。例如，"取款"业务服务规约的描述中出现了"银行"这一名词，它被放到了领域模型中。银行作为一个场所，确实是取款行为的发生地，但对取款服务而言，银行这一概念并不真正参与到取款行为中，也就对领域模型没有贡献，可以考虑剔除。

14

[①] 在快速建模法中，动词建模是名词建模的补充，但并不意味着所有的时标对象都要通过动词建模才能获得。有时候，一些时标对象在业务服务中通过名词描述出来了。例如，本例中的订单虽然是时标对象，但该领域概念已经通过名词建模找到了；在第17章的薪资管理系统案例中，动词建模找到的支付记录就有效地补充了名词建模得到的领域分析模型。

14.2.4 确定关系

一旦获得了领域分析模型的领域概念，就可以进一步确定它们之间的关系。

这一步骤对领域分析建模起到了推波助澜的作用。Martin Fowler认为："如果某个类型拥有多种相似的关联，可以为这些关联对象定义一个新的类型，并建立一个知识级类型来区分它们。"[35]也就是说，如果发现用一个领域概念来描述关系更为合理，就可以将该关系建模为一个领域概念，尤其对于多对多关系，往往提醒着建模者需要去寻找可能隐藏在关系背后的领域概念。

例如，读者（Reader）与作品（Work）之间存在关联关系，表达了一种收藏的概念，故而可以提炼出收藏（Favorite）领域概念。

针对提交订单业务服务，在通过名词建模和动词建模获得的领域概念中，订单（Order）与所购商品（PurchasedProduct）之间存在多对多关系。在二者的关系上，实则需要建立订单项（OrderItem）概念。一个订单包含多个订单项，一个订单项包含一个所购商品，由此就简化了订单与所购商品之间的关系。同理，购物车（Cart）与商品（Product）之间的关系也可以引入购物车项（CartItem）领域概念。

最终，通过快速建模法为提交订单业务服务获得了图14-5所示的领域分析模型。

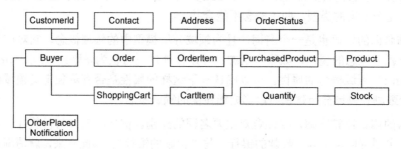

图14-5 运用快速建模获得的领域分析模型

14.3 领域分析模型的精炼

统一语言与快速建模法可以驱动团队研究问题空间的词汇表，快速地帮助团队获得初步的领域分析模型，获得的模型品质受限于语言描述的写作技巧。统一语言的描述更多体现了对真实世界的模型描述，缺乏深入精准的分析与统一的抽象，使得我们很难发现隐含在统一语言背后的重要概念。由此获得的领域分析模型还需要进一步精炼。

对相同或相近的领域进行建模分析时，一定有章法和规律可循。例如，不同电商系统的领域模型定有相似之处，不同的财务系统自然也得遵循普遍适用的会计准则。这并非运用行业术语这么简单，而是结合领域专家的知识，将这些相同或相似的模型抽象出来，形成可以参考和复用的概念模型，就是Martin Fowler提出的**分析模式**。他认为："分析模式是一组概念，这些概念反映了业务建模中的通用结构。它可以只与某个特定的领域相关，也可以跨越多个领域。"[35]分析模式独立于软件技术。领域专家可以理解这些模式，这是领域分析建模尤为关键的一点。

建立领域分析模型时，可参考别人已经总结好的分析模式，如Martin Fowler在《分析模式：可复用的对象模型》中介绍的模式覆盖了组织结构、单位数量、财务模型、库存与账务、计划以及合同（期权、期货、产品以及交易）等领域，Peter Coad等人在《彩色UML建模》一书中也针对制造和采购、销售、人力资源管理、项目管理、会计管理等领域给出了领域模型。这些领域模型皆可视为分析模式的一种体现，可作为我们建立领域分析模型的参考。

当一个团队在一个行业中工作良久，团队中的每个成员都可能成长为领域专家，通过对核心子领域的深入分析，完全有能力建立自己的分析模式。具有丰富领域知识的设计人员身兼领域专家与软件设计师之职，无形中消除了沟通与知识的壁垒。遗憾的是，许多软件设计师要么不具备业务分析和建模能力，要么因为不够重视错过了成为建模专家的机会。**实际上，在领域分析建模活动中，扮演重要作用的不是开发团队，而是领域专家**。Martin Fowler就认为：“我相信有效的模型只有那些真正在问题空间中工作的人才能建造出来，而不是软件开发人员，不管他们曾经在这个问题空间工作了多久。”[35]

认识到分析模式是企业的一份重要资产，或许就能说服领域专家将更多的时间用到寻找和总结分析模式的工作上来。总结出一种模式并不容易，需要高度的抽象能力和总结能力。无论如何，为系统的核心子领域引入一些相对固化的模式，总是值得的。Eric Evans就认为：“利用这些分析模式可以避免一些代价高昂的尝试和失败过程，而直接从一个已经具有良好表达力和易实现的模型开始工作，并解决一些可能难于学习的微妙的问题。我们可以从这样一个起点来重构和实验[8]。”

运用分析模式可以改进领域分析模型。Martin Fowler说：“对于你自己的工作，看看是否有和模式相近的，如果有，用模式试试看。即使你相信自己的解决方案更好，也要使用模式并找出你的方案更适合的原因。我发现这样可以更好地理解问题。其他人的工作也同样如此。如果你找到一个相近的模式，把它当作一个起点来向你正在回顾的工作发问：‘它和模式相比强在哪里？模式是否包含该工作中没有的东西？如果有，重要吗？’”[35]

当然，分析模式并非万能的灵药。即使已经为该领域建立了成熟的分析模式，也需要随着需求的变化不断地维护这个核心模式。注意，**模式并非模型**，它的抽象层次要高于模型，故而具有一定通用性。正因为此，它无法真实传递完整的领域知识。分析模式是领域分析建模的参考，利用一些模式与建模原则，可以帮助我们进一步精炼领域分析模型，使其变得更加稳定，又具有足够的弹性。

14.4 领域分析模型与限界上下文

在领域分析建模阶段，**不要忘记将限界上下文引入领域分析模型**。限界上下文是领域模型的业务边界，即领域模型的知识语境。由于在架构映射阶段已经为业务服务确定了限界上下文的边界，通过业务服务建立领域分析模型时，自然而然就能确定模型的边界。例如，提交订单业务服务属于订单上下文，那么根据该业务服务识别出来的领域模型对象，自然也会优先放到订单上下文。

一个业务服务可能需要多个限界上下文共同协作，这一过程通过服务序列图已有清晰地呈现。

图14-6展示了提交订单业务服务的服务序列图。

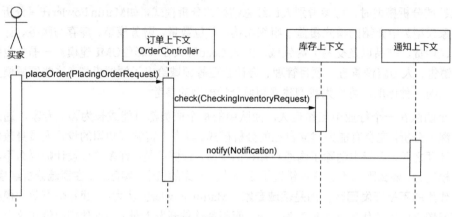

图14-6　提交订单业务服务的服务序列图

订单上下文与库存上下文、通知上下文之间存在协作关系。在建立领域分析模型时，对应的领域概念也应根据它与限界上下文的亲密度做出合理分配。

由于领域分析模型已经确定了对象之间的关系，因此，需要特别关注存在关系的两个领域模型对象分属不同限界上下文的情形。如果二者存在非常强的耦合关系，可以反思限界上下文的边界是否合理，或者领域模型的划分是否正确。这也说明领域驱动设计统一过程的3个阶段并非自上而下的瀑布过程。全局分析阶段定义了体现统一语言的价值需求与业务需求，架构映射阶段控制了领域模型的边界与粒度，领域建模阶段又通过实证角度验证了架构映射方案的合理性，并将领域建模确定的概念反馈给全局分析时定义的统一语言，形成了一种螺旋上升的迭代分析与设计过程。

在确定领域分析模型与限界上下文的关系时，需要充分考虑到限界上下文作为领域模型知识语境的特征。倘若一个相同名称的领域概念需要引入定语修饰才能区分领域概念的差异性，说明需要限界上下文作为它的业务边界。例如，领域概念"所购商品"对商品添加了定语修饰，说明与订单项有关的商品概念不同于商品上下文的商品概念，需要为其引入限界上下文。

统一语言在这个过程也发挥着重要的作用，尤其当不同的领域特性团队针对不同的业务流程与业务服务进行分析建模时，各自提炼出来的领域概念可能出现以下3种情况。

- 名称不同、含义相同的类：订单上下文的领域特性团队根据自己的业务服务提炼出支付凭条领域概念，支付上下文的领域特性团队则提炼出交易记录领域概念。在电商平台中，这两个概念代表相同的含义，需要达成一致。

- 名称相同、含义不同的类：在配送商品业务服务中，提及了配货员通过订单对商品进行配送。它和订单上下文提炼出来的订单概念名称相同，但在库存上下文中，配货员是按照配货单进行拣货的，需要按照统一语言的要求，在库存上下文中将订单概念更名为配货单。

- 名称相同、含义相同的类：在提交订单业务服务中，提炼出了参与该业务服务的买家服务为领域概念，并根据统一语言的要求统一命名为客户，同时，在管理客户的若干业务服务

中,对应的领域特性团队也定义了该概念。它们的名称相同,含义也相同,需要根据知识
语境判断这样的概念是否需要在多个限界上下文中重复定义。

通过快速建模法分析业务服务获得的领域分析模型需要和架构映射输出的限界上下文结合起
来,为领域分析模型添加限界上下文的业务边界,如图14-7所示。

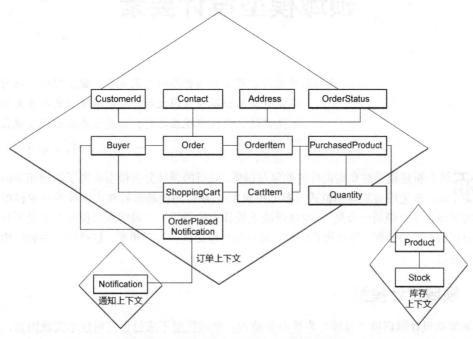

图14-7　确定了限界上下文的领域分析模型

确定领域模型与限界上下文的关系时,可以从业务能力所需的领域知识角度判断领域模型的
归属,并在统一语言的指导下明确领域模型的知识语境,划分它的业务边界。

14

第 **15** 章
领域模型设计要素

> 我的职责就是管理世界与世界的相互关系，就是理顺事物的顺序，
> 就是让结果出现在原因之后，就是不使含义与含义相混淆，
> 就是让过去出现在现在之前，就是让未来出现在现在之后。
>
> ——村上春树，《海边的卡夫卡》

领域分析建模是对真实世界的抽象与提炼，获得的领域分析模型表现了领域相关的业务知识。若采用对象建模范式（参见附录A），获得的就是映射真实世界的对象模型。它距离编码实现还差了"最后一公里"，也就是缺乏设计上的指导。只确定领域模型对象是不行的，还需要关心它们的职责分配、生命周期管理、与外部环境之间的协作机制，这些内容由**领域设计模型**来传递与表达。

15.1 领域设计模型

领域驱动设计强调以"领域"为核心驱动力。领域模型不应包含任何技术实现因素，模型中的对象真实地表达了领域概念，却不受技术实现的约束。我将这样由对象组成的领域模型，称为**理想的对象模型**。

15.1.1 理想的对象模型

理想的对象模型都是完美的，现实的对象模型却各有各的不完美之处。当我们在谈论对象时，往往不带一丝烟火气，不会考虑数据的存储、性能的瓶颈以及依赖的千丝万缕，而以为对象诗意地栖居在计算机的内存世界中自给自足。对象模型一经创建，就构成了一张可以通达任何角落的对象网络，允许调用者自由使用，仿佛它们唾手可得。然而，对象如人，有自己的"生老病死"，也有各自不同的能力和性格。创造这些对象的我们，可以操纵它们的生死，但若要这个由对象组成的世界向着"善"的方向发展，就不能给予对象绝对的自由。

对象存在"生老病死"，内存是这些对象的运行空间。我们需要有类似科幻剧《西部世界》中的能力，可以让系统暂停、重启，这就需要为系统中每个对象的数据提供一份不会丢失的副本。这并非业务因素带来的制约，而是基础设施产生的局限，这就引入了领域对象模型的**第一个问题：领域模型对象如何实现数据的持久化？**

　　对象掌握的信息并不均等，使得对象之间需要互通有无。理想的对象模型可以组成一张四通八达的网，使得信号可以畅通地从A对象传递到B对象，也使得我们获取对象的区别仅在于需要途经的网络节点数量。可惜现实并非如此，内存资源是昂贵的，加载不必要对象带来的性能损耗也不可轻视，这就引入了领域对象模型的**第二个问题：领域模型对象的加载以及对象间的关系该如何处理？**

　　每个对象各有性格：有的对象具有强烈的身份意识，处处希望彰显自己的与众不同之处；有的对象则默默地提供重要的能力支撑却不自显。不同性格的对象被加载到内存，就对管理和访问提出了不同的要求，这并非堆与栈的隔离可以解决的，若不加以辨别与控制，就无法让这些对象和平共处，这就引入了领域对象模型的**第三个问题：领域模型对象在身份上是否存在明确的差别？**

　　总有一些对象不体现领域概念，只展现操作的结果。不幸的是，这些操作往往并不安全，会带来状态的变更，而状态变更又该如何传递给其他关心这些状态的对象呢？理想的对象图并不害怕状态的变迁，因为一切变化都可以准确传递，且无须考虑彼此之间的依赖。现实却非如此。如何安全地控制状态变化？如何在监听这种变化的同时，不至于引入多余的依赖？这就引入了领域对象模型的**第四个问题：领域模型对象彼此之间如何做到弱依赖地完成状态的变更通知？**

15.1.2　战术设计元模型

　　领域分析模型创造的对象模型有意识地忽略了这些问题。这是明智的选择：人力有限，不可能每件事情都面面俱到。对象建模范式对对象模型的创建提供了设计指导，例如职责的合理分配、共性特征的抽象，都在竭力创建和维护一个良好的对象世界。然而，这些普遍适用的对象设计原则与模式并未针对面向领域的分析对象模型给出明确的设计意见，未能根本解决如上所述的4个问题。领域驱动设计则不然。它为领域而生，却又从不忽略技术因素会对模型带来的影响，甚至可以说，它正是因为太重视，才会特地引入各种战术层面的设计元模型，以一种敬而远之的态度小心地将技术与领域结合起来，避免形成空谈主义的对象理想国。这些战术设计元模型如图15-1所示。

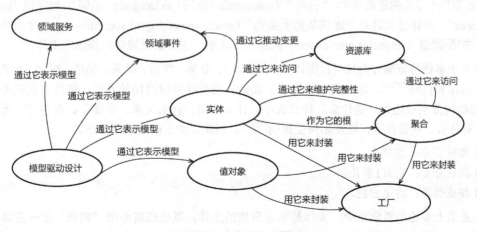

图15-1　战术设计元模型

战术设计元模型规定了组成领域设计模型中各个模型元素的含义，又与一系列设计实践结合起来，对设计进行规范和约束，帮助开发团队创建符合领域驱动设计原则的领域设计模型。

设计元模型规定：只能由实体、值对象、领域服务和领域事件表示模型，如此即可避免将领域逻辑泄露到领域层外的其他地方，例如菱形对称架构的外部网关层。聚合用于封装实体和值对象，并维持自己边界内所有对象的完整性。要访问聚合，只能通过聚合根的资源库，这就隐式地划定了边界和入口，有效控制了聚合内所有类型的领域对象。若聚合的创建逻辑较为复杂或存在可变性，可引入工厂来创建聚合内的领域对象。若牵涉到实体的状态变更，领域元模型建议通过领域事件来推动。

战术设计元模型的各种模式与模型元素优雅地解决了理想对象模型存在的问题。

（1）领域模型对象如何实现数据的持久化？ 资源库模式隔离了领域逻辑与数据库实现，并将领域模型对象当作生命周期管理的资源，将持久化领域对象的介质抽象为资源库。

（2）领域模型对象的加载以及对象间的关系该如何处理？ 领域驱动设计引入聚合划分领域模型对象的边界，并在边界内管理所有领域模型对象之间的关系，使其在对象的协作与完整性之间取得平衡。

（3）领域模型对象在身份上是否存在明确的差别？ 领域驱动设计使用实体与值对象区分领域模型对象的身份，避免了不必要的身份跟踪与额外的并发控制要求。

（4）领域模型对象彼此之间如何能弱依赖地完成状态的变更通知？ 领域驱动设计引入了领域事件，通过发布与订阅领域事件解除聚合与聚合之间的依赖，体现状态变迁的特性。

15.1.3　模型元素的哲学依据

领域分析模型是对真实世界的一种抽象，形成的对象模型到了领域设计建模阶段就被划分为不同的模型元素，作为解决真实世界业务问题的**设计元语**。

领域驱动设计是以何为根据做出如此分类的呢？我从亚里士多德的范畴学说中寻找到了理论依据。在亚里士多德的逻辑学中，"范畴"为kategorein（动词）或kategoria（名词），他常说"kategorein ti katatinos"，翻译过来就是"述说某物于某物"（assert something of something）。一个范畴其实就是一个**主语-谓语**（subject is predication）的结构，其中，主语就是被谓语描述的主体。

亚里士多德将范畴分为10类：实体（substance）、分量、性质、关系、场所、时间、位置/姿态、状态、动作和被动[30]247。这10类范畴说明了我们人类描绘事物的10种方式，每种方式都可采用主语-谓语结构分别描述为：是什么、什么大小、什么性质、什么关系、在哪里、在何时、处于什么状态、有什么、在做什么，以及如何受影响[30]247。例如以如下格式进行描述。

❑ 描述实体：这是人。
❑ 描述分量：它有1米长。
❑ 描述性质：这是白色。

在亚里士多德的哲学观中，实体是描述事物的主体，**其他范畴必须"内居"于一主体**。所谓"内居"，按亚里士多德的解释是指不能离开或独立于所属的主体。既然有这种"内居"的主从关系，整个范畴就有了两重划分。实体是真实世界的形而上学基础，而其他范畴则成为实体的属性，需要有某种实体作为属性的基础。

亚里士多德企图通过自己的逻辑学来解释和演绎我们生存的这个世界。在软件领域，要解释和演绎的不正是我们要解决的位于问题空间的真实世界吗？二者毫无疑问存在相通之处。利用软件术语可阐释亚里士多德划分的10类范畴。**实体**可以理解为我们要描绘的事物的**主体**。**分量、性质、关系、场所、时间、位置/姿态**与**状态**都是该主体的属性。**状态**会因为主动发起的**动作**或**被动**的遭遇引起实体属性的变化，此即状态的变迁。导致状态变化的**动作**对应为领域行为，**被动**的遭遇就是该主动行为产生的结果。作为描述事物的主体，要求其他范畴必须内居于一主体，直接体现了对象的**封装**思想。若实体主体又作为一种属性内居于另一主体，实际就是**聚合**的体现。

描述真实世界的哲学语言与描述对象世界的设计语言就在"形而上学"的抽象层次找到了符合逻辑的结合点，从而为领域驱动设计的模型对象确定了哲学依据。

- ❑ 实体：实体范畴，是谓语描述的主体。它包含了其他范畴，包括引起属性变化和状态迁移的动作。
- ❑ 值对象：为主体对象的属性，通常代表分量、性质、关系、场所、时间或位置/姿态。
- ❑ 领域事件：封装了主体的状态，代表了因为动作导致的状态变迁产生的被动遭遇，即过去发生的事实。
- ❑ 领域服务：其他范畴必须"内居"于一主体，若动作代表的业务行为无法找到一个主体对象来"内居"，就以领域服务作为特殊主体封装。

在哲学依据的支撑下，我们开始有了"世界创造者"的气度，创造着一个受设计约束的对象世界。这个世界的创造不是随意的，每一次行动都有迹可循：寻找主体，就是在辨别实体；确定主体的属性，就是在辨别值对象，且清晰地体现了二者的职责分离与不同粒度的封装；确定主体的状态，就是在辨别领域事件；最后，只有在找不到主体去封装领域逻辑时，才会定义领域服务。

15.2　实体

实体（entity）这个词被我们广泛使用，甚至过分使用。设计数据库时，我们用到实体，Len Silverston就说："实体是一个重要的概念，企业希望建立和存储的信息都是关于实体的信息。"[54]6 在分解系统的组成部分时，我们用到实体，Edward Crawley等人就说："实体也称为部件、模块、例程、配件等，就是用来构成全体的各个小块。"[19]9

还是从哲学中搬来实体的概念。如前所述，亚里士多德认为实体①是我们要描述的**主体**，巴门尼德则认为实体是**不同变化状态的本体**。这两个颇为抽象的论断差不多可以表达领域驱动设计中"实体"这个概念，那就是能够以**主体类型**的形式表达领域逻辑中具有个性特征的概念，而这个**主体的状态在相当长一段时间内会持续地变化**，因此需要一个**身份标识**来标记。

---

① 亚里士多德所说的实体在英文中表示为substance，用中文的"主体"来表达，可能比"实体"更准确。这牵涉到翻译中语言学的问题，这里不做探究。

如果我们认同范畴理论中"其他范畴必须内居于一主体"的论断，则说明**实体必须包括属性与行为**，属性往往又由别的次要主体（同样为实体）或表示数量、性质的值对象组成。这一设计遵循了封装的思想，将一个实体拥有的信息封装为不同抽象层次的概念，降低了理解的成本。例如，在一些复杂的企业系统中，真实世界对应的主体概念往往具有几十乃至上百个属性，若缺乏封装，就会因为暴露太多的信息让实体类变得过分臃肿。当实体的属性被封装为不同层次的实体和值对象时，与之相关的行为也需要随之转移。如此才满足**信息专家模式**，既能避免**贫血模型**与**事务脚本**的实现，又能形成对象之间良好的行为协作。

一个典型的实体应该具备3个要素：

❑ 身份标识；

❑ 属性；

❑ 领域行为。

15.2.1　身份标识

身份标识（identity，简称为ID）是实体对象的必要标志，在领域驱动设计中，**没有身份标识的领域对象就不是实体**。实体的身份标识就好像每个公民的身份号码，用以判断相同类型的不同对象是否代表同一个实体。除了帮助我们识别实体的同一性，身份标识的主要目的还是管理实体的生命周期。实体的状态可以变更，这意味着我们不能根据实体的属性值判断其身份，如果没有唯一的身份标识，就无法跟踪实体的状态变更，也就无法正确地保证实体从创建、更改到消亡的生命过程。

一些实体只要求身份标识具有唯一性即可，如评论（Comment）实体、博客（Blog）实体或文章（Article）实体的身份标识，都可以使用自动增长的Long类型、随机数、UUID或GUID。这样的身份标识并无任何业务含义。

有些实体的身份标识规定了一定的组合规则，例如公民（Citizen）实体、员工（Employee）实体与订单（Order）实体的身份标识，遵循了一定的业务规则。这样的身份标识蕴含了领域知识，体现了领域概念，如订单（Order）实体可能会将下单渠道号、支付渠道号、业务类型、下单日期组装在订单ID中，公民（Citizen）实体的身份标识就是"公民身份号码"这一领域概念。定义规则的好处在于我们可以通过解析身份标识获取有用的领域信息，例如解析订单号即可获知该订单的下单渠道、支付渠道、业务类型与下单日期等，解析一个公民的身份号码可以直接获得该公民的部分基础信息，如出生日期、性别等。

正因如此，在设计实体的身份标识时，通常可以将身份标识的类型分为两种类型：通用类型与领域类型。

通用类型的ID值没有业务含义，采用了一些常用的技术手段来满足其唯一性，例如基于随机数的标识、数据库自增长的标识、根据机器MAC地址和时间戳生成的标识等。既然与具体业务无关，就意味它可以不限于领域，形成一种通用的功能。为避免重复，可以事先实现各种通用类型的ID，然后将其作为基础层共享内核的一部分，让各个限界上下文的领域模型都能复用。

根据ID的共同特征，可以定义一个通用的Identity接口：

```
package com.dddexplained.sparrow.core.domain;

public interface Identity<T> implements Serializable {
    T value();
}
```

随机数的身份标识如下接口所示：

```
public interface RandomIdentity<T> extends Identity<T> {
    T next();
}
```

如果需要按照一定规则生成身份标识，而唯一性的保证由随机数来承担，则可以定义RuleRandomIdentity类。它实现了RandomIdentity接口：

```
@Immutable
public class RuleRandomIdentity implements RandomIdentity<String> {
    private String value;

    private String prefix;
    private int seed;
    private String joiner;

    private static final int DEFAULT_SEED = 100_000;
    private static final String DEFAULT_JOINER = "_";
    private static final long serialVersionUID = 1L;

    public RuleRandomIdentity() {
        this("", DEFAULT_SEED, DEFAULT_JOINER);
    }

    public RuleRandomIdentity(int seed) {
        this("", seed, DEFAULT_JOINER);
    }

    public RuleRandomIdentity(String prefix, int seed) {
        this(prefix, seed, DEFAULT_JOINER);
    }

    public RuleRandomIdentity(String prefix, int seed, String joiner) {
        this.prefix = prefix;
        this.seed = seed;
        this.joiner = joiner;

        this.value = compose(prefix, seed, joiner);
    }

    @Override
    public final String value() {
        return this.value;
    }
```

```
    @Override
    public final String next() {
        return compose(prefix, seed, joiner);
    }

    private String compose(String prefix, int seed, String joiner) {
        long suffix = new Random(seed).nextLong();
        return String.format("%s%s%s", prefix, joiner, suffix);
    }
}
```

UUID可以视为一种特殊的随机数，实现了RandomIdentity接口：

```
@Immutable
public class UUIDIdentity implements RandomIdentity<String> {
    private String value;

    public UUIDIdentity() {
        this.value = next();
    }

    private static final long serialVersionUID = 1L;

    @Override
    public String next() {
        return UUID.randomUUID().toString();
    }

    @Override
    public String value() {
        return value;
    }
}
```

　　这些基础的身份标识类应具备序列化的能力，以便支持分布式通信。注意，包括UUID在内的随机数并不能支持分布式环境的唯一性，需要特殊的算法（例如SnowFlake算法）来避免在分布式系统内产生身份标识的碰撞。

　　领域类型的身份标识通常与各个限界上下文的实体对象有关，例如为Employee定义EmployeeId类型，为Order定义OrderId类型。在定义领域类型的身份标识时，可以选择恰当的通用类型身份标识作为父类，然后在自身类的定义中封装生成身份标识的领域逻辑。例如，EmployeeId会根据企业的要求生成具有统一前缀的标识，就可以让EmployeeId继承自RuleRandomIdentity，并让企业名称作为身份标识的前缀：

```
public final class EmployeeId extends RuleRandomIdentity<String> {
    private static final String COMPANY_NAME = "dddcompany";

    public EmployeeId(int seed) {
        super(COMPANY_NAME, seed);
    }
}
```

由于ID自身包含了组装ID值的业务逻辑，因而建议将其定义为值对象，保持值的不变性，同时提供身份标识的常用方法，隐藏生成身份标识值的细节，以便应对未来可能的变化。

通用类型和领域类型ID的区别仅在于**值是否代表了业务含义**。**作为实体的身份标识，它们都具有业务价值**。例如，博客文章实体Post的ID由没有业务含义的随机值组成，但它的业务价值在于标志博客文章的身份，确认其唯一性。当用户通过复制已有文章的形式新建了一篇博客文章时，这两个Post对象的所有属性完全一致，但ID不同，从业务角度讲仍然视为两篇完全不同的博客文章。我们也可将博客文章的身份标识定义为领域类型的ID，例如通过连接符"-"将文章标题的每个单词拼接为ID的值，这一形式实际与UUID组成的ID并无本质差异，只是领域类型的ID具有自说明能力，可帮助人理解。例如，一篇博客文章为《推行DDD的思考》，英文标题为"Thinking of practicing DDD"。通过以上两种形式，其ID表达为：

```
通用类型：b61ab323300a
领域类型：thinking-of-practicing-ddd
```

根据b61ab323300a的值无法推测这篇文章到底讲了什么，但它就是这篇文章的身份标识。有的博客系统甚至同时支持这两种形式，考虑周到的博客系统甚至为其建立了内部的映射关系，就好像IP地址与域名的映射一样。由于文章的ID可能作为REST风格服务接口URI的一部分，在建立了它们的映射关系后，如下的两个URI指向的是同一篇博客文章：

```
https://www.dddexplained.com/p/b61ab323300a
https://www.dddexplained.com/p/thinking-of-practicing-ddd
```

实体ID不管被定义为通用类型还是领域类型，都是领域驱动的设计结果。选择何种类型，取决于业务功能的要求。

如果每个实体的身份标识都定义为自定义的ID类，一旦产生跨限界上下文之间对实体（实则是对聚合的根实体）ID的引用，就可能因为自定义的ID类型产生两个限界上下文之间不必要的耦合。我的建议是将实体类自身的ID定义为ID类，而将它引用的别的实体ID定义为语言的基本类型，同时，为领域类型的ID类定义一个静态的工厂方法，方便二者之间的转换。例如顾客Customer实体的身份标识定义为值对象CustomerId，它继承自UUIDIdentity通用类型，本质上是一个字符串，那么在订单Order实体内部，需要引用的就不是CustomerId类，而是String类型的customerId：

```
package com.dddexplained.ecommerce.ordercontext.order;

public class Order extends Entity<OrderId> {
    private String customerId;
}

package com.dddexplained.ecommerce.customercontext.customer;

public class CustomerId extends UUIDIdentity {
    public static CustomerId of(String customerIdValue) {
        return new CustomerId(customerIdValue);
    }
}
```

15

订单上下文的`Order`实体并不需要复用`CustomerId`，只要确定顾客ID的值就可以确定二者之间的关系，无须引入对`CustomerId`类型的依赖，也不用考虑分布式通信时的序列化支持，因为语言的基本类型都支持序列化。

15.2.2 属性

实体的属性用来说明主体的**静态特征**，并持有数据与状态。通常，我们会依据粒度的粗细将属性分为**原子属性**与**组合属性**。定义为开发语言内建类型的属性就是原子属性，如整型、布尔型、字符串类型等，表述了**不可再分**的属性概念。与之相反，组合属性则通过自定义类型来表现，可以封装高内聚的一系列属性，实则也体现了主体内嵌的领域概念。如`Product`实体的属性定义：

```
public class Product extends Entity<ProductId> {
    private String name;
    private int quantity;
    private Category category;
    private Weight weight;
    private Volume volume;
    private Price price;
}
```

`Product`实体的`name`、`quantity`属性属于原子属性，分别被定义为`String`与`int`类型；`category`、`weight`、`volume`、`price`等属性为组合属性，类型为自定义的`Category`、`Weight`、`Volume`和`Price`类型。

两种属性间是否存在分界线？例如，能否将`category`定义为`String`类型，将`weight`定义为`double`类型？又或者，能不能将`name`定义为`Name`类型，将`quantity`定义为`Quantity`类型？划定这条边界线的标准就是：**该属性是否存在约束规则、组合因子或属于自己的领域行为**。

先看**约束规则**。相较于产品的名称（`name`）属性而言，产品的类别（`category`）属性具有更强的约束性。产品的类别多而细，且存在一个复杂的层次结构，单单靠一个字符串无法表达如此丰富的约束条件与层次结构。当然，如果需求对产品名称也有明确的约束，例如长度约束、字符内容约束，自然也应该将其定义为`Name`类型。

再看**组合因子**。判断属性是否不可再分，如重量（`weight`）与体积（`volume`）属性有着明显的特征：需要值与计数单位共同组合。如果只有值而无单位，就会因为单位不同导致计算错误、概念混乱，例如，2kg与2g显然是不同的值，不能混为一谈。至于数量（`quantity`）属性之所以被设计为原子属性，是因为在当前业务背景下假定它没有计数单位的要求，无须组合。如果需求要求商品数量的单位存在诸如万、亿的变化，又或者以箱、盒、件等不同的量化单位区分不同的商品，作为原子属性的`quantity`就缺乏业务的表现能力，必须定义为组合属性。

最后来看**领域行为**。多数静态语言不支持为内建类型扩展自定义行为[1]，要为属性添加属于自

---

[1] C#的扩展方法、Scala的隐式转换支持这种扩展，但这种扩展本质上是对内建类型的扩展，并没有扩展领域概念。

己的领域行为，只能选择组合属性。如Product的价格（price）属性需要提供针对该领域概念的运算行为，若不定义为Price组合属性，就无法封装这些领域行为。

组合属性可以是实体，也可以是值对象，取决于该属性是否需要身份标识。

当我们学会将实体的属性尽可能定义为组合属性时，就会在实体内部形成各自的抽象层次。每个抽象层次对应的类型都专注于做自己的事情，各司其职，依据各自持有的数据与状态以及和领域概念之间的黏度分配职责，实体类就能变得更加内聚，承担的职责也就更单一。例如，一个机场的业务系统需要统计每个航班的运载信息，包括进港、出港的旅客信息、行李信息、邮件信息、货物信息等。运载信息的实体类为CarryLoad，如果不考虑封装属性，该类的定义会变得较为庞大而松散：

```java
public class CarryLoad extends Entity<CarryLoadId> {
    private String region;
    private String originStation;
    private String destinationStation;
    private Integer legNo;

    private Integer inAdultSum;
    private Integer inChildSum;
    private Integer inBabiesSum;
    private Integer inDivertAdultSum;
    private Integer inDivertChildSum;
    private Integer inDivertBabiesSum;

    private Integer outAdultSum;
    private Integer outChildSum;
    private Integer outBabiesSum;
    private Integer outDivertAdultSum;
    private Integer outDivertChildSum;
    private Integer outDivertBabiesSum;

    private BigDecimal inBaggageWeightSum;
    private Integer inBaggageCount;
    private BigDecimal inMailWeightSum;
    private Integer inMailCount;
    private BigDecimal inCargoWeightSum;
    private Integer inCargoCount;

    private BigDecimal outBaggageWeightSum;
    private Integer outBaggageCount;
    private BigDecimal outMailWeightSum;
    private Integer outMailCount;
    private BigDecimal outCargoWeightSum;
    private Integer outCargoCount;

    private BigDecimal divertBaggageWeightSum;
    private Integer divertBaggageCount;
    private BigDecimal divertMailWeightSum;
    private Integer divertMailCount;
    private BigDecimal divertCargoWeightSum;
```

```
    private Integer divertCargoCount;
}
```

CarryLoad实体类的定义好似一个没有文件夹的文件系统，所有属性都位于一个抽象层次，缺乏对信息的隐藏，形成了一个扁平的对象结构。倘若按照内聚的领域概念进行封装，就能建立不同的抽象层次，有利于信息的隐藏和领域逻辑的复用：

```
public class CarryLoad extends Entity<CarryLoadId> {
    private String region;
    private CityPair cityPair;
    private Integer legNo;

    private PassengerLoad inPassengerLoad;
    private BaggageLoad inBaggageLoad;
    private MailLoad inMailLoad;
    private CargoLoad inCargoLoad;

    private PassengerLoad outPassengerLoad;
    private BaggageLoad outBaggageLoad;
    private MailLoad outMailLoad;
    private CargoLoad outCargoLoad;

    private BaggageLoad divertBaggageLoad;
    private MailLoad divertMailLoad;
    private CargoLoad divertCargoLoad;
}
```

调整后的运载CarryLoad实体通过CityPair封装了起降机场。起降机场也是航空领域的一个领域概念。PassengerLoad隐藏了旅客运载量的细节，BaggageLoad隐藏了行李运载量的细节，MailLoad隐藏了邮件运载量的细节，CargoLoad隐藏了货物运载量的细节，从而清晰地呈现了运载内容：

❑ 进站的旅客、行李、邮件、货物的运载量；
❑ 出站的旅客、行李、邮件、货物的运载量；
❑ 中转的行李、邮件、货物的运载量。

在排除了其他细节的干扰后，运载概念的身份基本能做到不言自明。

为实体定义更小概念的组合属性，就好像雕刻师不断凿去多余的内容来清晰地呈现雕刻物的模样。把这些细小的概念以及与之对应的职责推给各自的属性类，当前实体才能**专注于自身概念的身份**。

15.2.3　领域行为

实体拥有领域行为，可以更好地说明其作为主体的**动态特征**。一个不具备动态特征的对象，是一个哑对象，一个"蠢"对象。这样的对象明明坐拥宝山（自己的属性）而不自知，还去求助他人操作自己的状态，着实有些"愚蠢"。为实体定义表达领域行为的方法，与前面讲到组合属性需要封装自己的领域行为是一脉相承的，都是"职责分治"设计思想的体现。

根据不同的行为特征，我将实体拥有的领域行为分为：

❑ 变更状态的领域行为；
❑ 自给自足的领域行为；
❑ 互为协作的领域行为。

1. 变更状态的领域行为

实体对象的状态由属性持有。与值对象不同，实体对象允许调用者更改其状态。许多语言都支持通过get与set访问器（或类似的语法糖）访问状态，这实际上是**技术因素干扰着领域模型的设计**。领域驱动设计认为，由业务代码组成的实现模型是领域模型的一部分，业务代码中的类名、方法名应从业务角度表达领域逻辑。领域专家最好也能够参与到编程元素的命名讨论上，使得业务代码遵循**统一语言**。如果不考虑一些框架对实体类get/set访问器的限制，应让变更状态的方法名满足业务含义。例如，修改产品价格的领域行为应该定义为changePriceTo(newPrice)方法，而非setPrice(newPrice)：

```
public class Product extends Entity<ProductId> {
    public void changePriceTo(Price newPrice) {
        if (!this.price.sameCurrency(newPrice)) {
            throw new CurrencyException("Cannot change the price of this product to a
different currency");
        }
        this.sellingPrice = newPrice;
    }
}
```

这时的领域行为不再是一个简单的设置操作，它蕴含了领域逻辑。方法名也传递了业务知识，突破了set访问器的范畴，成了实体类拥有的领域行为，也满足了信息专家模式的要求，形成了对象之间行为的协作。

2. 自给自足的领域行为

自给自足意味着实体对象只操作了自己的属性，不外求于别的对象。这种领域行为最容易管理，因为它不会和别的实体对象产生依赖。即使实现逻辑发生了变化，只要定义好的接口无须调整，就不会将变化传递出去。

变更状态的领域行为由于要改变实体的状态，往往会产生副作用。自给自足的领域行为则不同，主要对实体已有的属性值包括调用该实体组合属性定义的方法返回的值进行计算，返回调用者希望获得的结果。

例如，一个订单结算OrderSettlement实体定义了payNumber、paidAmount和payments属性。payments属性为List<Payment>类型。订单结算实体定义了计算总额的领域行为。正常情况下，订单结算的总额就是paidAmount的值，但是，当payNumber的值等于payments的记录个数时，需要检查payments的总额是否等于paidAmount。如果不相等，就要抛出异常来说明订单结算存在问题。该领域行为对应的方法totalAmount()定义为：

```java
public class OrderSettlement extends Entity<OrderSettlementId> {
    private Integer payNumber;
    private Money payAmount;
    private List<Payment> payments;

    public Money totalAmount() {
        if (payNumber == payments.size()) {
            if (!payAmount.equals(totalPayAmount())) {
                throw new OrderSettlementException("Error with calculating total price
for Order Settlement.");
            }
        }
        return payAmount;
    }

    private Money totalPayAmount() {
        Money totalAmount = new Money(0);
        for (Payment payment : payments) {
            totalAmount = totalAmount.add(payment.getPayAmount());
        }
        return totalAmount;
    }
}
```

该领域行为并不复杂，但充分体现了行为的自给自足。整个方法仅操作了订单结算实体自己拥有的属性，包括payNumber、payAmount和payments。

3．互为协作的领域行为

实体不可能都做到自给自足，有时也需要调用者提供必要的信息。这些信息往往通过方法参数传入，这就形成了领域对象之间互为协作的领域行为。例如，要计算贸易订单实际应缴的税额，首先应该获得该贸易订单的纳税额度。这个纳税额度等于订单所属的纳税调节额度汇总值减去手动调节纳税额度值。获得的纳税额度再乘以贸易订单的总金额，就是贸易订单实际应缴的税额。贸易订单的纳税调节为另一个实体对象TaxAdjustment。一个贸易订单存在多个纳税调节，因此可引入一个容器对象TaxAdjustments。该对象本质上是一个领域服务，提供了计算纳税调节额度汇总值和手动调节纳税额度值的方法：

```java
public class TaxAdjustments {
    private List<TaxAdjustment> taxAdjustments;
    private BigDecimal zero = BigDecimal.ZERO.setScale(taxDecimals, taxRounding);

    public BigDecimal totalTaxAdjustments() {
        return taxAdjustments
                .stream
                .reduce(zero, (ta, agg) -> agg.add(ta.getAmount()));
    }

    public BigDecimal manuallyAddedTaxAdjustments() {
        return taxAdjustments
                .stream
                .filter(ta -> ta.isManual())
```

```
                      .reduce(zero, (ta, agg) -> agg.add(ta.getAmount()));
    }
}
```

贸易订单TradeOrder实体对象计算税额的领域行为实现为：

```
public class TradeOrder {
    public BigDecimal calculateTotalTax(TaxAdjustments taxAdjustments) {
        BigDecimal existedOrderTax = taxAdjustments.totalTaxAdjustments();
        BigDecimal manuallyAddedOrderTax = taxAdjustments.manuallyAddedTaxAdjustments();
        BigDecimal taxDifference = existedOrderTax.substract(manuallyAddedOrderTax).setScale
(taxDecimals, taxRounding);

        return totalAmount().multiply(taxDifference).setScale(taxDecimals, taxRounding);
    }
}
```

TradeOrder与TaxAdjustments根据自己拥有的数据各自计算自己的税额部分，从而完成合理的职责协作。这种协作方式体现了职责的分治。

还有一种特殊的领域行为，就是针对实体包括值对象[①]进行“增删改查”，即对应为增加、删除、修改和查询这4个操作，它们负责管理对象的生命周期。领域驱动设计将这些行为分配给了专门的资源库对象，实体无须承担“增删改查”的职责。**实体拥有的变更状态的领域行为，修改的只是对象的内存状态，与持久化无关。**除了“增删改查”，创建行为也是对象生命周期管理的一部分，代表了对象在内存中从无到有的实例化。创建行为本由实体的构造函数履行，但当创建的行为逻辑较为复杂，又或者存在变化，就可以引入工厂类或工厂方法来封装实体的创建逻辑。无论是创建，还是增删改查，都需要结合聚合边界来管理实体的生命周期。

15.3　值对象

值对象（value object）通常作为实体的属性，也就是亚里士多德提到的分量、性质、关系、场所、时间、位置/姿态等范畴。正如Eric Evans所说，“当我们只关心一个模型元素的属性时，应把它归类为值对象。我们应该使这个模型元素能够表示出其属性的意义，并为它提供相关功能。值对象应该是不可变的。不要为它分配任何标识，而且不要把它设计成像实体那么复杂。”[8]64

在进行领域设计建模时，可**优先考虑使用值对象而非实体对象建模。**值对象没有唯一标识，就可以卸下管理身份标识的负担。值对象设计为不变的，就不用考虑并发访问带来的问题，因此比实体对象更容易维护，更容易测试，更容易优化，也更容易使用，它是设计建模模型元素的第一选择。

15.3.1　值对象与实体的本质区别

一个领域概念到底该用值对象还是实体类型，第一个判断依据是看**业务的参与者对它的相等**

---

① 在领域驱动设计中，实际上是针对聚合的操作。当然，本质上是针对聚合根实体进行。

判断是依据值还是依据身份标识。——前者是值对象，后者是实体。

在办理还书手续的业务场景中，图书管理员并不关心图书的信息，而是判断归还的图书 ID 是否包含在借阅记录中。如果所借图书丢失了，读者即使自行购买了一本相同的图书来尝试归还，也不能正常办理还书手续，因为所借图书的 ID 已经丢失了。此时只能执行办理图书遗失的异常流程。因此，图书 Book 在借阅管理场景中应定义为实体类型。

在乘客登机的业务场景中，登机口工作人员需要扫描每位乘客的登机牌，以验证乘客的登机信息是否符合当前登机口的航班信息。扫描时，系统只需要确定登机牌的 ID 即可确认该航班的旅客身份，故而登机牌 BoardingCard 应定义为实体类型；乘客要想知道在哪个登机口登机，只需记住登机口的值。因此，登机口 BoardingGate 就可以定义为值对象。

第二个判断依据是**确定对象的属性值是否会发生变化，如果变化了，究竟是产生一个完全不同的对象，还是维持相同的身份标识。**——前者是值对象，后者是实体。

在员工的出勤记录业务场景中，依据相等性进行判断时，可以认为出勤记录的值相等就是同一条出勤记录，这意味着我们可以将其定义为值对象；然而，出勤记录的状态值是可以更改的，假定根据打卡的结果判断该员工为旷工，在员工提出申请并证明其忘记打卡时，就需要修改出勤记录的状态。修改后的出勤记录还是同一条出勤记录，其同一性只能通过唯一的身份标识进行判断，这意味着应将出勤记录定义为实体。

最后一个判断依据是**生命周期的管理**。值对象没有身份标识，意味着无须管理其生命周期。从对象的角度看，它可以随时被创建或被销毁，甚至也可以被随意克隆用到不同的业务场景。实体则不同，在创建之后，系统就需要负责跟踪它状态的变化情况，直到它被删除。有的对象虽然通过值进行相等性判断，但在具体业务场景中，又可能面对生命周期管理的需求。这时，就需要将该对象定义为实体。

在考勤系统的设置假期业务场景中，假期 Holiday 类的值包含年份、假期周期、假期类型。显然，只要这些值完全相同，就可以认为是同一个假期，因此 Holiday 具有值对象的特征。然而，在设置假期时，又需要对假期单独进行创建、查询、修改和删除等生命周期操作，且 Holiday 也不附属于另外的任何一个实体。这时，就需要将 Holiday 定义为实体[①]。

显然，这 3 个判断依据是层层递进的，要确定一个领域概念究竟是值对象还是实体，需要审慎判断，综合考量。

在针对不同限界上下文进行领域建模时，注意不要被看似相同的领域概念误导，以为概念相同，设计元素的定义也应该相同。任何设计都不能脱离具体业务的上下文。以钞票为例，在商品的购买领域，交易双方只需要关心货币的面值、真伪与货币单位。假如交易用到的两张人民币的面值都为 100 元，只要它们都不是伪钞，则此 100 元与彼 100 元并无实质差别，可认为是值相等的同一对象。因此，钞票 Money 在购买上下文应定义为值对象。然而，在印钞车间的生产领域，管理者关心的不仅是每张钞票的面值和货币单位，还要通过印在钞票上的唯一标识来区分每一张钞票的身份，

---

① 本质上，应定义为假期聚合的根实体，如此即可通过资源库进行生命周期管理。

那么在印钞上下文，钞票Money就应定义为实体。

　　实体与值对象的本质区别在于是否拥有唯一的身份标识。因为实体拥有身份标识，资源库才能管理和控制它的生命周期；因为值对象没有身份标识，就可以不用考虑值对象的生命周期，可以随时创建、随时销毁一个值对象，无须跟踪它的状态变更。值对象缺乏身份标识，在领域设计模型中，往往作为实体的附庸，表达实体的属性。

15.3.2　不变性

　　考虑到值对象只需关注值的特点，领域驱动设计建议**尽量将值对象设计为不变类**。若能保证值对象的不变性，就可以减少并发控制的成本，因为一个不变的类是线程安全的。

　　要保证值对象的不变性，不同的开发语言有着不同的实践。Scala语言用val来声明变量不可变更，使用不变集合保证容器的不变性，还引入了样例类（case class）这样的语法糖（每个样例类都是不变的值对象）。Java语言的值类型都具有不变性[1]。对于一些细粒度的具有可列举特性的领域概念，如长度单位、分类类别等，往往将其定义为值对象，如果还要同时保证它的不变性，可考虑将其定义为属于值类型的枚举。如果使用C#，可考虑将值对象定义为结构（struct）类型，因为C#的结构类型是一种可封装数据和行为的值类型，本身具备了不变性。

　　Java枚举类型的表现能力不足以表示大多数领域概念，而Java又未像C#那样提供结构类型，故而在多数时候，还是需要将值对象定义为属于引用类型的自定义类型。为了保证它的不变性，需要施加一些约束。Brian Goetz等人确定了不变类定义需满足的几个条件[55]38：

- ❏ 对象创建以后其状态就不能修改；
- ❏ 对象的所有字段都是final类型；
- ❏ 对象是正确创建的（创建期间没有this引用溢出）。

　　如下Money值对象的定义就保证了不变性[2]：

```
@Immutable
public final class Money {
   private final double faceValue;
   private final Currency currency;
   public Money() {
      this(0d, Currency.RMB)
   }
   public Money(double value, Currency currency) {
      this.faceValue = value;
      this.currency = currency;
   }
   public Money add(Money toAdd) {
      if (!currency.equals(toAdd.getCurrency())) {
```

---

[1] 语言中值类型与引用类型的划分维度与实体和值对象的划分维度并不一致，切不可混为一谈。Java语言的值类型都是不变的，因此领域驱动设计的值对象可以定义为值类型，但二者却不能划等号。

[2] 虽然Java提供了@Immutable注解来说明不变性，但该注解自身并不具备不变性约束。

```
        throw new NonMatchingCurrencyException("You cannot add money with different
currencies.");
    }
    return new Money(faceValue + toAdd.getFaceValue(), currency);
}
public Money minus(Money toMinus) {
    if (!currency.equals(toMinus.getCurrency())) {
        throw new NonMatchingCurrencyException("You cannot remove money with different
currencies.");
    }
    return new Money(faceValue - toMinus.getFaceValue(), currency);
}
}
```

Money 类的 faceValue 与 currency 字段均被声明为 final 字段，由构造函数初始化。faceValue 字段的类型为不变的 double 类型，currency 字段为不变的枚举类型。add() 与 minus() 方法并没有直接修改当前对象的值，而是返回了一个新的 Money 对象。显然，既要保证对象的不变性，又要满足更新状态的需求，就需要用一个保存了新状态的实例来"替换"原有的不可变对象。这种方式看起来会导致大量对象被创建，从而占用不必要的内存空间，影响程序的性能，但事实上，由于值对象往往比较小，内存分配的开销并没有想象中的大。由于不可变对象本身是线程安全的，无须加锁或者提供保护性副本，因此它在并发编程中反而具有性能优势。

15.3.3　领域行为

值对象的名称容易让人误会它只该拥有值，不应拥有领域行为。实际上，只要采用了对象建模范式，无论实体对象还是值对象，都需要遵循面向对象设计的基本原则，如信息专家模式，将操作自身数据的行为分配给它。Eric Evans 之所以将其命名为值对象，是为了强调对它的领域概念身份的确认，即关注重点在于值。

值对象拥有的往往是"自给自足的领域行为"。这些领域行为能够让值对象的表现能力变得更加丰富，更加智能。它们通常为值对象提供如下能力：

❑ 自我验证；
❑ 自我组合；
❑ 自我运算。

1. 自我验证

当一个值对象拥有自我验证的能力时，拥有和操作值对象的实体类就会变得轻松许多。否则，实体类就可能充斥大量的验证代码，干扰了读者对主要领域逻辑的理解。按照职责分配的要求，一旦实体的属性定义为值对象，就连带着需要将属性值的验证职责也转移到值对象，做到自我验证。

所谓"验证"，就是验证设置给值对象的外部数据是否合法。若属性值与其生命周期有关，就需要在创建该值对象时进行验证。验证逻辑是构造函数的一部分，可以是常规验证，如非空判断，也可能包含业务规则，如满足业务条件的取值范围、类型等。倘若验证未通过，一般需要抛出表达业务含义的自定义异常。这些自定义异常皆派生自领域层的异常超类DomainException。

领域驱动设计对异常的处理

不管是遵循分层架构，还是菱形对称架构，都可以针对异常划分层次，并通过为异常建立统一的**层超类**，来统一对异常的处理。领域层的异常层超类为DomainException，北向网关应用层的异常层超类为ApplicationException，南向网关层不需要考虑自定义异常，因为它的实现代码抛出的异常属于访问外部资源的基础设施框架。

异常的划分方式体现了分层架构对异常的考虑。领域层通过自定义异常表现领域校验逻辑与错误消息，到了应用层，又保证了异常的统一性。异常分层机制确保了代码的健壮性与简单性。领域层作为整洁架构的内部核心，无须关注基础设施层抛出的系统异常，而是将自定义异常当作领域逻辑的一部分。在编写领域层的代码时，对异常的态度为"只抛出，不捕获"，将所有领域层的异常带来的错误和隐患，都交给外层的应用服务。应用服务对待异常的态度迥然不同，采用了"捕获底层异常，抛出应用异常"的设计原则。

为了让应用服务告知远程服务调用者究竟是什么样的错误导致异常抛出，可以分别为应用层定义如下3种异常子类，均派生自ApplicationException类型：

❑ ApplicationDomainException，由领域逻辑错误导致的异常；

❑ ApplicationValidationException，由输入参数验证错误导致的异常；

❑ ApplicationInfrastructureException，由基础设施访问错误导致的异常。

遵循了分层的异常设计原则后，可以考虑将异常的层超类定义为非受控异常RuntimeException的子类，如此就可以避免异常对接口方法的污染。

如果验证逻辑相对复杂，就建议将验证逻辑的细节提取到一个私有方法validate()，确保构造函数的实现更加简洁。例如，针对Order实体，我们定义了Address值对象，Address值对象又嵌套定义了ZipCode值对象：

```
public class ZipCode {
   private final String zipCode;
   public ZipCode(String zipCode) {
      validate(zipCode);
      this.zipCode = zipCode;
   }

   public String value() {
      return this.zipCode;
   }

   private void validate(String zipCode) {
      if (Strings.isNullOrEmpty(zipCode)) {
         throw new InvalidZipCodeException("Zip code could not be null or empty");
      }
```

15

```
        if (!isValid(zipCode)) {
            throw new InvalidZipCodeException("Valid zip code is required");
        }
    }

    private boolean isValid(String zipCode) {
        String reg = "[1-9]\\d{5}";
        return Pattern.matches(reg, zipCode);
    }
}

public class Address {
    private final String province;
    private final String city;
    private final String street;
    private final ZipCode zip;

    public Address(String province, String city, String street, ZipCode zip) {
        validate(province, city, street, zip); // 方法中还需要验证zip为null的情况

        this.province = province;
        this.city = city;
        this.street = street;
        this.zip = zip;
    }
}
```

自我验证方法保证了值对象的正确性。如果我们将每个组成实体属性的值对象都定义为具有自我验证能力的类，就可以使得组成程序的基本单元变得更加健壮，间接提高了整个软件系统的健壮性。值对象的验证逻辑是领域逻辑的一部分，我们应为其编写单元测试。

自我验证的领域行为仅验证外部传入的设置值。倘若验证功能还需求助外部资源，例如查询数据库以检查name是否已经存在，这样的验证逻辑就不再是"自给自足"的，不能交由值对象承担。

2．自我组合

值对象往往牵涉对数据值的运算。为了更好地表达其运算能力，可定义相同类型值对象的组合运算方法，使得值对象具备自我组合能力。

引入组合方法既可以保证值对象的不变性，避免组合操作直接对状态进行修改，又是对组合逻辑的封装与验证，避免引入与错误对象的组合。例如，Money值对象的add()与minus()方法验证了不同货币的错误场景，避免了直接计算两种不同货币的Money。注意，Money类的组合方法并没有妄求对货币进行汇率换算，因为汇率计算牵涉到对外部汇率服务的调用，不符合值对象领域行为"自给自足"的特性。

值对象在表达数量时，可能牵涉到单位换算。与货币动态变化的汇率不同，计量单位的换算依据固定的转换比例。例如，长度单位中的毫米、分米、米和千米之间的比例都是固定的。长度与长度单位皆为值对象，分别定义为Length与LengthUnit。Length具有自我组合的能力，支持长度值的四则运算。如果参与运算的长度单位不同，就需要换算。长度计算与单位换算是两个不同

的职责，依据信息专家模式，LengthUnit类具有换算比例的值，就该承担单位换算的职责。由于长度单位是可列举的值，故而定义为枚举类型：

```java
public enum LengthUnit {
    MM(1), CM(10), DM(100), M(1000);

    private int ratio;
    LengthUnit(int ratio) {
        this.ratio = ratio;
    }

    int convert(Unit target, int value) {
        return value * ratio / target.ratio;
    }
}
```

LengthUnit枚举的字段值ratio并未定义getRatio()方法，因为该数据并不需要提供给外部调用者。当Length对象计算长度时，若需单位换算，可以调用LengthUnit的convert()方法，而不是获得ratio的换算比例。这才是正确的行为协作模式：

```java
public class Length {
    private int value;
    private LengthUnit unit;

    public Length() {
        this(0, LengthUnit.MM)
    }
    public Length(int value, LengthUnit unit) {
        this.value = value;
        this.unit = unit;
    }

    public Length add(Length toAdd) {
        int convertedValue = toAdd.unit.convert(this.unit, toAdd.value);
        return new Length(convertedValue + this.value, this.unit);
    }
}
```

3. 自我运算

自我运算是根据业务规则对属性值进行运算的行为。根据需要，参与运算的值也可以通过参数传入。例如，Location值对象拥有longitude与latitude属性值，只需再提供另一个地理位置，就可计算两个地理位置之间的直线距离：

```java
@Immutable
public final class Location {
    private final double longitude;
    private final double latitude;

    public Location(double longitude, double latitude) {
        this.longitude = longitude;
        this.latitude = latitude;
```

```
        }

        public double getLongitude() {
            return this.longitude;
        }
        public double getLatitude() {
            return this.latitude;
        }

        public double distanceOf(Location location) {
            double radiansOfStartLongitude = Math.toRadians(longitude);
            double radiansOfStartDimension = Math.toRadians(latitude);
            double radiansOfEndLongitude = Math.toRadians(location.getLongitude());
            double raidansOfEndDimension = Math.toRadians(location.getLatitude());

            return Math.acos(
                Math.sin(radiansOfStartLongitude) * Math.sin(radiansOfEndLongitude) +
                Math.cos(radiansOfStartLongitude) * Math.cos(radiansOfEndLongitude) * Math.cos
        (raidansOfEndLatitude - radiansOfStartLatitude)
            );
        }
    }
```

在定义了计算距离的领域行为后，Location值对象就拥有了运算的能力，可以与其他领域模型对象产生行为的协作。例如，要查询距当前位置最近的餐厅，领域服务RestaurantService调用了Location的distanceOf()方法：

```
public class RestaurantService {
    private static long RADIUS = 3000;
    private RestaurantRepository restaurantRepo;

    @Override
    public Restaurant neareastRestaurant(Location location) {
        List<Restaurant> restaurants = restaurantRepo.allRestaurantsOf(location, RADIUS);
        if (restaurants.isEmpty()) {
            throw new RestaurantException("Required restaurants not found.");
        }
        Collections.sort(restaurants, new RestaurantComparator(location));
        return restaurants.get(0);
    }

    private final class RestaurantComparator implements Comparator<Restaurant> {
        private Location currentLocation;
        public RestaurantComparator(Location currentLocation) {
            this.currentLocation = currentLocation;
        }

        @Override
        public int compare(Restaurant r1, Restaurant r2) {
            return r1.getLocation().distanceOf(currentLocation).compareTo(r2.getLocation().
    distanceOf(currentLocation));
        }
    }
}
```

一个拥有合理领域行为的值对象可以分摊担在实体身上的重任，让实体的职责变得更单一。由于无须管理值对象的生命周期，因此值对象可能被多个实体类调用，如Money、Address这样的值对象，可能会被多个限界上下文的领域模型调用，可考虑将它们定义在共享内核中，以便跨限界上下文的复用。此时，为值对象分配自给自足的领域行为就变得更有必要，因为它能避免零散的领域逻辑在多个限界上下文的实体类中泛滥，体现了良好的职责边界。

15.3.4 值对象的优势

在进行领域设计建模时，要善于运用值对象而非内建类型去表达那些细粒度的领域概念（仅就静态语言而言）。相较于内建类型，值对象的优势更加明显。

- 内建类型无法展现领域概念，值对象则不然。例如String与Name、int与Age相比，显然后者更加直观地体现了业务含义。
- 内建类型无法封装显而易见的领域逻辑，值对象则不然。除了少数语言提供了为已有类型扩展方法的机制，内建类型都是封闭的。如果属性定义为内建类型，就无法封装领域行为，只能将其交给拥有属性的主对象，导致作为主对象的实体变得很臃肿。
- 内建类型缺乏验证能力，值对象则不然。对强类型语言而言，类型的验证包括两方面：对类型的自身验证和对值的验证。如前所述，值对象具有自我验证的能力，其定义的类型自身也是一种隐含的验证。例如，分别定义书名与书号为Title与ISBN值对象后，如果调用者将书的编号误传给书名，编译器会检查到类型不匹配的错误；如果这两个属性都定义为String类型，编译器就检查不到这种错误。

学会定义值类型表达细粒度的领域概念，是领域驱动设计更加推崇的实践。

15.4 聚合

在理解聚合（aggregate）的概念之前，需要先理清面向对象设计中类之间的关系。

15.4.1 类的关系

正如生活中的我们难以做到"老死不相往来"，类之间必然存在关系。如此才可以通力合作，形成合力。既然对象建模范式将真实世界的领域概念建模为类，管理类与类之间的关系就成了领域建模过程中不可回避的问题。

对象建模需要表达的类关系包括[16]63：

- 泛化（generalization）；
- 关联（association）；
- 依赖（dependency）。

1. 泛化关系

泛化关系体现了通用的父类与特定的子类之间的关系。在编程语言中往往表示为子类继承父类或子类派生自父类。父类定义通用的特征,特化的子类在继承了父类的特征之外,定义了符合自身特性的特殊实现。泛化关系在UML类图中以空心三角形加实线的形式表现。例如,图15-2中的Shape类是所有形状的泛化,它包括Rectangle子类和Circle子类。

泛化关系会导致子类与父类之间的强耦合,父类发生的任何变更都会传递给子类,形成所谓的"脆弱的基(父)类"。修改父类的实现需要慎之又慎,因为一处变更就可能影响到它的所有子类,悄悄地改变子类的行为。在面向对象设计要素中,我们往往使用**继承**这一术语来表示泛化关系。

2. 关联关系

关联关系代表了类之间的一种结构关系,用以指定一个类的对象与另一个类的对象之间存在连接关系[16]141。关联关系包括一对一、一对多和多对多关系,在UML类图中分别用连线和数字标记关联关系和关系的数量。如果两个类之间的关联关系存在方向,则需要使用箭头表示关联的导航方向。如果没有箭头,就表示存在双向关系。例如,在图15-3的类图中,用户组UserGroup与用户User存在双向的关联关系,一个用户组可以包含多个用户,一个用户可以同时属于多个用户组,它们的关系为多对多;用户User与密码Password存在具有导航方向的关联关系,一个用户可以拥有多个密码,密码不能拥有用户,它们的关系为一对多。

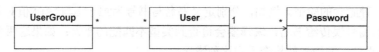

图15-3   关联关系的类图

存在一种特殊的关联关系:关联双方分别体现**整体与部分**的特征,代表整体的对象包含了代表部分的对象。这就是**组合**关系。依据关系的强弱,组合关系又分为合成(composition)关系与聚合(aggregation)关系。

合成关系不仅代表了整体与部分的包含关系,还体现了强烈的"所有权"(ownership)特征。这种所有权使得二者的生命周期存在一种啮合关系,即组成合成关系的两个对象属于同一个生命周期。当代表整体概念的主对象被销毁时,代表部分概念的从对象也将随之而被销毁。在UML类图中,使用实心的菱形标记合成关系,菱形标记位于代表整体概念的主类一侧。例如,图15-4中School和Classroom的关系就是合成关系:学校拥有对教室的所有权,学校被销毁了,教室也就不存在了。

聚合关系同样代表了整体和部分的包含关系,却没有所有权特征,不会约束它们的生命周期,故而关联强度要弱于合成关系。在UML类图中,使用空心的菱形标记聚合关系。例如,图15-5中Classroom和Student存在聚合关系:教室并未拥有学生的所有权,教室被销毁了,学生依旧存在。

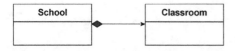

图15-4   School与Classroom的合成关系

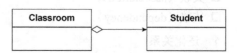

图15-5   Classroom与Student的聚合关系

在组合关系的连线上，同样可以通过数字标记一对一或一对多关系。例如，在图15-6的类图中，一个School包含多个Classroom。

显然，满足组合关系的两个类不应存在多对多关系，因为两个类不可能互为整体和部分。

3. 依赖关系

依赖关系代表一个类使用了另一个类的信息或服务。依赖关系存在方向，因此在UML类图中，往往用一个带箭头的虚线线条表示。虚线线条也说明了依赖的双方耦合较弱。依赖关系产生于[①]：

❑ 类的方法接收了另一个类的参数；
❑ 类的方法返回了另一个类的对象；
❑ 类的方法内部创建了另一个类的实例；
❑ 类的方法内部使用了另一个类的成员。

以Driver类与Car类为例，由于Car类的实例作为参数传递给了Driver类的drive()方法，二者建立了图15-7所示的依赖关系。

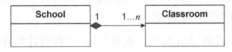

图15-6 标记组合关系的数量

图15-7 Driver与Car的依赖关系

在类图中，如果类的名称为斜体字，说明它是一个抽象类型，图15-7中的Car类就是一个抽象类型。

15.4.2 模型的设计约束

领域对象模型表达了领域概念映射的类以及类之间的关系，类的关系导致了对象之间的耦合。如果不对类的关系加以控制，耦合就会蔓延。一旦需要考虑数据持久化、一致性、对象之间的通信机制以及加载数据的性能等设计约束，网状的耦合关系就会成为致命毒药，直接影响领域设计模型的质量。

1. 控制类的关系

控制类的关系无非从以下3点入手：

❑ 去除不必要的关系；
❑ 降低耦合的强度；
❑ 避免双向耦合。

对象模型是真实世界的体现。真实世界的两个领域概念存在关系，对象模型就会体现这种关系，但对关系类型的确认以及对关系的实现却需要审慎地处理。如果确定类之间的关系没有必要存在，

[①] UML规定了多种类型的依赖关系，诸如绑定（bind）、精炼（refine）、实例化（instantiate）等。具体内容可以参考Grady Booch、James Rumbaugh和Ivar Jacobson编写的*The Unified Modeling Language User Guide*，这里做了适当的简化。

就要果断地"斩断"它。例如，配送单需要订单的信息，看起来需要为它们建立关系，但由于配送单已经和包裹存单建立了关系，从而间接获得了订单的信息，就需要斩断配送单与订单之间的关系。

倘若关系不可避免，就需要考虑降低耦合的强度。

一种策略是引入泛化提取通用特征，形成更弱的依赖或关联关系，如Car对汽车的泛化使得Driver可以驾驶各种汽车。

正确识别合成还是聚合的关联关系，也能降低耦合强度。Grady Booch将合成表达的整体/部分关系定义为"物理包容"，即整体在物理上包容了部分。这也意味着部分不能脱离于整体单独存在。**Booch**说："区分物理包容是很重要的，因为在构建和销毁组合体的部分时，它的语义会起作用。"[56]142例如，订单Order与订单项OrderItem就体现了物理包容的特征，一方面Order对象的创建与销毁意味着OrderItem对象的创建与销毁，另一方面OrderItem也不能脱离Order单独存在，因为没有Order对象，OrderItem对象是没有意义的。

与"物理包容"关系相对的是聚合代表的"逻辑包容"关系，即它们在逻辑上（概念上）存在组合关系，但在物理上整体并未包容部分，例如Customer与Order。虽然客户拥有订单，但客户并没有在物理上包容拥有的订单。客户与订单的生命周期完全独立。

避免双向耦合是对象设计的共识，除非一些特殊模式需要引入"双重委派"，例如设计模式中的**访问者**（visitor）模式，但这种双重委派主要针对的是类之间的依赖（使用）关系。

存在双向关系的两个类必然会带来双向耦合，因此需要在建立对象模型时注意保持类的**单一导航方向**。例如，Student与Course存在多对多关系，一个学生可以参加多门课程，一门课程可以有多名学生参加。它们的关系如图15-8所示。

图15-8　Student与Course的关系

在代码中，学生与课程的双向关联可以通过为各自类引入集合属性来表达：

```java
public class Student {
    private Set<Course> courses = new HashSet<>();

    public Set<Course> getCourses() {
        return this.courses;
    }
}

public class Course {
    private Set<Student> students = new HashSet<>();

    public Set<Student> getStudents() {
        return this.students;
    }
}
```

Student与Course之间彼此引用形成了双向导航。从调用者角度看，双向导航是一种"福音"，因为无论从哪个方向获取信息都很便利。例如，我想要获得学生郭靖选修的课程，通过Student

到Course的导航方向有：

```
Student guojing = studentRepository.studentByName("郭靖");
Set<Course> courses = guojing.getCourses();
```

反过来，我想知道"领域驱动设计"这门课程究竟有哪些学生选修，通过Course到Student的导航方向有：

```
Course dddCourse = courseRepository.courseByName("领域驱动设计");
Set<Student> students = dddCourse.getStudents();
```

虽然调用方便了，对象的加载却变得有些笨重，关系更加复杂，甚至出现循环加载的问题。

领域设计模型除了要正确地表达真实世界的领域逻辑，还需要考虑质量因素对设计模型产生的影响。例如，具有复杂关系的对象图对于运行性能和内存资源消耗是否带来了负面影响？想想看，当我们通过资源库分别获得Student类和Course类的实例时，是否需要各自加载所有选修课程与所有选课学生？不幸的是，当你为学生加载了所有选修课程之后，业务场景却不需要这些信息——这不是白费力气嘛！延迟加载（lazy loading）虽然可以解决问题，但它不仅会使模型变得更加复杂，还会受到ORM框架提供的延迟加载实现机制的约束，使得领域设计模型受到外部框架的影响。

2. 引入边界

在一个复杂的软件系统中，即使通过正确地甄别和控制关系来改进模型，但由于规模的原因，由对象建立的模型最终还是会形成图15-9所示的一张彼此互联互通的对象网。这张对象网好像错综的蜘蛛网，通过一个类的对象可以导航到与之直接或间接连接的类。

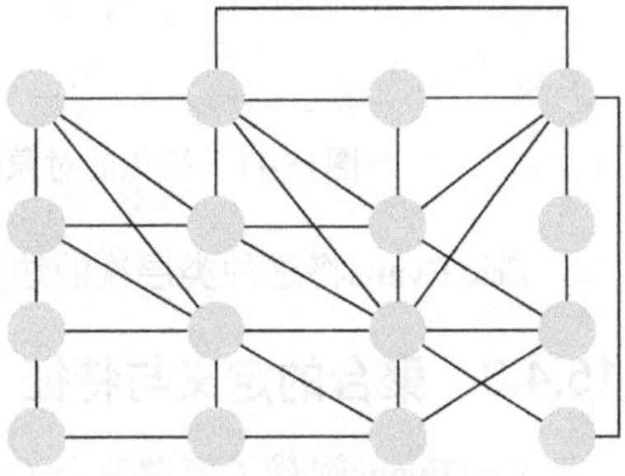

随着领域模型规模的增长，这种网状结构会变得越来越复杂，对象的层次变得越来越深，类之间的关系难以梳理和控制，牵一发而动全身。如此下去，模型的实现者和维护者真的可能成为被困在蛛网中的蚊虫了。

对关系的控制可以让对象模型中类之间的关系变得更简单。同时，还需要**引入边界来降低和限制领域类之间的关系**，

图15-9　对象网

不能让关系之间的传递无限蔓延。Eric Evans就说："减少设计中的关联有助于简化对象之间的遍历，并在某种程度上限制关系的急剧增多。但大多数业务领域中的对象都具有十分复杂的联系，以至于最终会形成很长、很深的对象引用路径，我们不得不在这个路径上追踪对象。在某种程度上，这种混乱状态反映了真实世界，因为真实世界中就很少有清晰的边界。"[8]81

领域设计模型并非真实世界的直接映射。如果真实世界缺乏清晰的边界，在设计时，我们就应该给它清晰地划定边界。划定边界时，同样需要依据"高内聚松耦合"原则，让一些高内聚的类居住在一个"社区"内，彼此友好地相处；不相干或者松耦合的类分开居住，各自守住自己的边界，在开放"社交通道"的同时，随时注意抵御不正当的访问要求。如此一来，就能形成睦邻友好的协作条约。

这种边界不是限界上下文形成的控制边界，因为它限制的粒度更细，可以认为是类层次的边界。每个边界都有一个主对象作为"社区的外交发言人"，总体负责与外部社区的协作。一旦引入这种类层次的边界，就可以去掉一些类的关系，仅保留主对象之间的关系，原本错综复杂的对象网就变成了如图15-10所示的由各个对象社区组成的对象图，图中的关系变得更加简单而清晰。

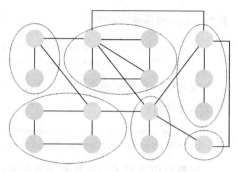

图15-10　对象社区组成的对象图

如果规定边界外的对象只能访问边界内的主对象，即将边界视为对内部细节的隐藏，就可以去掉外界不关心的对象，使得图15-10可以进一步简化为如图15-11所示的对象模型。

忽略图15-11的边界，只需体现主对象的关系，可以使对象图变得更精简，如图15-12所示。

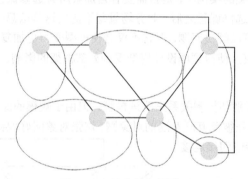

图15-11　简化的对象模型

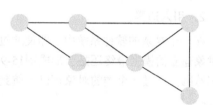

图15-12　由主对象构成的对象模型

Eric Evans将这种类层次的边界称为**聚合**，边界内的主对象称为**聚合根**。

15.4.3　聚合的定义与特征

Eric Evans阐释了何谓聚合（aggregate）模式："将实体和值对象划分为聚合并围绕着聚合定义边界。选择一个实体作为每个聚合的根，并允许外部对象仅能持有聚合根的引用。作为一个整体来定义聚合的属性和不变量，并将执行职责赋予聚合根或指定的框架机制。"[1]这一定义说明了聚合的基本特征。

- 聚合是包含了实体和值对象的一个边界。
- 聚合内包含的实体和值对象形成一棵树，只有实体才能作为这棵树的根。这个根称为聚合根（aggregate root），这个实体称为根实体（root entity）。
- 外部对象只允许持有聚合根的引用，以起到边界的控制作用。
- 聚合作为一个完整的领域概念整体，其内部会维护这个领域概念的完整性，体现业务上的

---

① 参见Eric Evans的*Domain-Driven Design Reference*。

不变量约束。

❑ 由聚合根统一对外提供履行该领域概念职责的行为方法，实现内部各个对象之间的行为协作。

如图15-13所示，左侧的聚合结构图体现了以AggregateRoot为根的对象树，右侧的行为序列图则通过聚合根向外暴露整体的领域行为，内部由聚合边界内的实体和值对象共同协作。聚合的边界体现了聚合的控制能力。

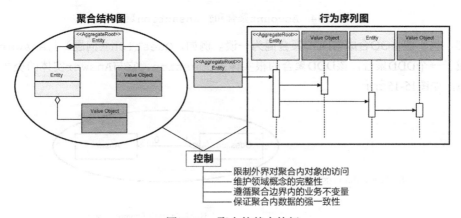

图15-13　聚合的基本特征

聚合内部可以包含实体和值对象。由于聚合必须选择实体作为根[1]，因此**一个最小的聚合就只有一个实体**。聚合根是整个聚合的出入口，通过它控制外界对边界内其他对象的访问。在进行领域设计建模时，我们往往以根实体的名称指代整个聚合，如一个聚合的根实体为订单，则称其为订单聚合。但这并不意味着存在一个订单聚合对象。**聚合是边界，不是对象**。订单根实体本质上仍然属于实体类型。

聚合内部只能包含实体和值对象，每个对象都遵循信息专家模式，定义了属于自己的属性与行为，故而能够在聚合边界内做到职责的分治，但对外的权利却由聚合根来支配。聚合边界就是封装整体职责的边界，隔离出不同的访问层次。对外，整个聚合是一个完整的设计单元；对内，则需要由聚合来维持业务不变量和数据一致性。

我们必须厘清面向对象的聚合（object oriented聚合，OO聚合）与领域驱动设计的聚合（DDD聚合）之间的区别。例如，Account（账户）与Transaction（交易）之间存在OO聚合关系，一个Account对象可以聚合0～n个Transaction对象，但它们却分别属于两个不同的DDD聚合，即Account聚合和Transaction聚合，如图15-14所示。

15

[1] 每个聚合都通过资源库管理其生命周期。要管理生命周期，就必须通过身份标识对其进行跟踪。这意味着唯一暴露在聚合边界外的根对象必须具有身份标识，因此只能将实体作为根。

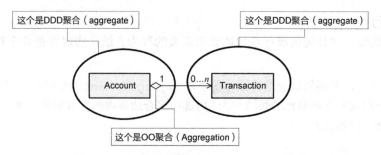

图15-14　Account聚合和Transaction聚合

当然，也不能将OO合成与DDD聚合混为一谈。例如，Question（问题）与Answer（答案）共同组成了一个DDD聚合，该DDD聚合的根实体为Question，它与Answer实体的类关系为OO合成关系，如图15-15所示。

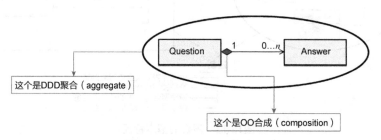

图15-15　Question聚合

OO聚合与OO合成代表了类与类之间的组合关系，体现了整体包含了部分的意义。DDD聚合是边界，它的边界内可以只有一个实体对象，也可以包含一些具有关联关系、泛化关系和依赖关系的实体与值对象。

15.4.4　聚合的设计原则

引入聚合的目的是通过合理的对象边界控制对象之间的关系，在边界内保证对象的一致性与完整性，在边界外作为一个整体参与业务行为的协作。显然，聚合在限界上下文与类的粒度之间形成了中间粒度的封装层次，成为表达领域知识、封装领域逻辑的自治设计单元。它的自治性与限界上下文不同，体现为图15-16所示的完整性、独立性、不变量和一致性。

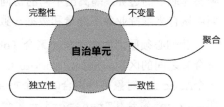

图15-16　自治的聚合

1. 完整性

聚合作为一个受到边界控制的领域共同体，对外由聚合根体现为一个统一的概念，对内则管理和维护着高内聚的对象关系。对内与对外具有一致的生命周期。例如，订单聚合由Order聚合根实体体现订单的领域概念，调用者可以不需要知道订单项OrderItem，也不会认为配送地址Address是一个可以脱离订单单独存在的领域概念。要创建订单，订单项、配送地址等聚合边界内的对象也需要一并创建，否则这个订单对象就不完整。同理，销毁订单对象乃至删除订单对象（倘若设计为可删除）时，在订单聚合边界内的其他对象也需要被销毁乃至删除。

概念的完整性还要受业务场景的影响。例如，在汽车销售的零售商管理系统中，针对整车销售场景，汽车代表了一个整体的领域概念：只有组装了发动机、轮胎、方向盘等必备零配件，汽车才是完整的。但是，对于零配件维修场景，需要对发动机、轮胎、方向盘等零配件进行单独管理和单独跟踪，不能再将它们合并为汽车聚合的内部对象了。因此，除了要考虑领域概念的完整性，还要考虑领域概念是否存在独立性的诉求。

2. 独立性

追求概念的完整性固然重要，但保证概念的独立性同样重要。

- 既然一个概念是独立的，为何还要依附于别的概念呢？例如，发动机需要被独立跟踪，还需要被纳入汽车这个整体概念中吗？
- 一旦这个独立的领域概念被分离出去，原有的聚合是否还具备领域概念的完整性呢？例如，"离开了发动机的汽车"概念是否完整？

在理解概念的完整性时，不能将完整性视为关系的集合，认为概念只要彼此关联，就是完整概念的一部分，就需要放到同一个聚合中。完整性除了可以通过聚合来保证，也可以通过聚合之间的关系来保证，二者无非是约束机制不同。例如，考虑到独立跟踪发动机的要求，将其设计为一个单独的聚合，而汽车的完整性仍然可以通过在汽车聚合与发动机聚合之间建立关联的方式来满足。

Vaughn Vernon建议"设计小聚合"[37]。这主要从系统的性能和可伸缩性角度考虑的，因为维护一个庞大的聚合需要考虑事务的同步成本、数据加载的内存成本等。且不说这个所谓的"小"到底该多小，至少，"过分的小"带来的危害要远远小于"不当的大"。两害相权取其轻，根据领域概念的**完整性**与**独立性**划分聚合边界时，应先保证独立性，再考虑完整性。

考虑独立性时，可以针对聚合内的非聚合根实体询问：

- 目标聚合是否已经足够完整；
- 待合并实体是否会被调用者单独使用。

考虑在线试题领域中问题与答案的关系。Question若缺少Answer就无法保证领域概念的完整性，调用者也不会绕开Question去单独查看Answer，因为Answer离开Question没有任何意义。如果需要删除Question，属于该问题的Answer也没有存在的价值。因此，Question与Answer属于同一个聚合，且以Question实体为聚合根。

同样是问题与答案之间的关系，如果是为在线问答平台设计领域模型，情况就不同了。虽然从完整性看，Question与Answer依然表达了一个共同的领域概念，Answer依附于Question，但由于业务场景允许读者单独针对问题的答案进行赞赏、赞同、评论、分享、收藏等操作，还允许读者单独推荐答案（个别答案甚至成为单独的知识材料供读者学习），这些操作与特征相当于给答案赋予了"完全行为能力"。答案具备了独立性，可以脱离Question聚合，成为单独的Answer聚合。

不同于实体，值对象不存在这种独立性。值对象不能单独成为一个聚合，它必须寻找一个实体作为依存的主体，如Money等与单位、度量有关的值对象甚至会在多个聚合中重复出现。有的值对象甚至因此而需要调整设计，升级为实体，如前所述的Holiday类。

确保聚合的独立性可以指导我们设计出小聚合。聚合的边界本身是为了约束对象图，当我们一个不慎混淆了聚合的边界，就会将对象图的混乱关系蔓延到更高的架构层次，这时，设计小聚合的原则就彰显其价值了。设计在线问答平台时，考虑到Answer的独立性，分别为问题和答案建立了两个单独的聚合。当专属于问题与答案的业务逻辑变得越来越繁杂时，团队规模也将日益增大；随着用户数的增加，并发访问的压力也会增大。为解决此问题，问答平台可能需要单独为答案建立微服务。这时再来审视问与答的领域模型，就体现出Answer聚合的价值了。

对比完整性与独立性，我认为：当聚合边界存在模糊之处时，小聚合显然要优于大聚合。换言之，独立性对聚合边界的影响要高于完整性。

3．不变量

Eric Evans将不变量定义为"在数据变化时必须保持的一致性规则，涉及聚合成员之间的内部关系" [8]83。这句话传递了3个重要概念：

- ❑ 数据变化；
- ❑ 内部关系；
- ❑ 一致。

聚合边界内的实体与值对象都是产生数据变化的因子，不变量要在数据发生变化时保证它们之间的关系仍然保持一致。以配方奶粉为例，以它为根实体的聚合维持了营养成分的不变量，例如100g奶粉，只能含10.4 g蛋白质、26.5 g脂肪、4.45 mg锌、7.0 μg维生素D、81 mg维生素C……如图15-17所示。

PowderedFormula 聚合以 PowderedFormula 类为根实体，内部定义了多个继承自 Ingredient类的营养成分值对象。整个聚合要对配方奶粉包含的各种营养成分加以控制和约束，即保证每100g的比例满足营养成分表规定的比例值。当配方奶粉的总量发生变化时，各个营养成分对应的比例应保持不变。这个约束职责由聚合的根实体履行，例如，在构造函数中遵循配方公式，只允许创建出满足配方公式不变量的配方奶粉，如此就能保证公开的add(PowderedFormula)方法不会破坏聚合内部的不变量。

不变量就像数学中的"不变式"（英文同样为invariant）或者"方程式"（formula）。例如等式 $3x + y = 100$ 要求 x 和 y 无论怎么变化，都必须恒定地满足等号两边的值的相等关系。等式中的 x 和 y 可类比为聚合内的对象，等式就是施加在聚合上的业务约束。如此就可将聚合的不变量定义为**施加在聚合边界内部各个对象之上，使其遵守一种恒定关系的业务约束**，以公式来表达就是：

```
Aggregate = IV(Root Entity, {Entities}, {Value Objects})
```

其中的IV就是聚合的不变量。

营养成分表

项目	单位	每100 mL	每100g 奶粉	每100 kJ
能量	kJ	272	2064	100
	kcal	65	493	24
蛋白质	g	1.4	10.4	0.50
碳水化合物	g	6.7	50.4	2.4
膳食纤维（以低聚半乳糖，多聚果糖汁）	g	0.8	5.9	0.29
脂肪	g	3.5	26.5	1.3
亚油酸	g	0.4	3.3	0.16
α-亚麻酸	mg	41	309	15
二十碳四烯酸（ARA）	mg	11.0	83	4.02
二十二碳六烯酸（DHA）	mg	11.0	83	4.02
钠	mg	24	180	8.7
钾	mg	70	530	26
铜	μg	35	267	12.9
镁	mg	4.75	36	1.74
铁	mg	0.63	4.78	0.23
锌	mg	0.59	4.45	0.22
锰	μg	6.5	49	2.37
钙	mg	59	445	22

项目	单位	每100 mL奶液	每100g 奶粉	每100 kJ
磷	mg	42	318	15.4
碘	μg	9.1	69	3.34
氯	mg	42	317	15.4
硒	μg	2.01	15.2	0.74
维生素A	μg视黄醇当量	52	393	19.0
维生素D	μg	0.92	7.0	0.34
维生素E	mg α-生育酚当量	1.31	9.9	0.48
维生素K_1	μg	4.75	36	1.74
维生素B_1	μg	47	358	17.3
维生素B_2	μg	100	760	37
维生素B_6	μg	38	288	14.0
维生素B_{12}	μg	0.23	1.71	0.083
烟酸	μg	333	2520	122
叶酸	μg	11.1	84	4.07
泛酸	μg	370	2800	136
维生素C	mg	10.7	81	3.92
生物素	μg	1.66	12.6	0.61
胆碱	mg	12.7	96	4.65
肌醇	mg	4.36	33	1.60
牛磺酸	mg	4.75	36	1.74
左旋肉碱	mg	1.29	9.7	0.47
核苷酸	mg	3.96	30	1.45

满足不变量：Σingredient=100g（本表非完整营养成分表）

图15-17 配方奶粉营养成分遵循不变量

不变量代表了领域逻辑中的业务规则或验证条件，有时也可将不变量理解为"不变条件"或"固定规则"。这是一个充分条件，反过来就未必成立了。例如，"招聘计划必须由人力资源总监审批"是一条业务规则，但该规则是对角色与权限的规定，并非约束招聘计划聚合内部的恒定关系，不是不变量。又例如，"报表类别的名称不可短于8个字符，且不允许重复"是验证条件，对报表聚合内部报表类别值对象的Name属性值进行单独验证，没有对聚合内对象之间的关系进行约束，自然也非不变量。

业务规则可能符合不变量的定义。例如，"一篇博文必须至少有一个博文类别"是一条业务规则，约束了Post实体和值对象PostCategory之间的关系，可以认为是一个不变量。要满足该不变量，需要将Post与PostCategory放到同一个聚合中，并在创建Post时运用该约束检验聚合的合规性，满足该业务规则，如图15-18所示。

设计聚合时，可以在业务服务规约的验收标准中寻找具有不变量特征的业务约束。例如，在航班

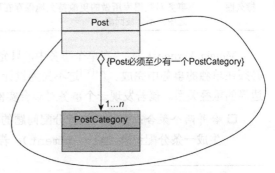

图15-18 Post聚合维护的不变量

计划限界上下文中，编写"修改航班计划起飞时间与计划到达时间"这一业务服务规约时，给出了如下验收标准：

❏ 若该航班有共享航班，在修改航班计划起飞时间与计划到达时间时，关联的所有共享航班的计划起飞时间与计划到达时间也要随之修改，以保持与主航班的一致，反之亦然。

这一验收标准实则可以视为航班与共享航班之间的不变量。针对这一业务场景，需要将 Flight 与 SharedFlight 两个实体放入同一个聚合，且以 Flight 实体为聚合根。

4．一致性

聚合需要保证聚合边界内的所有对象满足不变量约束，其中一个最重要的不变量就是一致性约束，因此也可认为一致性是一种特殊的不变量。

一致性约束可以理解为事务的一致性，即在事务开始前和事务结束后，数据库的完整性约束没有被破坏。考虑电商领域订单与订单项的关系。在创建、修改或删除订单时，要求订单与订单项的数据保证强一致，因而需要将订单与订单项放到同一个聚合。反观博客平台博客与博文之间的关系，博客的创建与博文的创建并非原子操作，归属于两个不同的工作单元。虽然业务的前置条件要求在创建博文之前，对应的博客必须已经存在，但并没有要求博文与博客必须同时创建，修改和删除操作同样如此。也就是说，博客与博文不存在一致性约束，不应该放在同一个聚合。

基于一致性原则，可以将事务的范围与聚合的边界对等来看。事实上，事务的ACID特性[①]与聚合的特性确乎存在对应关系，如表15-1所示。

表15-1　事务特性与聚合特性的对应关系表

特性	事务	聚合
原子性	事务是一个不可再分割的工作单元	聚合需要保证领域概念的完整性，若有独立的领域类，应分解为专门的聚合。这意味着聚合是不可再分的领域概念
一致性	在事务开始之前和事务结束以后，数据库的完整性约束没有被破坏	聚合需要保证聚合边界内的所有对象满足不变量约束，其中最重要的不变量就是一致性约束
隔离性	多个事务并发访问时，事务之间是隔离的，一个事务不应该影响其他事务运行效果	聚合与聚合之间应该是隔离的，聚合的设计原则要求通过唯一的身份标识进行聚合关联
持久性	事务对数据库所做的更改持久地保存在数据库之中，不会被回滚	一个聚合只有一个资源库，由资源库保证聚合整体的持久化

Vaughn Vernon认为："在单个事务中，只允许对一个聚合实例进行修改，由此产生的其他改变必须在单独的事务中完成。"[37]这不失为设计良好聚合的规范，且隐含地表述了事务边界与聚合边界的重叠关系。倘若发现一个事务对聚合实例的修改违背了该原则，需酌情考虑修改。

❏ 合并两个聚合：例如在执行分配问题的操作时，需要在修改问题（Issue）状态的同时，生成一条分配记录（Assignment）；若Issue和Assignment被设计为两个聚合，根据本

---

① ACID即原子性（atomicity）、一致性（consistency）、隔离性（isolation）和持久性（durability）的英文首字母缩写。

原则，可考虑将二者合并。

- □ 实现最终一致性：例如在执行取款操作时，需要扣除账户（Account）的余额（Balance），并创建一条新的交易记录（Transaction）；若Account和Transaction被设计为两个聚合，而业务操作又要求二者保证事务的一致性，可考虑在二者之间引入事件，实现事务的最终一致。

遵循领域驱动设计的精神，作为技术手段的事务不应干扰领域模型的设计，故而Vernon的原则只可作为设计聚合的参考，却不能作为绝对的约束，更何况，该原则容易传递让人误解的信号，错以为是由聚合来维护事务的范围。聚合代表领域逻辑，事务代表技术实现，**在确定聚合一致性原则时，可以结合事务的特征辅助我们做出判断，但事务对于一致性的实现却不能作为确定聚合边界的绝对标准。**

事务范围对聚合边界的影响可从以下几个方面综合考虑。

- □ 简单性：若参与事务范围的多个聚合位于同一进程，引入事件实现事务的最终一致性，会增加方案的复杂度。
- □ 响应能力：虽然参与事务范围的多个聚合位于同一进程，但由此形成的事务范围变大，可能导致长时间事务，影响系统的响应能力。
- □ 演进能力：聚合的边界比限界上下文的边界更稳定，若限界上下文的边界发生了变化，只要保证聚合边界不受影响，引入事件的方式就不会受到限界上下文边界变化的影响，保证了领域模型的稳定性。

一个聚合必须满足事务的一致性，反之则不尽然[①]。事务范围往往面向一个完整的业务服务，怎能奢求参与该业务服务的聚合只能有一个呢？如果按照事务范围来界定聚合边界，反倒会定义出一个大聚合，与聚合的独立性相悖，除非实现最终一致性。

综上，遵循聚合的完整性、独立性、不变量和一致性原则，有利于高质量地设计聚合。完整性将聚合视为一个高内聚的整体；独立性影响了聚合的粒度；不变量是对动态关系的业务约束；一致性体现了聚合数据操作的不可分割，反过来满足了聚合的完整性、独立性和不变量。

5. 最高原则

领域驱动设计还规定：**只有聚合根才是访问聚合边界的唯一入口**。这是聚合设计的**最高原则**。Eric Evans明确提出：“**聚合外部的对象不能引用除根实体之外的任何内部对象**。根实体可以把对内部实体的引用传递给它们，但这些对象只能临时使用这些引用，而不能保持引用。根可以把一个值对象的副本传递给另一个对象，而不必关心它发生什么变化，因为它只是一个值，不再与聚合有任何关联。作为这一规则的推论，只有聚合的根才能直接通过数据库查询获取。所有其他内部对象必须通过遍历关联来发现。”[8]83

例如，订单聚合外的对象要修改订单项的商品数量，就需要通过获得Order聚合根实体，然后通过Order操作OrderItem对象进行修改。考虑如下代码：

---

① 关于聚合与事务的关系，会在第18章深入讲解。

```
Order order = orderRepo.orderOf(orderId).get();   //通过资源库获得订单聚合
order.changeItemQuantity(orderItemId, quantity); //调用Order聚合根实体的方法修改内存中的订单项
orderRepo.save(order);   //将内存中的修改持久化到数据库
```

changeItemQuantity()方法的封装符合信息专家模式的要求，会促使聚合与外部对象的协作尽量以行为协作方式进行，同时也避免了作为聚合隐私的内部对象暴露到聚合之外，促进了聚合边界的保护作用。

这一最高原则及基于该原则的推论也侧面说明了聚合独立性的重要性：聚合内部的非聚合根实体只能通过聚合根被外界访问，无法独立访问。若需要独立访问该实体，只能将此实体独立出来，为其定义一个单独的聚合。倘若既要满足概念的完整性，又必须支持独立访问实体的需求，同时还需要约束不变量，保证一致性，就必然需要综合判断。由于聚合的最高原则规定了访问聚合的方式，使得独立性在这些权衡因素中稍占上风，成为聚合设计原则的首选。至于分离出去的聚合如何与原聚合建立关系，就需要考虑聚合之间该如何协作了。

15.4.5   聚合的协作

聚合确定的领域概念完整性必然是相对的。在领域分析模型中，每个体现了领域概念的类是模型的最小单元，但**在领域设计模型，聚合才是最小的设计单元**。遵守"分而治之"的思想，合理划分聚合是"分"的体现，聚合之间的协作则是"合"的诉求。

论及聚合的协作，无非就是判断彼此之间的引用采用什么形式。形式分为两种：

❑ 聚合根的对象引用；
❑ 聚合根身份标识的引用。

根据聚合的最高原则，聚合外部的对象不能引用除根实体之外的任何内部对象，但同时允许聚合内部的对象保持对其他聚合根的引用。不过，领域驱动设计社区对此却有不同的看法，主流声音更建议**聚合之间通过身份标识进行引用**。但是，这一建议似乎又与对象协作相悖。

对象模型与领域设计模型的一个本质区别就是后者提供了聚合的边界。聚合是一种设计约束，没有边界约束的对象模型可能随着系统规模的扩大变成一匹脱缰的马，让人难以理清楚错综复杂的对象关系。一旦引入了聚合，就不能将边界视为无物，必须尊重边界的保护与约束作用。不当的聚合协作可能会破坏聚合的边界。

在考虑聚合的协作关系时，还必须考虑限界上下文的边界。菱形对称架构不建议复用跨限界上下文的领域模型，若参与协作的聚合分属两个不同的限界上下文，自然当谨慎对待。

不能通过一个独断专行的原则统治聚合之间的所有协作场景，无论采用对象引用，还是身份标识引用，都需要深刻体会聚合为什么要协作，以及采用什么样的协作方式。聚合的协作由于都通过聚合根实体这唯一的入口，就等同于根实体的协作，也就体现为根实体之间的关联关系和依赖关系。

1. 关联关系

聚合是一个封装了领域逻辑的基本自治单元，但它的粒度无法保证它的独立性，聚合之间产生关联关系也就不可避免。引入聚合的其中一个目的就是控制对象模型因为关联关系导致的依赖蔓

延。对于聚合的关联,也当慎重对待。

对象引用往往极具诱惑力,因为它可以使得一个聚合遍历到另一个聚合非常方便,仿佛这才是面向对象设计的正确方式。例如,当Customer引用了由Order聚合根组成的集合对象时,就可通过Customer直接获得该客户所有的订单:

```
public class Customer implements AggregateRoot<Customer> {
    private List<Order> orders;

    public List<Order> getOrders() {
        return this.orders;
    }
}
```

只要坚持不要在Order中定义对Customer的引用,就能避免双向导航。这样的引用关系是否合理呢?

关键在于该由谁来获得客户的订单。在前面讲解上下文映射时,我已阐述了职责分配与履行的原则,由Customer履行订单的查询是不合理的,更何况,Customer聚合与Order聚合并不在同一个限界上下文,如此设计还会导致两个限界上下文的领域模型复用。

在领域驱动设计中,资源库才是Order聚合生命周期的真正主宰!要获得客户的订单,需从订单资源库而非客户导向订单:

```
//client
List<Order> orders = orderRepo.allOrdersBy(customerId);
```

Order和Customer并非对对方一无所知。既然不允许通过对象引用,唯一的方法就是**通过身份标识建立关联**。只有如此,OrderRepository才能通过customerId获得该客户拥有的所有订单。这种关联是非常隐晦的,也可保证限界上下文之间的解耦,如图15-19所示。

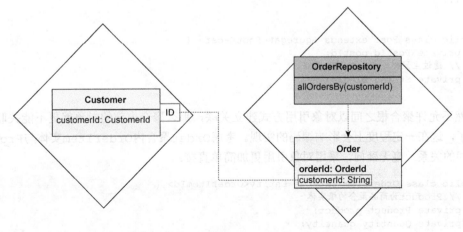

图15-19 Order通过CustomerId建立关联

Customer与Order在对象模型中属于普通的关联关系（即非组合的关联关系），又位于不同的限界上下文，彼此通过身份标识建立关联情有可原。然而，两个关联的聚合若属于同一个限界上下文，且属于整体/部分的组合关系，是否也需要通过身份标识建立关联呢？

是的！原因就在于生命周期的管理。

在代码模型中，当你将一个聚合或聚合的集合定义为另一个聚合的字段时，就意味着主聚合需要承担其字段的生命周期管理工作。这一做法已经违背了聚合的设计原则。例如，博客Blog和博文Post分属两个聚合，定义在同一个限界上下文中。它们之间存在组合关系，如下实现仍然不合理：

```java
public class Blog extends AggregateRoot<Blog> {
    private List<Post> posts;

    public List<Post> getPosts() {
        return this.posts;
    }
}
```

Blog聚合和Post聚合的生命周期应由各自的资源库分别管理。当BlogRepository在加载Blog聚合时，并不需要加载其下的所有Post，即使采用延迟加载的方式，也不妥当。如果我们将发出导航的聚合称为**主聚合**，将导航指向的聚合为**从聚合**，则正确的设计应使得：

❑ 主聚合不考虑从聚合的生命周期，完全不知从聚合；

❑ 从聚合通过主聚合根实体的**ID**建立与主聚合的隐含关联。

Blog聚合指向Post聚合，Blog为主聚合，Post为从聚合，则设计应调整为：

```java
// 主聚合Blog感知不到从聚合Post的信息
public class Blog extends AggregateRoot<Blog> {
    private BlogId blogId;
    ...
}

public class Post extends AggregateRoot<Post> {
    private PostId postId;
    // 通过主聚合的blogId建立关联
    private String blogId;
}
```

既然不允许聚合根之间以对象引用方式建立关联，那么聚合内部的对象就更不能关联外部的聚合根了，这在一定程度上会影响编码的实现。考虑Order聚合内OrderItem实体与Product聚合根之间的关系。毫无疑问，采用对象引用更加简单直接：

```java
public class OrderItem extends Entity<OrderItemId> {
    // Product为商品聚合的根实体
    private Product product;
    private Quantity quantity;

    public Product getProduct() {
```

```
        return this.product;
    }
}
```

直接通过OrderItem引用的Product聚合根实例即可遍历商品信息：

```
List<OrderItem> orderItems = order.getOrderItems();
orderItems.forEach(oi -> System.out.println(oi.getProduct().getName() + " : " +
oi.getProduct().getPrice());
```

问题在于，Order聚合的资源库无法管理Product聚合的生命周期，也就是说，OrderRepository
在获得订单时，无法获得对应的Product对象。既然如此，就应该在OrderItem内部引用Product
聚合的身份标识：

```
public class OrderItem extends Entity<OrderItemId> {
    // Product聚合的身份标识
    private String productId;

    public String getProductId() {
        return this.productId;
    }
}
```

通过身份标识引用外部的聚合根，就能解除彼此之间强生命周期的依赖，也避免了加载引用
的聚合对象。不管订单和商品是否在同一个限界上下文，若遵循菱形对称架构，订单要获得商品的
值都需要通过南向网关的端口获取，区别仅在于调用的是资源库端口，还是客户端端口。只要
OrderItem拥有了Product的身份标识，就可以在领域服务或应用服务通过端口获得商品的详细信
息。假设订单和商品分处不同限界上下文，应用服务想要获得客户的所有订单，并要求返回的订单
中包含商品的信息，就可以通过OrderResponse响应消息的装配器OrderResponseAssembler
调用ProductClient获得商品信息，并将其组装为OrderResponse消息：

```
public class OrderAppService {
    @Service
    private OrderService orderService;
    @Service
    private OrderResponseAssembler assembler;

    public OrdersResponse customerOrders(String customerId) {
        List<Order> orders = orderService.allOrdersBy(customerId);
        List<OrderResponse> orderResponses = orders.stream
                        .map(order -> assembler.assemble(order))
                        .collect(Collectors.toList());
        return new OrdersReponse(orderResponses);
    }
}

public class OrderResponseAssembler {
    @Service
    private ProductClient productClient;
```

```
public OrderResponse assemble(Order order) {
    OrderResponse orderResponse = transformFrom(order);
    List<OrderItemResponse> orderItemResponses = order.getOrderItems.stream()
                                    .map(oi -> transformFrom(oi))
                                    .collect(Collectors.toList());
    orderResponse.addAll(orderItemResponses);
    return orderResponse;
}
private OrderResponse transformFrom(Order order) { ... }
private OrderItemResponse transformFrom(OrderItem orderItem) {
    OrderItemResponse orderItemResponse = new OrderItemResponse();
    ...
    ProductResponse product = productClient.productBy(orderItem.getProductId());
    orderItemResponse.setProductId(product.getId());
    orderItemResponse.setProductName(product.getName());
    orderItemResponse.setProductPrice(product.getPrice());
    ...
}
}
```

若担心每次根据商品ID获取商品信息带来性能损耗,可以考虑为ProductClient的实现引入缓存功能。倘若订单上下文与商品上下文被定义为单独运行的微服务,这一调用还需要跨进程通信,需考虑网络通信的成本。此时,引入缓存就更有必要了。

考虑到限界上下文是领域模型的知识语境,在订单上下文中的订单项关联的商品是否应该定义在商品上下文中呢?显然,在订单上下文定义属于当前知识语境的Product类(若要准确表达领域概念,也可以命名为PurchasedProduct)。该类拥有身份标识,其值来自商品上下文Product聚合根的身份标识,保证了身份标识的唯一性。它虽然具有身份标识,却可以和商品名、价格一起视为它的值,它的生命周期附属在Order聚合的OrderItem实体中,它也无须变更其值,故而可定义为Order聚合的值对象,它的数据与订单一起持久化到订单数据库中。Order的资源库在管理Order聚合的生命周期时,会建立OrderItem指向PurchasedProduct对象的导航。这一设计规避了数据冗余,因此更加合理。原本跨聚合之间的关联关系变成了聚合内部的关联,问题自然迎刃而解了。

在建立领域设计模型时,我们不能照搬面向对象设计得来的经验,直接通过对象引用建立关联,必须让聚合边界的约束力产生价值。

2. 依赖关系

依赖关系产生的耦合要弱于关联关系,也不要求管理被依赖对象的生命周期。只要存在依赖关系的聚合位于同一个限界上下文,就应该允许一个聚合的根实体直接引用另一个聚合的根实体,以形成良好的行为协作。

聚合之间的依赖关系通常分为两种形式:

❑ 职责的委派;

❑ 聚合的创建。

一个聚合作为另一个聚合方法的参数，就会形成职责的委派。例如，结算账单模板为结算账单提供了模板变量的值、坐标和顺序，可以将二者在生成结算账单时的协作理解为"通过结算账单模板填充内部的值"。将 SettlementBillTemplate 聚合根实体作为参数传入 SettlementBill 的方法 fillWith()，就是理所当然的实现：

```
public class SettlementBill {
    private List<BillItem> items;
    ...

    public void fillWith(SettlementBillTemplate template) {
        items.foreach(i -> i.fillWith(template.composeVariables()));
    }
}
```

SettlementBill.fillWith(SettlementBillTemplate) 方法的定义也形成了这两个聚合根实体之间良好的行为协作。

一个聚合创建另外一个聚合，就会形成实例化（instantiate）的依赖关系。这实际是工厂模式的运用，牵涉到对聚合生命周期的管理。

15.5 聚合生命周期的管理

领域模型对象的主力军是实体与值对象。这些实体与值对象又被聚合统一管理起来，形成一个个具有一致生命周期的"命运共同体"自治单元。管理领域模型对象的生命周期，实则就是管理聚合的生命周期。

所谓"生命周期"，就是聚合对象从创建开始，在成长过程中经历各种状态的变化，直至最终消亡的过程。在软件系统中，生命周期经历的各种状态取决于存储介质，分为两个层次：内存与硬盘，分别对应对象的实例化与数据的持久化。

当今的主流开发语言大都具备垃圾回收的功能。因此，除了少量聚合对象可能因为持有外部资源（通常要避免这种情形）而需要手动释放内存资源，在内存层次的生命周期管理，主要牵涉到的工作就是**创建**[①]。一旦创建了聚合的实例，聚合内部各个实体与值对象的状态变更就都发生在内存中，直到聚合对象因为没有引用而被垃圾回收。

由于计算机没法做到永不宕机，且内存资源相对昂贵，一旦创建好的聚合对象在一段时间用不上，就需要被持久化到外部存储设备中，以避免其丢失，节约内存资源。无论采用什么样的存储格式与介质，在持久化层次，针对聚合对象的生命周期管理不外乎**增、删、改、查**这4个操作。

从对象的角度看，生命周期代表了一个实例从创建到回收的过程，就像从出生到死亡的生命过程。而数据记录呢？生命周期的起点是指插入一条新记录，该记录被删除就是生命周期的终点。领域模型对象的生命周期将对象与数据记录二者结合起来，换言之就是将内存（堆与栈）管理的对象与数

---

① 创建实际分为两种：一种是新建，即从无中生有；另一种是重建，即将持久化的数据作为对象加载到内存。我们通常所说的创建其实指的是新建，而通过资源库查询获得聚合，是对聚合的重建。

据库（持久化）管理的数据记录结合起来，用二者共同表达聚合的整体生命周期，如图15-20所示。

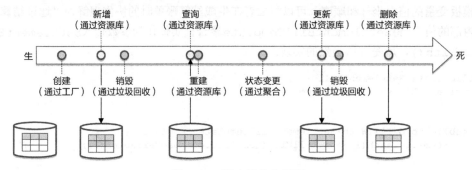

图15-20　聚合的生命周期

在领域模型的设计要素中，由聚合根实体的构造函数或者工厂负责聚合的创建，而后对应数据记录的"增删改查"则由资源库进行管理。如图15-20所示，聚合在工厂创建时诞生；为避免内存中的对象丢失，由资源库通过新增操作完成聚合的持久化；若要修改聚合的状态，需通过资源库执行查询，对查询结果进行重建获得聚合；在内存中进行状态变更，然后通过持久化确保聚合对象与数据记录的一致；直到删除了持久化的数据，聚合才真正宣告死亡。以文章聚合的生命周期为例：

```
// 创建文章
// 通过Post的工厂方法在内存中创建
Post post = Post.of(title, author, abstract, content);
//持久化到数据库
postRepository.add(post);

// 发布文章
// 根据postId查找数据库的Post，在内存重建Post对象
Post post = postRepository.postOf(postId);
// 内存的操作，内部会改变文章的状态
post.publish();
// 将改变的状态持久化到数据库
postRepository.update(post);

// 删除文章
// 从数据库中删除指定文章
postRepository.remove(postId);
```

需要分清楚以上代码中哪些是内存中的操作，哪些是持久化的操作。

15.5.1　工厂

创建是一种"无中生有"的工作，对应于面向对象编程语言，就是类的实例化。聚合是边界，聚合根则是对外交互的唯一通道，理应承担整个聚合的实例化工作。若要严格控制聚合的生命周期，可以禁止任何外部对象绕开聚合根直接创建其内部的对象。在Java语言中，可以为每个聚合建立一个包（package），除聚合根之外，聚合内的其他实体和值对象的构造函数皆定义为默认访问修饰符。一个聚合一个包，位于包外的其他类就无法访问这些对象的构造函数。例如Question聚合：

```
// questioncontext为问题上下文
// question为Question聚合的包名
package com.dddexplained.dddclub.questioncontext.domain.question;

public class Question extends Entity<QuestionId> implements AggregateRoot<Question> {
    public Question(String title, String description) {...}
}

// Question聚合内的Answer与聚合根位于同一个包
package com.dddexplained.dddclub.questioncontext.domain.question;

public class Answer {
    // 定义为默认访问修饰符，只允许同一个包的类访问
    Answer(String... results) {...}
}
```

许多面向对象语言都支持类通过构造函数创建它自己。说来奇怪，对象自己创建自己，就好像自己扯着自己的头发离开地球表面，完全不合情理，只是开发人员已经习以为常了。然而，构造函数差劲的表达能力与脆弱的封装能力，在面对复杂的构造逻辑时，显得有些力不从心。遵循"最小知识法则"，我们不能让调用者了解太多创建的逻辑，以免加重其负担，并带来创建代码的四处泛滥，何况创建逻辑在未来很有可能发生变化。基于以上因素考虑，有必要对创建逻辑进行封装。领域驱动设计引入工厂（factory）承担这一职责。

工厂是创建产品对象的一种隐喻。《设计模式：可复用面向对象软件的基础》的创建型模式引入了工厂方法（factory method）模式、抽象工厂（abstract factory）模式和构建者（builder）模式，可在封装创建逻辑、保证创建逻辑可扩展的基础上实现产品对象的创建。除此之外，通过定义静态工厂方法创建产品对象的简单工厂模式也因其简单性得到了广泛使用。领域驱动设计的工厂并不限于使用哪一种设计模式。一个类或者方法只要封装了聚合对象的创建逻辑，都可以被认为是工厂。除了极少数情况需要引入工厂方法模式或抽象工厂模式，主要表现为以下形式：

- 由被依赖聚合担任工厂；
- 引入专门的聚合工厂；
- 聚合自身担任工厂；
- 消息契约模型或装配器担任工厂；
- 使用构建者组装聚合。

1. 由被依赖聚合担任工厂

领域驱动设计虽然建议引入工厂创建聚合，但并不要求必须引入专门的工厂类，而是可由一个聚合担任另一个"聚合的工厂"。担任工厂角色的聚合称为"聚合工厂"，被创建的聚合称为"聚合产品"。聚合工厂往往由被引用的聚合来承担，如此就可以将自己拥有的信息传给被创建的聚合产品。例如，Blog聚合可以作为Post聚合的工厂：

```
public class Blog extends Entity<BlogId> implements AggregateRoot<Blog> {
    // 工厂方法是一个实例方法，无须再传入BlogId
    public  Post createPost(String title, String content) {
```

15

```
    // 这里的id是Blog的Id
    // 通过调用value()方法将id的值传递给Post，建立它与Blog的隐含关联
    return new Post(this.id.value(), title, content, this.authorId);
  }
}
```

PostService领域服务作为调用者，可通过Blog聚合创建文章：

```
public class PostService {
  private BlogRepository blogRepository;
  private PostRepository postRepository;

  public void writePost(String blogId, String title, String content) {
    Blog blog = blogRepository.blogOf(BlogId.of(blogId));
    Post post = blog.createPost(title, content);
    postRepository.add(post);
  }
}
```

　　当聚合产品的创建需用到聚合工厂的"知识"时，就可考虑这一设计方式。例如，培训上下文定义了Training和Course聚合，而创建Training聚合时需要判断Course的日程信息：

```
public class Course extends Entity<CourseId> implements AggregateRoot<Course> {
  private List<Calendar> calendars = new ArrayList<>();

  public Training createFrom(CalendarId calendarId) {
    if (notContains(calendarId)) {
      throw new TrainingException("Selected calendar is not scheduled for current
course.");
    }
    return new Training(this.id, calendarId);
  }

  // calendars是Course拥有的知识，要通过它确定培训的Calendar属于课程日常计划
  private boolean notContains(CalendarId calendarId) {
    return calendars.stream().allMatch(c -> c.id().equals(calendarId));
  }
}
}
```

　　由于创建方法会产生聚合工厂与聚合产品之间的依赖，若二者位于不同限界上下文，遵循菱形对称架构的要求，应当避免这一设计。

2. 引入专门的聚合工厂

　　当创建的聚合属于一个多态的继承体系时，构造函数就无能为力了。例如，航班Flight聚合本身形成了一个继承体系，并组成图15-21所示的聚合：

　　根据进出港标志，可确定该航班针对当前机场究竟为进港航班还是离港航班，从而创建不同的子类。由于子类的构造函数无法封装这一创建逻辑，我们又不能将创建逻辑的判断职责"转嫁"给调用者，就有

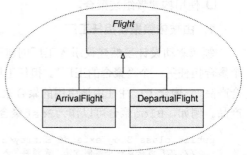

图15-21　具有继承体系的Flight聚合

必要引入专门的FlightFactory工厂类：

```java
public class FlightFactory {
    pubic static Flight createFlight(String flightId, String ioFlag, String airportCode, String
airlineIATACode...) {
        if (ioFlag.equalsIgnoreCase("A")) {
            return new ArrivalFlight(flightId, airportCode, airlineIATACode...);
        }
        return new DepartualFlight(flightId, airportCode, airlineIATACode...);
    }
}
```

当然，为了满足聚合创建的未来变化，亦可考虑引入工厂方法模式或抽象工厂模式，甚至通过获得类型元数据后利用反射来创建。创建方式可以是读取类型的配置文件，也可以遵循**惯例优于配置**（convention over configuration）原则，按照类命名惯例组装反射需要调用的类名。

由于**不建议聚合依赖于访问外部资源的端口**，引入专门工厂类的另一个好处是可以通过它依赖端口获得创建聚合时必需的值。例如，在创建跨境电商平台的商品聚合时，海外商品的价格采用了不同的汇率，在创建商品时，需要将不同的汇率按照当前的汇率牌价统一换算为人民币。汇率换算器ExchangeRateConverter需要调用第三方的汇率换算服务，实际上属于商品上下文南向网关的客户端端口。工厂类ProductFactory会调用它：

```java
public class ProductFactory {
    @Autowired
    private ExchangeRateConverter converter;

    public Product createProduct(String name, String description, Price price...) {
        Money valueOfPrice = converter.convert(price.getValue());
        return new Product(name, description, new Price(valueOfPrice));
    }
}
```

由于需要通过依赖注入将适配器实现注入工厂类，故而该工厂类定义的工厂方法为实例方法。为了防止调用者绕开工厂直接实例化聚合，可考虑将聚合根实体的构造函数声明为包范围内限制，并将聚合工厂与聚合产品放在同一个包。

3. 聚合自身担任工厂

聚合产品自身也可以承担工厂角色。这是一种典型的简单工厂模式，例如由Order类定义静态方法，封装创建自身实例的逻辑：

```java
package com.dddexpained.ecommerce.ordercontext.domain.order;

public class Order...
    // 定义私有构造函数
    private Order(CustomerId customerId, ShippingAddress address, Contact contact,
Basket basket) { //... }

    public static Order createOrder(CustomerId customerId, ShippingAddress address,
Contact contact, Basket basket) {
```

```
        if (customerId == null || customerId.isEmpty()) {
            throw new OrderException("Null or empty customerId.");
        }
        if (address == null || address.isInvalid()) {
            throw new OrderException("Null or invalid address.");
        }
        if (contact == null || contact.isInvalid()) {
            throw new OrderException("Null or invalid contact.");
        }
        if (basket == null || basket.isInvalid()) {
            throw new OrderException("Null or invalid basket.");
        }

        return new Order(customerId, address, contact, basket);
    }
}
```

这一设计方式无须多余的工厂类，创建聚合对象的逻辑也更加严格。由于静态工厂方法属于产品自身，因此可将聚合产品的构造函数定义为私有。调用者除了通过公开的工厂方法获得聚合对象，别无他法可寻。当聚合作为自身实例的工厂时，该工厂方法不必死板地定义为create×××()。可以使用诸如of()、instanceOf()等方法名，使得调用代码看起来更加自然：

```
Order order = Order.of(customerId, address, contact, basket);
```

不只聚合的工厂，对于领域模型中的实体与值对象（包括ID类），都可以考虑定义这样具有业务含义或提供自然接口的静态工厂方法，使得创建逻辑变得更加合理而贴切。

4. 消息契约模型或装配器担任工厂

设计服务契约时，如果远程服务或应用服务接收到的消息是用于创建的命令请求，则消息契约与领域模型之间的转换操作，实则是聚合的工厂方法。

例如，买家向目标系统发起提交订单的请求就是创建Order聚合的命令请求。该命令请求包含了创建订单需要的客户ID、配送地址、联系信息、购物清单等信息，这些信息被封装到PlacingOrderRequest消息契约模型对象中。响应买家请求的是OrderController远程服务，它会将该消息传递给应用服务，再进入领域层发起对聚合的创建。应用服务在调用领域服务时，需要将消息契约模型转换为领域模型，也就是调用消息契约模型的转换方法toOrder()。它实际上就是创建Order聚合的工厂方法：

```
package com.dddexpained.ecommerce.ordercontext.message;

public class PlacingOrderRequest implements Serializable {
    // 创建Order聚合的工厂方法
    public Order toOrder() { ... }
}

public class OrderAppService {
    private OrderService orderService;

    @Transactional
```

```
public void placeOrder(PlacingOrderRequest orderRequest) {
    try {
        // 通过请求对象创建Order聚合
        orderService.placeOrder(orderRequest.toOrder());
    } catch (DomainException ex) { ... }
    }
}
```

如果消息契约模型持有的信息不足以创建对应的聚合对象，可以在北向网关层定义专门的装配器，将其作为聚合的工厂。它可以调用南向网关的端口获取创建聚合需要的信息。

5．使用构建者组装聚合

聚合作为相对复杂的自治单元，在不同的业务场景可能需要有不同的创建组合。一旦需要多个参数进行组合创建，构造函数或工厂方法的处理方式就会变得很笨拙，需要定义各种接收不同参数的方法响应各种组合方式。构造函数尤为笨拙，毕竟它的方法名是固定的。如果构造参数的类型与个数一样，含义却不相同，构造函数更是无能为力。

Joshua Bloch就建议："遇到多个构造函数参数时要考虑用构建者（builder）。"[57]用构建者Builder的构建方法返回构建者自身，可以编写出遵循流畅接口（fluent interface）编程风格的API，完成对聚合对象的组装。流畅接口往往将一段长长的代码理成一条类似自然语言的句子，使代码更容易阅读。在提供流畅接口风格的构建API时，必须保证聚合的必备属性需要事先被组装，不允许调用者有任何机会创建出不健康的残缺聚合对象。

构建者模式有两种实现风格。一种风格是单独定义Builder类，由它对外提供组合构建聚合对象的API。单独定义的Builder类可以与产品类完全分开，也可以定义为产品类的内部类。例如对航班聚合对象的创建：

```
public class Flight extends Entity<FlightId> implements AggregateRoot<Flight> {
    private String flightNo;
    private Carrier carrier;
    private Airport departureAirport;
    private Airport arrivalAirport;
    private Gate boardingGate;
    private LocalDate flightDate;

    public static Builder prepareBuilder(String flightNo) {
        return new Builder(flightNo);
    }

    public static class Builder {
        // required fields
        private final String flightNo;

        // optional fields
        private Carrier carrier;
        private Airport departureAirport;
        private Airport arrivalAirport;
        private Gate boardingGate;
        private LocalDate flightDate;
```

```java
    private Builder(String flightNo) {
        this.flightNo = flightNo;
    }

    public Builder beCarriedBy(String airlineCode) {
        carrier = new Carrier(airlineCode);
        return this;
    }
    public Builder departFrom(String airportCode) {
        departureAirport = new Airport(airportCode);
        return this;
    }
    public Builder arriveAt(String airportCode) {
        arrivalAirport = new Airport(airportCode);
        return this;
    }
    public Builder boardingOn(String gateNo) {
        boardingGate = new Gate(gateNo);
        return this;
    }
    public Builder flyingIn(LocalDate flyingInDate) {
        flightDate = flyingInDate;
        return this;
    }
    public Flight build() {
        return new Flight(this);
    }
}
private Flight(Builder builder) {
    flightNo = builder.flightNo;
    carrier = builder.carrier;
    departureAirport = builder.departureAirport;
    arrivalAirport = builder.arrivalAirport;
    boardingGate = builder.boardingGate;
    flightDate = builder.flightDate;
}
}
```

客户端可以使用如下的流畅接口创建 Flight 聚合：

```java
Flight flight = Flight.prepareBuilder("CA4116")
                .beCarriedBy("CA")
                .departFrom("PEK")
                .arriveAt("CTU")
                .boardingOn("C29")
                .flyingIn(LocalDate.of(2019, 8, 8))
                .build();
```

　　构建者的构建方法可以对参数施加约束条件，避免非法值传入。在上述代码中，由于实体属性大多数被定义为值对象，故而构建方法对参数的约束被转移到了值对象的构造函数中。定义构建方法时，要结合自然语言风格与领域逻辑为方法命名，使得调用代码看起来更像进行一次英文交流。

　　另一种实现风格是由被构建的聚合对象担任近乎 Builder 的角色，然后将可选的构造参数定义到每个单独的构建方法中，并返回聚合对象自身以形成流畅接口。仍然以 Flight 聚合根实体为例：

```
public class Flight extends Entity<FlightId> implements AggregateRoot<Flight> {
    private String flightNo;
    private Carrier carrier;
    private Airport departureAirport;
    private Airport arrivalAirport;
    private Gate boardingGate;
    private LocalDate flightDate;

    // 聚合必备的字段要在构造函数的参数中给出
    private Flight(String flightNo) {
        this.flightNo = flightNo;
    }

    public static Flight withFlightNo(String flightNo) {
        return new Flight(flightNo);
    }

    public Flight beCarriedBy(String airlineCode) {
        this.carrier = new Carrier(airlineCode);
        return this;
    }

    public Flight departFrom(String airportCode) {
        this.departureAirport = new Airport(airportCode);
        return this;
    }

    public Flight arriveAt(String airportCode) {
        this.arrivalAirport = new Airport(airportCode);
        return this;
    }

    public Flight boardingOn(String gate) {
        this.boardingGate = new Gate(gate);
        return this;
    }

    public Flight flyingIn(LocalDate flightDate) {
        this.flightDate = flightDate;
        return this;
    }
}
```

相较于第一种风格，它的构建方式更为流畅。从调用者角度看，它没有显式的构建者类，也没有强制要求在构建最后调用build()方法：

```
Flight flight = Flight.withFlightNo("CA4116")
                .beCarriedBy("CA")
                .departFrom("PEK")
                .arriveAt("CTU")
                .boardingOn("C29")
                .flyingIn(LocalDate.of(2019, 8, 8));
```

无论采用哪一种风格，都需要遵循统一语言对方法进行命名，使其清晰地表达业务含义和领域知识。

15.5.2 资源库

资源库（repository）是对数据访问的一种业务抽象。在菱形对称架构中，它是南向网关的端口，可以解耦领域层与外部环境，使领域层变得更为纯粹。资源库可以代表任何可以获取资源的仓库，例如网络或其他硬件环境，而不局限于数据库。图15-22体现了资源库的抽象意义。

领域驱动设计引入资源库，主要目的是管理聚合的生命周期。工厂负责聚合实例的诞生，垃圾回收负责聚合实例的消亡，资源库就负责聚合记录的查询与状态变更，即"增删改查"操作。资源库分离了聚合的领域行为和持久化行为，保证了领域模型对象的业务纯粹性。它和其他端口一起，成为隔离业务复杂度与技术复杂度的关键。

图15-22 资源库的抽象

1．一个聚合一个资源库

聚合是领域建模阶段的基本设计单元，因此，管理领域模型对象生命周期的基本单元就是聚合，领域驱动设计规定：**一个聚合对应一个资源库**。如果要访问聚合内的非根实体，也只能通过资源库获得整个聚合后，将根实体作为入口，在内存中访问封装在聚合边界内的非根实体对象。

Eric Evans指出："我们可以通过对象之间的关联来找到对象。但当它处于生命周期的中间时，必须要有一个起点，以便从这个起点遍历到一个实体或者对象。"[8]97这个所谓的"起点"，就是通过资源库查询重建后得到聚合对象的那个点，因为只有在这个时候，我们才能获得聚合对象，并以此为起点遍历聚合的根实体及内部的实体和值对象。

资源库与数据访问对象的区别

同样都是访问数据，资源库与数据访问对象（data access object，DAO）有何区别呢？

数据访问对象封装了管理数据库连接以及存取数据的逻辑，对外为调用者提供了统一的访问接口。在为数据访问对象建立抽象接口后，利用依赖注入改变依赖方向，即可解除领域层对数据访问技术细节的依赖，满足"整洁架构"思想，隔离业务逻辑与数据访问逻辑。从对技术的隔离和访问逻辑的职责分配来看，二者没有区别。

根本区别在于，数据访问对象在访问数据时，并无聚合的概念，也就是没有定义聚合的边界约束领域模型对象，使得数据访问对象的操作粒度可以针对领域层的任何模型对象。这就为调用者打开了"方便之门"，使其能够自由自在地操作实体和值对象。没有聚合边界控制的数据访问，会在不经意间破坏领域概念的完整性，突破聚合不变量的约束，也无法保证聚合对象的独立访问与内部数据的一致性。

资源库是完美匹配聚合的设计模式，要管理一个聚合的生命周期，不能绕开资源库。同时，资源库也不能绕开聚合根实体直接操作聚合边界内的其他非根实体。例如，要为订单添加订单项，不能为OrderItem定义专门的资源库。如下做法是错误的：

```
OrderItemRepository oderItemRepo;

orderItemRepo.add(orderId, orderItem);
```

OrderItem作为Order聚合的内部实体，添加订单项要以Order根实体作为唯一的操作入口：

```
OrderRepository orderRepo;

Order order = orderRepo.orderOf(orderId).get();  //orderOf()返回的是Optional<Order>
order.addItem(orderItem);

orderRepo.update(order);
```

在引入聚合与资源库后，对聚合内部实体的操作，应从对象模型的角度考虑。通过Order聚合根的addItem()方法实现对订单项的添加，亦可保证订单领域概念的完整性，满足不变量。例如，该方法可以判断要添加的OrderItem对象是否有效，并根据OrderItem中的productId判断究竟是添加订单项，还是合并订单项，然后修改订单项中所购商品的数量。

2. 资源库端口的定义

资源库作为端口，可以视为存取聚合资源的容器。Eric Evans认为："它（指资源库）的行为类似于集合（collection），只是具有更复杂的查询功能。在添加和删除相应类型的对象时，资源库的后台机制负责将对象添加到数据库中，或从数据库中删除对象。这个定义将一组紧密相关的职责集中在一起，这些职责提供了对聚合根的整个生命周期的全程访问。"[8]100既然认为资源库是"聚合集合"的隐喻，在设计资源库端口时，亦可参考此特征定义接口方法的名称。例如，定义通用的Repository：

```
public interface Repository<T extends AggregateRoot> {
    // 查询
    Optional<T> findById(Identity id);
    List<T> findAll();
    List<T> findAllMatching(Criteria criteria);
    boolean contains(T t);

    // 新增
    void add(T t);
    void addAll(Collection<? extends T> entities);

    // 更新
    void replace(T t);
    void replaceAll(Collection<? extends T> entities);

    // 删除
    void remove(T t);
    void removeAll();
    void removeAll(Collection<? extends T> entities);
    void removeAllMatching(Criteria criteria);
}
```

资源库端口定义的接口使用了泛型，泛型约束为AggregateRoot类型，它的接口方法涵盖了与聚合生命周期有关的所有"增删改查"操作。理论上，所有聚合的资源库都可以实现该接口，如Order聚合的资源库为Repository<Order>。根据ORM框架持久化机制的不同，可以为Repository<T>

接口提供不同的实现，如图15-23所示。

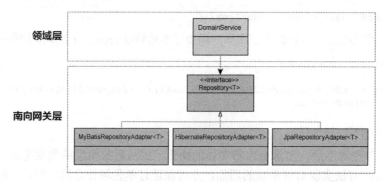

图15-23　通用的资源库接口

这么一个通用的资源库接口看似美好，实则具有天生的缺陷。

其一，并非所有聚合的资源库都愿意拥有大而全的资源库接口方法。例如，Order聚合不需要删除方法，又或者虽然对外公开为delete()，内部却按照需求执行了订单状态的变更操作。该如何让Repository<Order>满足这一特定需求？

其二，过于通用的接口无法体现特定的业务需求。接口定义的查询或删除方法可以接收条件参数Criteria，目的是满足各种不同的查询与删除需求，但Criteria的组装无疑加重了调用者的负担。例如，查询指定顾客正在处理中的订单：

```
Criteria customerIdCriteria = new EquationCriteria("customerId", customerId);
Criteria inProgressCriteria = new EquationCriteria("orderStatus", OrderStatus.InProgress);
orderRepository.findAllMatching(customerIdCriteria.and(inProgressCriteria));
```

虽然通用的资源库接口有种种不足，但它的通用意义与复用价值仍有可取之处。要在复用、封装和代码可读性之间取得平衡，需将南向网关的端口与适配器视为两个不同的关注点。扮演端口角色的资源库接口面向以聚合为基本自治单元的领域逻辑，扮演适配器角色的资源库实现则面向持久化框架，负责完成整个聚合的生命周期管理。由于通用的资源库接口未体现业务含义，不应视为资源库端口的一部分，需转移到适配器层，被不同的资源库适配器复用。

以订单聚合为例。它的资源库端口面向聚合：

```
package com.dddexplained.ecommerce.ordercontext.southbound.port.repository;

public interface OrderRepository {
    // 查询方法的命名更加倾向于自然语言，不必体现find的技术含义
    Optional<Order> orderOf(OrderId orderId);

    // 以下两个方法在内部实现时，需要组装为通用接口的criteria
    Collection<Order> allOrdersOfCustomer(CustomerId customerId);
    Collection<Order> allInProgressOrdersOfCustomer(CustomerId customerId);

    void add(Order order);
    void addAll(Iterable<Order> orders);
```

```
    // 业务上是更新(update)，而非替换(replace)
    void update(Order order);
    void updateAll(Iterable<Order> orders);

    // 根据订单的需求，不提供删除方法
}
```

对应的资源库适配器提供了具体的实现：

```
package com.dddexplained.ecommerce.ordercontext.southbound.adapter.repository;

public class OrderRepositoryAdapter implements OrderRepository {
    // 以委派形式复用通用的资源库接口
    private Repository<Order, OrderId> repository;

    // 注入真正的资源库实现
    public OrderRepositoryAdapter(Repository<Order, OrderId> repository) {
        this.repository = repository;
    }

    public Optional<Order> orderOf(OrderId orderId) {
        return repository.findById(orderId);
    }
    public Collection<Order> allOrdersOfCustomer(CustomerId customerId) {
        // 封装了组装查询条件的逻辑
        Criteria customerIdCriteria = new EquationCriteria("customerId", customerId);
        return repository.findAllMatching(customerIdCriteria);
    }
    public Collection<Order> allInProgressOrdersOfCustomer(CustomerId customerId) {
        Criteria customerIdCriteria = new EquationCriteria("customerId", customerId);
        Criteria inProgressCriteria = new EquationCriteria("orderStatus",OrderStatus.
InProgress);
        return repository.findAllMatching(customerIdCriteria.and(inProgressCriteria));
    }

    public void add(Order order) {
        repository.save(order);
    }
    public void addAll(Collection<Order> orders) {
        repository.saveAll(orders);
    }

    public void update(Order order) {
        repository.save(order);
    }
    public void updateAll(Collection<Order> orders) {
        repository.saveAll(orders);
    }
}
```

OrderRepositoryAdapter适配器注入通用的资源库接口，实际上是将持久化的实现委派给了通用资源库接口的实现类。既然通用的资源库接口不再面向领域层的聚合，设计时就无须考虑所谓"集合"的隐喻，可以根据持久化实现机制的要求，将add()操作与replace()操作合二为一，用save()方法代表。接口方法的命名也可以遵循数据库操作的通用叫法，如删除操作仍然命名为delete()，以下是修改后的资源库通用接口：

```
public interface Repository<E extends AggregateRoot, ID extends Identity> {
    Optional<E> findById(ID id);
    List<E> findAll();
    List<E> findAllMatching(Criteria criteria);

    boolean exists(ID id);

    void save(E entity);
    void saveAll(Collection<? extends E> entities);

    void delete(E entity);
    void deleteAll();
    void deleteAll(Collection<? extends E> entities);
    void deleteAllMatching(Criteria criteria);
}
```

资源库端口、资源库适配器和通用资源库（包括接口与实现）组成了南向网关的资源库网关层。它们各自承担自己的职责，在限界上下文的南向网关中扮演各自的角色，既做到了对聚合生命周期管理的可读接口定义，又做到了业务逻辑与技术实现的隔离，还在一定程度上满足了持久化实现的复用要求，如图15-24所示。

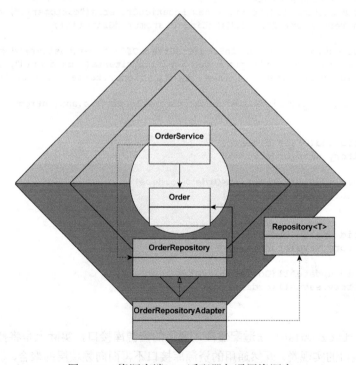

图15-24　资源库端口、适配器与通用资源库

　　领域服务OrderService调用OrderRepository端口管理Order聚合，端口的实现则为资源库适配器OrderRepositoryAdapter，通过依赖注入。为避免重复实现，在OrderRepositoryAdapter类的内部，持久化的真正工作又委派给了通用接口Repository<T>，实现了Repository<T>接口的具体类再完成聚合的生命周期管理[①]。

　　针对资源库查询方法的设计，社区存在争议。大致可分为两派。

　　一派支持设计**简单通用**的资源库查询接口，让资源库回归本质，老老实实做好查询的工作。条件查询接口保持通用性，将查询条件的组装工作交由调用者，不然，资源库接口就需要穷举所有可能的查询条件。一旦业务增加了新的查询条件，就要修改资源库接口。如订单聚合的接口定义，在定义了allInProgressOrdersOfCustomer(customerId)方法之后，是否意味着还需要定义allCancelledOrdersOfCustomer(customerId)之类的方法呢？

　　另一派坚持将查询接口**明确化**，根据资源库的个性需求定义查询方法，方法命名也体现了领域逻辑。封装了查询条件的查询接口不会将Criteria泄露出去，归根结底，Criteria的定义本身并不属于领域层。这样的查询方法既有其业务含义，又能通过封装减轻调用者的负担。

　　两派观点各有其道理。一派以通用性换取接口的可扩展，却牺牲了接口方法的可读性；另一派以封装获得接口的可读性，却因为方法过于具体导致接口膨胀与不稳定。

　　从资源库的领域特征看，我倾向于后者，但为了兼顾可扩展性与可读性，倒不如一边为资源库定义常见的个性化查询方法，一边保留对查询条件的支持。此外，查询接口的具体化与抽象化也可折中。如查询"处理中"与"已取消"的订单，差异在于被查询订单的状态，故可将订单状态提取为查询方法的参数：

```
Collection<Order> allOrdersOf(CustomerId customerId, OrderStatus orderStatus);
```

　　从资源库的调用角度分析，资源库的调用者包括领域服务和应用服务。如果没有严格地设计约束限制应用服务与资源库之间的协作，一旦资源库提供了通用的查询接口，就会将组装查询条件的代码混入应用层，违背了保持应用层"轻薄"的原则。要么限制资源库的通用查询接口，要么限制应用层直接依赖资源库，如何取舍，还得结合具体业务场景做出最适合当前情况的判断[②]。

　　资源库的条件查询接口设计还有第三条路可走，即引入规格（specification）模式来封装查询条件。查询条件与规格模式是两种不同的设计模式。

　　查询条件是一种表达式，采用了解释器（interpreter）模式[31]的设计思想，为逻辑表达式建立统一的抽象（如前所示的Criteria接口），然后将各种原子条件表达式定义为表达式子类（如前所示的AndCriteria类）。这些子类会实现解释方法，将值解释为条件表达式。

　　规格模式是策略（strategy）模式[31]的体现，为所有规格定义一个共同的接口，如Specification

---

① 这里是针对资源库的一种通用设计选择的持久化框架不同，具体的实现方式会有所不同；使用的语言不同，具体的实现方式也有所不同。

② 为了保证应用服务的干净与简单，服务驱动设计限制了角色构造型之间的协作，要求由领域服务调用资源库。各个团队可以确定自己的角色构造型协作约束机制。

接口的isSatisfied()方法。各个规格子类实现该方法,结合规则返回Boolean值。

相较于查询条件表达式,规格模式的封装性更好。可以按照业务规则定义不同的规格子类,并且通过规格接口做到对领域规则的扩展,但业务规则的组合可能带来规格子类的数量产生爆炸性增长。与之相反,查询条件的设计方式着重寻找原子表达式,然后将组装的职责交由调用者,因此能够更加灵活地应对各种业务规则的变化,但欠缺足够的封装,将条件的组装逻辑暴露在外,加重了调用者的负担,也容易带来组装逻辑的重复。

如果系统采用CQRS模式(参见第18章)将查询与命令分离,则在命令模型的资源库中,除了保留根据聚合根实体ID获得聚合的查询方法[①],其余查询方法皆转移到了查询模型。CQRS模式的查询模型不再使用领域模型,也就没有了聚合的概念,可以自由自在地运用数据访问对象模式,甚至支持直接编写SQL语句。故而,CQRS模式的查询接口不在资源库的讨论之列。

15.6 领域服务

既然已经有了聚合这一自治的设计单元,且它遵循信息专家模式,其内部的实体与值对象皆承担了与其数据相关的领域行为逻辑,构成了一种富领域模型(rich domain model)[②],为何还需要引入领域服务(domain service)呢?

15.6.1 聚合的问题

聚合封装了多个实体和值对象,聚合根是访问聚合的唯一入口。当业务需求需要调用聚合内实体或值对象的方法时,聚合当隐去其细节,用根实体包装这些方法,然后在方法的内部实现中将外部的请求委派给内部相应的类。封装的领域行为被固化在聚合之中,成为丰富聚合行为的关键。**问题在于,虽然一些领域行为需要访问聚合封装的信息,它的实现却不稳定,常随着需求的变化而变化。为了满足领域行为的可扩展性,应该将它分配给哪个对象呢?**

聚合作为多个实体与值对象的整体,是参与业务服务的自治设计单元。倘若将聚合拥有的数据称为已知数据,操作它们的领域行为就应该分配给聚合根实体。**聚合的已知数据**并不一定满足完整的领域需求,为了保证聚合的自治性,需要将不足的部分作为方法的参数传入。可认为参数传入的外部数据是**聚合的未知数据**,如果未知数据属于别的聚合,聚合之间就会产生协作。**问题在于,这两个聚合之间的协作该由谁负责发起?**

聚合是领域层的自治设计单元,封装了系统最为核心的业务功能。为了保证领域模型的纯粹性,菱形对称架构通过网关层分离领域逻辑与技术实现,但是为了履行一个完整的业务服务,二者又需要有机地结合起来。**问题在于,如果聚合不知道端口的存在,那么业务行为与南向网关端口的协作,该由谁来负责呢?**

---

① 本质上,该方法并非查询方法,而是生命周期管理中加载聚合的方法。

② 富领域模型是Martin Fowler在《企业应用架构模式》一书中定义的领域模型模式,可以认为是遵循了信息专家模式建立的领域模型。

解决这些问题的答案就是领域服务！

15.6.2　领域服务的特征

根据Eric Evans定义的设计要素，领域服务与实体、值对象一样，表示了领域模型，不过，它并没有代表一个具体的领域概念，而是封装了领域行为，前提是，这一领域行为在实体或值对象中找不到栖身之地。换言之，当我们针对领域行为建模时，需要优先考虑使用值对象和实体来封装领域行为，只有确定无法寻觅到合适的对象来承担时，才将该行为建模为领域服务的方法。**领域服务是领域设计建模的最后选择**。

虽说领域服务是领域设计建模的最后选择，但"服务"这个词语实在太过宽泛，很容易在分配职责时形成领域服务的扩大化。例如，领域服务名为ShippingService，是否可以把与运输相关的职责都分配给它？要估算运费，和运输有关，放到ShippingService中；要处理分段运输，和运输有关，放到ShippingService中；要规划运输路径，还是和运输有关，放到ShippingService中……长此以往，领域服务就会成为存放领域逻辑的"超级大筐"，失去了设计约束的领域服务，会在看似合理的职责分配下变得越来越庞大。渐渐地，整个领域服务就会变得无所不能。当领域服务"抢"走越来越多的领域逻辑后，聚合内的实体与值对象就会被削弱，最后，领域模型的设计又走回了贫血模型加事务脚本的老路。

为了避免将领域服务中的方法设计为一个过程式的事务脚本，可以考虑控制领域服务的粒度，例如保证它履行的职责为一个单一职责的领域行为。领域服务并不映射真实世界的领域概念（名词），而单纯地体现一种领域行为（动词）。这恰与实体和值对象的建模特点完全相反。这一特征启发我们可以从命名上对领域服务施加约束。Mat Wall与Nik Silver结合他们在Guardian网站推进领域驱动设计时的实践，提出了如下建议："为了对付这一行为，我们对应用中的所有服务进行了代码评审，并进行重构，将逻辑移到适当的领域对象中。我们还制订了一个新的规则：任何服务对象在其名称中必须包含一个动词。这一简单的规则阻止了开发人员去创建类似于ArticleService的类。取而代之，我们创建ArticlePublishingService和ArticleDeletionService这样的类。推动这一简单的命名规范的确帮助我们将领域逻辑移到了正确的地方，但我们仍要求对服务进行定期的代码评审，以确保我们在正轨上，以及对领域的建模接近于实际的业务观点。"[1]

要求领域服务的名称必须包含动词，体现了领域服务的行为本质。它表达的领域行为应该是无状态的，相当于一个纯函数。只是在Java语言中，函数并非"一等公民"，不得已才定义类或接口作为函数"附身"的类型。

命名约束的实践可能导致太多细粒度的领域服务产生，但在领域层，这样的细粒度设计值得提倡，因为它能促进类的单一职责，保证类的复用和应对变化的能力[2]。由于每个服务的粒度非常细，

15

---

① 参见Mat Wall、Nik Silver发表在InfoQ的文章《演进架构中的领域驱动设计》。

② 第16章引入的服务驱动设计既能规避在领域服务中实现为过程式的事务脚本，又能防止设计出太多细粒度的领域服务，且无须对领域服务的命名做任何约束。

因此服务就不可能包罗万象。由于服务的定义存在设计成本，因此每当开发人员尝试创建一个新的领域服务时，命名的约束会让他（她）暂时停下来想一想，分配给这个新服务的领域逻辑是否有更好的去处？

15.6.3 领域服务的运用场景

领域服务**不只限于对无状态领域行为的建模**。在领域设计模型中，它与聚合、资源库等设计要素拥有对等的地位。领域服务的运用场景是有设计诉求的，恰好可以呼应15.6.1节提出的3个问题。

第一个问题：虽然一些领域行为需要访问聚合封装的信息，它的实现却不稳定，常随着需求的变化发生变化，为了满足领域行为的可扩展性，应该将它分配给哪个对象呢？

信息专家模式仍然是领域设计建模时遵循的首要原则，但该模式并非放之四海而皆准，不能适用所有业务场景。如果领域行为的变化方向没有拥有数据的类保持一致，就应分离变与不变，将这一变化的领域行为从所属的聚合中剥离出来，形成领域服务。

例如，保险系统常常需要客户填写一系列问卷调查，通过了解客户的具体情况确定符合客户需求的保单策略。调查问卷Questionaire是一个聚合根实体，内部由多个处于不同层级的值对象组成了树形结构：

```
Section ->
        SubSection ->
                QuesitonGroup->
                        Question->
                                PrimitiveQuestionField
```

业务需求要求将一个完整的调查问卷导出为多种形式的文件，这就需要提供转换行为，将一个聚合的值转换为多种不同格式的内容，例如CSV格式、JSON格式和XML格式。转换行为操作的数据为Questionaire聚合所拥有，遵循信息专家模式，该行为代表的职责应由聚合来履行。然而，这一转换行为却存在多种变化，不同的内容格式代表了不同的实现。显然，该行为的变化原因与调查问卷的结构无关，需要将转换行为从Questionaire聚合分开，建立一个抽象的接口QuestionaireTransformer，为其提供不同的实现，如图15-25所示。

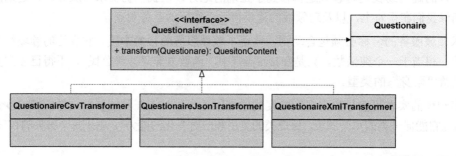

图15-25 分离转换行为

整个QuestionaireTransformer继承体系都可以认为是领域服务。从Questionaire中分离出QuestionaireTransformer也符合单一职责原则，根据变化的原因进行分离。

第二个问题：两个聚合之间的协作该由谁负责发起？

多数时候，一个自治的聚合无法完成一个完整的业务服务，聚合之间需要协作。协作通常采用职责委派，即一个聚合的根实体作为参数传递给另一个聚合根实体的方法，完成行为的协作。这是面向对象设计最为自然的协作方式。例如，付款记录聚合OrdserSettlement与支付约定聚合PayAggreement都在支付上下文中，在计算OrderSettlement实体的支付金额时，需要PayAggreement实体计算获得的支付利率。因此，可在OrderSettlement根实体的payAmountFor()方法中，传入PayAgreement对象：

```java
public class OrderSettlement {
    public BigDecimal payAmountFor(PayAgreement agreement) {
        return orderAmount.multiply(agreement.actualPayRate());
    }
}

public class PayAgreement {
    public BigDecimal actualPayRate() {
        return new BigDecimal(payRate * 0.01);
    }
}
```

聚合的生命周期由资源库管理，故而在两个聚合的协作行为之上，需要引入一个设计对象负责聚合的协作。这正是领域服务需要承担的职责，如图15-26所示。

引入的领域服务调用资源库获得聚合，发起它们之间的行为协作。例如，引入PayAmountCalculator领域服务，对外提供计算支付金额的领域行为，在方法内部通过资源库端口获得彼此协作的聚合，调用它们的协作方法：

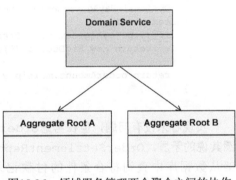

图15-26 领域服务管理两个聚合之间的协作

```java
public class PayAmountCalculator {
    private OrderSettlementRepository orderSettlementRepo;
    private PayAggreementRepository payAggreementRepo;
    public BigDecimal calculatePayAmount(OrderSettlementId orderSettlementId) {
        BigDecimal defaultPayAmount = new BigDecimal(0);
        Optional<OrderSettlement> optOrderSettlement = orderSettlementRepo.order
SettlementOf(orderSettlementId));
        if (!optOrderSettlement.isPresent()) {
            return defaultPayAmount;
        }
        OrderSettlement orderSettlement = optOrderSettlement.get();

        PayAggreementId payAggreementId = PayAggreementId.of(orderSettlement.pay
AggreementId());
```

15

```
        Optional<PayAggreement> optPayAggreement = payAggreementRepo.payAggreementOf(pay
    AggreementId);
        if (!optPayAggreement.isPresent()) {
            return defaultPayAmount;
        }
        PayAggreement payAggreement = optPayAggreement.get();

        // 注意，聚合之间产生了协作，但协作关系是纯粹的业务职责
        return orderSettlement.payAmountFor(payAggreement);
    }
}
```

为何不让聚合直接调用资源库端口获得另一个聚合呢？资源库的职责是管理聚合的生命周期，如果在聚合内部又使用了资源库端口，意味着资源库在“重建”聚合根对象时，还需要将该聚合根对象依赖的资源库适配器对象提供给它。这就好像蛋生鸡、鸡生蛋，可能陷入对象循环创建的怪圈。例如，OrderSettlement根实体定义了payAggreementId字段，如果聚合可以调用资源库端口：

```
public class OrderSettlement {
    private PayAggreementRepository payAggreementRepo;

    public BigDecimal payAmount() {
        Optional<PayAggreement> optPayAggreement = payAggreementRepo.payAggreementOf(this.
    payAggreementId);
        if (!optPayAggreement.isPresent()) {
            return new BigDecimal(0);
        }
        return orderAmount.multiply(optPayAggreement.get().actualPayRate());
    }
}
```

实现看来没有问题，但在考虑OrderSettlement聚合的生命周期管理时，就出现了不能自圆其说的矛盾。OrderSettlementRepositoryAdapter作为资源库的适配器，通过持久化框架从数据库中查询符合条件的付款记录信息，重建为OrderSettlement对象。重建时，OrderSettlementRepositoryAdapter该如何完成对payAggreementRepo字段的依赖注入呢？要知道，资源库适配器仅提供对象与关系之间的映射，既不会设置payAggreementRepo字段的值，也不知道该设置PayAggreementRepository资源库的哪一个实现。

显然，在资源库负责管理聚合生命周期的大前提下，聚合依赖资源库端口的做法并不可行，除非在聚合内部直接实例化资源库适配器对象。但这又违背了隔离业务逻辑与技术实现的架构原则。

要让聚合直接调用资源库端口，可考虑将它作为领域行为方法的参数传入：

```
public class OrderSettlement {
    public BigDecimal payAmount(PayAggreementRepository payAggreementRepo) {}
}
```

我不喜欢这样的设计。一方面，这一设计使得传入的资源库参数无法体现聚合之间本该更加自然的协作关系；另一方面，这一设计又将创建资源库的职责转嫁给了该方法的调用者，增加了调

用者的负担。

不止资源库端口，如果参与协作的聚合分属不同的限界上下文，还需要通过客户端端口获得一个聚合需要的领域模型。如果仍然让聚合对象持有该客户端端口，资源库同样不知道该如何将客户端适配器对象注入它所管理的聚合对象中。

领域服务就不存在这一问题，原因在于它是无状态的领域模型对象，不需要资源库管理其生命周期，自然就不会陷入对象循环创建的怪圈。

第三个问题：如果聚合不知道端口的存在，那么业务行为与南向网关端口的协作，该由谁来负责呢？

在真实的企业业务系统中，几乎不可能让领域逻辑完全不依赖任何外部资源以保证其纯粹性，但我们可以保证较细粒度的领域模型对象满足领域逻辑的纯粹性，这个粒度就是聚合。**聚合应设计为一个稳定的不依赖于任何外部环境的设计单元**。如果领域行为突破了聚合的粒度，就需要与外部资源间的协作。在菱形对称架构中，这就意味着需要调用南向网关的端口。这一职责交由领域服务来承担。

一个典型的例子是对订单的验证。如果仅仅需要验证订单的信息是否完整，订单聚合自己就能做到，验证行为就可以分配给Order聚合。倘若除了验证订单信息，还要验证所购商品的库存量是否满足购买需求，就需要访问库存上下文的远程服务。对Order聚合所在的订单上下文而言，库存上下文属于外部环境，需要通过南向网关的客户端端口访问。这时，验证订单整体有效性的领域行为就该交给OrderValidator领域服务：

```
public class OrderValidator {
    private InventoryClient inventoryClient;

    public void validate(Order order) {
        order.validate();

        InventoryReview inventoryReview = inventoryClient.check(order);
        if (!inventoryReview.isAvailable()) {
            throw new NotEnoughInventoryException();
        }
    }
}
```

菱形对称架构也将资源库视为南向网关的一种端口，因此，领域服务对第三个问题的应对，同时也解决了第二个问题。由此可以确定聚合设计的一条原则：**不要在聚合内部引入对南向网关端口的依赖**。

既然领域服务可以直接依赖南向网关端口，在协调和控制多个聚合对象时，就可以让服务方法变得更简单，甚至让调用者体会不到聚合的存在。例如，银行的转账服务发生在两个相同类型的聚合对象之间，即转出账户和转入账户，它们都是Account类型的聚合根实体对象。由于TransferingService可以通过AccountRepository获得Account聚合对象，转账服务方法只需传递转出账户与转入账户的ID以及转账金额即可：

```java
public class TransferingService {
    private AccountRepository accountRepo;
    private TransactionRepository transactionRepo;

    public void transfer(AccountId sourceAccountId, AccountId targetAccountId, Money
amount) {
        SourceAccount sourceAccount = accountRepo.accountOf(sourceAccountId);
        TargetAccount targetAccount = accountRepo.accountOf(targetAccountId);
        // 账户余额是否大于amount值，由Account聚合负责
        Transaction transaction = sourceAccount.transferTo(targetAccount, amount);

        accountRepo.save(sourceAccount);
        accountRepo.save(targetAccount);
        transactionRepo.save(transaction);
    }
}

public class Account extends Entity<AccountId> implements AggregateRoot<Account>,
SourceAccount, TargetAccount {
    private final const TRANSFERING_THRESHOLD = new BigDecimal(10000);
    private Money balance;

    public Account(AccountId accountId, Money balance) {
        this.id = accountId;
        this.balance = balance;
    }

    @Override
    public Transaction transferTo(TargetAccount target, Money transferAmount) {
        if (transferAmount.greaterThan(balance)) {
            throw new InsufficientFundsException("Insufficient funds.");
        }
        if (amount.greaterThan(TRANSFERING_THRESHOLD)) {
            throw new AccountException("Amount can not ..."));
        }

        decrease(transferAmount);
        target.transferMoneyFrom(transferAmount);
        return Transaction.createTransferingTransaction(accountId, target.getAccountId(),
amount);
    }

    @Override
    public void transferFrom(Money transferAmount) {
        increase(transferAmount);
    }

    private void increase(Money amount) {
        balance.add(amount);
    }
    private void decrease(Money amount) {
        balance.subtract(amount);
    }
}
```

领域服务、端口和聚合非常默契地履行各自的职责：聚合操作属于它以及它边界内的数据，履行自治的领域行为；端口通过适配器封装与外部环境交互的行为，又通过抽象隔离对具体技术实现的依赖；领域服务对外提供完整的业务功能，对内负责聚合和端口之间的协调。它们的协作机制如图15-27所示。

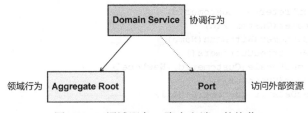

图15-27　领域服务、聚合和端口的协作

在所有领域模型设计要素中，领域服务的定义最为自由。正因如此，才需要限制它的自由度，明确聚合与领域服务各自的职责差异，确定领域设计建模的优先级。应优先分配领域逻辑给聚合，只有聚合无法做到的，才会考虑分配给领域服务。哪些领域逻辑是聚合无法做到的呢？根据前面的分析，可以归纳为：

❏ 与状态无关的领域行为；
❏ 变化方向与聚合不一致的领域行为；
❏ 聚合之间协作的领域行为；
❏ 聚合和端口之间协作的领域行为。

领域服务并非灵丹妙药。只有符合以上特征的领域行为才应该分配给领域服务，以避免领域服务的滥用。和谐的协作机制是好的面向对象设计，当领域服务对外承担了业务服务的领域行为时，要注意将内部的细粒度职责按照"信息专家模式"的要求分配给合适的聚合根实体，而在聚合的内部，实体与值对象之间的协作也当遵循相同的设计原则，确保职责分配的合理均衡。

15.7　领域事件

在理解领域事件之前，我们先看看一些正在实践的设计原则、设计思想，以此来撬动我们心中对软件世界模型根深蒂固的印象。

15.7.1　建模思想的转变

Datomic是一种以简单服务组合为设计目标的新数据库。其创造者，也是Clojure语言创造者的Rich Hickey如此表达Datomic的设计哲学："Datomic将数据库视为信息系统，而信息是一组事实（fact），**事实是指一些已经发生的事情**。鉴于任何人都无法改变过去，这也意味着数据库将累积这些事实，而非原地进行更新。过去可以遗忘，但是不能改变。因此，如果某些人'修改了'它们的地址，Datomic会存储它们拥有新地址这个事实，而非替换掉老的事实（它只是在这个时间点被简单的回收了）。这个**不变性**（immutability）带来了很多重要的架构优势和机会。"[①]

Datomic对"信息即事实"的理解，推导出不变性这个重要的架构特征。这一特征恰与CQRS模式中设计命令模型的核心思想保持一致。Greg Young用一个简单的例子[②]解释了该模式。假设定义了一个领域服务CustomerService，它的方法包括：

```
void MakeCustomerPreferred(CustomerId)
Customer GetCustomer(CustomerId)
CustomerSet GetCustomersWithName(Name)
CustomerSet GetPreferredCustomers()
void ChangeCustomerLocale(CustomerId, NewLocale)
void CreateCustomer(Customer)
void EditCustomerDetails(CustomerDetails)
```

运用CQRS模式，就应该将该服务分解为分别负责读和写的两个服务：

```
# CustomerWriteService
void MakeCustomerPreferred(CustomerId)
void ChangeCustomerLocale(CustomerId, NewLocale)
void CreateCustomer(Customer)
void EditCustomerDetails(CustomerDetails)

# CustomerReadService
Customer GetCustomer(CustomerId)
CustomerSet GetCustomersWithName(Name)
CustomerSet GetPreferredCustomers()
```

CustomerReadService服务提供的所有方法都不会对数据产生任何副作用，而从**事实**的角度思考CustomerWriteService服务，它的每个方法都会因为某个命令行为导致某些事情的发生，且发生的这件事情是不可变更的。我们将这些发生的事情称为事件（event）。例如，CreateCustomer命令会触发CustomerCreated事件，ChangeCustomerLocale命令会触发CustomerLocaleChanged事件。这些命令与事件与CustomerReadService服务返回的Customer属于不同的模型，即命令模型（command model）与查询模型（query model）。

配合React进行状态管理的前端框架Redux定义了以下3条基本设计原则。

❑ 单一数据源：整个应用的状态（state）被存储在一棵对象树（object tree）中，并且这棵对象树只存在于唯一一个状态存储（store）中；

❑ 状态是只读的：唯一能改变状态的方法就是触发动作（action），动作是一个用于描述已发生事件的普通对象；

❑ 使用纯函数来执行修改：为了描述动作如何改变状态树（state tree），需要编写reducer函数。

之所以Redux如此重视状态的管理、控制与跟踪，是因为随着用户的操作，前端UI的视图变化会引起模型的状态频繁变更，且变更产生的连锁反应也非常复杂，往往会引起一连串的模型状态变

① 参见Rich Hickey发表在InfoQ的文章"Datomic的架构"。

② 参见Greg Young在Code Better发表的文章"CQRS, Task Based UIs, Event Sourcing agh!"。

更，最后使情形变得不受控制，让人弄不明白状态究竟是在什么时候，由什么原因导致的变化。随着系统变得越来越复杂，如果无法跟踪和管理状态，就很难重现问题，因为这种变化带来的耦合，会让添加新功能变得举步维艰。

分析前端状态管理的复杂度，其罪魁祸首为变化和异步。尤其当二者混淆在一起时，这种复杂度就变得很难预测了。随着业务逻辑的渐趋复杂，以及对低延迟高响应等质量属性的提出，变化和异步这两个不稳定因素同样会在后端世界肆虐。在进行后端系统的领域驱动设计时，我们可否参考Redux的设计原则呢？

仔细分析Redux的3个设计原则，我们看到它在业务世界的建筑墙上，刻满了"状态"两个字。回想UML中的状态图以及工作流的状态机（state machine），再来思考业务世界的本质，我们能否提出如下问题：**任何业务逻辑是否都可以转换成状态的迁移？**

在进行领域建模时，状态往往作为对象的属性被定义，例如订单对象定义订单状态属性`Created`、`Registered`、`Granted`、`Canceled`、`Shipped`、`Invoiced`。这种状态的迁移可以用UML状态图表示。它关注的正是状态以及状态之间的转换，导致状态发生转换的动作就是前面提及的命令。

虽然在UML状态图中，并未将状态视为事件，但这二者的本质是相同的：

❏ 它们都是某个行为产生的结果，并与该行为相关联；

❏ 状态与状态之间存在转换关系，称为状态转换；事件与事件之间同样存在这种转换关系，称为事件传播。

领域驱动设计将对象的状态提升为"一等公民"，赋予它领域事件（domain event）的身份。结合之前的讨论，可推演出领域事件的特征：

❏ 领域事件代表了领域概念；

❏ 领域事件是已经发生的事实；

❏ 领域事件是不可变的领域对象；

❏ 领域事件会基于某个条件而触发。

15.7.2　领域事件的定义

领域事件的定义需要满足领域事件的特征要求。

领域事件的命名必须清晰地传递领域概念。这意味着需要在统一语言指导下，从业务的角度命名。作为已经发生的事实，事件的命名应采用动词的过去时态，如订单完成的事件命名为`OrderCompleted`。这一命名方式也是领域事件推荐的命名风格，我们无须再为其增加`Event`后缀。

作为不变事实的领域事件可以参考值对象的定义要求，定义为不变类。与值对象不同的是，事件的发布者与消费者在使用事件时，都通过事件的ID进行管理，因此它又具有实体的特征，需要定义代表身份唯一标识的ID属性。领域事件的ID没有任何业务含义，可定义为通用类型的身份标识。领域事件总是随着某个条件的满足而被触发，为了更好地记录和跟踪该事件，还需要保留该事件发生时的时间戳。

　　显然，领域事件不同于领域模型设计要素的其他模型对象。为了体现这一差异，也为了抽象领域内的所有领域事件，可以统一定义一个抽象类DomainEvent：

```
public abstract class DomainEvent {
    protected final String eventId;
    protected final String occurredOn;

    public DomainEvent() {
        eventId = UUID.randomUUID().toString();
        occurredOn = new Timestamp(new Date().getTime()).toString();
    }
}
```

　　领域事件只需要封装发布者希望传递的信息。当然，在定义事件属性时也需要考虑订阅者的需求，如转账成功事件TransferSucceeded本身足以说明转账的成功完成状态，但为了使订阅者在收到该事件后能够生成转账交易记录，需要在创建该事件时将转出方与转入方的账户ID、转账金额封装进去：

```
public class TransferSucceeded extends DomainEvent {
    private   final AccountId srcAccountId;
    private   final AccountId targetAccountId;
    private final Money amount;

    public TransferSucceeded(AccountId srcAccountId, AccountId targetAccountId, Money
amount) {
        super();
        this.srcAccountId = srcAccountId;
        this.targetAccountId = targetAccountId;
        this.amount = amount;
    }
}
```

　　领域事件表达了实体的状态变更和迁移，属于领域设计模型中的领域概念。结合对Datomic、Redux和CQRS模式的分析，在对业务世界进行分析时，可以以"领域事件"为核心进行领域建模。这种方式是对经典建模世界观的颠覆，推倒了堆砌着静态领域概念的名词城堡，重新建立了关注状态迁移的动态过程。由此建立的模型世界永远是变化的，因为每个状态都时刻准备着在满足某个条件时迁移到下一个状态；这个模型又是不变的，无论因为什么导致了状态迁移，产生的每个事实都不可变更。事件既然改变了我们观察真实世界的方式，就不仅是领域模型设计要素这么简单，而是一种建模的驱动力，获得的模型也异于一般而言的领域模型。根据其特性，我将其命名为"事件驱动模型"（参见附录B）。

15.7.3　对象建模范式的领域事件

　　倘若依然采用对象建模范式定义领域事件，那么作为一种领域模型设计要素，它实际上只是实体、值对象和领域服务的一个重要补充。引入它的首要目的是更好地跟踪实体状态的变更，并在状态发生变更时，通过事件消息的通知完成领域模型对象之间的协作。[①]在收到状态变更的事件时，

---

① 有时候，领域事件也可能穿透限界上下文的边界，被另一个限界上下文的应用服务或领域服务订阅。它扮演的角色已经超出了领域模型的范畴，遵循事件驱动架构风格，具体内容参见附录B。

参与协作的对象需要依据当前实体的状态变更决定该做出怎样的响应。这实则是对象协作的需求，只不过协作的方式发生了改变。

事件对状态变更的通知符合观察者模式的设计思路。该模式定义了主体（subject）对象与观察者（observer）对象。一个主体对象可以注册多个观察者对象，观察者对象则定义了一个回调函数。一旦主体对象的状态发生变化，调用回调函数就将变化的状态通知给所有的观察者。主体和观察者都进行了抽象，以降低二者之间的耦合。观察者模式的设计类图如图15-28所示。

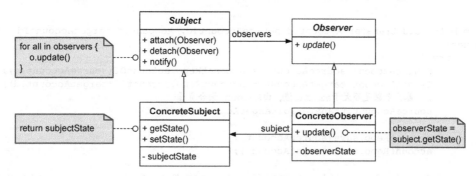

图15-28　观察者模式

观察者模式的意图为"定义对象间的一种一对多的依赖关系，使得当一个对象的状态发生改变时，所有依赖于它的对象都得到通知并被自动更新。[61]"改变的状态可以通过领域事件来传递；观察者模式中的主体拥有该状态，可以认为是它发布了领域事件；观察者在收到该事件后，按照自己规定的业务对事件进行处理。从这一角度讲，将观察者模式命名为领域事件的发布-订阅模式更加贴切。

仍然以客户转账的业务服务为例。在没有使用领域事件之前，TransferingService转账服务的内部在转账成功后调用TransactionRepository生成一条转账交易记录。改由领域事件后，TransferingService转账服务在转账成功后，就可发布TransferSucceeded领域事件。事件发布完毕，转账流程也就宣告结束。处理该领域事件的对象为订阅者，不同业务场景对于TransferSucceeded事件的处理逻辑并不相同。交易服务TransactionService会生成转账记录，通知服务NotificationService会发送通知短信。在发布事件后，为了通知订阅者，需要发布者注册这些订阅者。由于可能存在多个订阅者，因此需要为订阅者定义抽象的接口：

```
public interface TransferingEventSubscriber {
    void handle(TransferSucceeded transferedSucceededEvent);
    void handle(TransferFailedd transferedFailedEvent);
}
```

转账服务修改为：

```
public class TransferingService {
    private AccountRepository accountRepo;
    private TransactionRepository transactionRepo; //不需要操作交易聚合，删去
    private List<TransferingEventSubscriber> subscribers;
```

```java
public TransferingService() {
    subscribers = new ArrayList<>();
}

// 相当于注册观察者
public void register(TransferingEventSubscriber subscriber) {
    if (subscriber != null) {
        this.subscribers.add(subscriber);
    }
}

public void transfer(AccountId sourceAccountId, AccountId targetAccountId, Money
amount) {
    try {
        SourceAccount sourceAccount = accountRepo.accountOf(sourceAccountId);
        TargetAccount targetAccount = accountRepo.accountOf(targetAccountId);
        // 账户余额是否大于amount值，由Account聚合负责
        sourceAccount.transferTo(targetAccount, amount);

        accountRepo.save(sourceAccount);
        accountRepo.save(targetAccount);

        TransferSucceeded succeededEvent = new TransferSucceed(sourceAccountId,
targetAccountId, amount);
        publish(succeededEvent);
    } catch (DomainException ex) {
        TransferFailed failedEvent = new TransferFailed(sourceAccountId, targetAccountId,
amount, ex.getMessage());
        publish(failedEvent);
    }
}

private void publish(TransferSucceeded succeededEvent) {
    for (TransferEventSubscriber subscriber : subscribers) {
        subscriber.handle(succeededEvent);
    }
}

private void publish(TransferFailed failedEvent) {
    for (TransferingEventSubscriber subscriber : subscribers) {
        subscriber.handle(failedEvent);
    }
}
}
```

TransactionService领域服务负责生成转账交易记录，是事件的订阅者：

```java
public class TransactionService implements TransferingEventSubsriber {
    private TransactionRepository transactionRepo;

    @Override
    public void handle(TransferSucceeded succeededEvent) {
        Transaction transaction = Transaction.createTransferingTransaction(succeeded
Event.getSourceAccountId(), succeededEvent.getTargetAccountId(), succeededEvent.getAmount());
```

```
        transactionRepo.save(transaction);
    }
}
```

通知服务也采用类似方式实现TransferingEventSubscriber接口。

对比之前的转账领域服务，TransferingService的职责更加单一，只负责转账。至于交易记录的生成、消息的通知都交给了关心TransferSucceeded事件的订阅者。订阅者是抽象的，也在一定程度解除了彼此之间的耦合。至于对转账场景的事务处理，则统一交给北向网关层的应用服务。它了解参与整个业务服务的聚合资源，可以放在一个事务范围内。

这一实现的前提是TransferingService领域服务、TransactionService领域服务、NotificationService领域服务以及Account和Transaction聚合都在一个限界上下文中，或者都在一个进程的范围内。如果牵涉到跨进程通信，就需要采用分布式通信的方式实现事件的发布与订阅，并采用柔性事务来满足事务一致性的要求。

考虑到事件的发布与订阅存在通用性，无论是在同一进程或者限界上下文内，还是分布式的跨进程通信，都建议采用专门的事件总线实现事件的发布和订阅。例如，引入Guava的Event Bus库，上述实现可以简化为：

```
public class TransferingService {
    private EventBus eventBus;
    private AccountRepository accountRepo;

    public TransferingService() {
        eventBus = new EventBus("Transfering");
    }

    public void register(List<TransferingEventSubscriber> subscribers) {
        for (TransferingEventSubscriber subscriber : subscribers) {
            eventBus.register(subscriber); // 通过事件总线注册订阅者
        }
    }

    public void transfer(AccountId sourceAccountId, AccountId targetAccountId, Money
amount) {
        try {
            SourceAccount sourceAccount = accountRepo.accountOf(sourceAccountId);
            TargetAccount targetAccount = accountRepo.accountOf(targetAccountId);
            // 账户余额是否大于amount值，由Account聚合负责
            sourceAccount.transferTo(targetAccount, amount);

            accountRepo.save(sourceAccount);
            accountRepo.save(targetAccount);

            TransferSucceeded succeededEvent = new TransferSucceeded(sourceAccountId,
targetAccountId, amount);
            eventBus.post(succeededEvent);
        } catch (DomainException ex) {
            TransferFailed failedEvent = new TransferFailed(sourceAccountId, targetAccountId,
```

15

```
amount, ex.getMessage());
        eventBus.post(failedEvent);
    }
  }
}

public class TransactionService implements TransferEventSubsriber {
    private TransactionRepository transactionRepo;

    @Subscribe // Guava提供的注解，使得该方法称为事件的订阅者
    @Override
    public void handle(TransferSucceeded succeededEvent) {
        Transaction transaction = Transaction.createTransferingTransaction(succeeded
Event.getSourceAccountId(),  succeededEvent.getTargetAccountId(), succeededEvent.getAmount());
        transactionRepo.save(transaction);
    }
}
```

领域事件属于领域层的领域模型对象。如果事件参与了限界上下文之间的协作，应考虑定义应用事件，作为包裹在领域层之外的消息契约。

无论是同一个限界上下文内聚合之间传递领域事件，还是跨限界上下文传递应用事件，甚至跨进程边界（当限界上下文作为微服务边界时）传递应用事件，都符合发布-订阅模式的语义，事件的传递都由事件总线负责。事件总线是一种抽象，既可以实现为本地的事件消息通信（如Guava提供的Event Bus库），也可以由消息队列或消息中间件担任（如Kafka、RabbitMQ、RocketMQ等）。AKKA框架能够同时支持本地与分布式的事件消息通信，Spring Cloud Bus甚至为分布式消息通信建立了满足事件总线要求的通用编程模型（目前仅支持Kafka与AMQP的消息中间件）。不同框架的选择可能在一定程度影响领域模型对领域事件的操作。若严格遵循菱形对称架构，就可定义一个抽象的EventBus接口作为南向网关的端口，由它来隔离这些具体的技术实现因素对领域模型的影响。

第 16 章

领域设计建模

> 彼节者有间，而刀刃者无厚；
> 以无厚入有间，恢恢乎其于游刃必有余地矣。
>
> ——庄子，《养生主》

实体、值对象、领域事件、聚合、工厂、领域服务与资源库都属于领域驱动战术设计元模型的一部分，是解决真实世界业务问题的设计元语。实体、值对象与领域事件共同构成了描述真实世界业务问题的基本要素；聚合从设计角度为实体与值对象圈定了概念边界，并引入了工厂和资源库设计模式，用于管理聚合的生命周期；领域服务作为聚合的补充，专注于领域行为的表达，负责协调聚合之间以及聚合与端口之间的协作。显然，这些设计要素并未遵循同一种规则，从同一个维度进行划分，这导致它们之间的含义与关系显得有些模糊，层次不够清晰，影响了它们对领域设计建模的指导价值。

如果从对象建模范式的角度考虑领域设计建模，可以将每个设计要素视为**完成一个业务服务进行协作时履行不同职责而扮演的角色**，从而为参与业务服务的所有对象定义**角色构造型**（role stereotype）。

16.1　角色构造型

角色构造型这一概念来自Rebecca Wirfs-Brock提出的职责驱动设计方法。她认为："在一个应用系统中，各种角色都具有自身的特征，这些特征就是构造型……从高层概念进行思考，忽略具体行为来识别对象的构造型，是非常有必要的。通过简化和特征化描述，我们能够轻易地辨明对象的角色。"[39]4图16-1列出了Wirfs-Brock总结的角色构造型。

这些角色构造型的定义及其履行的职责分别如下[39]4。

- ❑ 信息持有者：掌握并提供信息。
- ❑ 服务提供者：执行工作，通常为其他对象提供服务。
- ❑ 构造者：维护对象之间的关系以及与这些关系相关的信息。

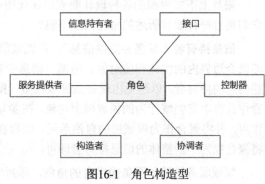

图16-1　角色构造型

❑ 协调者：通过向其他对象委托任务来响应事件。

❑ 控制器：进行决策并指导其他对象的行为。

❑ 接口：连接系统的各个部分，并在它们之间进行信息和请求的转换。

在职责驱动设计方法中，一个完整的业务服务将由属于不同角色构造型的对象共同协作，而抽象的角色构造型又由对象履行的职责决定。**角色、职责和协作**是职责驱动设计方法的3个关键设计要素。若能事先根据角色构造型的特征判断一个对象属于一种或多种角色构造型，就能指导设计者做出合理的职责分配，形成良好的协作。

16.1.1　角色构造型与领域驱动设计

定义角色构造型的职责驱动设计方法对领域驱动设计具有极高参考价值。

让我们回到领域驱动设计的角度对这些角色构造型进行解读。这要考虑限界上下文的整个结构，而不能仅停留在领域层的领域模型，如此才能完成一个完整的业务服务。图16-2展示了菱形对称架构与分层架构的组成。

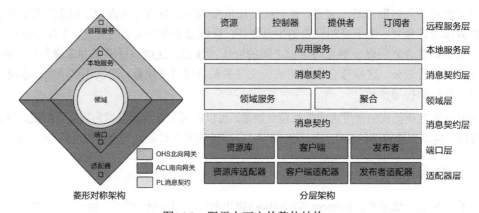

图16-2　限界上下文的整体结构

限界上下文内部的各种设计要素尽在此图中，通过配合共同完成一个完整的业务服务。那么，它们是否符合如前所述的角色构造型呢？

信息持有者"掌握并提供信息"，在领域层，指的就是封装了领域逻辑信息的领域模型对象，即聚合边界内的实体和值对象。遵循"信息专家模式"，应优先考虑将与信息相关的行为分配给这些信息的持有者，以避免出现贫血领域模型。我们不能将信息持有者视为一种数据契约，而应将其看作具有丰富领域行为的领域模型对象。在参与业务服务的协作时，领域驱动设计强调聚合的边界作用，并将聚合作为领域层的自治单元，因而在辨别角色构造型时，可以抹掉实体和值对象，直接将聚合视为一个整体的信息持有者即可。

领域服务扮演了**服务提供者**的角色，即封装没有状态的领域行为，为领域对象提供业务支持，实现不属于任何信息持有者即聚合所能执行的功能。如果业务服务的业务功能需要访问外部资源，又或者需要多个聚合共同协作，领域服务还会扮演**控制器**角色，通过它决策并指导聚合与端口对象之间的协作行为。

毫无疑问，工厂就是**构造者**角色，负责维护聚合内部实体与值对象之间的关系，创建一个将根实体暴露在外的聚合自治单元。一个聚合如果扮演了**构造者**角色，同样可以认为是另一个聚合产品的工厂对象。

位于本地服务层的应用服务扮演了**协调者**角色。它自身不封装任何业务逻辑，却对外被调用者视为参与业务服务的服务对象，提供服务价值；对内则负责领域服务与聚合之间的协调，并将调用者发送的业务请求委派给它们。

位于北向网关的远程服务与南向网关的端口都是连接当前限界上下文与其他限界上下文以及外部环境之间的**接口**。消息契约对象是组成**接口**的一部分，与对应的装配器负责完成消息信息与领域信息之间的转换，可能成为聚合产品的**构造者**。南向网关的适配器对象作为端口的实现封装了具体的技术实现细节，在领域设计建模时，通常不用考虑。

16.1.2 领域驱动设计的角色构造型

结合职责驱动设计方法，我为领域驱动设计的设计元模型要素寻找到了对应的角色构造型。为了更好地体现领域驱动设计，我又另辟蹊径，不再将这些元模型要素归纳为职责驱动设计提及的6种角色构造型，而是直接将它们视为领域驱动设计的角色构造型，如图16-3所示。

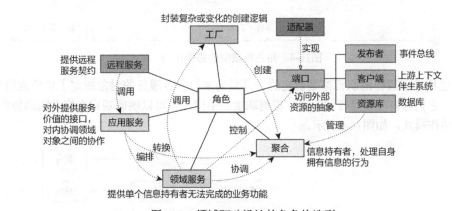

图16-3 领域驱动设计的角色构造型

图16-3所示的角色构造型各自履行不同的职责，彼此协作，共同完成一个具有服务价值的业务服务。它们典型的协作序列如图16-4所示。

这些角色构造型是限界上下文引入菱形对称架构之后识别出来的所有设计要素，各自履行了不同的职责。

□ **远程服务**：若为当前限界上下文的远程服务，则负责响应角色的服务请求；若为上游限界上下文的远程服务，则响应客户端适配器的调用请求。

- ❑ 应用服务：与远程服务对应，提供具有服务价值的服务接口，完成消息契约对象与领域模型对象的转换，调用或编排领域服务。
- ❑ 领域服务：提供聚合无法完成的业务功能，协调多个聚合以及聚合与端口之间的协作。
- ❑ 聚合：作为信息的持有者，履行自给自足的领域行为，内部实体与值对象之间的协作被聚合边界隐藏起来。
- ❑ 工厂：封装复杂或可能变化的创建聚合的逻辑。
- ❑ 端口：作为访问外部资源的抽象。常见端口包括对访问数据库的抽象，定义为资源库端口；对调用第三方服务包括上游限界上下文的抽象，定义为客户端端口；对发布事件到事件总线的抽象，定义为发布者端口。
- ❑ 适配器：端口的实现，提供访问外部资源的具体技术实现，并通过依赖注入设置到领域服务或应用服务中。

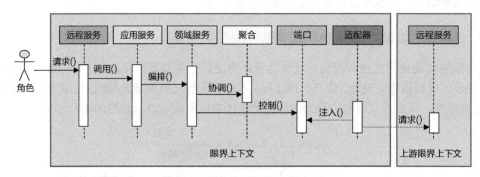

图16-4   角色构造型的协作序列

每个角色构造型履行的职责都是确定的。只要为参与业务服务的对象规定了角色构造型，就相当于明确了它们各自应该履行的职责。根据职责的不同，还可以明确规定它们之间的协作方式，形成约定的协作模式，如图16-5所示。

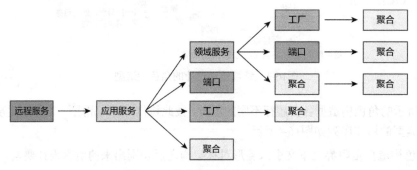

图16-5   角色构造型的协作模式

领域驱动设计角色构造型确定的协作模式遵守了面向对象的设计原则以及领域驱动设计的规

范，阐释如下。

- ❑ 远程服务与应用服务：体现了最小知识法则，保证远程服务的单一职责。
- ❑ 应用服务与领域服务：由领域服务封装领域逻辑，以避免其泄露到应用层。
- ❑ 应用服务与端口：应用服务可以与端口协作，用于访问外部资源。
- ❑ 应用服务与工厂：只限于消息契约对象或装配器担任聚合工厂的场景。
- ❑ 应用服务与聚合：应用服务在调用领域服务时，需要获得聚合，为了避免领域知识的泄露，不建议应用服务直接调用聚合实体和值对象的领域行为，对外，也必须将聚合转换为消息契约对象。
- ❑ 领域服务与工厂、端口和聚合：确保了领域逻辑的职责分配，避免领域服务成为事务脚本。
- ❑ 聚合：聚合只能与聚合协作，不知道其他角色构造型，保证了聚合的稳定性和纯粹性。

在这些协作模式之上还有一个基本原则，即参与协作的所有角色构造型都在同一个限界上下文的范围，遵循菱形对称架构。适配器封装了具体的技术实现，被端口隔离，除适配器之外的所有角色构造型都不知道适配器的存在。倘若业务服务需要多个限界上下文协作，则发生在角色构造型之间的协作模式只能是客户端适配器与远程服务或应用服务，如图16-6所示。

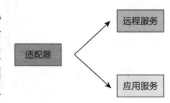

图16-6 适配器的协作模式

以报税系统为例，系统需要定期根据用户提交的收入信息生成税务报告文件，这是一个完整的业务服务，由报税专员向作为远程服务的控制器发起请求。业务服务的执行过程如下：

- ❑ 获得符合条件的税务报告；
- ❑ 将税务报告的内容转换为HTML格式的数据流；
- ❑ 以HTML格式呈现方式生成PDF文件。

对外而言，生成税务报告文件是一个完整的服务，客户端的调用者无须了解该服务的实现细节。TaxReportController远程服务响应调用者的服务请求，然后将请求消息委派给TaxReportAppService应用服务。应用服务与远程服务的方法相匹配，定义了提供服务价值的方法。其方法内部并不包含具体的业务逻辑，而是调用TaxReportGenerator领域服务。该领域服务会控制资源库端口、聚合和其他服务之间的协作：首先通过TaxReportRepository端口获得TaxReport实体对象，该实体对象作为TaxReport聚合的聚合根，封装了税务报告的数据验证行为和组装行为。接着，HtmlReportProvider领域服务负责将报告对象转换为HTML格式的数据流，这一转换行为本应由TaxReport聚合承担，但由于引起它变化的原因与聚合的内部结构并不相同，故而将它分离，由专门的领域服务承担。最后，PdfReportWriter领域服务负责将该数据流写入PDF文件，生成税务报告文件。它之所以定义为领域服务，是因为它访问了文件这一外部资源，对文件的访问通过FileWriter端口对技术实现进行隔离。整个协作序列如图16-7所示。

为领域驱动设计引入角色构造型后，职责的分配变得有章可循。它还是服务驱动设计确定动态协作序列的基础。为了更好进行呈现设计模型，可以为各种角色构造型定义不同的颜色，让团队使用不同颜色的即时贴共同协作，以可视化的手段呈现领域设计模型。

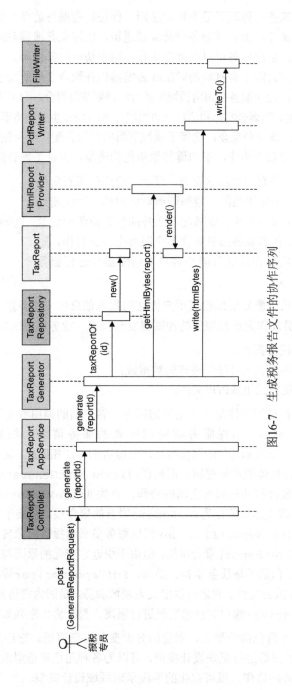

图16-7 生成税务报告文件的协作序列

在角色构造型的基础上，我们还可以建立领域驱动设计风格的自动化评估，例如定义诸如 @RemoteService、@AppService、@DomainService、@Aggregate、@Factory、@Port 和 @Adapter 等注解用于标记角色构造型，且将协作模式演化为检验设计风格的协作验证规则，通过扫描限界上下文实现代码的方法，检查是否存在违背角色构造型协作模式的错误设计与实现[①]。

16.2 设计聚合

领域分析模型的关键在于遵循统一语言，在限界上下文的限制下，努力寻找能够真实表达领域概念的对象，建立清晰的对象图；在领域分析模型的基础上，建立一个个由聚合边界封装和保护的自治边界，再以聚合为核心确定周边各个参与整体业务场景的角色构造型。因此，要建立高质量的领域设计模型，需要高质量地设计聚合。

该怎么设计聚合呢？聚合是在限界上下文控制下对领域分析模型形成的对象图的规范设计。领域分析模型的结构大而全，不足以作为编码实现的参考，类之间的关系固然需要进一步阐明，实体与值对象也需要分辨出来。然后，将聚合作为领域设计模型的控制边界，隐藏对象图的细节，让类之间的关系得到进一步的简化，这一切皆归功于对领域模型的结构控制。

庄子讲过一则庖丁解牛的故事。庖丁给魏惠王介绍他如何解牛：解牛时，需得顺着牛体天然的结构，击入大的缝隙，顺着骨节间的空处进刀。由于牛体的骨节有空隙，而屠刀的刀口却薄得像没有厚度，没有厚度似的刀口在有空隙的骨节中，真可以说是游刃有余。每当遇到筋骨交错聚结的地方，看到它难以处理，就会怵然为戒，目光更专注，动作更缓慢，用刀更轻柔，结果它霍地一声剖开了，像泥土一样散落在地上。

庖丁解牛的技巧可以总结为：

❑ 杀牛前，需要理清牛体的结构；
❑ 找到骨节的空隙至为关键；
❑ 若遇筋骨交错聚结之处，需谨慎用刀。

如果我们将领域分析模型获得的对象图视为一头牛，那么聚合就是那把没有厚度的刀，正是它确立了领域设计模型的自治单元。聚合内是高内聚的实体与值对象，聚合之间当保持松耦合，聚合的边界正如牛有空隙的骨节。只要边界寻找合理，就能游刃有余。将庖丁解牛的技巧引入领域设计建模，体现为：

❑ 弄清楚对象图的结构；
❑ 寻找关系最薄弱处下刀，以无厚入有间；
❑ 若依赖纠缠不清，当谨慎使用聚合。

对象图就是限界上下文控制下的领域分析模型。一个好的领域分析模型梳理好了各个领域对象之间的关系，领域对象也清晰地体现了所属限界上下文的统一语言，但这些对象的定义都是从领

---

① 可在 GitHub 中搜索 "agiledon/sparrow" 了解这些角色构造型注解的定义和使用形式。

域分析的角度考量的,重点在于业务知识的表达。要弄清楚对象图的结构,需要结合领域模型的设计要素,辨别各个对象的类型到底是实体还是值对象。

位于同一个聚合边界的实体与值对象必然是高内聚松耦合的,因而可以根据类关系耦合度的强弱对实体和值对象进行分配。类之间的关系包括泛化、关联和依赖。它们的耦合度由强至松依次为:泛化、合成、聚合、关联、依赖,耦合度越强,放到同一个聚合的可能就越高。要正确地识别聚合,就需要理清领域模型对象尤其是实体之间的关系,并保证类关系的单一导航方向。

关系强弱并非聚合设计的唯一标准,通过关系强弱确定了聚合边界后,还需得运用聚合的设计原则对聚合的边界做进一步推敲。

鉴于此,设计聚合的过程可描述为如下的过程。

❑ **理顺对象图**:弄清楚对象图的结构,辨别类为实体还是值对象。

❑ **分解关系薄弱处**:理清实体之间的关系,保证类关系的单一导航方向,以关系强弱为界,以聚合边界为刀,逐一分解。

❑ **调整聚合边界**:怵然为戒,谨慎设计聚合,针对聚合边界模糊的地方,运用聚合设计原则做进一步推导。

这一过程借鉴了庖丁解牛的技巧,也可称为“聚合设计的庖丁解牛过程”。

16.2.1　理顺对象图

要理顺对象图,就需要分辨领域分析模型的领域类究竟是实体还是值对象。

设计聚合时,值对象更容易被管理,当然也更容易被识别归属。因为聚合只能以实体为根,说明值对象不具备独立性,只能依附于实体类。例如,领域分析模型中员工与客户的地址address属性都被定义为一个相同的Address类型,对象模型如图16-8所示。

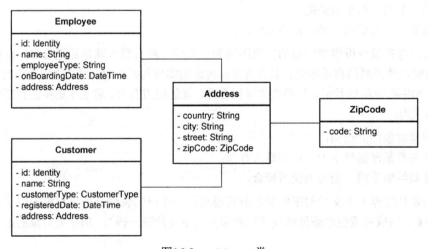

图16-8　Address类

到了领域设计模型，员工Employee与客户Customer属于两个聚合，它们对Address类的复用意味着需要让Address在两个聚合中形成副本，故而需将Address以及ZipCode定义为值对象[①]，如图16-9所示。

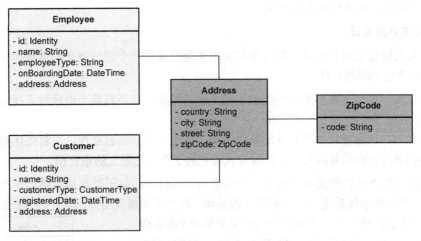

图16-9 识别Address为值对象

以身份标志为唯一性判断的实体不能通过克隆形成副本。没有副本，同一实体就不能同时存在于多个聚合，除非将该实体定义为两个不同的实体[②]；没有副本，就只能引用，但聚合设计的基本原则又不允许绕开聚合根直接引用内部实体。实体的这一特征对聚合的识别产生了约束，在理顺对象图的过程中，分辨领域分析模型的类到底是实体还是值对象，就显得极为重要了。

16.2.2 分解关系薄弱处

理顺对象图后，需要进一步明确类之间的关系（即确定为泛化、关联或依赖关系，当然也可以是无关系）。其中，关联关系需要进一步确认为合成关系、聚合关系还是普通的关联关系。设计时，现实模型到对象图的映射代表了不同的观察视角：前者考虑概念之间的关系，后者考虑编程语言中类的关系，实则就是指向对象的指针。

在明确了实体和值对象的基础上确定类的关系时，可以忽略值对象（前提是值对象的识别是正确的）。值对象必须依附于实体，只要值对象与实体存在关系，就和该实体位于同一个聚合边界。故而只需要确定实体之间的关系，即明确它们的关系究竟是泛化、关联（包括合成与聚合）、依赖，还是没有关系。

一旦理顺对象图，即可将泛化、合成、聚合、关联与依赖视为判断关系强弱的标志。既然聚

[①] 诸如Address与ZipCode这样的通用值对象，可能被多个聚合引用。为了避免重复定义，往往考虑将它们定义在一个共享内核限界上下文中，然后直接引用各自类的定义。从对象生命周期来看，这些值对象的生命周期与所属聚合的生命周期保持一致。

[②] 在不同的限界上下文中，将同一个领域概念分别定义为两个不同的实体较为常见，体现了限界上下文的知识语境。

合的边界体现了高内聚松耦合的设计思想，放在一个聚合内的实体与值对象就必然是高内聚的，这意味着实体与值对象的依赖关系越强，被放到同一个聚合的可能性就越高，它们作为整体体现了领域概念的完整性；如果实体与值对象的关系较弱甚至没有关系，则它们分属不同聚合的可能性就越高，这种分离体现了领域概念的独立性。

1. 泛化关系的处理

泛化关系无疑是强耦合关系，然而站在调用者角度观察一个领域概念的继承体系时，却会因为不同的视角产生不同的设计。

- ❏ 整体视角：调用者并不关心特化的子类之间的差异，而是将整个继承体系视为一个整体。此时应以泛化的父类作为聚合根。
- ❏ 独立视角：调用者只关注具体的特化子类，体现了概念的独立性，而将泛化的父类视为概念的抽象与代码的复用机制。此时应以特化的子类作为独立的聚合根。

由父类担任聚合根说明父类体现了一个完整的领域概念，位于继承体系中的子类主要表现为行为的差异。整个继承体系是一个不可拆分的整体，每个子类都是实体，但它们的身份标识却是共享的，即身份标识的唯一性由作为聚合根的父类掌控（在实现 ORM时，这一设计方式应采用单表继承）。例如，航班计划业务场景定义了图16-10所示的航班继承体系。

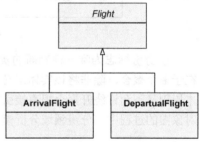

图16-10　Flight继承体系

Flight父类代表了一个完整的航班，它的子类共享了父类定义的身份标识，子类之间的差异除进出港标志有所不同之外，主要体现为进港、离港航班各自不同的领域行为。如果其他实体或值对象与整个继承体系之间存在关联关系，就应该与继承体系的Flight父类建立关联，例如，制订航班计划时，需要为航班指定航站楼与登机口，则Stand与Gate值对象应与Flight建立关联，如图16-11所示。

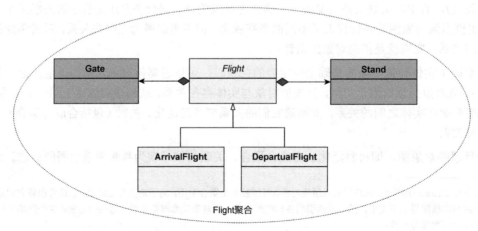

图16-11　Flight聚合

　　如果一个继承体系的子类存在不同于父类和其他子类的特定属性，说明该子类具有了领域概念的独立性，或者，也可以认为一个子类代表一个完整的领域概念。这时，就应该将继承体系中的每个子类都定义为一个单独的聚合，使得它们可以独立演化，彼此之间互不干扰，身份标识也不相同。之所以还需要建立继承体系，只是为了复用父类拥有的数据与方法，并体现了对领域概念的抽象，保留了应对领域概念变化的扩展性。

　　例如，养老保险、失业保险、医疗保险、孕产保险和工伤保险组成了一个继承体系，它们共同的父类为Insurance。作为该父类的子类，它们的属性与业务存在一定的差异，例如养老保险的编号为社保号（social security number），其余保险的标号则为身份号码（ID number），每种保险的投保方式也有所不同，可以认为它们体现了不同的保险概念，具有自身的完整性和独立性，彼此之间也不存在不变量约束和一致性要求。因此，应为子类定义各自独立的聚合，如图16-12所示。

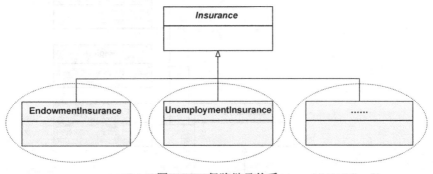

图16-12　保险继承体系

　　由于父类与子类在语义上高度相关，它们通常会放在同一个限界上下文。各个聚合根共同继承的父类就会在该限界上下文中成为一个特殊的存在，即不属于任何一个聚合，如图16-12中的Insurance父类。

　　即使为每个子类定义了独立的聚合，也不能抹杀泛化的父类表现的通用领域概念。考虑复用和多态的设计因素，继承体系中的通用属性与共同行为应该分配给父类。例如，养老保险、失业保险等保险具有完全相同的属性，如周期、区域、支付类型等，它们都可以作为组合属性而被定义为值对象。这些值对象应该分配给Insurance父类，如图16-13所示。

　　虽然Insurance父类并非聚合，但可以认为是各个聚合根实体的抽象。借用类继承的概念，若将聚合视为一个不可分的整体，就可以为聚合也引入泛化关系，形成**子聚合**泛化的**父聚合**，如图16-14所示。

　　若父聚合的根实体为抽象类，还可将其称为**抽象聚合**。在引入子聚合与父聚合概念之后，保险继承体系的领域设计模型可表示为如图16-15所示的样子。

　　在阅读这样的领域设计模型时，需要明确感知：**处于父聚合边界内的对象在实现时应纳入子聚合的范围之内**，就好似父聚合中的实体与值对象被同时复制到了各个子聚合中。

16

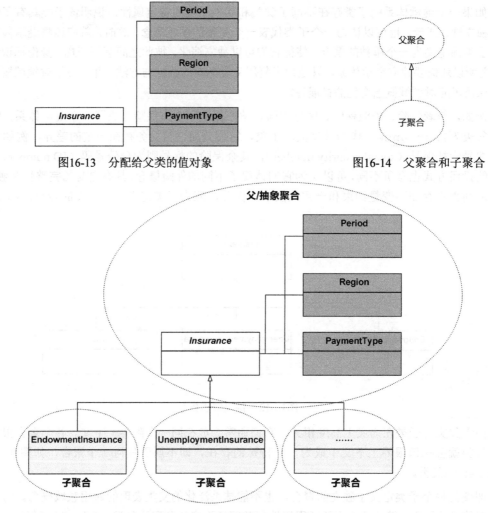

图16-13   分配给父类的值对象   图16-14   父聚合和子聚合

图16-15   父/抽象聚合与子聚合

根据领域概念的演化特性和耦合的强弱，也不排除不同子类分属不同限界上下文的情况。例如，文本（PlainText）、声频（Audio）和视频（Video）都"是"媒体（Media）。它们形成了一个继承体系，但文本、声频和视频的处理逻辑与流程都存在极大的差异。因而在架构映射阶段，它们各自定义了限界上下文。如果依然保留该继承体系，父聚合该身归何处？

一种方法是，运用上下文映射中的共享内核模式，把这些媒体共用的领域概念、领域逻辑放到一个共享内核中，形成一个单独的媒体上下文，并作为文本、声频和视频限界上下文的上游，如图16-16所示。另一种方法是，彻底解散该继承体系，让文本、音频和视频成为3个毫不相干的领域概念。具体怎么选择，主要取决于该继承体系在复用性与扩展性方面能做出什么样的贡献。

领域驱动设计必须考虑限界上下文与聚合的边界，这些边界的分离实际上牵涉到通信机制、持久化等技术因子，与理想的对象设计有着本质的区别。不要埋怨这些设计上的约束，这恰恰是领域驱动设计的高明之处。在领域建模阶段，虽然是领域逻辑推动着建模的过程，但背后隐含地考量了技术的实现因素。它被藏了起来，却时时刻刻产生着影响力。

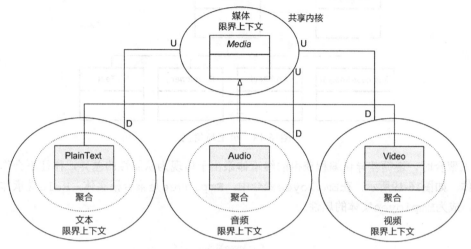

图16-16　媒体上下文作为共享内核

在定义继承体系时，需要注意对"是"（is）关系的判断。真实世界的一个概念是另一个概念的子概念，并不意味着这两个概念必然存在继承关系。例如开发人员是员工，测试人员也是员工，业务分析师、架构师都是员工，是否意味着可以定义图16-17所示的继承体系呢？

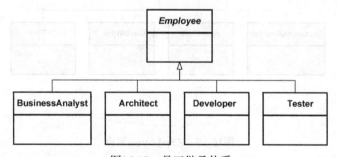

图16-17　员工继承体系

设计继承时，需要遵循**差异化编程**（programming by difference）的原则，即**根据差异而非类型的值去建立继承体系**。代表该类型特征的主属性往往是共性的，差异在于从属性的变化。在设计员工的继承体系时，虽然业务分析师、架构师、开发人员和测试人员与员工概念间都为"是"的关系，但就员工这一类型而言，开发人员与测试人员并无差异，差异体现在员工角色的不同。针对差异建立继承，就能获得图16-18所示的类关系。

对比图16-17和图16-18两个继承体系。前者根据"是"关系确定继承体系，后者遵循"差异化编程"，将存在差异的Role分离出去。图16-18对泛化关系的处理也遵循了**合成/聚合复用原则**[31]，即在复用逻辑时优先考虑面向对象的合成/聚合关系: 是Employee合成了Role, 而非将Employee作为整体建立继承体系。

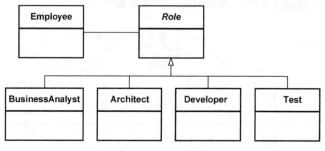

图16-18   员工与角色

引入聚合时, 遵循差异化编程获得的继承体系由于体现为从属性的差异, 往往不会作为聚合根的实体。如图16-19所示, 在Employee聚合中, Employee是聚合根实体, Role继承体系皆为值对象, 成为Employee实体的属性。

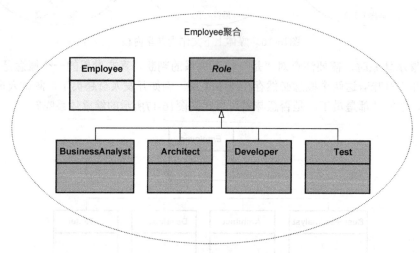

图16-19   Employee聚合

如此设计避免了继承体系定义的类因为多态而对聚合提出复杂的要求。

2. 关联关系的处理

如果两个实体类之间存在关联关系, 那么这个关系只要不是合成或聚合关系, 都是松耦合关系, 应划分到不同的聚合边界。

将实体类的合成关系理解为类实例之间的"物理包容", 意味着存在合成关系的类, 其实例的生命周期保持一致, 它们之间的关系也是强耦合的。**应优先考虑将它们放在一个聚合边界**。

实体类的聚合关系经常被与聚合角色构造型混为一谈。在第15章, 我已分辨了二者之间的差异，并为避免混淆，分别将其称为OO聚合与DDD聚合。OO聚合[①]的关系要弱于合成关系，体现了两个类实例之间的"逻辑包容"。这种逻辑包容体现了概念上的包含关系，却没有约束两个实体类的生命周期。考虑到DDD聚合对概念完整性的要求以及资源库对DDD聚合生命周期的管理，可**优先考虑将两个存在OO聚合关系的实体放入不同的聚合边界**。

考虑一个报表元数据管理的业务功能。报表的元数据包括报表类别、报表和查询条件。报表类别ReportCategory是报表Report的分类，每个报表至少有一个报表类别，但二者的生命周期并不一致，例如删除一个报表类别，并不会删除对应的报表，故而报表类别与报表之间仅为逻辑包容，形成了OO聚合关系。查询条件QueryCondition是用户为报表设置的查询条件，用于筛选显示在报表中的值（用户在查看报表内容时，可以选择符合分析场景的查询条件），无法脱离报表而单独存在，与报表之间属于OO合成关系。三者的关系如图16-20所示。

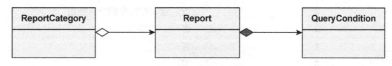

图16-20　报表的类图

梳理了对象关系后，根据合成与OO聚合的强弱关系，可获得图16-21所示的聚合设计。

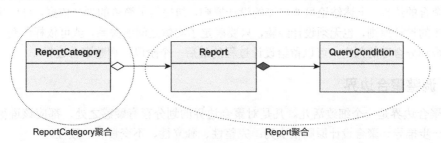

图16-21　报表的领域设计模型

ReportCategory聚合与Report聚合具有不同的生命周期，而在Report聚合中，Report实体与QueryCondition实体在概念上足够完整。只要获得了封装在Report实体类的元数据以及相关的查询条件QueryCondition，就能生成一个完整的报表。

3. 依赖关系的处理

两个实体类之间的依赖体现为职责的协作，包括职责的委派与聚合的创建。这说明两个实体并不存在主/从关系，也不存在整体/部分关系，耦合的强度较之普通的关联关系更弱，可划分到不同的聚合边界。

4. 结论

通过对泛化、关联和依赖关系的分析，得出如下结论。

---

① 将DDD中的aggregate翻译为聚集是否更好一些？一来它体现了将多个领域概念聚集在一个边界的含义，二来如此也可以区别OO的聚合概念。鉴于社区已经广泛使用了"聚合"这个词语，我不打算另起炉灶，但确实可以做此尝试。

- 若继承体系为一个整体的概念，且子类没有各自特殊的属性，考虑将整个继承体系放入同一个聚合。否则，为各个子类定义单独的聚合。
- 优先考虑将具有合成关系的实体放在同一个聚合，除此之外，存在其他关系的实体都应考虑放在不同的聚合。

根据关系的强弱，我给出了耦合度的量化指标，按照关系强弱给出分值由高到低排列，如表16-1所示。

表16-1　关系耦合度分值与聚合边界

关系	耦合度分值	是否属于一个聚合
泛化	5	是
合成	4	是
聚合	3	否，除非有充分的合并理由[①]
关联	2	否
依赖	1	否
无	0	否

在本阶段对关系薄弱处的分解，要做到快刀斩乱麻，如表16-1所示，以耦合度分值3为分界线，快速确定聚合的边界。上述结论虽非严谨的设计原则，却提供了简单的划分依据，可以让设计者无须遵循太多的设计原则，也无须设计经验，只要确定了实体之间的关系，就可依样画葫芦。至于聚合边界是否划分合理的判定，可以留给设计过程的最后一个阶段：调整聚合边界。

16.2.3　调整聚合边界

调整聚合边界是一个细致活儿。凡是对聚合边界的划分存有疑惑之处，都应该遵循聚合设计原则作进一步推导。聚合设计原则依次为：完整性、独立性、不变量和一致性。

在选择聚合设计原则推导聚合边界时，首先考虑领域概念的完整性。完整性与合成关系相得益彰。毕竟，物理包容的关系就意味着不可分割。在已经初步确定了聚合边界的基础上，可以进一步针对识别出来的聚合进行完整性判断，避免缺少必备的领域概念。

完整性体现了"合"的概念，倾向于将多个实体和值对象放在一个聚合边界内。虽然许多领域驱动设计的实践者都建议"设计小聚合"，然而权衡聚合边界的约束性与对象引用协作的简便性，只要你对聚合边界的设计充满信心，保证聚合的粒度是合理的，就不用担心聚合被设计得太大。**合理的聚合边界设计要优于盲目地追求聚合的细粒度**。

完整性遇见独立性时，通常需要为独立性让路。一个概念独立的领域模型对象，必然具备单独的生命周期，这使得它成为单独聚合的可能性较高。**当聚合边界存在模糊之处时，小聚合显然要优于大聚合**，概念独立性就成为非常有价值的参考。一个聚合既维护了概念的完整性，又保证了概念的独立性，它的粒度就是合理的。

---

① 优先考虑将具有OO聚合关系的类放到不同聚合。这遵循了"设计小聚合"原则。

通过完整性与独立性甄别了聚合边界之后，应从不变量着手，进一步夯实聚合的设计。不变量可以提炼自业务规则，如用户故事的验收标准，检查业务规则是否符合数据变化、一致、内部关系这3个特征，并由此来确定不变量。

一致性是一种特殊的不变量。可以从数据一致性的角度检查聚合边界的合理性。数据一致性特别是强一致性的要求，往往意味着强耦合度。如果跨聚合之间出现了数据一致性，可以再次确认是否有必要合并它们。反过来，若聚合内的实体与聚合根实体不具备强一致性，也可以考虑将它移出聚合。

在遵循聚合设计原则对聚合边界进行调整时，完整性、独立性、不变量和一致性这4个原则发挥的其实是一种合力。只有通过对多条原则的综合判断，才能让聚合边界变得越来越合理。当这4个原则出现矛盾冲突时，自然也有轻重缓急之分。整体来看，独立性体现了"分"的态势，完整性与不变量则表达了"合"的诉求。唯有一致性并无分与合的倾向性，但它在技术实现上却与事务的一致性有关，需要在小聚合与大聚合之间权衡事务控制的成本与一致性带来的收益。

以分配Sprint Backlog为例。考虑到一个Sprint Backlog只能分配给一个团队成员，这一规则牵涉到SprintBacklog类与TeamMember类之间的关系，属于不变量，似乎应该放在同一个聚合中，但团队成员又具有概念的独立性。显然，**不变量**与**独立性**之间存在冲突，该遵循哪一条原则呢？我的建议是优先考虑独立性，一方面，独立性对生命周期管理提出了不同的要求，另一方面，这样也考虑了小聚合的优势。此外，如果我们将二者的不变量视为SprintBacklog与TeamMemberId之间的约束，将TeamMember分离出去就没有任何障碍了。由此获得的聚合如图16-22所示。

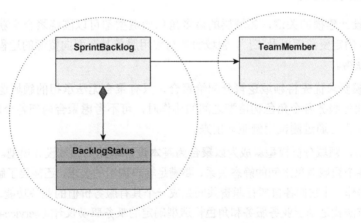

图16-22　SpringBacklog和TeamMember

在分配Sprint Backlog时，要求每次都需要保存对Sprint Backlog的分配，以便于查询，于是得到了SprintBacklogAssignment类，用于记录分配记录。SprintBacklogAssignment与SprintBacklog具有事务一致性，必须同时成功同时失败。本来，图16-22所示的SprintBacklog聚合已经具备了概念完整性[①]，但根据事务一致性的要求，需要在该聚合边界中再增加一个

---

① 简便起见，这里定义的SprintBacklog聚合并没有给出所有领域概念，这里假设该聚合体现的概念是完整的。

SprintBacklogAssignment实体，如图16-23所示。

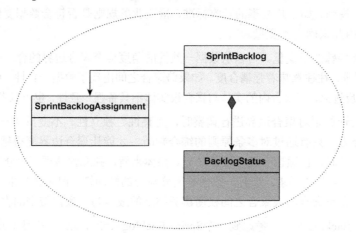

图16-23 SprintBacklog聚合

聚合无论大小，终究还是要正确才合理。聚合设计过程的最后一个阶段正是要借助聚合设计原则，逐步地校正聚合的边界，使我们能够获得**正确**的聚合，提高领域设计模型的质量。

16.3 服务驱动设计

聚合是领域设计建模的关键，领域层的诸多角色构造型都可以围绕聚合来获得。例如，在确定聚合之后，即可确定资源库以及工厂，领域服务与应用服务甚至面向资源的远程服务也可根据聚合的定义而推演获得。

领域设计建模要求优先将领域逻辑分配给聚合，只有聚合无法承担的领域逻辑才会分配给领域服务。在确定业务服务各个角色构造型之间的协作时，可不考虑聚合内部各个对象之间的协作，而留待领域实现建模时通过测试用例驱动出来。

识别聚合之后，领域分析模型就成为**以聚合为基本设计单元**的领域设计模型。此时的领域设计模型仅仅体现了各个领域对象之间的静态关系，要满足客户调用的要求，还需要了解多个角色构造型之间动态的行为协作，让它们各自履行职责共同完成一个具有服务价值的业务功能，以满足客户的服务请求。设计的方法就是基于业务服务和角色构造型确定的服务驱动设计（service-driven design）。

16.3.1 业务服务

业务服务是全局分析阶段对业务场景进行分解获得的独立的业务行为。在问题空间，它是需求分析视角的产出；在解空间，它是软件设计视角的输入。它提供的服务价值就是服务契约对外公开的**API**，如此就拉近了需求分析与软件设计的距离，甚至可以说打通了需求分析与软件设计的鸿沟。当业务分析人员对业务服务展开深入而详尽的需求分析时，细化了的业务服务既可作为领域分析建模的输入，又是服务驱动设计的起点。

由于业务服务是一次完整的功能交互，参与到业务服务的协作对象涵盖了前面所述的所有角色构造型，而不仅限于领域模型对象。一旦完成了服务驱动设计，就等于完成了对整个业务服务的设计梳理。

16.3.2 业务服务的层次

不同角色构造型参与到业务服务时，会履行各自的职责进行协作。角色构造型履行的职责具有层次，由外至内分为服务价值、业务功能和功能实现。

服务价值体现了**业务服务**要满足的服务请求。为实现该服务价值，业务服务被分解为多个任务，这些任务就是支撑服务价值的**业务功能**。当任务不需再分时，则对应具体的**功能实现**。不需再分的任务称为**原子任务**，位于原子任务之上的任务称为**组合任务**。图16-24展示了职责层次与业务服务任务分解之间的映射关系。

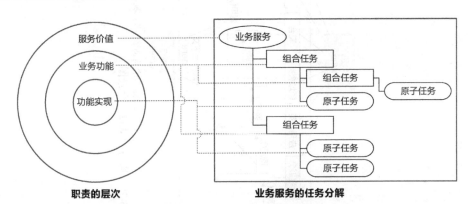

图16-24 职责的层次与任务分解

无论是职责的层次，还是业务服务的任务层次，皆非固定的三层结构。对业务功能而言，只要还没到具体功能实现的层次，就可继续分解，组合任务同样如此。设计者需要把握任务的粒度，对业务服务进行合理的任务分解。

16.3.3 服务驱动设计方法

服务驱动设计将**业务服务**作为设计的起点，同时也将其作为设计决策需要考虑的业务背景。业务服务来自问题空间的全局分析，与具体的领域逻辑有关，使得它的设计驱动力与领域驱动设计的精神一脉相承。同时，它又借鉴了职责驱动设计，结合角色、职责和协作三要素共同表达了业务服务的6W模型：职责层次中的服务价值、业务功能与功能实现分别体现了Why、What与hoW，对象的角色构造型体现了Who，它们之间的协作表现出的操作序列体现了When，对象之间的协作发生在体现Where的限界上下文中。服务驱动设计的全景图如图16-25所示。

在体现服务价值的业务服务中，既有静态的任务层次分解，又有动态的角色构造型协作序列。动静结合，构成了服务驱动设计的全景图。

16

上述设计思路虽然较为清晰，但这个设计毕竟只是软件设计的愿景。虽然图形的隐喻可以使我们迅速掌握这一方法的精髓，但要将这一方法推而广之，还需要将它落实到技术手段上。唯有如此，才能保证前面这一思路能够真正为项目团队所用，且在落地时不发生变形。

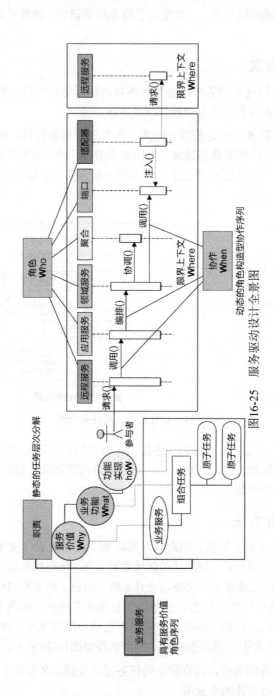

图16-25   服务驱动设计全景图

16.3.4　服务驱动设计过程

服务驱动设计的过程分为以下两个步骤[①]。

（1）分解任务：根据职责的层次对业务服务进行任务分解。

（2）分配职责：为角色构造型分配不同层次的职责。

在进行服务驱动设计时，领域特性团队的业务分析人员已经开始细化问题空间的业务服务，获得了业务服务规约。**体现了统一语言的业务服务规约既是领域分析建模的基础，又是领域设计建模服务驱动设计的起点。**

服务驱动设计在整个领域驱动设计统一过程中起到了承上启下的作用：承上，它继承了全局分析阶段输出的业务服务和业务服务规约、领域分析建模输出的领域分析模型；启下，它分解的任务作为测试驱动开发识别测试用例的起点，驱动出具体的测试代码与产品代码，建立领域实现模型。

1.　分解任务

分解任务的过程符合设计者的思维模式。这也正是开发人员更容易编写出过程式代码的原因。设计者在面对一个业务服务寻找解决方案时，**思考的往往不是对象，而是过程**。这是一种自然而然的逻辑思维过程：假设我们计划去远方旅行，在确定了旅行目的地和旅行时间之后，我们充满期待地为这次旅行做准备。要准备什么呢？闭上眼睛想一想，再想一想，浮现在你脑海中的是什么呢？是否就是一系列待完成的任务：

- ❏ 确定旅行路线；
- ❏ 确定交通工具，例如乘坐飞机，于是——
    - ◆ 购买机票；
    - ◆ 查询酒店信息并预订酒店；
    - ……

这个思维过程有对象的出现吗？有对象之间的协作吗？是否会想到一些对象做什么，另外一些对象做什么？没有，统统没有！思考这些问题时，是**我们自己**在给出解决方案。所有的任务都是我们自己去执行。针对要解决的问题，设计者自己成了一个无所不知的类。潜意识中，分解出来的任务都由自己来完成。这就是设计者惯常的思维模式。

如果将业务服务视为待解决的问题，任务分解就是将问题分解为若干子问题，并将这些子问题当作一个个独立的过程（procedure）。在过程层次，讲述的是它**做什么**（What），而非**怎么做**（hoW）。Harold Abelson等人将这种方式称为"过程抽象"[58]17，即将过程作为黑箱抽象，当一个过程（或任务）被当作一个黑箱时，我们就无须关注这个过程是如何解决的。例如将验证订单的过程当作黑箱，就不用考虑订单是怎么验证的。这种思维方式实际上也是一种知识的层层推进，随着层次的逐步推

---

① 严格说来，服务驱动设计从识别限界上下文开始：以业务服务为起点，根据业务相关性确定限界上下文，通过服务序列图设计服务契约，利用快速建模法对业务服务进行分析，建立领域分析模型，在识别出聚合后，对业务服务进行任务分解，获得序列图脚本，以此作为领域实现建模的输入。这里提到的服务驱动设计实际上是它在领域设计建模阶段的内容。

进，暴露在外的知识就越来越多。如此分解，就能有层次感地体现各级任务。

任务可以分解为多个层次，不管位于哪一层，分解出来的任务在它所属的层次，都是在讲述**做什么**（What）。因此，在描述任务时，要用简短的动词短语，避免描述太多的实现细节。分解的每一个任务都没有主语，这正是**过程式设计与面向对象设计的"分水岭"**。如果选择同一个类作为执行所有任务的"主语"，业务服务的每个任务就会组成事务脚本。如果将每个任务都视为一种职责，需要合适的对象来履行职责，就会形成多个角色构造型之间的协作，满足领域设计建模的设计要求。

同一层次的任务必须位于同一个抽象层次；下降到子任务的层次，每个子任务又作为一个独立的问题。继续分解，直到该问题已能独立解决，成为不需再分的原子任务为止。

什么才是不需再分的原子任务呢？需要结合领域驱动设计与角色构造型的特征解释。在领域设计建模活动中，聚合是基本的设计单元，聚合内部的实体与值对象履行的职责属于实现的内部细节，可不用考虑。同时，作为角色构造型的聚合属于信息持有者，能够完成与它拥有的信息直接相关的领域行为。这意味着**一个任务若能被一个聚合对象单独完成，即可认为是一个原子任务**。作为角色构造型的端口定义了访问外部资源的接口，对调用它的领域服务来说，并不关心该接口内部的具体实现，因此**端口履行的职责也可认为是一个原子任务**。

在确定聚合能够完成的原子任务时，要考虑聚合的生命周期。例如，要更新聚合的状态，需要先通过资源库获得（重建）该聚合，然后执行聚合的方法，最后将该变更持久化到数据库。这就需要拆分为3个原子任务，因为重建操作和持久化操作都是资源库端口履行的职责。

不需再分的任务为原子任务，包含了原子任务的任务就是**组合任务**。整个业务服务可分解为以业务服务为根、组合任务为枝、原子任务为叶的任务树，如图16-26所示。

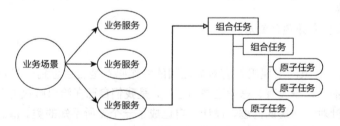

图16-26　由组合任务和原子任务组成的任务树

分解任务的基础是业务服务规约。一种有效的任务分解方法是针对业务服务规约的基本流程，以动词短语形式列出，作为基础任务。针对所有基础任务，以归纳法将具有相同目标的基础任务由下而上归纳为组合任务，再以分解法判断基础任务是否原子任务，如果不是，就自上而下进行拆分，直到原子任务为止。以第14章给出的提交订单业务服务为例，它的基本流程为：

（1）验证订单有效性

（2）验证订单所购商品是否缺货

（3）插入订单

（4）从购物车中移除所购商品

（5）通知买家订单已提交

分解任务时，将它们照搬过来，以动词短语的形式表达：

☐ 提交订单（业务服务）
- ◆ 验证订单有效性
- ◆ 验证库存
- ◆ 插入订单
- ◆ 更新购物车
- ◆ 通知买家

这些任务处于同一个层次，需要向上归纳和向下分解。显然，验证订单有效性和验证库存具有相同的目标，就是验证订单，可以归纳为一个组合任务：

☐ 提交订单（业务服务）
- ◆ 验证订单
  - ○ 验证订单有效性
  - ○ 验证库存
- ◆ 插入订单
- ◆ 移除购物车已购项
- ◆ 通知买家

判断基础任务是否原子任务。对于验证订单有效性任务，订单聚合拥有验证自身有效性的信息，包括对订单项、配货地址等值的验证，可确定为原子任务；对于验证库存，需要通过客户端端口发起对库存上下文北向网关的调用，应认为是原子任务。插入订单和通知买家任务都需要访问外部资源，故而可识别为原子任务。更新购物车任务表面看来可以由购物车聚合自行完成，但执行的是生命周期管理的更新操作，需要分解为3个原子任务：

☐ 提交订单（业务服务）
- ◆ 验证订单
  - ○ 验证订单有效性
  - ○ 验证库存
- ◆ 插入订单
- ◆ 更新购物车
  - ○ 获取购物车
  - ○ 移除已购项
  - ○ 保存购物车
- ◆ 通知买家

自上而下的分解和由下而上的归纳可以交叉运用，直到分解的任务层次变得合理。在进行以上任务分解后，可发现验证订单、插入订单、更新购物车这3个平行的任务虽然是正交的，但它们共同组合起来，目标就是提交订单。因此，可以将它们归纳为一个组合任务：

- 提交订单（业务服务）
  - ◆ 提交订单（组合任务）
    - ○ 验证订单（组合任务）
      - ◇ 验证订单有效性（原子任务）
      - ◇ 验证库存（原子任务）
    - ○ 插入订单（原子任务）
    - ○ 更新购物车（组合任务）
      - ◇ 获取购物车（原子任务）
      - ◇ 移除已购项（原子任务）
      - ◇ 保存购物车（原子任务）
  - ◆ 通知买家（原子任务）

任务分解是服务驱动设计的核心，直接决定了领域设计模型的设计质量。只要把握**任务应描述问题而非解决方案**的设计原则，就能避免设计人员在设计建模阶段沉醉于太多的实现细节。在分辨原子任务时，将访问外部资源的行为作为原子任务的其中一个判断标准，也能保证设计的领域模型不受技术实现的影响，避免了业务复杂度与技术复杂度的交叉混合。

执行任务分解时，还需考虑对职责层次的判断。层次的划分不同，可能影响对象协作的顺序、粒度和频率。在第10章，我谈到任务分解对确定上下文映射的影响，提出遵循"最小知识法则"来评判分解过程的合理性。在进行服务驱动设计时，该原则同样有效。

任务分解的过程并不能一蹴而就。在进行职责分配时，若存在职责分配不当，也可反思任务分解是否合理。由于任务分解还停留在字面上，修改的成本非常低。

2. 分配职责

职责的分配有赖于角色构造型。角色构造型与任务分解的层次可以有如下映射。

- **远程服务**：匹配业务服务，响应角色的服务请求。
- **应用服务**：匹配业务服务，提供满足服务价值的服务接口。
- **领域服务**：匹配组合任务，执行业务功能，若原子任务为无状态行为或独立变化的行为，也可以匹配领域服务。
- **聚合**：匹配原子任务，提供业务功能的业务实现。
- **端口**：匹配原子任务，抽象对外部资源的访问，主要的端口包括资源库端口、客户端端口和发布者端口。

一个业务服务往往由外部的角色触发。不管是用户、策略还是伴生系统，都必然位于界限上下文的边界之外，甚至位于进程边界之外，根据菱形对称架构的要求，需由北向网关的远程服务响应跨进程的分布式调用。一个业务服务以远程服务为起点，说明了它的完整性，也满足了连续的、不可中断的执行序列特征。

应用服务自身并不包含任何领域逻辑，仅负责协调领域模型对象，通过它们的领域能力组合完成一个完整的应用目标。这一应用目标恰好匹配业务服务体现出来的服务价值，在参与整个业务服务的角色构造型中，它起到了连接内外的作用，对外暴露了满足服务价值的服务契约，对内完成对领域服务和聚合的协调。

领域服务与聚合、端口分别映射组合任务与原子任务。原子任务的评判标准本就基于聚合的能力和端口的抽象特征，自然应该由它们来履行原子任务对应的领域行为。除了体现无状态或独立变化的领域行为，领域服务的主要目的就是控制多个聚合与端口之间的协作，由它来承担组合任务的执行，自然也是合情合理。因此，服务驱动设计到了分配职责的阶段，就演变成了一个固化的流程，如图16-27所示。

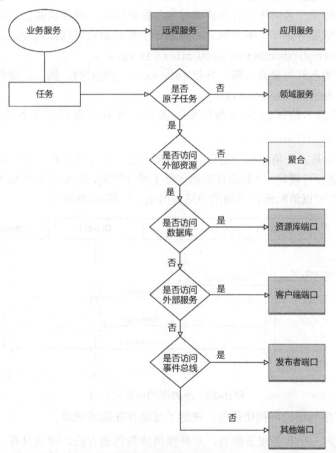

图16-27 职责分配的流程

采用服务驱动设计进行职责分配，可在一定程度保证职责分配的合理性，避免设计出履行太多职责的类，也能避免出现不恰当的贫血领域模型。组合任务作为当前抽象层次的一个子问题被不断分解，避免了出现巨无霸似的问题，映射组合任务的领域服务自然就不会出现无所不包的领域行为了；构成组合任务的原子任务又会被优先分配给聚合，使得聚合根实体成为拥有丰富领域行为的领域模型对象。

分配职责时，各种角色构造型的名称可参考如下命名规则。

- 远程服务以服务类型作为类名的后缀：控制器服务的后缀为 `Controller`，资源服务的后缀为 `Resource`，提供者服务的后缀为 `Provider`，订阅者的后缀为 `Subscriber`；例如，提交订单业务服务的远程服务名为 `OrderController`。
- 应用服务以 `AppService` 作为类名的后缀，通常将它主要操作的聚合名组成服务名；例如，提交订单业务服务的应用服务主要操作 `Order` 聚合，命名为 `OrderAppService`。
- 业务服务以动词短语格式描述的服务价值作为远程服务和应用服务方法名称的参考；例如，提交订单的描述转换为方法名 `placeOrder()`。
- 将组合任务的动作名词化，可为领域服务名称的候选，或者以聚合名词加 `Service` 后缀命名，如果领域服务操作了多个聚合，则选择主要的聚合名词；例如，提交订单领域服务可命名为 `PlacingOrderService` 或 `OrderService`[①]。
- 资源库端口的名称与聚合对应，并以 `Repository` 为后缀；例如，操作 `Order` 聚合的资源库端口命名为 `OrderRepository`。
- 客户端端口的名称以 `Client` 为后缀；例如，检查库存原子任务的客户端端口命名为 `InventoryCheckingClient`。

分配职责的过程是多个角色构造型在一定序列下进行协作的过程，因此可考虑引入序列图将彼此间的协作关系进行可视化。序列图直观地体现了设计质量，确保对象之间的职责是合理分治的。一些设计"坏味道"可以清晰地在序列图中呈现出来，如图16-28所示。

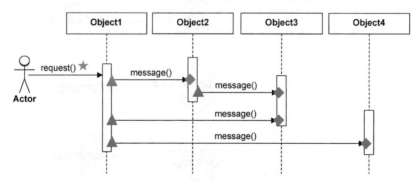

图16-28　序列图的可视化信号

图16-28给出了序列图的可视化信号，表达了可能存在的坏味道。

- 五角星表示对一个业务服务而言，对外提供给角色的方法，应该只有一个。若存在多个五

[①] `OrderService` 的命名违背了第15章 Mat Wall 与 Nik Silver 提出的领域服务命名格式要求。领域服务命名的目的是避免贫血领域模型。但是，若能按照服务驱动设计的过程进行设计，则不会出现贫血领域模型，也不会把所有领域逻辑都往领域服务塞，因而可以使用聚合名词加 `Service` 的格式为领域服务命名。

角星，说明对外的封装不够彻底，可能违背"最小知识法则"。业务服务的封装由远程服务和应用服务来体现。

❑ 三角形：表示一个对象发起对另一个对象的调用。如果一个对象的生命线上出现过多的三角形，要么说明该对象承担了控制或协调角色，要么说明对象的职责层次不够合理。若远程服务或应用服务存在此坏味道，说明它调用了多个领域服务，可能造成领域逻辑的泄露。

❑ 菱形：表示一个对象履行的职责。如果一个对象的生命线上出现过多的菱形，说明该对象履行了太多职责，可能违背"单一职责原则"。

对象协作的要点在于**平衡**，相比代码而言，序列图可以更直观地呈现协作关系的平衡度。它体现了从左到右消息传递的动态过程，也要比静态的领域设计模型更能让设计者发现可能缺失的领域对象。序列图中每个对象的调用序列非常严谨，只要消息的传递出现了断层，调用序列就无法继续往下执行，就能启发我们去寻找这个缺失的领域模型对象。

除了可视化的方式，亦可采用开发人员喜欢的代码形式展现序列图，我将这种形式称为伪代码形式的**序列图脚本**。以提交订单业务服务为例，它属于订单上下文，进行服务驱动设计时，应以订单上下文为主。遵循职责分配的要求，编写的序列图脚本如下：

```
OrderController.placeOrder(placingOrderRequest) {  // 业务服务对应远程服务
    OrderAppService.placeOrder(placingOrderRequest) {//应用服务的方法体现服务价值
        OrderService.placeOrder(order) { // 领域服务对应组合任务，避免领域逻辑泄露到应用服务
            OrderService.validate(order) { // 领域服务对应组合任务
                Order.validate();    // 聚合承担原子任务
                InventoryCheckingClient.check(order); // 客户端端口指向库存上下文的边界服务
            }
            OrderRepository.save(order); // 资源库端口操作订单数据表
            ShoppingCartService.removeItems(customerId,cartItems) { // 领域服务对应组合任务
                ShoppingCartRepository.cartOf(customerId); // 资源库端口操作购物车数据表
                ShoppingCart.removeItems(cartItems);  // 聚合承担原子任务
                ShoppingCartRepository.save(shoppingCart); // 资源库端口操作购物车数据表
            }
        }
        NotificationClient.notify(order); // 客户端端口指向通知上下文的边界服务
    }
}
```

通过脚本形式体现序列图的好处在于修改便利，随时可以调整类名与方法签名。脚本语法接近Java等开发语言，通过大括号可以直观体现类的层次关系，这种层次关系恰好与任务分解的层次相对应。一旦为业务服务分解了任务，就可以按照服务驱动设计中分配职责的过程，依次将业务服务、组合任务和原子任务映射到对应的角色构造型，编写序列图脚本。

ZenUML工具[①]能够自动将脚本转换为序列图，还允许设置各种角色构造型的颜色，如此即可方便地以可视化图形展现角色构造型的协作序列，图16-29就是转换上述脚本获得的序列图。

① ZenUML项目（参见ZenUML官网）的开发者是肖鹏。他曾经担任ThoughtWorks中国区持续交付Practice Lead，也是我在ThoughtWorks任职时的Buddy与Sponsor，目前在墨尔本一家咨询公司任架构师，业余时间负责ZenUML的开发。ZenUML除了提供Web版本，还提供了Chrome、Confluence和IntelliJ IDEA的插件。

16

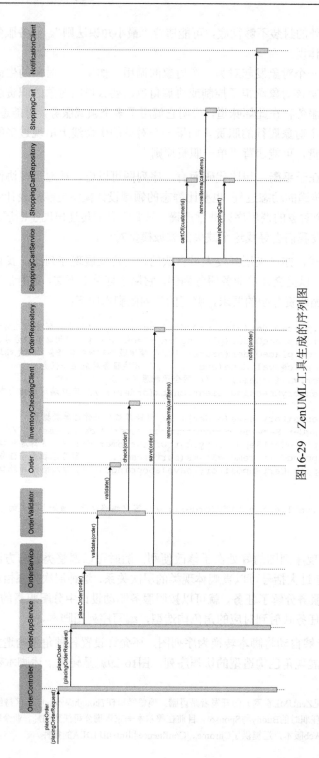

图16-29　ZenUML工具生成的序列图

倘若通过序列图发现了设计的坏味道，又可以重新调整任务分解的层次或序列图脚本。ZenUML绘制的序列图与对应的脚本可以作为领域设计模型的一部分，成为领域设计模型类图的有效补充。由于此时仍然停留在设计阶段，调整成本较低。序列图或序列图脚本以动态方式理清整个业务服务的执行过程，有助于发现静态领域设计模型可能存在的缺陷。

编写序列图脚本时，除了要考虑职责的分配，还要思考每个对象的API设计，即序列图中彼此协作时发送的消息，包括消息名、输入参数和返回值，消息的执行形成了一条完整的消息流。编写序列图脚本，就是以模拟程序执行的方式验证设计模型的正确性。

16.3.5　业务服务的关键价值

服务驱动设计通过**业务服务**将角色、职责和协作有机地结合在一起。它的整个设计符合从真实世界映射到领域驱动设计的对象世界的过程。业务服务是对业务需求所在的真实世界的映射，需要寻找到生活在这个世界的对象。对象强调行为的协作，而其自身却是对概念的描述。一旦我们将真实世界中的概念映射为对象，由于行为需要正确地分配给各个对象，行为就被打散了，缺少了执行步骤的时序性。

在将业务需求转换为软件设计的过程中，要找到一种既具有业务视角又具有设计视角的思维模式并非易事。服务驱动设计引入分解任务的方法，匹配了软件开发人员的思维模式。任务分解采用面向过程的思维模式，以**业务视角**对业务服务进行观察和剖析，利用分而治之的思想降低了领域逻辑的复杂度，同时又保证了服务的完整性。然后，再采用面向对象的思维模式，以**设计视角**结合职责与角色构造型，完成对职责的角色分配，通过序列图或序列图脚本体现执行服务请求的动态协作过程，反向驱动出角色构造型需要承担的职责，使得对象的设计变得更加合理，职责分配更加均衡。

这两种视角的切换是自然发生的，降低了需求理解和设计建模的难度。服务驱动设计获得的设计模型，成了领域实现建模极为友好的重要输入，尤其让建立在测试驱动开发基础上的实现过程变得更加简单。

当然，服务驱动设计并不能一劳永逸地解决设计问题。设计过程中，对于一些复杂环节，需要考虑复用和扩展，引入一些设计理念，如引入设计模式对设计做出优化和调整。这些相对灵活的设计对团队成员的能力提出了更高要求。不过，对多数业务服务而言，需要设计的变通毕竟是少数，即便不引入设计理念与设计模式，仅遵循服务驱动设计过程进行任务分解和职责分配，仍然可以保证最终实现的代码做到职责的合理分配，避免出现贫血模型与事务脚本，只是在设计上还有提升空间罢了。

这也是我提出服务驱动设计的原因：通过固化的设计流程降低团队成员的门槛，保证获得相对不错的领域实现代码。

16

第 **17** 章

领域实现建模

> 认识和求知的基础在于不可解之物。每一条解释，中间阶段或多或少，最终都引向这里，
> 正如触探海底的铅锤，或深或浅，但迟早会在某个地方触到海底。
>
> ——阿图尔·叔本华，《论世间苦难》

软件设计与开发的过程是不可分割的，那种企图打造软件工程流水线的代码工厂运作模式，已被证明难以奏效。探索设计与实现的细节，在领域建模过程中，设计在前、实现在后又是合理的选择，毕竟二者关注的视角与目标迥然不同。但这并非瀑布式的一往无前，而是要形成分析、设计和实现的小步快走与反馈闭环，在多数时候甚至要将细节设计与代码实现融合在一起。

不管设计如何指导开发，开发如何融合设计，都需要把握领域驱动设计的根本原则：**以领域为设计的原点和驱动力**。在领域设计建模时，务必不要考虑过多的技术实现细节，以免影响和干扰领域逻辑的设计。在设计时，让我们忘记数据库，忘记网络通信，忘记第三方服务调用，通过端口抽象出领域层需要调用的外部资源接口，即可在一定程度隔离业务与技术的实现，避免两个不同方向的复杂度产生叠加效应。

遵循整洁架构思想，我们希望最终获得的领域模型并不依赖于任何外部设备、资源和框架。简而言之，领域层的设计目标就是要达到**逻辑层的自给自足**，唯有不依赖于外物的领域模型才是最纯粹、最独立、最稳定的模型。

17.1　稳定的领域模型

一个稳定的领域模型也是最容易执行单元测试的模型。 Michael C. Feathers将单元测试定义为运行得快的测试，并进一步阐释[59]——有些测试容易跟单元测试混淆起来，譬如下面这些测试就不是单元测试[59]：

- ❑ 跟数据库有交互；
- ❑ 进行网络间通信；
- ❑ 调用文件系统；
- ❑ 需要你对环境进行特定的准备（如编辑配置文件）才能运行的测试。

上述列举的测试都依赖了外部资源，实则属于测试金字塔（test pyramid）中的集成测试。测试若不依赖外部资源，就可以运行得快。运行得快才能快速反馈，并从通过的测试中获取信心。不

依赖于外部资源的测试也更容易运行，遵守约束，就能驱使我们开发出仅仅包含领域逻辑的领域实现模型，满足菱形对称架构，实现业务关注点和技术关注点的分离。

17.1.1　菱形对称架构与测试金字塔

菱形对称架构的每个逻辑层都定义了自己的控制边界，领域驱动设计的角色构造型位于不同的逻辑层次。菱形对称架构的分层决定了它们不同的职责与设计的粒度。层次、职责和粒度的差异，恰好与测试金字塔形成一一对应的关系，如图17-1所示。

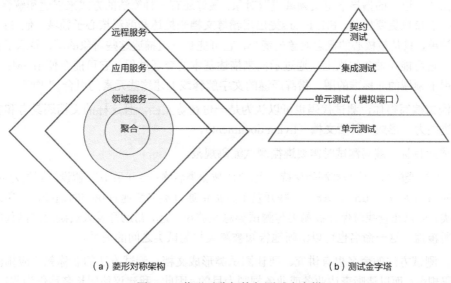

（a）菱形对称架构　　　　　　　　　　　　（b）测试金字塔

图17-1　菱形对称架构与测试金字塔

图17-1通过菱形对称架构表达不同的逻辑层次。北向网关层的远程服务担负的主要作用是与跨进程客户端之间的交互，强调服务提供者与服务消费者之间的履约行为。在这个层面上，我们更关心服务的契约是否正确，保护契约以避免它的变更引入缺陷，故而需要为远程服务编写契约测试。

业务核心位于领域层，但对外体现业务服务的服务价值的，是本地服务层（应用层）的应用服务。它与远程服务共同构成北向网关的边界服务。应用服务负责协调领域服务，并将消息契约转换为领域模型对象，完成一个整体的业务服务。遵循领域驱动设计对应用层的期望，需要设计为粗粒度的应用服务，相当于承担了外观服务的职责，并未真正包含具体的领域逻辑，为其编写集成测试是非常合理的选择。

服务驱动设计在分配职责时，要求将不依赖于外部资源的原子任务分配给聚合内的领域模型对象。聚合作为领域层的核心角色构造型，封装了自给自足的领域行为，与单元测试天生匹配。凡是需要访问外部资源的行为都通过端口进行了隔离，并推向处理组合任务的领域服务，由其控制聚合与端口，组成更加完整的领域行为。既然领域服务属于领域层的一部分，当然需要编写单元测试来保护它，遵循Michael C. Feathers对单元测试的定义，需要为领域服务的测试引入模拟（mock）框架，端口的抽象为模拟奠定了设计基础。

单元测试保护下的领域核心逻辑，是企业系统的核心资产，确保了领域逻辑的正确性，允许开发人员安全地对其进行重构，使得领域模型能够在稳定内核的基础上具有了持续演化的能力。

17.1.2　测试形成的精炼文档

由于领域模型真实完整地体现了领域概念，为避免团队成员对这些领域概念产生不同理解，除了需要在统一语言的指导下定义领域模型对象，最好还有一种简洁的方式来表达和解释领域，尤其对于核心子领域更要如此。Eric Evans提出用**精炼文档**来描述和解释核心子领域，他说："这个文档可能很简单，只是最核心的概念对象的清单。它可能是一组描述这些对象的图，显示了它们最重要的关系。它可能在抽象层次上或通过示例来描述基本的交互过程。它可能会使用UML类图或序列图、专用于领域的非标准的图、措辞严谨的文字解释或上述这些元素的组合。" [8]290

如果测试编写得体，测试代码也可以认为是一份精炼文档，且这样的文档还具有和实现与时俱进的演进能力，形成一种**活文档**（living document）。

要达成此目标，编写测试时需要遵循测试编码规范。

首先，测试类的命名应与被测类保持一致，为"被测类名称+Test后缀"。假设被测类为Account，则测试类应命名为AccountTest。一些开发工具提供通过类名快速查找类的途径，采用这一格式命名测试类，可以在查找时保证被测类与测试类总是放在一起，帮助开发人员确定产品代码是否已经被测试所覆盖。这一命名也可以清晰地告知被测类与测试类之间的关系。

其次，测试方法的命名也有讲究。要让测试类形成文档，测试方法的名称就不应拘泥于产品代码的编码规范，而以清晰表达业务或业务规则为目的。因此，我建议使用长名称作为测试方法名。例如，针对转账业务行为编写的测试方法可以命名为：

```
should_transfer_from_src_account_to_target_account_given_correct_transfer_amount()
```

测试方法名采用蛇形（snake case）风格（即下划线分隔方法的每个单词）——而非Java传统的驼峰风格——的命名方法。如果将测试类视为主语，测试方法就是一个动词短语，它告知读者被测类在什么样的场景下**应该**做什么事情——这正是测试方法名以should开头的原因。如果忽略下划线，这一风格的方法名其实就是对业务规则的自然语言描述。

最后，测试方法体应遵循Given-When-Then模式。该模式清晰地描述了测试的准备、期待的行为和相关的验收条件。

- □ Given：为要测试的方法提供准备，包括创建被测试对象，为调用方法准备输入参数实参等。
- □ When：调用被测试的方法，遵循单一职责原则，在一个测试方法的When部分，应该只有一条语句对被测方法进行调用。
- □ Then：对被测方法调用后的结果进行预期验证。

当我们阅读如下的测试类和测试方法时，是否等同于在阅读文档？

```
public class AccountTest {
    private AccountId srcAccountId;
    private AccountId targetAccountId;
    @before
      void setup(){
          srcAccountId = AccountId.of("123456");        //用于演示
          target AccountId = AccountId.of("654321");    //用于演示
    }
    @Test
    void should_transfer_from_src_account_to_target_account_given_correct_transfer_
amount() {
        // given
        Money balanceOfSrc = new Money(100_000L, Currency.RMB);
        SourceAccount src = new Account(srcAccountId, balanceOfSrc);

        Money balanceOfDes = new Money(0L, Currency.RMB);
        TargetAccount target = new Account(targetAccountId, balanceOfDes);

        Money trasferAmount = new Money(10_000L, Currency.RMB);

        // when
        src.transferTo(target, transferAmount);

        // then
        assertThat(src.getBalance()).isEqualTo(Money.of(90_000L, Currency.RMB));
        assertThat(target.getBalance()).isEqualTo(Money.of(10_000L, Currency.RMB));
    }
}
```

编写良好的单元测试本身就是"新兵训练营"的最佳教材,将其作为精炼文档用以传递领域知识好处更为明显:你无须额外为核心子领域编写单独的精炼文档,引入单元测试或者采用测试驱动开发就能自然而然收获完整的测试用例;这些测试更加真实地体现了领域模型对象之间的关系,包括它们之间的组合与交互过程;将测试作为精炼文档还能保证领域模型的正确性,甚至可以更早帮助设计者发现设计错误。

软件设计本身就是一个不断试错的过程,借助服务驱动设计可以让设计过程变得清晰简单。序列图更是具备可视化的能力,但它终归不是代码实现,序列图脚本体现的也仅仅是留存在脑海中的一种交互模式罢了。通过测试可以验证设计的正确性,而单元测试由于能够反馈快速,更是重要的**验证**手段。

17.1.3 单元测试

如前所述,不依赖于任何外部资源的测试就是单元测试,但我们还需要就单元的含义达成共识。

1. 单元的定义

什么是单元(unit)?因为设计角度不同,不同人对单元下的粒度定义是不同的。有人认为单元测试是针对类这个单元进行测试,有人则认为被测类的公开方法才是测试的单元……种种观点,不一而足。

原则上,一个测试类应该对应一个被测类,但由于被测类承担的职责数量不同,使得测试类与被测类未必恰好是一对一的映射关系。有的开发人员在编写单元测试时,往往根据开发工具的推荐,为一个公开的被测方法编写一个测试方法,例如被测方法为transferFrom(),测试方法就定义为testTransferFrom()。之所以如此,正是对"单元"一词的理解含混不清造成的。

我认为应该将"单元"理解为一个测试方法的目标粒度。如果目标是保证被测方法的正确性，测试的单元就是一个方法；如果目标是保证一个类的正确性，测试的单元就是一个类。终归来说，测试的目标应该是满足用户对业务功能的需求，因此，一个高质量的单元测试应针对业务功能进行编写，那么，**测试类的每个测试方法就应保证一条业务规则或者一种分支场景的正确性**。换言之，一个测试方法对应一个测试用例，**测试的单元就是一个测试用例**。

例如，为转账功能编写的测试用例为：

- 一个账户正常地向另一个账户发起转账；
- 若转账用户余额不足，转账失败；
- 若转账金额超过规定的阈值，转账失败；
- 若转账次数超过规定的当天转账次数，转账失败。

这4个测试用例应该对应一个测试类的4个测试方法，4个测试方法共同验证了转账领域行为的正确性。

2．FIRST原则

一个编写良好的单元测试需要遵循如下FIRST原则。

- Fast（快速）：测试要非常快，每秒能执行几百或几千个。
- Isolated（独立）：测试应能够清楚地隔离一个失败。
- Repeatable（可重复）：测试应可重复运行，且每次都以同样的方式成功或失败。
- Self-verifying（自我验证）：测试要无歧义地表达成功或失败。
- Timely（及时）：测试必须及时编写、更新和维护。

要保证测试快，就应尽可能避免单元测试访问外部资源，因为通常对外部资源的访问都会消耗较多的执行时间。

单元测试的独立性变相地说明了测试单元的粒度就是一个测试用例。从功能实现的角度看，要做到测试的独立性，就要做到一个程序分支对应一个测试方法。例如判断转账金额就存在超过金额阈值与满足金额要求的两个分支，判断余额也存在余额不足和满足余额要求的两个分支。不同的分支有不同的代码实现，它们彼此之间应该是正交的，一个测试的失败并不会影响另一个测试。测试的独立性有利于问题的定位，一旦发现某一个测试失败，就可以直接定位到该测试对应的程序分支，快速发现问题。

保证测试可重复运行，就可以避免测试出现**偶然的正确性**，例如针对随机或动态产生的结果，可能在上一次运行时间通过了测试，但随着时间或其他条件发生变化，测试就会失败。要保证测试可重复运行，还要避免多个测试之间共享资源的情况，这实际与测试的独立性有关。不能让上一个测试改变了一个全局变量的值从而影响下一个运行的测试。还有一种情况会影响测试的重复运行，就是资源的准备（setup）和清理（teardown）。如果单元测试的被测方法对被测试资源产生了副作用，例如修改了某个标志的值，恰巧这个值又是该方法执行时需要读取以决定执行分支的参考，就可能导致相同测试的下一次执行会失败。一言以蔽之，就是要保证同一个测试方法在每次执行前的条件完全相同。

没有自我验证的测试就是无效的测试。一个测试没有验证，就无法通过测试结果告知被测方法到底正确还是错误，因为没有验证的测试执行结果一定会成功。一些开发人员习惯在测试方法中通过打印输出结果，然后肉眼判断结果的正确性来完成测试。这一方式只能作为临时调试，如此编写的单元测试并没有提供准确的反馈信息，也无法做到对产品代码的保护。更有甚者，有人编写无自我验证的测试，目的仅仅是提高单元测试覆盖率。这种蒙混过关的做法当然不足取。

及时编写、更新和维护单元测试，目的是保证测试方法可以随着业务代码的变化动态地保障质量。测试代码也是领域资产的一部分，决定了代码的内建质量。无论是变更产品代码的已有实现，还是因为新需求增加产品代码实现，都需要及时调整测试代码，保证产品代码与测试代码的同步。

17.2 测试优先的领域实现建模

从设计到实现是一个不断**沟通**的过程。这个沟通不仅仅指团队中不同角色成员之间的沟通，还包括代码的实现者与阅读者之间的沟通。这种沟通并非面对面（除非采用结对编程）地进行，而是借代码这种"媒介"以一种穿越时空的形式进行。

之所以强调代码的沟通作用，原因在于对维护成本的考量。Kent Beck说："在编程时注重沟通还有一个很明显的经济学基础。软件的绝大部分成本都是在第一次部署以后才产生的。从我自己修改代码的经验出发，我花在阅读既有代码的时间要比编写全新的代码长得多。如果我想减少代码所带来的开销，我就应该让它容易读懂。"[60]

要做到让代码易懂，需要保证代码的简单。少即是多，有时候删掉一段代码比增加一段代码更难，相应地，带来的价值可能比后者更高。许多程序员常常感叹开发任务繁重，每天要做的工作加班也做不完，与此同时，他们又在不断地臆想功能的可能变化，堆砌更为复杂的代码。明明可以直道行驶，偏偏要以迂为直，增加不必要的间接层，然后美其名曰保证系统的可扩展性。只可惜这样的可扩展性设计往往在最后沦为过度设计。Neal Ford将这种情形称为"预想开发"（speculative development）[29]。预想开发会事先设想许多可能需要实现的功能，就好比"给软件贴金"。程序员一不小心就会跳进这个陷阱。

Kent Beck认为程序员应追求**简单**的价值观。他强调："在各个层次上都应当要求简单。对代码进行调整，删除所有不提供信息的代码。设计中不出现无关元素。对需求提出质疑，找出最本质的概念。去掉多余的复杂度后，就好像有一束光照亮了余下的代码，你就有机会用全新的视角来处理它们。"[60]编写代码易巧难工，卖弄太多的技巧往往会将业务真相掩сер在复杂的代码背后。

服务驱动设计从业务服务出发驱动设计，就是希望推导出恰如其分的领域设计模型。在领域实现建模阶段，既要及时验证设计的正确性，又要确保代码的沟通作用，并保证从设计到实现一脉相承的简单性，最好的方式就是**测试驱动开发**。

17.2.1 测试驱动开发

测试驱动开发是一种测试优先的编程实现方法。作为极限编程的一种开发实践，从被Kent Beck

17

提出至今，该方法仍然饱受争议，许多开发人员仍然无法理解：在没有任何实现的情况下，如何开始编写测试？

这实际上带来一个问题：**为什么需要测试优先？**

在进行软件设计与开发的过程中，每个开发人员其实都会扮演两个角色：

❑ 接口的调用者；
❑ 接口的实现者。

所谓"设计良好的接口"，就是让调用者用起来很舒服的接口。这种接口使用简单，不需要了解太多的知识即可被调用，清晰表达意图。要设计出如此良好的接口，就需要**站在调用者角度而非实现者角度**去思考接口。编写测试，其实就是在编程实现之前，假设对象已经有了一个理想的方法接口，该接口符合调用者的期望，能够完成调用者希望它完成的工作而又无须调用者了解太多的信息。实际上，这也是意图导向编程（programming by intention）思想[45]的体现。

测试驱动开发的一个常见误区是没有设计，一开始就挽起袖子写测试代码。事实上，测试驱动开发强调的"测试优先"，是要求**需求分析优先**；对需求对应的业务服务进行拆分，就是**任务分解优先**。开发人员不应该一开始就编写测试，而应分析需求，识别出可控粒度的业务服务，对其进行**任务分解**。对任务的分解就是对职责的识别。职责对应的任务必须是可验证的。如此过程，不正是服务驱动设计要求的吗？

服务驱动设计能完美地结合测试驱动开发。分解任务是服务驱动设计的核心步骤，它进一步理清了业务服务，以便将职责分配给合适的角色构造型，是一个**由外至内的设计过程**。分解任务又可以进一步划分为多个可以验证的测试用例，然后按照"测试-开发-重构"的节奏开始编码实现，从最容易编写单元测试的聚合开始，再到领域服务，是一个**由内至外的开发过程**。服务驱动设计和测试驱动开发的关系如图17-2所示。

由于服务驱动设计已经完成了任务分解，通过序列图或序列图脚本明确了参与协作的角色构造型，乃至识别了必要的消息（即角色构造型的方法），因此在此基础上再来开展测试驱动开发会变得更加容易。以"任务分解"作为连接点，从任务到测试用例，再

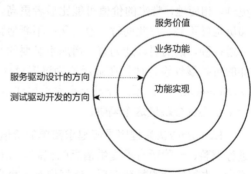

图17-2　服务驱动设计和测试驱动开发的关系

到测试编写，非常顺畅地实现了从领域设计建模到领域实现建模的无缝衔接，如图17-3所示。

测试驱动开发在挑选任务进行测试驱动时，需要考虑选择合适的任务。考虑因素包括：

❑ 任务的依赖性；
❑ 任务的复杂度。

若要考虑依赖性，应优先选择没有依赖或依赖较少的前序任务。虽说可以使用模拟的方式驱动出当前任务需要依赖的接口，但过多的模拟会让单元测试变得太脆弱。若模拟的接口缺乏稳定性，

就需要同时修改实现与测试。如前所述，之所以采用由内至外的开发过程，就是为了减少依赖。

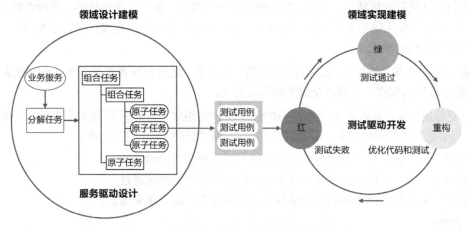

图17-3　领域设计建模与领域实现建模的衔接

　　不同任务的复杂度并不一样。为了快速地开始测试驱动开发，可以考虑先从简单的任务开始，避免因为任务太过复杂而花费太多的开发成本，影响开发的进度和信心。当然，在任务经过良好的分解后，诸多复杂问题都在某种程度上得到了一定的简化，尤其原子任务的职责都是单一的，进行测试驱动开发也会变得简单。

　　有人认为，测试驱动开发应优先选择重要的任务（如优先考虑编写核心的业务流程），而将非核心的任务（如对异常情况的处理）放在后面进行处理。看起来这样的理由足够充分，然而，对一个业务服务而言，只有完成了所有任务的实现，才具有完整的交付价值。无论该业务服务的任务是否重要，只要未完成，实现就是不完整的。即便一些任务只是对异常流程的处理，也构成了提供服务价值的重要一环。换言之，**对于一个完整的业务服务，所有任务具有相同的重要性**。

　　服务驱动设计可以作为测试驱动开发的基础。选择任务时，优先选择不访问外部资源的原子任务，然后依次向外挑选该原子任务组成的组合任务，就能有效避免任务之间的依赖。一旦选定要进行测试驱动的任务，就可以结合业务服务规约中的验收标准编写测试用例。编写测试用例时，需保证测试用例之间是正交的，每个测试用例都是可验证的。编写测试时，服务驱动设计确定的角色构造型可以作为被测类的候选，序列图脚本推演出来的消息定义可以作为被测方法的候选。

17.2.2　测试驱动开发的节奏

　　测试驱动开发非常强调节奏感。测试驱动开发的"测试-开发-重构"三重奏如图17-4所示。

　　首先，根据识别的测试用例编写测试。这时还没有产品代码的实现，只需要保证编写的测试方法通过编译即可，运行测试，显示红色则测试失败。然后，开发产品代码。它的唯一目

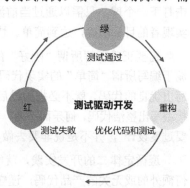

图17-4　测试驱动开发三重奏

的就是让红色（失败）的测试方法通过，变成绿色。一旦测试通过，就应该提交代码。最后，识别产品代码和测试代码的坏味道，若有，即刻通过重构（黄色）消除，优化代码。重构之后必须运行测试，确保重构后的代码并未破坏已经通过的测试。这也符合重构的定义：在不修改功能实现的基础上改善既有代码的设计。

"测试-开发-重构"的节奏，就是红-绿-黄的开发节奏。这好似在都市里开车，必须听从红、绿、黄3种交通信号灯的指挥，以保证交通的顺畅与安全。

为了更好地指导开发人员进行测试驱动开发，并严格遵守"测试-开发-重构"的开发节奏，Robert Martin分析了这三者之间的关系，并将其总结为如下的测试驱动开发三定律。

- ❑ 定律一：一次只写一个刚好失败的测试，作为新加功能的描述。
- ❑ 定律二：不写任何产品代码，除非它刚好能让失败的测试通过。
- ❑ 定律三：只在测试全部通过的前提下做代码重构，或开始新加功能。

1．定律一

新功能是新测试驱动出来的，没有编写测试，就不应该增加新功能，而现有代码已经由测试保证，这就增强了迈向新目标的信心。

通过测试驱动新功能的开发时，开发人员扮演的角色是接口的调用者，因此，一个**刚好失败**的测试，表达了调用者不满于现状的诉求，而且这个诉求非常简单，就好似调用者为实现者设定的一个具有明确针对性的小目标，轻易可以达成。如果采用结对编程，就可以分别扮演调用者和实现者的角色，专注于各自的视角，让测试驱动开发的过程进展得更加顺利。

定律一要求**一次只写一个测试**，这是为了保证整个开发过程小步前行，做到步步为营。在没有实现产品代码让当前测试通过之前，不要新增任何测试方法。

2．定律二

一个测试失败了，意味着需要实现功能让测试通过。**让测试刚好通过，是实现者唯一需要达成的目标**。这就好似玩游戏。测试的编写者确定了完成游戏的目标，然后由此去设定每一关的关卡。游戏的玩家不能像打斯诺克那样，每击打一个球，还要去考虑击打的球应该落到哪个位置才有利于击打下一个球。只需以通过当前游戏关卡为己任，一次只通一关，让测试刚好通过。这样就能让实现者的目标明确，达到简单、快速、频繁验证的目的。

需要正确理解所谓"刚好"的度。既不要过度地实现测试没有覆盖的内容，也无须死板地拘泥于编写所谓"简单"的实现代码。**简单并非简陋**，既然你的编码技能与设计水平已经足以一次编写出优良的代码，就不必拖到最后，多此一举地等待重构来改进。只要没有导致过度设计，若能直接编写出整洁代码，何乐而不为？测试驱动开发强调实现代码仅仅让当前测试刚好通过，底线是"不要过度设计"，并不是说非要去做不恰当的简单实现。

遵循定律二的开发实践，就能要求测试驱动开发的开发人员克制追求大而全的野心，不写任何额外的或无关的产品代码，谨守"只要求测试恰好通过足矣"的底线，保证实现方案的简单。

3. 定律三

测试全部通过意味着目前的功能都已实现，但未必完美。这个时候要考虑**重构**，在保证既有功能外部行为不变的前提下，安全地对代码设计做出优化，去除坏味道。每执行一步重构，都要运行一遍测试，保证重构没有破坏已有功能。及时而安全的重构，也会让重构的代价变得更小。

添加新功能与重构不能在同一时刻共存。一个时刻要么添加新功能，要么重构。在全部测试已经通过的情况下，若发现代码存在坏味道，应该先重构，再添加新功能。

重构的基础是识别代码的坏味道。Martin Fowler总结了包括重复代码、过长函数、过大的类、依恋情结等21种常见的代码坏味道[6]，并给出了对应的重构手法。重构需要随时随地进行，不要盲目地追求开发进度而忽略代码重构，就好似我们不能只为了工作而不修边幅。重构能力固然重要，但态度更加重要。当具有各种坏味道的代码积累到一定规模之后，就会积重难返，引发"破窗效应" [4]。注意，测试代码同样需要重构，这也满足了FIRST原则的Timely（及时）原则。

完成重构后，运行测试，确保重构未曾影响任何测试，接着代码，再考虑新加功能。此时又要遵循定律一，先编写一个刚好失败的测试，以此作为新加功能的描述。如此周而复始，以一种美妙的节奏感开始迭代地、增量地进行领域实现建模。

17.2.3 简单设计

测试驱动开发遵守**测试-开发-重构的循环**。测试设定了新功能的需求期望，并为功能实现提供了保护；开发让实现真正落地，满足产品功能的期望；重构可以改进代码质量，降低软件的维护成本。**期望-实现-改进的螺旋上升态势**，为测试驱动开发闭环提供了源源不断的动力。缺少任何一个环节，循环都会停滞不动。没有期望，实现就失去了前进的目标；没有实现，期望就成了空谈；没有改进，前进的道路就会越走越窄，突破就会变得愈发艰难。

若已有清晰的用户需求，为其设定期望然后寻求实现并非难事，但是改进的标准却是模糊的。要达到什么样的目标才符合重构的要求？Martin Fowler提出的代码坏味道虽然可以作为参考，但要保证代码的嗅觉灵敏度，就需要对这些坏味道了然于胸。

研究证明，人类的短时记忆容量大约为7±2个组块，许多人可能一时无法记住所有坏味道的特征。因此，从开发到重构的过程中，可以遵循Kent Beck提出的简单设计原则。该原则的内容为：

- ❏ 通过所有测试；
- ❏ 尽可能消除重复；
- ❏ 尽可能清晰表达；
- ❏ 更少代码元素；
- ❏ 以上4个原则的重要程度依次降低。

通过所有测试原则意味着我们开发的功能满足客户的需求，这是简单设计的底线原则。该原则同时隐含地告知开发团队与客户或领域专家（需求分析师）充分沟通的重要性。

尽可能消除重复原则是对代码质量提出的要求，并通过测试驱动开发的重构环节完成。注意，此原则提到的是尽可能消除重复（minimizes duplication），而非无重复（no duplication），因为追求极致的复用存在设计与编码的代价。

尽可能清晰表达原则要求代码要简洁而清晰地传递领域知识，在领域驱动设计的语境下，就是要遵循统一语言，提高代码的可读性，满足业务人员与开发人员的交流目的。针对核心子领域，甚至可以考虑引入领域特定语言来表现领域逻辑。

在满足这3个原则的基础上，**更少代码元素**原则告诫我们遏制过度设计，做到恰如其分的设计，即在满足客户需求的基础上，只要代码已经做到了最少重复与清晰表达，就不要再进一步拆分或提取类、方法和变量。

最后一个原则说明前面4个原则是依次递进的。**功能正确、减少重复、代码可读是简单设计的根本要求**。一旦满足这些要求，就**不能创建更多的代码元素**去迎合未来可能并不存在的变化，避免过度设计。这也体现了奥卡姆剃刀原则，即"主张个别的事物是真实的存在，除此之外没有必要再设立普遍的共相，美的东西就是美的，不需要再废话多说什么美的东西之所以为美是由于美，最后这个美，完全可以用奥卡姆的剃刀一割了之。"[30]

所谓"普遍的共相"就是一种抽象。在软件开发中，不必要的抽象会产生多余的概念，干扰代码阅读者的判断，增加代码的复杂度。简单设计强调恰如其分，若实现的功能通过了所有测试，就意味着满足了客户的需求。这时，只需要尽可能消除重复，清晰表达设计者意图，不可再增加额外的软件元素。若存在多余实体，当用奥卡姆的剃刀一割了之。简单设计的第四条原则也可以表示为"若无必要，勿增实体"，意味着不要盲目地考虑为其增加新的软件元素。

相较于重构坏味道，简单设计为代码的重构给出了3个量化标准：**重复性**、**可读性**和**简单性**。重复性是一个客观的标准，可读性则出于主观的判断，故而应优先考虑尽可能消除代码的重复，然后在此基础上保证代码清晰地表达设计者的意图，提高可读性。只要达到了复用和可读，就应该到此为止，以保证实现方案的简单，不要画蛇添足地增加额外的代码元素，如变量、函数、类甚至模块。

17.3　领域建模过程

业务服务是领域级业务需求的问题呈现。作为领域建模过程的起点，业务服务是领域建模的基本业务单元；聚合则是领域建模的基本设计单元，在作为基本架构单元的限界上下文约束之下开展。这充分体现了领域驱动设计统一过程各个阶段之间的衔接与融合。

领域驱动设计重视以领域为驱动力的设计原则。在建模过程中，以领域为驱动力被具体化为业务服务，遵循统一语言提供了领域知识，以便在分析建模时捕捉领域概念，构成在限界上下文约束下的领域分析模型。分析模型是一个纯粹表达业务含义的对象图，在其基础上引入领域驱动设计要素，通过梳理对象图，定义以聚合为边界的领域设计类图，然后利用服务驱动设计针对业务服务分解任务，开启根据职责逐层分级、相互协作的动态之旅，输出领域设计序列图或序列图脚本，它与领域设计类图共同构成领域设计模型。业务服务的验收标准可转换为测试用例，而序列图脚本又能帮助开发人员更好地进行测试驱动开发，在"测试-开发-重构"的闭环中不断地演化领域实现模型，提高实现的质量，最终获得满足统一语言要求且能运行的领域模型。整个领域建模过程如图17-5所示。

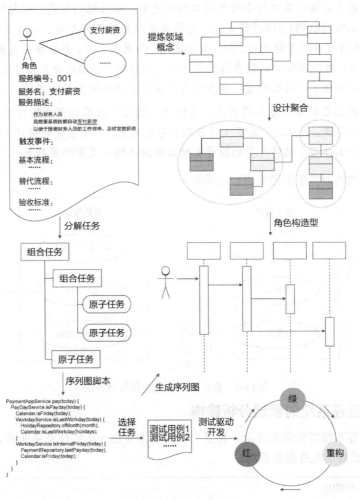

图17-5　领域建模过程

为了更好地理解整个领域建模过程如何基于业务服务逐层推进与演化，获得最终的领域模型，接下来我通过薪资管理系统这个完整案例加以演示和说明①。

---

① 可在GitHub中搜索"payroll-ddd"以获取本例的参考代码。

17.3.1 薪资管理系统的需求说明

薪资管理系统的需求说明如下：

公司雇员有3种类型：钟点工、月薪雇员和销售人员[①]。

对于钟点工，系统会按照雇员记录中每小时报酬字段的值为他们支付报酬。他们每天会提交记录了日期以及工作小时数的工作时间卡。如果他们每天工作超过8小时，超过部分会按照正常报酬的1.5倍进行支付。月薪雇员以月薪进行支付，在雇员记录中有月薪字段。公司会对雇员做考勤处理，如果雇员迟到、早退或旷工，会扣除其月薪的一定金额。对于销售人员，则根据他们的销售情况支付一定的报酬。他们会提交销售凭条，其中记录了销售的日期和销售产品的数量，酬金保存在雇员记录的酬金报酬字段。

在为各种类型的雇员结算薪资后，系统会根据每位雇员预留的银行账户在规定时间向其自动支付薪资。钟点工的薪资支付日期为每星期五，月薪雇员的薪资支付日期为每个月的最后一个工作日，销售人员的薪资支付日期为每隔一星期的星期五。

薪资管理系统的业务服务图如图17-6所示。

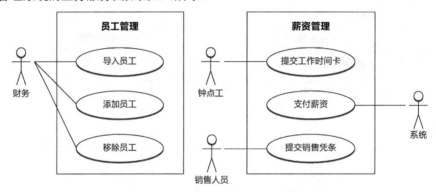

图17-6   薪资管理系统的业务服务图

17.3.2 薪资管理系统的领域分析建模

在获得了目标系统的业务服务后，需求分析人员需要进一步细化业务服务，编写业务服务规约。如下为支付薪资的业务服务规约。

服务编号：S0006
服务名：支付薪资
服务描述：
    作为<u>财务人员</u>（Accountant）

---

① 薪资管理系统的需求来自Robert Martin的《敏捷软件开发：原则、模式与实践》。本书对该案例的需求做了少量调整，设计方案则完全按照本书讲解的领域建模过程进行。

我想要系统按期自动支付薪资（Salary）

以便提高财务人员的工作效率，及时发放薪资

触发事件：

每天凌晨0:00自动触发

基本流程：

1. 确定是否支付日（PayDay）
2. 获取支付日对应类型的雇员（Employee）名单
3. 计算薪资，生成雇员的工资条（Payroll）
    3.1 若为钟点工雇员（HourlyEmployee），根据工作时间卡（TimeCard）与时薪计算薪资
    3.2 若为月薪雇员（SalariedEmployee），根据出勤记录（Attendance）计算薪资
    3.3 若为销售人员（CommissionedEmployee），根据销售凭条（Sale Receipt）计算薪资
4. 向雇员的银行账户（SavingAccount）发起转账，支付薪资
5. 通过邮件（Email）通知薪资已发放，同时发送工资条给员工

替换流程：

1a. 如果不是支付日，直接退出

4a. 如果薪资支付失败，给出失败原因，并发送邮件给财务人员

验收标准：

1. 钟点工雇员的支付日为每星期五
2. 如果钟点工雇员未提交工作时间卡，视为未工作
3. 工作时间卡的工作时间最低不少于1小时，最高不高于12小时
4. 每天工作超过8小时，超过部分按照正常报酬的1.5倍进行结算
5. 月薪雇员的支付日为每个月最后一个工作日
6. 若月薪雇员的出勤记录包含旷工，将按照月薪计算出来的日薪进行扣除
7. 若月薪雇员的出勤记录包含迟到、早退，将扣除日薪的20%
8. 销售人员的支付日为每隔一星期的星期五
9. 若销售人员未提交销售凭条，酬金报酬为0
10. 会为符合支付条件的员工生成工资条
11. 支付成功后，员工工资条的状态会更改为已支付
12. 员工收到薪资发放的通知（Notification）

我们选择快速建模法针对支付薪资业务服务建立领域分析模型。如上业务服务规约添加下划线的内容即我们识别出来的名词，检查这些名词是否符合统一语言的要求，即可快速映射为图17-7中的领域类。

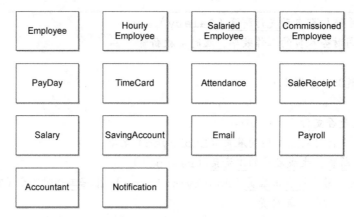

图17-7　名词建模获得的领域分析模型

业务服务规约添加波浪线的内容即我们识别出来的动词。逐个判断它们对应的领域行为是否需要产生过程数据。识别时，一定要从管理、法律或财务角度判断过程数据的必要性。例如，"生成雇员工资条"动作的目标数据是工资条，无须记录在某时某刻生成了工资条，因为管理人员并不关心工资条是什么时候生成的，只要工资条存在，就不会产生审计问题。"向雇员的银行账户发起转账，支付薪资"动作的目标数据是薪资，但在发起转账时，必须记录何时完成对薪资的支付，支付金额是多少，否则，若雇员没有收到薪资，就可能出现财务纠纷，于是识别出支付记录（Payment），它是支付行为的过程数据。

不是每一个动词都会产生过程数据，如果确定没有，也不必疑惑，照实建立领域分析模型即可。

通过名词和动词识别了领域模型之后，需要对这些概念进行归纳和抽象。注意，钟点工（HourlyEmployee）、月薪雇员（SalariedEmployee）和销售人员（CommissionedEmployee）虽然在类型上都是雇员（Employee），但由于它们各有自身的业务含义，不可在领域分析模型中通过雇员对它们进行抽象，否则可能会漏掉重要的领域概念。

一旦明确了领域概念，就可进一步确定它们的关系，并检查这些关系是否隐含了领域概念。确定关系时，若能显而易见地确定关系数量，就标记出来，如钟点工（HourlyEmployee）与工作时间卡（TimeCard），就是明显的一对多关系。最终，快速建模法获得的领域分析模型如图17-8所示。

如果有更多的业务服务规约，快速建模法获得的领域分析模型就更丰富，也更加贴近最终输出的领域模型。

领域分析模型要受到限界上下文的约束。薪资管理系统分为员工上下文和薪资上下文，通过识别领域概念与限界上下文知识语境的关系，可以获得图17-9所示的领域分析模型。

员工上下文中的员工Employee与薪资上下文中的钟点工HourlyEmployee、月薪雇员SalariedEmployee和销售人员CommissionedEmployee充分体现了领域概念的知识语境，显然，员工上下文并不关心各种雇员类型的薪资计算和支付，而薪资上下文也不需要了解员工的基本信息。

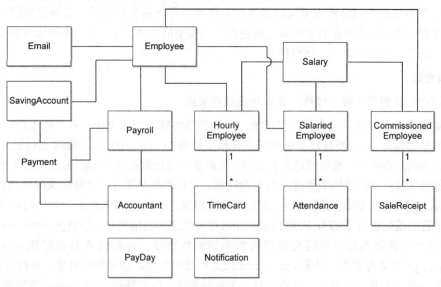

图17-8　薪资管理系统的领域分析模型

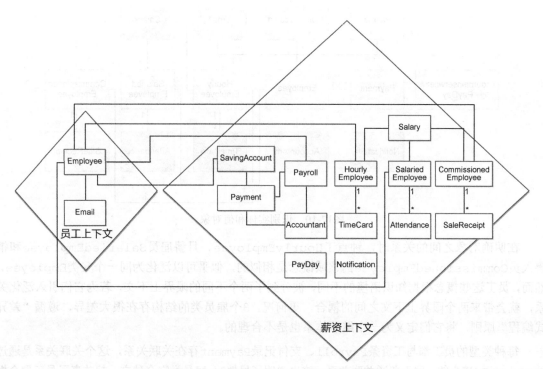

图17-9　引入限界上下文的领域分析模型

17.3.3　薪资管理系统的领域设计建模

薪资管理系统的领域分析模型应由领域专家作为主导开展分析建模，获得的领域分析模型是纯业务的概念抽象，这些概念抽象实际上就是设计类模型的基础。接下来，需要由开发团队引入领域驱动设计要素进行设计建模，获得聚合。

1．聚合设计

按照聚合设计的庖丁解牛过程，首先是理顺对象图。

理顺对象图的关键是明确实体和值对象，然后明确实体之间的设计关系。毫无疑问，3种类型的雇员类都是实体类型。需要通过身份标识来管理工资条Payroll的生命周期，支付记录Payment作为支付行为的过程数据，也应被定义为实体。月薪雇员的出勤记录Attendance是从别的系统获得的，不需要在薪资管理系统中管理它的生命周期。对每个雇员而言，出勤记录的值相同，就可认为是同一条出勤记录，因此识别Attendance为值对象。工作时间卡TimeCard的相等性可以通过值决定（它的值包含员工ID），因此TimeCard也可以定义为值对象。销售凭条SalesReceipt则不同，同一个销售人员可能提交值相同的不同销售凭条，需要引入身份标识来区分，因此SalesReceipt定义为实体。财务Accountant是雇员的角色，定义为值对象。支付日PayDay的职责是判断当前日期是否支付日，本质上是一个领域服务。由此获得图17-10所示的领域设计模型。

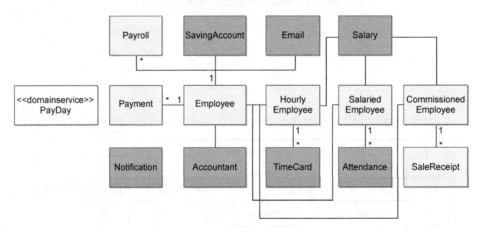

图17-10　识别实体和值对象

在明确对象之间的关系时，钟点工HourlyEmployee、月薪雇员SalariedEmployee和销售人员CommissionedEmployee的领域概念是相似的，似乎可以泛化为同一个父类Employee。然而，员工这些概念根据知识语境的不同，被分到了两个不同的限界上下文，若为它们引入泛化关系，就会带来两个限界上下文之间的耦合。更何况，3个雇员类的结构存在很大差异，遵循"差异式编程"原则，将它们定义为一个继承体系也是不合理的。

每种类型的员工都与工资条Payroll、支付记录Payment存在关联关系，这个关联关系是通过EmployeeId建立的，属于普通关联关系。这也说明了虽然3个雇员类完全独立，却共享了员工聚合根实体Employee拥有的身份标识EmployeeId。在领域设计模型中，这种关联关系仅仅存在于领域概念之中，设计上，已经通过引入内建类型去掉了耦合。CommissionedEmployee实体与SalesReceipt实体具有相同的生命周期，应定义为合成关系。建立了关系的领域设计模型如图17-11所示。

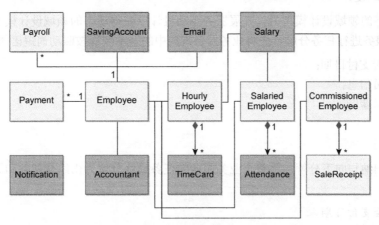

图17-11　梳理类的关系

一旦确定了领域类之间的关系，就可以分解关系薄弱处。目前获得的领域设计模型中，实体之间并无强耦合的泛化关系，仅有CommissionedEmployee实体与SalesReceipt实体之间的关系为合成关系，其余皆为弱依赖的普通关联关系。因此，很容易根据关系的强弱划分出图17-12所示的聚合。

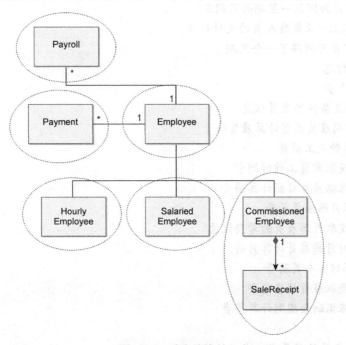

图17-12　确定聚合

最后，根据聚合的设计原则依次检查已经识别出的聚合，判断是否需要调整聚合的边界。目前识别的每个聚合都满足完整性、独立性、不变量和一致性，无须做任何调整。

2. 服务驱动设计

在获得静态的领域设计模型后，开展服务驱动设计以获得动态的领域设计模型。这里选择对支付薪资业务服务进行任务分解。先将业务服务规约中的基本流程按照动词短语的形式描述出来：

- ❏ 确定是否支付日期；
- ❏ 获取雇员信息；
- ❏ 计算雇员薪资；
- ❏ 支付；
- ❏ 通知雇员。

通过向上归纳与向下分解，将整个业务服务的任务最终分解为由组合任务和原子任务组成的任务树：

- ❏ 确定是否支付日期
  - ◆ 确定是否为星期五
  - ◆ 确定是否为月末工作日
    - ○ 获取当月的假期信息
    - ○ 确定当月的最后一个工作日
  - ◆ 确定是否为间隔一星期的星期五
    - ○ 获取上一次销售人员的支付日期
    - ○ 确定是否间隔了一个星期
- ❏ 获取雇员信息
- ❏ 计算雇员薪资
  - ◆ 遍历满足条件的雇员信息
  - ◆ 根据不同雇员类型计算雇员薪资
    - ○ 计算钟点工薪资
      - ◇ 获取雇员工作时间卡
      - ◇ 根据雇员日薪计算薪资
    - ○ 计算月薪雇员薪资
      - ◇ 获取月薪雇员的考勤记录
      - ◇ 对月薪雇员计算月薪
    - ○ 计算销售人员薪资
      - ◇ 获取雇员销售凭条
      - ◇ 根据酬金规则计算薪资
- ❏ 支付
  - ◆ 向满足条件的雇员账户发起转账

◆ 生成支付凭条

❏ 通知雇员

一旦获得了业务服务的任务树，就可以直接按照分解的任务编写序列图脚本，并通过执行序列判断任务分解的合理性，确定是否遗漏了领域模型。如下序列图脚本表现了第一个组合任务的执行序列：

```
PaymentAppService.pay(today) {
    PayDayService.isPayday(today) {
        Calendar.isFriday(today);
        WorkdayService.isLastWorkday(today) {
            HolidayRepository.ofMonth(month);
            Calendar.isLastWorkday(holidays);
        }
        WorkdayService.isIntervalFriday(today) {
            PaymentRepository.lastPayday(today);
            Calendar.isFriday(today);
        }
    }
}
```

注意区分PayDayService和WorkdayService的命名，它们代表了不同层级的业务目标。在"确定是否支付日期"任务这一级，业务目标为"确定是否为支付日"，故而命名为PayDayService；在"确定是否为月末工作日"与"确定是否为间隔一星期的星期五"任务这一级，业务目标为"确定是否为正确的工作日"，故而命名为WorkdayService。

执行上述原子任务的角色构造型既不是聚合，也不是端口，而是Calendar领域服务。这算是根据角色构造型分配职责的一个例外，但也符合领域服务的定义，因为这些原子任务要执行的领域行为都是无状态的。根据以上序列图脚本生成的序列图能够直观地表现这样的协作方式，如图17-13所示。

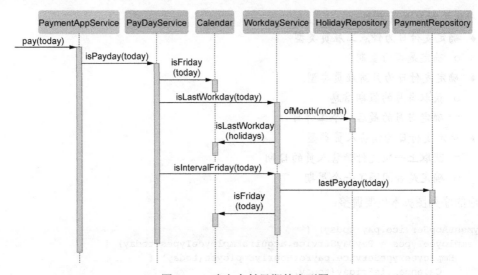

图17-13　确定支付日期的序列图

图17-13中的Calendar与WorkdayService在不同的抽象层次进行协作，又都被封装在PayDayService领域服务中。两个资源库也被封装到WorkdayService领域服务中。应用服务、领域服务和聚合形成了不同的隔离层次。合理的封装让最外层的应用服务了解更少的知识就能实现支付功能，避免了应用服务乃至应用层的臃肿与职责错位。

继续选择下一个任务。"获取对应雇员信息"是一个原子任务，通过访问数据库获得雇员信息。该职责操作的聚合为Employee，自然应该分配给EmployeeRepository。序列图脚本为：

```
employees = EmployeeRepository.allOf(employeeType);
```

编写序列图脚本时，需要明确每个方法的输入参数，如果返回值很重要，也需要明确给出。由于序列图体现了各个对象的协作顺序，在确定下一个方法的输入参数时，需要考虑它从何而来。当前原子任务在获取雇员信息时，需要指定雇员类型employeeType，但是从服务请求传递来的信息仅包含了today，它的上一个任务"确定是否支付日"返回的信息又只有boolean结果，于是问题出现：employeeType从何而来？

这就是序列图脚本的设计驱动力。在序列图脚本中，每个方法的调用是连贯执行的，如果协作时出现调用关系的"断链"，就说明要么缺少了参与对象，要么方法的定义存在缺失。

看起来，"确定是否支付日"任务不仅判断了当天是否为支付日，在确定为支付日时，还需要给出符合条件的雇员类型。PayDayService.isPayday(today)的返回结果就值得推敲了：这个返回结果不应该是boolean，而应该是雇员类型；由于不同雇员类型的支付日规则可能同时满足，应返回雇员类型列表；如果雇员类型列表为空，说明当天不是工作日。

返回结果的改变其实已经改变了任务的目标，不再是"确定是否支付日"，而是"确定支付日雇员类型"，分解的任务需要调整：

- ❑ 确定支付日雇员类型
  - ◆ 确定支付日为钟点工雇员类型
    - ○ 确定是否为星期五
  - ◆ 确定支付日为月薪雇员类型
    - ○ 获取当月的假期信息
    - ○ 确定当月的最后一个工作日
  - ◆ 确定支付日为销售人员类型
    - ○ 获取上一次支付销售人员的日期
    - ○ 确定是否间隔了一个星期

对应的序列图脚本也要调整：

```
PaymentAppService.pay(today) {
    employeeTypes = PayDayService.acquireEmployeeTypes(today) {
        EmployeeTypeService.payForHourlyEmployee(today) {
            Calendar.isFriday(today);
        }
```

```
EmployeeTypeService.payForSalariedEmployee(today) {
    HolidayRepository.ofMonth(month);
    Calendar.isLastWorkday(holidays);
}
EmployeeTypeService.payForCommissionedEmployee(today) {
    PaymentRepository.lastPayday(today);
    Calendar.isFriday(today);
}
    }
}
```

这一修改过程也充分地说明了分解任务的工作无法一蹴而就，服务驱动设计不是一个瀑布过程，而是迭代的过程。

"计算雇员薪资"是一个嵌套多层的组合任务，但并没有直接体现服务价值，属于"支付薪资"业务服务的执行步骤。当我们面对相对复杂的组合任务时，为避免业务服务的序列图过于复杂，在编写序列图脚本时，可以仅考虑履行最高一层组合任务职责的领域服务，即 `PayrollCalculator`。至于"计算雇员薪资"的设计细节，可以单独给出序列图脚本。

"支付"仍然属于组合任务。由于转账服务的实现不在薪资管理系统的范围之内，因此"向满足条件的雇员账户发起转账"就是一个访问第三方服务的原子任务。"生成支付凭条"原子任务直接体现了"支付凭条"这一领域概念。在"获取上一次销售人员的支付日期"原子任务中，其实已经驱动出支付凭条这一领域概念了，因为只有它才知道上一次的支付日期。故而当前的"生成支付凭条"原子任务的职责仍然由 `PaymentRepository` 来承担。

在隐去了"计算雇员薪资"组合任务的细节之后，整个业务服务的序列图脚本如下：

```
PaymentAppService.pay(today) {
    employeeTypes = PayDayService.acquireEmployeeTypes(today) {
        EmployeeTypeService.payForHourlyEmployee(today) {
            Calendar.isFriday(today);
        }
        EmployeeTypeService.payForSalariedEmployee(today) {
            HolidayRepository.ofMonth(month);
            Calendar.isLastWorkday(holidays);
        }
        EmployeeTypeService.payForCommissionedEmployee(today) {
            PaymentRepository.lastPayday(today);
            Calendar.isFriday(today);
        }
    }
    employees = EmployeeRepository.allOf(employeeType);
    payrolls = PayrollCalculator.calculate(employees);
    PaymentService.pay(payrolls) {
        payment = TransferClient.transfer(account);
        PaymentRepository.add(payment);
    }
    NotificationClient.notify(payrolls);
}
```

17

生成的序列图如图17-14所示。

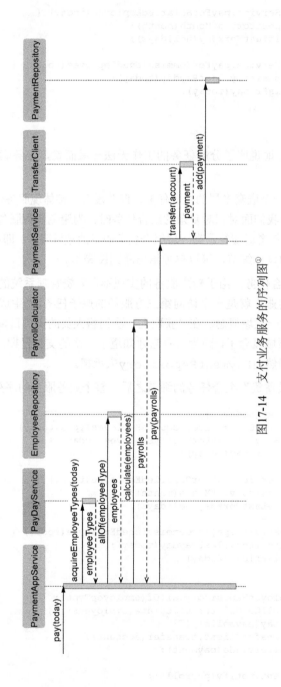

图17-14 支付业务服务的序列图①

_____

① 为清晰体现序列图，图中省去了 `PayDayService` 的执行细节。

如果为序列图打上可视化信号标记，会发现由PaymentAppService应用服务发出的请求实在太多了，对应的请求方相继包括：

- ❑ PayDayService；
- ❑ EmployeeRepository；
- ❑ PayrollCalculator；
- ❑ PaymentService。

这说明当前设计为应用服务引入了不必要的领域逻辑，此时有必要引入一个粗粒度的领域服务，用来封装这些对象之间的协作，避免将领域逻辑泄露到应用服务。既然业务服务为支付，就可以让领域服务PaymentService来履行封装支付行为的职责，**它的作用就是在应用层和领域层之间保持一条明确的界限**：

```
PaymentAppService.pay(today) {
    PaymentService.pay(today) {
        PayDayService.acquireEmployeeTypes(today);
        EmployeeRepository.allOf(employeeType);
        PayrollCalculator.calculate(employees);
        PaymentService.pay(payrolls);
    }
}
```

现在再来单独处理"计算雇员薪资"组合任务。该任务的处理相对特殊，需要**取舍聚合的独立性与算法的多态性**。分析该组合任务，若具备面向对象的基础知识，可敏锐地觉察到"根据不同雇员类型计算雇员薪资"组合任务表达了薪资计算逻辑的抽象。设计模式中策略模式的设计意图为"定义一系列的算法，把它们一个个封装起来，并且使它们可相互替换。"[31]不同雇员类型的薪资计算就是不同的算法。为它们建立抽象，就可以隔离薪资计算的具体实现。看起来，这一场景非常适合运用策略模式，设计如图17-15所示。

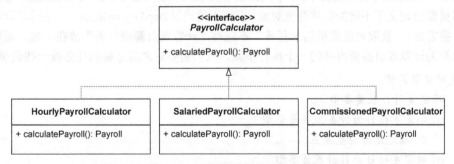

图17-15　运用策略模式计算薪资

PayrollCalculator继承体系仅封装了计算薪资的领域行为，薪资计算需要的数据来自对应的雇员聚合，属于该继承体系的子类都是领域服务。

这样的设计是否合理呢？让我们先来看看与之相关的领域设计模型。图17-16展示了与雇员相关的设计模型。

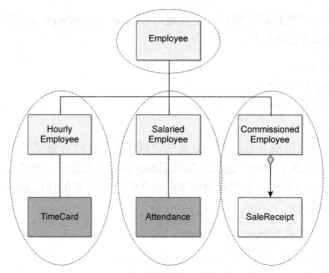

图17-16 与雇员相关的聚合

设计模型为每种类型的雇员都建立了一个单独的聚合，它们对应了各自的资源库。之所以要建立各自的聚合，是因为钟点工、月薪雇员和销售人员都有着自己需要维护的**概念完整性**。例如，钟点工需要提交工作时间卡，月薪雇员需要记录考勤记录，销售人员需要提交销售凭条。这实际上是**领域驱动设计对面向对象设计带来的影响**，限界上下文与聚合为自由的对象图铸上了一把枷锁。

`HourlyEmployee`、`SalariedEmployee` 和 `CommissionedEmployee` 这 3 个聚合与 `Employee` 聚合之间并无继承关系。它们甚至属于不同的限界上下文，仅仅依靠雇员的ID保持彼此之间的隐性关联。

薪资上下文既然为雇员定义了3个不同的聚合，就意味着对应了3个不同的资源库端口。不同类型的雇员聚合定义了不同的实体和值对象，因而不能通过`EmployeeRepository`获取对应的雇员信息。换言之，"获取对应雇员信息任务"不应与"计算雇员薪资任务"放在一起，而应将获取雇员信息视为计算雇员薪资内部的一个执行步骤。我们需要对之前分解的任务做一些调整：

❏ **支付雇员薪资**
- ◆ **确定支付日雇员类型**
  - ○ **确定支付日为钟点工雇员类型**
    - ◇ **确定是否为星期五**
  - ○ **确定支付日为月薪雇员类型**
    - ◇ **确定当月的假期信息**
    - ◇ **确定当月的最后一个工作日**
  - ○ **确定支付日为销售人员类型**
    - ◇ **获取上一次支付销售人员的日期**
    - ◇ **确定是否间隔了一个星期**

~~◆ 获取雇员信息~~
◆ 计算雇员薪资
　　○ 计算钟点工薪资
　　　　◇ 获取钟点工雇员与工作时间卡
　　　　◇ 根据雇员日薪计算薪资
　　○ 计算月薪雇员薪资
　　　　◇ 获取月薪雇员与考勤记录
　　　　◇ 对月薪雇员计算月薪
　　○ 计算销售人员薪资
　　　　◇ 获取销售人员与销售凭条
　　　　◇ 根据酬金规则计算薪资
◆ 支付
　　○ 向满足条件的雇员账户发起转账
　　○ 生成支付凭条

　　调整后的任务更加清晰地体现了薪资计算的执行逻辑，将"获取雇员信息"任务移到了"计算雇员薪资"组合任务下，使得整个任务分解的层次变得更加合理。

　　由此获得"计算雇员薪资"组合任务的序列图脚本：

```
PayrollCalculator.calculate(employeeTypes) {
    HourlyEmployeePayrollCalculator.calculate() {
        hourlyEmployees = HourlyEmployeeRepository.all();
        while (employee -> hourlyEmployees) {
            employee.payroll();
        }
    }
    SalariedEmployeePayrollCalculator.calculate() {
        salariedEmployees = SalariedEmployeeRepository.all();
        while (employee -> salariedEmployees) {
            employee.payroll();
        }
    }
    CommissionedEmployeePayrollCalculator.calculate() {
        commissionedEmployees = CommissionedEmployeeRepository.all();
        while (employee -> commissionedEmployees) {
            employee.payroll();
        }
    }
}
```

　　PayrollCalculator与具体雇员类型的薪资计算类之间的关系并非继承关系，而是将PayrollCalculator当作一个服务外观，在其内部通过雇员类型决定调用哪一个薪资计算类。这意味着序列图脚本放弃了前面所示的策略模式的运用。[①]

---

① 若要从设计模式的角度来理解，修改后的设计更像命令模式，具体雇员类型的薪资计算类是一个命令（command），而PayrollCalculator是一个组合命令（composite command）。

之所以如此设计，是对依赖注入领域服务、资源库的考虑。如果采用了策略模式，就需要根据雇员类型决定创建什么样的 PayrollCalculator。不考虑资源库的情况，可以让 EmployeeType 作为 PayrollCalculator 的工厂。然而，如前面的序列图脚本所示，不同的 PayrollCalculator 领域服务操作了不同的雇员聚合，意味着需要注入不同的资源库适配器，这是 PayrollCalculator 的工厂类无法做到的。如果将计算不同雇员薪资的领域服务看作完全不同的领域服务，就可以它们将同时注入 PayrollCalculator 中。在 calculate(employeeTypes) 方法中，根据雇员类型确定调用对应的领域服务即可：

```java
public class PayrollCalculator {
    @Autowired
    private HourlyEmployeePayrollCalculator hourlyCalculator;
    @Autowired
    private SalariedEmployeePayrollCalculator salariedCalculator;
    @Autowired
    private CommissionedEmployeePayrollCalculator commissionedCalculator;
    public List<Payroll> calculate(List<EmployeeType> employeeTypes) {
        List<Payroll> payrolls = new ArrayList<>();
        for (EmployeeType empType in employeeTypes) {
            if (empType.isHourlyEmployee()) {
                payrolls.addAll(hourlyCalculator.calculate());
            }
            if (empType.isSalariedEmployee()) {
                payrolls.addAll(salariedCalculator.calculate());
            }
            if (empType.isCommissionedEmployee()) {
                payrolls.addAll(commissionedCalculator.calculate());
            }
        }
        return payrolls;
    }
}
```

上述实现并未采用多态类保证代码的可扩展性，然而，参与协作的每个角色构造型履行的职责却是单一而清晰的。

注意以下 3 个任务：

❑ 获取钟点工雇员与工作时间卡；

❑ 获取月薪雇员与考勤记录；

❑ 获取销售雇员与销售凭条。

在序列图脚本中，每个雇员聚合对应的资源库负责获取雇员及雇员的相关信息。我们没有看到诸如 TimeCardRepository、AttendenceRepository 和 SalesReceiptRepository 等资源库，更无须关心如何获得工作时间卡、考勤记录和销售凭条。这就是**聚合的价值**。为了保证雇员的概念完整性，聚合根的资源库在操作聚合时，会获取整个聚合边界内的所有对象。由于聚合根拥有了各自边界的实体和值对象，就可以**自给自足**地履行薪资计算的职责了。上述脚本中的 employee.payroll()，即聚合根的领域行为。这就有效地避免了贫血模型！

17.3.4　薪资管理系统的领域实现建模

获得了与支付薪资有关的领域设计模型类图和序列图脚本后，领域实现建模就可以从业务服务的验收标准开始，编写测试用例，并按照测试驱动开发的节奏建立由测试代码和产品代码组成的领域实现模型。

测试驱动开发的方向是由内至外的，可以先选择业务服务任务树内部由聚合承担的原子任务，例如选择原子任务“根据雇员日薪计算薪资”。参考业务服务规约的验收标准，为其识别如下测试用例：

- ❑ 计算正常工作时长的钟点工薪资；
- ❑ 计算加班工作时长的钟点工薪资；
- ❑ 计算没有工作时间卡的钟点工薪资。

1．编写测试

目前还未实现这些测试用例。选择“计算正常工作时长的钟点工薪资”测试用例作为**新加功能**，为它编写一个刚好失败的测试。由于当前任务是一个原子任务，且HourlyEmployee聚合拥有计算薪资的信息，履行当前任务对应职责的角色构造型就是HourlyEmployee聚合。根据单元测试的命名规范，创建HourlyEmployeeTest测试类，编写测试：

```
public class HourlyEmployeeTest {
    @Test
    public void should_calculate_payroll_by_work_hours_in_a_week() {
    }
}
```

测试方法遵循Given-When-Then模式。考虑HourlyEmployee聚合的创建。由于钟点工每天都要提交工作时间卡，且其薪资按周结算，在创建HourlyEmployee聚合根实例时，需要传入工作时间卡的列表。当前测试用例只考虑正常工作时长，准备的工作时间卡皆为每天8小时。计算薪资的方法为payroll()，返回结果为薪资模型对象Payroll。验证时，需确保薪资的结算周期与薪资总额是正确的，故而编写的测试方法为：

```
public class HourlyEmployeeTest {
    @Test
    public void should_calculate_payroll_by_work_hours_in_a_week() {
        //given
        TimeCard timeCard1 = new TimeCard(LocalDate.of(2019, 9, 2), 8);
        TimeCard timeCard2 = new TimeCard(LocalDate.of(2019, 9, 3), 8);
        TimeCard timeCard3 = new TimeCard(LocalDate.of(2019, 9, 4), 8);
        TimeCard timeCard4 = new TimeCard(LocalDate.of(2019, 9, 5), 8);
        TimeCard timeCard5 = new TimeCard(LocalDate.of(2019, 9, 6), 8);

        List<TimeCard> timeCards = new ArrayList<>();
        timeCards.add(timeCard1);
        timeCards.add(timeCard2);
        timeCards.add(timeCard3);
```

17

```
            timeCards.add(timeCard4);
            timeCards.add(timeCard5);

            HourlyEmployee hourlyEmployee = new HourlyEmployee(timeCards, Money.of(10000,
Currency.RMB));

            //when
            Payroll payroll = hourlyEmployee.payroll();

            //then
            assertThat(payroll).isNotNull();
            assertThat(payroll.beginDate()).isEqualTo(LocalDate.of(2019, 9, 2));
            assertThat(payroll.endDate()).isEqualTo(LocalDate.of(2019, 9, 6));
            assertThat(payroll.amount()).isEqualTo(Money.of(400000, Currency.RMB));
        }
    }
```

　　测试方法名清晰地描述了"计算正常工作时长的钟点工薪资"测试用例这个新加功能，验证时，也只考虑正常工作时长的计算规则。让测试通过编译之后，运行测试，失败，如图17-17所示。

图17-17　运行当前测试失败的结果

2. 快速实现

　　实现payroll()方法时，应仅提供满足当前测试用例预期的快速实现。以当前测试方法为例，要计算钟点工的薪资，除了需要它提供的工作时间卡，还需要钟点工的时薪，至于HourlyEmployee的其他属性，暂时可不用考虑。当前测试方法没有要求验证工作时间卡的有效性，在实现时，亦不必验证传入的工作时间卡是否符合要求，只需确保为测试方法准备的数据是正确的即可。既然当前测试方法只针对正常工作时长计算薪资，就无须考虑加班的情况。实现代码为：

```
public class HourlyEmployee {
    private List<TimeCard> timeCards;
    private Money salaryOfHour;

    public HourlyEmployee(List<TimeCard> timeCards, Money salaryOfHour) {
        this.timeCards = timeCards;
        this.salaryOfHour = salaryOfHour;
    }

    public Payroll payroll() {
        int totalHours = timeCards.stream()
            .map(tc -> tc.workHours())
            .reduce(0, (hours, total) -> hours + total);

        Collections.sort(timeCards);

        return new Payroll(timeCards.get(0).workDay(), timeCards.get(timeCards.size() -
```

```
1).workDay(), salaryOfHour.multiply(totalHours));
    }
}
```

快速实现的目的是避免过度设计。如果能一开始做出恰如其分的设计，也是可行的。例如，在上述实现代码中，需要将工作总小时数乘以Money类型的时薪，你当然可以实现为如下代码：

```
new Money(salaryOfHour.value() * totalHours, salaryOfHour.currency())
```

如果你已经熟悉**迪米特法则**（参见附录A），认识到以数据提供者形式进行对象协作的弊病，就会自然地想到应该在Money中定义multiply()方法，而非通过公开value和currency的get访问器让调用者完成乘法计算。我们直截了当实现如下代码，不必等着后面进行重构：

```
public class Money {
    private final long value;
    private final Currency currency;

    public static Money of(long value, Currency currency) {
        return new Money(value, currency);
    }

    private Money(long value, Currency currency) {
        this.value = value;
        this.currency = currency;
    }

    public Money multiply(int factor) {
        return new Money(value * factor, currency);
    }

    @Override
    public boolean equals(Object o) {
        if (this == o) return true;
        if (o == null || getClass() != o.getClass()) return false;
        Money money = (Money) o;
        return value == money.value &&
            currency == money.currency;
    }

    @Override
    public int hashCode() {
        return Objects.hash(value, currency);
    }
}
```

实现Money时，还重载了equals()和hashcode()方法，这是遵循领域驱动设计值对象的要求提供的，不能算作过度设计。

为了通过测试方法，我们定义并实现了HourlyEmployee、TimeCard和Payroll等领域模型对象。它们的定义都非常简单，即使你知道HourlyEmployee一定还有Id和name等基本的核心字段，也不必在现在就给出这些字段的定义。利用测试驱动开发来实现领域模型，重要的一点就是

17

用测试驱动出这些模型对象的定义。只要不遗漏业务服务和测试用例，就一定会有测试去覆盖这些领域逻辑。一次只做好一件事情即可。

现在测试通过了，其结果如图17-18所示。

图17-18　测试通过的结果

此时，先不要考虑重构或编写新的测试，而应提交代码。持续集成提倡团队成员进行频繁的原子提交，保证尽快将你的最新变更反馈到团队共享的代码库上，降低代码冲突的风险，同时也能为重构设定一个安全的回滚版本。

3. 代码重构

在新加功能之前，我们尝试发现产品代码与测试代码的坏味道。阅读代码，发现方法中的代码Collections.sort(timeCards)让人产生困惑：为什么需要对工作时间卡排序？显然，这行代码缺乏对业务逻辑的封装，直接将实现暴露出来了。排序是一种手段，目标是获得结算薪资的开始日期和结束日期。由于需要获得两个值，且这两个值代表了一个内聚的概念，故而可以定义一个内部概念Period。重构过程提取beginDate和endDate变量，定义Period内部类：

```java
public Payroll payroll() {
    int totalHours = timeCards.stream()
            .map(tc -> tc.workHours())
            .reduce(0, (hours, total) -> hours + total);

    Collections.sort(timeCards);

    LocalDate beginDate = timeCards.get(0).workDay();
    LocalDate endDate = timeCards.get(timeCards.size() - 1).workDay();
    Period settlementPeriod = new Period(beginDate, endDate);

    return new Payroll(settlementPeriod.beginDate, settlementPeriod.endDate,
                    salaryOfHour.multiply(totalHours));
}

private class Period {
    private LocalDate beginDate;
    private LocalDate endDate;

    Period(LocalDate beginDate, LocalDate endDate) {
        this.beginDate = beginDate;
        this.endDate = endDate;
    }
}
```

接下来，提取方法settlementPeriod()。该方法名直接体现获得结算周期的业务目标，并将包括排序在内的实现细节封装起来：

```
public Payroll payroll() {
    int totalHours = timeCards.stream()
            .map(tc -> tc.workHours())
            .reduce(0, (hours, total) -> hours + total);

    return new Payroll(
            settlementPeriod().beginDate,
            settlementPeriod().endDate,
            salaryOfHour.multiply(totalHours));
}

private Period settlementPeriod() {
    Collections.sort(timeCards);

    LocalDate beginDate = timeCards.get(0).workDay();
    LocalDate endDate = timeCards.get(timeCards.size() - 1).workDay();
    return new Period(beginDate, endDate);
}
```

测试代码同样需要重构。测试代码中对List<TimeCard>的创建无疑干扰了测试方法的主干逻辑，可以考虑将其封装为一个方法，测试的Given部分就会变得更干净：

```
public class HourlyEmployeeTest {
    @Test
    public void should_calculate_payroll_by_work_hours_in_a_week() {
        //given
        List<TimeCard> timeCards = createTimeCards();
        Money salaryOfHour = Money.of(10000, Currency.RMB);
        HourlyEmployee hourlyEmployee = new HourlyEmployee(timeCards, salaryOfHour);

        //when
        Payroll payroll = hourlyEmployee.payroll();

        //then
        assertThat(payroll).isNotNull();
        assertThat(payroll.beginDate()).isEqualTo(LocalDate.of(2019, 9, 2));
        assertThat(payroll.endDate()).isEqualTo(LocalDate.of(2019, 9, 6));
        assertThat(payroll.amount()).isEqualTo(Money.of(400000, Currency.RMB));
    }

    private List<TimeCard> createTimeCards() {
        TimeCard timeCard1 = new TimeCard(LocalDate.of(2019, 9, 2), 8);
        TimeCard timeCard2 = new TimeCard(LocalDate.of(2019, 9, 3), 8);
        TimeCard timeCard3 = new TimeCard(LocalDate.of(2019, 9, 4), 8);
        TimeCard timeCard4 = new TimeCard(LocalDate.of(2019, 9, 5), 8);
        TimeCard timeCard5 = new TimeCard(LocalDate.of(2019, 9, 6), 8);

        List<TimeCard> timeCards = new ArrayList<>();
        timeCards.add(timeCard1);
        timeCards.add(timeCard2);
        timeCards.add(timeCard3);
        timeCards.add(timeCard4);
        timeCards.add(timeCard5);
```

```
            return timeCards;
    }
}
```

重构需要小步前行，每次完成一步重构，都要运行测试，避免因为重构破坏现有的功能。

4．简单设计

遵循简单设计原则，可以防止我们做出过度设计。例如，实现"计算正常工作时长的钟点工薪资"测试用例时，通过重构提高了代码可读性之后，就可以暂时停止重构，开启编写新测试的旅程。遵循测试驱动开发三定律，我们为"计算加班工作时长的钟点工薪资"测试用例编写测试，实现产品代码。由于需提供超过8小时的工作时间卡，而原有方法采用了固定的8小时正常工作时间，为了测试代码的复用，可提取createTimeCards()方法的参数，允许向其传入不同的工作时长。新编写的测试如下所示：

```
@Test
public void should_calculate_payroll_by_work_hours_with_overtime_in_a_week() {
    //given
    List<TimeCard> timeCards = createTimeCards(9, 7, 10, 10, 8);
    Money salaryOfHour = Money.of(10000, Currency.RMB);
    HourlyEmployee hourlyEmployee = new HourlyEmployee(timeCards, salaryOfHour);

    //when
    Payroll payroll = hourlyEmployee.payroll();

    //then
    assertThat(payroll).isNotNull();
    assertThat(payroll.beginDate()).isEqualTo(LocalDate.of(2019, 9, 2));
    assertThat(payroll.endDate()).isEqualTo(LocalDate.of(2019, 9, 6));
    assertThat(payroll.amount()).isEqualTo(Money.of(465000, Currency.RMB));
}
```

提供的工作时间卡包含了加班、正常工作时间和低于正常工作时间3种情况，综合计算钟点工的薪资。

按照业务规则，加班时间的报酬会按照正常报酬的1.5倍进行支付，这就需要支持Money与1.5之间的乘法。在最初定义的Money类中，使用long类型来代表面值，并以分作为货币单位，原本的multiply()方法支持的因数为int类型，不满足现有需求。为保证薪资的精确计算，应修改Money类的定义，改为使用BigDecimal类型。新的测试对原有产品代码提出了新的要求，需要暂时搁置对新测试的实现，对已有产品代码按照新的需求进行调整，修改Money类的定义，并在修改后运行已有的所有测试，确保这一修改并未破坏原有测试。接下来，实现刚才编写的新测试：

```
public Payroll payroll() {
    int regularHours = timeCards.stream()
            .map(tc -> tc.workHours() > 8 ? 8 : tc.workHours())
            .reduce(0, (hours, total) -> hours + total);

    int overtimeHours = timeCards.stream()
            .filter(tc -> tc.workHours() > 8)
```

```
        .map(tc -> tc.workHours() - 8)
        .reduce(0, (hours, total) -> hours + total);

Money regularSalary = salaryOfHour.multiply(regularHours);
// 修改了multiply()方法的定义，支持double类型
Money overtimeSalary = salaryOfHour.multiply(1.5).multiply(overtimeHours);
Money totalSalary = regularSalary.add(overtimeSalary);

return new Payroll(
        settlementPeriod().beginDate,
        settlementPeriod().endDate,
        totalSalary);
}
```

按照**简单设计原则**尝试消除重复，提高代码可读性。首先，可以提取8和1.5这样的常量，对代码作微量调整。阅读实现代码对`filter`与`map`函数的调用，发现函数接收的Lambda表达式操作的数据皆为`TimeCard`类所拥有。遵循"信息专家模式"，做到让对象之间通过行为进行协作，避免协作对象成为数据提供者，需将表达式提取为方法，然后将它们转移到`TimeCard`类：

```java
public class TimeCard implements Comparable<TimeCard> {
    private static final int MAXIMUM_REGULAR_HOURS = 8;
    private LocalDate workDay;
    private int workHours;

    public TimeCard(LocalDate workDay, int workHours) {
        this.workDay = workDay;
        this.workHours = workHours;
    }

    public int workHours() {
        return this.workHours;
    }

    public LocalDate workDay() {
        return this.workDay;
    }

    public boolean isOvertime() {
        return workHours() > MAXIMUM_REGULAR_HOURS;
    }

    public int getOvertimeWorkHours() {
        return workHours() - MAXIMUM_REGULAR_HOURS;
    }

    public int getRegularWorkHours() {
        return isOvertime() ? MAXIMUM_REGULAR_HOURS : workHours();
    }
}
```

这一重构说明，只要时刻注意对象之间正确的协作模式，就能在一定程度避免贫血模型。不用刻意追求为领域对象分配领域行为，通过识别代码坏味道，遵循面向对象设计原则就能逐步改进

代码。重构后的payroll()方法实现为:

```java
public Payroll payroll() {
    int regularHours = timeCards.stream()
            .map(TimeCard::getRegularWorkHours)
            .reduce(0, (hours, total) -> hours + total);

    int overtimeHours = timeCards.stream()
            .filter(TimeCard::isOvertime)
            .map(TimeCard::getOvertimeWorkHours)
            .reduce(0, (hours, total) -> hours + total);

    Money regularSalary = salaryOfHour.multiply(regularHours);
    Money overtimeSalary = salaryOfHour.multiply(OVERTIME_FACTOR).multiply(overtimeHours);
    Money totalSalary = regularSalary.add(overtimeSalary);

    return new Payroll(
            settlementPeriod().beginDate,
            settlementPeriod().endDate,
            totalSalary);
}
```

目前的方法暴露了太多细节,缺乏足够的层次,无法清晰表达方法的执行步骤:先计算正常工作小时数的薪资,再计算加班小时数的薪资,即可得到该钟点工最终要发放的薪资。仍然祭出重构手法,一个简单的**提取方法**就能达到目的。提取出来的方法既隐藏了细节,又使得主方法清晰地体现了业务步骤:

```java
public Payroll payroll() {
    Money regularSalary = calculateRegularSalary();
    Money overtimeSalary = calculateOvertimeSalary();
    Money totalSalary = regularSalary.add(overtimeSalary);

    return new Payroll(
            settlementPeriod().beginDate,
            settlementPeriod().endDate,
            totalSalary);
}
```

提取方法非常有效。通过确定一个方法的高层目标,就可以识别和提取出无关的子问题域,让方法的职责变得更加单一、代码的层次更加清晰。方法在代码层次是一种非常有效的封装机制,可以让细节不再直接暴露。只要提取出来的方法拥有一个"不言自明"的好名称,代码就能变得更加可读。

接着编写第三个测试用例:计算没有工作时间卡的钟点工薪资。

在考虑该测试用例的测试方法编写时,**发现一个问题**:如何获得薪资的结算周期?之前的实现通过提交的工作时间卡来获得结算周期,如果钟点工根本没有提交工作时间卡,意味着该钟点工的薪资为0,但并不等于没有薪资结算周期。事实上,如果提交的工作时间卡存在缺失,也会导致获取薪资结算周期出错。以此而论,即可发现确定薪资结算周期的职责不应该由HourlyEmployee

聚合承担，它也不具备该知识。然而，`payroll()`方法返回的`Payroll`对象又需要结算周期，该对象属于第15章提到的**聚合的未知数据**，应由外部传入，以此来**保证聚合的自给自足**，无须访问任何外部资源。因此，在编写新测试之前，还需要先修改已有代码：

```
public Payroll payroll(Period settlementPeriod) {
    Money regularSalary = calculateRegularSalary();
    Money overtimeSalary = calculateOvertimeSalary();
    Money totalSalary = regularSalary.add(overtimeSalary);

    return new Payroll(
            settlementPeriod.beginDate(),
            settlementPeriod.endDate(),
            totalSalary);
}
```

这时，之前重构的`settlementPeriod()`方法就没有存在的必要，就该果断删除，保证代码的简单。

我们看到，这里对`settlementPeriod()`方法的重构帮助我们找到了`Period`类。它代表了"结算周期"这一领域概念。为了保证领域模型的一致性，通过领域实现建模发现的领域概念需要即刻同步到之前获得的领域模型中。

17

第五篇
融　合

　　融合，就是将战略和战术合而为一。为了让软件运行起来，还需要考虑领域逻辑与技术实现的融合，即领域层与网关层的融合。

　　在战略层次，需在领域驱动架构风格的约束和指导下考虑限界上下文之间的协作，思考并决策限界上下文的通信边界，指导从单体架构向微服务架构的演进。同时，因为进程间通信引起的诸多影响，需要评估分布式通信、事务和受技术因素驱动的命令查询职责分离模式是否对领域模型造成了影响。

　　事实证明，遵循领域驱动架构风格的系统完全满足架构演进的要求。只需要付出少量修改成本，即可使其支持单体架构、SOA、微服务架构和事件驱动架构，同时还满足领域模型的稳定性。

　　在战术层次，建立设计概念的统一语言，避免团队在领域建模时因概念理解的偏差出现设计的不一致，甚至做出有违领域驱动设计理念的错误决策。还需要考虑通过领域模型驱动设计获得的领域模型如何与持久化机制结合，解决对象关系映射的阻抗不匹配问题，以更加优雅的方式实现资源库，保证作为端口的资源库实现不会侵入领域模型，破坏领域的纯粹性。

　　无论战略、战术，还是二者的融合，都需要在领域驱动设计体系下进行。为了更好地理解领域驱动设计，我根据个人的设计经验提炼出**领域驱动设计的精髓**。面向期望引入和实践领域驱动设计的开发团队，我总结了领域驱动设计的**能力评估模型**。我还根据领域驱动设计统一过程给出了具有可操作性的**领域驱动设计参考过程模型**。该参考过程模型将方法、过程、模式有机地融合起来，并为实践领域驱动设计的团队给出了行之有效的指导意见。

第**18**章

领域驱动设计的战略考量

> 在战略上，最漫长的迂回道路，常常是达到目的的最短途径。
>
> ——利德尔·哈特，《间接路线战略》

领域驱动统一过程的架构映射阶段对应解空间的战略设计，领域建模阶段对应解空间的战术设计。二者位于不同的设计层次，彼此之间又相互影响。在考虑战略设计与战术设计的融合时，有必要梳理对战术设计产生深远影响的战略设计问题。我将其称为**领域驱动设计的战略考量**。

18.1 限界上下文与微服务

限界上下文对整个目标系统进行了纵向的业务能力切分，在限界上下文内部构成了自己的架构体系，是为**菱形对称架构**。虽然我强调了限界上下文的自治性，但并未就限界上下文的边界本质加以详细说明，认为只要遵循限界上下文的设计要求，单体架构与微服务架构的逻辑架构是保持一致的。[①]到了具体的技术实现，需要确定限界上下文的物理边界，因为它会直接影响架构的设计与实现。限界上下文的物理边界，实际指的是通信边界，以**进程**为单位分为进程内与进程间两种。

18.1.1 进程内的通信边界

若限界上下文之间为进程内的通信方式，意味着它们的代码模型运行在同一个进程中，通过对象实例化的方式即可调用另一个限界上下文内部的对象。限界上下文的代码模型存在两种级别的设计方式。以Java为例，归纳如下。

- ❑ **命名空间级别**：通过命名空间进行界定，所有的限界上下文位于同一个工程模块（module），编译后生成一个JAR包。
- ❑ **工程模块级别**：在命名空间上是逻辑分离的，不同限界上下文属于同一个项目的不同模块，编译后生成各自的JAR包。

两种级别的代码模型仅仅存在编译期的差异，后者的解耦更加彻底，可以更好地应对变化对限界上下文的影响。例如，当限界上下文A的业务场景发生变更时，我们可以只修改和重编译限界上下文A对应的JAR包，其余JAR包并不受到影响。到了运行期，这两种方式就没有任何区别了，

---

① 注意，限界上下文纵向切分的逻辑边界包含了数据库，也就是说，数据库的数据模型要与领域模型保持一致的逻辑边界，虽然在物理上选择不同的架构风格，不同的数据表可能是同一个库，也可能是分库存储。这意味着，限界上下文逻辑边界在数据库层面的粒度控制以表为单位。

因为它们都运行在同一个Java虚拟机（Java Virtual Machine，JVM）中，当变化发生时，整个系统都需要重新启动和运行[①]。

如果所有限界上下文都运行在一个进程，当前架构就属于**单体架构**（monolithic architecture）。单体架构不一定是大泥球，也未必是糟糕设计的代名词，只要遵循限界上下文的边界（如严格遵循菱形对称架构）来定义代码模型，就能确保清晰的代码结构。由于限界上下文之间采用进程内通信，跨限界上下文之间的协作可通过下游的客户端端口直接调用上游的应用服务，无须跨进程通信，使得协作变得更加容易，也更加高效。

我们必须警惕复用带来的耦合。编写代码时，需要谨守限界上下文的边界，时刻注意不要越界，并确定限界上下文各自对外公开的接口，避免它们之间产生过多的依赖。**限界上下文之间的复用是业务能力的复用**，体现为设计，就是对北向网关远程服务或应用服务的复用。一旦需要将限界上下文调整为进程间的通信边界，这种重视边界控制的设计与实现能够更好地适应这种演进。

譬如在项目管理系统中，项目上下文与通知上下文之间的通信为进程内通信，当项目负责人将Sprint Backlog成功分配给团队成员之后，系统发送邮件通知该团队成员。分配职责由项目上下文的`SprintBacklogService`领域服务承担，发送通知的职责由通知上下文的`NotificationAppService`应用服务承担。考虑到未来限界上下文通信边界的变化，我们就不能在`SprintBacklogService`服务中直接实例化`NotificationAppService`对象，而是在项目上下文中定义南向网关的客户端端口`NotificationClient`，并由`NotificationClientAdapter`实现。`SprintBacklogService`服务依赖客户端端口，然后依赖注入适配器实现。协作过程如图18-1所示。

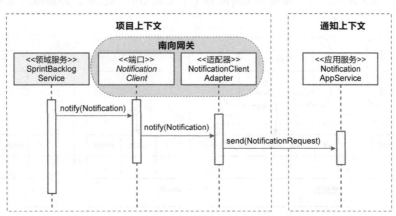

图18-1　项目上下文与通知上下文的进程内通信

一旦在未来需要将通知上下文演进为进程间的通信边界，该变动只会影响项目上下文的南向网关适配器，不影响其余内容。[②]

18

---

① 除非语言平台支持动态模块的加载与卸载。

② 即使将消息通知修改为事件通知的机制，需要调整的内容也仅仅是对端口的调用代码。

在限界上下文边界控制下的单体架构具有清晰的结构，各个限界上下文也遵循了自治原则。它面临的主要问题是无法对指定的限界上下文进行水平伸缩，也无法对指定限界上下文进行独立替换与升级。

18.1.2 进程间的通信边界

如果限界上下文的边界就是进程的边界，限界上下文之间的协作就必须采用分布式的通信方式。在物理上，限界上下文的代码模型与数据库是完全分开的，考虑协作时，因为数据库共享方式的不同，产生两种不同的风格：

❏ 数据库共享架构；

❏ 零共享架构。

1. 数据库共享架构

数据库共享架构是一种折中的手段。划分限界上下文时，可能出现一种状况：代码的运行是进程分离的，数据库却共享彼此的数据，即多个限界上下文共享同一个数据库。共享数据库可以更加便利地保证数据的一致性，这或许是该方案最有说服力的证据，但也可以视为对一致性约束的妥协。

不管在物理上是否共享数据库，限界上下文之间的逻辑边界仍然需要守护，不能让一个限界上下文越界访问另一个限界上下文的数据库。在针对某手机品牌开发的舆情分析系统中，危机查询服务提供对识别出来的危机进行查询。查询时，需要通过userId获得危机处理人、危机汇报人的详细信息。图18-2所示的设计就破坏了危机分析上下文的逻辑边界，绕开了用户上下文，直接访问了用户数据表。

要注意，即便用户数据表和危机数据表位于同一个数据库，按照限界上下文的要求，它们之间其实也存在一条无形的边界，需要遵循跨限界上下文调用的"纪律"，即形成对业务能力的复用，如图18-3所示。

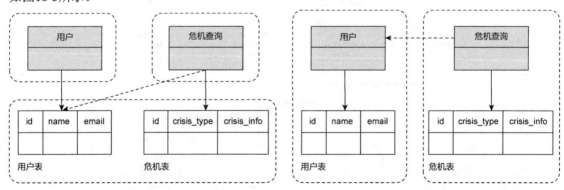

图18-2　危机上下文直接访问用户数据表　　　图18-3　舆情分析系统的两种设计

考虑到未来可能的演进，无论是单体架构，还是微服务的数据库共享风格，都需要一开始就**注意避免在分属两个限界上下文的表之间建立外键约束关系**。某些关系型数据库可能通过这种约束关系提供级联更新与删除的功能，这种功能反过来会影响代码的实现。一旦因为分库而去掉表之间的外键约束关系，需要修改的代码太多，就会导致演进的成本太高，甚至可能因为某种疏漏带来隐藏的bug。

数据库共享架构可能传递"反模式"的信号。当两个分处不同限界上下文的服务需要操作同一张数据表（这张表被称为"共享表"）时，意味着设计可能出现了错误。

- □ 遗漏了一个限界上下文，共享表对应的是一个被复用的服务：买家在查询商品时，商品服务会查询价格表中的当前价格，而在提交订单时，订单服务也会查询价格表中的价格，计算当前的订单总额。共享价格数据的原因是我们遗漏了价格上下文，引入价格服务就可以解除这种不必要的数据共享。
- □ 职责分配出现了问题，操作共享表的职责应该分配给已有的服务：舆情服务与危机服务都需要从邮件模板表中获取模板数据，然后调用邮件服务组合模板的内容发送邮件。实际上，从邮件模板表获取模板数据的职责应该分配给已有的邮件服务。
- □ 共享表对应两个限界上下文的不同概念：仓储上下文与订单上下文都需要访问共享的产品表，但实际上这两个限界上下文需要的产品信息并不相同，应该按照领域模型的知识语境分开为各自关心的产品建立数据表。

为什么会出现这3种错误的设计？**一个可能的原因在于我们没有遵循领域建模的要求，而直接对数据库进行了设计**，代码没有体现正确的领域模型，导致了数据库的耦合或共享。

2．零共享架构

如果限界上下文之间没有共享任何外部资源，整个架构就成为**零共享架构**。如前面介绍的舆情分析系统，在去掉危机查询对用户表的依赖后，同时将用户数据与危机数据分库存储，就演进为零共享架构。如图18-4所示，危机分析上下文的危机数据存储在Elasticsearch中，用户上下文的用户数据存储在MySQL中，实现了资源的完全分离。

这是一种限界上下文彻底独立的架构风格，保证了边界内的服务、基础设施乃至于存储资源、中间件等其他外部资源的独立性，形成自治的微服务，体现了微服务架构的特征：每个限界上下文都有自己的代码库、数据存储和开发团队，每个限界上下文选择的技术栈和语言平台也可以不同，限界上下文之间仅仅通过限定的通信协议进行通信。

独立运行的限界上下文实现了真正的自治，不仅每个限界上下文的内部代码能够做到独立演化，在技术选型上也可以结合自身的业务场景做出"恰如其分"的选择。譬如，危机分析上下文需要存储

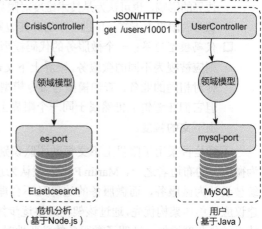

图18-4　舆情分析系统的零共享架构

大规模的非结构化数据，业务上需要支持对危机数据的高性能全文本搜索，故而选择了Elasticsearch作为持久化的数据库。考虑到开发的高效以及对JSON数据的支持，团队选择了Node.js作为后端开发框架。对于用户上下文，数据量小，结构规范，采用MySQL关系数据库的架构会更简单，并使用Java作为后台开发语言。二者之间唯一的耦合就是危机分析通过HTTP访问上游的用户服务，根据传入的userId获得用户的详细信息。

彻底分离的限界上下文变得小而专，使得我们可以很好地安排遵循2PTs规则的领域特性团队去治理它。然而，这种架构的复杂度也不可低估。限界上下文之间采用进程间通信，必然影响通信的效率与可靠性。数据库是完全分离的，一旦一个服务需要关联跨库之间的数据，就需要跨限界上下文去访问，无法享受数据库自身提供的关联福利。每个限界上下文都是分布式的，如何保证数据的一致性也是一件棘手的问题。当整个系统都被分解成一个个可以独立部署的限界上下文时，运维与监控的复杂度也随之而剧增。

18.1.3　限界上下文与微服务的关系

在架构映射阶段，我并未明确限界上下文的物理边界究竟是在进程内，还是在进程间。物理边界的确认并非业务角度的考虑，更多是从质量属性的角度依据分布式通信的优劣势而定。虽说在设计微服务架构时，领域驱动设计的限界上下文可以帮助团队更好地明确微服务的边界，但这却不能说明它们之间一定存在一对一的映射关系。

在确定限界上下文与微服务之间的关系时，需要考虑团队与代码的边界对它们的影响，包括团队边界和代码模型边界。

- ❑ 团队边界：遵循康威定律，需要控制交流成本，不能出现一个限界上下文由两个或多个团队共同承担的情况。微服务也当如此。如果不同微服务选择了不同的技术栈，团队的边界更需要与微服务对应。如此看来，**微服务的粒度要细于或等于限界上下文的粒度**，然而技术栈对微服务边界的影响，也可认为是技术维度对限界上下文边界的影响。由于技术栈选择，根据业务能力切分的限界上下文，可进一步切分其边界，此时，**微服务的边界等同于限界上下文的边界**。
- ❑ 代码模型边界：一个微服务的代码模型不能分别部署在两个不同的进程，如果分别部署了，则应被视为不同的微服务，限界上下文却未必如此。倘若一个限界上下文采用了CQRS模式，针对相同的业务，查询模型与命令模型可以部署到不同的进程，可以认为是不同的微服务，但它们在逻辑上仍然属于同一个限界上下文。如此看来，**微服务的粒度要细于或等于限界上下文的粒度**。

不管是否采用了限界上下文帮助团队识别微服务，对边界的确定总是无法做到一劳永逸。作为微服务的布道者之一，Martin Fowler就认为设计者无法一开始就确定稳定的微服务边界。一旦系统被设计为微服务，而微服务的边界又不合理，对它的重构难度就要远远大于单体架构。Fowler建议应该单体架构优先，通过该架构风格逐步探索系统的复杂度，确定限界上下文构成组件的边界，待系统复杂度增加，证明了微服务的必要性时，再考虑将这些限界上下文设计为独立的微服务。

一种审慎的做法是在无法明确微服务边界的合理性时，考虑将微服务的粒度设计得更粗一些，而在服务内部，通过限界上下文的边界对代码模型进行控制。微服务内部存在的多个限界上下文自然采用进程内通信，如此可降低微服务的管理成本，也避免了不必要的分布式通信成本。与数据库共享风格相似，这可以算是一种折中的服务设计模式。整个软件系统仍然由多个微服务组成，但每个微服务的粒度并不均衡，内部的限界上下文边界却又保留了继续拆分的可能性，增强了架构的演进能力。这可认为是混合了单体架构与微服务架构的混合架构风格，如图18-5所示。

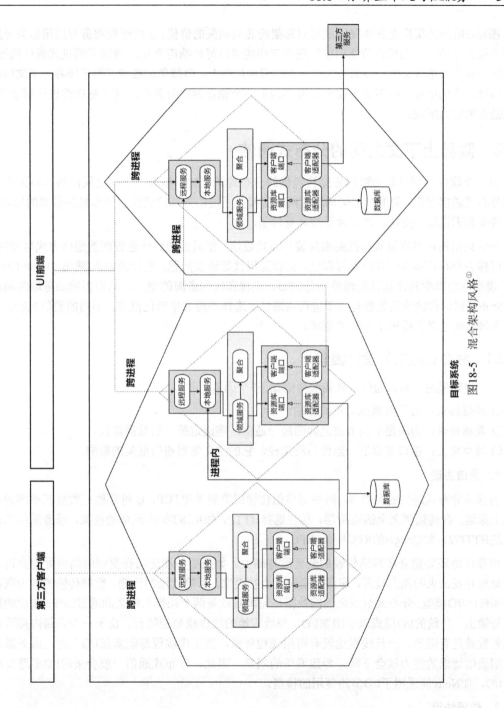

目标系统　图18-5　混合架构风格①

———
① 为了在图示中清晰阐明限界上下文与微服务之间的差异,本书以六边形代表微服务,菱形代表限界上下文。

18

图18-5所示的架构充分体现了菱形对称架构北向网关的价值。它的远程服务与应用服务分别适应不同的业务场景，松耦合的结构使得整个架构能够较好地响应变化，遵循了演进式设计的要求。在这样一种糅合单体架构与微服务架构的混合架构风格中，**微服务的粒度又粗于限界上下文的粒度**了。因此，我们很难为限界上下文和微服务确定一个稳定的映射关系，这正是软件设计棘手之处，却也是它的魅力所在。

18.2 限界上下文之间的分布式通信

当一个软件系统发展为微服务架构风格的分布式系统时，限界上下文之间的协作将采用进程间的分布式通信方式。菱形对称架构通过网关层减少了通信方式的变化对协作机制带来的影响。然而，若全然无视这种变化，就无疑是掩耳盗铃了。

无论采用何种编程模式与框架来封装分布式通信，都只能做到让进程间的通信方式尽量透明，却不可抹去分布式通信固有的不可靠性、传输延迟性等诸多问题，选择的输入/输出（Input/Output，I/O）模型也会影响到计算机资源特别是CPU、进程和线程资源的使用，从而影响服务端的响应能力。分布式通信传输的数据也有别于进程内通信。选择不同的序列化框架、不同的通信机制，对远程服务接口的定义也提出了不同的要求。

18.2.1 分布式通信的设计因素

一旦决定采用分布式通信，就需要考虑如下3个因素。

- ❏ 通信协议：用于数据或对象的传输。
- ❏ 数据协议：为满足不同节点之间的统一通信，需确定统一的数据协议。
- ❏ 接口定义：接口要满足一致性与稳定性，它的定义受到通信框架的影响。

1．通信协议

为保障分布式通信的可靠性，网络通信的传输层需要采用TCP，以可靠地把数据在不同的地址空间上搬运。在传输层之上的应用层，往往选择HTTP，如REST架构风格的框架，或者采用二进制协议的HTTP/2，如Google的RPC框架gRPC。

可靠传输还要建立在网络传输的低延迟基础上。如果服务端无法在更短时间内处理完请求，或者处理并发请求的能力较弱，服务器资源就会被阻塞，影响数据的传输。数据传输的能力取决于操作系统的**I/O模型**，分布式节点之间的数据传输本质就是两个操作系统之间通过socket实现的数据输入与输出。传统的I/O模式属于阻塞I/O，与线程池的线程模型相结合。由于一个系统内部可使用的线程数量是有限的，一旦线程池没有可用线程资源，当工作线程都阻塞在I/O上时，服务器响应客户端通信请求的能力就会下降，导致通信的阻塞。因此，分布式通信一般会采用I/O多路复用或异步I/O，如Netty就采用了I/O多路复用的模型。

2．数据协议

客户端与服务端的通信受到进程的限制，必须对通信的数据进行序列化和反序列化，实现对象与数据的转换。这就要求跨越进程传递的消息契约对象必须能够支持**序列化**。选择序列化框架需要关注以下内容。

- ❏ 编码格式：采用二进制还是字符串等可读的编码。
- ❏ 契约声明：基于接口定义语言（Interface Definition Language，IDL）如Protocol Buffers/Thrift，还是自描述如JSON、XML。
- ❏ 语言平台的中立性：如Java的Native Serialization只能用于JVM平台，Protocol Buffers可以跨各种语言和平台。
- ❏ 契约的兼容性：契约增加一个字段，旧版本的契约是否还可以反序列化成功。
- ❏ 与压缩算法的契合度：为了提高性能或支持大量数据的跨进程传输，需要结合各种压缩算法，例如 gzip、snappy。
- ❏ 性能：序列化和反序列化的时间，序列化后数据的字节大小，都会影响到序列化的性能。

常见的序列化协议包括Protocol Buffers、Avro、Thrift、XML、JSON、Kyro、Hessian等。序列化协议需要与不同的通信框架结合，例如REST框架选择的序列化协议通常为文本型的XML或JSON，使用HTTP/2协议的gRPC自然与Protocol Buffers结合。Dubbo可以选择多种组合形式，例如HTTP+JSON序列化、Netty+Dubbo序列化、Netty+Hession2序列化等。如果选择异步RPC的消息传递方式，只需发布者与订阅者遵循相同的序列化协议即可。若业务存在特殊性，甚至可以定义自己的事件消息协议规范。

3．接口定义

采用不同的分布式通信机制，对接口定义的要求也不相同，例如基于XML的Web Service与REST风格服务就采用了不同的接口定义。RPC框架对接口的约束要少一些，它是一种远程过程调用（Remote Procedure Call）协议，目的是封装底层的通信细节，使得开发人员能够以近乎本地通信的编程模式来实现分布式通信。从本质上讲，REST风格服务实则也是一种RPC，只是REST架构风格对REST风格服务的接口定义给出了设计约束。至于消息传递机制要求的接口，由于它引入消息队列（或消息代理）解除了发布者与订阅者之间的耦合，因此二者之间的接口是通过事件消息来定义的。

虽然不同的分布式通信机制对接口定义的要求不同，但设计原则却是相同的，即在保证服务的质量属性基础上，尽量解除客户端与服务端之间的耦合，同时保证接口版本升级的兼容性。

18.2.2　分布式通信机制

虽然有多种不同的分布式通信机制，但在微服务架构风格下，主要采用的分布式通信机制包括：

- ❏ REST；
- ❏ RPC；
- ❏ 消息传递。

它们也正好对应服务契约设计中定义的服务资源契约、服务行为契约和服务事件契约。我选择了Java社区最常用的Spring Boot+Spring Cloud、Dubbo和Kafka作为这3种通信机制的代表，分别讨论它们对领域驱动设计带来的影响。

18

1. REST

遵循REST架构风格的服务即REST风格服务，通常采用HTTP+JSON序列化实现数据的进程间传输。服务的接口往往是无状态的，要求通过统一的接口来对资源执行各种操作。正因如此，远程服务的接口定义实则可以分为两个层面。其一是远程服务类的方法定义，除了方法的参数与返回值必须支持序列化，REST框架对方法的定义几乎没有任何限制。其二是REST风格服务的接口定义，在Spring Boot中就是使用@RequestMapping注解指定URI以及HTTP动词。

客户端在调用REST风格服务时，需要指定URI、HTTP动词以及请求/响应消息。通过请求直接传递的参数映射为@RequestParam，通过URI模板传递的参数映射为@PathVariable。遵循REST风格服务定义规范，一般建议参数通过URI模板传递，例如orderld参数：

```
GET /orders/{orderId}
```

对应的REST风格服务定义为：

```
package com.dddexplained.ecommerce.ordercontext.northbound.remote.resource;

@RestController
@RequestMapping(value="/orders")
public class OrderResource {
    @RequestMapping(value="/{orderId}", method=RequestMethod.GET)
    public OrderResponse orderOf(@PathVariable String orderId) {    }
}
```

采用以上方式定义服务接口时，参数往往定义为语言基本类型的集合。若要传递自定义的请求对象，就要使用@RequestBody注解，HTTP动词需要使用POST、PUT或DELETE。

通过REST风格服务传递的消息契约对象需要支持序列化。实现时，取决于服务设置的Content-Type类型确定为哪一种序列化协议。多数REST风格服务会选择简单的JSON协议。

下游限界上下文若要调用上游的REST风格服务，需通过REST风格客户端发起跨进程调用。在Spring Boot中，可通过RestTemplate发起对远程服务的调用：

```
package com.dddexplained.ecommerce.ordercontext.southbound.adapter.client;

public class InventoryClientAdapter implements InventoryClient {
    // 使用REST客户端
    private RestTemplate restTemplate;

    public boolean isAvailable(Order order) {
        // 自定义请求消息对象
        CheckingInventoryRequest request = new CheckingInventoryRequest();
        for (OrderItem orderItem : order.items()) {
            request.add(orderItem.productId(), orderItem.quantity());
        }
        // 自定义响应消息对象
        InventoryResponse response = restTemplate.postForObject("http://inventory-service/
inventories/order", request, InventoryResponse.class);
        return response.hasError() ? false : true;
    }
}
```

订单上下文作为下游，调用了库存上下文的远程REST风格服务：

```
package com.dddexplained.ecommerce.inventorycontext.northbound.remote.resource;

@RestController
@RequestMapping(value="/inventories")
public class InventoryResource {
    @RequestMapping(value="/order", method=RequestMethod.POST)
    public InventoryResponse checkInventory(@RequestBody CheckingInventoryRequest
inventoryRequest) {}
}
```

由于采用了分布式通信，位于订单上下文南向网关的适配器实现并不能复用库存上下文的消息契约对象CheckingInventoryRequest和InventoryResponse，需要在当前上下文的南向网关中自行定义。

调用远程REST风格服务的客户端适配器也可以使用Spring Cloud Feign进行简化。在订单上下文，只需要给客户端端口标记@FeignClient等注解即可，如：

```
package com.dddexplained.ecommerce.ordercontext.southbound.port.client;

@FeignClient("inventory-service")
public interface InventoryClient {
    @RequestMapping(value = "/inventories/order", method = RequestMethod.POST)
    InventoryResponse isAvailable(@RequestBody CheckingInventoryRequest inventoryRequest);
}
```

这意味着客户端适配器的实现交给了Feign框架，省了不少开发工作。不过，@FeignClient注解也为客户端端口引入了对Feign框架的依赖，从整洁架构思想来看，难免显得美中不足。不仅如此，Feign接口除了不强制规定方法名，接口方法的输入参数与返回值必须与上游远程服务的接口方法保持一致。一旦上游远程服务的接口定义发生了变更，就会影响到下游客户端，这实际上削弱了南向网关引入端口的价值。

2. RPC

RPC是一种技术思想，即为远程调用提供一种类本地化的编程模式，封装网络通信和寻址，实现一种位置上的透明性。因此，RPC并不限于传输层的网络协议，但为了数据传输的可靠性，通常采用的还是TCP。

RPC经历了漫长的历史发展与演变，从最初的远程过程调用，到公共对象请求代理体系结构（common object request broker architecture，cORBA）提出的分布式对象（distributed object）技术，微软基于组件对象模型（component object model，COM）推出的分布式COM（distributed COM，DCOM），再到后来的.NET Remoting以及分布式通信的集大成框架Windows Communication Foundation（WCF），从Java的远程方法调用（remote method invocation，RMI）到企业级的分布式架构Enterprise JavaBeans（EJB）……随着网络通信技术的逐渐成熟，RPC从简单到复杂，然后又由复杂回归本质，开始关注分布式通信与高效简约的序列化机制，这一设计思想的代表就是Google推出的gRPC+ Protocol Buffers。

随着微服务架构变得越来越流行，RPC的重要价值又再度得到体现。许多开发人员发现REST

18

风格服务在分布式通信方面无法满足高并发低延迟的需求，HTTP/1.0的连接协议存在许多限制，以JSON为主的序列化既低效又冗长，这就为RPC带来了新的机会。阿里的Dubbo就将RPC框架与微服务技术融合起来，既满足了面向接口的远程方法调用，实现分布式通信的智能容错与负载均衡，又实现了服务的自动注册和发现。这使得它成了限界上下文分布式通信的一种主要选择。

基于Dubbo定义的远程服务属于服务行为契约，远程服务作为服务行为的提供者，调用远程服务的客户端是服务行为的消费者，因此，它的设计思想不同于REST面向资源的设计。由于Dubbo采用的分布式通信本质上是一种远程方法调用（即通过远程对象代理"伪装"成本地调用）的形式，因而需要服务提供者遵循接口与实现分离的设计原则。分离出去的服务接口部署在客户端，作为调用远程代理的"外壳"，真正的服务实现则部署在服务端，并通过ZooKeeper或Consul等框架实现服务的注册。

Dubbo对服务的注册与发现依赖于Spring配置文件。框架对服务提供者接口的定义是无侵入式的，但接口的实现类必须添加Dubbo定义的@Service注解。例如，检查库存服务提供者的接口定义与普通的Java接口没有任何区别：

```
package com.dddexplained.ecommerce.inventorycontext.northbound.local.provider;

public interface InventoryProvider {
    InventoryResponse checkInventory(CheckingInventoryRequest inventoryRequest)
}
```

该接口的实现应与接口定义分开，放在不同的模块，定义为：

```
package com.dddexplained.ecommerce.inventorycontext.northbound.remote.provider;

@Service
public class InventoryProviderImpl implements InventoryProvider {
    public InventoryResponse checkInventory(CheckingInventoryRequest inventoryRequest) {}
}
```

接口与实现分离的设计遵循了Dubbo官方推荐的模块与分包原则：基于复用度分包，总是一起使用的放在同一包下，将接口和基类分成独立模块，大的实现也使用独立模块。这里所谓的基于复用度分包，按照领域驱动设计的原则，其实就是按照限界上下文进行分包。甚至可以说，领域驱动设计的限界上下文为Dubbo服务的划分提供了设计依据。

在Dubbo官方的服务化最佳实践中，给出了如下建议：

❑ 建议将服务接口、服务模型、服务异常等均放在API包中，因为服务模型和异常也是API的一部分；

❑ 服务接口尽可能粗粒度，每个服务方法应代表一个功能，而不是某功能的一个步骤，否则将面临分布式事务问题；

❑ 服务接口建议以业务场景为单位划分，并对相近业务做抽象，防止接口数量爆炸；

❑ 不建议使用过于抽象的通用接口，如Map query(Map)，这样的接口没有明确语义，会给后期维护带来不便；

❑ 每个接口都应定义版本号，为后续不兼容升级提供可能，如<dubbo:service interface="com.xxx.xxxService" version="1.0" />；

- ❑ 服务接口增加方法或服务模型增加字段，可向后兼容；删除方法或删除字段将不兼容，枚举类型新增字段也不兼容，需通过变更版本号升级；
- ❑ 如果是业务种类，以后明显会有类型增加，不建议用Enum，可以用String代替；
- ❑ 服务参数及返回值建议使用POJO对象，即通过setter、getter方法表示属性的对象；
- ❑ 服务参数及返回值不建议使用接口；
- ❑ 服务参数及返回值都必须是传值调用，而不能是传引用调用，消费方和提供方的参数或返回值引用并不是同一个，只是值相同，Dubbo不支持引用远程对象。

分析Dubbo服务的最佳实践，了解Dubbo框架自身对服务定义的限制，可以确定在领域驱动设计中使用Dubbo作为分布式通信机制的设计实践。

遵循服务驱动设计，一个业务服务正好对应远程服务和应用服务的一个方法，它的粒度与Dubbo服务的设计要求是一致的。远程服务和应用服务的参数定义为消息契约对象，通常定义为不依赖于任何框架的POJO对象[①]，这也符合Dubbo服务的要求。Dubbo服务的版本号定义在配置文件中，版本自身并不会影响服务定义。结合接口与实现分离原则与菱形对称架构，可以认为北向网关的应用服务就是Dubbo服务提供者的接口，对应的消息契约对象也定义在北向网关。远程服务则为Dubbo服务提供者的实现，依赖了Dubbo框架，如图18-6所示。

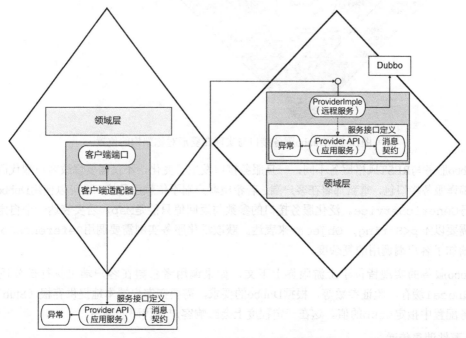

图18-6　Dubbo的客户端与服务端协作

客户端在调用Dubbo服务时，除了必要的配置与部署需求，与进程内通信的上下文协作没有任

---

① 准确地说，应定义为可序列化的Java Bean，具体区别参见第19章。

何区别，因为Dubbo服务接口与消息契约对象就部署在客户端，可以直接调用服务接口的方法。若有必要，仍然建议通过南向网关的端口调用Dubbo服务。

服务提供者的实现属于北向网关的远程服务，不仅实现了服务提供者的接口，还调用了应用服务。根据Dubbo框架的要求，服务提供者的接口与消息契约需要组成一个独立的模块，以便部署到客户端。这意味着应用服务与服务提供者接口需要放到不同的模块中，形成不同的JAR包，但在菱形对称架构的代码模型中，都放在`northbound.local`命名空间下。

比较服务资源契约，服务提供者的设计多引入了一层抽象和间接调用，但保证了菱形对称架构的一致性和对称性，如图18-7所示。

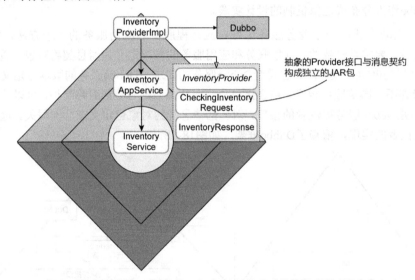

图18-7   Dubbo服务接口与实现在菱形对称架构的位置

Dubbo服务与REST风格服务不同，一旦服务接口发生了变化，不仅需要修改客户端代码，还需要重新编译服务接口包，重新部署在客户端。若希望客户端不依赖服务接口，可以使用Dubbo提供的泛化服务`GenericService`。泛化服务接口的参数与返回值只能是Map，若要表达一个自定义契约对象，需要以`Map<String, Object>`来表达。获取泛化服务实例需要调用`ReferenceConfig`，这无疑增加了客户端调用的复杂度。

Dubbo服务的实现皆位于上游限界上下文，如果调用者希望在客户端也执行部分逻辑，如`ThreadLocal`缓存、验证参数等，根据Dubbo的要求，需要在客户端本地提供存根（Stub）实现，并在服务配置中指定stub的值。这在一定程度上会影响客户端代码的编写。

3. 事件消息传递

REST风格服务在跨平台通信与接口一致性方面存在天然的优势。REST架构风格业已成熟，可以说是微服务通信的首选。然而，现阶段的REST风格服务主要采用了HTTP/1.0协议与JSON序列化，在数据传输性能方面表现欠佳。RPC服务解决了这一问题，但在跨平台与服务解耦方面又有着一定的技术约束。通过消息队列进行消息传递作为一种非阻塞跨平台异步通信机制，可以成为REST风格服务与RPC服务之外的有益补充。

如果将限界上下文之间传递的消息定义为事件，这种消息传递的分布式通信方式就形成了事件驱动架构风格。虽说事件驱动模型与事件驱动架构最为匹配，但只要定义好了应用事件，服务驱动设计中的远程服务、应用服务也可以实现分布式的消息传递，只是扮演的角色略有不同。

如果需要更加清晰地体现它们的职责，可以认为参与事件消息传递的关键角色包括：

❑ 事件发布者（event publisher）；
❑ 事件订阅者（event subscriber）；
❑ 事件处理器（event handler）。

这一命名遵循了发布者/订阅者模式。发布事件的限界上下文称为发布上下文，属于上游；订阅事件的限界上下文称为订阅上下文，属于下游。事件发布者定义在发布上下文，事件订阅者与事件处理器定义在订阅上下文。事件消息的传递通过事件总线完成，为了支持分布式通信，通常引入消息中间件实现事件总线，常用的消息中间件有RabbitMQ、Kafka等。由于事件消息的传递需要支持分布式通信，不管事件是应用事件还是领域事件，都需要支持序列化。

图18-8展示了两个限界上下文通过发布/订阅事件消息进行协作时，各个对象角色之间的关系。

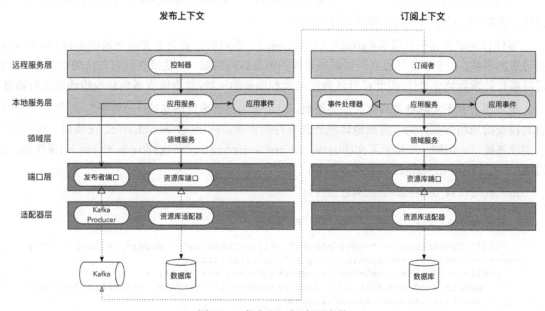

图18-8　发布和订阅应用事件

图18-8左侧为发布上下文，它的远程服务是满足前端UI请求的控制器，例如下订单用例，就是买家通过前端UI点击"下订单"按钮发起的服务调用请求。应用服务在收到远程服务委派过来的请求后，会调用领域服务执行对应的业务逻辑。执行完毕后，由应用服务调用注入的事件发布者适

配器，将事件消息发布到由Kafka实现的事件总线。图18-8右侧为订阅上下文，远程服务为订阅者。当它监听到Kafka收到的应用事件后，通过实现了事件处理器接口的应用服务消费事件消息，然后将请求委派给领域服务，完成相应的业务逻辑。

发布者端口定义为接口，与外部框架没有任何关系：

```
@Port(type=PortType.Publisher)
public interface EventPublisher<T extends Event> {
    void publish(String topic, T event);
}
```

它的实现作为南向网关的适配器，调用了Spring Kafka的API：

```
@Adapter(type=PortType.Publisher)
public class EventKafkaPublisher<T> implements EventPublisher<T> {
    @Autowired
     private KafkaTemplate<Object, Object> template;

    @Override
    public void publish(String topic, T event) {
        template.send(topic, event);
    }
}
```

应用服务和领域服务都可以通过依赖注入获得EventPublisher适配器，故而它的设计与其他位于南向网关的端口和适配器并无任何差异。

事件订阅者需要一直监听Kafka的主题（topic）。不同的订阅上下文需要监听不同的主题来获得对应的事件。由于事件订阅者需要调用具体的消息队列实现，一旦接收到它关注的事件后，需要通过事件处理器处理事件，因此可以认为它是远程服务的一种，负责接收事件总线传递的远程消息。

远程服务并不实际处理具体的业务逻辑，而是作为外部事件消息的"一传手"，在收到消息后，将其转交给应用服务。为了清晰地体现处理事件的含义，应定义EventHandler接口，应用服务会实现该接口。例如，通知上下文的OrderEventSubscriber在收到OrderPlaced事件后，通过调用OrderEventHandler处理该事件：

```
public class OrderEventSubscriber {
    @Autowired
    private OrderEventHandler eventHandler;

    @KafkaListener(id = "order-placed", clientIdPrefix = "order", topics = {"topic.e-
commerce.order"}, containerFactory = "containerFactory")
    public void subscribeOrderPlacedEvent(String eventData) {
        OrderPlaced orderPlaced = JSON.parseObject(eventData, OrderPlaced.class);
        eventHandler.handle(orderPlaced);
    }
}
```

事件处理器与应用服务的定义如下所示：

```
public interface OrderEventHandler {
    void handle(OrderPlaced orderPlacedEvent);
```

```
    void handle(OrderCompleted orderCompletedEvent);
}

public class NotificationAppService implements OrderEventHandler ...
```

整体来看，无论采用什么样的分布式通信机制，明确限界上下文网关层与领域层的边界仍然非常重要。不管是REST资源或控制器、服务提供者，还是事件订阅者，都是分布式通信的直接执行者。它们不应该知道领域模型的任何一点知识，故而也不应该干扰领域层的设计与实现。应用服务与远程服务接口保持相对一致的映射关系。对领域逻辑的调用都交给了应用服务，它扮演了外观的角色。分布式通信传递的消息契约对象，包括消息契约对象与领域模型对象之间的转换逻辑，都交给了外部的网关层，充分体现了菱形对称架构的价值。

18.3　命令查询职责的分离

命令与查询是否需要分离，这一设计决策会对系统架构、限界上下文乃至领域模型产生直接影响。在领域驱动设计中，是否选择引入该模式是一个重要的战略考量。

在大多数领域场景中，针对领域模型对象的命令操作和查询操作具有不同的关注点，二者具有以下差异。

- 查询操作没有副作用，具有幂等性；命令操作会修改状态，其中新增操作若不加约束则不具有幂等性。
- 查询操作发起同步请求，需要实时返回查询结果，往往为阻塞式的请求/响应操作；命令操作可以发起异步请求，甚至可以不用返回结果，即采用非阻塞式的即发即忘操作。
- 查询结果往往需要面向UI表示层，命令操作只是引起状态的变更，无须呈现操作结果。
- 查询操作的频率要远远高于命令操作，领域复杂度又要低于命令操作。

既然命令操作与查询操作存在如此多的差异，采用一致的设计方案就无法更好地应对不同的客户端请求。按照领域驱动设计的原则，针对同一领域逻辑，原本应该建立一个统一的领域模型，但它可能无法同时满足具有复杂UI呈现与丰富领域逻辑的需求，无法同时满足具有同步实时与异步低延迟的需求。这时，就需要寻求改变，按照操作类型对领域模型进行划分，分别建立命令模型和查询模型，形成命令查询职责分离模式（command query responsibility segregation, CQRS）。

18.3.1　CQS模式

Bertrand Meyer认为："一个方法要么是执行某种动作的命令，要么是返回数据的查询，而不能两者皆是。换句话说，问题不应该对答案进行修改。更正式的解释是，一个方法只有在具有引用透明（referential transparent）时才能返回数据，此时该方法不会产生副作用。"这就是命令查询分离（command query separation, CQS）模式。

在代码层面，分离命令与查询的目的是隔离副作用。函数建模范式非常强调函数无副作用，要求定义为引用透明的纯函数。对象建模范式对方法定义虽没有这样严格的要求，但遵循CQS模式仍有一定的必要性。如果将其放在架构层面来考虑，命令操作与查询操作的分离不仅仅隔离了副作用，还承担了分离领域模型、响应不同调用者需求的职责。例如，当UI表示层需要获得极为丰富的查询模型时，通过严谨设计获得的聚合是否能够直接满足这一需求？如果希望执行高性能的查询请求，频繁映射关系表与对象的查询接口是否带来了太多不必要的间接转换成本？如果查询采用同步操作、命令采用异步操作，采用同一套领域模型是否能够很好地满足不同的执行请求？可以说，CQRS模式脱胎于CQS模式，是其在架构层面上的设计思想延续。

18.3.2 CQRS模式的架构

CQRS模式做出的革命性改变是将模型分为命令模型和查询模型。同时，根据命令操作的特性以及质量属性的要求，酌情考虑引入命令总线、事件总线和事件存储。遵循CQRS模式的架构如图18-9所示，图中的虚线框表示元素可选。

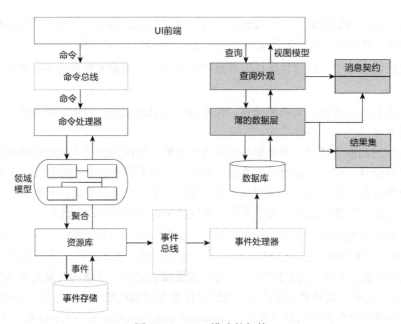

图18-9 CQRS模式的架构

在图18-9左侧，命令处理器操作的领域模型就是命令模型。如果没有采用事件溯源与事件存储，该领域模型与普通领域模型并无任何区别，仍然包括实体、值对象、领域服务、资源库和工厂，实体与值对象放在聚合边界内。若有必要还可以引入领域事件。

在图18-9右侧，查询操作面对查询模型，对应消息契约模型中的响应消息对象。响应消息对象并不属于领域模型，因为查询端要求查询操作干净利落、直截了当。为了减少不必要的对象转换，没有定义领域层，而是通过一个薄薄的数据层直接访问数据库。为了提高查询性能，还可以在数据库专门为查询操作建立对应的视图。查询返回的结果无须经过领域模型，直接转换为调用者需要的响应请求对象。

领域模型之所以需要为命令操作保留，是由命令操作具有的业务复杂度决定的。注意，虽然CQRS模式脱胎于CQS模式，但并不意味着其命令操作对应的方法都具有副作用，如薪资管理系统中HourlyEmployee类的payroll()方法会根据结算周期与工作时间卡执行薪资计算，只要输入的值是确定的，方法返回的结果也是确定的，满足了引用透明的规则。**换言之，如果没有采用事件建模范式，聚合中的实体与值对象、领域服务的设计并不受CQRS模式的影响。CQRS模式之所以划分命令操作与查询操作，实则是针对资源库进行的改良。**

资源库作为管理聚合生命周期的角色构造型，承担了增删改查的职责。CQRS模式要求分离命令操作和查询操作，相当于砍掉了资源库执行查询操作的职责。去掉查询操作后，命令操作执行的聚合又来自何处呢？难道还需要去求助专门的查询接口吗？其实不然，虽然命令模型的资源库不再提供查询方法，但根据聚合根实体的ID执行查询的方法仍然需要保留，否则就无从管理聚合的生命周期了，它的作用实则是加载一个聚合。命令模型的一个典型资源库接口应如下所示：

```
package …….commandmodel;

public interface {CommandModel}Repository {
    Optional<AggregateRoot> fromId(Identity aggregateId);
    void add(AggregateRoot aggregate);
    void update(AggregateRoot aggregate);
    void remove(AggregateRoot aggregate);
}
```

在命令端，除了需要将查询方法从资源库接口中分离出去，与领域驱动设计对领域模型的要求完全保持一致，在架构上，同样遵循菱形对称架构。查询端则不同，没有领域模型，而是直接通过北向网关的远程查询服务调用南向的DAO对象，获得的数据访问对象就是消息契约模型，也就是调用者希望获得的响应消息对象，甚至可以是UI前端需要的视图模型对象。本质上，查询端的架构遵循了弱化的菱形对称架构，即没有领域模型作为内核。建立的命令模型与查询模型如图18-10所示。

如图18-10所示，命令端与查询端位于同一个限界上下文，但采用了不同的分层架构。关键之处在于查询端无须领域模型，从而减少了不必要的抽象与间接，满足快速查询的业务需求。

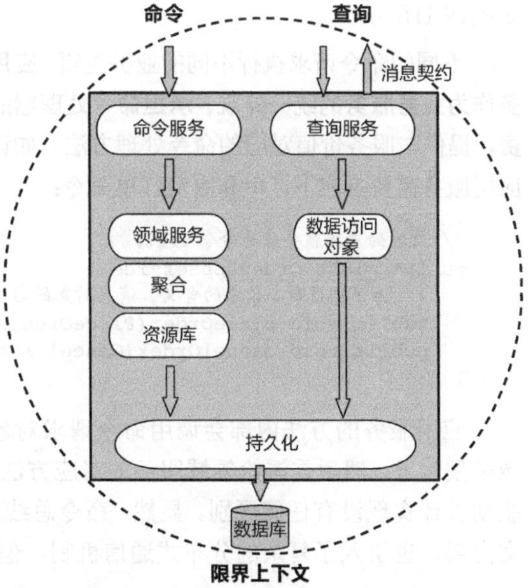

图18-10　命令模型与查询模型

18.3.3　命令总线的引入

如果命令请求需要执行较长时间，或者服务端需要承受高并发的压力，又无须实时获取执行命令的结果，就可以引入命令总线，将同步的命令请求改为异步方式，以有效利用分布式资源，提高系统的响应能力。

大型软件系统通常会使用消息队列作为命令总线。消息队列引入的异步通信机制，使得发送方和接收方都不用等待对方返回成功消息即可执行后续的代码，提高了数据处理的能力。尤其在访问量和数据流量较大的情况下，可结合消息队列与后台任务，避开高峰期对任务进行批量处理，有效降低数据库处理数据的负荷，同时也减轻了命令端的压力。

为保证命令端与查询端的一致性，可以将命令服务定义为北向网关的远程服务或应用服务。它的调用方式看起来和查询服务完全一样。实现时，命令服务相当于是命令请求的中转站，在接收到调用者的命令请求后，不做任何处理，立刻将命令消息转发给消息队列。命令处理器作为命令消息的订阅者，在收到命令消息后，调用领域模型对象执行对应的领域逻辑。如此一来，限界上下文的架构就会发生变化，接收命令请求的远程服务和命令处理器在逻辑上属于同一个限界上下文，但在物理上却部署在不同的服务器节点，如图18-11所示。

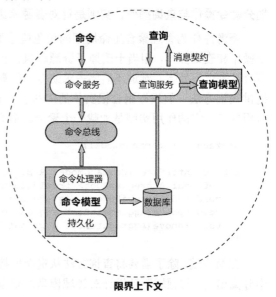

图18-11　引入命令总线的CQRS架构

不同的命令请求执行不同的业务逻辑，**应用服务作为业务服务的统一外观，承担命令处理器的职责**，提供与服务价值对应的命令处理方法。如订单应用服务需要响应下订单和取消订单命令：

```
// 此时的应用服务作为命令处理器
public class OrderAppService {
    // 为了体现命令请求的含义，消息对象的后缀统一为command
    public void placeOrder(PlaceOrderCommand placeOrderCommand) {}
    public void cancelOrder(CancelOrderCommand cancelOrderCommand) {}
}
```

应用服务的方法内部会调用命令请求对象或者装配器的转换方法，将命令请求对象转换为领域模型对象，然后委派给领域服务的对应方法。领域服务与聚合、资源库之间的协作和普通的领域驱动设计实现没有任何区别。显然，命令总线的引入增加了架构的复杂度，即使在同一个限界上下文内部，也引入了复杂的分布式通信机制，但提高了整个限界上下文的响应能力。

18.3.4　事件溯源模式的引入

多数命令操作都具有副作用。如果将聚合状态的变更视为一种事件，就可以将命令操作转换为一种纯函数：Command -> Event。这实际上就引入了事件溯源模式（参见附录B）。这一模式不仅改变了领域模型的建模方式，同时也改变了资源库的实现。通常，事件溯源模式需要与事件存储结合，因为资源库需要通过事件存储获得过去发生的事件，实现聚合的重建与更新操作。

不过，CQRS对事件溯源是有约束的。由于CQRS强调命令与查询分离，命令模型中的资源库不支持查询操作，而事件溯源模式本身也无法很好地支持对聚合的查询功能，因此需要命令端的资源库不仅要负责追加事件，还需要将聚合持久化到业务数据库，以满足查询端的查询请求。为了避免引入不必要的分布式事务，事件存储与业务数据应放在同一个数据库。

18.3.5 事件总线的引入

命令端与查询端可以进一步引入事件总线实现两端的完全独立。在做出这一技术决策之前，需要审慎地判断它的必要性。毫无疑问，事件总线的引入进一步增加了架构的复杂度。

首先，一旦引入事件总线，就需要调整命令端的建模方式，即采用事件建模范式。这种建模范式的建模核心为事件，它关注事件引起的状态迁移，改变了建模者观察真实世界的方式。这种迥异于对象建模范式的思想，并非每个团队都能熟练把握的。

其次，事件总线的作用是传递事件消息，然后由事件处理器订阅该事件消息，根据事件内容完成命令请求，操作业务数据库的数据。这意味着命令端的领域模型需采用事件溯源模式，且在存储事件的同时还需要发布事件。事件存储与业务数据位于消息队列的两端，属于不同的数据库，甚至可能选择不同类型的数据库。

最后，使用消息队列中间件担任事件总线，不可避免增加了分布式系统部署与管理的难度，通信也变得更加复杂。

价值呢？如果系统的并发访问量非常高，引入事件总线无疑可以改进每个服务器节点的响应能力，由于消息队列自身也能支持分布式部署，若能规划好事件发布与订阅的分区和主题设计，就能有效地分配和利用资源，满足不同业务场景的可扩展性需求。一些CQRS框架提供了对消息队列的支持，如Axon框架就允许使用者建立一个基于AMQP的事件总线，还可以使用消息代理对消息进行分配。

引入分布式事件总线的CQRS模式最为复杂，通常需要结合事件溯源模式。首先，客户端向命令服务发起请求，命令服务在接收到命令之后，将其作为消息发布到命令总线，如图18-12所示。

命令订阅者订阅了命令总线，一旦命令总线接收到了命令消息，就会调用命令处理器处理命令消息。命令模型的命令处理器其实就是位于北向网关的应用服务，或者说应用服务实现了命令处理器接口，将接收到的命令请求传递给领域服务，由领域服务负责协调聚合与资源库。由于模型采用了事件溯源模式，聚合承

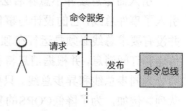

图18-12　发布命令消息

担了生成事件的职责。资源库表面看来是聚合的资源库，实际上完成的是领域事件的持久化。一旦领域事件被存储到事件存储中，作为应用服务的命令处理器就会将该领域事件发布到事件总线，如图18-13所示。

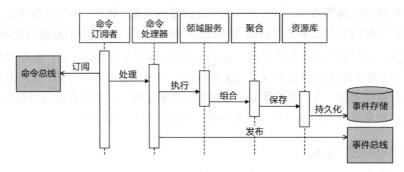

图18-13　处理命令消息并发布事件

在事件总线的客户端，事件订阅者负责监听事件总线，一旦接收到事件消息，就会将反序列化后的事件消息对象转发给事件处理器。由于事件处理器与命令处理器分属不同的进程，为了保证它们之间的独立性，传递的事件消息应采用**事件携带状态迁移**风格。事件自身携带了事件处理器需要的聚合数据，交由资源库完成对聚合的持久化，如图18-14所示。

事件总线发布侧的资源库负责持久化事件，事件总线订阅侧的资源库负责访问聚合数据库，完成对聚合内实体和值对象的持久化。

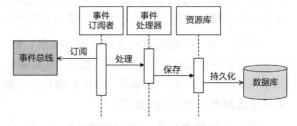

图18-14　处理事件并持久化聚合

CQRS模式的复杂度可繁可简，对于领域驱动设计的影响亦可大可小，但最根本的是它改变了查询模型的设计。这一设计思想其实与领域驱动设计核心子领域的识别相吻合，即如果领域模型不属于核心子领域，可以选择适合其领域特点的最简便方法。一个限界上下文可能属于核心子领域的范围，然而，由于查询逻辑并不牵涉到太多的领域规则与业务流程，更强调快速方便地获取数据，因此可以打破领域模型的设计约束。

引入命令总线并不意味着必须引入事件，它仅仅改变了命令请求的处理模式。一旦CQRS模式引入了事件总线，它的设计与事件溯源模式更为匹配，就能够更好地发挥事件的价值。注意，CQRS并没有要求总线必须是运行在独立进程中的中间件。在CQRS架构模式下，总线的职责就是发布、传递和订阅消息，并根据消息特征与角色的不同分为命令总线和事件总线，根据消息处理方式的不同分为同步总线和异步总线。只要能够履行这样的职责，并能高效地处理消息，不必一定使用消息队列。例如，为了降低CQRS的复杂度，我们也可以使用Guava或AKKA提供的Event Bus库，以本地方式实现命令消息和事件消息的传递（AKKA同时也支持分布式消息）。

完整引入命令总线与事件总线的CQRS模式存在较高的复杂度，在选择该解决方案时，需要慎之又慎，认真评估复杂度带来的成本与收益之比。同时，团队也需要明白CQRS模式对领域驱动设计带来的影响。

18.4 事务

虽说领域驱动设计专注于领域，然而，一旦领域逻辑融合了战略和战术，让领域逻辑代码真正能够跑起来，对外提供完整的业务能力，就必然绕不开对事务的处理。根据通信边界的不同，事务可以分为本地事务和分布式事务。

由聚合和限界上下文的特征可确定**同一个聚合和同一个限界上下文中的领域对象一定在同一个进程边界内**。然而，参与协作的聚合可能位于不同的限界上下文，它的通信边界可以是进程内或进程间。也可认为以进程为边界的限界上下文是微服务，在考虑事务处理时，需要考虑聚合、限界上下文和微服务之间的关系。极端情况下，一个聚合就是一个限界上下文，一个限界上下文就是一个微服务。当然，这种一对一的映射关系实属偶然，多数情况下，一个限界上下文可能包含多个聚合，一个微服务也可能包含多个限界上下文。反之，绝不允许一个聚合分散在不同的限界上下文，更不用说微服务了。

如图18-15所示，一个微服务对应一个限界上下文，每个限界上下文包含了两个聚合，每个聚合有其事务边界。同一进程中的聚合A与聚合B、聚合C与聚合D之间的协作可考虑采用本地事务，确保数据的强一致性；聚合B和聚合C的协作为跨进程通信，可考虑采用柔性事务保证数据的最终一致性。

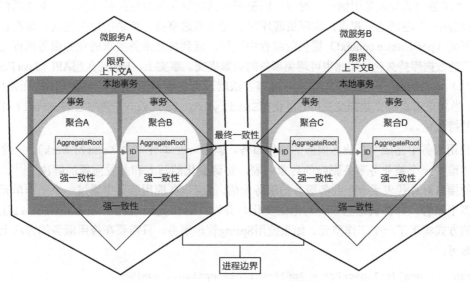

图18-15 微服务、限界上下文、聚合与事务

明确微服务、限界上下文、聚合与事务之间的关系后，我们就可以根据本地事务和分布式事务的技术特征分别对二者加以阐述。

18.4.1 本地事务

尽管事务是一种技术实现机制，却要从业务角度对事务提出功能需求。一个完整的业务服务必须考虑异常流程，尤其牵涉到对外部资源的操作，往往因为诸多偶发现象或不可预知的错误导致操作失败。事务就是用来确保一致性的技术手段。

由于角色构造型规定应用服务应体现业务服务的服务价值，即它作为业务服务的内外协调接口。同时，应用服务还应承担调用横切关注点的职责，事务作为一种横切关注点，将其放在应用服务才是合情合理的。Vaughn Vernon就认为："通常来说，我们将事务放在应用层中。常见的做法是为每一组相关用例创建一个外观（facade）。外观中的业务方法往往定义为粗粒度方法，常见的情况是每一个用例对应一个业务方法。业务方法对用例所需操作进行协调。调用外观中的一个业务方法时，该方法都将开始一个事务。同时，该业务方法将作为领域模型的客户端而存在。在所有的操作完成之后，外观中的业务方法将提交事务。在这个过程中，如果发生错误/异常，那么业务方法将对事务进行回滚。"[37]

Vaughn Vernon提到的用例就是我提到的业务服务。他还提到："要将对领域模型的修改添加到事务中，我们必须保证资源库实现与事务使用了相同的会话（session）或工作单元（unit of work）。这样，在领域层中发生的修改才能正确地提交到数据库中，或者回滚。"[37]

由此可见，我们应该**站在业务服务的角度去思考事务以及事务的范围**。ThoughtWorks的滕云就认为："事务应该与业务用例一一对应，而资源库其实只是聚合根的持久化，并不能匹配到某个独立的业务中。"遵循这一观点，实现资源库时就无须考虑事务。所谓的持久化其实是在自己的持久化上下文（persistence context）提供的缓存中进行，直到满足事务要求的业务服务执行完毕，再进行真正的数据库持久化，如此也可避免事务的频繁提交。事实上，Java持久层API（Java Persistence API，JPA）定义的`persist()`、`merge()`等方法就没有将数据即时提交到数据库，而是由JPA缓存起来，当真正需要提交数据变更时，再获得`EntityTransaction`并调用它的`commit()`方法进行真正的持久化。

在应用服务中完成一个业务服务的操作事务，就是一个工作单元（unit of work），一个工作单元负责"维护一个被业务事务影响的对象列表，协调变化的写入和并发问题的解决"[12]。既然应用服务的接口对外代表了一个业务服务的服务价值，就应该在应用服务中通过一个工作单元来维护一个或多个聚合，并协调这些聚合对象的变化与并发。Spring提供的`@Transactional`注解就是以AOP的方式实现了一个工作单元。如果使用Spring管理事务，只需要在应用服务的方法上添加事务注解即可：

```
@Transactional(rollbackFor = ApplicationException.class)
public class OrderAppService {
   @Service
   private OrderService orderService;

   public void placeOrder(PlacingOrderRequest request) {
      try {
         orderService.placeOrder(request.toOrder());
```

```
        } catch (DomainException ex) {
            ex.printStackTrace();
            logger.error(ex.getMessage());
            throw new ApplicationDomainException(ex.getMessage(), ex);
        } catch (Exception ex) {
            throw new ApplicationInfrastructureException("Infrastructure Error", ex);
        }
    }
}
```

即使OrderService调用的OrderRepository资源库没有实现事务，OrderAppService应用服务在实现下订单业务用例时，也可以通过@Transactional控制事务，真正提交订单到数据库，并扣减库存中商品的数量。若操作时抛出了Exception异常，就会执行回滚，避免订单、订单项和库存之间产生不一致的数据。

虽然要求在应用服务中实现事务，但它与资源库是否使用事务并不矛盾。事实上，许多ORM框架的原子操作已经支持了事务。例如，使用Spring Data JPA框架时，倘若聚合的资源库接口继承自CrudRepository接口，框架通过代理生成的实现调用了框架的SimpleJpaRepository类。它提供的save()与delete()等方法都标记了@Transacational标注：

```
@Repository
@Transactional(readOnly = true)
public class SimpleJpaRepository<T, ID> implements JpaRepositoryImplementation<T, ID> {
    @Transactional
    @Override
    public <S extends T> S save(S entity) {

        if (entityInformation.isNew(entity)) {
            em.persist(entity);
            return entity;
        } else {
            return em.merge(entity);
        }
    }

    @Transactional
    @SuppressWarnings("unchecked")
    public void delete(T entity) {
        Assert.notNull(entity, "Entity must not be null!");
        if (entityInformation.isNew(entity)) {
            return;
        }

        Class<?> type = ProxyUtils.getUserClass(entity);
        T existing = (T) em.find(type, entityInformation.getId(entity));

        // if the entity to be deleted doesn't exist, delete is a NOOP
        if (existing == null) {
            return;
        }
        em.remove(em.contains(entity) ? entity : em.merge(entity));
```

18

```
        }
    }
```

倘若资源库与应用服务都支持了事务，就必须满足约束条件：二者实现的事务使用相同的会话。例如，二者在实现事务时配置了相同的`EntityManager`或`TransactionManager`，就会产生多个事务方法的嵌套调用，其行为取决于设置的事务传播（propagation）值。例如，设置为`Propagation.Required`传播行为，就会在没有事务的情况下新建一个事务，在已有事务的情况下，加入当前事务。

有时候，一个应用服务需要调用另一个限界上下文提供的服务。倘若该限界上下文与当前限界上下文运行在同一个进程中，数据也持久化在同一个数据库中，即使在业务边界上分属两个不同的限界上下文，但在提供技术实现时也可实现为同一个本地事务。无论当前限界上下文对上游应用服务的调用是否使用了防腐层，只要保证它们的事务使用了相同的会话，就能保证事务的一致性。如果参与该本地事务范围的应用服务都配置了`@Transactional`，则保证各自限界上下文的事务配置保持一致即可，不会影响各自限界上下文的编程模型。

18.4.2　分布式事务

倘若限界上下文之间采用进程间通信，且遵循零共享架构，各个限界上下文访问自己专有的数据库，就会演变为微服务风格。微服务架构不能绕开的一个问题，就是如何处理分布式事务。如果微服务访问的资源支持X/A规范，可以采用诸如二阶段提交协议等分布式事务来保证数据的强一致性。当一个系统的并发访问量越来越大，分区的节点越来越多时，使用这样一种分布式事务去维护数据的强一致性，成本是非常昂贵的。

作为典型的分布式系统，微服务架构受到CAP平衡理论的制约。所谓的CAP就是一致性（consistency）、可用性（availability）和分区容错性（partition-tolerance）的英文首字母缩写。

- ❑ **一致性**：要求所有节点每次读操作都能保证获取到最新数据。
- ❑ **可用性**：要求无论任何故障产生后都能保证服务仍然可用。
- ❑ **分区容错性**：要求被分区的节点可以正常对外提供服务。

CAP平衡理论是Eric Brewer教授也在2000年提出的猜想，即"一致性、可用性和分区容错性三者无法在分布式系统中被同时满足，并且最多只能满足其中两个！"这一猜想在2002年得到Lynch等人的证明。由于分布式系统必然需要保证分区容忍性，在这一前提下，就只能在可用性与一致性二者之间取舍。要追求数据的强一致性，就得牺牲系统的可用性。

满足强一致性的分布式事务要解决的问题比本地事务复杂，因为它需要管理和协调所有分布式节点的事务资源，保证这些事务资源能够做到共同成功或者共同失败。为了实现这一目标，可以遵循X/Open组织为分布式事务处理制订的标准协议——X/A协议。遵循X/A协议的方案包括二阶段提交协议和基于它改进而来的三阶段提交协议。无论是哪一种协议，出发点都是在提交之前增加更多的准备阶段，使得参与事务的各个节点满足数据一致性的概率更高，但对外的表征其实与本地事务并无不同之处，都是成功则提交，失败则回滚。简而言之，满足ACID要求的本地事务与分布式事务可以抽象为相同的事务模型，区别仅在于具体的事务机制实现。当然，遵循X/A协议在实现分布式事务时，存在一个技术实现的约束：要求参与全局事务范围的资源必须支持X/A规范。许多主流的关系数据库、消息中间件都支持X/A规范，因此可以通过它实现跨数据库、消息中间件等资源的分布式事务。

　　由于事务与领域之间的交汇点集中在应用服务，若以横切关注点的方式调用事务，对本地事务和分布式事务的选择就是透明的，对领域模型的设计与实现并无影响。例如，Java Transaction API（JTA）作为遵循X/A协议的Java规范，屏蔽了底层事务资源以及事务资源的协作，以透明方式参与到事务处理中；Spring框架引入了`JtaTransactionManager`，可以通过编程方式或声明方式支持分布式事务。

　　以外卖系统的订单服务为例，下订单成功后，需要创建一个工单通知餐厅。下订单会操作订单数据库，创建工单会操作工单数据库，分别由`OrderRepository`与`TicketRepository`分别操作两个库的数据，二者必须保证数据的强一致性。如果使用Spring编程方式实现分布式事务，代码大致如下：

```
public class OrderAppService {
    @Resource(name = "springTransactionManager")
    private JtaTransactionManager txManager;
    @Autowired
    private OrderRepository orderRepo;
    @Autowired
    private TicketRepository ticketRepo;

    public void placeOrder(Order order) {
        UserTransaction transaction = txManager.getUserTransaction();
        try {
            transaction.begin();
            orderRepo.save(order);
            ticketRepo.save(createTicket(order));
            transaction.commit();
        } catch (Exception e) {
            try {
                transaction.rollback();
            } catch (IllegalStateException | SecurityException | SystemException ex) {
                logger.warn(ex.getMessage());
            }
        }
    }
}
```

　　显然，通过对`UserTransaction`实现分布式事务的方式与实现本地事务的方式如出一辙，都可以统一为工作单元模式。具体的差异在于配置的数据源与事务管理器不同。如果采用标注进行声明式编程，同样可以使用`@Transactional`标注，在编程实现上完全看不到本地事务与分布式事务的差异。

　　许多业务场景对数据一致性的要求并非不能妥协。这时，BASE理论就体现了另一种平衡思想的价值。BASE是基本可用（basically available）、软状态（soft-state）和最终一致性（eventually consistent）的英文缩写，是最终一致性的理论支撑。BASE理论放松了对数据一致性的要求，允许在一段时间内牺牲数据的一致性来换取分布式系统的基本可用，只要数据最终能够达到一致状态。

18

如果将满足数据强一致性（即ACID）要求的分布式事务称为**刚性事务**，则满足数据最终一致性的分布式事务称为**柔性事务**。

18.4.3　柔性事务

业界常用的柔性事务模式包括：

- ❏ 可靠事件模式；
- ❏ TCC模式；
- ❏ Saga模式。

接下来，我将探讨这些模式对领域驱动设计带来的影响。为了便于说明，我为这些模式选择了一个共同的业务场景：手机用户在营业厅使用信用卡充值话费。该业务场景牵涉到交易服务、支付服务和充值服务之间的跨进程通信。这3个服务是完全独立的微服务，且无法采用X/A分布式事务来满足数据一致性的需求。

1. 可靠事件模式

可靠事件模式结合了本地事务与可靠消息传递的特性。当前限界上下文的业务表与事件消息表位于同一个数据库，因此，本地事务就能保证业务数据更改与事件消息插入的强一致性。事件消息成功插入事件消息表后，再利用事件发布者轮询该事件消息表，向消息队列发布事件。利用消息队列传递消息的"至少一次"特性，保证该事件消息无论如何都会传递到消息队列，并被消息的订阅者成功订阅。只要保证事件处理器对该事件的处理是幂等的，就能保证执行操作的可靠性和正确性，最终达成数据的一致。

以话费充值业务场景为例，由交易服务发起支付操作，调用支付服务。支付服务在更新ACCOUNTS表账户余额的同时，还要将PaymentCompleted事件追加到属于同一数据库的EVENTS表。EventPublisher会定时轮询EVENTS表，获得新追加的事件后将其发布给消息队列。充值服务订阅PaymentCompleted事件，一旦收到该事件，就会执行充值服务的领域逻辑，更新FEES表。这个执行过程如图18-16所示。

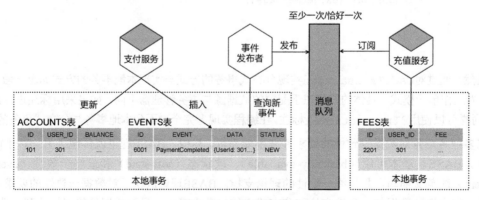

图18-16　可靠消息模式

　　充值服务在成功完成充值后更新话费，同时将`PhoneBillCharged`事件追加到充值数据库的EVENTS表中，然后由`EventPublisher`轮询EVENTS表并发布事件。交易服务会订阅`PhoneBillCharged`事件，然后添加一条新的交易记录到TRANSACTIONS数据表。该流程同样采用可靠事件模式。

　　在实现可靠事件模式时，领域事件是领域模型不可缺少的一部分。领域事件的持久化与聚合的持久化发生在一个本地事务范围内，为了保证它们的事务一致性，可以将该领域事件放在聚合边界内部，同时为聚合以及对应的资源库增加操作领域事件的功能，例如定义能够感知领域事件的聚合抽象类[①]：

```java
public abstract class DomainEventAwareAggregate {
    @JsonIgnore
    private final List<DomainEvent> events = newArrayList();

    protected void raiseEvent(DomainEvent event) {
        this.events.add(event);
    }

    void clearEvents() {
        this.events.clear();
    }

    List<DomainEvent> getEvents() {
        return Collections.unmodifiableList(events);
    }
}
```

定义资源库抽象类，使其能够在持久化聚合的同时持久化领域事件：

```java
public abstract class DomainEventAwareRepository<AR extends DomainEventAwareAggregate> {
    @Autowired
    private DomainEventDao eventDao;

    public void save(AR aggregate) {
        eventDao.insert(aggregate.getEvents());
        aggregate.clearEvents();
        doSave(aggregate);
    }

    protected abstract void doSave(AR aggregate);
}
```

　　应用服务调用南向网关的发布者端口发布事件消息。事件发布成功后，还要更新或删除事件表的记录，避免事件消息的重复发布。事件消息的订阅者作为订阅上下文的远程服务，通过调用消息队列的SDK实现对消息队列的监听。处理事件时，**需要保证处理逻辑的幂等性**，这样就可以规避因为事件重复发送对业务逻辑的影响。

[①] 参见滕云发表在ThoughtWorks洞见上的文章《后端开发实践系列——事件驱动架构（EDA）编码实践》。

整体看来，倘若采用可靠事件模式的柔性事务机制，对领域驱动设计的影响，就是**增加对事件消息的处理，包括事件的创建、存储、发布、订阅和删除**。显然，可靠事件模式要求限界上下文之间采用发布者-订阅者模式进行协作，同时，在发布者-订阅者模式的基础上，增加了本地事件表来保证事件消息的可靠性。

2. TCC模式

要保证数据的最终一致性，就必须考虑在失败情况下如何让不一致的数据状态恢复到一致状态。一种有效办法就是采用补偿机制。补偿与回滚不同。回滚在强一致的事务下，资源修改的操作并没有真正提交到事务资源上，变更的数据仅仅限于内存，一旦发生异常，执行回滚操作就是撤销内存中还未提交的操作。补偿则是对已经发生的事实做事后补救，由于数据已经发生了真正的变更，因而无法对数据进行撤销，而是执行相应的逆操作。例如插入了订单，逆操作就是删除订单，反过来也当如是。因此，采用补偿机制实现数据的最终一致性，就需要为每个修改状态的操作定义对应的逆操作。

采用补偿机制的柔性事务模式被称为**补偿模式**或**业务补偿模式**。该模式与可靠事件模式最大的不同在于，可靠事件模式的上游服务不依赖于下游服务的运行结果，一旦上游服务执行成功，就通过可靠的消息传递机制要求下游服务无论如何也要执行成功；补偿模式的上游服务会强依赖于下游服务，它需要根据下游服务执行的结果判断是否需要进行补偿。

在话费充值的业务场景中，支付服务为上游服务，充值服务为下游服务。在支付服务执行成功后，如果充值服务操作失败，就会导致数据不一致。这时，补偿机制就会要求上游服务执行事先定义好的逆操作，将银行账户中已经扣掉的金额重新退回。

如果进行补偿的逆操作迟迟没有执行，就会导致软状态的时间过长，使服务长期处于不一致状态。为了解决这一问题，需要引入一种特殊的补偿模式：TCC模式。

TCC模式根据业务角色的不同，将参与整个完整业务用例的分布式应用分为主业务服务和从业务服务。主业务服务负责发起流程，从业务服务执行具体的业务。业务行为被拆分为3个操作，即Try、Confirm和Cancel，这3个操作分属于准备阶段和提交阶段，其中提交阶段又分为Confirm阶段和Cancel阶段。

- ❑ Try阶段：准备阶段，对各个业务服务的资源做检测以及对资源进行锁定或者预留。
- ❑ Confirm阶段：提交阶段，各个业务服务执行的实际操作。
- ❑ Cancel阶段：提交阶段，如果任何一个业务服务的方法执行出错，就需要进行补偿，即释放Try阶段预留的资源。

与普通的补偿模式不同，Cancel阶段的操作更像回滚，但实际并非如此。Try阶段对资源的锁定与预留，并不像本地事务那样以同步方式对资源加锁，而是真正执行对资源进行更改的操作，只是在业务接口的设计上体现为对资源的锁定。阿里的觉生认为[①]："TCC模型的隔离性思想就是通过

---

① 参见觉生的文章《分布式事务Seata TCC模式深度解析》。

业务的改造，在第一阶段结束之后，从底层数据库资源层面的加锁过渡为上层业务层面的加锁，从而释放底层数据库锁资源，放宽分布式事务锁协议，将锁的粒度降到最细，以最大限度提高业务并发性能。"

什么意思呢？TCC模式的两个阶段并不在一个要求数据强一致性的事务范围内。为了保证并发访问，准备阶段在数据库层面会对要修改的目标进行锁定，然后预留业务资源，待业务服务执行完毕后，就可以释放数据库层面的资源锁。到了提交阶段，根据业务服务执行的结果做出动作：如果成功就使用预留资源，如果失败就释放预留资源。准备阶段与提交阶段形成了业务上的隔离。

以支付服务为例，若采用TCC模式，Try阶段一般不会直接扣除账户余额[①]，而会冻结金额。为此，需要为Account类增加一个frozenBalance字段。扣款发生时，需要锁定账户，检查账户余额，如果余额充足，就减少可用余额，同时增加冻结金额。注意，资源的锁定或预留仅限于对**需要扣减的资源**而言。相反地，例如充值服务是为账户增加话费余额，就无须调整话费资源的模型。

如果Try阶段成功锁定了资源，就进入Confirm阶段执行业务的实际操作。由于Try阶段已经做了业务检查，Confirm阶段的操作只需直接使用Try阶段锁定的业务资源（即扣除冻结金额）即可。如果Try阶段的操作执行失败，就进入Cancel阶段。这个阶段的操作需要释放Try阶段锁定的资源，即扣除冻结金额，同时增加可用余额。

为了应对TCC模式的这3个阶段，必须为支付服务的支付操作定义对应的操作，即对应的tryPay()、confirmPay()和cancelPay()方法。同理，既然TCC模式用于协调多个分布式服务，参与该模式的所有服务就都需要遵循模式划分的3个阶段。故而在话费充值业务场景中，充值服务也需要定义3个操作：tryCharge()、confirmCharge()和cancelCharge()。不同之处在于话费充值的tryCharge()操作无须锁定或预留资源。

TCC模式将参与主体分为发起方（即主业务服务）与参与方（即从业务服务）。发起方负责协调事务管理器和多个参与方，在启动事务之后，调用所有参与方的Try方法。当所有Try方法均执行成功时，由事务管理器调用每个参与方的Confirm方法。倘若任何一个参与方的Try方法执行失败，事务管理器就会调用每个参与方的Cancel方法完成补偿。以话费充值场景为例，交易服务为发起方，支付服务与充值服务为参与方，它们采用TCC模式的执行流程如图18-17所示。

TCC模式改变了参与方代表事务资源的领域模型，并对服务接口的定义做出了要求。一个领域模型若要作为TCC模式的事务资源，就需要定义相关属性，以支持对资源自身的锁定或预留。同时，作为参与方的每个业务服务接口都需要定义Try、Confirm和Cancel方法。实现这些方法时，还需要保证这些方法具有幂等性。

为了尽量避免TCC模式对领域模型产生影响，仍然需要遵循菱形对称架构，隔离内部的领域模型和属于外部网关层逻辑的TCC实现机制或框架。可以由北向网关的服务作为TCC模式发起方与参与方。例如，如果使用tcc-transaction框架实现Dubbo服务的TCC模式，在提供者服务的实现类中，

18

---

① TCC模式并未要求一定要冻结金额，也可以直接扣除余额。这同样可认为是预留资源，毕竟扣除了余额后，这个资源就不可再用了。增加冻结金额，无非是更加清晰地体现了可用余额是多少、冻结金额是多少。

Try方法需要通过@Compensable标注来指定Confirm方法和Cancel方法，如支付服务：

```
package com.dddexplained.phonebill.paymentcontext.northbound.remote.provider;

public class DebitCardPaymentProvider implements PaymentProvider {
    @Compensable(confirmMethod = "confirmPay", cancelMethod = "cancelPay", transaction
ContextEditor = DubboTransactionContextEditor.class)
    public void tryPay(PaymentRequest request) {}

    public void confirmPay(PaymentRequest request) {}

    public void cancelPay(PaymentRequest request) {}
}
```

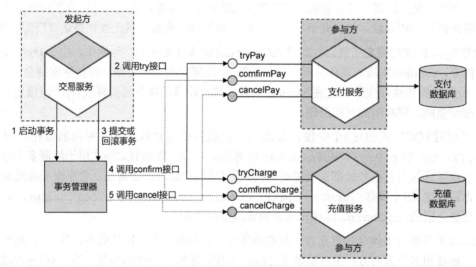

图18-17　TCC模式

根据Dubbo服务的要求，`DebitCardPaymentProvider`是远程服务，`PaymentProvider`才是应用服务。远程服务作为实现，会调用对应的领域服务完成对可用余额、冻结金额的增加与扣减。tcc-transaction框架要求`Provider`接口的Try方法必须标记@Compensable，意味着应用服务也依赖tcc-transaction框架：

```
package com.dddexplained.phonebill.paymentcontext.northbound.local.provider;

public interface PaymentProvider {
    @Compensable
    public void tryPay(PaymentRequest request) {}

    public void confirmPay(PaymentRequest request) {}

    public void cancelPay(PaymentRequest request) {}
}
```

我们一旦将TCC模式的实现尽量推到北向网关的服务，就能将它对领域模型的影响降到最低。TCC模式需要实现的3个方法，到了领域层，就是非常干净的领域逻辑，其实现与TCC模式无关。相较而言，为了实现资源锁定，引入的`frozenBalance`属性对领域逻辑的影响反而更大。但如果将冻结余额视为领域逻辑的一部分，在支付操作进行扣款时修改冻结余额的值，似乎也在情理之中。这属于`Account`聚合根实体需要定义的属性。

3．Saga模式

Saga模式又称作长时间运行事务（long-running-transaction），由普林斯顿大学的H. Garcia-Molina等人提出，可在没有两阶段提交的情况下解决分布式系统中复杂的业务事务问题。Saga模式认为："一个长事务应该被拆分为多个短事务进行事务之间的协调。"

对于微服务架构，一个完整的业务用例通常需要多个微服务协作。这时，讨论的焦点就不在于这个事务的执行时间长短，而在于该业务场景是否牵涉到多个分布式服务。在Saga模式的语境下，可以认为"一个Saga表示需要更新多个服务中数据的一个系统操作"。

Saga模式亦是一种补偿操作，但本质上与TCC模式不同。Saga模式没有Try阶段，不需要预留或冻结资源。从**参与Saga模式的微服务的视角看服务自己，就是一个本地服务，因此在执行它自己的方法时，就可以直接操作该服务内的事务资源**。这就可能导致一个本地服务操作成功、另一个本地服务操作失败的情况，造成数据的不一致。这时，就需要执行操作的**逆操作**来完成补偿。

根据微服务之间协作方式的不同，Saga模式也有两种不同的实现，Chris Richardson将其分别定义为协同式（choreography）和编排式（orchestrator）[61]。

- ❑ 协同式：把Saga的决策和执行顺序逻辑分布在Saga的每个参与方，它们通过交换事件的方式进行沟通。
- ❑ 编排式：把Saga的决策和执行顺序逻辑集中在一个Saga编排器类。Saga编排器发出命令式消息给各个Saga参与方，指示这些参与方服务完成具体操作（本地事务）。

协同式Saga的关键核心是**事务消息**与事件的**发布者-订阅者模式**。

所谓"事务消息"就是满足消息发送与本地事务执行的原子性问题。以本地数据库更新与消息发送为例，如果首先执行数据库更新，待执行成功后再发送消息，只要消息发送成功，就能保证事务的一致。但是，一旦消息发送不成功（包括经过多次重试），又该如何确保更新操作的回滚？如果首先发送消息，然后执行数据库更新，又会面临当数据库更新失败时该如何撤销业已发送的消息的难题。事务消息解决的就是这类问题。

Chris Richardson提出了事务消息的多个方案，如使用数据库表作为消息队列、事务日志拖尾（transaction log tailing）等[61]。在实际运用中，我们也可选择支持事务消息的消息队列中间件，如RocketMQ。

一旦满足事务消息的基本条件，协同式Saga模式中各个参与服务之间的通信就通过事件来完成，并能确保每个参与服务在本地是满足事务一致性的。与可靠事件模式不同的是，对于产生副作

18

用的业务操作，需要定义对应的补偿操作。在Saga模式中，事件的订阅顺序刚好对应正向流程与逆向流程，执行的操作也与之对应。

仍以话费充值为例。在正向流程中，支付服务执行的操作为pay()，完成支付后发布PaymentCompleted事件；充值服务订阅该事件，并在接收到该事件后，执行charge()操作，成功充值后发布PhoneBillCharged事件。而在逆向流程中，充值失败将发布PhoneBillChargeFailed事件，支付服务订阅该事件，一旦接收到，就需要执行rejectPay()补偿操作。

为减少Saga模式对领域模型的影响，参与Saga协同的服务应由应用服务来承担，因此，正向流程的操作与逆向流程的补偿操作都定义在应用服务中。由于领域模型需要支持各种业务场景，即使不考虑分布式事务，也当提供完整的领域行为。以支付服务为例，即使不考虑充值失败时执行的补偿操作，也需要在领域模型中提供支付与退款这两种领域行为。这两个行为实则是互逆的，它们的定义并不受分布式事务的影响。

编排式Saga需要开发人员定义一个编排器类，用于编排一个Saga中多个参与服务执行的流程。可认为编排器类是一个Saga工作流引擎，通过它来协调这些参与的微服务。如果整个业务流程正常结束，业务就成功完成。一旦这个过程的任何环节出现失败，Sagas工作流引擎就会以相反的顺序调用补偿操作，重新进行业务回滚。

如果说协同式Saga是一种自治的协作行为，编排式Saga就是一种集权的控制行为。但这种控制行为并不像一个过程脚本那样由编排器类按照顺序依次调用各个参与服务，而是将编排器类作为服务协作的调停者（mediator），且仍然采用消息传递来实现服务之间的跨进程通信。编排器类传递的消息是一个请求/响应消息。请求消息的发起者为Saga编排器，将消息发送给消息队列。消息队列为响应消息创建一个专门的通道，作为Saga的回复通道。当对应的参与服务接收到该请求消息后，会将执行结果作为响应消息（本质上还是事件）返回给回复通道。Saga编排器在接收到响应消息后，根据结果的成败决定调用正向操作还是逆向的补偿操作。

编排式Saga减轻了各个参与服务的压力，因为参与服务不再需要订阅上游服务返回的事件，减少了服务之间对事件协议的依赖，如编排式的支付服务无须了解充值服务返回的PhoneBillChargeFailed事件。支付服务的补偿操作由Saga编排器接收到作为响应消息的PhoneBillChargeFailed事件，然后编排器再向支付服务发起退款的命令请求。在引入编排器后，每个参与服务的职责就变得更为单一且一致：

❑ 订阅并处理命令消息，该命令消息属于当前服务公开接口需要的输入参数；
❑ 执行命令后返回响应消息。

编排式与协同式Saga的差异在于服务之间的协作方式，每个参与服务的接口定义并没有任何区别。只要隔离了外部网关层与领域模型，仍然能够保证领域模型的稳定性。

若能使用已有的Saga框架，就无须开发人员再去处理烦琐的服务协作与补偿方法调用的技术实现细节。Chris Richardson提供的Eventuate Tram Saga框架[61]能够支持编排式的Saga模式，但对Saga的封装并不够彻底。要使用该框架，仍然需要了解太多Saga的细节。ServiceComb Pack属于微服务平台Apache ServiceComb的一部分，为分布式柔性事务提供了整体解决方案，能够同时支持Saga与TCC模式。

ServiceComb Pack通过gRPC与Kyro序列化来实现微服务之间的分布式通信。它包含了两个组件：Alpha与Omega。Alpha作为Saga协调者，负责管理和协调事务。Omega是内嵌到每个参与服务的引擎，可以拦截调用请求并向Alpha上报事务事件。

采用协调者与拦截引擎的设计机制可以有效地将Saga机制封装起来，使开发人员在实现微服务之间的调用时，几乎感受不到Saga模式的事务处理。除了必要的配置与依赖，只需要在各个参与方应用服务的正向操作上指定补偿方法即可。例如，支付服务的应用服务定义：

```
import org.apache.servicecomb.pack.omega.transaction.annotations.Compensable;
import org.springframework.stereotype.Service;

@Service
public class PaymentAppService {
    @Compensable(compensationMethod = "rejectPay")
    public void pay(PaymentRequest paymentRequest) {}

    void rejectPay(String paymentId) {}
}
```

PaymentAppService应用服务接收到支付请求后，会由领域服务完成支付功能；补偿操作rejectPay()方法同样交由领域服务完成取消支付的功能。由于限界上下文的设计遵循菱形对称架构，领域模型对象并不知道位于外部网关层的应用服务，也没有依赖外部的ServiceComb Pack框架，保持了领域模型的纯粹性与稳定性。

18

第**19**章

领域驱动设计的战术考量

> 战术就是在决定点上使用兵力的艺术,
> 其目的就是要使他们在决定的时机、决定的地点上,发生决定性的作用。
>
> ——安东·亨利·约米尼,《战争艺术》

虽然领域驱动战术设计将关注重心放在"领域"上,但要让限界上下文的业务能力真正发挥出来,就得融合领域逻辑与技术实现,同时,又不能让技术复杂度影响到业务复杂度。这就需要从战术角度思考二者的融合点,做好设计与实现的规范与约束,我将这些战术层面的要求称为**领域驱动设计的战术考量**。

19.1 设计概念的统一语言

领域驱动设计引入了一套自成体系的设计概念:限界上下文、应用服务、领域服务、聚合、实体、值对象、领域事件以及资源库和工厂。这些设计概念与其他方法的设计概念互为参考和引用,再糅合不同团队、不同企业、不同领域的设计实践,就产生了更多的设计概念。诸多概念纠缠不清,人们理解不同,就会形成认知上的混乱,干扰整个团队对领域驱动设计的理解。既然领域驱动设计强调为领域逻辑建立统一语言,我们不妨也为这些设计概念定义一套"统一语言",使不同人的理解一致,保证交流的畅通,确保架构和设计方案的统一性。

19.1.1 设计术语的统一

当我们在讨论领域驱动设计时,不只会谈到领域驱动设计固有的设计概念,结合开发语言和开发平台的设计实践,还会有其他设计概念穿插其中。它们之间的关系并非正交的,解决的问题和思考的角度都不太一致。许多设计概念更有其历史渊源,却又在提出之后或被滥用,或被错用,到了最后已经失去了它本来的面目。我们需要驱散这些设计术语的历史迷雾,理解其本真,再确定它的统一语言。

1. POJO对象

Plain Old Java Object(POJO)的概念来自Martin Fowler、Rebecca Parsons和Josh MacKenzie在2000年一次大会的讨论。它的本来含义是指一个常规的、不受任何框架、平台的约束和限制的Java对象。除了遵守Java语法,它不应该继承预先设定的类、实现预先设定的接口或者包含预先指定的注解。可以认为,如果一个模块定义的对象皆为POJO,那么除了依赖JDK,它不会依赖任何框架或平台。借助这个概念，.NET框架也提出了Plain Old CLR Object（POCO）的概念。

Martin Fowler等人之所以提出POJO，是因为他们看到了"使用POJO封装业务逻辑的益处"[①]，而2000年恰恰属于EJB开始流行的时代。受到EJB规范的限制，Java开发人员更愿意使用Entity Bean，而Entity Bean却是与EJB强耦合的。

一些人错误地将Entity Bean理解为仅具有持久化能力的Java对象，但事实并非如此。即使EJB规范也认为Entity Bean可以包含复杂的业务逻辑，例如Oracle对Entity Bean的定义就包括：

❑ 管理持久化数据；
❑ 通过主键形成唯一标识；
❑ 引入依赖对象执行复杂逻辑。

由于定义一个Entity Bean类需要继承自`javax.ejb.EntityBean`（基于EJB 3.0之前的规范），如果Entity Bean封装了复杂的业务逻辑，就会使业务逻辑与EJB框架紧耦合，不利于对业务逻辑的测试、部署和运行。这也正是Rod Johnson提出抛开EJB进行J2EE开发的原因。当然，Entity Bean为人诟病的与EJB框架紧耦合问题，主要针对EJB 3.0之前的版本，随着Spring与Hibernate等轻量级框架的出现，EJB也开始向轻量级方向发展，大量使用注解来降低EJB对Java类的侵入性。

既然Entity Bean可以封装业务逻辑，针对它提出的POJO自然也可以封装业务逻辑。如前所述，Martin Fowler等人看到的是"使用POJO封装业务逻辑的益处"，这就说明**POJO对象并非只有getter/setter的贫血对象**，它的主要特征不在于它究竟定义了什么样的成员，而在于它作为一个常规的Java对象，并不依赖于除语言之外的任何框架。它的目的不是数据传输，也不是数据持久化，本质上，它是一种设计模式。

2. Java Bean

Java Bean是一种Java开发规范，要求一个Java Bean类必须同时满足以下3个条件：

❑ 类必须是具体的、公共的；
❑ 具有无参构造函数；
❑ 提供一致性设计模式的公共方法将内部字段暴露为成员属性，即为内部字段提供规范的`get`和`set`方法。

认真解读这3个条件，你会发现它们都是为支持反射访问类成员而准备的前置条件，包括创建Java Bean实例和操作内部字段。只要遵循Java Bean规范，就可以采用完全统一的一套代码实现对Java Bean的访问。这一规范并没有提及业务方法的定义，这是因为规范无法对公开的方法做出任何一致性的限制，意味着框架使用Java Bean，看重的其实是对象携带数据的能力，可通过反射访问对象的字段值来简化代码的编写。例如，JSP对Java Bean的使用如下：

```
<jsp:useBean id="student" class="com.dddsample.javabeans.Student">
    <jsp:setProperty name="student" property="firstName" value="Bill"/>
    <jsp:setProperty name="student" property="lastName" value="Gates"/>
```

---

① 参见Martin Fowler的文章"POJO"。

19

```
<jsp:setProperty name="student" property="age" value="20"/>
</jsp:useBean>
```

JSP标签中使用的Student类就是一个Java Bean。如果该类的定义没有遵循Java Bean规范，JSP就可能无法实例化Student对象，无法设置firstName等字段值。

至于Session Bean、Entity Bean和Message Driven Bean则是Enterprise Java Bean的3个分类。它们都是Java Bean，但EJB对它们又有框架的约束，例如Session Bean需要继承自javax.ejb.SessionBean、Entity Bean需要继承自javax.ejb.EntityBean。

追本溯源，可发现**POJO与Java Bean并没有任何关系**。一个POJO如果遵循了Java Bean的设计规范，可以成为一个Java Bean，但并不意味着POJO一定是Java Bean。反过来，一个Java Bean如果没有依赖任何框架，也可以认为是一个POJO，但Enterprise Java Bean**一定不是**一个POJO。POJO可以封装业务逻辑，Java Bean的规范也没有限制它不能封装业务逻辑。一个提供了丰富领域逻辑的Java对象，如果同时又遵循了Java Bean的设计规范，也可以认为是一个Java Bean。

3. 贫血模型

准确地说，贫血模型应该被称为"贫血领域模型"（anemic domain model）[①]，因为该术语主要用于领域模型这个语境，来自Martin Fowler的创造。从贫血一词可知，这种领域模型必然是不健康的。它违背了面向对象设计的关键原则，即"数据与行为应该封装在一起"。在领域驱动设计中，如果一个实体或值对象除内部字段之外只有一系列的getter/setter方法，即可被称为贫血对象。

可以认为贫血领域模型是结构建模范式的产物（参见附录A）。它的封装性很弱，往往导致领域服务形成一种事务脚本的实现；它与面向对象的设计思想背道而驰，违背了"迪米特法则"与"信息专家模式"；它的存在会影响对象之间的协作，导致产生"特性依恋"[6]坏味道。

与贫血领域模型相对的是富领域模型（rich domain model），也就是封装了领域逻辑的领域模型。它才符合面向对象设计思想。我们采用对象建模范式进行领域设计建模时，应将实体与值对象都定义为富领域模型。富领域模型就是Martin Fowler在《企业应用架构模式》一书中定义的领域模型模式。作为一种领域逻辑（domain logic）模式，它与事务脚本（transaction Script）、表模块（table module）属于不同的表达领域逻辑的模式。倘若遵循这一模式的定义，认为**领域模型就应为富领域模型**，那么贫血领域模型因为会导致事务脚本，本不应该被称为领域模型。

有了Martin Fowler对贫血模型的创造，所谓的"血"就用来指代领域逻辑，故而有人在贫血模型的基础上衍生出各种与"血"有关的各种模型，如失血模型、充血模型和胀血模型。这些模型非但没有进一步将领域模型的正确定义阐述清楚，反而引入太多的概念造成领域模型的混乱不清。

例如，一些人误用了贫血模型的定义，将只有字段和getter/setter方法的类称为"失血模型"，而将Martin Fowler提出的富领域模型称为"贫血模型"，却又无法清晰地区分哪些领域逻辑该放在领域模型、哪些领域逻辑该放在领域服务，于是又生搬硬造地创造出"充血模型"和"胀血模型"来区分领域模型对象包含领域逻辑的多寡。我将这些模型称为"×血模型"。

---

① 参见Martin Fowler的文章"AnemicDomainModel"。

×血模型的定义无疑是不合理的。顾名思义，贫血这个词代表着不健康，贫血模型当然就意指不健康的模型。富领域模型应该是一种健康的定义，结果反而与贫血模型搅在了一起，何其无辜！"充血"一词仍隐隐有不健康的意义，更不用说更加惊悚的"胀血模型"了。后者违背了单一职责原则，将与该领域概念相关的所有逻辑，包括对数据访问对象或资源库的依赖以及对事务、授权等横切关注点的调用，都放到了领域模型对象中，在领域驱动设计的语境中，这相当于让一个聚合根实体承担了整个聚合、领域服务和应用服务的职责，明显有悖于领域驱动设计乃至面向对象的设计原则。

有的观点认为混入了持久化能力的领域模型属于充血模型，这更进一步模糊了×血模型的边界。实际上，Martin Fowler将这种具有持久化能力的领域对象称为活动记录（active record）[12]，属于数据源架构模式（data source architectural pattern）。采用这种设计模式并非不可，但在领域驱动设计中，却需要努力避免：如果每个实体都混入了持久化能力，聚合的边界就失去了保护作用，资源库也就没有存在的价值了。

人们经常会混淆领域模型与POJO的概念，认为贫血模型对象就是一个POJO，殊不知这二者根本就处于两个迥然不同的维度。POJO关注类的定义是否纯粹，领域模型关注对领域逻辑的表达与封装。即使是一个只有getter/setter方法的贫血模型对象，只要依赖了任何外部框架，例如标记了javax.persistence.Entity标注，在严格意义上，也不属于一个POJO。以Dubbo服务化最佳实践为例，它给出的其中一个建议要求"服务参数及返回值建议使用POJO对象，即通过getter/setter方法表示属性的对象"。这一描述其实是不正确的，因为Dubbo服务的输入参数与返回值需要支持序列化，不符合POJO的定义，应该描述为"支持序列化的Java Bean"。

为避免太多定义造成领域模型定义的混乱，我建议回归Martin Fowler对领域模型定义的本质，仅分为两种模型：**贫血领域模型**与**富领域模型**，后者需要遵循合理的职责分配，避免一个领域模型对象承担的职责过多。若在领域驱动设计的语境下，可以认为由实体、值对象、领域事件和领域服务共同构成了领域模型。一个设计良好的领域模型，需要满足两点要求：

❑ 领域模型仅仅封装领域逻辑，尽可能不掺杂访问外部资源的技术实现；
❑ 根据角色构造型分配职责，各司其职，共同协作。

采用角色构造型和服务驱动设计，可以很好地满足以上两点要求。

19.1.2 诸多"XO"

在分层架构的约束以及职责分离的指引下，一个软件系统需要定义各种各样的对象，并在各自的层次承担不同的职责，又彼此协作，共同响应系统外部的各种请求，执行业务逻辑，让整个软件系统真正地跑起来。

若没有真正理解这些对象在架构中扮演的角色和承担的职责，就会导致误用和滥用，适得其反。因此，有必要在领域驱动设计的方法体系下，将各式各样的对象进行一次梳理，形成一套统一语言。由于这些对象皆以O结尾，因此我将其戏称为"XO"。

19

1. 数据传输对象

数据传输对象（data transfer object，DTO）是一种模式，最早运用于J2EE。Martin Fowler将其定义为："用于在**进程间**传递数据的对象，目的是减少方法调用的数量。"[12]DTO模式诞生的背景是分布式通信。考虑到网络传输的损耗与不可靠性，设计分布式服务需遵循一个总体原则：尽可能设计粗粒度的服务，每个服务的方法应代表一个完整的功能，而不是功能的一个步骤。粗粒度服务可以减少服务调用的次数，从而减少不必要的网络通信，同时也能避免对分布式事务的支持。粗粒度的服务自然需要返回粗粒度的数据契约。

领域模型对象遵循面向对象设计原则，在细粒度上分离职责，因而无法满足粗粒度服务契约的要求。这就需要对领域模型对象进行封装，组合更多的细粒度对象形成一个粗粒度的DTO对象。

在菱形对称架构中，我根据发布语言模式和限界上下文的稳定空间特性，提出了消息契约模型的概念。它实际上就是DTO模式的体现，通常定义在北向网关的本地服务层，远程服务和应用服务都以消息契约模型对象作为接口方法的输入参数和返回值。这实际上扩展了DTO的应用场景，使其不止限于进程间的数据传递，还能对领域模型提供保护。菱形对称架构的南向网关有时也需要定义消息契约模型，属于防腐层的一部分，用于隔离上游限界上下文的领域模型。

为了支持进程间的数据传递，消息契约模型必须支持序列化。最好将其设计为一个Java Bean，即定义为公开的类，具有默认构造函数和getter/setter方法，这样就有利于一些框架通过反射来创建与组装消息契约对象。消息契约对象通常还应该是一个贫血对象，因为它的目的是传输数据，没有必要定义封装逻辑的方法，但考虑到它与领域模型之间的映射关系，可能需要为其定义转换方法。

2. 视图对象

视图对象（view object，VO）其实是消息契约模型中的一种，往往遵循MVC模式，为前端UI提供了视图呈现所需要的数据，我将其称为"视图模型对象"。当然，我们也可以沿用DTO模式。由于它主要用于后端控制器服务和前端UI之间的数据传递，这样的视图模型对象自然也属于DTO对象的范畴。

视图对象可能仅传输了视图需要呈现的数据，也可能为了满足前端UI的可配置，由后端传递与视图元素相关的属性值，如视图元素的位置、大小乃至颜色等样式信息。系统分层架构规定边缘层承担了BFF（Backend For Frontend）层的作用，定义在边缘层的控制器会操作这样的视图对象。

由于值对象（value object）的简称也是VO，因此在交流时，一定要明确VO的指代意义，避免概念的混淆。

3. 业务对象

业务对象（business object，BO）是企业领域用来描述业务概念的语义对象。这是一个非常宽泛的定义。一些业务建模方法使用了业务对象的概念，如SAP定义的公共事业模型，就将客户相关信息抽象为合作伙伴、合同账户、合同、连接对象等业务对象。它是站在一个高层次角度的表述，并形成了高度抽象的业务概念。如果系统采用经典三层架构，可认为业务对象就是定义在业务逻辑层中封装了业务逻辑的对象。

业务对象的业务逻辑恰好也是领域驱动设计关注的核心，可认为领域驱动设计建立的领域模型皆是业务对象。业务对象由于并没有清晰地给出粒度的界定、职责的划分，更像组成领域分析模型中的领域概念对象。为避免混淆，我建议不要在领域驱动设计中使用该概念。

4. 领域对象

领域驱动设计将业务逻辑层分解为应用层和领域层，业务对象在领域层中就变成了**领域对象**（domain object，DO）。领域驱动设计的准确说法是领域模型对象。领域模型对象包括聚合边界内的实体和值对象、领域事件和领域服务，游离在聚合之外的瞬态对象（往往定义为值对象）只要封装了领域逻辑，也可认为是领域模型对象。

有的语境，包括前面所述的贫血领域模型和富领域模型，将领域模型对象特指为组成聚合的实体与值对象，因为它们表达了领域的名词概念，以此和领域服务进行区分。这有一定的合理性。不过，宽泛地讲，领域行为也属于领域概念的一部分，同样受到统一语言的约束与指导，封装了领域行为逻辑的领域服务自然也可认为是领域模型对象了。

同样是简称惹的祸，**DO**也可以认为是数据对象（data object）的简称，这就与领域对象的定义完全南辕北辙了。再次强调，在使用简称来指代某一类对象时，交流的双方一定要事先明确设计的统一语言，否则很容易造成误解。

5. 持久化对象

对象字段持有的数据需要被持久化到数据表中，参与到持久化操作的对象就被称为**持久化对象**（persistence object，PO）。注意，**持久化对象并不一定就是数据对象**，相反，在领域驱动设计中，持久化对象往往指的就是领域模型对象[①]。领域模型对象与持久化对象并不矛盾，它们只是不同场景下扮演的不同角色：在领域层，不需要考虑领域模型对象的持久化，故而将其称为领域模型对象；在对象持久化时，许多满足ORM规范的持久化框架操作的仍然是领域模型对象，只是它们并不关心领域对象封装的领域行为逻辑罢了。

只要对象需要持久化，就会成为持久化对象，这与采用什么样的建模方法、什么样的设计方法没有关系。即使没有采用领域驱动设计，也可能需要持久化对象。区别在于由谁负责持久化。

不可否认，当我们将领域模型对象作为持久化对象完成数据的持久化时，可能会为领域模型对象带来外部框架的污染。理想的领域模型对象应该是一个POJO或POCO，不依赖于除语言在外的任何框架。Martin Fowler甚至将其称为持久化透明（persistence ignorance，PI）的对象，用以形容这样的持久化对象与具体的持久化实现机制之间的隔离。Jimmy Nilsson认为以下特征违背了持久化透明的原则[62]：

- ❑ 从特定的基类（Object除外）进行继承；
- ❑ 只通过提供的工厂进行实例化；
- ❑ 使用专门提供的数据类型；
- ❑ 实现特定接口；
- ❑ 提供专门的构造方法；

19

---

① 由于领域服务仅封装了领域行为，无须持久化，故而不属于持久化对象。

❑ 提供必需的特定字段；

❑ 避免某些结构或强制使用某些结构。

这些特征无一例外都是外部框架对于持久化对象的一种侵入。在Martin Fowler总结的数据源架构模式中，活动记录（active record）模式[12]明显违背了持久化透明的原则，但其简单性却使它被诸如Ruby On Rails、jOOQ、scalikejdbc之类的框架运用。活动记录模式封装了数据与数据访问行为，这就相当于将后面讲的数据访问对象（DAO）与PO合并到了一个对象中。

领域驱动设计不赞成这样的设计，虽然因为持久化框架的限制，可能无法做到领域模型对象的持久化透明，但持久化工作却要求交给专门的资源库对象。资源库端口隔离了具体的持久化实现机制，资源库适配器调用ORM框架完成持久化。领域驱动设计还规定，资源库操作的持久化对象必须以聚合为单位的领域模型对象，也就是同属一个聚合边界的实体与值对象，领域服务不在此列。如果采用事件溯源模式，还需要持久化领域事件，但它的持久化并不经由资源库，而是专门的事件存储对象来承担。

6. 数据访问对象

数据访问对象（data access object，DAO）对持久化对象进行持久化，实现数据的访问。它可以持久化领域模型对象，但对领域模型对象的边界没有任何限制。由于领域驱动设计引入了聚合边界，并力求领域模型与数据模型的分离，且引入了资源库专门用于聚合的生命周期管理，因此在领域驱动设计中，不再使用DAO这个概念。

19.1.3   领域驱动设计的设计统一语言

通过对诸多设计概念的历史追寻与本质分析，我们理清了这些概念的含义与用途，将它们归纳到领域驱动设计体系中，得出设计统一语言如下。

❑ 领域模型对象包含实体、值对象、领域服务和领域事件，有时候也可以单指组成聚合的实体与值对象。

❑ 领域模型必须是富领域模型。

❑ 远程服务与应用服务接口的输入参数和返回值为遵循DTO模式的消息契约模型，若客户端为前端UI，则消息契约模型又称为视图模型。

❑ 领域模型对象中的实体与值对象同时作为持久化对象。

❑ 只有资源库对象，没有数据访问对象。资源库对象以聚合为单位进行领域模型对象的持久化，事件存储对象则负责完成领域事件的持久化。

19.2   领域模型的持久化

领域驱动设计主要通过限界上下文应对复杂度，它是绑定业务架构、应用架构和数据架构的关键架构单元。设计由领域而非数据驱动，且为了保证定义了领域模型的应用架构和定义了数据模型的数据架构的变化方向相同，就应该在领域建模阶段率先定义领域模型，再根据领域模型定义数据模型。这就是**领域驱动设计与数据驱动设计的根本区别**。

19.2.1 对象关系映射

如果领域建模采用对象建模范式，存储数据则使用关系数据库，那么领域模型就是面向对象的，数据模型则是面向关系表的。在领域驱动设计中，领域模型一方面充分地表达了系统的领域逻辑，同时还映射了数据模型，作为持久化对象完成数据的读写。

要持久化领域模型对象，需要为对象与关系建立映射，即所谓的"对象关系映射"（object relationship mapping，ORM）。当然，这主要针对关系数据库。对象与关系往往存在"阻抗不匹配"的问题，主要体现为以下3个方面。

❑ 类型的阻抗不匹配：例如不同关系数据库对浮点数的不同表示方法，字符串类型在数据库的最大长度约束等，又例如Java等语言的枚举类型本质上仍然属于基本类型，关系数据库中却没有对应的类型来匹配。

❑ 样式的阻抗不匹配：领域模型与数据模型不具备一一对应的关系。领域模型是一个具有嵌套层次的对象图结构，数据模型在关系数据库中却是扁平的关系结构，要让数据库能够表示领域模型，就只能通过关系来变通地映射实现。

❑ 对象模式的阻抗不匹配：面向对象的封装、继承和多态无法在关系数据库得到直观体现。通过封装可以定义一个高内聚的类来表达一个细粒度的基本概念，但数据表往往不这么设计。数据表只有组合关系，无法表达对象之间的继承关系。既然无法实现继承关系，就无法满足Liskov替换原则，自然也就无法满足多态。

19.2.2 JPA的应对之道

对象持久化为数据的问题如此重要，Java语言甚至为此定义了持久化的规范，用以指导面向对象的语言要素与关系数据表之间的映射，如JDK 5中引入的JPA，作为Java社区进程（Java Community Process，JCP）组织发布的Java EE标准，已成为Java社区指导ORM技术实现的规范。

ORM框架的目的是在对象与关系之间建立一种映射。为满足此目标，可通过配置文件或在领域模型中声明元数据来表现这种映射关系。JPA作为一种规范，全面地考虑了各种阻抗不匹配的情形，规定了标准的映射元数据，如@Entity、@Table和@Column等Java注解。只要领域模型声明了这些注解，具体的JPA框架，如Hibernate等，就可以通过反射识别这些元数据，获得对象与关系之间的映射信息，从而实现领域模型的持久化。

1. 类型的阻抗不匹配

针对类型的阻抗不匹配，JPA元数据通过@Column注解的属性来指定长度、精度和对null的支持，通过@Lob注解表示字节数组，通过@ElementCollection等注解表达集合。至于枚举、日期和主键等特殊类型，JPA也针对性地给出了元数据定义。

（1）枚举类型

关系数据库的基本类型没有枚举类型。如果领域模型的字段定义为枚举，通常会在数据库中将相应的列定义为smallint类型，然后通过@Enumerated表示枚举的含义，例如：

```
public enum EmployeeType {
    Hourly, Salaried, Commission
}

public class Employee {
    @Enumerated
    @Column(columnDefinition = "smallint")
    private EmployeeType employeeType;
}
```

smallint虽然能够体现值的有序性，但在管理和运维数据库时，查询得到的枚举值却是没有任何业务含义的数字，制造了理解障碍。为此，可将列定义为VARCHAR，而在领域模型中定义枚举，然后通过在@Enumerated指定EnumType为STRING类型：

```
public enum Gender {
    Male, Female
}

public class Employee {
    @Enumerated(EnumType.STRING)
    private Gender gender;
}
```

注解@Enumerated(EnumType.STRING)可将枚举类型转换为字符串。注意，数据库的字符串应与枚举类型的字符串值以及大小写保持一致。

（2）日期类型

处理针对Java的日期和时间类型进行映射要相对复杂一些，因为Java定义了多种日期和时间类型，包括：

❑ 用以表达数据库日期类型的java.sql.Date类和表达数据库时间类型的java.sql.Timestamp类；

❑ Java库用以表达日期、时间和时间戳类型的java.util.Date类或java.util.Calendar类；

❑ Java 8引入的新日期类型java.time.LocalDate类与新时间类型java.time.LocalDateTime类。

数据库本身支持java.sql.Date或java.sql.Timestamp类型，若领域模型对象的日期或时间字段属于这一类型，则无须任何配置即可使用，和使用其他基础类型一般自然。通过columnDefinition属性值，甚至还可以为其设置默认值，例如设置为当期日期：

```
@Column(name = "START_DATE", columnDefinition = "DATE DEFAULT CURRENT_DATE")
private java.sql.Date startDate;
```

如果字段定义为java.util.Date或java.util.Calendar类型，可通过@Temporal注解将其映射为日期、时间或时间戳，例如：

```
@Temporal(TemporalType.DATE)
private java.util.Calendar birthday;

@Temporal(TemporalType.TIME)
```

```
private java.util.Date birthday;

@Temporal(TemporalType.TIMESTAMP)
private java.util.Date birthday;
```

如果字段定义为Java 8新引入的LocalDate或LocalDateTime类型，情况稍显复杂，取决于JPA的版本。JPA 2.2版本已经支持Java 8日期时间API中除java.time.Duration外的日期和时间类型，因此无须再为JDK 8的日期或时间类型做任何设置。低于2.2版本的JPA发布在Java 8之前，无法直接支持这两种类型，需要为其定义AttributeConverter。例如为LocalDate定义转换器：

```
import javax.persistence.AttributeConverter;
import javax.persistence.Converter;
import java.sql.Date;
import java.time.LocalDate;

@Converter(autoApply = true)
public class LocalDateAttributeConverter implements AttributeConverter<LocalDate, Date> {
    @Override
    public Date convertToDatabaseColumn(LocalDate locDate) {
        return locDate == null ? null : Date.valueOf(locDate);
    }

    @Override
    public LocalDate convertToEntityAttribute(Date sqlDate) {
        return sqlDate == null ? null : sqlDate.toLocalDate();
    }
}
```

（3）主键类型

关系数据库表的主键列至为关键，通过它可以标注每一行记录的唯一性。主键还是建立表关联的关键列，通过主键与外键的关系可以间接支持领域模型对象之间的导航，同时也保证了关系数据库的完整性。

无论是单一主键还是联合主键，主键作为身份标识（identity），只要能够确保它在同一张表中的唯一性，原则上都可以被定义为各种类型，如BigInt、VARCHAR等。在数据表定义中，只要某个列被声明为PRIMARY KEY，在领域模型对象的定义中，就可以使用JPA提供的@Id注解。这个注解还可以和@Column注解组合使用：

```
@Id
@Column(name = "employeeId")
private int id;
```

主流关系数据库都支持主键的自动生成，JPA提供了@GeneratedValue注解说明了该主键通过自动生成。该注解还定义了strategy属性用以指定自动生成的策略。JPA还定义了@SequenceGenerator与@TableGenerator等特殊的ID生成器。

在建立领域模型时，我们强调从领域逻辑出发考虑领域类的定义。尤其对实体类而言，ID代表的是实体对象的身份标识。它与数据表的主键有相似之处，例如二者都要求唯一性，但二者的本质完全不同：前者代表业务含义，后者代表技术含义；前者用于对实体对象生命周期的管理与跟踪，后者用于标记每一行在数据表中的唯一性。领域驱动设计往往建议定义值对象作为实体的身份标识。一方面，值对象类型可以清晰表达该身份标识的业务含义；另一方面，值对象类型的封装也有利于应对未来主键类型可能的变化。

JPA定义了一个特殊的注解@EmbeddedId来建立数据表主键与身份标识值对象之间的映射。例如，为Employee实体对象定义了EmployeeId值对象，则Employee的定义为：

```
@Entity
@Table(name="employees")
public class Employee extends AbstractEntity<EmployeeId> implements AggregateRoot
<Employee> {
    @EmbeddedId
    private EmployeeId employeeId;
}
```

JPA对主键类有两个要求：相等性比较与序列化支持，即需要主键类实现Serializable接口，并重写**Object**的equals()与hashcode()方法。值对象的类定义还需要声明Embeddable注解。由于框架需要通过反射创建值对象，因此，如果值对象定义了带参数的构造函数，还需要为其定义默认的构造函数：

```
@Embeddable
public class EmployeeId implements Identity<String>, Serializable {
    @Column(name = "id")
    private String value;

    private static Random random;

    static {
        random = new Random();
    }

    // 必须提供默认的构造函数
    public EmployeeId() {
    }

    private EmployeeId(String value) {
        this.value = value;
    }

    @Override
    public String value() {
        return this.value;
    }

    public static EmployeeId of(String value) {
        return new EmployeeId(value);
    }

    public static Identity<String> next() {
        return new EmployeeId(String.format("%s%s%s",
                composePrefix(),
                composeTimestamp(),
```

```
                        composeRandomNumber()));
    }

    @Override
    public boolean equals(Object o) {
        if (this == o) return true;
        if (o == null || getClass() != o.getClass()) return false;
        EmployeeId that = (EmployeeId) o;
        return value.equals(that.value);
    }

    @Override
    public int hashCode() {
        return Objects.hash(value);
    }
}
```

使用时，可以直接传入EmployeeId对象作为主键查询条件：

```
Optional<Employee> optEmployee = employeeRepo.findById(EmployeeId.of("emp200109101000001"));
```

2. 样式的阻抗不匹配

样式（schema）的阻抗不匹配，就是对象图与关系表之间的不匹配。要做到二者的匹配，需要做到图结构与表结构之间的互相转换。在领域模型的对象图中，一个实体组合了另一个实体，由于两个实体都有各自的身份标识，映射到数据库，就可通过主外键关系建立关联。关联关系包括一对一、一对多、多对一和多对多。

例如，在领域模型中，HourlyEmployee聚合根实体与TimeCard实体之间的关系可以定义为：

```
@Entity
@Table(name="hourly_employees")
public class HourlyEmployee extends AbstractEntity<EmployeeId> implements AggregateRoot
<HourlyEmployee> {
    @EmbeddedId
    private EmployeeId employeeId;

    @OneToMany // 该注解定义了一对多关系
    @JoinColumn(name = "employeeId", nullable = false)
    private List<TimeCard> timeCards = new ArrayList<>();
}

@Entity
@Table(name = "timecards")
public class TimeCard {
    private static final int MAXIMUM_REGULAR_HOURS = 8;

    @Id
    @GeneratedValue
    private String id;
    private LocalDate workDay;
    private int workHours;
```

19

```
    public TimeCard() {
    }
}
```

在数据模型中，timecards表通过外键employeeId建立与employees表之间的关联：

```
CREATE TABLE hourly_employees(
    employeeId VARCHAR(50) NOT NULL,
    ......
    PRIMARY KEY(employeeId)
);

CREATE TABLE timecards(
    id INT NOT NULL AUTO_INCREMENT,
    employeeId VARCHAR(50) NOT NULL,
    workDay DATE NOT NULL,
    workHours INT NOT NULL,
    PRIMARY KEY(id)
);
```

如果对象图的实体和值对象之间形成了一对多的关联，由于值对象没有唯一的身份标识，因此它对应的数据模型也没有主键，而将实体表的主键作为外键，由此来表达彼此之间的归属关系。这时，领域模型仍然通过集合来表达一对多的关联，但使用的注解并非@OneToMany，而是@ElementCollection。例如，领域模型中的SalariedEmployee聚合根实体与Absence值对象之间的关系可以定义为：

```
@Embeddable
public class Absence {
    private LocalDate leaveDate;

    @Enumerated(EnumType.STRING)
    private LeaveReason leaveReason;

    public Absence() {
    }

    public Absence(LocalDate leaveDate, LeaveReason leaveReason) {
        this.leaveDate = leaveDate;
        this.leaveReason = leaveReason;
    }
}

@Entity
@Table(name="salaried_employees")
public class SalariedEmployee extends AbstractEntity<EmployeeId> implements AggregateRoot
<SalariedEmployee> {
    private static final int WORK_DAYS_OF_MONTH = 22;

    @EmbeddedId
```

```
    private EmployeeId employeeId;

    @Embedded
    private Salary salaryOfMonth;

    @ElementCollection
    @CollectionTable(name = "absences", joinColumns = @JoinColumn(name = "employeeId"))
    private List<Absence> absences = new ArrayList<>();

    public SalariedEmployee() {
    }
}
```

@ElementCollection说明了字段absences是SalariedEmployee实体的字段元素，类型为集合；@CollectionTable标记了关联的数据表以及关联的外键。其数据模型的SQL语句如下：

```
CREATE TABLE salaried_employees(
    employeeId VARCHAR(50) NOT NULL,
    ......
    PRIMARY KEY(employeeId)
);

CREATE TABLE absences(
    employeeId VARCHAR(50) NOT NULL,
    leaveDate DATE NOT NULL,
    leaveReason VARCHAR(20) NOT NULL
);
```

数据表absences没有自己的主键，employeeId列是employees表的主键。注意，在Absence值对象的定义中，无须再定义employeeId字段，因为Absence值对象并不能脱离SalariedEmployee聚合根单独存在。这是聚合对领域模型产生的影响，也可视为聚合的设计约束。

3. 对象模式的阻抗不匹配

领域模型要符合面向对象的设计原则，一个重要特征是建立了高内聚松耦合的对象图。要做到这一点，就需要将具有高内聚关系的概念**封装**为一个类，通过显式的类型体现领域中的概念。这样既提高了代码的可读性，又保证了职责的合理分配，避免出现一个庞大的实体类。领域驱动设计更强调这一点，并因此引入了值对象的概念，用以表现那些无须身份标识却又具有内聚知识的领域概念。因此，一个设计良好的领域模型，往往会呈现出一个具有嵌套层次的对象图模型结构。

虽然嵌套层次的领域模型与扁平结构的关系数据模型并不匹配，但通过JPA提供的@Embedded与@Embeddable注解可以非常容易实现这一嵌套组合的对象关系，例如Employee类的address属性和email属性：

```
@Entity
@Table(name="employees")
public class Employee extends AbstractEntity<EmployeeId> implements AggregateRoot
<Employee> {
    @EmbeddedId
    private EmployeeId employeeId;
```

```
    private String name;

    @Embedded
    private Email email;

    @Embedded
    private Address address;
}

@Embeddable
public class Address {
    private String country;
    private String province;
    private String city;
    private String street;
    private String zip;

    public Address() {
    }
}

@Embeddable
public class Email {
    @Column(name = "email")
    private String value;

    public String value() {
        return this.value;
    }
}
```

Address类和Email类都是Employee实体的值对象。注意，为了支持JPA框架通过反射创建对象，若为值对象定义了带参的构造函数，需要显式定义默认构造函数。

EmployeeId类的定义与Address类的定义相同，也属于值对象，只是前者由于作为了实体的身份标识，并映射了数据模型的主键，因此应声明为@EmbeddedId注解。

无论是Address、Email还是EmployeeId类，在领域对象模型中虽然被定义为独立的类，但在数据模型中，却都是employees表中的列。其中，Email类仅仅对应表中的一个列，之所以要定义为类，目的是在领域模型中体现电子邮件的领域概念，并有利于封装对邮件地址的验证逻辑；Address类封装了多个内聚的值，体现为country、province等列，以利于维护地址概念的完整性，同时也可以实现对领域概念的复用。创建employees表的SQL脚本如下所示：

```
CREATE TABLE employees(
    id VARCHAR(50) NOT NULL,
    name VARCHAR(20) NOT NULL,
    email VARCHAR(50) NOT NULL,
    employeeType SMALLINT NOT NULL,
    gender VARCHAR(10),
```

```
    currency VARCHAR(10),
    country VARCHAR(20),
    province VARCHAR(20),
    city VARCHAR(20),
    street VARCHAR(100),
    zip VARCHAR(10),
    mobilePhone VARCHAR(20),
    homePhone VARCHAR(20),
    officePhone VARCHAR(20),
    onBoardingDate DATE NOT NULL
    PRIMARY KEY(id)
);
```

一个值对象如果在数据模型中被设计为一个独立的表，由于无须定义主键，依附于实体对应的数据表，因此在领域模型中依旧标记为@Embeddable。这既体现了面向对象的封装思想，又表达了一对一或一对多的关系。SalariedEmployee聚合中的Absence值对象就遵循了这样的设计原则。

面向对象的封装思想体现了对细节的隐藏，正确的封装还体现为对职责的合理分配。遵循"信息专家模式"，无论是针对领域模型中的实体，还是针对值对象，都应该从它们拥有的数据出发，判断领域行为是否应该分配给这些领域模型类。如HourlyEmployee实体类的payroll(Period)方法、Absence值对象的isIn(Period)与isPaidLeave()方法乃至于Salary值对象的add(Salary)等方法，都充分体现了对领域行为的合理封装，避免了贫血模型的出现：

```
public class HourlyEmployee extends AbstractEntity<EmployeeId> implements AggregateRoot
<HourlyEmployee> {
    public Payroll payroll(Period period) {
        if (Objects.isNull(timeCards) || timeCards.isEmpty()) {
            return new Payroll(this.employeeId, period.beginDate(), period.endDate(),
Salary.zero());
        }

        Salary regularSalary = calculateRegularSalary(period);
        Salary overtimeSalary = calculateOvertimeSalary(period);
        Salary totalSalary = regularSalary.add(overtimeSalary);

        return new Payroll(this.employeeId, period.beginDate(), period.endDate(), totalSalary);
    }
}

public class Absence {
    public boolean isIn(Period period) {
        return period.contains(leaveDate);
    }

    public boolean isPaidLeave() {
        return leaveReason.isPaidLeave();
    }
}

public class Salary {
    public Salary add(Salary salary) {
```

19

```
        throwExceptionIfNotSameCurrency(salary);
        return new Salary(value.add(salary.value).setScale(SCALE), currency);
    }

    public Salary subtract(Salary salary) {
        throwExceptionIfNotSameCurrency(salary);
        return new Salary(value.subtract(salary.value).setScale(SCALE), currency);
    }

    public Salary multiply(double factor) {
        return new Salary(value.multiply(toBigDecimal(factor)).setScale(SCALE), currency);
    }

    public Salary divide(double multiplicand) {
        return new Salary(value.divide(toBigDecimal(multiplicand), SCALE, BigDecimal.
ROUND_DOWN), currency);
    }
}
```

这充分证明领域模型对象既可以作为持久化对象，搭建起对象与关系表之间的桥梁，又可以体现包含丰富领域行为在内的领域概念与领域知识。合二者为一体的领域模型对象定义在领域层，可被南向网关的资源库端口与适配器直接访问，无须再定义单独的数据模型对象。前面提到的数据模型，实际上指的是数据库中创建的数据表。

对象模式中的泛化关系（通过继承体现）更为特殊，因为关系表自身不具备继承能力，这与对象之间的关联关系不同。继承体现了"差异式编程"，父类与子类以及子类之间存在属性的差异，但在数据模型中，却可以将父类与子类所有的属性无论差异都放在一张表中，就好似对集合求并集一般。这种策略在ORM中被称为Single-Table策略。为了区分子类的类型差异，需要在这张单表中额外定义一个列，作为区分子类的标识列，对应的JPA注解为@DiscriminatorColumn。例如，如果Employee存在继承体系，若选择Single-Table策略，整个继承体系映射到employees表中，则它的标识列就是employeeType列。

若子类之间的差异太大，采用Single-Table策略实现继承会让数据表的行数据出现太多不必要的列，又不得不为这些列提供存储空间。要避免这种存储空间的冗余，可采用Joined-Subclass策略实现继承。继承体系中的父实体与子实体在数据库中都有一个单独的表与之对应，子实体对应的表无须为继承自父实体的属性定义列，而是通过共享主键的方式与之关联。

由于Single-Table策略是ORM默认的继承策略，若要采用Joined-Subclass策略，需要在父实体类的定义中显式声明继承策略，如下所示：

```
@Entity
@Inheritance(strategy=InheritanceType.JOINED)
@Table(name="employees")
public class Employee {}
```

采用Joined-Subclass策略实现继承时，子实体与父实体在数据模型中的表现实则为一对一的连接关系，这可以认为是为了解决对象关系阻抗不匹配的无奈之举，毕竟用表的连接关系表达类的泛化关系，怎么看怎么觉得别扭。若领域模型中继承体系的子类较多，这一设计还会影响查询效率，因为它可能牵涉到多张表的连接。

如果既不希望产生不必要的数据冗余，又不愿意表连接拖慢查询的速度，则可以采用Table-Per-Class策略。采用这种策略时，继承体系中的每个实体类都对应一个独立的表，与Joined-Subclass策略不同之处在于，父实体对应的表仅包含父实体的字段，子实体对应的表不仅包含了自身的字段，同时还包含了父实体的字段。这相当于用数据表样式的冗余避免数据的冗余、用单表来避免不必要的连接。如果子类之间的差异较大，那么Table-Per-Class策略明显优于Joined-Subclass策略。

继承的目的绝不仅仅是复用，甚至可以说复用并非它的主要价值，毕竟"聚合/合成优先复用原则"[31]已经成为面向对象设计的金科玉律。继承的主要价值在于支持多态，以利用Liskov替换原则，使得子类能够替换父类而不改变其行为，并允许定义新的子类来满足功能扩展的需求，保证对扩展是开放的。在Java或C#中，由于受到单继承的约束，定义抽象接口以实现多态更为普遍。无论是继承多态还是接口多态，都应站在领域逻辑的角度，思考是否需要引入合理的抽象来应对未来需求的变化。在采用继承多态时，需要考虑对应的数据模型是否能够在对象关系映射中实现继承，并选择合理的继承策略以确定关系表的设计。如果继承多态与接口多态针对领域行为，则与领域模型的持久化无关，也就无须考虑领域模型与数据模型之间的映射。

19.2.3 瞬态领域模型

领域服务作为对领域行为的封装，自然无须考虑持久化；如果不是采用事件溯源模式，领域事件也无须考虑持久化。位于聚合内部的实体和值对象需要持久化，否则就无须引入资源库来管理它们的生命周期了。除此之外，在设计领域模型时，往往会发现存在一些游离在聚合边界外的领域对象，它们拥有自己的属性值，体现了高内聚的领域概念，并遵循"信息专家模式"封装了操作自身信息的领域行为，但却没有身份标识，无须进行持久化，例如与HourlyEmployee聚合根交互的Period类，其作用是体现一个结算周期，作为薪资计算的条件：

```java
public class Period {
    private LocalDate beginDate;
    private LocalDate endDate;

    public Period(LocalDate beginDate, LocalDate endDate) {
        this.beginDate = beginDate;
        this.endDate = endDate;
    }

    public Period(YearMonth yearMonth) {
        int year = yearMonth.getYear();
        int month = yearMonth.getMonthValue();
        int firstDay = 1;
        int lastDay = yearMonth.lengthOfMonth();

        this.beginDate = LocalDate.of(year, month, firstDay);
        this.endDate = LocalDate.of(year, month, lastDay);
    }
```

```
public Period(int year, int month) {
    if (month < 1 || month > 12) {
        throw new InvalidDateException("Invalid month value.");
    }

    int firstDay = 1;
    int lastDay = YearMonth.of(year, month).lengthOfMonth();

    this.beginDate = LocalDate.of(year, month, firstDay);
    this.endDate = LocalDate.of(year, month, lastDay);
}

public LocalDate beginDate() {
    return beginDate;
}

public LocalDate endDate() {
    return endDate;
}

public boolean contains(LocalDate date) {
    if (date.isEqual(beginDate) || date.isEqual(endDate)) {
        return true;
    }
    return date.isAfter(beginDate) && date.isBefore(endDate);
}
}
```

结算周期提供了成对的起止日期，缺少任何一个日期，就无法正确地进行薪资计算。将 beginDate 与 endDate 封装到 Period 类中，再利用构造函数限制实例的创建，就能避免起止日期任意一个值的缺失。引入 Period 类还能封装领域行为，让对象之间的协作变得更加合理。它的类型没有声明 @Entity，并不需要持久化，也没有被定义在聚合边界内。为示区别，可将这样的类称为**瞬态类**（transient class），由此创建的对象则称为**瞬态对象**。对应地，倘若在一个支持持久化的领域类中，需要定义一个无须持久化的字段，可将其称为**瞬态字段**（transient field）。JPA 定义了 @Transient 注解用以显式声明这样的字段，例如：

```
@Entity
@Table(name="employees")
public class Employee extends AbstractEntity<EmployeeId> implements AggregateRoot
<Employee> {
    @EmbeddedId
    private EmployeeId employeeId;

    private String firstName;
    private String middleName;
    private String lastName;

    @Transient
```

```
        private String fullName;
    }
```

Employee类对应的数据模型定义了firstName、middleName和lastName列。为了调用方便,该类又定义了fullName字段。该值并不需要持久化到数据库中,因此声明为瞬态字段。

瞬态类属于领域模型的一部分。相较于聚合内的实体和值对象,它更加纯粹,无须依赖任何外部框架,属于真正的POJO类;它的设计符合整洁架构思想,即处于内部核心的领域类不依赖任何外部框架。

19.2.4 领域模型与数据模型

Eric Evans之所以要引入限界上下文,其中一个重要原因就是我们"无法维护一个涵盖整个企业的统一模型",于是需要它"标记出不同模型之间的边界和关系"[8]。限界上下文作为业务能力的纵向切分,既是领域模型的逻辑边界,又是数据模型的逻辑边界。如此才能保证业务架构、应用架构和数据架构的一致性。

在领域模型内部,聚合是最小的设计单元,资源库是持久化实现的抽象。**一个资源库对应一个聚合,故而聚合也是领域模型最小的持久化单元。**

当领域模型引入限界上下文与聚合之后,领域模型类与数据表之间就有可能突破类与表之间一一对应的关系。因此,在遵循领域驱动设计原则实现持久化时,需要考虑领域模型与数据模型之间的关系,而在进行领域建模时,一定是**先有领域模型,后有数据模型**!在定义了领域模型之后,将其映射为数据模型时,不能破坏限界上下文和聚合确定的边界。至于聚合内部的实体和值对象,则不必保证类与表的一对一关系,也不应该将其设计为一对一关系。

不能忽视物理边界对架构的影响。限界上下文以进程为物理边界,确定了与业务架构对应的应用架构。进程内与进程间对领域模型的调用方式迥然不同。菱形对称架构限制了进程内直接调用领域模型的方式,这就为应用架构提供了演进的可能。在限界上下文与菱形对称架构的基础上,系统的应用架构可以很容易地从单体架构演进到微服务架构。

那么,数据架构能无缝演进吗?数据模型以数据库为物理边界,数据表为逻辑边界,由此确定了数据架构。但是,限界上下文的物理边界无法做到与数据模型物理边界的一对一关系,例如数据库共享架构就破坏了这种关系。此时就需要逻辑边界的约束力。

领域模型必须与数据模型建立映射关系,才能使资源库适配器通过ORM框架进行持久化。领域模型属于哪一个数据库,领域模型类属于哪一个数据表,类属性属于哪一个数据列,都是通过映射关系来配置和表达的。这种映射关系并不受数据库边界的影响。只要保证数据模型的逻辑边界与限界上下文的逻辑边界保持一致,就能保证数据架构的演进能力,前提是:数据模型需按照领域模型进行设计。

以薪资管理系统为例,员工管理和薪资结算分属两个不同的限界上下文:员工上下文和薪资上下文。员工上下文关注员工基本信息的管理,薪资上下文需要对各种类型的员工进行薪资结算。既然限界上下文是领域模型的知识语境,就可以在这两个限界上下文中同时定义员工Employee领域类,在领域设计模型中,体现为不同的聚合。

根据领域模型设计数据模型,就应该为不同限界上下文的员工领域概念建立不同的员工数据表。考虑到限界上下文物理边界的不同，数据模型存在两种不同的设计方案[①]。

❑ 进程内边界，设计为单库多表：所有限界上下文共享同一个数据库，员工上下文的员工领域模型映射为员工表，薪资上下文的员工领域模型各自映射对应员工类型的员工表，表之间由共同的员工ID进行关联。这一方案满足单体架构风格。

❑ 进程间边界，设计为多库多表：为不同限界上下文建立不同的数据库，数据表的定义与单库多表一致。这一方案符合微服务架构风格。

无论数据模型采用哪一种设计方案，领域模型都几乎不会受到影响，唯一的影响是ORM元数据定义需要修改对库的映射。图19-1所示的领域模型代码结构不受数据模型设计方案的影响。

在领域模型中，员工上下文的 `Employee` 聚合根实体与薪资上下文的 `HourlyEmployee`、`SalariedEmployee` 和 `CommissionedEmployee` 这3个聚合根实体之间存在隐含的员工ID关联。设计数据模型时，这4个聚合根实体对应4张数据主表，它们的 `id` 主键都是员工ID，彼此之间的关系如图19-2所示。

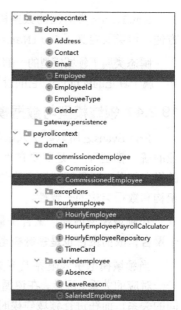

图19-1　薪资管理系统的代码模型

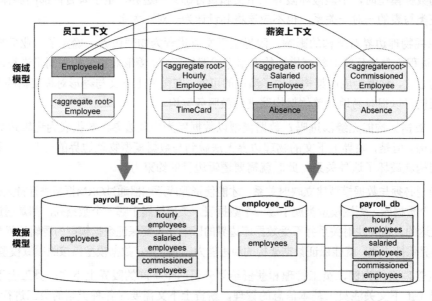

图19-2　领域模型与数据模型

[①] 因为ORM的关系，也可以将多个领域模型对象映射到数据库的一张表，如果需要支持单体架构向微服务架构的无缝迁移，这一设计带来的修改成本会相对高一些，因为数据模型的逻辑边界没有与领域模型保持一致。

员工领域类的设计充分体现了限界上下文作为领域模型的知识语境，而数据模型与领域模型的对应关系又充分支持了限界上下文对业务能力的纵向切分。领域模型的战略设计与战术设计就是通过限界上下文和聚合的边界有机融合起来的。

19.3　资源库的实现

资源库的实现取决于开发人员对ORM框架的选择。Hibernate、MyBatis、jOOQ、Spring Data JPA（当然也包括基于.NET的Entity Framework、NHibernate或Castle等）……每种框架自有其设计思想和原则，提供了不同的最佳实践来指导开发人员以更适宜的方式编写持久化实现。在领域驱动设计统一过程中，无论选择什么样的ORM框架，为聚合定义管理其生命周期的资源库，且遵循菱形对称架构将资源库分为端口与适配器，都是资源库设计的基本要求。

19.3.1　通用资源库的实现

遵循"聚合/合成优先复用原则"，为了完成对资源库实现的重用，可在南向网关的适配器层中实现一个与具体聚合无关的通用资源库类：

```
public class Repository<E extends AggregateRoot, ID extends Identity> {
    private Class<E> entityClass;
    private EntityManager entityManager;
    private TransactionScope transactionScope;

    public Repository(Class<E> entityClass, EntityManager entityManager) {
        this.entityClass = entityClass;
        this.entityManager = entityManager;
        this.transactionScope = new TransactionScope(entityManager);
    }

    public Optional<E> findById(ID id) {
        requireEntityManagerNotNull();

        E root = entityManager.find(entityClass, id);
        if (root == null) {
            return Optional.empty();
        }
        return Optional.of(root);
    }

    public List<E> findAll() {
        requireEntityManagerNotNull();

        CriteriaQuery<E> query = entityManager.getCriteriaBuilder().createQuery(entityClass);
        query.select(query.from(entityClass));
        return entityManager.createQuery(query).getResultList();
    }

    public List<E> findBy(Specification<E> specification) {
        requireEntityManagerNotNull();
```

```java
        if (specification == null) {
            return findAll();
        }

        CriteriaBuilder criteriaBuilder = entityManager.getCriteriaBuilder();
        CriteriaQuery<E> query = criteriaBuilder.createQuery(entityClass);
        Root<E> root = query.from(entityClass);

        Predicate predicate = specification.toPredicate(criteriaBuilder, query, root);
        query.where(new Predicate[]{predicate});

        TypedQuery<E> typedQuery = entityManager.createQuery(query);
        return typedQuery.getResultList();
    }

    public void saveOrUpdate(E entity) {
        requireEntityManagerNotNull();

        if (entity == null) {
            return;
        }

        if (entityManager.contains(entity)) {
            entityManager.merge(entity);
        } else {
            entityManager.persist(entity);
        }
    }

    public void delete(E entity) {
        requireEntityManagerNotNull();

        if (entity == null) {
            return;
        }
        if (!entityManager.contains(entity)) {
            return;
        }

        entityManager.remove(entity);
    }

    private void requireEntityManagerNotNull() {
        if (entityManager == null) {
            throw new InitializeEntityManagerException();
        }
    }

    public void finalize() {
        entityManager.close();
    }
}
```

Repository类的内部使用了JPA的EntityManager管理实体的生命周期，提供了"增删改查"等持久化的基本方法。其中，增加和修改方法由saveOrUpdate()方法实现，查询方法定义了findBy(Specification<E> specification)方法，以满足各种条件的查询。

19.3.2 资源库端口与适配器

通用的资源库能够支持聚合的基本持久化操作。在为每个聚合根定义资源库适配器时，可以在其内部调用它，完成持久化功能的复用。例如，HourlyEmployeeRepository资源库端口及其适配器实现：

```
package com.dddexplained.payroll.payrollcontext.southbound.port.repository;

public interface HourlyEmployeeRepository {
  Optional<HourlyEmployee> employeeOf(EmployeeId employeeId);
  List<HourlyEmployee> allEmployeesOf();
  void save(HourlyEmployee employee);
}

package com.dddexplained.payroll.payrollcontext.southbound.adapter.repository;

public class HourlyEmployeeRepositoryJpaAdapter implements HourlyEmployeeRepository {
  private Repository<HourlyEmployee, EmployeeId> repository;

  public HourlyEmployeeRepositoryJpaAdapter(Repository<HourlyEmployee, EmployeeId>
repository) {
    this.repository = repository;
  }

  @Override
  public Optional<HourlyEmployee> employeeOf(EmployeeId employeeId) {
    return repository.findById(employeeId);
  }

  @Override
  public List<HourlyEmployee> allEmployeesOf() {
    return repository.findAll();
  }

  @Override
  public void save(HourlyEmployee employee) {
    if (employee == null) {
      return;
    }
    repository.saveOrUpdate(employee);
  }
}
```

为HourlyEmployee聚合定义的资源库端口与适配器，完全遵循了薪资上下文菱形对称架构的要求，分别定义在南向网关的端口层与适配器层。

19.3.3　聚合的领域纯粹性

领域设计模型以聚合为单位，对领域模型的持久化需要遵循"一个聚合对应一个资源库"的设计原则。倘若调用者需要访问聚合边界内除根实体在外的其他实体或值对象，必须通过聚合根进行访问；如果要持久化这些对象，也必须交由聚合对应的资源库来实现。例如，要访问 HourlyEmployee 聚合内部的 TimeCard 实体，就只能通过 HourlyEmployee 聚合根实体；要持久化 TimeCard，也只能通过 HourlyEmployeeRepository 资源库，不需要也不应该为 TimeCard 定义专有的资源库。

HourlyEmployeeRepository 资源库虽然会负责对 TimeCard 的持久化，但不会直接持久化 TimeCard 对象，而是通过管理 HourlyEmployee 聚合的生命周期来完成。钟点工提交工作时间卡的领域行为需要分配给 HourlyEmployee 聚合根，而非 HourlyEmployeeRepository 资源库。**实现该领域行为时，不需要考虑持久化，而应考虑一种自然的对象操作，保证领域纯粹性：**

```java
public class HourlyEmployee extends AbstractEntity<EmployeeId> implements Aggregate
Root<HourlyEmployee> {
    @OneToMany(cascade = CascadeType.ALL, orphanRemoval = true)
    @JoinColumn(name = "employeeId", nullable = false)
    private List<TimeCard> timeCards = new ArrayList<>();

    // 提交工作时间卡，看不到任何持久化的影子
    public void submit(List<TimeCard> submittedTimeCards) {
        for (TimeCard card : submittedTimeCards) {
            this.submit(card);
        }
    }

    public void submit(TimeCard submittedTimeCard) {
        if (!this.timeCards.contains(submittedTimeCard)) {
            this.timeCards.add(submittedTimeCard);
        }
    }
}
```

submit() 方法调用 List<TimeCard> 的 add() 方法，将工作时间卡添加到列表中，但不会在数据库中插入一条新的工作时间卡记录。聚合不操作数据库，与数据库打交道的只能是资源库适配器，这是明确规定的资源库角色构造型的职责。

19.3.4　领域服务的协调价值

领域模型不建议聚合依赖资源库，更不允许将持久化的职责分配给聚合。如果业务需求要求对聚合的状态变更进行持久化，就需要调用资源库。调用工作由领域服务完成。

如前所述，钟点工提交工作时间卡由 HourlyEmployee 聚合完成，但要真正完成工作时间卡的提交，还需要将它持久化到数据库，这牵涉到 HourlyEmployee 与 HourlyEmployeeRepository 之间的协作。这时，需要引入领域服务 TimeCardService：

```
public class TimeCardService {
    private HourlyEmployeeRepository employeeRepository;

    public void setEmployeeRepository(HourlyEmployeeRepository employeeRepository) {
        this.employeeRepository = employeeRepository;
    }

    public void submitTimeCard(EmployeeId employeeId, TimeCard submitted) {
        Optional<HourlyEmployee> optEmployee = employeeRepository.employeeOf(employeeId);
        optEmployee.ifPresent(e -> {
            e.submit(submitted);
            employeeRepository.save(e);
        });
    }
}
```

领域服务的submitTimeCard()方法先通过EmployeeId查询获得HourlyEmployee对象，这是生命周期管理中对聚合根实体对象的重建。资源库通过ORM重建聚合根实体时，会将它附加（attach）到持久化上下文中。该对象的任何变更都可以被ORM框架监听到，通过实体的唯一标识能够明确其身份。当HourlyEmployee执行submit(timecard)方法时，工作时间卡的新增操作就被记录在持久化上下文中，一旦执行了资源库的save()方法，持久化上下文就会完成对这一变更的提交。

在利用测试驱动开发驱动领域服务的实现时，若牵涉到领域服务与资源库之间的协作，应通过Mock框架模拟资源库的行为，以隔离对外部资源的依赖，让测试的反馈更加快速。为了保证领域实现模型的正确性，应考虑为资源库的实现类编写集成测试，以验证领域模型是否满足编码实现的要求：

```
public class HourlyEmployeeJpaRepositoryIT {
    private EntityManager entityManager;
    private Repository<HourlyEmployee, EmployeeId> repository;
    private HourlyEmployeeJpaRepository employeeRepo;

    @Before
    public void setUp() {
        entityManager = EntityManagerFixture.createEntityManager();
        repository = new Repository<>(HourlyEmployee.class, entityManager);
        employeeRepo = new HourlyEmployeeJpaRepository(repository);
    }

    @Test
    public void should_submit_time_card_then_remove_it() {
        EmployeeId employeeId = EmployeeId.of("emp200109101000001");

        HourlyEmployee hourlyEmployee = employeeRepo.employeeOf(employeeId).get();

        assertThat(hourlyEmployee).isNotNull();
        assertThat(hourlyEmployee.timeCards()).hasSize(5);
```

```
TimeCard repeatedCard = new TimeCard(LocalDate.of(2019, 9, 2), 8);
hourlyEmployee.submit(repeatedCard);
employeeRepo.save(hourlyEmployee);

hourlyEmployee = employeeRepo.employeeOf(employeeId).get();
assertThat(hourlyEmployee).isNotNull();
assertThat(hourlyEmployee.timeCards()).hasSize(5);

TimeCard submittedCard = new TimeCard(LocalDate.of(2019, 10, 8), 8);
hourlyEmployee.submit(submittedCard);
employeeRepo.save(hourlyEmployee);

hourlyEmployee = employeeRepo.employeeOf(employeeId).get();
assertThat(hourlyEmployee).isNotNull();
assertThat(hourlyEmployee.timeCards()).hasSize(6);

hourlyEmployee.remove(submittedCard);
employeeRepo.save(hourlyEmployee);
assertThat(hourlyEmployee.timeCards()).hasSize(5);
    }
}
```

由于单元测试和集成测试的反馈速度不同，且后者还要依赖于真实的数据库环境，因此建议在项目工程中分离单元测试和集成测试，例如在Java项目中使用Maven的failsafe插件。该插件规定了集成测试的命名规范，如规定集成测试类以*IT结尾，只有执行mvn integration-test命令才会执行这些集成测试。

无论如何，做好业务与技术的隔离是非常重要的领域驱动设计原则。在考虑技术实现时，有时候又不可避免因为现实因素产生技术对领域模型的影响，定义好分界线、在二者之间取得平衡就显得尤为关键。更关键的是，**明确设计的驱动力一定要来自领域**，在领域建模阶段，经历领域分析建模、领域设计建模和领域实现建模，在完成业务服务的业务功能之后，再考虑南向网关的具体实现，以及在应用服务整合必要的横切关注点。千万不能本末倒置，让我们获得的领域模型受到技术的"污染"，从而在业务复杂度中混入技术复杂度。

第**20**章

领域驱动设计体系

体系只有在其轮廓形成时从理念世界的构造本身获得了灵感，它才是有效的。

——瓦尔特·本雅明，《德意志悲苦剧的起源》

领域驱动设计是自成体系的一套软件研发方法论，涵盖了软件开发的全生命周期。它的体系庞大，包容性强，其中诸多模式与原则颠覆了以技术为核心的工程思想，使得领域驱动设计的学习者与实践者常常发出"不得其门而入"之叹。这并非领域驱动设计这套体系的过错，也并非Eric Evans等领域驱动设计大师们故弄玄虚，而是因为针对领域的分析和建模，本身有赖于设计者的行业知识与设计经验。

经验之说，只可意会，不可言传，而领域驱动设计若只有凭借经验才能做好，就不能称为一套方法体系了。为此，我针对领域驱动设计存在的不足，通过固化领域驱动设计的过程，提供更为直接有效的实践方法，建立具有目的性和可操作性的研发过程，即**领域驱动设计统一过程**（domain-driven design unified process，DDDUP）。这得益于领域驱动设计的开放性。这种开放性使得它具有海纳百川的包容能力，促进了它的演化与成长，是我提出领域驱动设计统一过程以及诸多实践方法与模式的根基所在。

但是，领域驱动设计毕竟不是一个无限放大的筐，我们不能将什么技术方法都往里装，然后美其名曰领域驱动设计。领域驱动设计是以领域为核心驱动力的设计方法，此乃其根本要旨，也可认为是运用领域驱动设计的**最高准则**。

不仅要遵循这一最高准则，还要抓住领域驱动设计的精髓。如此才能灵活地运用领域驱动设计，避免死板地遵照领域驱动设计统一过程的要求。

20.1 领域驱动设计的精髓

什么是领域驱动设计的精髓？它体现为两个要素：边界与纪律。

20.1.1 边界是核心

无论从问题空间到解空间，还是从战略设计推进到战术设计，领域驱动设计一直强调的核心思想，就是**对边界的界定与控制**。

从全局分析开始，我们就需要确定目标系统的利益相关者与愿景以确定目标系统的范围。它的边界是领域驱动设计问题空间的**第一重边界**，可以用于界定问题空间；帮助团队明确了哪些功能属于目标系统的范围，也可以在未来需求发生变更或增加时作为团队的判断依据。系统范围边界的大小等于问题空间的大小，也就决定了目标系统的规模。确定系统范围是探索问题空间的主要目的，同时，也是求解问题空间的重要参考。

问题空间通过核心子领域、通用子领域和支撑子领域进行分解，以更加清晰地呈现问题空间，同时降低问题空间的复杂度。子领域确定的边界是领域驱动设计问题空间的**第二重边界**，帮助团队看清主次，理清了问题空间中领域逻辑的优先级，同时促使团队在全局分析阶段将设计的注意力放在领域和对领域模型的理解上，满足领域驱动设计的要求。

领域驱动设计问题空间的两重边界属于**分析边界**。

到了架构映射阶段，利用组织级映射获得的系统上下文成了领域驱动设计解空间的**第一重边界**。通过系统上下文明确哪些属于目标系统，哪些属于伴生系统，即可清晰地表达当前系统与外部环境之间的关系、确定解空间的规模大小。

通过业务级映射获得的限界上下文是领域驱动设计解空间的**第二重边界**，可以有效地降低系统规模。无论是在业务领域，还是架构设计，或者团队协作方面，限界上下文边界都成了重要的约束力。边界内外可以形成两个不同的世界：暴露在限界上下文边界外部的是远程服务或应用服务，每个服务都提供了完整的业务价值，并通过相对稳定的契约来展现服务、确定限界上下文之间的协作方式；在限界上下文边界之内，可以根据不同的需求场景，形成自己的一套设计与实现体系。外部世界的规则是契约、通信以及系统级别的架构风格与模式，内部世界的规则是分层、协作以及类级别的设计风格与模式。

在限界上下文内部，网关层与领域层的隔离成了领域驱动设计解空间的**第三重边界**。菱形对称架构形成了清晰的内外边界，有效地隔离了业务复杂度与技术复杂度。将领域层作为整个系统稳定而内聚的核心，是领域驱动设计的关键特征。唯有如此，才能逐渐将这个"领域内核"演化为企业的重要资产。这也是软件设计的核心思想，即分离变与不变。领域内核中的领域模型具有一种本质的不变性，只要我们将领域逻辑剖析清楚，该模型就能保证相对的稳定性；若能再正确地识别可能的扩展与变化，加以抽象与封装，就能维持领域模型绝对的稳定性。网关层封装或抽象的外部资源具有一种偶然的不变性。利用层次的隔离，就能有效应对外部形势的变化。

若要维持领域内核的稳定性，高内聚与松耦合是根本要则。虽然职责分配的不合理在网关层的隔离下可以将影响降到最低，但是，总在调整与修改的领域模型是无法维护领域概念完整性和一致性的。为此，领域模型引入了聚合这一最小的设计单元。它从完整性与一致性对领域模型进行了有效的隔离，成了领域驱动设计解空间的**第四重边界**。领域驱动设计为聚合规定了严谨的设计约束，使得整个领域模型的对象图不再变得散漫，彼此之间的协作也有了严格的边界控制。这一约束与控制或许加大了我们设计的难度，但却可以挽救因为限界上下文边界划分错误带来的不利决策。

领域驱动设计解空间的四重边界属于**设计边界**。

问题空间的分析边界与解空间的设计边界如图20-1所示。

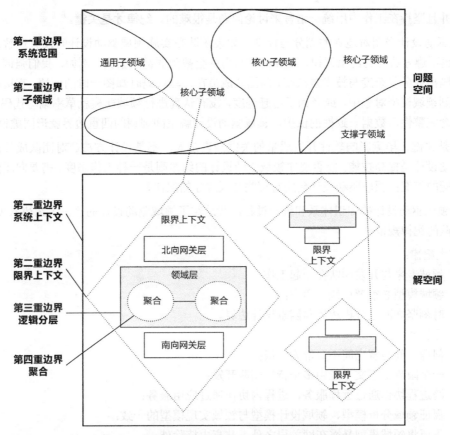

图20-1　问题空间的分析边界与解空间的设计边界

　　领域驱动设计在各个层次提出的核心模式具有不同的粒度和设计关注点，但本质都在于确定边界。毕竟，随着规模的扩大，一个没有边界的系统终究会变得越来越混乱；架构没有清晰的层次，职责缺乏合理的分配，代码就会变得不可阅读和维护，最终系统会形成一种**无序设计**。

　　我们看一个无序设计的软件系统，就好像隔着毛玻璃观察事物，系统中的软件元素都变得模糊不清，充斥着各种技术债。细节层面，代码污浊不堪，违背了高内聚松耦合的设计原则，导致要么放错了代码位置，要么出现重复的代码块；架构层面，缺乏清晰的边界，各种通信与调用依赖纠缠在一起，同一问题空间的解决方案各式各样，让人眼花缭乱，仿佛进入了没有规则的无序社会。

　　领域驱动设计问题空间的两重边界与解空间的四重边界可以保证系统的有序性。

20.1.2　纪律是关键

　　不管一套方法体系多么完美，如果团队不能严格地执行方法体系规定的纪律，一切就都是空谈。ThoughtWorks的杨云就指出："领域驱动设计是一种纪律，"他进一步解释道，"领域驱动设计本身没有多难，知道了方法的话，认真建模一次还是好搞的，但是持续地保持这个领域模型的更新和有效，并且坚持在工作中用统一语言来讨论问题是很难的。**纪律才是关键。"**

领域驱动设计强调对边界的划分与控制。如果团队在实施领域驱动设计时没有理解边界控制的意义，也不遵守边界的约束纪律，边界的控制力就会被削弱甚至丢失。例如，我们强调通过菱形对称架构隔离业务复杂度与技术复杂度，而团队成员在编写代码时却图一时的便捷，直接将网关层的代码放到领域模型对象中，或者为了追赶进度，没有认真进行领域建模就草率编写代码，却无视聚合对概念完整性、数据一致性的保护，领域驱动设计解空间强调的四重边界就形同虚设了。

纪律是关键，毕竟影响软件开发质量的关键因素是人，不是设计方法。对团队成员而言，学习领域驱动设计是提高技能，能否遵守领域驱动设计的纪律则是一种工作态度。需要向团队成员明确一个问题的答案：领域驱动设计到底有哪些必须遵守的纪律？

结合领域驱动设计的知识体系和统一过程，我总结了领域驱动设计的"三大纪律八项注意"，可作为团队的纪律规范。

- ❑ 三大纪律：
  - ◆ 领域专家与开发团队在一起工作；
  - ◆ 领域模型必须遵循统一语言；
  - ◆ 时刻坚守两重分析边界与四重设计边界。
- ❑ 八项注意：
  - ◆ 问题空间与解空间不要混为一谈；
  - ◆ 一个限界上下文不能由多个特性团队开发；
  - ◆ 跨进程协作通过远程服务，进程内协作通过应用服务；
  - ◆ 保证领域分析模型、领域设计模型与领域实现模型的一致；
  - ◆ 不要将领域模型暴露在网关层之外，共享内核除外；
  - ◆ 先有领域模型，后有数据模型，保证二者的一致；
  - ◆ 聚合的关联关系只能通过聚合根ID引用；
  - ◆ 聚合不能依赖访问外部资源的南向网关。

"三大纪律"是实施领域驱动设计的最高准则，是否遵守这"三大纪律"，决定了实施领域驱动设计的成败。"八项注意"则重申了设计要素与规则，并对设计规范进行了固化，避免因为团队成员能力水平的参差不齐导致实施过程的偏差。

当然，针对不同的项目、不同的团队，实施领域驱动设计的方式自然有所不同，在不违背"三大纪律"的最高准则下，团队也可以总结属于自己的"八项注意"，甚至更多的纪律条款。

20.2 领域驱动设计能力评估模型

要实施领域驱动设计，必须提高团队成员的整体能力。团队成员的能力与团队遵循的纪律是相辅相成的：能力足但纪律涣散，不足以打胜仗；纪律严而能力缺乏，又心有余而力不足。培养团队成员的能力并非一朝一夕之功，如果能够有一套能力评估模型对团队成员的能力进行评估，就能做到有针对性的培养。借助领域驱动设计统一过程引入的各种方法与模式，我建立了领域驱动设计的能力评估模型。

领域驱动设计能力评估模型（domain-driven design capability assessment model，DCAM）是我个人对领域驱动设计经验的一个提炼，可以指导团队进行能力的培养和提升。DCAM并非一个标准或一套认证体系，更非事先制订或强制执行的评估框架。建立这套模型的目的仅仅是更好地实施领域驱动设计。我不希望它成为一种僵化的评分标准，它应该是一个能够不断演化的评估框架。DCAM如图20-2所示，目前，它仅限于对象建模范式的领域驱动设计。

图20-2所示的能力维度包括：

❑ 敏捷迭代能力；
❑ 需求分析能力；
❑ 领域建模能力；
❑ 架构设计能力。

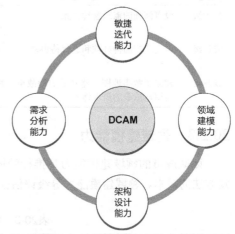

图20-2　领域驱动设计能力评估模型

根据能力水平，每个维度分为初始级、成长级和成熟级3个层次，各个层次的能力水平围绕领域驱动设计能力开展评估。层次越高，团队的领域驱动设计能力就越高，推行领域驱动设计成功的可能性也就越高。

20.2.1　敏捷迭代能力

我认为，领域驱动设计之所以在近十余年未能取得举足轻重的成功，其中一个原因就是它没有与敏捷软件开发过程结合起来。敏捷开发的诸多实践，包括特性团队、持续集成、迭代管理等都可以为领域驱动设计的实施保驾护航。敏捷迭代能力等级评估标准如表20-1所示。

表20-1　敏捷迭代能力等级评估标准

等级	团队管理	过程管理
初始级	组件团队，缺乏定期的交流制度；没有领域专家或专职的需求分析人员	每个版本的开发周期长，无法快速响应需求的变化
成长级	全功能的领域特性团队，每日站立会议，领域专家参与需求分析活动	采用了迭代开发模式，定期交付小版本
成熟级	自组织的领域特性团队，团队成员定期轮换，形成知识共享，领域专家全程参与，密切与团队进行沟通和协作	建立了可视化的看板，由下游拉动需求的交付，消除浪费

20.2.2　需求分析能力

领域驱动设计的核心驱动力是"领域"，领域主要来自问题空间的业务需求。要从复杂多变的真实世界中提炼出满足建模需求的领域知识和领域概念，就要求团队具备成熟的需求分析能力。需求分析能力等级评估标准如表20-2所示。

表20-2　需求分析能力等级评估标准

等级	需求管理	分析方法
初始级	没有清晰的需求管理体系	没有一套成体系的需求分析方法,只是从功能角度建立需求规格说明书,没有考虑各种用户的业务场景
成长级	定义了产品待办项和迭代待办项	使用了如用例等需求分析方法,形成了严谨而完整的需求规格说明书
成熟级	建立了故事地图,建立了史诗故事、特性与用户故事的需求体系	重视价值需求,在需求分析过程中大量使用可视化工具对业务需求进行探索,快速输出需求规格说明书

20.2.3　领域建模能力

团队成员的领域建模能力是推行领域驱动设计的基础,也是领域驱动设计有别于其他软件开发方法的根本。领域建模能力等级评估标准如表20-3所示。

表20-3　领域建模能力等级评估标准

等级	分析建模	设计建模	实现建模
初始级	采用数据建模,建立以数据表关系为基础的数据模型	领域模型为贫血领域模型,通过事务脚本实现领域逻辑	编码以实现功能为唯一目的,没有单元测试保护
成长级	领域分析建模工作只限于少数资深技术人员,并主要凭借经验完成建模	建立了富领域模型,遵循面向对象设计思想,但未明确定义聚合和资源库	方法和类的命名都遵循了统一语言,可读性高,为核心的领域产品代码提供了单元测试
成熟级	采用事件风暴、四色建模法等可视化建模方法,由领域专家与开发团队一起围绕核心子领域开展领域分析建模	建立以聚合为设计单元的领域设计模型,职责合理地分配给聚合、资源库与领域服务	采用测试驱动开发编写领域代码,遵循简单设计原则,具有明确的手工/自动化测试分层策略

20.2.4　架构设计能力

如果说领域建模完成了对问题空间真实世界的抽象与提炼,架构设计就是在解空间中进一步对领域模型进行规范,建立边界清晰、风格一致的演进式架构。架构设计能力等级评估标准如表20-4所示。

表20-4　架构设计能力等级评估标准

等级	架构
初始级	采用传统三层架构,未遵循整洁架构,整个系统缺乏清晰的边界
成长级	建立了以限界上下文为架构单元的应用架构,领域层作为分层架构的独立一层,隔离了业务复杂度与技术复杂度,并为领域层划分了模块
成熟级	遵循了整洁架构,清晰地定义了系统上下文和界限上下文的边界,具有响应需求变化的演进能力

　　DCAM评估的这4种能力必须在领域驱动设计研发方法体系下进行，也对应了领域驱动设计统一过程中各个阶段的过程工作流与支撑工作流，是实施领域驱动设计统一过程的能力保障。当然，为了能够将该能力评估模型推广到领域驱动设计社区，我尽量避免将它与我提倡的领域驱动设计统一过程产生绑定关系。为此，我在确定评估标准时，选择了得到领域驱动设计社区普遍认可和推广的实践、方法和模式，由我提出的菱形对称架构、快速建模法、角色构造型、服务驱动设计以及对业务服务的抽象，都未体现在对应能力的评估标准中。

20.3　领域驱动设计参考过程模型

　　没有一套放之四海而皆准的过程方法能够一劳永逸地解决所有问题，但为了降低实施领域驱动设计的难度，确乎可以提供一套切实可行的最佳实践对整个过程进行固化与简化。这正是我提出**领域驱动设计统一过程**的主要原因。

　　领域驱动设计统一过程对领域驱动设计知识进行抽象与提炼，然后以一种标准而统一的过程为开发团队实施领域驱动设计形成指导，它的指导价值不言而喻。但就统一过程本身，它仅仅是一个抽象的过程体系。它虽然规定了在什么阶段应该采用什么样的工作流，但体系自身并没有确定究竟该用什么样的方法与模式帮助团队顺利地实施工作流。

　　为了帮助团队更好地实施领域驱动设计，有必要针对领域驱动设计统一过程做进一步的固化与简化，结合我个人实施领域驱动设计的经验，选择部分行之有效的方法与模式，填充到领域驱动设计统一过程的空白处，形成一套领域驱动设计参考过程模型。这套过程模型不能解决实施过程中的所有问题，也无法规避需要凭借经验的现实问题，但通过一些真实项目开发实践得到证明，它能够在一定程度降低实施门槛，从战略和战术层面获得高质量的领域模型。这一参考过程模型如图20-3所示。

　　整个参考过程模型通过业务流程泳道图体现，每个泳道代表领域驱动设计统一过程的一个阶段，矩形的流程图例代表领域驱动设计统一过程运用的方法或模式，文档图例代表融合了领域驱动设计模式的输出工件，虚线空心箭头为输入流，实线实心箭头为输出流。

　　从需求调研开始，参考过程模型建议使用**商业模式画布**对问题空间进行探索，获得利益相关者、系统愿景和系统范围，它们共同构成了目标系统的价值需求。根据价值需求的利益相关者，运用**服务蓝图**与**业务流程图**对业务需求进行梳理，获得业务流程。对业务流程按照业务目标进行时间上的阶段划分，就可以获得业务场景。对业务场景进一步分析，可以获得代表服务价值的业务服务。业务流程、业务场景和业务服务共同构成了目标系统的业务需求。

　　在系统愿景与系统范围的指导下，利用**功能分类策略**对问题空间进行分解，获得由核心子领域、通用子领域和支撑子领域组成的子领域。

　　参考全局分析阶段确定的价值需求，绘制**业务序列图**，通过C4模型的**系统上下文图**最终确定系统上下文。它确定了整个解空间的边界，明确了目标系统的解决方案范围，有助于我们确定哪些系统是目标系统、哪些系统是伴生系统，也确定了利益相关者、目标系统、伴生系统之间的关系。

在系统上下文边界的约束下，以**V型映射过程**对业务服务表达的领域知识进行归类和归纳，获得体现业务能力的限界上下文，并运用菱形对称架构体现限界上下文的内部架构。需求分析人员在编写了**业务服务规约**之后，针对业务服务绘制**服务序列图**，结合业已识别出来的限界上下文，确定上下文映射模式，并为目标系统定义**服务契约**。最后在系统上下文边界的约束下，根据子领域和限界上下文之间的关系，确定系统分层架构。

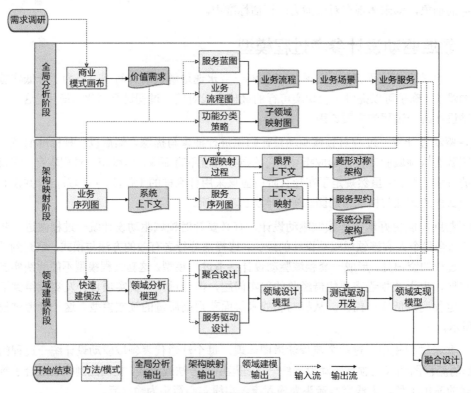

图20-3　领域驱动设计参考过程模型

领域建模需要在限界上下文的边界约束下进行。建模的前提是业务分析人员已经将全局分析阶段输出的业务服务细化为**业务服务规约**，在统一语言的指导下对其采用**快速建模法**获得领域分析模型。以领域分析模型为基础，运用**聚合设计的庖丁解牛过程**获得以聚合为核心要素的角色构造型，获得静态的领域设计模型。对业务服务开展**服务驱动设计**，根据**业务服务规约**定义的基本流程，将业务服务分解为任务树，分配职责获得序列图脚本，从而获得动态的领域设计模型。按照**业务服务规约**定义的验收标准，为任务树的每个任务编写测试用例，开展**测试驱动开发**，从而获得领域实现模型。领域分析模型、领域设计模型和领域实现模型共同构成了在限界上下文边界约束之下的领域模型，实现了战略设计与战术设计的融合。

领域驱动设计参考过程模型为领域驱动设计统一过程的每个阶段每个环节提供了具有实操性的方法和模式，也规定了每个阶段需要输出的工件。不过，我们还需要一个完整案例真实地展示它如何指导团队从问题空间走向解空间，最终获得高质量领域模型的过程。为此，我选择了一个中等规模的真实案例，全方位地展现在项目中如何实践领域驱动设计参考过程模型。这个真实案例就是**企业应用套件**（enterprise application suite，EAS）。

20.3.1　EAS案例背景

企业应用套件[①]是一款根据软件集团应用信息化的要求开发的企业级应用软件。该软件集团为各行各业提供软件交付服务，以在岸、近岸、离岸等多种模式交付软件。EAS系统提供了大量简单、快捷的操作界面，使得集团相关部门能够更快捷、更方便、更高效地处理日常事务工作，并为管理者提供决策参考、流程简化，建立集团与各部门、员工之间交流的通道，有效地提高工作效率，实现整个集团的信息化管理。

EAS系统为企业搭建了一个数据共享与业务协同平台，实现了**人力资源**、**客户资源**和**项目资源**的整合。系统包括人力资源管理、客户关系管理和项目过程管理等主要模块。系统用户为集团的所有员工，但角色的不同，决定了他们关注点之间的区别。

20.3.2　EAS的全局分析

在全局分析阶段，需要针对目标系统进行价值需求分析。

1. 价值需求分析

根据参考过程模型的描述，一种有效方法是通过商业模式画布来帮我们确定目标系统的客户、愿景和范围。EAS是一款面向B端的产品，它的客户实际上都是软件集团的员工。员工的角色不同，所属部门不同，职责也不相同，因而对其做**客户细分**非常有必要。实际上，我们在为EAS进行价值需求分析之前，重点调研了人力资源部、市场部与项目管理部的相关人员。作为支持者（提供部门的业务知识）与受益者（使用EAS的最终用户），他们各自提出了切合自身需要的业务功能，包括：

❏ 市场部对客户和需求的管理，对合同的跟踪；
❏ 项目管理部对项目和项目人员的管理，对项目进度的跟踪；
❏ 人力资源部负责招聘人才，管理员工的日常工作包括工作日志、考勤等。

在对EAS的客户进行细分并确定各自的**价值主张**时，团队发现遗漏了最重要的利益相关者：集团管理层。作为集团业务的决策者，他们对业务目标的认识有利于更加准确地确定系统愿景。

作为一家提供软件交付服务的集团公司，核心生产力是从事软件开发的人力资源。各个业务部门的主要工作都是围绕着人力资源的供需进行的。决策者的痛点就是无法快速直观地了解公司人力资源的供需情况。例如，客户需要集团提供20名各个层次的Java开发人员，市场部门在确定是否签订该合同之前，需要通过EAS查询集团的人力资源库，了解现有的人力资源是否匹配客户需求。如果匹配，还需要各个参与部门审核人力成本，决定合同标的。如果集团当前的人力资源无法满足

[①] 本例的详细需求、设计和代码请在GitHub中搜索 "agiledon/eas-ddd" 获取。

客户需求，就需要人力资源部提早启动招聘流程，或从人才储备库中寻找满足需求的候选人。通过EAS，管理人员还能够及时了解开发人员的闲置率，跟踪项目的进展情况，明确开发人员在项目中承担的职责和任务完成质量。

获得商业模式画布的**渠道通路**比较简单。这是因为EAS与其他创新产品不同，并不需要寻找各种渠道通路对产品进行宣传，只需利用行政力量要求相关部门使用即可。由此推导出来的**客户关系**，实际上就是对参与EAS系统的各种角色做进一步梳理，了解这些角色在什么时候会使用EAS，又该怎样使用EAS。

EAS是集团的内部系统，不牵涉具体的营收业务，因此它的**收益来源**更多地体现在对成本的控制和削减上，同时也包含该如何为集团的软件交付业务提供更好的服务与支持。虽然EAS的收益来源并不明显，但对它的思考有利于驱动我们对核心资源和关键业务的发掘。

为了保证EAS的顺利交付，需要哪些**核心资源**？交付的EAS能够提供哪些**关键业务**？在确定了EAS的客户、价值主张、收益来源等内容后，参与到商业模式画布头脑风暴的人员能够轻易回答这些问题。由于EAS主要解决人力资源问题，它需要的**重要合作**也应该与人力资源的招聘、培训有关。最后，EAS是企业内部系统，在考虑实现该系统之前，了解开发该系统需要的**成本结构**也就显得理所应当。由此，就可以获得图20-4所示的商业模式画布。

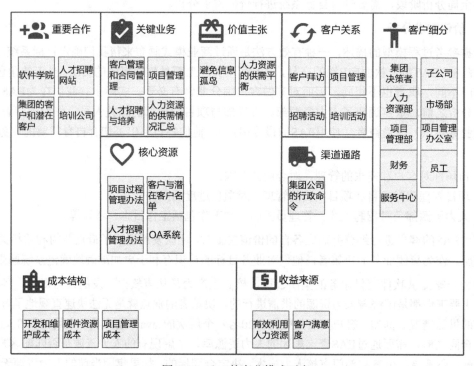

图20-4　EAS的商业模式画布

虽然EAS并非一个创新产品，但在全局分析阶段通过它探索价值需求，会更容易引导客户描绘出心中的设想，并通过这种可视化的形式将其真实地传递出来，形成对问题空间一致理解的，就价值需求达成共识。

　　一旦确定了商业模式画布的内容，就可以根据商业模式画布各个板块与价值需求之间的关系，获得EAS的价值需求，作为全局分析规格说明书的一部分。组成EAS全局分析规格说明书的价值需求如下所示。

1　利益相关者
- ❑ 集团决策者
- ❑ 子公司
- ❑ 人力资源部
- ❑ 市场部
- ❑ 项目管理部
- ❑ 项目管理办公室
- ❑ 财务
- ❑ 员工
- ❑ 服务中心

2　系统愿景

　　避免信息孤岛，实现人力资源的可控，从而达到人力资源的供需平衡。

3　系统范围

3.1　当前状态
- ❑ 创建了由项目经理、业务分析师、开发人员和测试人员构成的特性团队
- ❑ 集团项目管理部负责项目的流程管理
- ❑ 集团已有OA系统作为部门之间的流程协作与消息通知
- ❑ 集团已制订了人才招聘管理办法、项目过程管理办法
- ❑ 软件学院和招聘网站的简历作为集团的人才储备库
- ❑ 员工培训已有合作的培训公司
- ❑ 市场部提供客户和潜在客户名单
- ❑ 由集团下达行政命令在集团内部相关职能部门推广EAS系统

3.2　未来状态
- ❑ EAS系统在×年×月×日通过用户验收
- ❑ EAS系统在×年×月×日上线运行
- ❑ 由EAS系统负责客户关系管理、项目管理、人力资源管理
- ❑ 通过客户满意度评估EAS系统的价值

3.3　目标列表
- ❑ 通过可视化方式体现人力资源的供需状况
- ❑ 管理集团与客户和潜在客户之间的关系，管理市场需求，对合同进行跟踪

❏ 管理项目和项目人员，跟踪项目进度
❏ 实时调整用人需求，制订招聘和培训计划
❏ 管理员工考勤、工作日志等日常工作

2. 业务需求分析

在完成价值需求分析后，就可以在价值需求的引导与约束下开始业务需求分析。

业务需求分析起始于业务流程，能让目标系统的业务功能"动"起来，执行一系列的活动来满足参与角色的业务价值。为了快速把握EAS的需求全景，可以抓住体现业务愿景核心价值的主流程。既然EAS以"人力资源的供需平衡"为关注核心，那么所有参与角色需要执行的主要业务功能都与该核心价值有关。在价值需求的指引下，可以结合供需平衡将所有参与角色抽象为需求方与供应方，然后站在供需双方的角度思考各个参与角色之间的协作方式与协作过程，如图20-5所示。

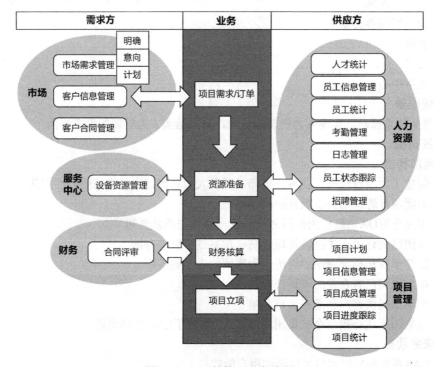

图20-5   EAS的核心业务流程

图20-5清晰地体现了需求与供应之间的关系，展现了核心业务流程的关键环节。注意，该协作示意图并非项目开始之前的当前状态，而是期望解决供需平衡问题的未来状态。这种协作关系也体现了打破部门之间信息壁垒的系统愿景。根据这一协作示意图，我们可以以泳道图形式的业务流程图表达整个系统的核心流程，如图20-6所示。

这个核心流程体现了业务流程的总体运行过程，属于更为宏观的业务流程表达。许多更为细

致的协作细节并没有清晰地表现出来，项目管理流程和招聘流程更是作为子流程被"封装"起来了。为了更为详尽地探索问题空间，这些业务流程也需要进一步得到呈现。从目标系统为参与角色提供服务的角度，我们通过服务蓝图结合业务流程图呈现了EAS的以下业务流程。[①]

- ❑ **面向市场人员**：客户合作的业务流程。
- ❑ **面向项目管理人员**：项目管理流程。
- ❑ **面向培训专员**：培训流程（培训需求是后续提出的需求变更）。

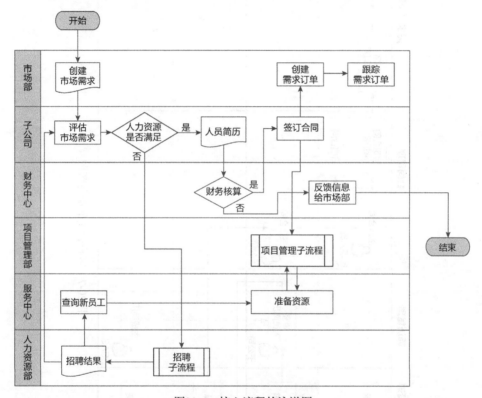

图20-6　核心流程的泳道图

由于EAS的所有用户都是组织内员工，如果使用服务蓝图绘制业务流程，客户角色就是向目标系统发起服务请求的用户，如签订合同业务流程中的市场人员、项目管理流程的项目管理人员和招聘流程的招聘专员。

（1）客户合作

当市场人员向目标系统发起创建市场需求的服务请求时，就形成了从市场需求到合同签订并形成需求订单的客户合作业务流程，它的服务蓝图如图20-7所示。

---

① 限于篇幅，本章只提供几个典型的业务流程。

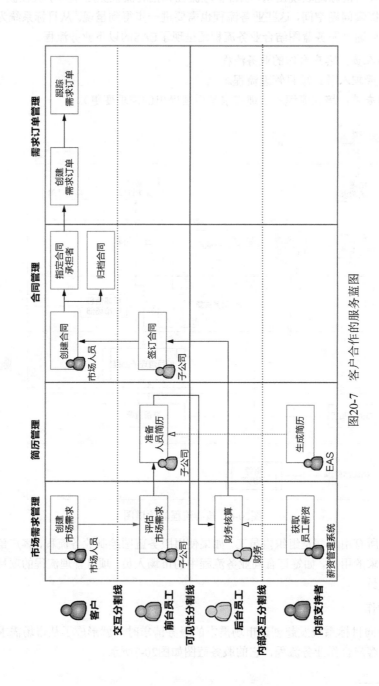

图20-7　客户合作的服务蓝图

由于业务规则要求具有独立法人资格的子公司作为市场需求的承担者，因此子公司会成为合同中的乙方。市场人员作为服务蓝图中的客户，并不会参与合同的签订，只是关心子公司的现有资源能否满足市场需求。在签订了合同之后，市场人员可以通过合同信息创建需求订单，并跟踪需求订单，以保持与客户合作的良好关系。子公司作为前台员工需要与市场人员交互，但是市场人员却看不见财务的参与，因为财务核算行为发生在作为前台员工的子公司与财务之间，因此财务属于服务蓝图的后台员工。至于内部支持者，要么是EAS自身，要么就是EAS范围之外的外部系统。

根据客户合作流程的服务蓝图，整个流程由4个业务场景构成：市场需求管理、简历管理、合同管理和需求订单管理。根据业务服务的判断标准，对业务场景的活动进行判断，可以绘制出每个业务场景的业务服务图。

市场需求管理的业务服务图如图20-8所示。

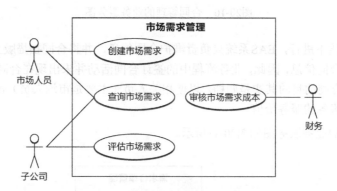

图20-8　市场需求管理的业务服务图

对"查询市场需求"业务服务而言，它虽然没有包含在服务蓝图，但在子公司对市场需求进行评估时，如果不提供这一功能，就无法获得指定的市场需求完成评估。二者提供的服务价值又是完全独立的，有必要为其单独定义一个业务服务。

简历管理的业务服务图如图20-9所示。

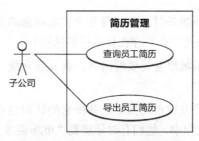

图20-9　简历管理的业务服务图

客户合作的业务流程说明是由系统生成员工简历，但实际上，这需要子公司的操作人员与系统进行一次交互，目的是导出员工简历，故而识别出该业务服务以满足功能需求。

合同管理的业务服务图如图20-10所示。

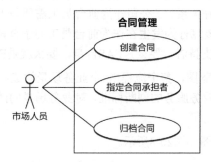

图20-10   合同管理的业务服务图

合同的签订在线下进行，EAS系统只负责维护合同信息，并将合同扫描版上传到系统中归档，以便市场人员查询合同信息，因此，业务流程中的签订合同活动并未出现在合同管理的业务服务图中。市场人员创建合同的目的其实是归档，以便相关人员（主要是市场人员）查询，故而"归档合同"体现了该业务服务的服务价值。

需求订单管理的业务服务图如图20-11所示。

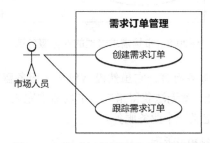

图20-11   需求订单管理的业务服务图

在梳理客户合作流程的业务服务时，我发现几个领域概念的定义并不清晰：合同、市场需求、客户需求和需求订单之间的关系是什么？存在什么样的区别？

当我们发现有多个混乱的领域概念需要澄清时，就要建立统一语言，就这些领域概念达成一致共识。

通过与市场人员的交流，我发现市场部对这些概念的认识也是模糊不清的，甚至在很多场景中交替使用这些概念。在交谈过程中，他们有时还提到"市场需求订单"这个概念。例如在描写市场需求时，他们会提到"录入市场需求"，但同时又会提到"跟踪市场需求订单"和"查询市场需求订单"。在讨论"客户需求"时，他们提到了需要为客户需求指定"承担者"，在讨论"市场需求"

时却并未提及这一功能。这似乎是"客户需求"与"市场需求"之间的区别。对于"合同"的理解，他们一致认为这是一个法律概念，等同于作为乙方集团或子公司和作为甲方的客户签订的合作协议，并以合同要件的形式存在。

鉴于这些概念存在诸多歧义，我们和市场人员一起梳理统一语言，一致认为需要引入"订单"（order）的概念。**订单**不是需求（无论是客户需求还是市场需求）。它借鉴了电商系统中的订单概念，用于描述市场部与客户达成的合作意向。每个合作意向可以包含多个客户需求，相当于订单中的订单项。例如，同一个客户可能提出3条客户需求：

（1）需要5名高级Java程序员、10名中级程序员；

（2）需要8名初级.NET程序员；

（3）需要开发一个OA系统。

这3条客户需求组成了一个订单。一个订单到底包含哪几个客户需求，取决于市场部与客户洽谈合作的业务背景。

引入订单概念后，市场需求与客户需求的区别也就一目了然了。市场需求是市场部售前人员了解到的需求，并未经过评估；公司也不知道能否满足需求，以及该需求是否值得去做。这也是市场需求无须指定"需求承担者"的原因。市场需求在经过各子公司的评估以及财务人员的审核后，就可以得到细化，并在与客户充分沟通后，形成**订单**。每一条市场需求通过评估，转换为订单中的客户需求。

我们仍然保留了"合同"的概念。"合同"领域概念与真实世界的"合同"法律概念相对应。它与订单存在相关性，但本质上并不相同。例如，一个订单中的每个客户需求可以由不同的子公司来承担，但合同却规定只能有一个甲方和一个乙方。订单没有合同需要的那些法律条款。未签订的合同内容确实有很大部分来自订单的内容，但也只是商务合作内容的一部分而已。在确定了订单后，市场部人员可以跟踪订单的状态，并且在订单状态发生变更时，修改对应的合同状态，但合同的状态与订单的状态并不一致。

在全局分析阶段执行业务需求工作流时，一定要使用统一语言。我们通过业务服务图将业务服务可视化后，对于每一个可能产生歧义的领域概念，一定要大声说出来，及时消除分歧与误解，形成团队内部的统一语言。

（2）项目管理

当项目管理人员（通常为指定该项目的项目经理）开始发起项目立项的服务请求时，就形成了从立项到结项一个完整的项目管理流程，其服务蓝图展现如图20-12所示。

项目管理流程由项目管理人员提交立项申请开始，从管理角度经历了一个项目的完整生命周期。项目管理人员扮演了服务蓝图的客户角色，整个流程的各个阶段都是为项目管理人员服务的。诸如子公司、项目管理部、项目成员和服务中心等只参与项目管理流程，提供交互或支撑行为。

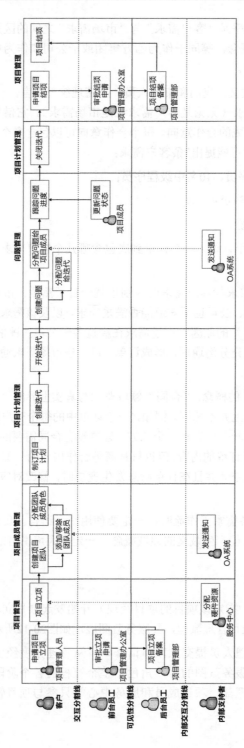

图20-12 项目管理的服务蓝图

项目管理流程为项目管理人员提供了业务价值。如果要体现目标系统为项目成员提供的业务价值，就需要将项目成员当作服务蓝图的客户，思考它的客户旅程，例如处理迭代问题的流程。可以单独为这个流程绘制服务蓝图。由于视角不同，参与角色的身份也会发生变化。

项目管理流程根据业务目标的不同，分成了4个业务场景：项目管理、项目成员管理、项目计划管理和问题管理。此外，服务中心对硬件资源的分配属于项目管理场景的支持场景，也需要考虑。

在项目管理流程中，同为项目管理目标的业务场景被拆分到首尾两个阶段。在确定项目管理场景的业务服务图时，需要将这两个阶段的业务服务统一，形成图20-13所示的项目管理业务服务图。

服务中心对硬件资源的分配支持了项目立项活动，为整个项目的项目组分配了资源，作为一种支撑活动放在一个单独的业务场景中。其业务服务图如图20-14所示。

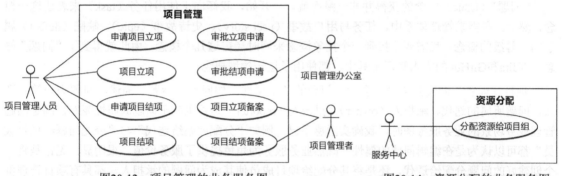

图20-13　项目管理的业务服务图　　　　图20-14　资源分配的业务服务图

分析项目成员管理场景的活动。在添加或移除团队成员时，需要通过OA系统发送通知。通知的发送不在目标系统范围内，也不是由某个参与者发起，而是在添加或移除了团队成员之后进行，属于业务服务的执行步骤，不需要列入图20-15所示的业务服务图。

项目计划管理也分成了两个阶段，合并为一个业务服务图，如图20-16所示。

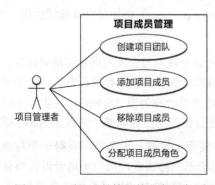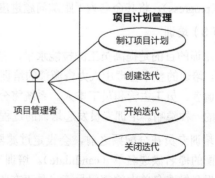

图20-15　项目成员管理的业务服务图　　　　图20-16　项目计划管理的业务服务图

问题管理业务场景的业务服务图如图20-17所示。

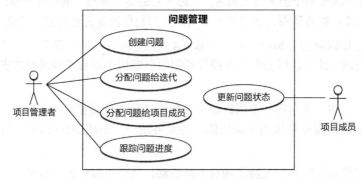

图20-17　问题管理的业务服务图

"问题"（issue）概念的获得并非一蹴而就。一开始，我倾向于使用任务（task）来表达这一概念，然而，在需求管理体系中，任务与用户故事（user story）、史诗故事（epic）、缺陷（defect）属于同一等级的概念，我需要寻找到一个抽象概念来同时涵盖这几个概念，由此就得到了"问题"概念。在Jira和GitHub的需求管理工具中，都使用了这一领域概念。

项目管理者在创建问题时，会指定问题的基本属性，如问题的标题、描述、问题类型等。那么，问题所属的迭代、承担人（owner）、报告人（reporter）是否也属于问题的属性呢？在确定问题管理业务场景的业务服务图时，我确实困惑不已。例如"分配问题给迭代"与"分配问题给项目成员"都可以认为是在编辑问题的属性。既然业务服务为角色提供了服务价值，很明显，无论是将一个创建好的问题分配给迭代，还是将其分配给项目成员使其成为问题的承担人，都具有项目管理价值，是由项目管理者向目标系统发起的一次独立而完整的功能交互，应该分别识别为两个业务服务。

在确定项目管理的业务服务时，统一语言再一次发挥了价值。最初在确定项目管理的业务流程时，项目管理者要查看问题的完成情况以了解迭代进度，故而将该流程中的一个活动命名为"查看问题完成情况"。在识别业务服务时，我认为该名称没有清晰地体现该业务服务的服务价值，经过与业务分析人员沟通，认为该业务服务需要清晰地表达问题在迭代周期内的过程，准确的术语是"进度"（progress），将其命名为"跟踪问题进度"（tracking issue progress）更加符合该领域的统一语言。

（3）培训

培训的目的是提高员工的技能水平，需要根据员工的职业规划与企业发展制订培训计划，开展培训。培训的整个管理由人力资源部的培训专员负责。培训流程除了牵涉到培训专员，还牵涉到部门协调者、员工主管和员工本人。系统将分配给员工的培训机会称为票（ticket），这实际上是领域概念的一种隐喻。培训专员发起培训的过程，实际上就是分配票的过程，整个流程如图20-18所示。

培训专员在分配票之前，会设定过滤器。过滤器主要用于过滤员工名单，获得一个与该培训相匹配的提名候选名单（candidate）。培训专员将票分配给部门协调者，部门协调者再将票分配给属于提名候选名单中的部门员工。员工在收到培训邮件后，可以选择"确认"或"拒绝"，若员工拒绝，票会退回给部门协调者，由部门协调者进行再分配，最终会形成一个提名名单（nomination）。

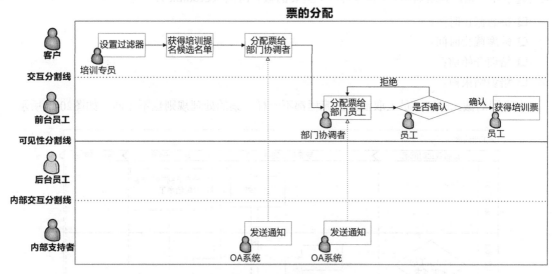

图20-18 分配票的服务蓝图

培训期间，每个参与培训的员工都需要通过培训专员出示的二维码签到，包括培训开始签到和培训结束签到。培训结束后，培训专员可以获得出勤名单。比较出勤与提名名单，可以获得缺席名单。培训专员确认了缺席名单后，系统会根据黑名单规则将缺席人员加入黑名单。员工若被列入黑名单中，将来就不会再出现在提名候选名单中，除非又被移出了黑名单。培训流程如图20-19所示。

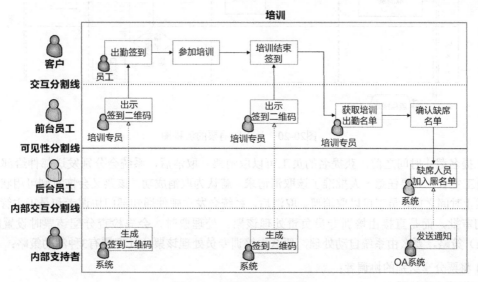

图20-19 培训的服务蓝图

20

　　培训专员在确定培训计划并分配票时，还可以事先设置有效日期，用于判断票的有效期限。从发起培训开始，到培训结束，一共有4个重要的截止时间（deadline）：

❏ 提名截止时间；

❏ 缺席截止时间；

❏ 培训开始前；

❏ 培训结束前。

　　在不同的截止时间，员工取消票的流程都不一样，票的处理规则也不相同，如图20-20所示。

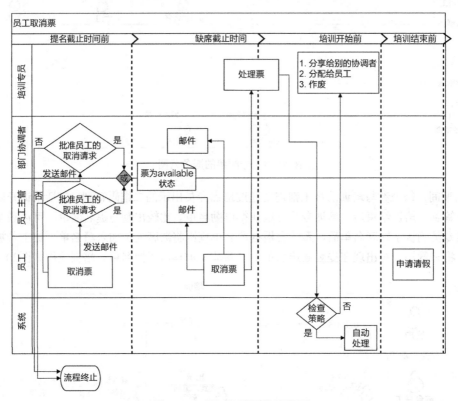

图20-20　员工取消票的流程图

　　在提名截止时间之前，获提名的员工可以取消票。取消后，系统会分别发送邮件给部门协调者与员工主管，只要任意一人批准了该取消请求，就认为取消成功，该票又会恢复到可用状态。在缺席截止时间之前，员工可以取消票。取消后，系统会发送邮件通知部门协调者和员工主管，但无须他们审批，而是直接由培训专员负责处理该票。处理票时，会先检查分配该票时设置的活动（action）策略，要么由系统自动处理，要么由培训专员处理该票。处理票有3种活动策略：

❏ 将票分享给别的协调者；

❏ 将票分配给员工；

❑ 让票作废。

在培训开始前，不允许员工再显式地取消票。如果员工在收到票后一直未确认，系统会检查分配该票时设置的策略，要么由系统自动处理，要么由培训专员处理该票，处理票的策略与前相同。一旦培训开始后，就不再允许员工取消票，如果有事未能出席，应提交请假申请。

部门协调者在将票分配给员工后，也可以取消已经分配出去的票。不同截止日期的取消流程不同，如图20-21所示。

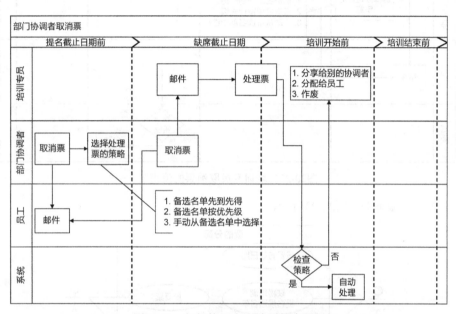

图20-21　部门协调者取消票的流程图

部门协调者取消票的流程与员工取消票的流程比较相似，不同之处在于取消票时无须审批，直接就可处理。在提名截止时间之间，处理票的活动策略有3种：

❑ 备选名单先到先得；

❑ 备选名单按优先级；

❑ 手动从备选名单中选择。

这里的提名备选名单（backup）就是从之前设置的过滤器生成的提名候选名单中剔除掉已经被提名的员工列表后的名单。

培训专员也可以取消票，其流程如图20-22所示。

该执行流程与部门协调者取消票的流程几乎完全相同，这里不再赘述。

在分析培训流程时，我分别运用了服务蓝图和业务流程图展现了分配票、培训和取消票的业务流程，并根据不同阶段的业务目标确定了业务场景。

20

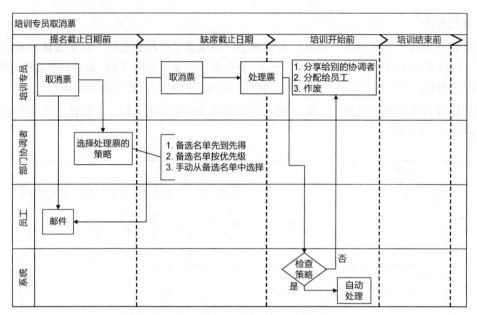

图20-22 培训专员取消票的流程图

票的分配业务服务图如图20-23所示。

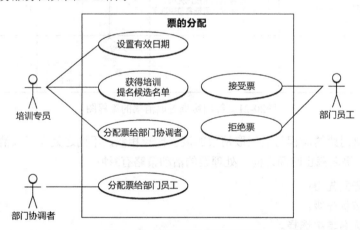

图20-23 分配票的业务服务图

在明确票的分配业务场景下的业务服务时,我们发现关于"票的分配"存在两个不同的业务服务:

❑ 分配票给部门协调者;

❑ 分配票给部门员工。

票的分配目标不同,而行为都是分配,是否存在语义不清的问题?实际上,虽然都是对票的分配操作,但它们的业务含义与服务价值完全不同。获得票的部门协调者并非票的拥有者,不会参加培训,而是拥有了分配票的资格,可以将票进一步分配给员工。为避免混淆这两个概念,可以将分配票给部门员工的操作视为对员工的提名。这就明确了如下概念。

- ❑ **分配票给部门协调者**：获得票的员工为部门协调者，并非参加培训的员工。
- ❑ **提名部门员工**：将票分给部门员工，使得他（她）具备了参加培训的资格。

虽然都是部门员工，但是在分配票和培训的不同业务场景中具有不同的身份。明确这些身份（角色），可以更加准确地体现部门员工与培训的不同关系。

- ❑ **候选人**：利用过滤器筛选或直接添加的员工，都是培训的候选人。这些候选人具备被培训专员或协调者提名参加培训的资格，但并不意味着候选人已经被提名了。
- ❑ **被提名人**：指获得培训票要求参加培训的员工，即被提名的对象。
- ❑ **备选人**：指备选名单中的员工，备选名单是提名候选名单中剔除掉被提名人的员工列表。
- ❑ **学员**：被提名人在收到培训票后确认参加，就会成为该培训的学员。

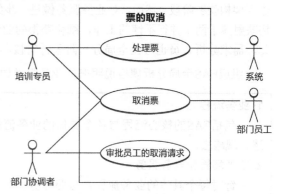

图20-24　票的取消业务服务图

无论是明确"分配"的含义，还是进一步细化部门员工的不同身份，都是在定义和提炼统一语言。这些统一语言的确定需要即刻反映在业务服务图中。

票的取消业务服务图如图20-24所示。

不同参与者的取消流程虽然不同，但在业务服务图中，实际要执行的业务服务都是"取消票"。培训专员和系统都可以处理票，区别在于一个是人工，一个是自动，后者的触发条件与触发时机相对比较复杂。对这些领域逻辑的描述可以在领域建模阶段通过业务服务规约进一步细化。

获得提名并参加培训的部门员工称为"学员"，如此可以更好地体现其身份。培训的业务服务图如图20-25所示。

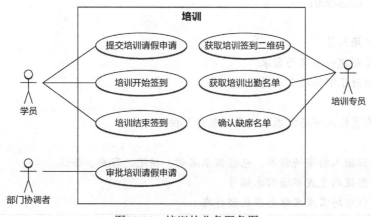

图20-25　培训的业务服务图

培训业务规则规定，如果学员没有提交培训请假申请或请假申请未通过，却未曾参加培训且未签到，会被视为缺勤。在培训流程的服务蓝图中，根据业务规则，缺勤学员会被放入黑名单，然而这一活动并未在业务服务图中体现出来。这是因为学员被加入黑名单实际是"确认缺勤名单"业务服务产生的一个结果，并非一个独立的业务服务。

分析EAS的业务需求时，从业务流程到业务场景，再从业务场景到业务服务，应该是一个水到渠成的过程。在这个过程中，最好能引入"现场客户"（极限编程中的一个实践），共同探索业务需求，梳理出问题空间的业务需求全貌。

为了避免分析瘫痪，在全局分析阶段，业务需求分析在获得业务服务这个粒度时就可以结束，进入架构映射阶段。然而，对业务服务做进一步细化仍然属于需求分析的过程，与开发团队开展架构映射属于两个并行不悖的工作，细化获得的业务服务规约也将作为领域建模阶段的重要输入。因此，需求分析人员也可在全局分析阶段针对核心子领域的业务服务编写业务服务规约。

组成EAS全局分析规格说明书的业务需求如下所示。

---

1 业务流程

包括EAS的核心流程与各个具体的业务流程，可通过业务流程图或服务蓝图呈现。前文已述，现略去。

2 业务场景和业务服务

针对每个具体的业务流程，按照业务目标进行划分，获得每个具体的业务场景，并按照业务服务的判断标准识别业务服务，通过业务服务图呈现出来。前文已述，现略去。

3 业务服务规约

对每个业务服务进行细化，获得业务服务规约。

3.1 客户合作

3.1.1 市场需求管理

（1）创建市场需求

服务编号： EAS-0001

服务描述：

作为市场人员

我想要创建一条市场需求

以便随时了解市场需求的状态

触发事件：

市场人员输入市场需求，点击"创建"按钮

基本流程：

1. 验证输入的市场需求，包括需求名称、描述、客户、备注
2. 按照规则生成市场需求编号
3. 验证市场需求名称是否已经存在

4. 创建市场需求

替代流程：

1a. 当市场需求名称在系统中已存在，给出提示信息

4a. 若市场需求创建失败，给出失败原因

验收标准：

1. 市场需求的名称只能为中文、英文或数字，长度不超过50个字符，不能重复

2. 输入的市场需求中，必须包含市场需求名称、描述和客户，客户为系统已有客户，备注为可选

3. 市场需求编号规则为：EAS-客户ID-自增长数，市场需求编号不允许重复

4. 市场需求被成功创建

3.1.2 合同管理

（1）归档合同

服务编号： EAS-0011

服务描述：

作为市场人员

我想要对合同进行归档

以便保存合同副本，避免合作纠纷

触发事件：

市场人员选择合同文档，点击"上传"按钮

基本流程：

1. 验证文档类型的有效性

2. 上传合同文档

3. 保存合同文档

4. 更新合同信息

替代流程：

1a. 若上传的文档类型并非PDF文档，给出提示信息

2a. 若上传的文档超出系统规定的文件大小，给出提示信息

3b. 若上传合同文档时，文件传输失败，给出失败原因

4a. 更新合同信息失败，给出失败原因

验收标准：

1. 归档的合同文档只能为PDF文件，可仅验证文档文件的扩展名

2. 服务器归档主文件夹为contract/archive，归档保存时，需验证该文件夹是否存在，如果不存在，需要创建该文件夹

3. 为合同归档文件创建子文件夹，子文件夹名为合同ID

4. 若归档时，在指定文件夹中已有同名文件存在，则为"另存为"操作，当前文件名增加"（1）"作为后缀

---

5. 合同的归档文件属性添加归档文件夹路径

......

3.3 项目管理

......

3.3.3 项目成员管理

（1）添加项目成员

服务编号：EAS-0105

服务描述：

  作为项目管理者

  我想要添加项目成员

  以便管理项目成员

触发事件：

  项目管理者选定员工和项目角色，点击"添加"按钮

基本流程：

1. 验证员工是否工作在其他项目
2. 将员工加入项目团队，成为项目成员
3. 修改员工的工作状态
4. 发送邮件通知员工
5. 为员工简历追加项目经验

替代流程：

1a. 选定员工如果已经加入其他项目，给出提示

2a. 添加员工失败，给出错误信息

5a. 若员工已具备该项目经验，则忽略

验收标准：

1. 选定的员工应为"on bench"状态
2. 员工被加入项目团队后，状态应变更为"项目中"
3. 员工简历中的项目经验信息不能重复
4. 员工简历中的项目经验包括：项目名称、项目描述、担任的项目角色

---

3. 划分子领域

  全局分析阶段对问题空间的识别也是对客户痛点与系统价值的识别。之所以要开发目标系统，就是要解决客户的痛点，并为客户提供具有业务价值的功能。在识别痛点与价值的过程中，需要**始终从业务期望与愿景出发**，与不同的利益相关者进行交流，如此才能达成对问题空间的共同理解。

  对 EAS 而言，集团决策层要解决"供需平衡"这一根本的痛点，就需要及时了解当前有哪些客户需求、目前又有哪些人力资源可用，这就需要打破市场部、人力资源部和项目管理部之间的信息

壁垒，对市场需求、人力资源、项目的信息进行统计，提供直观的分析结果，进而根据这些分析结果为管理决策提供支持。我们需要就这几个主要部门了解部门员工的痛点和对价值的诉求。

市场部员工（市场人员）面临的痛点是无法通过人工管理的方式高效维护与客户的良好合作关系，故而其价值诉求就是提高客户关系管理的效率，使得能够快速地响应客户需求，敏锐地发现潜在客户，掌握客户动态，进而针对潜在客户开展针对性的市场活动。市场部员工希望能够建立快速通道，及时明确项目承担者（即子公司）是否能够满足客户需求，降低市场成本。市场部门还需要准确把握需求的进展情况，跟进合同签署流程，提高客户满意度。

人力资源部员工（招聘专员）的痛点是需要制订合理的招聘计划，使得聘用的人才满足日益增长的客户需求，又不至于产生大量的人力资源闲置，导致集团的人力成本浪费。站在精细管理的角度考虑，从潜在的市场需求开始，招聘专员就需要与市场部、子公司共同确定招聘计划。制订计划的依据在于潜在的人力资源需求，包括对技能水平的要求、语言能力的要求，同时也需要考虑目前子公司的员工利用率，并参考历史的供需关系来做出尽可能准确的预测。员工的技能是一种重要的输出资源，人力资源部需要针对客户对人员能力的要求制订培训计划，在企业内部组织员工培训，提升员工技能，如此就能以最小成本输出最大的人力资源价值。因此，人力资源部的价值诉求就是让招聘与培训具有计划前瞻性与精确性，更好地在客户需求与人力资源之间维护供需的平衡。

项目管理部负责企业的"生产管理"，对项目以及项目成员的管理直接关系到客户满意度。在没有EAS之前，市场部的苦恼是不了解已签合同的项目执行情况，即使市场部主动与项目管理部进行沟通，项目管理部也无法提供精确的项目信息，更谈不上及时了解项目的进度情况。因此，市场部的价值诉求是了解项目进度以促进与客户的良好合作关系，而项目管理部的价值诉求是及时了解项目过程执行情况，发现不健康的项目，通过项目管理手段规避延迟交付甚至交付失败的风险，提高项目的成功率。

识别了痛点与价值，即可借此划分子领域细分问题空间。并通过识别核心子领域、通用子领域和支撑子领域来区分核心问题和次要问题。

由于EAS是为软件集团应用信息化服务的，我们可以在识别出痛点与价值的基础之上，从业务职能与业务概念相结合的功能分类策略确定整个问题空间的子领域，由此获得的核心子领域如下：

- ❑ 决策分析；
- ❑ 市场需求管理；
- ❑ 客户关系管理；
- ❑ 员工管理；
- ❑ 人才招聘；
- ❑ 技能培训；
- ❑ 项目进度管理。

除了这些核心子领域，诸如组织结构、认证和授权都属于通用的子领域，每个核心子领域都需要调用这些子领域提供的功能。注意，虽然通用子领域提供的功能不是系统业务的核心，但缺少这些功能，业务却无法流转。之所以没有将这些功能识别为核心子领域，是因为有对问题空间的理解分析。例如，组织结构管理是保证业务流程运转以及员工管理的关键，用户的认证与授权则是为了保证系统的访问安全，都没有直接对"供需平衡"这一业务愿景提供业务价值，因而不是利益相关人亟待解决的痛点。

在分辨系统的利益相关者时，服务中心作为参与EAS的业务部门，主要为项目及项目人员提供工位和硬件资源，要解决的是资源分配的问题。这一功能的引入固然可以帮助企业降低运营成本，却与价值需求中的系统愿景没有直接关系，因此可以将该子领域作为一种支撑子领域。除此之外，消息通知和文件上传下载也支持了大部分核心领域的执行活动，都属于独立的支撑子领域。

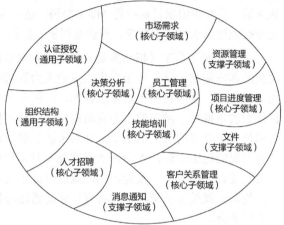

图20-26　EAS的子领域映射图

EAS的子领域映射图如图20-26所示。

划分子领域分解了问题空间，使得团队能对EAS达成共同理解，识别出来的各个子领域也将作为解空间形成的架构方案的参考，尤其是系统分层架构的参考。子领域也属于全局分析规格说明书的一部分。

20.3.3　EAS的架构映射

通过对EAS展开全局分析，我们已经获得了EAS系统的价值需求和业务需求。接下来，我将延续全局分析阶段输出的这些成果，开展架构映射，获得遵循领域驱动架构风格的架构映射战略设计方案。

1. 映射系统上下文

全局分析阶段确定了EAS的利益相关者。通过对目标系统的分析，可以得出参与系统上下文的用户包括：集团决策者、市场部、人力资源部、项目管理部、子公司、服务中心、财务、员工。

整个目标系统就是EAS系统。在确定系统范围时，系统的当前状态告诉我们：集团已有OA系统提供部门之间的流程协作与消息通知，它是EAS系统的伴生系统。系统的当前状态虽然还告知软件学院和招聘网站的简历会作为集团的人才储备库，却并未确认EAS系统是否需要和软件学院与招聘网站集成。通过招聘流程服务蓝图可以确知，这些简历信息需要招聘专员手工录入EAS系统，因此，EAS系统的伴生系统并不包含软件学院和招聘网站。客户合作流程服务蓝图中的内部支持者包含了薪资管理系统，调用它提供的服务接口可以获得员工薪资，以便财务进行财务核算，这说明薪资管理系统也是EAS系统的伴生系统。EAS系统的系统上下文如图20-27所示。

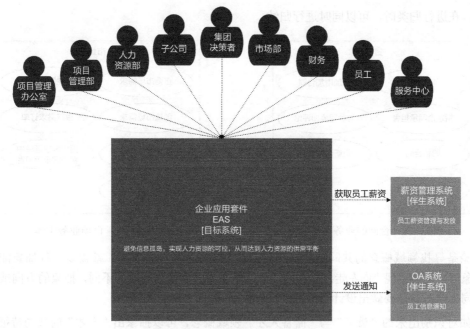

图20-27　EAS系统的系统上下文

确定了系统上下文，就确定了EAS系统的解空间，同时也确定了位于解空间之外的伴生系统。

2. 映射限界上下文

在全局分析阶段，EAS系统的问题空间被分解为业务场景下的各个业务服务。遵循业务维度的**V型映射过程**，需要针对这些业务服务进行归类和归纳，获得各个业务主体，再根据亲密度和限界上下文的特征对业务主体的边界进行调整，并运用验证原则验证业务边界的合理性。之后，根据管理维度的工作边界、技术维度的应用边界逐步对限界上下文做进一步的调整。

（1）归类与归纳

V型映射过程从识别业务服务的**语义相关性**与**功能相关性**开始。

语义相关性主要针对业务服务名的名词。例如，在客户活动业务流程中，诸如"创建合同""添加附加合同""指定合同承担者"等业务服务都包含"合同"一词，可归类到同一个业务主体，如图20-28所示。

功能相关性则从业务服务的业务目标进行归类，如图20-29中的业务服务都与市场管理的业务目标有关，可归类到同一个业务主体。

通过语义相关性和功能相关性对业务服务进行归类后，可以进一步针对它们表达的概念建立抽象，寻找共同特征完成对类别的归纳。例如，图20-29中的业务服务涵盖了市场需求、需求订单、客户需求等领域概念，它们都可以提炼为一个更高的抽象层次——市场。这也是图中业务主体名称的由来。从中也可发现，虽然归类与归纳属于V型映射过程的两个环节，但这两个环节并没有清晰

20

的界限，在进行归类时，可以同时进行归纳。

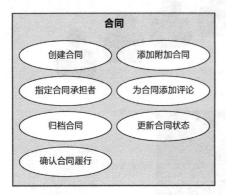

图20-28　合同的业务主体

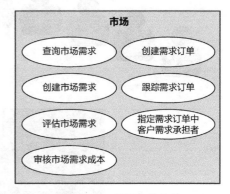

图20-29　市场业务主体

无论是寻找领域概念的共同特征，还是识别领域行为的业务目标，都需要一种抽象能力。在进行抽象时，可能出现"向左走还是向右走"的困惑，因为抽象层次的不同，抽象的方向或依据亦有所不同。这时就需要做出**设计上的决策**。

例如对识别出来的"员工"与"储备人才"领域概念，可以抽象出"人才"的共同特征，得到图20-30所示的人才业务主体。从共同的业务目标考虑，储备人才又是服务于招聘和面试的，似乎归入招聘业务主体才是合理的选择，如图20-31所示。

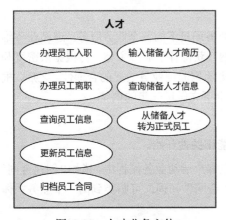

图20-30　人才业务主体

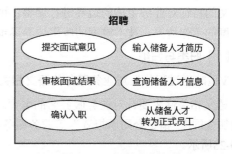

图20-31　招聘业务主体

还有第三种选择，就是将储备人才单独抽离出来，形成自己的储备人才业务主体，如图20-32所示。

该如何抉择呢？我认为须得思考识别业务主体的目的。业务主体是架构映射过程的中间产物，并非最终的设计目标。业务主体是对业务服务的分类，为限界上下文的识别提供了参考。因此，选择人才主体，还是招聘主体，或者单独的储备人才主体，都需要从限界上下文与领域建模的角度去思考。如果暂时分辨不清楚，可以先做出一个初步选择，待所有的业务主体都归纳出来之后，在梳理业务主体的边界时再决定。

识别业务主体不是求平衡，更不是为了让设计的模型更加好看。业务主体是根据业务相关性进行归类和归纳的，必然会出现各个业务主体包含的业务服务数量不均等的情形。例如，与项目管理有关的业务主体，包含的业务服务数量非常不均匀。项目业务主体的业务服务数量最多，如图20-33所示。

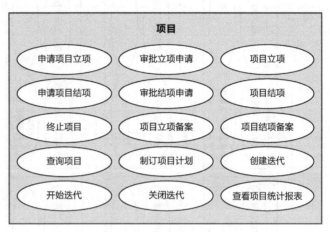

图20-32　储备人才业务主体　　　　　　　　　　图20-33　项目业务主体

问题业务主体的业务服务数量也比较多，如图20-34所示。

项目成员业务主体的业务服务最少，如图20-35所示。

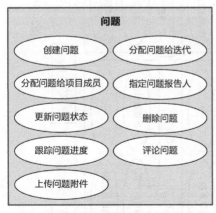

图20-34　问题业务主体　　　　　　　　　　　图20-35　项目成员业务主体

不用担心业务主体的这种不均等。遵循V型映射过程，针对业务服务进行业务相关性分析获得的业务主体只是候选的限界上下文，还需要我们根据业务服务的亲密度进一步梳理业务主体的边界。

通过对业务相关性的归类和归纳，初步获得图20-36所示的业务主体视图。

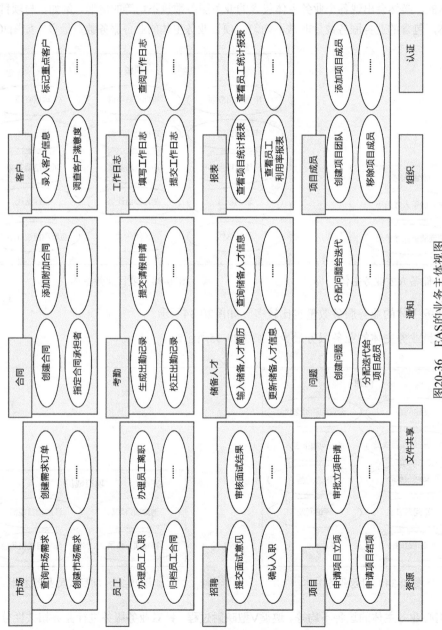

图20-36 EAS的业务主体视图

（2）亲密度分析

一旦确定了各个业务主体的业务服务，就可以通过分析**亲密度**的强弱来调整业务服务与业务主体之间的关系。例如，"从储备人才转为正式员工"业务服务究竟属于储备人才主体，还是属于员工主体？虽说该业务服务需要同时用到储备人才和员工的领域知识，但由于其服务价值是生成员工记录，储备人才的信息仅仅作为该领域行为的输入，因此它与员工业务主体的亲密度显然更高。

亲密度分析也可以判断业务服务的归类是否合理。例如，项目主体中的创建迭代、开始迭代等业务服务牵涉到迭代这一领域概念，它与项目概念固然存在较亲密的关系，但问题概念与迭代概念之间的亲密关系也不遑多让，进一步，项目成员与问题之间的亲密关系也有目共睹。划分业务主体时，项目计划、迭代等概念被放到了项目主体，问题却没有被一并放入，显得领域知识的分配有些失衡。用亲密度来解释，就是迭代与问题之间的亲密度几乎等于项目与项目计划、迭代之间的亲密度，而问题与项目之间的亲密度却要明显低于问题与迭代之间的亲密度。为了保证领域知识分配的均衡，可以考虑两种设计方案：

- ❏ 将项目主体、问题主体和项目成员主体合并，形成项目上下文；
- ❏ 将项目计划、迭代等造成亲密度不均匀的领域概念单独剥离出来，定义独立的项目计划业务主体。

（3）判断限界上下文的特征

从**知识语境**看，合同上下文与员工上下文都具有合同（contract）领域概念，二者在各自的业务主体边界内，代表了各自的领域概念。前者为商务合同，后者为劳务合同。

员工主体与储备人才主体存在几乎完全相同的领域模型，如图20-37所示。

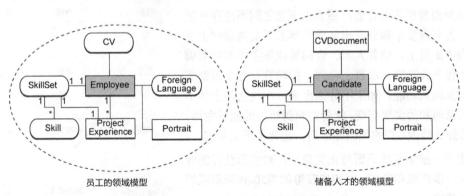

图20-37 员工与储备人才的领域模型

两个模型除了员工Employee与储备人才Candidate的名称不同，几乎是一致的。我们是否可以把这两个概念抽象为Talent，由此来来统一领域模型？如图20-38所示。

面向对象设计思想鼓励这样的抽象，以避免代码的重复。然而，若从领域模型的知识语境看，这是两个完全不同的领域模型：

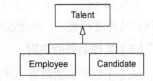

图20-38 对员工和储备人才的抽象

20

员工属于员工管理的领域范畴，储备人才并非正式员工，是招聘的目标。以模型中的项目经验Project Experience为例，虽然员工和储备人才的项目经验具有完全相同的属性，但它们面向的关注点是迥然不同的，如市场人员就完全不关心储备人才的项目经验。

从**业务能力**看，员工与储备人才之间存在清晰的界限，提供了各自独立的业务能力，一个服务于员工的日常管理，一个服务于人才的招聘。虽说"从储备人才转为正式员工"需要二者的结合，但在储备人才转为正式员工之后，二者就不存在任何关系了。

因此，员工和储备人才这两个领域模型应该放在不同的限界上下文。这也体现了领域驱动设计与面向对象设计之间的差异。

（4）运用验证原则

运用**正交原则、单一抽象层次原则**，可以进一步确定限界上下文业务边界的合理性。

例如，为何选择将问题而非项目成员归入项目上下文？除了因为项目成员与组织之间存在黏性，在概念上，问题其实属于项目的子概念，在层次上处于"劣势"地位。遵循单一抽象层次原则，项目与问题并不在同一个抽象层次。相反，以招聘业务主体和储备人才业务主体为例，二者就没有非常明显的"上下级"层次关系。它们之间的关系或许比较亲密，却处于平等的层次。

在运用单一抽象层次原则时，业务主体的命名会影响我们对主体关系的判断。如果命名过于抽象，就可能使得过高的抽象隐隐然包含别的主体。以市场业务主体和合同业务主体为例，市场的抽象层次明显高于合同（即合同的概念也应属于市场的范畴），故而带来两个设计选择：要么将合同业务主体纳入市场业务主体，进而形成一个市场上下文，要么将市场业务主体命名为订单，而订单与合同显然处于同一层次。

正交原则警醒了设计者：限界上下文之间不能存在重叠内容。为何需要单独分离出文件共享上下文与通知上下文？因为诸如员工、储备人才、合同等业务主体都需要调用文件上传下载功能，项目、合同、招聘等业务主体都需要调用消息通知功能。如果不分离出来，一旦文件上传下载或者消息通知的实现有变，就会影响到相关的业务主体，造成"霰弹式修改"[6]的代码坏味道，违背了正交原则。

运用单一抽象层次原则与正交原则，对前面获得的业务主体进一步梳理和验证，可初步获得如图20-39所示限界上下文的草案。

在图20-39中，订单上下文与项目上下文就是在对业务主体的边界进行梳理，并通过验证原则验证后调整的结果。

（5）工作边界的识别

从工作边界识别限界上下文是一个长期过程，其中，

图20-39　EAS系统的限界上下文草案

也牵涉到需求变更和新需求加入时的**柔性设计**[8]168。

如前所述，**限界上下文之间是否允许进行并行开发可以作为判断工作边界分配是否合理的依据**。在EAS限界上下文草案中，我发现报表上下文与客户、合同、订单、项目、员工等上下文都存在非常强的依赖关系。如果这些上下文没有完成相关的特性功能，就很难实现报表上下文。由于报表上下文的诸多统计报表与各自的业务强相关，如查看项目统计报表用例只需统计项目的信息，因此可以考虑将这些用例放到与业务强相关的限界上下文中。

结合工作边界和业务边界，我认为工作日志业务主体的边界过小，且从业务含义看，可将其视为员工管理的一项子功能，因而决定将工作日志合并到员工上下文，同样地，也将考勤业务主体合并到员工上下文。这实际也遵循了验证原则中的**奥卡姆剃刀原则**。

储备人才和招聘之间的关系类似于工作日志和员工之间的关系，我最初也想将储备人才合并到招聘上下文中。然而，客户对需求的反馈打消了这一决策考量。因为该软件集团旗下还有一家软件学院，集团负责人希望将软件学院培养的软件开发专业学生也纳入企业的储备人才库中。这一需求影响了储备人才的管理模式，也扩充了储备人才的领域内涵，使它与招聘领域形成了正交关系，为它的"独立"增加了有力的砝码。

一些限界上下文之间的依赖无法通过需求分析直观呈现出来，这就**有赖于上下文映射对这种协作（依赖）关系的识别**。一旦明确了这种协作关系，定义了服务契约，就可以利用Mock或Stub解除开发的依赖，实现并行开发。

通过工作边界识别限界上下文的一个重要出发点是**激发团队成员对工作职责的主观判断**。这种边界也就是第9章提及的针对团队的"渗透性边界"。团队成员需要对自己负责开发的需求抱有成见，尤其是在面对需求变更或新增需求的时候。

在EAS系统的设计开发过程中，客户提出了增加员工培训的需求。该需求要求人力资源部能够针对员工的职业规划制订培训计划，确定培训课程，实现对员工培训过程的全过程管理。考虑到这些功能与员工上下文有关，我最初考虑将这些需求直接分配给员工上下文的领域特性团队。然而，团队的开发人员提出：这些功能虽然看似与员工有关，但实际上是一个完全独立的培训领域，包括了培训计划制订、培训提名、培训过程管理等业务知识，与员工管理的业务是正交的。最终，我们选择为培训建立一个专门的领域特性团队，同时引入培训上下文。

类似文件共享和通知这样一些属于支撑子领域或者通用子领域的限界上下文，可能具有并不均匀的粒度，且互相之间又不存在关联。此时，可维持限界上下文的业务边界不变，然后视粒度酌情将它们分配给一个或多个领域特性团队。如果该支撑功能需要团队成员具备一定的专业知识，也可将它单独抽离出来，建立专门的组件团队。如果它提供的功能具有普遍适用性，不仅可以支撑目标系统，还可以支持组织内其他软件系统，就可以考虑将其演进为企业范围内的框架或平台。这些框架和平台就不再属于目标系统的范围了（在系统上下文边界之外）。

根据需求变化以及对团队开发工作的分配，我们调整了限界上下文，如图20-40所示。

在图20-40中，将工作日志与考勤合并到了员工上下文，同时为了应对新需求的变更，增加了培训上下文，并暂时去掉了报表上下文。之所以说"暂时"，是因为还需要对其做一些技术层面的判断。

（6）应用边界的识别

对应用边界的识别，就是从技术维度考量限界上下文，包括考虑系统的质量属性、模块的复用性、对需求变化的应对和处理遗留系统的集成等。

我们与客户决策层一起确认了报表功能的需求，客户希望统计报表能够准确及时地展现历史和当前的人才供需情况。统计报表功能直接影响了目标系统的愿景，是系统的核心功能之一，需要花费更多精力来明确设计方案。通观与统计报表有关的业务服务，除了与职能部门管理工作有关的统计日报、周报和月报，报表的统计结果实际上为集团领导进行决策提供了数据层面的辅助支持。要提供准确的数据统计，就需要对市场需求、客户需求、项目、员工、储备人才、招聘活动等数据做整体分析，也就需要整个系统核心限界上下文的数据支持。倘若

图20-40　工作边界对限界上下文的影响

EAS的每个限界上下文并未采用微服务这种零共享架构，整个系统的数据就可以存储在一个数据库中，无须进行数据的采集和同步即可支持统计分析。另一种选择是引入数据仓库，采用诸如ETL等形式完成对各个生产数据库和日志文件的采集，经过统一的数据治理后为统计分析提供数据支持。

在分析工作边界时，我考虑到报表上下文与其他限界上下文之间存在强依赖关系，无法支持并行开发，因而将该上下文的功能按照业务相关性分配给其他限界上下文。如今，通过技术分析得知，虽然依赖仍然存在，但该上下文更多地体现了"决策分析"的特定领域。最终，我决定保留该限界上下文，并将其更名为决策分析上下文。

在考虑通知上下文的实现时，基于之前确定的系统上下文，EAS系统要与集团现有的OA系统集成。我们了解了OA系统公开的服务接口，发现这些接口已经提供了多种消息通知功能，包括站内消息、邮件通知和短消息通知，没有必要在EAS系统中重复开发通知功能。那么，通知上下文是否就没有存在的必要呢？一旦去掉通知上下文，与OA系统集成的功能又该放在哪里？领域驱动设计建议将这种与第三方服务集成的功能放在防腐层，可EAS系统中的多个限界上下文都需要调用该功能，会形成防腐层的重复建设。为了满足**功能的复用性**，可以为它单独创建一个限界上下文。为了说明其意图，将它更名为OA集成上下文。

最终，得到图20-41所示的限界上下文。

图20-41　EAS系统的限界上下文

3. 上下文映射

确定了目标系统的限界上下文之后，即可通过业务服务获得的服务序列图确定限界上下文之间的协作关系，从而确定上下文映射模式，设计出服务契约。

（1）创建市场需求

创建市场需求业务服务属于订单上下文，它拥有的领域知识已经足以满足该业务服务的需求，无须求助于其他的限界上下文，因此在本业务服务中，没有上下文映射。服务序列图如图20-42所示。

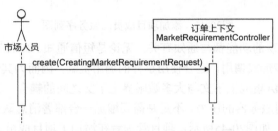

图20-42　创建市场需求的服务序列图

虽然创建市场需求没有多个限界上下文参与协作，但为其绘制服务序列图仍有必要，因为可以通过它驱动出创建市场需求的服务契约。

（2）归档合同

归档合同业务服务属于合同上下文，具备合同相关的领域知识，但不具备上传文件的业务能力，需要求助于文件共享上下文，服务序列图如图20-43所示。

文件共享上下文作为支撑子领域的限界上下文，主要提供了文件上传与下载的功能。它具有的领域知识还包括针对不同类型的文档维护了服务器文件存储的路径映射，故而参与协作的是北向网关的应用服务。形成的上下文映射图如图20-44所示。

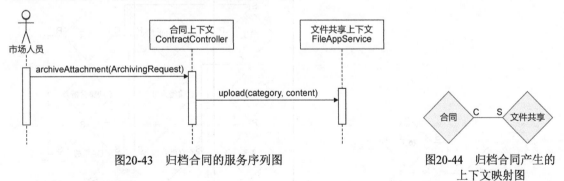

图20-43　归档合同的服务序列图　　　　　**图20-44　归档合同产生的上下文映射图**

（3）添加项目成员

添加项目成员业务服务属于项目上下文，拥有与项目相关的所有领域知识和业务能力，但并不具备发送通知的业务能力，也不知道该如何将当前项目的信息添加到员工的项目经验中，因此需要分别求助于OA集成上下文和员工上下文。服务序列图如图20-45所示。

20

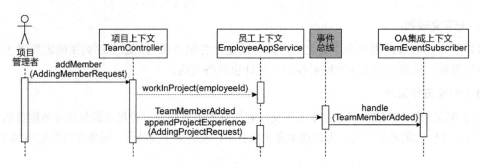

图20-45 添加项目成员的服务序列图

OA集成上下文要实现的功能都与通知有关。无论是短信通知、邮件通知还是站内通知，都没有副作用，且允许以异步形式调用，适合使用事件的调用机制，因而为其选择发布者/订阅者模式。选择该模式既可以解除OA集成上下文与大多数限界上下文之间的耦合，又能较好地保证EAS系统的响应速度，减轻主应用服务器的压力。不足是需要增加一台部署消息队列的服务器，并在一定程度增加了架构的复杂度。如图20-45所示，项目管理者在添加了项目成员之后，会向事件总线发布TeamMemberAdded应用事件，并由OA集成上下文的事件订阅者订阅该事件。形成的上下文映射图如图20-46所示。

为主要的业务服务绘制服务序列图，深层次地思考各个限界上下文如何参与到每个业务服务、它们又该如何协作、应该采用什么样的上下文映射模式，就可以得到整个EAS系统的上下文映射图，如图20-47所示。

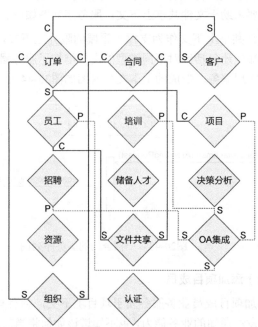

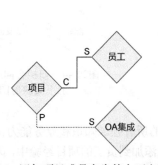

图20-46 添加项目成员产生的上下文映射图　　　　图20-47 EAS的上下文映射图

上下文映射图不仅说明了限界上下文之间的协作关系、彼此间采用的团队协作模式，也可以作为服务契约设计的参考和补充。

4. 服务契约设计

服务序列图驱动我们获得了消息定义，由此可以驱动出服务契约。如果目标系统规模大，限界上下文数量多，可以为每个限界上下文定义一个服务契约表。服务契约表除了体现了整个项目的服务契约定义，同时也为领域特性团队提供了设计约束。

表20-5列出了EAS系统的部分服务契约。

表20-5　EAS系统的服务契约

服务功能	服务功能描述	服务方法	生产者	消费者	模式	业务服务	服务操作类型
创建市场需求	市场人员创建一个新的市场需求	`MarketRequirementController::create(request:CreateingMarketRequirementRequest):void`	订单上下文	UI	无	创建市场需求	命令
归档合同	上传合同文档，完成对合同的归档	`ContractController::archiveAttachment(request:ArchivingRequest): void`	合同上下文	UI	无	归档合同	命令
上传文件	上传文件	`FileAppService::upload(category: String, fileContent: byte[]): void`	文件共享上下文	合同上下文	客户方/供应方	归档合同	命令
添加项目成员	将员工加入项目团队中成为项目成员	`TeamController::addMember(request: AddingMemberRequest): void`	项目上下文	UI	无	添加项目成员	命令
通知	通知项目成员	`TeamAppService::TeamMemberAdded`	项目上下文	OA集成上下文	发布者/订阅者	添加项目成员	事件
更新工作状态	将该员工的工作状态更新为"项目中"	`EmployeeAppService::workInProject(employeeId: String): void`	员工上下文	项目上下文	客户方/供应方	添加项目成员	命令
追加项目经验	将当前的项目信息作为员工的项目经验	`EmployeeAppService::appendProjectExperience(request: AddingProjectRequest): void`	员工上下文	项目上下文	客户方/供应方	添加项目成员	命令

除了UI作为下游发起服务请求，表20-5列出的服务契约都标记了上下文映射模式。表20-5的"服务方法"列给出了类和方法的明确定义，也指出了方法参数的形参名和类型。若有返回值，也需要给出返回值类型。

在确定EAS的限界上下文时，我并没有明确指出限界上下文的通信边界。边界取决于质量属性的要求，自然也需要权衡库和服务的优缺点。在无法给出必须跨进程通信的证据之前，应优先考虑

20

进程内通信。EAS系统作为一个企业内部系统，对并发访问与低延迟的要求并不高。可用性固然是一个系统该有的特质，但EAS系统毕竟不是"生死攸关"的一线生产系统，即使短时间出现故障，也不会给企业带来致命的打击或难以估量的损失。既然如此，我们应优先考虑将限界上下文定义为进程内的通信边界。唯一的例外是OA集成上下文被定义为进程间通信，因为它需要跨进程调用OA系统。这种方式一方面解除了**OA系统上下文**与大多数限界上下文之间的耦合，另一方面也能够较好地保证EAS系统的响应速度，减轻主应用服务器的压力。

因此，对于采用客户方/供应方模式的限界上下文，作为供应方的上游只需通过应用服务对外公开服务契约，如员工上下文的EmployeeAppService应用服务公开了追加项目经验的服务契约，这一设计满足菱形对称架构北向网关的要求。对采用发布者/订阅者模式的限界上下文而言，作为发布者的限界上下文也通过应用服务发布事件，如项目上下文通过TeamAppService应用服务发布了TeamMemberAdded事件，该事件属于应用事件，需要支持分布式通信。

所有服务契约的方法参数和返回值都是消息契约的一部分，也需要按照消息契约模型的要求进行定义，尤其需要满足菱形对称架构的要求，不能直接将领域模型暴露在外。

5. 映射系统分层架构

在系统上下文的约束下，确定限界上下文属于哪种类型的子领域，即可将它们分别映射到系统分层架构的业务价值层与基础层。显然，资源上下文、文件共享上下文和OA集成上下文都属于支撑子领域，组织上下文和认证上下文属于通用子领域，其余限界上下文属于核心子领域。

EAS系统需要为集团决策者提供移动端应用程序，满足他（她）们提出的决策分析要求，也有利于他（她）们实时了解市场动态、人员动态和项目进度。针对市场部、人力资源部、项目管理部以及子公司等职能部门，主要提供Web前端，方便用户在办公环境的使用。因此，有必要为EAS系统引入一个边缘层来应对不同UI前端的需求。

根据系统级映射的方法，可以为EAS设计出图20-48所示的系统分层架构。

我们为限界上下文建立了菱形对称架构。可将它们看作一个个封闭的架构单元，它们之间的关系由上下文映射确定，在系统分层架构中，只需要考虑它们所处的层次即可。分层架构作用于整个系统上下文，业务价值层和基础层的内部架构由各个限界上下文控制，边缘层则汇聚了每个限界上下文提供的业务能力，统一对外向前端或其他客户端公开服务。

虽然EAS的每个限界上下文都引入了菱形对称架构，不过在其内部，网关层与领域层的设计仍有细微的差异。如决策分析上下文的领域逻辑主要为统计分析，受技术决策的影响，通常可以直接针对数据进行操作，无须建立领域模型，形成弱化的菱形对称架构，内部只包含北向网关与南向网关。其中，南向网关是一个薄薄的数据访问层，从数据库获得的统计分析数据会直接转换为消息契约模型。

OA集成上下文是一个由防腐层发展起来的限界上下文。它与其他限界上下文的协作采用了发布者/订阅者模式，内部又需要调用OA系统的服务接口，因而它的领域层只包含了组装消息内容的领域模型。在网关层，定义了应用事件作为消息契约模型，事件订阅者为北向网关的远程服务，事件处理器为北向网关的应用服务，事件发布者则属于南向网关，分为端口与适配器。

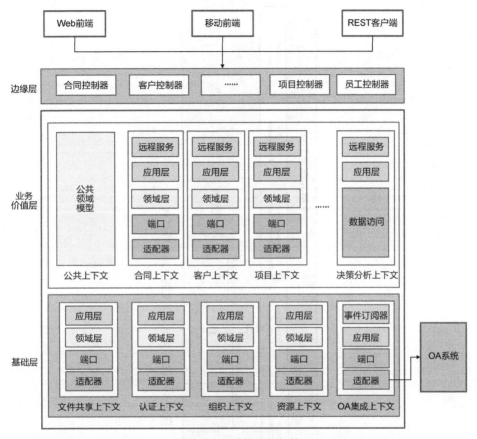

图20-48 系统分层架构

文件共享上下文的定义打破了惯有的设计方式。它负责的工作是文件上传和下载，通常会考虑将其作为基础设施层的一个公共组件。正如我们在第9章对模块、组件、库、服务等概念的澄清，一个限界上下文可以实现为库或者服务，但本质上仍然表达了对业务能力的纵向切分。由于不需要跨进程通信，可以将文件共享上下文实现为基础层（注意不是基础设施层）的库。它提供的业务能力为具备支撑功能的文件共享能力，封装的领域逻辑除了上传文件与下载文件的领域行为，还规定了属于不同类别的文件存放在文件服务器的不同位置。文件传输的实现由于操作了外部资源，因而属于南向网关适配器的内容。以归档合同为例，合同上下文调用文件共享上下文的FileAppService，其内部的协作序列如图20-49所示。

系统分层架构属于架构的逻辑视图，并没有确定限界上下文的通信边界。例如，OA集成上下文与其他限界上下文并不在一个进程中，但系统分层架构并不需要体现这一点。

20

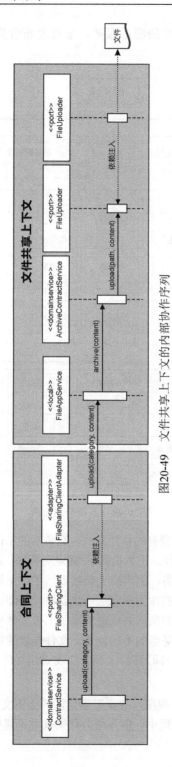

图20-49 文件共享上下文的内部协作序列

遵循系统分层架构与菱形对称架构对代码模型的约束和规定，EAS系统的代码模型如图20-50所示。

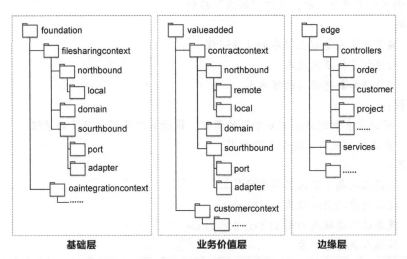

图20-50 EAS的代码模型

所有限界上下文都采用了菱形对称架构规定的标准代码模型，只是根据具体情况作了少量调整。各个限界上下文在系统分层架构所处的层次，也通过包的命名空间清晰地呈现出来了。

20.3.4 EAS的领域建模

在确定了EAS系统的限界上下文与系统上下文，并通过菱形对称架构和系统分层架构设计出EAS的整体架构后，接下来就进入了战术层面的领域建模阶段。考虑到篇幅原因，我仅选择了业务逻辑相对复杂的培训上下文，运用**快速建模法**对其进行领域分析建模，获得领域分析模型后，采用庖丁解牛的过程设计聚合，然后相继开展服务驱动设计与测试驱动开发获得最终的领域模型。

1. 领域分析建模

领域分析建模阶段的关键是识别领域概念，为限界上下文建立领域分析模型。参考过程模型推荐使用快速建模法进行领域分析建模，它的基础是业务服务规约。以"提名候选人"业务服务为例，它的业务服务规约如下。

> **服务编号**：EAS-0202
> **服务名**：提名候选人
> **服务描述**：
> 　　作为一名协调者
> 　　我想要提名候选人参加培训

以便部门的员工得到技能培训的机会

触发事件：

协调者选定候选人后，点击"报名"按钮

基本流程：

1. 确定候选人是否已经参加过该课程

2. 对培训票提名候选人

3. 邮件通知获得提名的候选人

替换流程：

1a. 候选人参加过该培训要学习的课程，提示员工已经学习过该课程

2a. 提名操作失败，提示失败原因

验收标准：

1. 被提名人属于候选名单中的员工

2. 提名的票状态必须为 `Available`

3. 提名后的票状态为 `WaitForConfirm`

4. 候选人获得培训票

识别业务服务规约的名词，可以获得领域概念：候选人（Candidate）、协调者（Coordinator）、培训（Training）、课程（Course）、票（Ticket）、候选名单（CandidateList）、票状态（TicketStatus）、邮件（Mail）。

识别业务服务规约的动词，然后逐一检查该动词代表的领域行为是否需要产生过程数据。发现"提名候选人"，除了候选人获得培训票，还要记录票的变更历史，因而获得票历史（TicketHistory）领域概念；发现"员工学习过课程"，需要记录该员工的学习记录，因而获得学习记录（Learning）领域概念。

对识别出来的领域概念进行归纳和抽象，发现 CandidateList 实际上是 Candidate 的集合，用 List<Candidate> 即可表达，没有必要单独引入；邮件通知由专门的 OA 集成上下文发送邮件，在培训上下文中没有必要列出，故而可以删去 Mail 概念。

对于其他业务服务的领域分析建模，也如法炮制。由于培训上下文的业务服务皆位于同一个限界上下文，因而只需要考虑该上下文内部领域模型之间的关系。由此可获得图 20-51 所示的领域分析模型。

2. 领域设计建模

领域设计建模牵涉两个重要的设计阶段：识别聚合和服务驱动设计。

（1）识别聚合

首先梳理对象图。确定领域模型对象到底是实体还是值对象，并分别用不同的颜色表示。一些较容易识别的值对象可以最先标记出来，例如体现了单位、枚举、类型的内聚概念等，如图 20-52 所示。

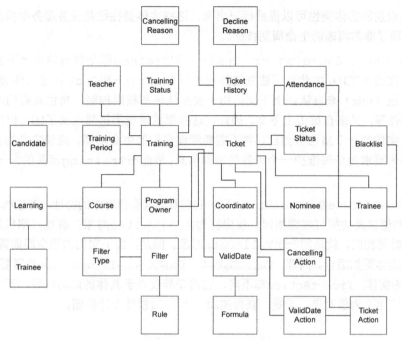

图20-51 培训上下文的领域分析模型

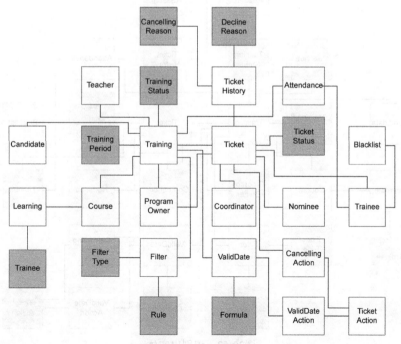

图20-52 识别出值对象

一些容易识别的实体类也可以提前标记出来。这些实体类往往是业务服务中扮演主要作用的领域概念，体现了非常清晰的生命周期特征。

ProgramOwner、Coordinator、Nominee和Trainee都是参与培训上下文的角色，都拥有员工上下文的员工ID，如此即可建立这些角色与Training和Ticket等实体类之间的关联。它们对应的角色（role）来自认证上下文，用于安全认证和权限控制。角色具有的基本信息，如姓名、电子邮件等，又来自员工上下文。因此，这些领域模型类虽然定义了ID，但在培训上下文中不过是其主实体的一个属性值而已，并不需要管理它们的生命周期，应该定义为值对象。由于培训上下文并未要求为培训维护一个单独的教师信息，故而与Training相关的Teacher应定义为值对象。

Filter和ValidDate都与Training关联。它们看似具有值对象的特征。对过滤器而言，只要TrainingId的值以及类型与规则相同，就应视为同一个Filter对象；有效日期也是如此，只要公式、日期和时间相同，就是同一个ValidDate对象。但是，由于它们的生命周期需要单独管理，将它们定义为实体更加适合。同理，ValidDateAction与CancellingAction也需要单独管理生命周期，应定义为实体。TicketAction却不同，它的差异仅在于具体的活动内容，而它又不需要管理生命周期，应定义为值对象。于是，获得图20-53所示的领域设计类图。

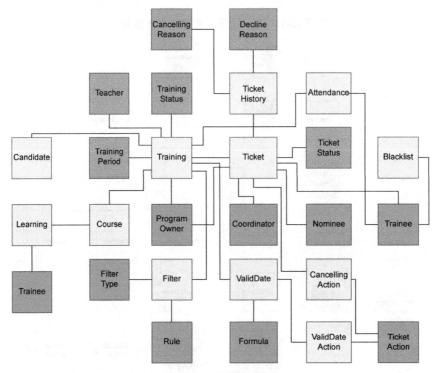

图20-53　识别出实体

在确定了值对象与实体后，可以简化对领域模型对象关系的确认，即只需梳理实体之间的关系。一个Course聚合了多个Training，一个Training聚合了多个Ticket，这三者之间的组合关系非常清晰。一个Training可以配置多个Filter与ValidDate，但它们之间并非**必须有**的关系，故而定义为OO聚合关系。同理，一个ValidDate聚合多个ValidDateAction、一个Ticket聚合多个CancellingAction和多个TicketHistory、一个Training聚合多个Candidate和多个Attendance，而BlackList则是完全独立的。确定了实体关系的领域设计类图如图20-54所示。

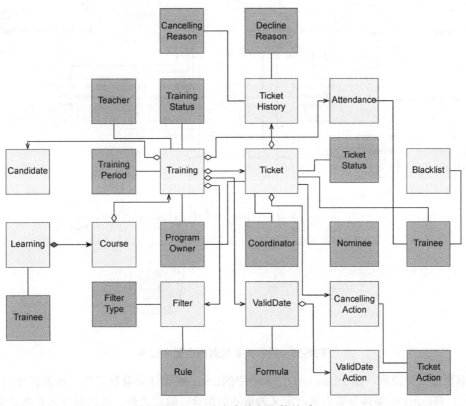

图20-54 确定实体之间的关系

梳理之后的领域设计类图非常规范。除了合成关系，存在OO聚合关系的实体都分到不同的聚合中，更不用说完全独立的Backlist实体。如果多个聚合边界的实体依赖了相同的值对象，可以定义多个相同的值对象，然后将它们放到各自的聚合边界内。分解关系薄弱处确定的聚合边界如图20-55所示。

20

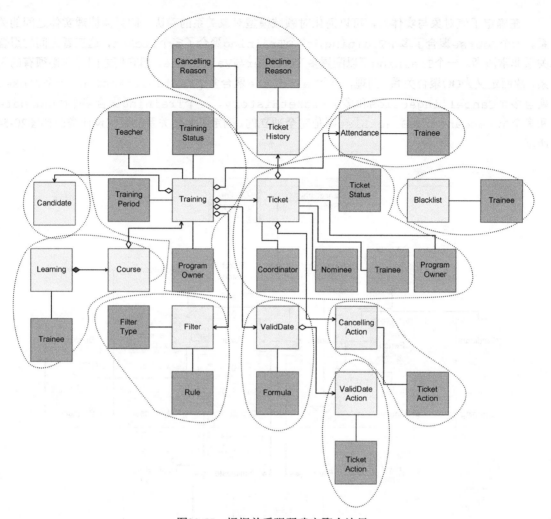

图20-55　根据关系强弱确定聚合边界

考虑聚合设计原则，由于Learning聚合中的Course实体具有独立性，因此需要对图20-55稍做调整，将Course实体分离出来，定义为单独的聚合。除此之外，其余聚合边界都是合理的，不需再做调整。最终，确定了聚合边界的领域设计类图如图20-56所示。

由此得到的聚合包括：

❑ Training聚合；

❑ Course聚合；

❑ Learning聚合；

❑ Ticket聚合；

❑ TicketHistory聚合；

- ❏ Filter聚合；
- ❏ ValidDate聚合；
- ❏ ValidDateAction聚合；
- ❏ CancellingAction聚合；
- ❏ Candidate聚合；
- ❏ Attendance聚合；
- ❏ Blacklist聚合。

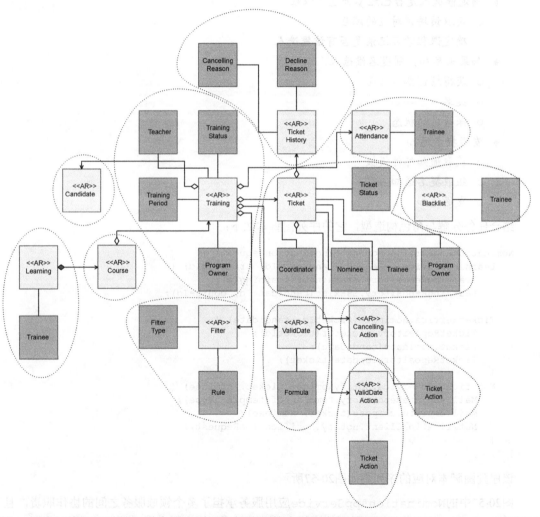

图20-56　确定了聚合边界的领域设计模型

即使在领域设计模型中，我们也无须为领域模型对象定义字段。每个聚合内的实体或值对象到底需要定义哪些字段，可以结合业务服务，通过测试驱动开发逐步驱动出来。领域设计类图最重要的要素是聚合。一旦确定了聚合，实际上也就确定了管理聚合生命周期的资源库。至于需要哪些领域服务和其他角色构造型，可以交由服务驱动设计来识别。

（2）服务驱动设计

服务驱动设计的起点是业务服务。以提名候选人业务服务为例，将业务服务规约的基本流程转换为由动词短语组成的任务，然后通过向上归纳和向下分解获得由组合任务与原子任务组成的任务树：

- ❑ 提名候选人（业务服务）
  - ◆ 确定候选人是否已经参加过该课程
    - ○ 获取该培训对应的课程
    - ○ 确定课程学习记录是否有该候选人
  - ◆ 如果未参加，则提名候选人
    - ○ 获得培训票
    - ○ 提名
    - ○ 保存票的状态
  - ◆ 发送提名通知
    - ○ 获取通知邮件模板
    - ○ 组装提名通知内容
    - ○ 发送通知

结合任务分解与角色构造型，它的序列图脚本如下：

```
NominationAppService.nominate(nominationRequest) {
    LearningService.beLearned(candidateId, trainingId) {
        TrainingRepository.trainingOf(trainingId);
        LearningRepository.isExist(candidateId, courseId);
    }
    TicketService.nominate(ticketId, candidate) {
        TicketRepository.ticketOf(ticketId);
        Ticket.nominate(candidate);
        TicketRepository.update(ticket);
    }
    NotificationService.notifyNominee(ticket, nominee) {
        MailTemplateRepository.templateOf(templateType);
        MailTemplate.compose(ticket, nominee);
        NotificationClient.notify(notificationRequest);
    }
}
```

该序列图脚本对应的序列图如图20-57所示。

图20-57中的NominationAppService应用服务承担了多个领域服务之间的协作职责，且需要根据beAttend()方法的返回结果决定提名的执行流程。这实际上属于领域逻辑的一部分，故而应该在NominationAppService应用服务内部引入一个领域服务来封装这些业务逻辑。新增的领域服务为NominationService，修改后的序列图如图20-58所示。

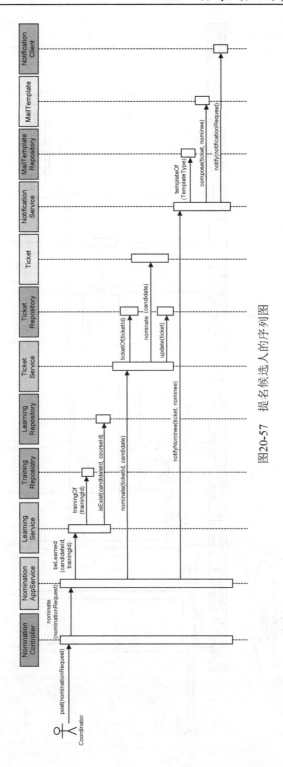

图20-57　提名候选人的序列图

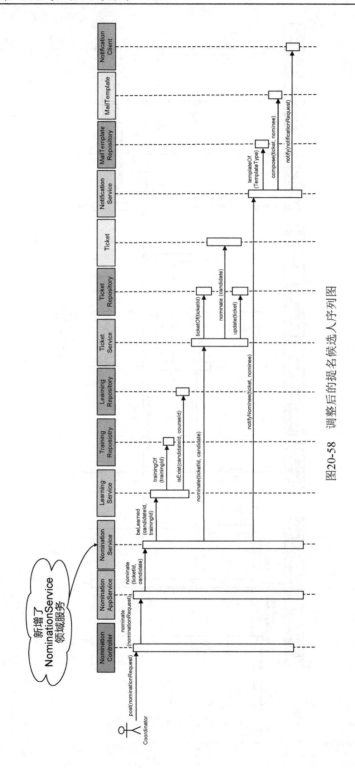

图20-58　调整后的提名候选人序列图

图20-58中的MailTemplate是一个聚合，存储了不同类型操作需要通知的邮件模板。在前面的领域分析建模与领域设计建模时，未能发现该聚合。这也印证了领域建模很难一蹴而就，需要不断地迭代更新和演进。

3. 领域实现建模

在服务驱动设计的基础上，需要针对培训上下文的每个业务服务的任务编写测试用例，并严格遵循测试驱动开发的过程进行领域实现建模。

（1）聚合的测试驱动开发

根据测试驱动开发的方向，应首选由聚合履行职责的原子任务开始测试驱动开发。以"提名候选人"业务服务为例，首先选择"提名"原子任务，它的测试用例包括：

❑ 验证提名之前的票状态必须为Available；

❑ 提名给候选人后，票的状态更改为WaitForConfirm；

为Ticket聚合创建TicketTest测试类。为第一个测试用例编写测试如下：

```
public class TicketTest {
    private String trainingId;
    private Candidate candidate;

    @Before
    public void setUp() {
        trainingId = "111011111111";
        candidate = new Candidate("200901010110", "Tom", "tom@eas.com", trainingId);
    }

    @Test
    public void should_throw_TicketException_given_ticket_is_not_AVAILABLE() {
        Ticket ticket = new Ticket(TicketId.next(), trainingId, TicketStatus.WaitForConfirm);

        assertThatThrownBy(() -> ticket.nominate(candidate))
                .isInstanceOf(TicketException.class)
                .hasMessageContaining("ticket is not available");
    }
}
```

遵循简单设计原则与测试驱动设计三大支柱，只需要编写让该测试通过的实现代码即可：

```
package xyz.zhangyi.ddd.eas.valueadded.trainingcontext.domain.ticket;

import xyz.zhangyi.ddd.eas.valueadded.trainingcontext.domain.candidate.Candidate;
import xyz.zhangyi.ddd.eas.valueadded.trainingcontext.domain.exceptions.TicketException;
import xyz.zhangyi.ddd.eas.valueadded.trainingcontext.domain.tickethistory.TicketHistory;

public class Ticket {
    private TicketId ticketId;
    private String trainingId;
    private TicketStatus ticketStatus;

    public Ticket(TicketId ticketId, String trainingId, TicketStatus ticketStatus) {
```

```
        this.ticketId = ticketId;
        this.trainingId = trainingId;
        this.ticketStatus = ticketStatus;
    }

    public void nominate(Candidate candidate) {
        if (!ticketStatus.isAvailable()) {
            throw new TicketException("ticket is not available, cannot be nominated.");
        }
    }
}
```

由于当前测试仅验证了票分配前的状态，故而只需要考虑对票状态的验证，让测试快速通过。

接下来为第二个测试用例编写测试方法：

```
public class TicketTest {
    @Test
    public void ticket_status_should_be_WAIT_FOR_CONFIRM_after_ticket_was_nominated() {
        Ticket ticket = new Ticket(TicketId.next(), trainingId);

        ticket.nominate(candidate);

        assertThat(ticket.status()).isEqualTo(TicketStatus.WaitForConfirm);
        assertThat(ticket.nomineeId()).isEqualTo(candidate.employeeId());
    }
}
```

该测试类验证了Ticket的状态和提名人ID。为保证测试通过，只需做如下实现：

```
public class Ticket {
    public void nominate(Candidate candidate) {
        if (!ticketStatus.isAvailable()) {
            throw new TicketException("ticket is not available, cannot be nominated.");
        }

        this.ticketStatus = TicketStatus.WaitForConfirm;
        this.nomineeId = candidate.employeeId();
    }
}
```

在领域分析建模时通过动词建模寻找到了隐藏的领域概念TicketHistory。实际上，这意味着当培训票成功提名给候选人之后，需要生成票的历史记录。它作为过程数据也应是验收标准的一部分。在编写测试用例时，自然也需要考虑该测试场景，故而为"提名"原子任务增加第三个测试用例：

❑ 为票生成提名历史记录。

既然是成功提名后生成了历史记录，就需要修改nominate(candidate)方法，使其返回TicketHistory对象。为了确保返回结果的正确性，需要验证它的属性值。究竟要验证哪些属性呢？我们可以从测试出发，确定培训票需要保存的历史记录包括：

❑ 票的ID；

❑ 票的操作类型；

❑ 状态迁移的状况；

❑ 执行该操作类型后的票的拥有者；

❑ 谁执行了本次操作；

❑ 何时执行了本次操作。

体现为测试方法，即对ticketHistory的验证：

```
@Test
public void should_generate_ticket_history_after_ticket_was_nominated() {
    Ticket ticket = new Ticket(TicketId.next(), trainingId);

    TicketHistory ticketHistory = ticket.nominate(candidate, nominator);

    assertThat(ticketHistory.ticketId()).isEqualTo(ticket.id());
    assertThat(ticketHistory.operationType()).isEqualTo(OperationType.Nomination);
    assertThat(ticketHistory.owner()).isEqualTo(new TicketOwner(candidate.employeeId(),
TicketOwnerType.Nominee));
    assertThat(ticketHistory.stateTransit()).isEqualTo(StateTransit.from(TicketStatus.
Available).to(TicketStatus.WaitForConfirm));
    assertThat(ticketHistory.operatedBy()).isEqualTo(new Operator(nominator.employeeId(),
nominator.name()));
    assertThat(ticketHistory.operatedAt()).isEqualToIgnoringSeconds(LocalDateTime.now());
}
```

票的操作者operator就是作为协调者或培训主管的提名人。由于之前定义的nominate
(candidate)方法并无提名人的信息，故而需要引入Nominator类，修改方法接口为nominate
(candidate, nominator)。

验证TicketHistory的属性值，也驱动出TicketOwner、StateTransit、OperationType
和Operator类。这些类皆作为TicketHistory聚合内的值对象，在领域设计建模时，并没有被识别
出来。领域设计模型为TicketHistory聚合定义了CancellingReason与DeclineReason类，在
当前的TicketHistory定义中并没有给出，因为当前的业务服务还未牵涉到这些领域概念。
TicketHistory类的定义为：

```
public class TicketHistory {
    private TicketId ticketId;
    private TicketOwner owner;
    private StateTransit stateTransit;
    private OperationType operationType;
    private Operator operatedBy;
    private LocalDateTime operatedAt;

    public TicketHistory(TicketId ticketId,
                         TicketOwner owner,
                         StateTransit stateTransit,
                         OperationType operationType,
                         Operator operatedBy,
                         LocalDateTime operatedAt) {
        this.ticketId = ticketId;
        this.owner = owner;
```

```
            this.stateTransit = stateTransit;
            this.operationType = operationType;
            this.operatedBy = operatedBy;
            this.operatedAt = operatedAt;
        }

        public TicketId ticketId() {
            return this.ticketId;
        }

        public TicketOwner owner() {
            return this.owner;
        }

        public StateTransit stateTransit() {
            return this.stateTransit;
        }

        public OperationType operationType() {
            return this.operationType;
        }

        public Operator operatedBy() {
            return this.operatedBy;
        }

        public LocalDateTime operatedAt() {
            return this.operatedAt;
        }
    }
```

为了让当前测试快速通过，Ticket的nominate(candidate, nominator)方法实现为：

```
public TicketHistory nominate(Candidate candidate, Nominator nominator) {
    if (!ticketStatus.isAvailable()) {
        throw new TicketException("ticket is not available, cannot be nominated.");
    }

    this.ticketStatus = TicketStatus.WaitForConfirm;
    this.nomineeId = candidate.employeeId();

    return new TicketHistory(ticketId,
            new TicketOwner(candidate.employeeId(), TicketOwnerType.Nominee),
            StateTransit.from(TicketStatus.Available).to(this.ticketStatus),
            OperationType.Nomination,
            new Operator(nominator.employeeId(), nominator.name()),
            LocalDateTime.now());
}
```

考虑到TicketOwner的属性值来自Candidate、Operator的属性值来自Nominator，可以将Candidate与Nominator分别视为它们的工厂，因而可以重构代码：

```
public TicketHistory nominate(Candidate candidate, Nominator nominator) {
    if (!ticketStatus.isAvailable()) {
```

```
        throw new TicketException("ticket is not available, cannot be nominated.");
    }

    this.ticketStatus = TicketStatus.WaitForConfirm;
    this.nomineeId = candidate.employeeId();

    return new TicketHistory(ticketId,
            candidate.toOwner(),
            transitState(),
            OperationType.Nomination,
            nominator.toOperator(),
            LocalDateTime.now());
}
```

通过提取方法，该方法还可以进一步精简为：

```
public TicketHistory nominate(Candidate candidate, Nominator nominator) {
    validateTicketStatus();
    doNomination(candidate);
    return generateHistory(candidate, nominator);
}
```

对比测试用例，你会发现重构后的方法包含的3行代码恰好对应这3个测试用例，清晰地展现了"提名候选人"的执行步骤。

当然，测试代码也可以进一步重构：

```
@Test
public void should_generate_ticket_history_after_ticket_was_nominated() {
    Ticket ticket = new Ticket(TicketId.next(), trainingId);
    TicketHistory ticketHistory = ticket.nominate(candidate, nominator);
    assertTicketHistory(ticket, ticketHistory);
}
```

（2）领域服务的测试驱动开发

为原子任务编写了产品代码和测试代码后，即可在此基础上选择对组合任务的测试驱动开发。一个组合任务对应一个领域服务，除了访问外部资源的原子任务，其余原子任务都已完成编码实现。与"提名候选人"组合任务对应的领域服务为TicketService，需要考虑的测试用例为：

- ❑ 没有符合条件的Ticket，抛出TicketException；
- ❑ 培训票被成功提名给候选人。

在考虑候选人被提名后的验收标准时，通过与开发人员、需求分析人员和测试人员对需求的沟通，发现之前编写的业务服务规约忽略了两个功能：

- ❑ 添加票的历史记录；
- ❑ 候选人被提名之后的处理，即将被提名者从该培训的候选人名单中移除。

故而需要调整该领域服务对应的序列图脚本：

```
TicketService.nominate(ticketId, candidate, nominator) {
    TicketRepository.ticketOf(ticketId);
```

```
Ticket.nominate(candidate, nominator);
TicketRepository.update(ticket);
TicketHistoryRepository.add(ticketHistory);
CandidateRepository.remove(candidate);
}
```

现在，针对测试用例编写测试方法：

```
public class TicketServiceTest {
    @Test
    public void should_throw_TicketException_if_available_ticket_not_found() {
        TicketId ticketId = TicketId.next();
        TicketRepository mockTickRepo = mock(TicketRepository.class);
        when(mockTickRepo.ticketOf(ticketId, TicketStatus.Available)).thenReturn(Optional.
empty());

        TicketService ticketService = new TicketService();
        ticketService.setTicketRepository(mockTickRepo);

        String trainingId = "111011111111";
        Candidate candidate = new Candidate("200901010110", "Tom", "tom@eas.com", trainingId);
        Nominator nominator = new Nominator("200901010007", "admin", "admin@eas.com",
TrainingRole.Coordinator);

        assertThatThrownBy(() -> ticketService.nominate(ticketId, candidate, nominator))
                .isInstanceOf(TicketException.class)
                .hasMessageContaining(String.format("available ticket by id {%s} is not
found", ticketId.id()));
        verify(mockTickRepo).ticketOf(ticketId, TicketStatus.Available);
    }
}
```

通过Mockito的mock()方法模拟TicketRepository获取Ticket的行为，并假定它返回
Optional.empty()模拟未能找到培训票的场景。注意，在验证该方法时，除了要验证指定异常
的抛出，还需要通过Mockito的verify()方法验证领域服务与资源库的协作。实现代码如下：

```
public class TicketService {
    private TicketRepository tickRepo;

    public void setTicketRepository(TicketRepository tickRepo) {
        this.tickRepo = tickRepo;
    }

    public void nominate(TicketId ticketId, Candidate candidate, Nominator nominator) {
        Optional<Ticket> optionalTicket = tickRepo.ticketOf(ticketId, TicketStatus.Available);
        if (!optionalTicket.isPresent()) {
            throw new TicketException(String.format("available ticket by id {%s} is not
found.", ticketId));
        }
    }
}
```

驱动出来的TicketRepository定义为：

```
public interface TicketRepository {
    Optional<Ticket> ticketOf(TicketId ticketId, TicketStatus ticketStatus);
}
```

为TicketService编写的第二个测试需要验证提名候选人的结果。由于原子"提名"任务已经被Ticket的测试完全覆盖，故而在领域服务的测试中，只需要验证聚合与资源库之间的协作逻辑即可。如此既能保证代码质量和测试覆盖率，又可减少编写和维护测试的成本：

```
@Test
public void should_nominate_candidate_for_specific_ticket() {
    // given
    String trainingId = "111011111111";
    TicketId ticketId = TicketId.next();
    Ticket ticket = new Ticket(TicketId.next(), trainingId, Available);

    TicketRepository mockTickRepo = mock(TicketRepository.class);
    when(mockTickRepo.ticketOf(ticketId, Available)).thenReturn(Optional.of(ticket));

    TicketHistoryRepository mockTicketHistoryRepo = mock(TicketHistoryRepository.class);
    CandidateRepository mockCandidateRepo = mock(CandidateRepository.class);

    TicketService ticketService = new TicketService();
    ticketService.setTicketRepository(mockTickRepo);
    ticketService.setTicketHistoryRepository(mockTicketHistoryRepo);
    ticketService.setCandidateRepository(mockCandidateRepo);

    Candidate candidate = new Candidate("200901010110", "Tom", "tom@eas.com", trainingId);
    Nominator nominator = new Nominator("200901010007", "admin", "admin@eas.com",
TrainingRole.Coordinator);

    // when
    ticketService.nominate(ticketId, candidate, nominator);

    // then
    verify(mockTickRepo).ticketOf(ticketId, Available);
    verify(mockTickRepo).update(ticket);
    verify(mockTicketHistoryRepo).add(isA(TicketHistory.class));
    verify(mockCandidateRepo).remove(candidate);
}
```

编写以上测试方法，不仅能验证TicketService的功能，还能驱动出各个资源库的接口。该测试对应的实现为：

```
public class TicketService {
    private TicketRepository tickRepo;
    private TicketHistoryRepository ticketHistoryRepo;
    private CandidateRepository candidateRepo;

    public void nominate(TicketId ticketId, Candidate candidate, Nominator nominator) {
        Optional<Ticket> optionalTicket = tickRepo.ticketOf(ticketId, TicketStatus.Available);
        Ticket ticket = optionalTicket.orElseThrow(() -> availableTicketNotFound(ticketId));

        TicketHistory ticketHistory = ticket.nominate(candidate, nominator);
```

```
        tickRepo.update(ticket);
        ticketHistoryRepo.add(ticketHistory);
        candidateRepo.remove(candidate);
    }

    private TicketException availableTicketNotFound(TicketId ticketId) {
        return new TicketException(String.format("available ticket by id {%s} is not
found.", ticketId));
    }
}
```

（3）领域层的代码模型

在编写代码的过程中，要保证定义的类与接口遵循代码模型对模块、包、命名空间的划分。原则上，当前限界上下文的领域模型对象都定义在domain包里。在进一步对domain包进行划分时，**千万不要按照领域驱动设计的设计要素类别进行划分**——将领域服务、实体、值对象分门别类放在一起的做法是绝对错误的！包或模块的划分应依据**变化的方向**。这一划分原则满足"高内聚松耦合"原则。根据设计要素归类的类不是高内聚的，聚合的归类才是高内聚的。

因此，在编写领域层代码时，应根据领域设计建模获得的设计模型，按照聚合对domain包进行划分，确定领域模型对象的命名空间，如图20-59所示。

图20-59的candidate、course、learning、ticket等命名空间，正是之前设计建模时识别出来的聚合。领域层的测试代码模型与之对应，如图20-60所示。

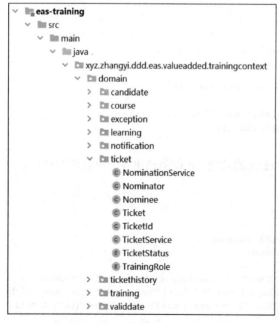

图20-59　培训上下文的产品代码模型

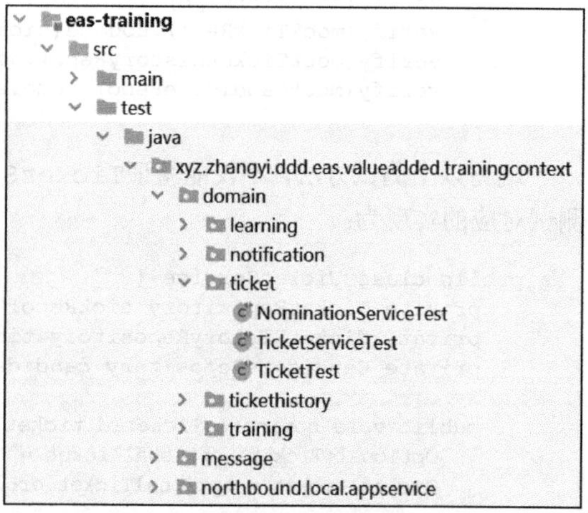

图20-60　培训上下文的测试代码模型

20.3.5 EAS的融合设计

针对一个业务服务而言，只有实现了北向网关的远程服务和应用服务、南向网关的端口和适配器，才算真正完成了整个业务服务。它们的设计与开发并不属于领域实现建模的范畴。需要站在系统架构的角度，在系统分层架构、菱形对称架构和前后端分离的背景下，进行整个系统解空间的融合设计。

1. 资源库的实现

实现了业务服务的领域层代码后，关注点将在北向网关的应用服务交汇。由于应用服务通过集成测试进行验证，因此需要先实现访问外部资源的南向网关适配器。

EAS的数据库为MySQL关系数据库，应选择ORM框架实现资源库。我选择了MyBatis，并采用配置方式定义了Mapper，如此可减少该框架对Repository接口的侵入。虽然MyBatis建议将数据访问对象定义为×××Mapper，但这里我沿用了领域驱动设计的资源库模式，将其定义为资源库接口。它属于菱形对称架构的端口角色。在进行领域实现建模时，端口已经通过测试驱动开发推导出接口的定义，如TicketHistory聚合对应的资源库端口TicketHistoryRepository：

```
package xyz.zhangyi.ddd.eas.valueadded.trainingcontext.southbound.port.repository;

import org.apache.ibatis.annotations.Mapper;
import org.springframework.stereotype.Repository;
import java.util.Optional;

import xyz.zhangyi.ddd.eas.valueadded.trainingcontext.domain.ticket.TicketId;
import xyz.zhangyi.ddd.eas.valueadded.trainingcontext.domain.tickethistory.TicketHistory;

@Mapper
@Repository
public interface TicketHistoryRepository {
    Optional<TicketHistory> latest(TicketId ticketId);
    void add(TicketHistory ticketHistory);
    void deleteBy(TicketId ticketId);
}
```

它对应的mapper配置文件如下：

```xml
<?xml version="1.0" encoding="UTF-8" ?>
<!DOCTYPE mapper PUBLIC "-//mybatis.org//DTD Mapper 3.0//EN" "http://mybatis.org/dtd/
mybatis-3-mapper.dtd" >
<mapper namespace="xyz.zhangyi.ddd.eas.valueadded.trainingcontext.southbound.port.
repository.TicketHistoryRepository" >
    <resultMap id="ticketHistoryResult" type="TicketHistory" >
        <id column="id" property="id" jdbcType="VARCHAR"/>
        <result column="ticketId" property="ticketId.value" jdbcType="VARCHAR" />
        <result column="operationType" property="operationType" jdbcType="VARCHAR" />
        <result column="operatedAt" property="operatedAt" jdbcType="TIMESTAMP" />
        <association property="owner" javaType="TicketOwner">
            <constructor>
                <arg column="ownerId" jdbcType="VARCHAR" javaType="String"/>
```

20

```
            <arg column="ownerType" jdbcType="VARCHAR" javaType="TicketOwnerType" />
        </constructor>
    </association>
    <association property="stateTransit" javaType="StateTransit">
        <constructor>
            <arg column="fromStatus" jdbcType="VARCHAR" javaType="TicketStatus" />
            <arg column="toStatus" jdbcType="VARCHAR" javaType="TicketStatus" />
        </constructor>
    </association>
    <association property="operatedBy" javaType="Operator">
        <constructor>
            <arg column="operatorId" jdbcType="VARCHAR" javaType="String" />
            <arg column="operatorName" jdbcType="VARCHAR" javaType="String" />
        </constructor>
    </association>
</resultMap>

<select id="latest" parameterType="TicketId" resultMap="ticketHistoryResult">
    select
    id, ticketId, ownerId, ownerType, fromStatus, toStatus, operationType, operatorId,
operatorName, operatedAt
    from ticket_history
    where ticketId = #{ticketId} and operatedAt = (select max(operatedAt) from
ticket_history where ticketId = #{ticketId})
</select>

<insert id="add" parameterType="TicketHistory">
    insert into ticket_history
    (id, ticketId, ownerId, ownerType, fromStatus, toStatus, operationType, operatorId,
operatorName, operatedAt)
    values
    (
    #{id},
    #{ticketId}, #{ticketOwner.employeeId}, #{ticketOwner.ownerType},
    #{stateTransit.from}, #{stateTransit.to}, #{operationType},
    #{operatedBy.operatorId}, #{operatedBy.name}, #{operatedAt}
    )
</insert>

<delete id="deleteBy" parameterType="TicketId">
    delete from ticket_history where ticketId = #{ticketId}
</delete>
</mapper>
```

虽然领域服务与聚合已经实现，端口的接口定义也已确定，但它们的实现却不曾得到验证。为此，可以考虑在实现应用服务之前，先为南向网关适配器的实现编写集成测试，以验证其正确性。例如，为TicketHistoryRepository编写的集成测试如下：

```
@RunWith(SpringJUnit4ClassRunner.class)
@ContextConfiguration("/spring-mybatis.xml")
public class TicketHistoryRepositoryIT {
    @Autowired
    private TicketHistoryRepository ticketHistoryRepository;
```

```
    private final TicketId ticketId = TicketId.from("18e38931-822e-4012-a16e-ac65dfc56f8a");

    @Before
    public void setup() {
        ticketHistoryRepository.deleteBy(ticketId);

        StateTransit availableToWaitForConfirm = StateTransit.from(Available).to(WaitForConfirm);
        LocalDateTime oldTime = LocalDateTime.of(2020, 1, 1, 12, 0, 0);
        TicketHistory oldHistory = createTicketHistory(availableToWaitForConfirm, oldTime);
        ticketHistoryRepository.add(oldHistory);

        StateTransit toConfirm = StateTransit.from(WaitForConfirm).to(Confirm);
        LocalDateTime newTime = LocalDateTime.of(2020, 1, 1, 13, 0, 0);
        TicketHistory newHistory = createTicketHistory(toConfirm, newTime);
        ticketHistoryRepository.add(newHistory);
    }

    @Test
    public void should_return_latest_one() {
        Optional<TicketHistory> latest = ticketHistoryRepository.latest(ticketId);

        assertThat(latest.isPresent()).isTrue();
        assertThat(latest.get().getStateTransit()).isEqualTo(StateTransit.from(WaitForConfirm).
to(Confirm));
    }
}
```

考虑到集成测试需要准备测试环境，且它的执行效率也要低于单元测试，故而需要将单元测试和集成测试分为两个不同的构建阶段。

2. 应用服务的实现

根据服务契约的定义，可以确定应用服务的接口与消息契约对象。在实现应用服务时，需要考虑如下几点。

- ❑ **应用服务的测试为集成测试**：需要通过setup与teardown准备和清除测试数据，并准备运行集成测试的环境。
- ❑ **依赖管理**：考虑应用服务、领域服务、资源库之间的依赖管理，确定依赖注入框架。
- ❑ **消息契约对象的定义**：需要结合对外暴露的远程服务接口定义消息契约对象。
- ❑ **横切关注点的结合**：包括事务、异常处理等横切关注点的实现与集成。
- ❑ **南向网关的实现**：考虑资源库和其他访问外部资源的网关接口的实现，包括框架和技术选型。

"提名候选人"的应用服务NominationAppService实现如下：

```
@Service
@EnableTransactionManagement
public class NominationAppService {
    @Autowired
    private NominationService nominationService;

    @Transactional(rollbackFor = ApplicationException.class)
    public void nominate(NominationRequest nominationRequest) {
```

```
        if (Objects.isNull(nominationRequest)) {
            throw new ApplicationValidationException("nomination request can not be null");
        }
        try {
            nominationService.nominate(
                    nominationRequest.getTicketId(),
                    nominationRequest.getTrainingId(),
                    nominationRequest.toCandidate(),
                    nominationRequest.toNominator());
        } catch (DomainException ex) {
            throw new ApplicationDomainException(ex.getMessage(), ex);
        } catch (Exception ex) {
            throw new ApplicationInfrastructureException("Infrastructure Error", ex);
        }
    }
}
```

　　我选择了Spring作为依赖注入的框架，事务处理则采用声明式事务。异常的设计遵循领域驱动设计对异常进行分层的原则，应用服务抛出的异常为派生自ApplicationException类的异常子类。

　　应用服务接口的消息契约对象负责消息契约与领域模型的转换。若转换行为包含了业务逻辑，则需要编写单元测试去覆盖它，甚至可采用测试驱动开发的过程；如果引入了装配器，更要通过测试来保证代码质量。消息契约对象如果要支持远程服务，就需要消息契约对象支持序列化与反序列化。一些序列化框架会通过反射调用对象的构造函数与getter/setter访问器，故而消息契约对象的定义应遵循Java Bean规范。

　　为应用服务编写集成测试时，至少需要考虑两个测试用例：正常执行完成的用例与抛出异常需要回滚事务的用例。如下所示：

```
@RunWith(SpringJUnit4ClassRunner.class)
@ContextConfiguration("/spring-mybatis.xml")
public class NominationAppServiceIT {
    @Autowired
    private TrainingRepository trainingRepository;
    @Autowired
    private TicketRepository ticketRepository;
    @Autowired
    private ValidDateRepository validDateRepository;
    @Autowired
    private TicketHistoryRepository ticketHistoryRepository;

    @Autowired
    private NominationAppService nominationAppService;

    @Before
    public void setup() {
        training = createTraining();
        ticket = createTicket();
        validDate = createValidDate();
```

```
    // 清除脏数据
    trainingRepository.remove(training);
    ticketRepository.remove(ticket);
    validDateRepository.remove(validDate);
    ticketHistoryRepository.deleteBy(ticketId);

    // 准备测试数据
    trainingRepository.add(this.training);
    ticketRepository.add(ticket);
    validDateRepository.add(validDate);
}

@Test
public void should_nominate_candidate_to_nominee() {
    // given
    NominationRequest nominationRequest = createNominationRequest();

    // when
    nominationAppService.nominate(nominationRequest);

    // then
    Optional<Ticket> optionalAvailableTicket = ticketRepository.ticketOf(ticketId,
Available);
    assertThat(optionalAvailableTicket.isPresent()).isFalse();

    Optional<Ticket> optionalConfirmedTicket = ticketRepository.ticketOf(ticketId,
TicketStatus.WaitForConfirm);
    assertThat(optionalConfirmedTicket.isPresent()).isTrue();
    Ticket ticket = optionalConfirmedTicket.get();
    assertThat(ticket.id()).isEqualTo(ticketId);
    assertThat(ticket.trainingId()).isEqualTo(trainingId);
    assertThat(ticket.status()).isEqualTo(TicketStatus.WaitForConfirm);
    assertThat(ticket.nomineeId()).isEqualTo(candidateId);

    Optional<TicketHistory> optionalTicketHistory = ticketHistoryRepository.latest
(ticketId);
    assertThat(optionalTicketHistory.isPresent()).isTrue();
    TicketHistory ticketHistory = optionalTicketHistory.get();
    assertThat(ticketHistory.ticketId()).isEqualTo(ticketId);

    assertThat(ticketHistory.getStateTransit()).isEqualTo(StateTransit.from(Available).
to(WaitForConfirm));
}

@Test
public void should_rollback_if_DomainException_had_been_thrown() {
    // given
    NominationRequest nominationRequest = createNominationRequest();

    // 移除Valid Date以便抛出DomainException异常
    validDateRepository.remove(validDate);

    // when
    try {
```

```
                nominationAppService.nominate(nominationRequest);
            } catch (ApplicationException e) {
                // then
                Optional<Ticket> optionalAvailableTicket = ticketRepository.ticketOf(ticketId,
Available);
                assertThat(optionalAvailableTicket.isPresent()).isTrue();
                Ticket ticket = optionalAvailableTicket.get();
                assertThat(ticket.id()).isEqualTo(ticketId);
                assertThat(ticket.trainingId()).isEqualTo(trainingId);
                assertThat(ticket.status()).isEqualTo(Available);
                assertThat(ticket.nomineeId()).isEqualTo(null);
            }
        }
    }
```

NominationAppService的测试类本应该仅依赖于被测应用服务，此处之所以引入TrainingRepository等资源库的依赖，是为了给集成测试准备和清除数据所用。系统通过flywaydb管理数据库版本与数据迁移，但集成测试需要的数据不在此列，需要由测试提供。由于集成测试会被反复运行，每个测试用例需要的数据都是彼此独立的。

数据的清除本该由JUnit的teardown钩子方法负责，不过，在运行集成测试之后，通常需要手工查询数据库以了解被测方法执行之后的数据结果。如果在测试方法执行后通过teardown清除了数据，就无法查看执行后的结果了。为避免此情形，可以将数据的清除挪到准备数据之前。如上述测试代码所示，清除数据与准备数据的实现都放到了setup钩子方法中。

在编写事务回滚的测试用例时，可以故意营造抛出异常的情况，上述测试方法中，我故意通过ValidDateRepository删除了提名场景需要的有效日期，导致抛出DomainException异常。应用服务在捕获该领域异常后，统一抛出了ApplicationException，因此事务回滚标记的异常类型为ApplicationException：

```
@Transactional(rollbackFor = ApplicationException.class)
public void nominate(NominationRequest nominationRequest) throws ApplicationException {}
```

3. 远程服务的实现

实现应用服务后，继续逆流而上，编写作为北向网关的远程服务。如果将其定义为REST风格服务，需要遵循REST风格服务接口的设计原则，如TicketResource的实现：

```
@RestController
@RequestMapping("/tickets")
public class TicketResource {
    private Logger logger = Logger.getLogger(TicketResource.class.getName());

    @Autowired
    private NominationAppService nominationAppService;

    @PutMapping
    public ResponseEntity<?> nominate(@RequestBody NominationRequest nominationRequest) {
        if (Objects.isNull(nominationRequest)) {
            logger.log(Level.WARNING,"Nomination Request is Null.");
```

```
            return new ResponseEntity<>(HttpStatus.BAD_REQUEST);
        }
        try {
            nominationAppService.nominate(nominationRequest);
            return new ResponseEntity<>(HttpStatus.ACCEPTED);
        } catch (ApplicationException e) {
            logger.log(Level.SEVERE, "Exception raised by nominate REST Call.", e);
            return new ResponseEntity<>(HttpStatus.INTERNAL_SERVER_ERROR);
        }
    }
}
```

　　REST资源远程服务定义了多个服务方法，虽然对应的服务契约存在差异，但服务方法的实现却大同小异，都会执行对应的应用服务的方法、捕获异常、根据执行结果返回带有不同状态码的值。为了避免重复代码，应用层定义的应用异常类别就派上了用场，利用catch捕获不同类型的应用异常，就可以实现相似的执行逻辑。为此，我在ddd-core模块[①]中定义了一个Resources辅助类：

```
public class Resources {
    private static Logger logger = Logger.getLogger(Resources.class.getName());

    private Resources(String requestType) {
        this.requestType = requestType;
    }

    private String requestType;
    private HttpStatus successfulStatus;
    private HttpStatus errorStatus;
    private HttpStatus failedStatus;

    public static Resources with(String requestType) {
        return new Resources(requestType);
    }

    public Resources onSuccess(HttpStatus status) {
        this.successfulStatus = status;
        return this;
    }

    public Resources onError(HttpStatus status) {
        this.errorStatus = status;
        return this;
    }

    public Resources onFailed(HttpStatus status) {
        this.failedStatus = status;
        return this;
    }

    public <T> ResponseEntity<T> execute(Supplier<T> supplier) {
```

---

① 模块名原为eas-core，即EAS逻辑架构中的公共上下文，考虑到它与具体的领域逻辑无关，可作为领域驱动设计的公共组件，故改为ddd-core。

```
          try {
             T entity = supplier.get();
             return new ResponseEntity<>(entity, successfulStatus);
          } catch (ApplicationValidationException ex) {
             logger.log(Level.WARNING, String.format("The request of %s is invalid",
requestType));
             return new ResponseEntity<>(errorStatus);
          } catch (ApplicationDomainException ex) {
             logger.log(Level.WARNING, String.format("Exception raised %s REST Call",
requestType));
             return new ResponseEntity<>(failedStatus);
          } catch (ApplicationInfrastructureException ex) {
             logger.log(Level.SEVERE, String.format("Fatal exception raised %s REST Call",
requestType));
             return new ResponseEntity<>(HttpStatus.INTERNAL_SERVER_ERROR);
          }
       }

    public ResponseEntity<?> execute(Runnable runnable) {
       try {
          runnable.run();
          return new ResponseEntity<>(successfulStatus);
       } catch (ApplicationValidationException ex) {
          logger.log(Level.WARNING, String.format("The request of %s is invalid",
requestType));
          return new ResponseEntity<>(errorStatus);
       } catch (ApplicationDomainException ex) {
          logger.log(Level.WARNING, String.format("Exception raised %s REST Call",
requestType));
          return new ResponseEntity<>(failedStatus);
       } catch (ApplicationInfrastructureException ex) {
          logger.log(Level.SEVERE, String.format("Fatal exception raised %s REST Call",
requestType));
          return new ResponseEntity<>(HttpStatus.INTERNAL_SERVER_ERROR);
       }
    }
}
```

execute()方法的不同重载对应于返回各种响应消息对象的场景。不同的异常类别对应的状态码由调用者传入。为了有效地记录日志信息，需要由调用者提供该服务请求的描述。引入Resources类后，TicketResource的服务实现为：

```
@RestController
@RequestMapping("/tickets")
public class TicketResource {
   private Logger logger = Logger.getLogger(TicketResource.class.getName());

   @Autowired
   private NominationAppService nominationAppService;

   @PutMapping
   public ResponseEntity<?> nominate(@RequestBody NominationRequest nominationRequest) {
      return Resources.with("nominate ticket")
              .onSuccess(ACCEPTED)
```

```
        .onError(BAD_REQUEST)
        .onFailed(INTERNAL_SERVER_ERROR)
        .execute(() -> nominationAppService.nominate(nominationRequest));
    }
}
```

TrainingResource的实现为：

```
@RestController
@RequestMapping("/trainings")
public class TrainingResource {
    private Logger logger = Logger.getLogger(TrainingResource.class.getName());

    @Autowired
    private TrainingAppService trainingAppService;

    @GetMapping(value = "/{id}")
    public ResponseEntity<TrainingResponse> findBy(@PathVariable String id) {
        return Resources.with("find training by id")
                .onSuccess(HttpStatus.OK)
                .onError(HttpStatus.BAD_REQUEST)
                .onFailed(HttpStatus.NOT_FOUND)
                .execute(() -> trainingAppService.trainingOf(id));
    }
}
```

显然，这样的重构可以有效地规避远程服务出现相似的重复代码。

为了保证远程服务的正确性，应考虑为远程服务编写集成测试或契约测试。若选择Spring Boot作为REST框架，可利用Spring Boot提供的测试沙箱spring-boot-starter-test为远程服务编写集成测试，或者选择Pact之类的测试框架为其编写消费者驱动的契约测试（consumer-driven contract test）。如果要面向前端定义控制器（controller），还可考虑引入GraphQL定义服务，这些服务为前端组成了边缘层的BFF服务。此外，还可以引入Swagger为这些远程服务定义API文档。

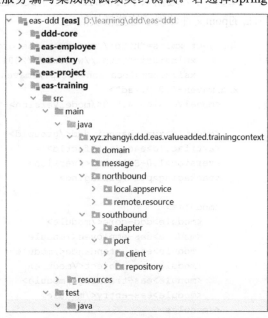

图20-61 EAS的代码模型

4. 完整的代码模型

架构映射阶段根据系统分层架构与菱形对称架构的规定，定义了EAS的代码模型。应根据确定的限界上下文划分模块，并保证每个限界上下文的内部遵循菱形对称架构要求的代码模型。在完成了领域建模和融合设计后，EAS最终的代码模型如图20-61所示。

20

以下是对代码模型的详细说明。

- ❑ eas-ddd：项目名称为EAS。
- ❑ eas-training：以项目名称为前缀，命名限界上下文对应的模块。
- ❑ eas.valueadded.trainingcontext：限界上下文的命名空间，以context为后缀，用valueadded表示它属于业务价值层。
- ❑ message：消息契约对象，遵循领域驱动设计发布语言模式，亦可命名为pl。
- ❑ northbound：北向网关，遵循领域驱动设计的开放主机服务模式，亦可命名为ohs。
  - ♦ remote：北向网关的远程服务，根据服务的不同可以分为resource、controller、provider和subscriber。
  - ♦ local：北向网关的本地服务。
    - ○ appservice：领域驱动设计应用层的应用服务。
- ❑ domain：领域层，内部按照聚合边界进行命名空间划分。每个聚合内的实体、值对象和它对应的领域服务都定义在同一个聚合内部。若领域服务负责协调多个聚合，可以考虑将其放在主要聚合所在的命名空间。
- ❑ southbound：南向网关，遵循领域驱动设计的防腐层模式，亦可命名为acl。
  - ♦ port：所有访问外部资源的抽象定义，根据端口类型的不同分为repository、client等。
  - ♦ adapter：对应于端口的具体实现，同样分为repository、client等。

即使EAS是一个单体架构，也仍然需要清晰地为每个限界上下文定义单独的模块。其中，ddd-core作为遵循共享内核的公共上下文，包含了各个限界上下文都需要调用的领域内核。EAS项目的pom文件体现了这些模块的定义：

```
<project xmlns="http://maven.apache.org/POM/4.0.0"
        xmlns:xsi="http://www.w3***/2001/XMLSchema-instance"
        xsi:schemaLocation="http://maven.apache.org/POM/4.0.0 http://maven.apache.org/
xsd/maven-4.0.0.xsd">
    <modelVersion>4.0.0</modelVersion>

    <groupId>xyz.zhangyi.ddd</groupId>
    <artifactId>eas</artifactId>
    <version>1.0-SNAPSHOT</version>
    <packaging>pom</packaging>

    <modules>
        <module>ddd-core</module>
        <module>eas-employee</module>
        <module>eas-attendance</module>
        <module>eas-project</module>
        <module>eas-training</module>
        <module>eas-entry</module>
    </modules>
</project>
```

eas-entry是整个系统的主程序入口，仅仅定义了一个EasApplication类：

```
package xyz.zhangyi.ddd.eas;

import org.springframework.boot.SpringApplication;
import org.springframework.boot.autoconfigure.SpringBootApplication;
import org.springframework.transaction.annotation.EnableTransactionManagement;

@SpringBootApplication
@EnableTransactionManagement
public class EasApplication {
    public static void main(String[] args) {
        SpringApplication.run(EasApplication.class, args);
    }
}
```

通过它可以为整个系统启动一个服务。Spring Boot需要的配置也定义在eas-entry模块的resource文件夹下。该入口加载的所有远程服务均定义在各个限界上下文的内部，确保了每个限界上下文的架构完整性。

EAS系统的代码模型将限界上下文作为系统的业务边界和应用边界。作为逻辑架构的组成部分，它并不受到或者较少受到通信边界变化的影响，如此就能降低架构从单体架构迁移到微服务架构的成本。事实上，若遵循我建议的代码模型，就会发现：两种迥然不同的架构风格其实拥有完全相同的代码模型。执行架构迁移时，只需注意以下几点：

❑ 与单体架构不同，需要为每个微服务提供一个主程序入口，即去掉eas-entry模块，为每个限界上下文（微服务）定义一个Application类。

❑ 修改southbound\adapter\client的实现，将进程内的通信改为跨进程通信。

❑ 修改数据库的配置文件，让数据库的统一资源定位器（Uniform Resource Locator，URL）指向不同的数据库。

❑ 调整应用层的事务处理机制。如果事务需要协调多个微服务之间的聚合，考虑使用分布式柔性事务。

以上修改皆不影响包括产品代码与测试代码在内的领域层代码。领域层作为菱形对称架构的内核，体现出一如既往的稳定性。

到此为止，我们严格遵循领域驱动设计统一过程，从全局分析、架构映射到领域建模，一丝不苟地采用了领域驱动设计参考过程模型推荐的方法与模式，获得了各个阶段要求输出的工件，完成了EAS系统从问题空间到解空间的完整构建过程。

20.4 总结

许多人反映领域驱动设计很难。Eric Evans创造了许多领域驱动设计的专有术语，这为团队学习领域驱动设计制造了知识障碍。对象建模范式的领域驱动设计建立在良好的面向对象设计基础

20

上，如果开发人员对面向对象设计的本质思想理解不深，就会在运用领域驱动设计模式时感到迷茫，不知道该做出怎样的设计决策才满足领域驱动设计的要求。拘泥于书本知识的运用方式过于僵化，使开发人员一旦遇到设计难题又找不到标准答案，就会不知该如何是好。

本书试图解构领域驱动设计，对领域驱动设计方法体系做了进一步精化与提炼，以**领域驱动设计统一过程**作为过程指导，总结了**领域驱动设计的精髓**，明确提出了"边界是核心、纪律是关键"的要求，并以**领域驱动设计参考过程模型**作为具体的实践参考。我们要明其道、求其术，如果说领域驱动设计方法体系是道，各种领域驱动设计的实践就是术。道引导你走在正确的方向上，术帮助你走得更快、更稳健，道与术的融合开拓了更加宽广的领域驱动设计之路。

这一切的基础在于拥有一个成熟的领域驱动设计团队。利用**领域驱动设计能力评估模型**对团队进行评估，发现团队成员的能力短板后进行针对性的训练，提升敏捷迭代能力、需求分析能力、领域建模能力和架构设计能力，就能让团队推进领域驱动设计无往不利，距离领域驱动设计的成功就不远了！

附 录

附录 A

领域建模范式

我们把世界拿在手里，
就是为了一样样放好。

——顾城，《节日》

即使采用领域模型驱动设计，不同人针对同一个领域设计的领域模型也会千差万别。这除了因为不同人的设计能力、经验以及对真实世界的理解不一致，还因为对模型产生根本影响的是**建模范式**（modeling paradigm）。

"范式"一词最初由美国哲学家托马斯·库恩（Thomas Kuhn）在其经典著作《科学革命的结构》（*The Structure of Scientific Revolutions*）中提出，用于对科学发展的分析。库恩认为每一个科学发展阶段都有特殊的内在结构，而体现这种结构的模型即范式。他明确地给出了一个简洁的范式定义："按既定的用法，**范式就是一种公认的模型或模式**。"[48]

范式可以用来界定什么应该被研究、什么问题应该被提出，也可以用来探索如何对问题进行质疑以及在解释我们获得的答案时该遵循什么样的规则。倘若将范式运用在软件领域的建模过程中，就可以认为建模范式是建立模型的一种模式，是针对业务需求提出的问题进行建模时需要遵循的规则。

建立领域模型可以遵循的主要建模范式包括结构建模范式、对象建模范式和函数建模范式，恰好对应3种编程范式：结构化编程（structured programming）、面向对象编程（object-oriented programming）和函数式编程（functional programming）。建模范式与编程范式的对应关系，也证明了分析、设计和实现三位一体的关系。

A.1 结构建模范式

一提及面向过程设计，浮现在我们脑海中的大多是一些贬义词：糟糕、邪恶、混乱、贫瘠……实际上，面向过程设计就是结构化编程思想的体现。如果追溯它的发展历史，我们会发现该范式提倡的设计思想大有可观，一些设计原则为面向对象编程和函数式编程提供了有价值的借鉴，并不一定代表"坏"的设计。

A.1.1 结构化编程的设计原则

结构化编程的理念最早由Edsger Wybe Dijkstra在1968年提出。在给*Communications of the ACM*

编辑的一封信中，Dijkstra论证了使用goto是有害的，并明确提出了顺序、选择和循环3种基本的结构。这3种基本的结构可以使程序结构变得更加清晰，富有逻辑。

结构化编程强调模块作为功能分解的基本单位。David Parnas解释了何谓"结构"："所谓'结构'通常指用于表示系统的部分。结构体现为分解系统为多个模块，确定每个模块的特征，并明确模块之间的连接关系。"[①]针对模块间的连接关系，在同一篇论文中Parnas还提到："模块间的信息传递可以视为接口（interface）"。这些观点体现了结构化设计的系统分解原则：**通过模块对职责进行封装与分离，通过接口管理模块之间的关系**。

模块对职责的封装体现为信息隐藏（information hiding），这一原则同样来自结构化编程。Parnas在1972年发表的论文《论将系统分解为模块的准则》中强调了信息隐藏的原则。Steve McConnell认为："信息隐藏是软件的首要技术使命中格外重要的一种启发式方法，因为它强调的就是隐藏复杂度，这一点无论是从它的名称还是实施细节上都能看得很清楚。"[49]在面向对象设计中，信息隐藏其实就是封装和隐私法则的体现。

结构化编程的着眼点是"面向过程"，采用结构化编程范式的语言就被称为"面向过程语言"。因此，面向过程语言同样可以体现"封装"的思想，如C语言允许在头文件中定义数据结构和函数声明，然后在程序文件中具体实现。这种头文件与程序代码的分离，可以保证程序代码中的具体实现细节对调用者而言不可见。当然，结构化语言提供的封装层次不如面向对象语言丰富，对数据结构不具有控制权。倘若有别的函数直接操作数据结构，会在一定程度上破坏这种封装性。

以过程为中心的结构化编程思想强调"自顶向下、逐步向下"的设计原则。它对待问题空间的态度，就是将其分解为一个一个步骤，再由函数来实现每个步骤，并按照顺序、选择或循环的结构对这些函数进行调用，组成一个主函数。每个函数内部同样采用相同的程序结构。以过程式的思想对问题进行步骤拆分，就可以利用功能分解让程序的结构化繁为简，变混乱为清晰。显然，只要问题拆分合理，且注意正确的职责分配与信息隐藏，采用结构化编程思想进行程序设计同样可以交出优秀设计的答卷。

A.1.2 结构化编程的问题

不可否认，面向对象设计是面向过程设计暨结构化编程的进化，软件设计人员也在这个发展过程中经历了编程范式的迁移，即从结构化编程范式迁移到面向对象编程范式。为何要从体现结构的过程进化到对象呢？根本原因在于这两种方法对程序的理解截然不同。Pascal语言的发明人沃斯教授认为：数据结构 + 算法 = 程序。这一公式概况了结构化编程范式的特点：**数据结构与算法分离，算法用来操作数据结构**。这一设计思想会导致以下几个问题。

❑ 无法直观说明算法与数据结构之间的关系：当数据结构发生变化时，分散在整个程序各处的对应算法都需要修改。

❑ 无法限制数据结构可被操作的范围：任何算法都可以操作任何数据结构，就有可能因为某

---

① 参见David Parnas 的论文 "Information Distribution Aspect of Design Methodology"。

个错误操作导致程序出现问题而崩溃。

□ **操作数据结构的算法被重复定义**：算法的重复定义并非人为所致，而是封装性不足的必然结果。

假设算法 f1() 和 f2() 分别操作了数据结构X和数据结构Y[40]。粒度的原因使数据结构X和数据结构Y共享了底层数据结构Z中标记为i的数据。X、Y和Z之间的关系如图A-1所示。

如果Z的数据i发生了变化，会影响到算法 f1() 和 f2()，由于三者的关系是清晰可知的，因此这一变化是可控的。由于数据结构与算法完全分离，如果同时有别的开发人员增加了一个操作底层数据结构Z的算法，原有开发人员却不知情，如图A-2所示，算法 f3() 操作了数据结构Z的数据i，就有可能在i发生变化时并没有做相应调整，从而带来隐藏的缺陷。

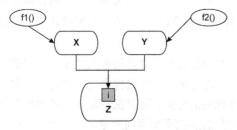

图A-1　X、Y和Z的关系

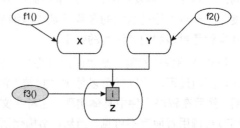

图A-2　增加了对操作Z数据的算法 f3()

面向对象则不然，它强调将数据结构与算法封装在一起。数据结构作为一个类，它拥有的数据就是类的属性，操作数据的算法则为类的方法，这就使得数据结构与算法之间的关系更加清晰。例如数据结构X与算法 f1() 封装在一起，数据结构Y和算法 f2() 封装在一起，同时为数据结构Z提供算法 fi()，作为访问数据i的公有接口。任何需要访问数据i的操作包括前面提及的算法 f3() 都必须通过 fi() 算法进行调用，如图A-3所示。

倘若Z的数据发生了变化，算法 fi() 一定会知晓这个变化；由于X和Y的算法 f1()、f2() 以及后来增加的 f3() 并没有直接操作该数据，这种变化就被有效地隔离了，不会受到影响。

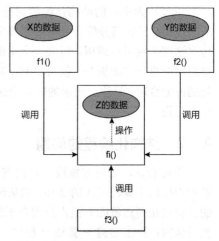

图A-3　封装了数据i和算法 fi() 的Z

即使使用了面向对象语言，如果仍然遵循数据结构与算法分离的设计原则，实则也是采用了结构化编程的过程式设计。例如，在Java语言中定义一个矩形 Rectangle 类，它具有宽度和长度的数据属性：

```
public class Rectangle {
    private int width;
    private int length;
```

```
    public Rectangle(int width, int length) {
        this.width = width;
        this.length = length;
    }

    public int getWidth() {
        return width;
    }
    public int getLength() {
        return length;
    }
}
```

一个几何类Geometric需要计算矩形的周长和面积，因此定义了这两个方法，并调用Rectangle拥有的数据：

```
public class Geometric {
    public int area(Rectangle rectangle) {
        return rectangle.getWidth() * rectangle.getLength();
    }
    public int perimeter(Rectangle rectangle) {
        return (rectangle.getWidth() + rectangle.getLength()) * 2;
    }
}
```

其他开发人员需要编写一个绘图工具，同样需要用到Rectangle：

```
public class Painter {
    public void draw(Rectangle rectangle) {
        // ...

        // 产生了和Geometric::area()方法一样的代码
        int area = rectangle.getWidth() * rectangle.getLength();

        //...
    }
}
```

由于Rectangle类将数据与方法分别定义到了不同的地方，调用者Painter在复用Rectangle时并不知道Geometric已经提供了计算面积和周长的方法，因此首先想到的就是由自己实现。这就会造成相同的方法被多个开发人员重复实现的局面。只有极其用心的开发人员才会尽力地降低这类重复。当然，这是以付出额外精力为代价的。

倘若改变结构范式，将数据与操作它的方法放在一起，就能进一步提高封装性。数据被隐藏，开发人员就失去了自由访问数据的权力。如果一个开发人员需要计算Rectangle的面积，数据访问权的丧失会让他首先考虑的不是在类的外部亲自实现某个算法，而是寻求复用别人的实现，从而最大限度地避免重复：

```
public class Rectangle {
    // 没有访问width的需求时，就不暴露该字段
```

```
private int width;
// 没有访问length的需求时，就不暴露该字段
private int length;

public Rectangle(int width, int length) {
    this.width = width;
    this.length = length;
}

public int area() {
    return this.width * this.length;
}
public int perimeter() {
    return (this.width + this.length) * 2;
}
}
```

由于数据与方法封装在了一起，因此当我们调用对象时，IDE可以让开发人员迅速判断被调对象是否提供了自己所需的接口，如图A-4所示。

遵循结构化编程"**数据结构与算法分离**"的原则建立领域模型，是结构建模范式的典型特征。获得的领域模型往往只有数据没有行为，Martin Fowler将这样的对象组成的模型称为贫血模型，他认为："贫血模型一个明显的特征是它仅仅是看上去和领域模型一样，都拥有对象、属性，对象间通过关系关联。但是当你观察模型所持有的业务逻辑时，你会发现，贫血模型中除了一些getter、setter方法，几乎没有其他业务逻辑。"①

图A-4　IDE的智能感应

A.1.3　结构建模范式的设计模型

在进行模型驱动设计时，若以数据库建立的模型作为设计的驱动力，就会很自然地得到贫血模型，因为在针对数据库和数据表建模时，数据模型中的持久化对象（persistence object，PO）作为数据表的映射，可以认为是一种数据结构，而非真正意义上的对象。操作它的算法（也就是业务逻辑）被转移到了服务对象，通常以过程形式将整个业务服务按照顺序分解为多个子任务，然后组合成为一个完整的过程，操作过程中需要的数据由持久化对象提供。与数据库的交互交给数据访问对象（DAO），即由其"负责管理与数据源的连接，并通过此连接获取、存储数据"[50]。数据访问对象封装了数据访问及操作的逻辑，并分离持久化逻辑与业务逻辑，使得数据源可以独立于业务逻辑而变化。

在结构建模范式的指导下，遵循职责分离的设计原则，业务逻辑、数据访问和数据分别以不同的对象参与到设计模型中，形成图A-5所示的关系。

虽然这一设计模型由类来构成，但其设计思想却采用了结构建模范式，持久化对象与服务对象各自体现了数据结构与算法的特征，二者是分离的。

---

① 参见Martin Fowler的文章"AnemicDomainModel"。

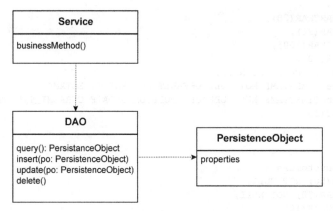

图A-5 结构建模范式的设计模型

1. 持久化对象

持久化对象的数据结构就是对数据表的映射。数据表的设计可以遵循包括一范式（1NF）、二范式（2NF）、三范式（3NF）、BC范式（BCNF）和四范式（4NF）等数据库范式。遵循这些范式可以保证数据表属性的原子性，避免数据冗余等问题。

数据模型的关系数据表并不支持自定义类型，设计模型时为了确保数据表的每一列保持原子性，必须将这个内聚的组合概念进行拆分。例如，地址不能作为一个整体定义为数据表的一个列，因为系统需要访问地址中的城市信息，如果仅设计为一个地址列，就违背了一范式。为此，需要将地址概念设计为包含国家、省份、城市、街道等信息的多个数据列，此时的地址在数据模型中就成了一个分散的概念。

如果要保证地址的概念完整性，在关系数据表中的解决方案是将地址定义为一个独立的数据表，但这又会增加数据模型的复杂度，更会因为引入不必要的表关联影响数据库的访问性能。

避免数据冗余的目的在于避免重复数据，以保证相同数据在整个数据库中的一致性，但是，避免数据冗余并不意味着代码能支持复用。例如，员工表与客户表都定义了"电子邮件"这个属性列。该属性列具有完全相同的业务含义，但在设计数据表时，却分属于两个表不同的列，因为对数据表而言，"电子邮件"列其实是原子的，属于varchar类型。

通过数据模型驱动出来的持久化对象往往与数据表的数据结构形成一一对应的关系。虽然仍可以将这样的持久化对象定义为类，但这样往往没有发挥对象模型的优势。例如数据库中的员工数据表与客户数据表的定义为：

```
# 员工数据表
CREATE TABLE employees(
    id VARCHAR(50) NOT NULL,
    name VARCHAR(20) NOT NULL,
    gender VARCHAR(10),
    email VARCHAR(50) NOT NULL,
    employeeType SMALLINT NOT NULL,
    country VARCHAR(20),
```

```
    province VARCHAR(20),
    city VARCHAR(20),
    street VARCHAR(100),
    zip VARCHAR(10),
    onBoardingDate DATE NOT NULL,
    createdTime TIMESTAMP NOT NULL DEFAULT CURRENT_TIMESTAMP,
    updatedTime TIMESTAMP NULL DEFAULT NULL ON UPDATE CURRENT_TIMESTAMP,
    PRIMARY KEY(id)
);

# 客户数据表
CREATE TABLE customers (
    id VARCHAR(50) NOT NULL,
    name VARCHAR(20) NOT NULL,
    gender VARCHAR(10),
    email VARCHAR(50) NOT NULL,
    customerType SMALLINT NOT NULL,
    country VARCHAR(20),
    province VARCHAR(20),
    city VARCHAR(20),
    street VARCHAR(100),
    zip VARCHAR(10),
    registeredDate DATE NOT NULL,
    createdTime TIMESTAMP NOT NULL DEFAULT CURRENT_TIMESTAMP,
    updatedTime TIMESTAMP NULL DEFAULT NULL ON UPDATE CURRENT_TIMESTAMP,
    PRIMARY KEY(id)
);
```

与这两个数据表对应的对象模型如图A-6所示。

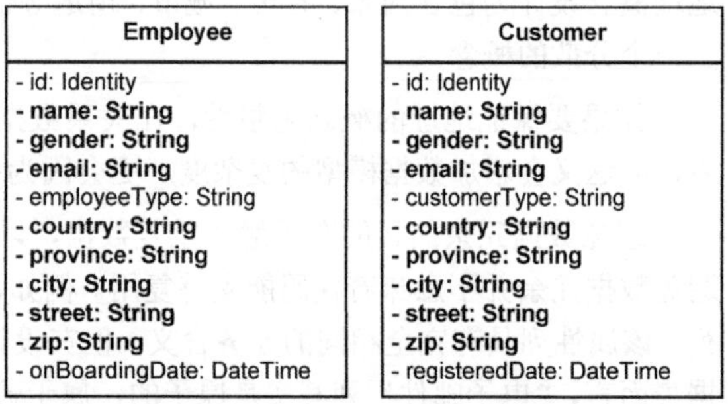

员工类与客户类都定义了诸如country、city等地址信息，但它们是分散的，各自被定义为基本类型，无法实现对地址概念的复用。遵循对象建模范式设计出来的对象模型就不同了，往往会引入细粒度的类型定义来**表达高内聚的概念**，如此即可提供恰如其分的复用粒度，如图A-7所示。

Employee	Customer
- id: Identity	- id: Identity
- name: String	- name: String
- gender: String	- gender: String
- email: String	- email: String
- employeeType: String	- customerType: String
- country: String	- country: String
- province: String	- province: String
- city: String	- city: String
- street: String	- street: String
- zip: String	- zip: String
- onBoardingDate: DateTime	- registeredDate: DateTime

图A-6　数据模型对应的对象模型

遵循结构建模范式建立的模型不仅没有利用好对象模型的优势，还往往被当作数据结构，而将操作数据结构的算法即对象的行为分配给了服务对象。

2. 服务对象

由于持久化对象和数据访问对象都不包含业务逻辑，服务对象就成了业务逻辑的唯一栖身之地。在实现一个业务服务时，持久化对象作为数据的提供者，服务则作为数据的操作者，将整个业务服务按照顺序分解为多个子任务，然后组合为一个完整的过程。这一设计方式是事务脚本（transaction script）的体现。

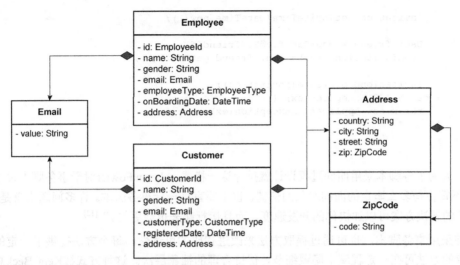

图A-7　对象建模范式的对象模型

　　事务脚本"使用过程来组织业务逻辑，每个过程处理来自表现层的单个请求"[12]。这是一种典型的过程式设计，每个服务功能都是一系列步骤的组合，形成一个完整的过程事务[①]。例如，为一个音乐网站提供添加好友功能，可以分解为以下步骤：

❑ 确定用户是否已经是朋友；

❑ 确定用户是否已被邀请；

❑ 若未邀请，发送邀请信息；

❑ 创建朋友邀请。

采用事务脚本模式定义的服务如下：

```
public class FriendInvitationService {
    public void inviteUserAsFriend(String ownerId, String friendId) {
        try {
            bool isFriend = friendshipDao.isExisted(ownerId, friendId);
            if (isFriend) {
                throw new FriendshipException(String.format("Friendship with user id %s
is existed.", friendId));
            }
            bool beInvited = invitationDao.isExisted(ownerId, friendId);
            if (beInvited) {
                throw new FriendshipException(String.format("User with id %s had been
invited.", friendId));
            }

            FriendInvitation invitation = new FriendInvitation();
            invitation.setInviterId(ownerId);
            invitation.setFriendId(friendId);
```

_____

① 这里的事务代表一个完整的业务行为过程，并非保证数据一致性的事务概念，要注意甄别。

```
        invitation.setInviteTime(DateTime.now());

        User friend = userDao.findBy(friendId);
        sendInvitation(invitation, friend.getEmail());

        invitationDao.create(invitation);
    } catch (SQLException ex) {
        throw new ApplicationException(ex);
    }
  }
}
```

不要因为事务脚本采用面向过程设计就排斥这一模式。Martin Fowler对于事务脚本说了一句公道话："不管你是多么坚定的面向对象的信徒，也不要盲目排斥事务脚本。许多问题本身是简单的，一个简单的解决方案可以加快你的开发速度，而且运行起来也会更快。"[12]

即使采用事务脚本，也可通过提取方法来改进代码的可读性。每个方法提供了一定的抽象层次，提取的方法可在一定程度上隐藏细节，保持合理的抽象层次。这种方式被Kent Beck总结为组合方法（composed method）模式[28]：

- 把程序划分为方法，每个方法执行一个可识别的任务；
- 让一个方法中的所有操作处于相同的抽象层；
- 这会自然地产生包含许多小方法的程序，每个方法只包含少量代码。

如上的inviteUserAsFriend()方法可重构为：

```
public class FriendInvitationService {
    public void inviteUserAsFriend(String ownerId, String friendId) {
        try {
            validateFriend(ownerId, friendId);
            FriendInvitation invitation = createFriendInvitation(ownerId, friendId);
            sendInvitation(invitation, friendId);
            invitationDao.create(invitation);
        } catch (SQLException ex) {
            throw new ApplicationException(ex);
        }
    }
}
```

贫血模型加事务脚本的实现直接而简单，在面对相对简单的业务逻辑时，这种方式在处理性能和代码可读性方面都有着明显的优势，但可能会导致设计出一个庞大的持久化对象类与服务类。由于缺乏清晰而粒度合理的领域概念，随着需求的变化与增加，代码很容易膨胀。当代码膨胀到一定程度后，由于缺乏对数据和行为的封装，难以形成合理的职责分配，导致职责被挤在了一起，就会形成意大利面条似的代码。

显然，结构建模范式并非一无是处，在模块划分与层次分解方面建立的设计原则和设计思想仍然值得借鉴，实则对象建模范式要遵循的设计原则有许多来自结构建模范式的贡献，但在建立领域模型时，结构建模范式提倡数据结构与算法分离的做法，会影响领域对象的封装能力。在面对纷繁复杂的领域逻辑时，封装能力的不足会随着规模的扩大而影响代码的质量，扁平的持久化对象形成的贫血模型缺乏业务的表达能力，服务对象又采用事务脚本来表达业务逻辑，容易使相同的业务代码分散在各个服务方法乃至各个服务类。代码缺乏边界的控制，使得程序结构容易陷入混乱、无序和重复的局面，增加了系统的复杂度。

A.2 对象建模范式

领域驱动设计通常采用面向对象的编程范式，这种范式将领域中的所有概念都视为"对象"。遵循面向对象的设计思想，社区的重要声音是**避免设计出只有数据属性的贫血模型**。当然，对象建模范式要遵循的设计思想和原则并不止于此，要把握面向对象设计的核心，我认为需要抓住**职责**与**抽象**这两个核心。

A.2.1 职责

职责（responsibility）之所以名为职责而非行为（behavior）或功能（function），是从角色拥有何种能力的角度做出的思考。职责是对象封装的判断依据：因为对象拥有了数据，即认为它掌握了某个领域的知识，从而具备完成某一功能的能力；因为该对象拥有了这一能力，故而在定义对象时，赋予了它参与业务场景的角色，产生与其他对象之间的协作。以"职责"为核心进行面向对象设计，就是要通过职责去寻找应该履行该职责的角色，再思考角色之间如何协作完成一个完整的任务。

角色由对象承担，职责的履行使得对象似乎拥有了生命与意识，使得我们能够以拟人的方式对待对象。一个聪明的对象知道自己应该履行哪些职责、拒绝哪些职责以及如何与其他对象协作共同履行职责。这就要求对象必须成为一名行为的协作者，而非只知提供数据的愚笨对象。

1. 行为的协作者

设想在超市购物的场景，顾客Customer通过钱包Wallet付款给超市收银员Cashier。这3个对象之间的协作如下代码所示：

```
public class Wallet {
    private float value;
    public Wallet(float value) {
        this.value = value;
    }
    public float getTotalMoney() {
        return value;
    }
    public void setTotalMoney(float newValue) {
        value = newValue;
    }
    public void addMoney(float deposit) {
        value += deposit;
    }
    public void subtractMoney(float debit) {
        value -= debit;
    }
}
```

```
    }
    public class Customer {
        private String firstName;
        private String lastName;
        private Wallet myWallet;
        public Customer(String firstName, String lastName) {
            this(firstName, lastName, new Wallet(0f));
        }
        public Customer(String firstName, String lastName, Wallet wallet) {
            this.firstName = firstName;
            this.lastName = lastName;
            this.myWallet = wallet;
        }
        public String getFirstName(){
            return firstName;
        }
        public String getLastName(){
            return lastName;
        }
        public Wallet getWallet(){
            return myWallet;
        }
    }

    public class Cashier {
        public void charge(Customer customer, float payment) {
            Wallet theWallet = customer.getWallet();
            if (theWallet.getTotalMoney() > payment) {
                theWallet.subtractMoney(payment);
            } else {
                throw new NotEnoughMoneyException();
            }
        }
    }
```

在购买超市商品的业务场景下，Cashier与Customer对象之间产生了协作。然而，这种协作关系很不合理：站在顾客角度讲，他在付钱时必须将自己的钱包交给收银员，暴露了自己的隐私，让钱包处于危险的境地；站在收银员的角度讲，他需要像一个劫匪一般要求顾客把钱包交出来，在检查钱包内的钱足够之后，还要从顾客的钱包中掏钱出来完成支付。双方对这次协作都不满意，原因就在于参与协作的Customer对象仅仅作为数据提供者，为Cashier对象提供了Wallet数据。

这种职责协作方式违背了**迪米特法则**（Law of Demeter）。该法则要求任何一个对象或者方法，只能调用下列对象：

❑ 该对象本身；

❑ 作为参数传进来的对象；

❑ 在方法内创建的对象。

作为参数传入的Customer对象，可以被Cashier调用，但Wallet对象既非通过参数传递，又非方法内创建的对象，当然也不是Cashier对象本身。按照迪米特法则，Cashier不应该与Wallet协作，甚至都不应该知道Wallet对象的存在。

从代码坏味道的角度来讲，以上代码属于典型的"依恋情结"坏味道。Martin Fowler认为这种经典气味是："函数对某个类的兴趣高过对自己所处类的兴趣。这种孺慕之情最通常的焦点便是数据。"[6]Cashier对Customer的Wallet产生了过度的"热情"，Cashier的charge()方法操作的几乎都是Customer对象的数据。该坏味道说明职责的分配有误，应该将这些特性"归还"给Customer对象：

```java
public class Customer {
    private String firstName;
    private String lastName;
    private Wallet myWallet;

    public void pay(float payment) {
        // 注意这里不再调用getWallet()，因为wallet本身就是Customer拥有的数据
        if (myWallet.getTotalMoney() >= payment) {
            myWallet.subtractMoney(payment);
        } else {
            throw new NotEnoughMoneyException();
        }
    }
}

public class Cashier {
    // charge行为与pay行为进行协作
    public void charge(Customer customer, float payment) {
        customer.pay(payment);
    }
}
```

将支付行为分配给Customer之后，收银员的工作就变轻松了，顾客也不担心钱包被收银员看到了。协作的方式之所以焕然一新，原因就在于Customer不再作为数据的提供者，而是通过支付行为参与协作。Cashier负责收钱，Customer负责交钱，二者只需关注协作行为的接口，而不需要了解具体实现该行为的细节。这就是封装概念提到的"隐藏细节"。这些被隐藏的细节其实就是对象的"隐私"，不允许轻易公开。当Cashier不需要了解支付的细节之后，Cashier的工作就变得更加简单，符合"Unix之父"Dennis Ritchie和Ken Thompson提出的"保持简单和直接"（Keep It Simple and Stupid，KISS）原则。

注意区分重构前后的Customer类定义。当我们将pay()方法转移到Customer类后，去掉了getWallet()方法，因为Customer不需要将自己的钱包公开出去。至于对Wallet钱包的访问，由于pay()与myWallet字段都定义在Customer类中，就可以直接访问定义在类中的私有变量。

Jeff Bay总结了优秀软件设计的9条规则，其中一条规则为"不使用任何getter/setter/property"[51]。这一规则是否打破了许多Java或C#开发人员的编程习惯？能做到这一点吗？为何要这样要求呢？Jeff Bay认为："如果可以从对象之外随便询问实例变量的值，那么行为与数据就不可能被封装到一处。在严格的封装边界背后，真正的动机是迫使程序员在完成编码之后，一定有为这段代码的行为

找到一个适合的位置，确保它在对象模型中的唯一性。"[51]

　　这一原则其实就是为了避免一个对象在协作场景中"沦落"为一个低级的数据提供者。虽然在面向对象设计中，对象才是"一等公民"，但对象的行为才是让对象社区活起来的唯一动力。基于这个原则，我们可以继续优化以上代码。我们发现，Wallet的totalMoney属性也无须公开给Customer。采用行为协作模式，应该由Wallet自己判断钱是否足够，而非直接返回totalMoney：

```java
public class Wallet {
    private float value;

    public boolean isEnough(float payment) {
        return value >= payment;
    }
    public void addMoney(float deposit) {
        value += deposit;
    }
    public void subtractMoney(float debit) {
        value -= debit;
    }
}
```

Customer的pay()方法则修改为：

```java
public class Customer {
    public void pay(float payment) {
        if (myWallet.isEnough(payment)) {
            myWallet.subtractMoney(payment);
        } else {
            throw new NotEnoughMoneyException();
        }
    }
}
```

　　通过行为协作的方式满足**命令而非询问**（tell, don't ask）原则。这个原则要求一个对象应该命令其他对象做什么，而不是去查询其他对象的状态来决定做什么。显然，顾客应该命令钱包：钱够吗？而不是去查询钱包中装了多少钱，然后由顾客自己来判断钱是否足够。看到了吗？在真实世界，钱包是一个没有生命的东西，但到了对象的世界里，钱包拥有了智能意识，它**自己知道**自己的钱是否足够。

　　在进行面向对象设计时，**设计者需具有"拟人化"的设计思想**。我们需要代入设计对象，就好像他们都是一个个可以自我思考的人一般。Cashier不需要"知道"支付的细节，因为这些细节是Customer的"隐私"。这些隐藏的细节其实就是Customer拥有的"知识"，它能够很好地"理解"这些知识，并做出符合自身角色的智能判断。分配职责的标准是看哪个对象真正"理解"这个职责。怎么才能理解呢？就是看对象是否拥有理解该职责的知识。知识即信息，信息就是对象所拥有的数据。这就是**信息专家模式**的核心内容：信息的持有者即为操作该信息的专家。图A-8清晰地表达了这一模式的本质。

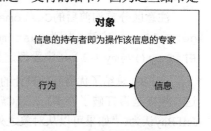

图A-8　信息专家模式

2. 信息专家模式

信息专家模式体现了专业的事情交给专业的对象去做的行事原则。在对象世界里，若每个对象都能成为信息专家，就能做到各司其职、各尽其责。例如，在报表系统中，ParameterController类需要根据客户的Web请求参数作为条件动态生成报表。这些请求参数根据其数据结构的不同分为以下3种。

- ❏ 简单参数SimpleParameter：代表键（key）和值（value）的一对一关系。
- ❏ 元素项参数ItemParameter：一个参数包含多个元素项，每个元素项又包含键和值的一对一关系。
- ❏ 表参数TableParameter：参数的结构形成一张表，包含行头、列头和数据单元格。

这些参数都实现了Parameter接口，该接口的定义为：

```
public interface Parameter {
    String getName();
}

public class SimpleParameter implements Parameter {}
public class ItemParameter implements Parameter {}
public class TableParameter implements Parameter {}
```

在报表的元数据中已经配置了各种参数，包括它们的类型信息。服务端在接收到Web请求时，通过ParameterGraph加载配置文件，利用反射创建各自的参数对象。此时，ParameterGraph拥有的参数并没有填充具体的值，需要通过ParameterController从Servlet包的HttpServletRequest接口获得参数值，对各个参数进行填充。代码如下：

```
public class ParameterController {
    public void fillParameters(HttpServletRequest request, ParameterGraph parameterGraph) {
        for (Parameter para : parameterGraph.getParameters()) {
            if (para instanceof SimpleParameter) {
                SimpleParameter simplePara = (SimpleParameter) para;
                String[] values = request.getParameterValues(simplePara.getName());
                simplePara.setValue(values);
            } else {
                if (para instanceof ItemParameter) {
                    ItemParameter itemPara = (ItemParameter) para;
                    for (Item item : itemPara.getItems()) {
                        String[] values = request.getParameterValues(item.getName());
                        item.setValues(values);
                    }
                } else {
                    TableParameter tablePara = (TableParameter) para;
                    String[] rows =
                            request.getParameterValues(tablePara.getRowName());
                    String[] columns =
                            request.getParameterValues(tablePara.getColumnName());
                    String[] dataCells =
                            request.getParameterValues(tablePara.getDataCellName());
                    int columnSize = columns.length;
```

```
                for (int i = 0; i < rows.length; i++) {
                   for (int j = 0; j < columns.length; j++) {
                      TableParameterElement element = new TableParameterElement();
                      element.setRow(rows[i]);
                      element.setColumn(columns[j]);
                      element.setDataCell(dataCells[columnSize * i + j]);
                      tablePara.addElement(element);
                   }
                }
             }
          }
       }
    }
```

这3种参数对象都将自己的数据"屈辱"地交给了ParameterController，却没想到自己拥有填充参数数据的能力，毕竟只有它们自己才最清楚各自参数的数据结构。如果让这些参数对象成为操作自己信息的专家，情况就完全不同了：

```
public class SimpleParameter implements Parameter {
    public void fill(HttpServletRequest request) {
        String[] values = request.getParameterValues(this.getName());
        this.setValue(values);
    }
}

public class ItemParameter implements Parameter {
    public void fill(HttpServletRequest request) {
        ItemParameter itemPara = this;
        for (Item item : itemPara.getItems()) {
            String[] values = request.getParameterValues(item.getName());
            item.setValues(values);
        }
    }
}

// TableParameter的实现略去
```

当参数自身履行了填充参数的职责时，ParameterController就变得简单了：

```
public class ParameterController {
    public void fillParameters(HttpServletRequest request, ParameterGraph parameterGraph) {
        for (Parameter para : parameterGraph.getParameters()) {
            if (para instanceof SimpleParameter) {
                ((SimpleParameter) para).fill(request);
            } else {
                if (para instanceof ItemParameter) {
                    ((ItemParameter) para).fill(request);
                } else {
                    ((TableParameter) para).fill(request);
                }
            }
```

```
        }
      }
    }
```

各种参数的数据结构不同，导致了填充行为存在差异，但从抽象层面看，都是将一个 HttpServletRequest 填充到 Parameter 中。于是可以将 fill() 方法提升到 Parameter 接口，形成 3 种参数类型对 Parameter 接口的多态实现：

```
public class ParameterController {
    public void fillParameters(HttpServletRequest request, ParameterGraph parameterGraph) {
        for (Parameter para : parameterGraph.getParameters()) {
            para.fill(request);
        }
    }
}
```

当一个对象成为操作自己信息的专家时，调用者就可以仅关注对象能够"做什么"，无须操心其"如何做"，从而将实现细节隐藏起来。由于各种参数对象自身履行了填充职责，ParameterController 就可以只关注抽象 Parameter 提供的公开接口，无须考虑实现，对象之间的协作变得更加松耦合，对象的**多态**能力才能得到充分体现。

3. 单一职责原则

信息专家模式承诺将操作信息的行为优先分配给拥有该信息的对象，当它牢牢地攥紧自己拥有的数据时，就像小孩子害怕别人抢走自己的糖果紧紧捂住自己的口袋，腾不出手去抢别人兜里的糖果了。每个对象皆为操作信息的专家，就能审时度势地决定职责的履行者究竟是谁，并发出行为协作的请求。由于完成一个完整的职责往往需要操作分布在不同对象的信息，意味着需要多个局部的信息专家通过协作来完成任务，从而形成**对象的分治**。

要形成对象的分治，就要求对象拥有的职责不能过多，也不能什么都不做。如何衡量职责的多寡？需要遵循**单一职责原则**（single responsibility principle，SRP），即"一个类应该有且只有一个变化的原因"[26]。该如何理解这一原则？当一个类只有一个引起它变化的原因时，就意味着分配给它的职责必须是紧密相关的。如果发现一个类存在多于一个的变化点，就应该分离变化。

将信息专家模式与单一职责原则结合起来，就给了我们一个启示，即优先根据信息专家模式分配职责，当信息专家拥有的职责存在多于一个的变化点时，再考虑分离其中一个变化点，分配给另外一个对象。例如，针对上游系统发送来的航班计划信息，需要将 JSON 格式的消息转换为 Flight 对象。虽然 Flight 对象不具备 JSON 消息拥有的数据，但由于它了解自己的结构，根据信息专家模式，转换逻辑可以优先分配给它来完成：

```
public class Flight {
    public void from(JsonObject flightPlanMessage) {}
}
```

随着需求的变化，除了需要支持 JSON 格式，还需要支持 XML 格式的消息。难道我们该直接修改 Flight 类，使其支持这两种消息格式吗？如下所示：

```
public class Flight {
    public void fromJson(JsonObject flightPlanMessage) {}
    public void fromXml(XmlNodes flightPlanMessage) {}
}
```

这一实现虽有见招拆招之嫌，不过毕竟满足了变化的需求。然而，随着变化不断出现，系统需要支持越来越多的机场，每个机场发送航班计划消息的系统可能都不相同，消息协议和消息格式也不尽相同，难道我们应该为这些差异化不断地增加新的方法吗？设计是没有定论的，每个设计原则都有其适用场景，到了此时，已不再是信息专家模式所能满足的，必须遵循单一职责原则，将发生变化的转换行为分离出去，同时，还应对消息协议做一层统一的抽象：

```
public interface FlightTransformer {
    Flight transformFrom(MessageNodes flightPlanMessage);
}
```

识别变化是运用单一职责原则的关键，只有正确地识别了变化，才能以正确的方式分离变化。有分就有合，分离出去的变化点还会被原有的类调用。有了调用关系，就会出现依赖。如果分离出去的变化点是不稳定的，原有的类依旧会受到变化的影响。容易变化的内容往往牵涉到具体的实现，只有抽象才是相对稳定不变的。

A.2.2　抽象

什么是设计的抽象呢？我们来看一则故事。

3个秀才到省城参加乡试，临行前3人都对自己能否中举惴惴不安，于是求教于街头的算命先生。算命先生徐徐伸出一个手指，就闭上眼睛不再言语，一副高深莫测的模样。3人纳闷，给了银子，带着疑惑到了省城参加考试。发榜之日，3人一起去看成绩，得知结果后，3人齐叹，算命先生真乃神人矣！

抽象就是算命先生的"一指禅"，一个指头代表了4种完全不同的含义——是一切人高中，还是一个都不中？是一个人落榜，还是一个人高中？算命先生并不能未卜先知，因此只能给出一个包含了所有可能却无具体实现的答案，至于是哪一种结果，就留给3个秀才慢慢琢磨吧。这就是抽象，它意味着可以包容变化，也就意味着稳定。

1. 提炼行为特征

抽象是对共同特征的一种高度提炼，可以从行为之间的差异识别共性。例如按钮与灯泡之间的关系如图A-9所示。

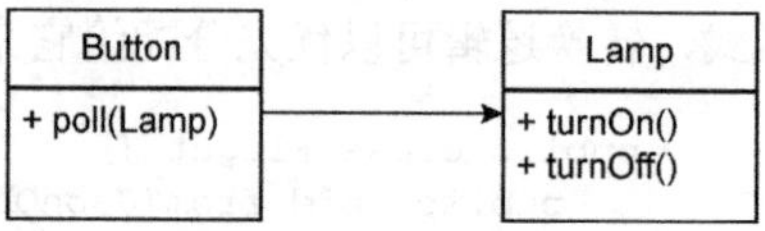

Button依赖于具体的Lamp类，使得按钮只能控制灯泡，导致了二者之间的强耦合。如果没有变化，这样的耦合不会带来坏的影响，一旦变化发生，耦合就会制约程序的扩展性。例如，客户希望生产的按钮不仅能够控制灯泡，还要能够控制电视机或者其他电器设备，这一设计就不可取了。灯泡的开关和电视机的开关在行为上必然存在差异，

图A-9　按钮与灯泡的关系

抽象的共性却都是开和关。抹掉电器设备之间的差异，按钮操作的是开关，而非具体的电器。根据这一共性特征，可定义一个抽象的接口Switchable。该接口代表开和关的能力，只要具备这一能力的设备都可以被按钮控制，如图A-10所示，增加了按钮可以控制的电视机。

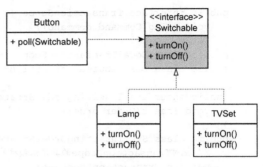

图A-10　抽象为Switchable接口

按钮察觉不到电器设备的存在，对Button而言，它只知道Switchable接口。只要该接口定义的turnOn()与turnOff()方法不变，Button就不会受到影响。这意味着任何实现了Switchable接口的电器设备都可以替换Lamp或TVSet，并被按钮所操作。谁来决定按钮操作的电器设备呢？它们的调用者，如Client类：

```java
public class Client {
    public static void final main(String[] args) {
        Button button = new Button();

        Switchable switchable = new Lamp();
        // 开/关灯
        button.poll(switchable);

        switchable = new TVSet();
        // 开/关电视
        button.poll(switchable);
    }
}
```

Client类的main()函数通过new关键字分别创建了Lamp与TVSet具体类的实例，带来了Client与具体类的依赖。

只要无法彻底绕开对具体对象的创建，抽象就不能完全解决耦合的问题。因此在面向对象设计中，**需要尽量将导致具体依赖的创建对象逻辑往外推，直到调用者必须创建具体对象为止**。这种把依赖往外推，直到在最外层不得不创建具体对象时，再将依赖从外部传递进来的方式，就是依赖注入。

2. 依赖注入

依赖注入最初的名称叫"控制反转"（inversion of control），Martin Fowler在探索了这个模式的工作原理之后，给它取了现在这个更能体现其特点的名字。依赖注入解除了调用者与被调用者之间的耦合，其中的关键在于抽象和依赖外推，最后再通过某种机制注入依赖。

例如，下订单业务场景提供了同步和异步插入订单的策略，插入订单时需要根据不同情况选择本地事务和分布式事务。下订单的实现者并不知道调用者会选择哪种插入订单的策略，插入订单的实现者也不知道调用者会选择哪种事务类型。要做到各自的实现者无须关心具体策略或事务类型的选择，就应该将具体的决策向外推：

```java
public interface TransactionScope {
    void using(Command command);
}
public class LocalTransactionScope implements TransactionScope {}
public class DistributedTransactionScope implements TransactionScope {}

public interface InsertingOrderStrategy {
    void insert(Order order);
}
public class SyncInsertingOrderStrategy implements InsertingOrderStrategy {
    // 把对TransactionScope的具体依赖往外推
    private TransactionScope ts;
    // 通过构造函数允许调用者从外边注入依赖
    public SyncInsertingOrderStrategy(TransactionScope ts) {
        this.ts = ts;
    }

    public void insert(Order order) {
        ts.using(() -> {
            // 同步插入订单，实现略
            return;
        });
    }
}


public class AsyncInsertingOrderStrategy implements InsertingOrderStrategy {
    // 把对TransactionScope的具体依赖往外推
    private TransactionScope ts;
    // 通过构造函数允许调用者从外边注入依赖
    public AsyncInsertingOrderStrategy(TransactionScope ts) {
        this.ts = ts;
    }

    public void insert(Order order) {
        ts.using(() -> {
            // 异步插入订单，实现略
            return;
        });
    }
}

public class PlacingOrderService {
    // 把对InsertingOrderStrategy的具体依赖往外推
    private InsertingOrderStrategy insertingStrategy;
    // 通过构造函数允许调用者从外边注入依赖
    public PlacingOrderService(InsertingOrderStrategy insertingStrategy) {
        this.insertingStrategy = insertingStrategy;
    }

    public void execute(Order order) {
```

```
        insertingStrategy.insert(order);
    }
}
```

从内到外，在SyncInsertingOrderStrategy和AsyncInsertingOrderStrategy类的实现中，把具体的TransactionScope依赖向外推给PlacingOrderService；在PlacingOrderService类中，又把具体的InsertingOrderStrategy依赖向外推给潜在的调用者。到底使用何种插入策略和事务类型，与PlacingOrderService等提供服务行为的类无关，选择权交给了最终的调用者。如果使用类似Spring这样的依赖注入框架，就可以通过配置或者注解等方式完成依赖的注入。例如使用注解：

```
public interface InsertingOrderStrategy {
    void insert(Order order);
}
@Component
public class SyncInsertingOrderStrategy implements InsertingOrderStrategy {
    @Autowired
    private TransactionScope ts;

    public void insert(Order order) {
        ts.using(() -> {
            // 同步插入订单，实现略
            return;
        });
    }
}

public class PlacingOrderService {
    @Autowired
    private InsertingOrderStrategy insertingStrategy;

    public void execute(Order order) {
        insertingStrategy.insert(order);
    }
}
```

3. 封装变化

单一职责原则要求将多余的变化分离出去。分离，并不意味着彻底斩断关系，分离出去的行为还需要与原对象产生协作。若要降低协作产生的依赖强度，就需要进一步对变化进行抽象。识别变化点，对变化的职责进行分离和抽象，这一设计思想可称为"封装变化"。封装变化通过封装隐藏内部的实现细节，对外公开不变的接口，如图A-11所示。

要让对象的内核保持稳定性，就需要将不稳定的因素排除在外。封装变化的一种典型体现是"分离变化与不变"。一个对象的职责既有不变的部分，又有可变的部分，就不能让变化影响不变的职责。解决方案是将可变的部分分离出去，抽象为一个不变的接口，再以委派的形式传回原对象，如图A-12所示。

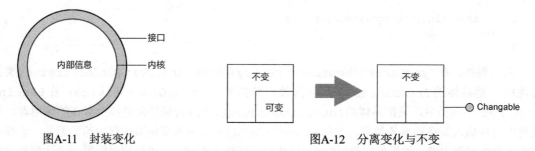

图A-11　封装变化　　　　　　　　　　图A-12　分离变化与不变

抽象出来的接口Changable其实就是策略（strategy）模式或者命令（command）模式的体现。例如，Java线程的实现机制是不变的，但运行在线程中的业务却随时可变，将这部分可变的业务分离出来，抽象为Runnable接口，再以构造函数参数的方式传入Thread中：

```
public class Thread ... {
    private Runnable target;
    public Thread(Runnable target) {
        init(null, target, "Thread-" + nextThreadNum(), 0);
    }

    public void run() {
        if (target != null) {
            target.run();
        }
    }
}
```

模板方法（template method）模式同样分离了变与不变，只是分离变化的方向是向上提取为抽象类的抽象方法，如图A-13所示。

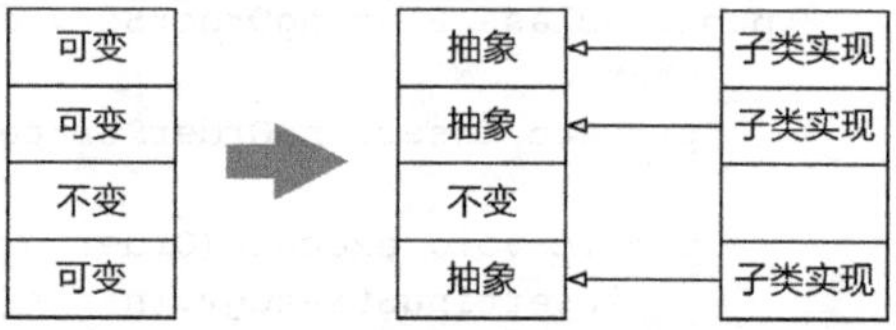

这种形式有效地利用了继承对代码复用和类型多态的支持。例如，授权认证功能的主体是对认证信息令牌进行处理，完成认证。如果通过认证就返回认证结果，如果无法通过就抛出AuthenticationException异常。整个认证功能的执行步骤是不变的，但对令牌的处理需要根据认证机制的不同提供不同实现，甚至允许用户自定义认证机制。为了满足部分认证机制的变化，可以对这部分可变的内容进行抽象。AbstractAuthenticationManager是一个抽象类，定义了authenticate()模板方法：

图A-13　向上提取抽象方法

```
public abstract class AbstractAuthenticationManager {
    // 模板方法，它是稳定不变的
    public final Authentication authenticate(Authentication authRequest)
        throws AuthenticationException {
        try {
            Authentication authResult = doAuthentication(authRequest);
            copyDetails(authRequest, authResult);
            return authResult;
        } catch (AuthenticationException e) {
            e.setAuthentication(authRequest);
```

```
            throw e;
        }
    }

    private void copyDetails(Authentication source, Authentication dest) {
        if ((dest instanceof AbstractAuthenticationToken) && (dest.getDetails() == null)) {
            AbstractAuthenticationToken token = (AbstractAuthenticationToken) dest;
            token.setDetails(source.getDetails());
        }
    }

    // 基本方法，定义为受保护的抽象方法，具体实现交给子类
    protected abstract Authentication doAuthentication(Authentication authentication)
        throws AuthenticationException;
}
```

该模板方法调用的doAuthentication()是一个受保护的抽象方法，没有任何实现。这就是可变的部分，交由子类实现，如ProviderManager子类：

```
public class ProviderManager extends AbstractAuthenticationManager {
    // 实现了自己的认证机制
    public Authentication doAuthentication(Authentication authentication)
        throws AuthenticationException {
        Class toTest = authentication.getClass();
        AuthenticationException lastException = null;
        for (AuthenticationProvider provider : providers) {
            if (provider.supports(toTest)) {
                logger.debug("Authentication attempt using " + provider.getClass().getName());
                Authentication result = null;
                try {
                    result = provider.authenticate(authentication);
                    sessionController.checkAuthenticationAllowed(result);
                } catch (AuthenticationException ae) {
                    lastException = ae;
                    result = null;
                }
                if (result != null) {
                    sessionController.registerSuccessfulAuthentication(result);
                    applicationEventPublisher.publishEvent(new AuthenticationSuccessEvent
(result));
                    return result;
                }
            }
        }
        throw lastException;
    }
}
```

如果一个对象存在两个可能变化的职责，就需要将其中一个变化的职责分离出去，这也是单一职责原则的要求。为了应对变化，还需要分别抽象，然后组合这两个抽象职责，形成图A-14所示的桥接（bridge）模式。

桥接模式充分利用了职责分离与抽象的稳定性。例如，在实现数据权限控制时，需要根据解析配置内容获得数据权限规则，再根据解析后的规则对数据进行过滤。规则解析职责与数据过滤职责的变化方向完全不同，不能将它们定义到一个类或接口中：

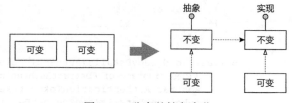

图A-14　分离并抽象变化

```java
public interface DataRuleParser {
    List<DataRule> parseRules();
    T List<T> filterData(List<T> srcData);
}
```

正确的做法是分离规则解析与数据过滤职责，定义到两个独立接口。数据权限控制的过滤数据功能是实现数据权限的目标，应以数据过滤职责为主，再通过依赖注入的方式传入抽象的规则解析器：

```java
public interface DataFilter<T> {
    List<T> filterData(List<T> srcData);
}

public interface DataRuleParser {
    List<DataRule> parseRules();
}

public class GradeDataFilter<Grade> implements DataFilter {
    private DataRuleParser ruleParser;

    // 注入一个抽象的DataRuleParser接口
    public GradeDataFilter(DataRuleParser ruleParser) {
        this.ruleParser = ruleParser;
    }

    @Override
    public List<Grade> filterData(List<Grade> sourceData) {
        if (sourceData == null || sourceData.isEmpty()) {
            return Collections.emptyList();
        }
        List<Grade> gradeResult = new ArrayList<>(sourceData.size());
        for (Grade grade : sourceData) {
            for (DataRule rule : ruleParser.parseRules()) {
                if (rule.matches(grade) {
                    gradeResult.add(grade);
                }
            }
        }
        return gradeResult;
    }
}
```

GradeDataFilter是过滤规则的一种。它在过滤数据时选择什么解析模式，取决于通过构造函数参数传入的`DataRuleParser`接口的具体实现类型。无论解析规则怎么变，只要不修改接口定义，就不会影响到`GradeDataFilter`的实现。

封装变化的关键在于**识别变化点**，只有对可能发生变化的功能进行抽象才是合理的设计。譬如，领域模型的业务规则往往容易发生变化，如电商领域的商品促销规则、支付规则、订单有效性验证规则随时都可能调整，它就是我们需要封装的变化点。

根据封装变化的思想，首先需要将业务规则从领域模型对象分离出来，然后识别规则的共同特征，为其建立抽象接口。例如验证购物车有效性需要针对国内顾客和国外顾客的购买行为提供不同的限制，验证购物车采购数量的行为会因为顾客类型的不同发生变化，将其从领域模型对象`Basket`中分离出来，就不会因为验证规则的变化影响它的稳定性。`SellingPolicy`抽象了验证规则的共同特征，确保了验证规则的开放性，二者又可以通过依赖注入的形式实现协作，并尽可能地将具体依赖推到外部的调用者。该设计如图A-15所示。

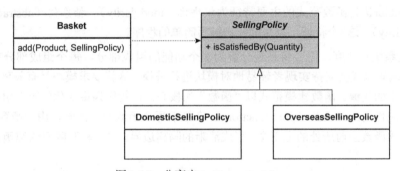

图A-15　分离出`SellingPolicy`

这一设计实际上是规格（specification）模式的体现，该模式的目的就是对频繁变化的业务规则进行分离与抽象。

我们也需要克制设计的过度抽象，不要考虑太多不切实际的扩展性与灵活性，避免引入过度设计，毕竟未来是不可预测的。

为了避免过度抽象，在引入抽象进行可扩展设计时，一定要结合具体的业务场景做出判断。职责是良好设计的基础，抽象就是对设计加分。应首先遵循**信息专家模式**考虑职责的合理分配，在发现了超过一个变化点之后，再基于**单一职责原则**分离职责，形成对象行为之间的协作，然后考虑是否需要对分离出去的变化进行**抽象**。抽象应保持足够的前瞻性，又必须恰如其分，最好是水到渠成的设计决策。

无论是职责的合理分配，还是对变化的适度抽象，目的都在于建立一个良好协作的对象社区。对象范式的根本在于信息专家模式，基于它就可以避免设计出贫血模型，形成了遵循对象建模范式的领域模型。普遍认为，良好的面向对象设计可以更好地应对复杂的业务逻辑，通过一张相互协作的对象图来表达领域模型，也是领域驱动设计推崇的做法。

Martin Fowler将领域模型分为以下两种风格[12]。

□ **简单领域模型**：几乎每一个数据库表都与一个领域对象对应，通常使用活动记录实现对象与数据的映射。这实际上是遵循结构建模范式建立的领域模型。

□ **复杂领域模型**：按照领域逻辑设计对象，广泛运用了继承、策略和其他设计模式，通常使用数据映射器实现对象与数据的映射。这实际上是遵循对象建模范式建立的领域模型，也是Eric Evans建议的建模方式。

建模范式对领域模型的影响可见一斑。结构建模范式未必不佳，但在体现领域逻辑的丰富性方面始终力有未逮。虽然Eric Evans认为"面向对象设计是目前大多数项目所使用的建模范式"[8]33，但随着领域事件在领域驱动设计中逐渐凸显的重要地位，我们也不能忽略另一种建模范式，那就是运用函数式编程思想的函数建模范式。

A.3 函数建模范式

Ken Scambler认为函数范式的主要特征为模块化（modularity）、抽象化（abstraction）和可组合（composability）。这3个特征可以帮助我们编写**简单**的程序。

为了降低系统复杂度，需要将系统分解为多个功能的组成部分，每个组成部分有着清晰的边界。**模块化**的编码范式要支持实现者轻易地对模块进行替换，这就要求模块具有隔离性，避免在模块之间出现太多的纠缠。函数建模范式以"函数"为核心，将其作为模块化的重要组成部分，要求函数均为没有副作用的纯函数（pure function）。在推断每个函数的功能时，由于函数没有副作用，就可以不考虑该函数当前所处的上下文，形成清晰的隔离边界。这种相互隔离的纯函数使得模块化成为可能。

函数的**抽象**能力不言而喻，因为它本质上是一种将输入类型转换为输出类型的转换行为。任何一个函数都可以视为一种转换（transform）。这是对行为的最高抽象，代表了类型（type）之间的某种动作。极端情况下，我们甚至不用考虑函数的名称和类型，只需要关注其数学本质：$f(x) = y$。其中，x是输入，y是输出，f就是极度抽象的函数。

遵循函数建模范式建立的领域模型，其核心要素为**代数数据类型**（algebraic data type，ADT[①]）和纯函数。代数数据类型表达领域概念，纯函数表达领域行为。由于二者皆被定义为不变的、原子的，因此在类型的约束规则下可以对它们进行组合。**可组合**的特征使得函数范式建立的领域模型可以由简单到复杂，能够利用组合子来表现复杂的领域逻辑。

A.3.1 代数数据类型

代数数据类型借鉴了代数学中的概念，作为一种函数式数据结构，体现了函数建模范式的数学意义。通常，代数数据类型不包含任何行为。它利用**和类型**（sum type）展示相同抽象概念的不同组合，使用**积类型**（product type）展示同一个概念不同属性的组合。

---

① 在面向对象编程范式中，一个类可以认为是抽象数据类型（abstract data type），碰巧，它的英文缩写与代数数据类型的缩写一样，也是ADT，但二者的含义迥然不同。

和与积是代数中的概念，它们在函数编程范式中体现了类型的两种组合模式。和意味着相加，用以表达一种类型是它的所有子类型相加的结果。例如表达时间单位的TimeUnit类型[1]：

```
sealed trait TimeUnit

case object Days extends TimeUnit
case object Hours extends TimeUnit
case object Minutes extends TimeUnit
case object Seconds extends TimeUnit
case object MilliSeconds extends TimeUnit
case object MicroSeconds extends TimeUnit
case object NanoSeconds extends TimeUnit
```

TimeUnit是对时间单位概念的一个抽象。定义为和类型，说明它的实例只能是以下值的任意一种：Days、Hours、Minutes、Seconds、MilliSeconds、MicroSeconds或NanoSeconds。这是一种逻辑或的关系，用加号来表示：

```
type TimeUnit = Days + Hours + Minutes + Seconds + MilliSeconds + MicroSeconds +
NanoSeconds
```

积类型体现了一个代数数据类型是其属性组合的笛卡儿积，例如一个员工类型：

```
case class Employee(number: String, name: String, email: String, onboardingDate: Date)
```

它表示Employee类型是(String, String, String, Date)组合的集合，也就是这4种数据类型的笛卡儿积，在类型语言中可以表达为：

```
type Employee = (String, String, String, Date)
```

也可以用乘号来表示这个类型的定义：

```
type Employee = String * String * String * Date
```

和类型和积类型的这一特点体现了代数数据类型的可组合（combinability）特性。代数数据类型的这两种类型并非互斥的，有的代数数据类型既是和类型，又是积类型，例如银行的账户类型：

```
sealed trait Currency
case object RMB extends Currency
case object USD extends Currency
case object EUR extends Currency

case class Balance(amount: BigDecimal, currency: Currency)

sealed trait Account {
    def number: String
    def name: String
}

case class SavingsAccount(number: String, name: String, dateOfOpening: Date) extends Account
```

---

① Java并非真正的函数式语言，较难表达一些函数式特性，因此，本节内容的代码使用Scala语言作为示例。

```
case class BilledAccount(number: String, name: String, dateOfOpening: Date, balance:
Balance) extends Account
```

代码中将Currency定义为和类型，将Balance定义为积类型。Account首先是和类型，它的值要么是SavingsAccount，要么是BilledAccount，同时，每个类型的Account又是一个积类型。

代数数据类型与对象建模范式的抽象数据类型有着本质的区别。前者体现了数学计算的特性，具有**不变性**。使用Scala的case object或case class语法糖会帮助我们创建一个不可变的抽象。当我们创建了如下的账户对象时，它的值就已经确定，不可改变：

```
val today = Calendar.getInstance.getTime
val balance = Balance(10.0, RMB)
val account = BilledAccount("980130111110043", "Bruce Zhang", today, balance)
```

数据的不变性使得代码可以更好地支持并发，可以随意共享值而无须承受对可变状态的担忧。**不可变数据是函数式编程实践的重要原则之一**，可以与纯函数更好地结合。

代数数据类型既体现了领域概念的知识，又通过和类型和积类型定义了约束规则，从而建立了严格的抽象。例如类型组合(String, String, Date)是一种高度的抽象，但却丢失了领域知识，因为它缺乏类型标签。如果采用积类型方式进行定义，则在抽象的同时，还约束了各自的类型。和类型在约束上更进了一步，它将"变化"建模到特定的数据类型内部，限制了类型的取值范围。和类型与积类型结合起来，与操作代数数据类型的函数放在一起，就可利用模式匹配实现表达业务规则的领域行为。

我们以17.3.1节给出的薪资管理系统的需求为例，针对"计算公司雇员薪资"功能，利用函数建模范式来说明代数数据类型的特性。

从需求看，需要建立的领域模型是雇员，它是一个**积类型**。注意，虽然需求清晰地勾勒出3种类型的雇员，但它们的差异实则体现在**收入**的类型上，这种差异体现为**和类型**不同的值。于是，可以得到由如下代数数据类型呈现的领域模型：

```
// 代数数据类型，体现了领域概念
// Amount是一个积类型，Currency则为前面定义的和类型
case class Amount(value: BigDecimal, currency: Currency) {
    // 实现了运算符重载，支持Amount的组合运算
    def +(that: Amount): Amount = {
        require(that.currency == currency)
        Amount(value + that.value, currency)
    }
    def *(times: BigDecimal): Amount = {
        Amount(value * times, currency)
    }
}

// 以下类型皆为积类型，分别体现了工作时间卡与销售凭条领域概念
case class TimeCard(startTime: Date, endTime: Date)
case class SalesReceipt(date: Date, amount: Amount)
```

```
// 支付周期是一个隐藏概念，不同类型的雇员支付周期不同
case class PayrollPeriod(startDate: Date, endDate: Date)

// Income的抽象表示成和类型与积类型的组合
sealed trait Income
case class WeeklySalary(feeOfHour: Amount, timeCards: List[TimeCard], payrollPeriod:
PayrollPeriod) extends Income
case class MonthlySalary(salary: Amount, payrollPeriod: PayrollPeriod) extends Income
case class Commission(salary: Amount, saleReceipts: List[SalesReceipt], payrollPeriod:
PayrollPeriod)

// Employee被定义为积类型，它组合的Income具有不同的抽象
case class Employee(number: String, name: String, onboardingDate: Date, income: Income)
```

定义以上由代数数据类型组成的领域模型后，即可将其与表示领域行为的函数结合起来。由于Income被定义为和类型，它表达的是一种逻辑或的关系，因此它的每个子类型都将成为模式匹配的分支。和类型的组合有着确定的值（类型理论的术语将其称为inhabitant），例如，Income和类型的值为3，模式匹配的分支就应该是3个，这就使得Scala编译器可以检查模式匹配的穷尽性。如果模式匹配缺少了对和类型的值表示，编译器会给出警告。倘若和类型增加了一个新的值，编译器也会指出所有需要新增ADT变体来更新模式匹配的地方。针对Income积类型，利用模式匹配结合业务规则对它进行解构，代码如下：

```
def calculateIncome(employee: Employee): Amount = employee.income match {
    case WeeklySalary(fee, timeCards, _) => weeklyIncomeOf(fee, timeCards)
    case MonthlySalary(salary, _) => salary
    case Commision(salary, saleReceipts, _) => salary + commistionOf(saleReceipts)
}
```

calculateIncome()是一个纯函数，利用模式匹配，针对Employee的特定Income类型计算雇员的不同收入。

A.3.2　纯函数

函数建模范式往往使用纯函数表现领域行为。所谓"纯函数"，就是指没有"副作用"（side effect）的函数。Paul Chiusano与Runar Bjarnason认为常见的副作用包括[52]：

❑ 修改一个变量；
❑ 直接修改数据结构；
❑ 设置一个对象的成员；
❑ 抛出一个异常或以一个错误终止；
❑ 打印到终端或读取用户的输入；
❑ 读取或写入一个文件；
❑ 在屏幕上绘画。

例如，读取花名册文件，解析内容获得收件人电子邮件列表的函数为：

```
def parse(rosterPath: String): List[Email] = {
        val lines = readLines(rosterPath)
        lines.filter(containsValidEmail(_)).map(toEmail(_))
}
```

代码中的readLines()函数需要读取一个外部的花名册文件，这是引起副作用的一个原因。该副作用为单元测试带来了影响。要测试parse()函数，需要为它事先准备好一个花名册文件，这增加了测试的复杂度。同时，该副作用使得我们无法根据输入参数推断函数的返回结果，因为读取文件可能出现一些未知的错误，如读取文件错误，又如有其他人同时在修改该文件，就可能抛出异常或者返回一个不符合预期的邮件列表。

要将parse()定义为纯函数，就需要分离这种副作用。一旦去掉副作用，调用函数返回的结果就与直接使用返回结果具有相同效果，二者可以互相替换，这称为引用透明（referential transparency）。引用透明的替换性可以用于验证一个函数是否是纯函数。假设客户端要根据解析获得的电子邮件列表发送邮件，解析的花名册文件路径为roster.txt，解析该花名册得到的电子邮件列表为：

```
List(Email("liubei@dddcompany.com"), Email("guanyu@dddcompany.com"))
```

如果parse()是一个纯函数，遵循引用透明的原则，如下函数调用的行为应该完全相同：

```
// 调用解析方法
send(parse("roster.txt"))
```

```
// 直接调用解析结果
send(List(Email("liubei@dddcompany.com"), Email("guanyu@dddcompany.com")))
```

显然，parse()函数的定义做不到这一点。后者传入的参数是一个电子邮件列表，而前者除了提供了电子邮件列表，还读取了花名册文件。函数获得的电子邮件列表不由花名册文件路径决定，而由读取文件的内容决定。读取外部文件的这种副作用使得我们无法根据确定的输入参数推断出确定的计算结果。要将parse()改造为支持引用透明的纯函数，就需要分离副作用，把读取外部文件的功能推向parse()函数外部：

```
def parse(content: List[String]): List[Email] =
    content.filter(containsValidEmail(_)).map(toEmail(_))
```

修改之后，以下代码的行为完全相同：

```
send(parse(List("liubei, liubei@dddcompany.com", "noname", "guanyu, guanyu@dddcompany.com")))
```

```
send(List(Email("liubei@dddcompany.com"), Email("guanyu@dddcompany.com")))
```

这意味着改进后的parse()可以根据输入结果推断出函数的计算结果，这正是引用透明的价值所在。**保持函数的引用透明，不产生任何副作用，也是函数式编程的基本原则。**如果说面向对象设计需要将依赖尽可能向外推，最终采用依赖注入的方式来降低耦合，那么，函数式编程思想就是要利用纯函数来隔离变化与不变，内部由无副作用的纯函数组成，纯函数将副作用向外推，形成由不变的业务内核与可变的副作用外围组成的结构，如图A-16所示。

具有引用透明特征的纯函数更加贴近数学的函数概念：没有计算，只有转换。转换操作不会修改输入参数的值，只是基于某种规则把输入参数值转换为输出。输入值和输出值都是不变的，只要给定的输入值相同，总会给出相同的输出结果。例如，我们定义add1()函数：

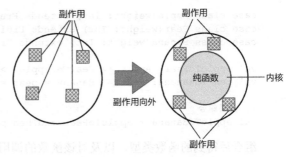

图A-16　将副作用往外推

```scala
def add1(x: Int):Int => x + 1
```

基于数学函数的转换（transformation）特征，完全可以将其翻译为如下代码：

```scala
def add1(x: Int): Int => x match {
    case 0 => 1
    case 1 => 2
    case 2 => 3
    case 3 => 4
    // ...
}
```

我们看到的不是对变量x增加1，而是根据x的值进行模式匹配，然后基于业务规则返回确定的值。这就是纯函数的数学意义。

引用透明、无副作用以及数学函数的转换本质，为纯函数提供模块化的能力，再结合高阶函数的特性，使纯函数具备强大的可组合特性，这正是函数式编程的核心原则。这种组合性如图A-17所示。

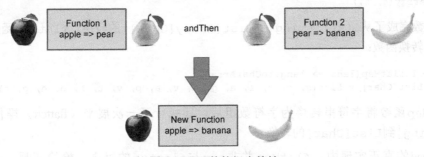

图A-17　函数的组合特性

图A-17中的andThen是Scala语言提供的组合子，可以组合两个函数形成一个新的函数。Scala还提供了compose组合子。二者的区别在于组合函数的顺序不同。图A-17的内容可以表现为如下Scala代码：

```scala
sealed trait Fruit {
    def weight: Int
}
```

```
case class Apple(weight: Int) extends Fruit
case class Pear(weight: Int) extends Fruit
case class Banana(weight: Int) extends Fruit

val appleToPear: Apple => Pear = apple => Pear(apple.weight)
val pearToBanana: Pear => Banana = pear => Banana(pear.weight)

// 使用组合
val appleToBanana = appleToPear andThen pearToBanana
```

组合后得到的函数类型，以及对该函数的调用如下所示：

```
scala> val appleToBanana = appleToPear andThen pearToBanana
appleToBanana: Apple => Banana = <function1>

scala> appleToBanana(Apple(15))
res0: Banana = Banana(15)
```

除了纯函数的组合性，函数式编程中的Monad模式也支持组合。我们可以简单地将一个Monad理解为提供bind功能的容器。在Scala语言中，bind功能就是flatMap函数。要理解flatMap函数的功能，可以将其看作map与flatten的组合。例如，针对如下的编程语言列表：

```
scala> val l = List("scala", "java", "python", "go")
l: List[String] = List(scala, java, python, go)
```

对该列表执行map操作，该操作接受toCharArray()函数，就可以把一个字符串转换为同样是Monad的字符数组：

```
scala> l.map(lang => lang.toCharArray)
res7: List[Array[Char]] = List(Array(s, c, a, l, a), Array(j, a, v, a), Array(p, y, t,
h, o, n), Array(g, o))
```

map函数完成了从List[String]到List[Array[Char]]的转换。flatMap函数则不同，传入同样的转换函数：

```
scala> l.flatMap(lang => lang.toCharArray)
res6: List[Char] = List(s, c, a, l, a, j, a, v, a, p, y, t, h, o, n, g, o)
```

flatMap函数将字符串转换为字符数组后，还执行了一次展平（flatten）操作，完成了List[String]到List[Char]的转换。

在Monad的真正实现中，flatMap并非map与flatten的组合。恰恰相反，map函数是flatMap基于unit演绎出来的。Monad的核心其实是flatMap函数：

```
class M[A](value: A) {
    private def unit[B] (value : B) = new M(value)
    def map[B](f: A => B) : M[B] = flatMap {x => unit(f(x))}
    def flatMap[B](f: A => M[B]) : M[B] = ...
}
```

flatMap和map以及filter往往可以组合起来，实现更加复杂的针对Monad的操作。一旦操作变得复杂，这种组合操作的可读性就会降低。例如，我们将两个同等大小列表中的元素项相乘，使用flatMap与map的代码为：

```
val ns = List(1, 2)
val os = List(4, 5)
val qs = ns.flatMap(n => os.map(o => n * o))
```

这样的代码并不好理解。为了提高代码的可读性，Scala提供了for-comprehensions。它是Monad的语法糖，组合了flatMap、map和filter等函数，但从语法上看，却类似一个for循环。这就使得我们多了一种可读性更强的调用Monad的形式。使用for-comprehensions语法糖，同样的功能就变成了：

```
val qs = for {
  n <- ns
  o <- os
} yield n * o
```

这里演示的for语法糖看起来像一个嵌套循环，分别从ns和os中取值，然后利用yield生成器将计算得到的积返回为一个列表。实质上，这段代码与使用flatMap和map的代码完全相同。

在使用纯函数表现领域行为时，我们可以让纯函数返回一个Monad容器，再通过for-comprehensions进行组合。这种方式既保证了代码对领域行为知识的体现，又能因为其不变性避免状态变更带来的缺陷。同时，结合纯函数的组合子特性，使得代码的表现力更加强大，非常自然地传递了领域知识。

例如，针对下订单场景，需要验证订单，并对验证后的订单进行计算。验证订单时，需要验证订单自身的合法性、客户状态和库存；对订单的计算则包括计算订单的总金额、促销折扣和运费。遵循函数建模范式对需求进行领域建模时，需要先寻找到表达领域知识的各个原子元素，包括具体的代数数据类型和实现原子功能的纯函数：

```
// 积类型
case class Order(id: OrderId, customerId: CustomerId, desc: String, totalPrice:
Amount, discount: Amount, shippingFee: Amount, orderItems: List[OrderItem])

// 以下是验证订单的行为，皆为原子的纯函数，并返回scalaz①定义的Validation Monad
val validateOrder : Order => Validation[Order, Boolean] = order =>
    if (order.orderItems isEmpty) Failure(s"Validation failed for order $order.id")
    else Success(true)

val checkCustomerStatus: Order => Validation[Order, Boolean] = order =>
    Success(true)

val checkInventory: Order => Validation[Order, Boolean] = order =>
    Success(true)

// 以下定义了计算订单的行为，皆为原子的纯函数
val calculateTotalPrice: Order => Order = order =>
```

————————————

① scalaz是一个支持函数式编程的scala库，在GitHub中通过搜索"scalaz"可以访问其代码库。

```
    val total = totalPriceOf(order)
    order.copy(totalPrice = total)

val calculateDiscount: Order => Order = order =>
    order.copy(discount = discountOf(order))

val calculateShippingFee: Order => Order = order =>
    order.copy(shippingFee = shippingFeeOf(order))
```

这些纯函数是原子的、分散的、可组合的，接下来，可利用纯函数与Monad的组合能力，编写满足业务场景需求的实现代码：

```
val order = ...

// 组合验证逻辑
// 注意返回的orderValidated也是一个Validation Monad
val orderValidated = for {
    _ <- validateOrder(order)
    _ <- checkCustomerStatus(order)
    c <- checkInventory(order)
} yield c

if (orderValidated.isSuccess) {
    // 组合计算逻辑，返回了一个组合后的函数
    val calculate = calculateTotalPrice andThen calculateDiscount andThen calculateShippingFee
    // 返回具有订单总价、折扣与运费的订单对象
    // 在计算订单的过程中，订单对象是不变的
    val calculatedOrder = calculate(order)

    // ...
}
```

A.3.3　函数建模范式的演绎法

遵循函数建模范式建立领域模型时，代数数据类型与纯函数是主要的建模元素。代数数据类型中的和类型与积类型可以表达领域概念，纯函数则用于表达领域行为。它们都被定义为不变的原子类型。将这些原子的类型与操作组合起来，满足复杂业务逻辑的需要。这是函数式编程中面向组合子（combinator）的建模方法，是函数建模范式的核心。

在观察真实世界时，对象建模范式和函数建模范式遵循了不同的建模思想。

对象建模范式采用了**归纳法**，通过分析和归纳需求，找到问题并逐级分解问题，然后通过对象来表达领域逻辑，以职责的角度分析这些领域逻辑，并根据角色的特征把职责分配给各自的对象，通过对象之间的协作实现复杂的领域行为。

函数建模范式采用了**演绎法**，通过在领域需求中寻找和定义最基本的原子操作，然后根据基本的组合规则利用组合子将这些原子类型与原子函数组合起来。

因此，函数建模范式对领域建模的影响是全方位的。对象建模范式是在定义一个完整的世界，

然后以"上帝"的身份去规划各自行使职责的对象，而函数建模范式是在组合一个完整的世界，就像古代哲学家一般，看透了物质的本原，识别出不可再分的原子微粒，再按照期望的方式组合这些微粒。故而，采用函数建模范式进行领域建模，关键是组合子以及组合规则的设计，既要简单，又要完整，还需要保证每个组合子的正交性。只有如此，才能对其进行组合，使其互不冗余，互不干涉。这些组合子，就是代数数据类型和纯函数。

函数建模范式的领域模型颠覆了面向对象思想中"贫血模型是坏的"这一观点。不过，函数建模范式的贫血模型不同于结构建模范式的贫血模型。结构建模范式是将数据与行为分离，每个行为组成一个完成的过程，用以体现一个完整的业务场景。由于缺乏足够的封装性，因而无法控制因为数据和行为的修改对其他调用者带来的影响。对象建模范式之所以要求将数据与行为封装在一起，就是为了解决这一问题。函数建模范式虽然同样建立了贫血模型，但它的模块化、抽象化和可组合特征降低了变化带来的影响。在组合这些组合子时引入高内聚松耦合的模块对这些功能进行分组，就能避免细粒度的组合子过于散乱，形成更加清晰的代码层次。

Debasish Ghosh总结了函数建模范式的基本原则，用以规范领域模型的设计[53]：

❑ 利用函数组合的力量，把小函数组装成一个大函数，获得更好的组合性；

❑ 纯粹，领域模型的很多部分都由引用透明的表达式组成；

❑ 通过方程式推导，可以很容易地推导和验证领域行为。

不止如此，根据代数数据类型的不变性以及对模式匹配的支持，它还天生适合表达领域事件。例如，地址变更事件就可以用一个积类型来表示：

```scala
case class AddressChanged(eventId: EventId, customerId: CustomerId, oldAddress: Address, newAddress: Address, occurred: Time)
```

还可以用和类型对事件进行抽象，这样就可以在处理事件时运用模式匹配：

```scala
sealed trait Event {
   def eventId: EventId
   def occurred: Time
}

case class AddressChanged(eventId: EventId, customerId: CustomerId, oldAddress: Address, newAddress: Address, occurred: Time) extends Event
case class AccountOpened(eventId: EventId, Account: Account, occurred: Time) extends Event

def handle(event: Event) = event match {
   case ac: AddressChanged => ...
   case ao: AccountOpened => ...
}
```

函数建模范式的代数数据类型仍然可以用来表示实体和值对象，但它们都是不变的，二者的区别主要在于是否需要定义唯一标识符。聚合的概念同样存在，如果使用Scala语言，往往会为聚合定义满足角色特征的trait，如此即可使聚合的实现通过混入多个trait来完成代数数据类型的组合。由于资源库会与外部资源进行协作，意味着它会产生副作用，因此遵循函数式编程思想，往往会将其推向纯函数的外部。在函数式语言中，可以利用柯里化（currying，又译作"咖喱化"）或者Reader Monad来推迟对资源库具体实现的注入。

　　通常，领域驱动设计运用对象建模范式进行领域建模，利用函数建模范式建立的领域模型多少显得有点"另类"，因此，我将其称为"非主流"的领域驱动设计。这里所谓的"非主流"，仅仅是从建模范式的普及性角度来考虑的，并不能说明二者的优劣与高下之分。事实上，函数建模范式可以很好地与事件结合在一起，**以领域事件作为模型驱动设计的驱动力**。针对事件进行建模，任何业务流程皆可用状态机来表达。状态的迁移，就是命令对事件的触发。我们还可以利用事件风暴帮助我们识别这些事件，而事件的不变性特征又可以很好地与函数式编程结合起来（参见附录B）。

事件驱动模型

> 企图对一具体现象的存在全貌，在因果关系上做透彻而无遗漏的回溯，不仅在实际上办不到，
> 而且此一企图根本就没有意义。我们只能指出某些原因，因为就这些原因而言，
> 我们有理由去推断，在某个个案中，这些原因是某一个事件的"本质"性成素的成因。
>
> ——马克思·韦伯，《学术与政治》

领域驱动设计可以选择不同的建模范式，由此得到的领域模型也将有所不同。在附录A，我介绍了结构建模范式、对象建模范式、函数建模范式和领域模型之间的关系，尤其阐解了对象建模范式和函数建模范式之间的本质区别。对象建模范式重视领域逻辑中的名词概念，并将领域行为封装到对象中；函数建模范式重视领域逻辑中的领域行为，将其视为类型的转换操作，主张将领域行为定义为无副作用的纯函数。本书讲解的领域建模阶段选择了对象建模范式。

倘若领域驱动设计的整个过程围绕着"事件"进行，就会因为事件改变我们观察真实世界的方式。在第15章介绍领域事件时，我谈到了它对建模思想的影响。由于事件的与众不同之处，我特别将这种方式称为**事件建模范式**。

事件建模范式的关注点既非对象建模范式中的领域概念，也非函数建模范式中的领域行为，自然也不属于结构建模范式，而是领域行为引起的领域概念状态的变化。事件针对**状态**建模，在此观察视角下，大多数业务流程都可以视为由命令触发的引起状态迁移的状态机。状态的迁移本质上可认为是形如State1 => State2这样的纯函数，这种建模方式更贴近于函数建模范式，或者说是函数建模范式的一个分支。

相比函数建模范式，事件建模范式有自己的独到之处。分析与设计的驱动力是事件，建模的核心是事件，事件引起的是领域对象状态的迁移。事件建模范式通过事件观察真实世界，并围绕着"事件"为中心去表达领域对象的状态迁移，进而以事件来驱动业务场景。

事件建模范式影响的是建模者观察真实世界的态度，而这种以事件为模型核心元素的范式又会影响到整个软件的体系架构、模型设计和代码实现。通过事件建模范式驱动出来的模型，可称为**事件驱动模型**，以此有别于对象建模范式驱动出来的领域模型[①]。对事件驱动模型而言，它使用的建模方法、模式和风格皆以事件为中心，体现出别具一格的特征。事件驱动模型常用的建模方法就

---

① 对象建模范式的领域模型同样包含了领域事件，但它与事件驱动模型中的领域事件存在本质上的差异。我这里提到的事件驱动模型仍然基于领域作为核心驱动力，只是改变了建模的角度，与Spring提出的事件驱动模型有着本质的差异

是**事件风暴**，与之相关的模式为**事件溯源模式**，以及**事件驱动架构风格**。

B.1　事件风暴

事件风暴由Alberto Brandolini提出，是一种以工作坊形式对复杂业务领域进行探索的高效协作方法，它的运用范围自然不仅限于事件建模范式。然而，事件风暴提倡由"事件"驱动团队观察、探索和分析业务领域，更加契合事件建模范式的领域建模。

B.1.1　理解事件风暴

事件风暴之所以以事件为驱动力，源于事件意味一种**因果关系**。这使得一个静态的概念隐藏着流动的张力。在识别和理解事件时，可以考虑为什么要产生这一事件，以及为什么要响应这一事件，进而思考响应事件的后续动作，驱动着设计者的"心流"不断思考下去，犹如搅起了一场激烈的风暴。

不同的团队角色在思考事件时，看到的可能是事物的不同面。事件犹如棱镜一般将光线色散为不同色彩，折射到每个人的眼睛。

- ❑ **事件对于业务人员**：事件前后的业务动作是什么，产生了什么样的业务流程？
- ❑ **事件对于管理人员**：事件导致的重要结果是什么，会否影响到管理和运营？
- ❑ **事件对于技术人员**：是什么触发了事件消息，当事件消息发布时，谁来负责订阅和处理事件？

虽然关注点不同，但事件却能够让这些不同的团队角色"团结"到一个业务场景下，体会到统一语言的存在。业务场景就像一条新闻报道，团队的参与角色就是新闻报道的读者，他们关注新闻的目的各不相同，却又不约而同地被同一个新闻标题所吸引，这个新闻的标题就是**事件**。例如2019年6月17日，沪伦通正式启动，众多新闻媒体皆有报道，如图B-1所示。

London-Shanghai Stock Connect goes live

Jun 17, 2019 · **London-Shanghai Stock** Connect goes live. Jun. 17, 2019 3:48 AM ET | By: Yoel Minkoff, SA News Editor . Under the Connect scheme, Shanghai-listed companies can raise new funds via London's **stock** ...

London-Shanghai stock connect goes live, allowing foreign ...

Jun 17, 2019 · **Huatai Securities**, one of China's largest brokerages, made its trading debut on the **London Stock Exchange** at 8am local time as it became the first company to trade via the new link.

图B-1　沪伦通启动的新闻网页

这一影响国内甚至国际金融界的重磅事件吸引了许多人尤其是广大投资人的目光。角色不同，对这一新闻事件的着眼点也不相同。经济学家关心此次事件对证券交易市场特别是对上交所、伦交所带来的影响，政治家关心这种金融互通机制对中英以及中欧之间政治格局带来的影响，股市投资人关心如何进入沪伦通进行股票交易以谋求高额投资回报，证券专业人士则关心沪伦通这种基于存托凭证的跨境转换方式和交易模式……不一而足，但他们关心的却是同一条新闻事件。

之所以将事件比喻为新闻，在于它们之间存在本质的共同点：它们都是过去已经发生的事实。新闻不可能报道未来，即使是对未来的预测，预测这个行为也是发生在过去的某个时间点。整条新闻报道的背景就是该事件的场景要素，如表B-1所示。

表B-1 新闻和事件

场景要素	新闻	事件
What	报道的新闻	发布的事件
When	新闻事件的发生时间	何时发布事件
Where	新闻事件的发生地点	在哪个限界上下文的哪个聚合
Why	为何会发生这样一起新闻事件	发布事件的原因以及事件结果的重要性
Who	新闻事件的牵涉群体	谁发布了事件，谁订阅了事件
hoW	新闻事件的发生经过	事件如何沿着时间轴流动

在运用事件风暴时，分析者可以像一名记者那样敏感地关注一些关键事件的发生，并按照时间轴的顺序把这些事件串起来。设想乘坐地铁的场景。

- ❑ 车票已购买TicketPurchased：我只关心票买了，并不关心是怎么支付的。
- ❑ 车票有效TicketAccepted：我只关心闸机认可了车票的有效性，并不关系是刷卡还是插入卡片。
- ❑ 闸机门已打开StationGateOpened：门打开了是刷卡有效的结果，意味着我可以通行，我并不关心之前闸机门的状态，例如某些地铁站在人流高峰期会保持闸机门常开。
- ❑ 乘客已通过PassengerPassed：我一旦通过闸机，就可以等候地铁准备上车，我并不关心通过之后闸机门的状态。
- ❑ 地铁到站MetroArrived：是否是我要乘坐的地铁到站？如果是，我就要准备上车，我并不关心地铁如何行驶。
- ❑ 地铁车门已打开MetroDoorOpened：只有车门打开了，我才能上车，我并不关心车门是如何打开的。
- ❑ ……

这就是与时间相关的一系列事件。分析乘坐地铁的业务场景，识别出一系列**关键事件**并将其连接起来，就会形成一条显而易见的基于时间轴的事件路径，如图B-2所示。

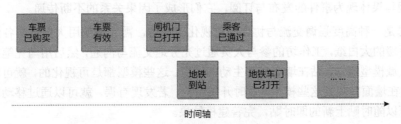

图B-2 乘坐地铁的关键事件

以事件为领域分析建模的关注起点，就可以让开发团队与业务人员（包括领域专家）都能够关注每个环节的结果，而不考虑每个环节的实现。事件可以让整个团队在事件风暴过程中统一到领域模型中。这种以"事件"为核心的建模思路，改变了我们观察业务领域的世界观。在事件风暴的眼中，领域的世界是一系列事件的留存。这些业务动作留下的不可磨灭的足迹牵涉到状态之迁移、事实之发生，忠实地记录了每次执行命令后产生的结果。如上所述，乘坐地铁的事件路径实则是乘客、闸机、地铁等多个领域对象的状态迁移。这种状态迁移过程体现了业务之间的**因果关系**。

事件风暴中事件的特征与领域事件相似，只是更加凸显它对于建模的驱动力，除了领域事件具备的特征（参见15.7.1节），还强调了：

❑ 事件会导致目标对象状态的变化；
❑ 事件是管理者和运营者重点关心的内容，若缺少该事件，会对管理与运营产生影响；
❑ 事件具有时间点的特征，所有事件连接起来会形成明显的时间轴。

运用事件风暴的一个关键就是扭转对真实世界业务的认识，以事件作为理解业务的起点，考虑在业务流程中究竟需要留存什么样的关键事实，以满足管理和运营的要求，从而识别出事件。

事件自身具备时间特征，使得业务场景的事件一经识别，就能形成动态的流程。事件会导致目标对象状态的变更，说明唯有命令才会触发事件，这就要求我们在开展事件风暴时，需要区分命令和查询。

如前所述，事件体现了业务之间的因果关系。在事件风暴中，事件作为果，必然有将其触发的起因，这些起因统统称为事件的角色。

❑ **用户**：用户执行一个业务活动，触发一个事件，如用户将商品加入购物车，触发 `ProductAddedToCart` 事件。
❑ **策略（policy）**：一个定时条件形成一条业务规则，当定时条件满足时会触发一个事件，例如提交订单后超过规定时间未支付，触发 `OrderCancelled` 事件。
❑ **伴生系统**：由目标系统之外的外部系统触发一个事件，如外部的支付系统向电商平台返回交易凭证，触发 `PaymentCompleted` 事件。
❑ **前置事件**：一个事件成为另一事件的因，如提交订单触发的 `OrderPlaced` 事件，又作为起因触发 `InventoryLocked` 事件。

事件的因与果体现为事件的发布与订阅，它们形成了因果关系的不断传递。

事件风暴是一种高度强调交流与协作的可视化工作坊，需大量使用大白纸与各色即时贴。面对着糊满整面墙的大白纸，工作坊的参与人员通过充分地交流与沟通，然后用马克笔在各色即时贴上写下各个领域模型概念，贴在墙上呈现生动的模型。这些模型都是可视化的，就可以给团队直观印象。大家站在墙面前观察这些模型，及时开展讨论。若发现有误，就可以通过移动即时贴来调整与更新，也可以随时贴上新的即时贴，完善建模结果。

Alberto Brandolini设计的事件风暴通常分为两个层次。如果在工作坊过程中将主要的精力用于寻找业务流程中产生的领域事件，可以认为是宏观级别的事件风暴，目的是**探索业务全景**（big picture exploration）。在识别出全景事件流之后，就可以标记时间轴的关键时间点作为划分领域边界和限界上下文边界的依据，同时也可以基于事件表达的业务概念对领域进行划分，最终确定候选的子领域和限界上下文。采用事件风暴识别限界上下文的方式仍然遵循限界上下文的V型映射过程。事件是业务服务的一种体现，对事件表达的业务概念进行划分，就是利用语义相关性和功能相关性对业务知识进行归类，进而获得候选的限界上下文。

　　另一个层次则属于设计级别的领域分析建模方法，通过探索业务全景获得的事件流，**围绕事件获得领域分析模型**。这个模型除了包含事件与角色，还包括决策命令、写模型和读模型。事件风暴的领域分析建模方法通常会将业务全景探索的结果作为领域分析建模的基础。

B.1.2　探索业务全景

　　在探索业务全景的过程中，为了使每个人保持专注，需要排除其余领域概念的干扰，一心寻找沿着时间轴发展的事件。事件是事件风暴的主要驱动力，寻找出来的事件则是领域分析模型的骨架。事件风暴使用**橙色即时贴代表事件**（event）。

　　事件风暴工作坊要求沿着时间轴对事件进行识别。通常由领域专家贴上第一张他/她最为关心的事件，然后由大家分头围绕该事件写出在它之前和之后发生的事件，并按照时间顺序从左向右排列。以电商平台购物流程的业务为例，领域专家认为"订单已创建"是我们关注的核心事件，于是就可以在整面墙的中间贴上橙色即时贴，上面写上订单已创建事件，如图B-3所示。

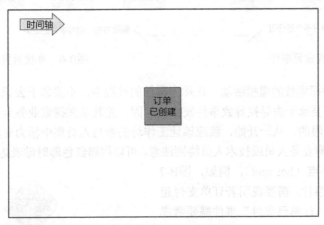

图B-3　贴上第一个核心事件

　　在确定该核心事件后，以此为中心，向前推导它的起因，向后推导它的结果，根据这种因果关系层层推进，逐渐形成一条或多条沿着时间轴且彼此之间存在因果关系的事件流，如图B-4所示。

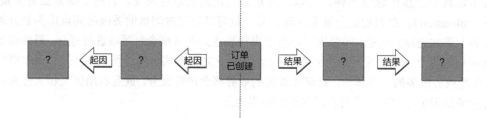

图B-4　事件的前后因果关系

在识别事件的过程中，工作坊的参与人员应尽可能**站在管理和运营的角度去思考事件**。这里所谓的"因果关系"，也可以理解为，产生事件的前置条件是什么，由此推导出前置事件；事件导致的后置结果是什么，由此推导出后置事件。

从"订单已创建"事件往前推导，它的前置条件是什么呢？显然，需要买家将商品加入购物车，才可以创建订单，于是可推导出前置事件"商品被加入购物车"，如图B-5所示。

从"订单已创建"事件往后推导，它的结果是什么呢？订单创建后，为了避免超卖，需要锁定库存，由此得到后置事件"库存已锁定"。随后，买家发起支付请求，产生后置事件"订单已支付"，如图B-6所示。

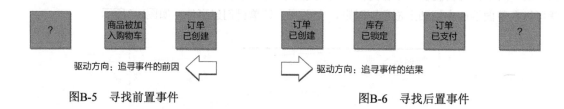

图B-5　寻找前置事件　　　　　　　　　　　图B-6　寻找后置事件

事件风暴是一种探索性的建模活动。在探索事件的过程中，不要急于去识别其他的领域对象；基于事件结果，也不要急于去寻找导致事件发生的起因。尤其是在探索业务全景期间，更要如此。毕竟人的注意力是有限的。从一开始，就应该让工作坊的参与人员集中精力专注于事件。倘若存在疑问，又或者需要提醒业务人员或技术人员特别注意，可以用**粉红色即时贴**表达该警告信息，Alberto Brandolini将其称为**热点**（hot spot），例如，图B-7针对"库存已锁定"事件，需要说明若订单支付超时，需要释放库存；"订单已支付"事件需要考虑支付成败的异常情况。

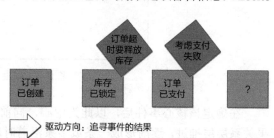

图B-7　增加热点

除了通过分析事件的前置条件和后置结果来寻找事件，也可以发挥集体的力量，由参与事件风暴工作坊的所有人按照自己对业务流程的理解逐一识别出事件，然后汇总所有人的输出，进一步梳理获得最终的事件流，如图B-8所示。

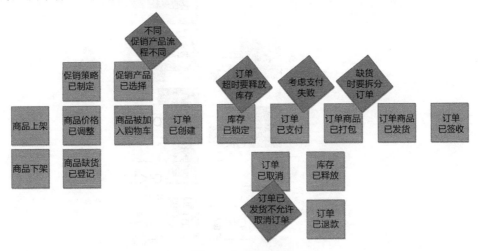

图B-8 订单事件流

触发事件的起因就是事件的角色。通过事件风暴进行业务全景探索时，可在获得全景事件流后，明确各个事件的角色，分别用不同颜色的即时贴进行标记。

❑ 用户：标记参与事件的用户角色，用**黄色小即时贴**绘制火柴棍人表示。

❑ 策略：标记引起事件的策略角色，用**紫色小即时贴**表示。

❑ 伴生系统：标记引起事件的目标系统外的伴生系统角色，用**浅粉色小即时贴**表示。

如果一个事件没有上述3种角色，说明它的前置事件是触发事件的起因，就无须标记了。

前面获得的事件流在添加了角色后，表示为图B-9。

不要小看对事件起因的标记。在完成全景事件流之后，对事件的起因进行再一次梳理有助于团队就识别的事件达成一致，检查事件是否存在疏漏和谬误。作为事件起因的用户、策略和伴生系统，还为后面的领域分析建模奠定基础。识别出的伴生系统也有助于我们绘制系统上下文图。

事件风暴的探索业务全景过程属于全局分析阶段的一种方法，通过事件展示了分析者对业务需求的探索和分析。在获得全景的事件流后，可在此基础上识别限界上下文。该方法通过识别关键事件，将整个事件流划分为多个明确的阶段，它对应于在全局分析阶段划分业务流程获得的业务场景。识别出来的业务场景也可以作为限界上下文的参考。如图B-9所示的事件流，就可以通过"商品被加入购物车""订单已支付""订单商品已打包"3个关键事件将整个事件流分为4个阶段：商品、订单、库存和物流，如图B-10所示。

寻找事件时，**描述事件、热点和角色都需要在统一语言的指导下完成**，一个或多个事件可能组成一个业务服务，仍然可以对它们开展V型映射过程，即根据业务相关性进一步明确限界上下文。获得初步确定了限界上下文边界的事件流，如图B-11所示。

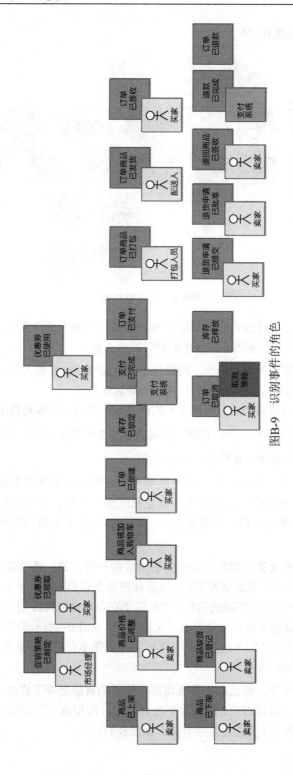

图B-9 识别事件的角色

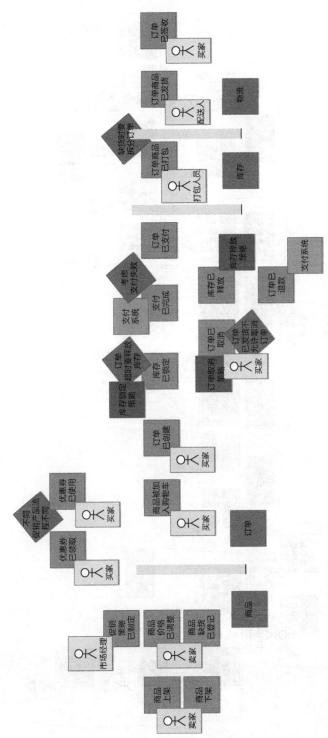

图B-10 通过关键事件划分阶段

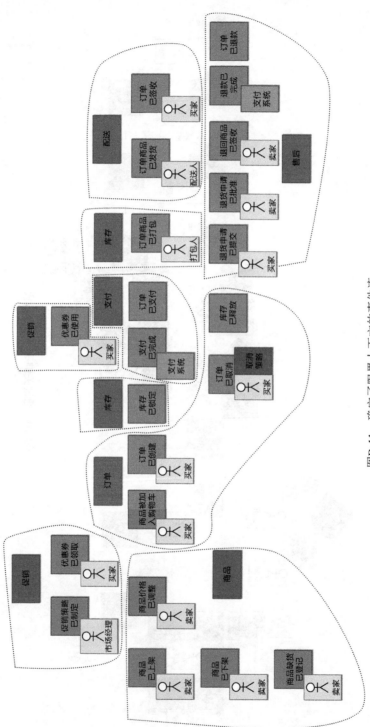

图B-11 确定了限界上下文的事件流

B.1.3 领域分析建模

通过事件风暴探索业务全景，帮助团队识别出了事件、热点以及作为角色的用户、策略和伴生系统，到了领域分析建模阶段，要继续使用事件风暴，还需要了解决策命令、写模型和读模型。

1. 决策命令

实际上，用户、策略、伴生系统和前置事件等角色都需要执行一个**命令**（command）来触发事件，命令才是直接导致事件发生的"因"。在事件风暴中，Alberto Brandolini将命令称为**决策命令**（decision command），使用**蓝色即时贴**表示。

决策命令往往由动词短语组成，例如提交订单（place order）、发送邀请（send invitation）等。

由于决策命令和事件存在因果关系，二者往往一一对应。例如，取消订单（Cancel Order）决策命令会触发OrderCanceled事件，预订课程（subscribe course）决策命令会触发CourseSubscribed事件。这种一一对应关系使得它们存在语义上的重叠。

2. 写模型

写模型（write model）[1]就是状态发生了变化的目标对象，正是写模型状态的变更才导致了事件的触发。如此一来，识别写模型就是水到渠成的过程，因为在探索业务全景时，我们甄别事件的一个特征，就是看它是否引起目标对象状态的变化。识别出了事件，意味着已经明确了状态发生变化的目标对象，它就是我们要寻找的写模型。写模型用**黄色即时贴**表示。

写模型状态的变化分为3种形式：

- ❏ 从无到有创建了新的写模型对象，例如OrderCreated事件标志着新订单的产生；
- ❏ 修改了写模型对象的属性，例如OrderCanceled事件使得订单从之前的状态变更为Canceled，也可能意味着内容的变化，如CartItemAdded事件，说明购物车添加了一个新的条目；
- ❏ 从有到无删除了已有的写模型对象，例如一个错误的航班被删除触发的FlightDeleted事件；当然，在大多数业务场景中，所谓的删除并非真正的从有到无，而是修改了写模型对象的属性值，如MemberUnregistered事件和ProductRemoved事件，都不会真正删除会员和商品，而是将写模型的状态修改为Unregistered与Removed。

写模型的状态一旦发生变更，就会触发事件，因为事件是状态变更产生的事实。这意味着该由写模型承担发布事件的职责，因为只有它才具备侦知状态是否变更以及何时变更的能力。以买家创建订单为例，一旦成功创建订单，就意味着订单状态从Pending变更为Created，触发订单已创建事件OrderCreated，所以写模型就是订单Order，如图B-12所示。

---

[1] Alberto Brandolini的事件风暴引入的概念为聚合（aggregate）。我没有使用这一定义，因为Eric Evans在领域驱动设计中也提出了聚合这一概念。Alberto Brandolini并没有明确指出这两个概念一定等同（似乎也没有否认）。在领域驱动设计的事件风暴实践中，如果使用了聚合概念，就会在领域建模阶段带来设计概念的混淆。考虑到事件会引起领域模型状态的变更，参考事件风暴的读模型，我将其命名为**写模型**。

图B-12　订单写模型的获得

3. 读模型

角色执行决策命令时,如何才能变更写模型的状态呢?很明显,需要结合业务场景为角色提供充足的信息,角色才能做出正确的决策。业务场景为角色提供的信息在事件风暴中被称为**读模型**(read model)。读模型用**绿色即时贴**表示。

读模型拥有的信息可以由角色通过读(查询)操作获得。在业务场景中,读模型为角色提供恰如其分的决策信息。例如,买家创建订单,要先查看购物车,只有获得了购物车内容才能成功创建订单、触发订单已创建事件。这时,查看购物车获得的信息购物车ShoppingCart就是读模型,如图B-13所示。

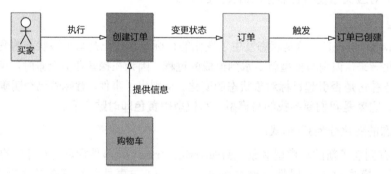

图B-13　购物车读模型的获得

读模型是用户执行决策命令必需的输入信息,在代码层面,读模型就是执行决策命令领域行为所需的输入参数。

如果决策命令的角色是用户,就是用户执行了某个活动。用户活动的执行与用户体验有关。真实世界的业务场景正是通过用户体验将用户与读模型结合起来,把信息传输给事件风暴的决策命令。以创建订单为例,买家点击了"创建订单"按钮。但在此之前,是用户执行了查看购物车列表,获得了购物车,然后将其作为读模型传递给了提交订单决策命令。有的事件风暴实践者将查询操作也纳入到事件风暴的模型中,认为是用户执行查询操作获得读模型后,触发了决策命令,如图B-14所示。

图B-14　将查询操作纳入事件风暴中

我认为这一方式并不妥当,**它将流程图与事件的因果关系混为一谈了**。流程图反映了现实世界的问题空间,事件风暴获得领域模型是解空间的内容,分属领域驱动设计的两个阶段。买家查询购物车然后创建订单,是买家的操作流程。从事件的因果关系看,并非查询购物车触发了创建订单这个决策命令,而是用户在查询获得购物车读模型后,再度由用户发起创建订单的决策命令,触发了订单已创建事件。查询购物车和创建订单是两个不同的业务服务，不具有时序上的连续性，可以认为是两个独立的业务服务。根据事件的定义，查询操作不会改变目标对象的状态，因而不会触发事件，也不会导致决策命令的发生。因此，事件风暴驱动的建模过程没有查询操作的位置，操作的结果会以读模型的形式出现。

4. 事件风暴的领域模型

在事件风暴中，决策命令起到了连接角色、事件、写模型和读模型的枢纽作用。图B-15清晰地体现了决策命令的核心地位。

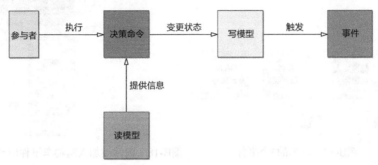

图B-15　决策命令的核心地位

决策命令并不只是触发事件的命令这么简单。决策命令代表了一个动作，执行动作的是角色。角色执行动作的目的是触发事件，而事件的触发又源于写模型状态的变化。

虽说决策命令具有重要的枢纽作用，但在事件风暴中，事件才是中心。在领域分析建模阶段，事件风暴以"事件"为中心，给出了一条有章可循的领域分析建模路径，如图B-16所示。

通过探索业务全景获得的事件流，按照时间轴顺序从左到右对每一个事件进行如下过程的领域分析建模。

① 通过事件反向驱动出决策命令：从事件驱动出决策命令非常容易，只需将事件的过去时态转换为动词形式的决策命令即可。

② 根据事件状态变更的目标确定写模型：一个事件只能有一个写模型，若出现多个写模型，要么说明这多个写模型之间存在聚合关系，要么说明遗漏了写模型对应的事件。

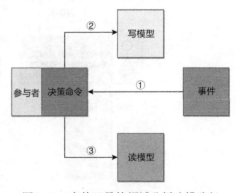

图B-16　事件风暴的领域分析建模路径

③ 综合确定读模型：从角色角度思考决策命令的执行，若要让写模型对象的状态发生变更，需要提供哪些读模型。一个事件对应的决策命令可能需要零到多个读模型。

以订单事件流为例，我选择了图B-17中的3个事件演示通过事件风暴建立领域分析模型的过程。

首先是买家参与的"商品被加入购物车"事件。执行第1步，由该事件反向驱动出决策命令"添加商品到购物车"。第2步根据事件状态变更的目标，确定"商品被加入购物车"事件影响了购物车的状态，由此驱动出"购物车"写模型。第3步从角色思考决策命令的执行：买家要将商品添加到购物车，需要的前置信息是"商品"和"买家"，若缺乏这两个信息，买家就无法做出"添加商品到购物车"的决策。获得的领域模型如图B-18所示。

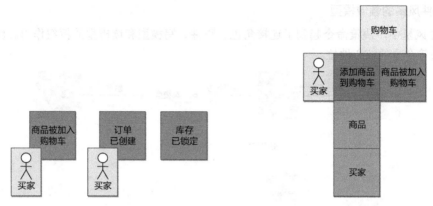

图B-17　订单的3个事件　　　　图B-18　商品被加入购物车事件驱动获得的领域模型

选择下一个后置事件"订单已创建"。它的角色仍然是买家，决策命令为"创建订单"。毫无疑问，"订单已创建"事件改变了订单的状态，获得写模型"订单"。买家要创建订单，需要购物车、买家、联系信息、配送地址，在创建订单时，还需要根据订单验证规则验证订单的有效性，由此可以获得对应的读模型。库存已锁定事件的领域模型推导也如是。结果如图B-19所示。

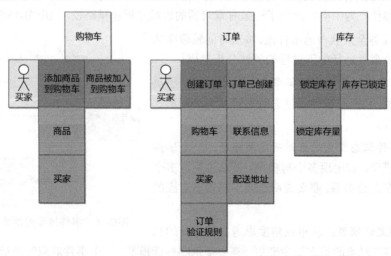

图B-19　增加卡号已生成事件的领域模型

以"事件"为驱动力的事件风暴领域分析建模过程提供了清晰的建模步骤，具有可操作性。参与事件风暴工作坊的建模人员按照步骤依次进行，每一步的执行都需要团队与领域专家讨论和确认，保证识别出来的模型对象遵循该领域的统一语言。识别的每个领域模型对象都有着建模的参考依据，包括模型对象的身份特征、彼此之间的关系、承担的职责。这在一定程度上减轻了对建模人员经验的依赖。

B.1.4 事件风暴与建模范式

在事件风暴确定了由事件、决策命令、写模型和读模型构成的领域分析模型之后，就可根据建模范式的不同，将其映射为不同的领域模型设计要素。

若选择对象建模范式，可考虑将写模型映射为一个聚合的聚合根实体。读模型则不确定，要结合具体的业务场景确定究竟是实体、值对象还是聚合根实体。事件通常被建模为领域事件，不过，如果不需要将聚合间的协作实现为事件协同风格，就未必需要领域事件这一设计要素，**事件风暴识别出来的事件仅仅作为驱动建模的动力而已**。至于决策命令，通常被定义为聚合根实体的领域行为，执行了改变其状态的业务逻辑。如果根据事件协同风格引入了领域事件，通常就由决策命令发布领域事件。

若遵循事件建模范式，通过事件风暴获得的以事件为核心的模型，就是**事件驱动模型**。该模型是对状态建模的真实体现，事件风暴识别的事件就是领域事件。每一个领域场景，都体现为一系列**决策命令-领域事件**的响应模式，写模型作为聚合，是状态的持有者，读模型是决策命令或领域事件携带的消息数据。

事件建模范式针对状态迁移进行建模，领域事件作为聚合状态迁移历史的"留存"，改变了聚合的生命周期管理方式。聚合由状态的持有者和控制者变成了响应命令和发布事件的中转站，聚合的状态也不再发生变更，而是基于"事实"的特征，为每次状态的变更记录（新增）一条领域事件记录。聚合不再被持久化，被持久化的是一系列沿着时间轴不停记录下来的历史事件。这就是与事件建模范式相匹配的**事件溯源模式**。该模式对事件的溯源，满足管理和运营的审计需求，通过回溯整个状态变更的过程可以完美地重现聚合的生命旅程。

B.2 事件溯源模式

事件溯源（event sourcing）模式是为事件建模范式提供的设计模式。在这一模式下，领域事件与聚合成了领域设计模型的核心要素。

事件溯源模式不同于对象建模范式，主要体现为**对聚合生命周期的管理**。对象建模范式的资源库负责管理聚合的生命周期，直接针对边界内的实体与值对象执行持久化，事件溯源则不然，它将聚合以一系列事件的方式进行持久化，因为领域事件记录的就是聚合状态的变化，如果能够将每次状态变化产生的领域事件记录下来，就相当于记录了聚合生命周期每一步成长的脚印。此时，持久化的事件就成了一个自由的"时空穿梭机"，随时可以根据需求通过重放（replaying）回到任意时刻的聚合对象。

Chris Richardson总结了事件溯源的优点和缺点："事件溯源有几个重要的好处。例如，它保留了聚合的历史记录，这对于实现审计和监管的功能非常有帮助。它可靠地发布领域事件，这在微服务架构中特别有用。事件溯源也有弊端。它有一定的学习曲线，因为这是一种完全不同的业务逻辑开发方式。"[61]177

事件溯源模式的首要原则是"事件永远是不变的",因此对事件的持久化就变得非常简单:无论发生什么样的事件,在持久化时都是追加操作。这就好似在GitHub上提交代码,每次提交都会在提交日志上增加一条记录。因此,理解事件溯源模式需把握两个关键原则:

❑ 聚合的每次状态变化,都是一个事件的发生;
❑ 事件是不变的,以追加方式记录事件,形成事件日志。

由于事件溯源模式运用在限界上下文的边界内,它所操作的事件属于领域设计模型的一部分。若要准确说明,应称其为**领域事件**,以区分发布/订阅模式操作的**应用事件**。

B.2.1 领域事件的定义

事件溯源既然以追加形式持久化领域事件,就可以不受聚合持久化实现机制的限制,如对象与关系之间的阻抗不匹配、复杂的数据一致性问题、聚合的历史记录存储等。**事件溯源持久化的不是聚合,而是由聚合状态变化产生的领域事件。这种持久化方式称为事件存储(event store)。**

事件存储会建立一张事件表,记录下事件的ID、类型、关联聚合、事件的内容和事件产生的时间戳,其中,事件内容将作为重建聚合的数据来源。事件表需要支持各种类型的领域事件,意味着事件内容需要存储不同结构的数据值,因此通常选择JSON格式的字符串。例如IssueCreated事件:

```
{
    "eventId": "111",
    "eventType": "IssueCreated",
    "aggregateType": "Issue",
    "aggregateId": "100",
    "eventPayload": {
        "issueId": "100",
        "title": "Global Consent Management",
        "description": "Manage global consent for customer",
        "label": "STORY",
        "iterationId": "111",
        "points": 5
    },
    "occuredOn": "2019-08-30 12:10:11 756"
}
```

只要保证eventPayload的内容为可解析的标准格式,IssueCreated事件也可存储在关系数据库[①]中,通过eventType、aggregateType和aggregateId可以确定事件以及该事件对应的聚合,重建聚合的数据则来自eventPayload的值。领域事件包含的值必须是订阅方需要了解的信息,例如IssueCreated事件会创建一张任务卡,如果事件没有提供该任务的title、description等值,就无法通过这些值重建Issue聚合对象。

B.2.2 聚合的创建与更新

实现事件溯源需要执行的操作(或职责)包括:

---

① 目前MySQL与PostgreSQL已经支持JSON字符串。

❑ 处理命令；
❑ 发布事件；
❑ *存储事件；*
❑ 查询事件；
❑ 创建以及重建聚合。

事件溯源虽然采用了和传统领域驱动设计不同的建模范式和设计模式，但仍然需要遵守领域驱动设计的根本原则：**保证领域模型的纯粹性**。参与到事件溯源的**角色构造型**包括领域事件、命令、聚合、资源库和事件存储，其中，资源库与事件存储属于南向网关，定义了端口和适配器。

事件溯源由于采用了事件存储模式，因此与发布/订阅模式不同，并不会真正发布事件到消息队列或者事件总线。事件溯源的所谓"发布事件"实则为创建并存储事件。

领域事件、命令和聚合属于内部领域层的领域设计模型。为保证领域模型的纯粹性，应将存储事件和查询事件的职责交给事件存储。与服务驱动设计的要求相似，领域服务承担了协作这些领域模型对象实现业务服务的职责，并由它与事件存储端口协作。为了让领域服务知道该如何存储事件，聚合在处理了命令之后，需要将生成的领域事件返回给领域服务。聚合仅负责创建领域事件，领域服务通过调用事件存储端口对领域事件进行持久化。

初次创建聚合实例时，聚合还未产生任何一次状态的变更，不需要重建聚合。因此，聚合的创建操作与更新操作的流程并不相同，在实现事件溯源时需区分对待。

创建聚合需要执行如下活动：

❑ 创建一个新的聚合实例；
❑ 聚合实例接收命令生成领域事件；
❑ 运用生成的领域事件改变聚合状态；
❑ 存储生成的领域事件。

例如，项目经理在项目管理系统中创建一张新的问题卡片。在领域层，首先由领域服务接收命令：

```
@DomainService
public class CreatingIssueService {
    private EventStore eventStore;

    public void execute(CreateIssue command) {
        Issue issue = Issue.newInstance();
        List<DomainEvent> events = issue.process(command);
        eventStore.save(events);
    }
}
```

领域服务通过`Issue`聚合的工厂方法创建一个新的聚合，然后调用该聚合实例的`process()`方法处理创建`Issue`的决策命令，然后通过`EventStore`端口将返回的事件集合持久化。

`Issue`聚合的`process()`方法首先会验证命令有效性，然后根据命令执行领域逻辑，再生成新的领域事件。在返回领域事件之前，会调用`apply()`方法更改聚合的状态：

```
@Aggregate
public class Issue {
    public List<DomainEvent> process(CreateIssue command) {
        try {
            command.validate();
            IssueCreated event = new IssueCreated(command.issueDetail());
            apply(event);
            return Collections.singletonList(event);
        } catch (InvalidCommandException ex) {
            logger.warn(ex.getMessage());
            return Collections.emptyList();
        }
    }

    public void apply(IssueCreated event) {
        this.state = IssueState.CREATED;
    }
}
```

process()方法并不负责修改聚合的状态，这一职责交给了单独定义的apply()方法，并在返回领域事件之前调用该方法。之所以要单独定义apply()方法，是为了聚合的重建。重建聚合时需要先遍历该聚合发生的所有领域事件，再调用单独定义的apply()方法完成对聚合实例的状态变更。如此设计就能重用该逻辑，并保证聚合状态变更的一致性，真实地体现状态变更的历史。

IssueCreated事件是不可变的，process()方法就可以定义为一个没有副作用的**纯函数**。此为状态变迁的本质特征，即聚合从一个状态（事件）变迁到另一个新的状态（事件），而非修改聚合本身的状态值。这也正是事件建模范式与函数建模范式更为契合的原因所在。

聚合处理了命令并返回领域事件后，领域服务通过聚合依赖的事件存储端口存储这些领域事件。事件的存储既可认为是对外部资源的依赖，也可以认为是一种副作用。将存储事件的职责转移给领域服务，既符合面向对象尽量将依赖向外推的设计原则，也符合函数编程将副作用往外推的设计原则。遵循这一原则设计的聚合，能很好地支持单元测试的编写。

更新聚合需要执行如下活动：

❑ 从事件存储加载聚合对应的事件；
❑ 创建一个新的聚合实例；
❑ 遍历加载的事件，完成对聚合的重建；
❑ 聚合实例接收命令生成领域事件；
❑ 运用生成的领域事件改变聚合状态；
❑ 存储生成的领域事件。

例如，要将刚才创建好的Issue分配给团队成员，可发送命令AssignIssue给领域服务：

```
@DomainService
public class AssigningIssueService {
    private EventStore eventStore;

    public void execute(AssignIssue command) {
```

```
        Issue issue = Issue.newInstance();
        List<DomainEvent> events = eventStore.eventsOf(command.aggregateId());
        issue.applyEvents(events);
        // 注意process方法内部会调用apply()方法运用新的领域事件
        List<DomainEvent> events = issue.process(command);
        eventStore.save(events);
    }
}
```

领域服务首先创建了一个新生的聚合对象，然后通过EventStore与命令传递过来的聚合ID获得与该聚合相关的历史事件，然后针对新生的聚合进行生命状态的重建。这就相当于重新执行了一遍曾经执行过的领域行为，使得当前聚合恢复到接受本次命令之前的正确状态，然后处理当前决策命令，生成事件并存储。

B.2.3　快照

聚合的生命周期各有长短。例如，项目管理系统中Issue聚合的生命周期就相对简短，一旦该问题被标记为完成，几乎就可以认为具有该身份标识的Issue已经寿终正寝。除了极少数的Issue需要被重新打开，该聚合不会再发布新的领域事件了。有的聚合则不同，或许聚合变化的频率不高，但它的生命周期相当漫长。例如，银行系统的账户Account聚合就可能随着时间的推移，积累大量的领域事件。一个聚合的历史领域事件一旦随着时间的推移变得越来越多，如前所述的加载事件以及重建聚合的执行效率就会越来越低。

事件溯源通过"快照"（snapshot）来解决此问题。

使用快照时，通常会定期将聚合以JSON格式持久化到聚合快照表中。注意，快照表持久化的是聚合数据，而非事件数据。故而快照表记录了聚合类型、聚合ID和聚合的内容，当然也包括持久化快照时的时间戳。创建聚合时，可直接根据聚合ID从快照表中获取聚合的内容，然后通过反序列化创建聚合实例。如此即可让聚合实例直接从某个时间戳"带着记忆重生"，省去了从初生到快照时间戳的重建过程。快照内容不一定是最新的聚合值，因而还需要运用快照时间戳之后的领域事件，才能快速而正确地回归到最新状态：

```
@DomainService
public class AssigningIssueService {
    private EventStore eventStore;
    private SnapshotRepository snapshotRepo;

    public void execute(AssignIssue command) {
        // 利用快照重建聚合
        Snapshot snapshot = snapshotRepo.snapshotOf(command.aggregateId());
        Issue issue = snapshot.rebuildTo(Issue.getClass());

        // 获得快照时间戳之后的领域事件
        List<DomainEvent> events = eventStore.eventsAfter(command.aggregateId(), snapshot.
createdTimestamp());
        // 运用快照时间戳之后的领域事件，回归最新状态
        issue.applyEvents(events);
```

```
        List<DomainEvent> events = issue.process(command);
        eventStore.save(events);
    }
}
```

B.2.4　面向聚合的事件溯源

事件溯源有两个不同的视角。一个视角面向事件，另一个视角面向聚合。在前述代码中，无论是获取事件、存储事件或者运用事件，其目的都是操作聚合。例如，获取事件是为了实例化或者重建一个聚合实例；存储事件虽然是针对事件的持久化，但最终目的还是将来对聚合的重建，可等同为聚合的持久化；运用事件是为了正确地变更聚合的状态，相当于更新聚合。因此，我们可以通过聚合资源库来封装事件溯源与事件存储的底层机制。这样既能简化领域服务的逻辑，又能帮助代码的阅读者更加直观地理解领域逻辑。仍以Issue聚合为例，可定义IssueRepository类：

```
public class IssueRepository {
    private EventStore eventStore;
    private SnapshotRepository snapshotRepo;

    // 查询聚合
    public Issue issueOf(IssueId issueId) {
        Snapshot snapshot = snapshotRepo.snapshotOf(issueId);
        Issue issue = snapshot.rebuildTo(Issue.getClass());

        List<DomainEvent> events = eventStore.eventsAfter(command.aggregateId(), snapshot.
createdTimestamp());
        issue.applyEvents(events);

        return issue;
    }

    // 新建聚合
    public void add(CreateIssue command) {
        Issue issue = Issue.newInstance();
        processCommandThenSave(issue, command);
    }

    // 更新聚合
    public void update(AssignIssue command) {
        Issue issue = issueOf(command.issueId());
        processCommandThenSave(issue, command);
    }

    private void processCommandThenSave(Issue issue, DecisionCommand command) {
        List<DomainEvent> events = issue.process(command);
        eventStore.save(events);
    }
}
```

定义了面向聚合的资源库后，事件溯源的细节就被隔离在资源库内，领域服务操作聚合就如同对象建模范式的实现，不同之处在于领域服务接收的仍然是决策命令，使得它从承担领域行为的职责蜕变为对决策命令的分发，由于领域服务封装的领域逻辑非常简单，因此可以为一个聚合定义一个领域服务：

```
public class IssueService {
    private IssueRepository issueRepo;

    public void execute(CreateIssue command) {
        issueRepo.add(command);
    }

    public void execute(AssignIssue command) {
        issueRepo.update(command);
    }
}
```

领域服务的职责是完成对命令的分发，在事件建模范式中，可考虑将领域服务命名为命令分发器，如将`IssueService`更名为`IssueCommandDispatcher`，才算名副其实。

B.2.5　聚合查询的改进

通过`IssueRepository`的实现，可以看出事件溯源在聚合查询功能上存在的限制：仅仅支持基于主键的查询。这是由事件存储机制决定的。若要提高对聚合的查询能力，唯一有效的解决方案就是在存储事件的同时存储聚合。

聚合的存储与领域事件无关，它是根据领域模型对象的数据结构进行设计和管理的，可以满足复杂的聚合查询请求。存储的事件由于真实地反映了聚合状态的变迁，故而用于满足客户端发起的命令请求，因为只有命令请求才会引起状态的变化；存储的聚合则依照对象建模范式的聚合对象进行设计，通过ORM框架就能满足对聚合的高级查询请求。事件与聚合的分离，意味着命令与查询的分离，实际上就是命令查询职责分离（CQRS）模式（参见第18章）的设计初衷。

CQRS模式将系统的领域模型分为查询与命令两个类别：查询模型与命令模型。查询模型采用查询视图模式，直接查询业务数据库获得聚合；命令模型采用事件溯源模式，聚合负责命令的处理与事件的创建，需要同时操作事件数据库和业务数据库，前者用于每一个事件数据的存储，后者用于更新或创建聚合。

这一机制存在一个风险：若事件的持久化与聚合的持久化不一致该怎么办？

一个聚合产生的所有领域事件和聚合应处于同一个限界上下文。因此，可以选择将事件存储与聚合存储放在同一个数据库，以保证事件存储与聚合存储的事务强一致性。存储事件时，同时将更新后的聚合持久化。既然数据库已经存储了聚合的最新状态，就无须通过事件存储来重建聚合，但领域逻辑的处理模式仍然体现为命令-事件的状态迁移形式。至于查询，就与事件无关了，可以直接查询聚合所在的数据库。修改后的`IssueRepository`如下所示：

```
public class IssueRepository {
    private EventStore eventStore;
    private AggregateRepository<Issue> repo;

    public Issue issueOf(IssueId issueId) {
        return repo.findBy(issueId);
```

```
    }

    public List<Issue> allIssues() {
        return repo.findAll();
    }

    public void add(CreateIssue command) {
        Issue issue = Issue.newInstance();
        processCommandThenSave(issue, command);
    }

public void update(AssignIssue command) {
        // 这里不再通过事件进行聚合的重建，而是直接查询聚合数据库
        Issue issue = issueOf(command.issueId());
        processCommandThenSave(issue, command);
    }

    private void processCommandThenSave(Issue issue, DecisionCommand command) {
        List<DomainEvent> events = issue.process(command);
        eventStore.save(events);
        repo.save(issue);
    }
}
```

该方案的优势在于事件存储和聚合存储都在本地数据库，通过本地事务即可保证数据存储的一致性，且在支持事件追溯与审计的同时，还能避免重建聚合带来的性能影响。与不变的事件不同，聚合会被更新，因此它的持久化要比事件存储更加复杂。由于本地已经存储了聚合对象，事件的重要性就被削弱了，事件溯源的价值仅仅体现为对状态变迁的追溯。由于存储事件与聚合的操作发生在一个强一致的事务范围内，事件的异步非阻塞特性被"无情"地抹杀了。

要充分发挥事件异步非阻塞的特性，可以考虑将事件和聚合存储在不同数据库，先持久化事件，然后将事件的最新状态反映到业务数据库，形成对聚合的操作。这实际上才是事件的拿手好戏，通过**发布**或**轮询事件**搭建事件存储与聚合存储之间沟通的桥梁。事件不仅能用于溯源，还起到了通知状态变更的作用。

由于事件模型与聚合模型分属不同的进程，一旦选择发布事件，就需要引入事件总线作为传输事件的通道，并使用诸如Kafka、RabbitMQ之类的消息中间件作为事件总线以支持分布式消息的传输。这就相当于在事件溯源模式的基础之上引入了发布/订阅模式。要通知状态变更，可以直接将领域事件视为应用事件进行发布，也可以将领域事件转换为耦合度更低的应用事件。

事件存储端是发布者。当聚合接收到命令请求后生成领域事件，然后将领域事件或转换后的应用事件发布到事件总线。发布事件的同时还需存储事件，以支持事件的溯源。

聚合存储端是订阅者。它会订阅自己关心的事件，借由事件携带的数据创建或更新业务数据库中的聚合。由于事件消息的发布是异步的，处理命令请求和存储聚合数据的功能又分布在不同的进程，就能更快地响应客户端发送来的命令请求，提高整个系统的响应能力。

如果不需要实时发布事件，也可以让订阅者定时轮询存储在事件表的事件，获取未曾发布的新事件发布到事件总线。为了避免事件的重复发布，可以在事件表中增加一个published列，用于判

断该事件消息是否已经发布。一旦成功发布了该事件消息，就需要更新事件表中的published，将其标记为true。

无论发布还是轮询事件，都需要考虑分布式事务的一致性问题，事务范围要协调的操作包括：

❑ 存储领域事件（针对发布事件）；
❑ 发送事件消息；
❑ 更新聚合状态；
❑ 更新事件表标记（针对轮询事件）。

虽然在一个事务范围内要协调的操作较多，但要保证数据的一致性也没有想象中那么棘手。事件的存储与聚合的更新并不要求强一致性，尤其对命令端而言，选择了这一模式，意味着你已经接受了执行命令请求时的异步非实时能力。要选择实时发布事件，为了避免存储领域事件与发送事件消息之间的不一致，可以考虑在事件存储成功之后再发送事件消息。由于领域事件是不变的，存储事件皆以追加方式进行，故而无须对数据行加锁来控制并发，这使得领域事件的存储操作相对高效。

许多消息中间件都可以保证消息投递做到"至少一次"，只要事件的订阅方保证更新聚合状态操作的幂等性，就能避免重复消费事件消息，变相地做到了"恰好一次"。更新聚合状态的操作包括创建、更新和删除，除了创建操作，其余操作本身就是幂等的。可以通过聚合的ID保证创建操作的幂等性：在执行创建操作之前先检查业务数据库是否已经存在该聚合ID，若已存在，证明该事件消息已经消费过，应忽略该事件消息，避免重复创建。当然，我们也可以在事件订阅方引入事件发送历史表。该历史表可以和聚合所在的业务数据表放在同一个数据库，可保证二者的事务强一致性，也能避免事件消息的重复消费。

针对轮询事件的实现方式，由于消息中间件保证了事件消息的成功投递，就无须等待事件消息发送的结果，即可更新事件表标记。即使更新标记的操作有可能出现错误，只要能保证事件的订阅者遵循了幂等性，就能避免事件消息的重复消费，降低一致性要求。哪怕更新事件表的标记时未能满足一致性，也不会产生负面影响。

剩下的问题就是如何保证聚合状态的成功更新。在确保了事件消息已成功投递之后，对聚合状态更新的操作已经由分布式事务的协调"降低"为对本地数据库的访问操作。许多消息中间件都可以缓存甚至持久化队列中的事件，在设置了合理的保存周期后，倘若事件的订阅者处理失败，还可通过重试机制提高更新操作的成功率[①]。

B.3　事件驱动架构

倘若采用事件驱动模型，应优先考虑限界上下文之间的协作遵循事件驱动架构风格。

B.3.1　事件驱动架构风格

事件驱动架构（event-driven architecture）是一种以事件为媒介、实现组件或服务之间最大松

---

① 这里所示的保证事件与聚合一致性的手段实则就是柔性事务的可靠消息模式，具体实现机制参见第18章。

耦合的架构风格。遵循事件驱动架构风格，限界上下文的协作将采用发布者/订阅者模式，事件消息的传递通过事件总线完成。事件总线往往由消息中间件承担，消息中间件支持消息的异步和并发处理，并利用分布式系统的扩展优势，整体提高系统的响应能力。

事件驱动架构不仅仅是一种架构风格，实际上还延续了事件建模范式的思想，改变了我们观察限界上下文之间协作的视角。Sam Newman就认为限界上下文之间的协作有两种不同的风格：**编排**（orchestration）与**协同**（choreography）[3]36。

编排协作风格会将一个限界上下文的应用服务作为中心控制器，由它来协调多个限界上下文之间的协作。这一方式清晰地体现了该服务方法的执行过程，但问题在于主服务"作为中心控制点承担了太多职责"，这样的协作方式自然也带来了多个限界上下文之间的耦合。

协同协作风格采用发布事件和订阅事件的方式。主服务以异步方式将事件发布到事件总线，与之相关的限界上下文通过订阅该事件各自处理属于自己的业务。限界上下文之间通过事件总线隔离，唯一的耦合点就是事件。

事件驱动架构采用了协同协作风格。这一风格是对发布者/订阅者上下文映射模式的运用。作为事件发布者的上游限界上下文发布事件到事件总线，关注该事件的下游限界上下文订阅该事件，并在接收到该事件后处理事件，完成相关的领域行为。

B.3.2　引入事件流

事件的发布和订阅属于一种异步通信机制，触发事件的只能是引起目标对象状态变化的命令请求，而查询操作就不会触发事件，且请求者在发起查询操作后，需要实时等待查询返回的结果，属于同步操作。若查询操作发生在限界上下文之间，就不能基于事件进行协作了。这一协作方式带来了限界上下文之间的耦合，同步的执行方式也会抵消异步非阻塞操作带来的高响应优势。

一个纯粹的事件驱动架构需要将所有限界上下文参与协作的业务场景都设计为发布/订阅事件的异步协作模式。改进方法是**引入事件流**，在当前限界上下文缓存和同步本该由上游限界上下文提供的数据，以将本该属于跨限界上下文的查询操作改为本地查询操作。例如，订单上下文下订单时，本来需要调用库存上下文的库存服务，以验证商品是否缺货。为了避免调用库存上下文的远程服务，就可以在订单上下文的数据库中也建立一个库存表，并通过订阅库存上下文发布的InventoryChanged事件，将库存记录的变更同步到订单上下文的库存表，保证库存数据的一致。当订单上下文需要验证商品是否缺货时，只需查询自己的库存表，跨限界上下文的查询服务就变成了限界上下文内部的查询操作。

这一改进彻底消除了限界上下文之间的同步查询操作，将所有协作都变成了异步模式的命令操作，每个限界上下文只需要考虑向事件总线发布事件，并订阅自己感兴趣的事件，真正做到了限界上下文的自治（事件消息协议产生的耦合除外）。

为了清晰地展现引入事件流之后限界上下文协作方式的变化，我们以订单、支付、库存和通知上下文之间的关系为例加以说明。首先，考虑下订单业务服务，通过事件进行通信的序列图如图B-20所示。

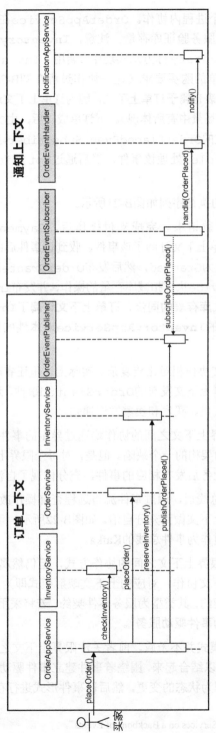

图B-20 下订单业务服务

订单上下文的对象在同一个进程内协作。OrderAppService在接收到下订单请求后，需要通过InventoryService领域服务验证库存量。注意，**InventoryService是订单上下文的领域模型对象**，在它的checkInventory()方法实现中，调用了InventoryRepository查询了库存表，确定库存量是否满足订单的购买要求（这一协作过程在图B-20中被省略了，没有体现）。**InventoryRepository和库存表也属于订单上下文**，因为订单上下文通过事件流同步了库存上下文的库存数据（该同步操作在支付场景中有所体现）。下订单成功后，由OrderEventPublisher发布OrderPlaced事件。通知上下文的OrderPlacedEventSubscriber订阅了OrderPlaced事件，在收到事件后由OrderEventHandler处理该事件，然后通过NotificationAppService应用服务发送通知。

再考虑支付业务服务，它的执行序列如图B-21所示。

买家向支付上下文发起付款请求。完成支付操作后，PaymentEventPublisher发布了PaymentCompleted事件。订单上下文订阅了该事件，收到该事件后由OrderAppService对订单进行了确认，将订单的状态修改为Granted，然后发布OrderGranted事件。库存上下文订阅了这一事件，由InventoryAppService执行扣减库存量的操作，并发布InventoryChanged事件。**为了实现库存上下文与订单上下文库存表的同步，订单上下文订阅了InventoryChanged事件，并在收到该事件后由订单上下文的InventoryAppService对本地的库存表执行扣减库存量的操作，保证库存数据的一致性。**

支付业务服务的限界上下文协作相对比较复杂。实际上这里还省略了其他限界上下文的协作，例如除了库存上下文订阅了订单上下文发布的OrderGranted事件，通知上下文也会订阅该事件，并在收到该事件后向库存管理人员、买家和卖家发送通知。

图B-20和图B-21所示的限界上下文之间的协作均通过异步的事件进行，因此较难看出明显的整体业务流程，这也是事件驱动架构的一个缺陷。但是，对每个限界上下文而言，它们只需负责处理属于自己的业务，并在完成业务后发布相应的事件，充分体现了自治的特征。

事件驱动架构在引入事件总线后，通过事件流将远程查询操作改为本地查询操作，极大程度地保证了参与协作的每个限界上下文做到充分自治。如图B-22所示，每个限界上下文除需要关心发布和订阅的事件外，只需要知道作为事件总线的Kafka。

事件驱动架构虽然改变了限界上下文之间的协作方式，但仍然属于领域驱动架构的一部分。采用事件驱动架构进行限界上下文协作，对应的上下文映射模式即为发布者/订阅者模式。事件的发布与订阅仍然属于一种服务契约，其类型为服务事件契约。若将采用事件协作的限界上下文视为微服务，可将这样的微服务称为**事件驱动服务**[①]。

事件驱动架构与事件溯源模式并不矛盾，前者关注限界上下文之间的协作，后者关注限界上下文内部的领域逻辑。二者也可以结合起来，围绕着事件建立事件驱动模型。以限界上下文为边界，对内，将所有的领域行为都理解为状态的变更，然后以事件形式进行存储和处理；对外，将所有的

---

① 参见Ben Stopford的文章"Build Services on a Backbone of Events"。

通信机制都理解为是事件消息的传递，然后以事件形式进行发布与订阅。如此就能做到系统的可追溯性、高响应性、弹性伸缩和松耦合。这正是事件驱动模型的核心优势。

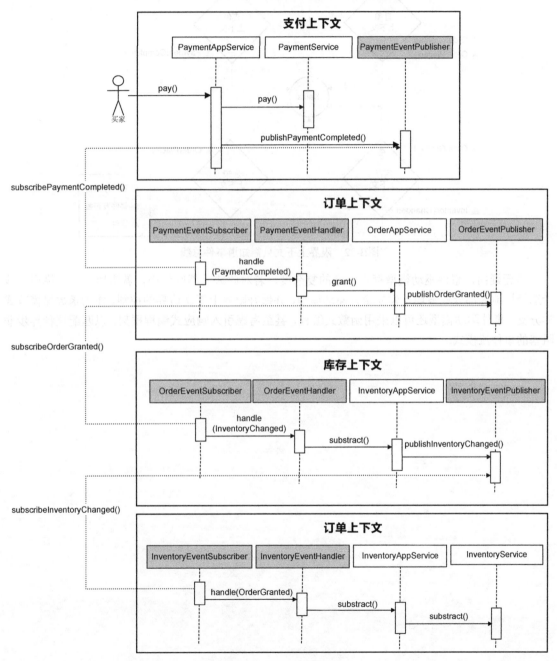

图B-21　支付业务服务

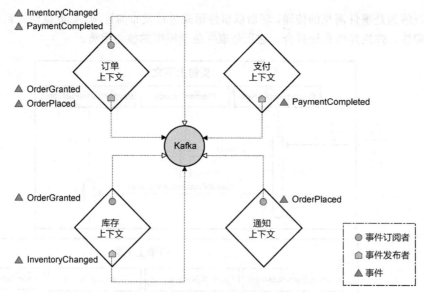

图B-22　限界上下文只需知道事件总线

　　毫无疑问，事件驱动模型存在一定的复杂度，若对此缺乏驾驭信心，就需慎用这一模型，或者选择性地为部分业务场景建立事件驱动模型，并做好限界上下文边界的控制。作为函数建模范式的分支，事件驱动模型还可以采用函数式编程，甚至考虑引入响应式编程框架，以匹配这种异步非阻塞的事件流模式。

C

领域驱动设计魔方

> 只有体系在其轮廓形成时从理念世界的构造本身获得了灵感，它才是有效的。
>
> ——瓦尔特·本雅明，《德意志悲苦剧的起源》

在领域驱动设计统一过程中，结合我对领域驱动设计的理解和项目实践，我引入了一些新的模式和方法，丰富了领域驱动设计的知识体系。

实际上，领域驱动设计知识体系本身就不是一成不变的，从2003年Eric Evans的著作《领域驱动设计》面世以来，领域驱动设计作为一种模型驱动设计方法就在不断的演化和丰富之中。在丰富领域驱动设计知识体系之前，可以对领域驱动设计的发展做一次历史性的回眸。

C.1 发展过程的里程碑

在领域驱动设计的发展过程中，有几个值得注意的里程碑。

首先是**领域事件**的引入。它不仅丰富了领域驱动设计元模型，还引起了建模思想与建模范式的变革。围绕领域事件，社区提出了诸多设计模式与架构模式，如事件溯源、事件存储、CQRS，事件驱动架构也在潜移默化地影响着领域驱动架构。领域事件关注状态的迁移，可以促进我们定义出无副作用的纯函数，从而改变过去以"名词"为主的对象建模范式，逐步丰富以"动词"为主的函数建模范式，甚至单独形成了以"事件"为核心的事件建模范式。

其次，**微服务**的引入凸显了领域驱动设计的重要性。除去微服务架构技术设施自身具有的复杂度，设计人员面临的最大难题就是如何设计合理的微服务。除了高内聚松耦合原则，微服务的设计原则竟然乏善可陈。此时，领域驱动设计进入了设计者的视野，限界上下文表现出来的自治性，对领域概念的知识语境界定和业务能力切分，恰好与微服务的粒度与边界不谋而合。谁能想到，Eric Evans已经为十年后诞生的微服务架构风格量身定做了这一套完整的方法体系？借由微服务架构的大行其道，人们似乎又重新认识了领域驱动设计，并将限界上下文抬高到了至高无上的地位。

作为"企业级能力复用平台[①]"的**业务中台战略**，也在领域驱动设计中找到了完美的契合点。首先，领域驱动设计问题空间的核心子领域代表了企业的核心价值，这一核心价值又通过解空间的限界上下文彰显其业务能力，如图C-1所示。

---

① 参见王健的文章《白话中台战略-3：中台的定义》

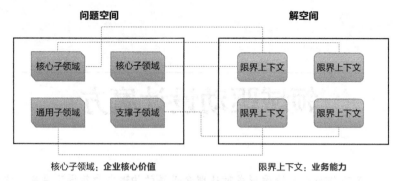

图C-1　核心子领域与限界上下文

要做到企业级能力的复用，限界上下文是关键，内部的领域模型可作为基本的复用单元。在限界上下文知识语境下定义的领域模型，可在统一语言的指导下准确地表达领域概念，经过领域分析建模、领域设计建模和领域实现建模获得的领域模型，以可运行的代码工件为解决企业相关问题的解决方案子集，并逐步演化为企业信息系统需要的核心资产。

业务中台是企业级的规划与设计战略，领域驱动设计的作用域更倾向于软件系统。但是，我们也可以在领域驱动设计统一过程的全局分析阶段，开展对整个企业问题空间的梳理。这其实也对领域驱动设计提出了更高的要求，也就是我们**需要突破领域驱动设计作为技术体系的定位，将其视为一种设计哲学，即领域驱动设计哲学**（domain-driven design philosophy）。

为何说是哲学？哲学是一种智慧，是人类对宇宙、世界和人的洞见与思考，并由此提出的一种认知宇宙、世界和人的观点。如果将软件需要解决的真实世界视为宇宙或世界，一种设计体系不就是一套哲学观点吗？领域驱动设计将"领域"作为打开真实世界运行规律箱子的钥匙，体现的正是软件设计的一种哲学观。要匹配这种哲学观，就需要为领域驱动设计构建一套相对完整的知识体系。世界总在变化，为了对准我们观察的世界，这套知识体系自然也应该不断丰富和演化。

C.2　领域驱动设计魔方

为了丰富领域驱动设计的知识体系，我们需要突破领域驱动设计的定义，扩大领域驱动设计的外延，引入更多与之相关的知识来丰富这一套方法体系，弥补自身的不足。这套方法体系能够从更大的范围打破战略与战术之间的隔阂，将二者在一个规范的知识体系中融合起来。我将这一知识体系称为**领域驱动设计魔方**（domain-driven design magic cube）。

要融合领域驱动的战略设计和战术设计，需要打破按照不同抽象层次进行割裂的过程方法，引入更为丰富的维度，全方位说明领域驱动设计方法体系。将整个体系分为3个维度进行剖析。

- ❑ *X* 维度：基于观察角度定义维度。领域驱动设计不仅是一种架构设计方法，还牵涉到了研发过程的各个环节与内容，故而根据不同的观察角度将其分为业务、技术和管理3部分；
- ❑ *Y* 维度：基于设计阶段定义维度。战略设计与战术设计不足以表现从问题空间到解空间的全过程，根据领域驱动设计统一过程的要求，将整个体系划分为全局分析、架构映射和领域建模3个阶段；

□ **Z维度**：基于实践方式定义维度。每个抽象层次针对业务、技术和管理3个方面需要思考和分析的实践方式，包括方法、模式和工件。

如果将整个目标系统视为一个正方体，则它被从X轴、Y轴和Z轴3个维度切割，恰似一个可以任意转动的魔方，这正是"领域驱动设计魔方"得名之由来。**X维度限定领域驱动设计的内容，Y维度分解领域驱动设计的过程，Z维度蕴含领域驱动设计的实践**。由此站在全方位的角度融合了领域驱动的战略设计与战术设计，但又不至于过分地夸大领域驱动设计的作用，依旧将整个过程控制在领域驱动设计的范畴。领域驱动设计魔方的形式如图C-2所示。

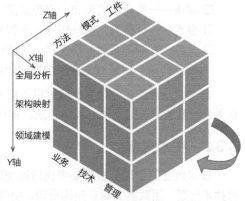

图C-2 领域驱动设计魔方的形式

下面我将根据全局分析、架构映射和领域建模3个阶段，依次对领域驱动设计魔方进行阐释。

C.3 全局分析的魔方切面

全局分析阶段是问题空间的定义与分析阶段，主要目的是明确系统的愿景与目标，确定业务问题、技术风险和管理挑战，通过全局调研与战略分析，在宏观层面确定整个系统在业务、技术和管理方面的战略目标、指导原则，为架构映射阶段与领域建模阶段提供有价值的输出。

全局分析的魔方切面如图C-3所示。

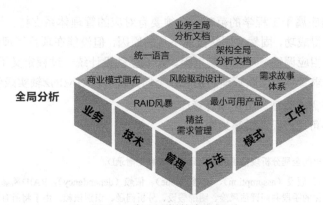

图C-3 全局分析的魔方切面

C.3.1 业务角度

业务角度的全局分析阶段就是确定整个系统的愿景与目标，确保开发的软件项目能够对准战略目标，避免软件投资偏离战略目标。通过全方位的全局分析，了解系统的当前状态，确定系统的未来状态，为探索系统的解决方案提供战略指导和范围界定。对应的Z轴实践包括：

- ❑ 方法——商业模式画布、服务蓝图、业务流程图、业务服务图、事件风暴；
- ❑ 模式——价值流、统一语言、子领域；
- ❑ 工件——业务全局分析文档[①]，包括系统的利益相关者、系统愿景与范围、系统核心子领域、系统通用子领域与支撑子领域、业务流程、业务场景、业务服务。

在全局分析的业务角度，通过引入商业模式画布、服务蓝图等方法，遵循全局分析5W模型，获得目标系统的价值需求与业务需求，构成业务全局分析文档。

C.3.2 技术角度

技术角度的全局分析需要考虑问题空间的技术需求，即对软件架构提出的质量属性需求。针对技术问题，团队需要调查架构资源，明确架构目标，评估整个系统可能存在的风险，确定风险优先级，由此确定架构战略。对应的Z轴实践包括：

- ❑ 方法——RAID风暴[②]；
- ❑ 模式——风险驱动设计[③]；
- ❑ 工件——架构全局分析文档[④]，包括架构资源与架构目标、技术风险优先级列表。

在全局分析的技术角度，通过引入RAID风暴识别目标系统的风险、假设、问题和依赖，对质量属性需求进行梳理，调查架构资源，明确架构目标，评估风险并确定风险优先级，由此获得架构全局分析文档。

C.3.3 管理角度

软件开发归根结底属于工程学的范畴，必须要有对应的管理体系支持。许多企业实施领域驱动设计之所以没有取得成功，固然有团队技能不足的原因，但没能在项目管理流程、需求管理体系和团队管理制度做出相应调整，可能才是主因。领域驱动设计统一过程定义了3个支撑工作流，分别响应项目管理、需求管理和团队管理的要求。全局分析阶段对应的Z轴实践包括：

- ❑ 方法——精益需求管理、敏捷项目管理；
- ❑ 模式——最小可用产品、故事地图；

---

① 即全局分析阶段输出的全局分析规格说明书，具体模板参见附录D。

② RAID即风险（risk）、假设（assumption）、问题（issue）、依赖（dependency），RAID风暴以工作坊的形式开展，召集团队成员以可视化的手段共同评估风险、明确假设、分析问题、识别依赖。由于将所有软件系统可能面临的问题分为了RAID 4类，明确了讨论的范围与类别，因此参与者能够以更加收敛更加清晰的思路参与进来。

③ 风险驱动设计方法来自我翻译的《恰如其分的软件架构》。该方法分为3个步骤：识别风险并排定优先级、选定解决方案、评估风险是否得到降低。可以将该方法用于架构设计，避免过度设计。

④ 该文档通过质量属性这一技术因素驱动获得，与领域驱动出来的架构映射战略方针并非同一个文档，之所以分开，也是希望尽量减少技术对业务的影响。

❑ 工件——需求故事体系，包括史诗故事、特性和用户故事，制订发布和迭代计划。

全局分析阶段属于管理流程的先启阶段，在确定了目标系统的需求后，可以按照精益需求管理体系的要求，将业务需求分解为史诗故事、特性与用户故事，按照最小可用产品（minimal viable product，MVP）划分发布阶段，根据敏捷项目管理的要求制订发布与迭代计划，并建立故事地图。

C.4 架构映射的魔方切面

架构映射阶段是解空间中确定软件系统架构的设计阶段。它会针对问题空间寻找和确定战略层面的解决方案，基于领域驱动架构风格获得系统的业务架构、应用架构、数据架构和技术架构，并由系统的架构确定团队的组织结构，对业务需求和质量属性需求进行工作分配，满足领域驱动设计迭代建模的前置条件。

架构映射的魔方切面如图C-4所示。

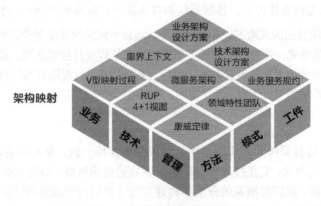

图C-4 架构映射的魔方切面

C.4.1 业务角度

根据全局分析阶段输出的业务全局分析文档，引入业务架构的价值流和业务序列图，确定系统上下文，通过结合语义和功能进行相关性分析的V型映射过程识别限界上下文，明确每个业务服务的服务序列图确定限界上下文之间的协作关系，进而确定以限界上下文为架构单元的业务架构、应用架构和数据架构。对应的Z轴实践包括：

❑ 方法——价值流、业务序列图、V型映射过程、服务序列图、事件风暴；

❑ 模式——系统上下文、限界上下文、上下文映射、菱形对称架构、系统分层架构；

❑ 工件——业务架构设计方案[①]，包括系统的业务架构、应用架构、数据架构和服务定义文档。

通过引入业务架构的价值流分析、C4模型中的系统上下文图和业务序列图执行组织级映射，

---

① 该方案即架构映射战略设计方案。

获得系统上下文；通过V型映射过程执行业务级映射，获得限界上下文，定义菱形对称架构，通过服务序列图确定上下文映射模式与服务契约；通过子领域确定限界上下文的层次，进而确定系统分层架构。然后，在领域驱动架构风格的指导下，以系统上下文、限界上下文为基础确定系统的业务架构、应用架构和数据架构，形成业务架构设计方案。

C.4.2　技术角度

根据全局分析阶段输出的架构全局分析文档，对系统的技术风险列表做出技术决策，确定系统的架构风格，如选择单体架构风格、微服务架构风格或者事件驱动架构风格，明确不同业务场景的通信协议。在评估风险后，确定解决或降低风险的架构因素，对具体的设计方案进行技术选型，确定目标系统的技术架构，并根据RUP 4+1视图给出整个系统的总体架构。对应的Z轴实践包括：

- ❑ 方法——RUP 4+1视图；
- ❑ 模式——单体架构风格、微服务架构风格、事件驱动架构风格、CQRS模式；
- ❑ 工件——技术架构设计方案，包括系统的技术架构，以及质量属性列表和对应的解决方案。

根据全局分析阶段输出的风险列表和架构战略，结合不同的业务场景确定架构风格，从而明确限界上下文的边界与通信模式，并对每个限界上下文的内部架构进行技术选型，遵循业务与技术分离的原则确定技术架构，形成技术架构设计方案。最后，利用RUP 4+1视图对系统总体架构进行规范，基于业务场景视图确定系统的逻辑视图、开发视图、进程视图和物理视图，获得架构映射战略设计方案。

C.4.3　管理角度

根据康威定律，目标系统的架构应与团队组织结构保持一致，架构映射阶段在业务角度确定了限界上下文这一架构单元，又在技术角度确定了系统的架构风格。如此就能确定限界上下文的物理边界和系统分层架构，然后根据系统分层架构建立与之映射的领域特性团队和组件团队，规定团队各个角色的职责，根据上下文映射模式确定各个团队之间的协作模式。同时，在明确了项目管理流程和需求管理体系之后，根据全局分析阶段确定的发布与迭代计划，按照优先级为迭代待办项（spring backlog）编写业务服务规约。对应的Z轴实践包括：

- ❑ 方法——康威定律、业务服务；
- ❑ 模式——领域特性团队、组件团队；
- ❑ 工件——确定团队组织结构，明确团队的沟通形式，由业务服务规约组成的需求规格说明书。

架构映射阶段仍然属于管理流程的先启阶段。根据康威定律组建与系统分层架构匹配的由领域特性团队与组件团队组成的项目团队，并根据Scrum敏捷项目管理要求，按照发布与迭代计划完成高优先级的业务服务需求分析。

C.5　领域建模

全局分析与架构映射偏重于宏观层次的问题分析与战略规划，领域建模的活动则属于战术环节，需要根据架构设计的要求对业务需求做进一步梳理和细化，深化设计领域模型，并在技术实现过程中进一步评估技术风险对架构带来的影响，从而给出可行的设计方案，继续梳理和细化需求，确定每个领域特性团队的任务，在敏捷项目管理的要求下推动整个系统以迭代建模与增量开发的方式完成构建。

领域建模的魔方切面如图C-5所示。

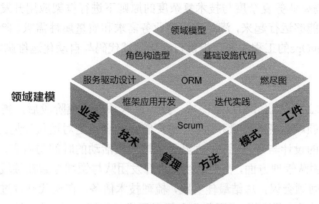

图C-5　领域建模的魔方切面

C.5.1　业务角度

根据限界上下文所处领域是否为核心子领域确定不同的建模范式，然后在统一语言的指导下，分别开展领域分析建模、领域设计建模和领域实现建模，从而为限界上下文输出领域模型。对应的Z轴实践包括：

❑ 方法——快速建模法、事件风暴、四色建模法、服务驱动设计、测试驱动开发；
❑ 模式——角色构造型（包含了聚合与领域服务）、实体、值对象、领域事件、事件溯源；
❑ 输出——领域模型，包括领域分析模型、领域设计模型和领域实现模型。

在领域建模阶段的业务角度，通过快速建模法、四色建模法或事件风暴确定领域分析模型，然后遵循角色构造型的要求确定以聚合为核心的领域设计模型，利用服务驱动设计将不同的职责分配给对应的角色构造型，丰富领域设计模型，最后结合测试驱动开发获得由业务产品代码和测试代码构成的领域实现模型。当然，不同建模范式得到的领域模型会有所差异，甚至可以围绕着事件进行分析和设计，获得事件驱动模型。

C.5.2　技术角度

在菱形对称架构模式的要求下确保技术复杂度与业务复杂度的隔离，评估技术实现对领域模型带来的影响，例如持久化框架、事务一致性对领域模型的影响。同时，也需要评估领域模型对技术实现的影响，例如事件溯源模式对基础设施的影响。由此进行框架应用开发，实现基础设施代码。同时，还需要考虑运维部署的技术因素，包括自动化测试、持续集成等DevOps实践。对应的Z轴实践包括：

- ❏ 方法——框架应用开发、持续集成；
- ❏ 模式——ORM、事务模式、测试金字塔；
- ❏ 输出——基础设施的产品代码与测试代码。

领域建模的技术角度需要确定持久化框架等基础设施的技术选型，确定事务、安全等横切关注点的实现要求，在隔离业务复杂度与技术复杂度的原则下进行框架应用开发，实现基础设施代码，保证让整个软件系统能够运行起来，满足客户的业务需求和质量属性需求。除了必要的基础设施实现代码，还应遵循DevOps的工程实践，提供自动化测试代码与自动化运维脚本。

C.5.3　管理角度

需求的管理步伐必须与业务和技术保持一致。进入领域建模阶段后，需求分析与业务服务规约的编写直接影响了领域建模的质量和进度。进度管理的重点是对迭代计划的把控，即在迭代过程中合理安排不同层次的设计与开发活动，尤其是领域建模活动的时间与内容，并实时了解迭代开发过程的健康状况。在团队管理方面，需要继续促进开发团队与领域专家在领域建模过程中的交流与协作，通过定期召开回顾会议，总结最佳实践，梳理技术债务。在迭代开发过程中引入一些实践如故事启动会与故事验收来加强团队不同角色之间对需求的沟通。对应的Z轴实践包括：

- ❏ 方法——Scrum或极限编程流程；
- ❏ 模式——Scrum四会、任务看板、迭代实践，即故事启动会与故事验收；
- ❏ 输出——由业务服务规约组成的需求规格说明书、迭代计划、技术债雷达图、进度燃烧图/燃尽图、回顾会议待办项。

无论是领域特性团队，还是组件团队，都必须遵循迭代计划的开发要求，在Scrum的迭代周期内完成。团队通过用户故事[①]体现需求，通过看板跟踪迭代进度。为了加强需求、开发、测试等角色之间的交流，引入诸如故事启动会与故事验收等迭代实践，最终的进度情况可以通过燃尽图或者燃烧图来表示。

虽然领域驱动设计以**业务**为主，但业务与技术、管理是相互影响的。领域驱动设计魔方以领域驱动设计研发方法论为中心，将有利于将领域驱动设计的诸多方法、模式和实践整合进来，形成多层次、多维度、多角度的整体知识体系。领域驱动设计统一过程建立了以"领域"为核心驱动力的动态设计过程，领域驱动设计魔方则建立了一套静态的多层次知识体系，可以作为企业或组织实施领域驱动设计的参考体系。

---

① 在领域驱动设计统一过程的领域建模阶段，可以将一个业务服务当作一个用户故事，并根据业务服务来安排迭代任务。

领域驱动设计统一过程交付物

全局分析规格说明书

（基于领域驱动设计统一过程）

版本：V1.0

D.1 价值需求

描述目标系统的价值需求，可以附上商业模式画布。

D.1.1 利益相关者

描述目标系统的利益相关者，包括终端用户、企业组织、投资人等。

D.1.2 系统愿景

描述利益相关者共同达成一致的愿景，该愿景的描述需要对准企业的战略目标。

D.1.3 系统范围

确定了目标系统问题空间的范围和边界，可以通过未来状态减去当前状态确定范围。

1. 当前状态

识别当前已有的资源（人、资金），已有的系统，当前的业务执行流程。

2. 未来状态

根据业务愿景和利益相关者确定构建目标系统后希望达到的未来状态。

3. 业务目标

明确各个利益相关者提出的业务目标。

D.2 业务需求

D.2.1 概述

对目标系统整体业务需求的描述，展开对整个问题空间的探索，划分核心子领域、通用子领域和支撑子领域，可附上子领域映射图。

D.2.2　业务流程

整个目标系统的核心业务流程和主要业务流程，可以通过服务蓝图、泳道图或活动图绘制业务流程图。

D.2.3　子领域1…*n*

按照每个子领域对业务需求进行描述。业务需求的层次：

子领域->业务场景->业务服务

1．业务场景1…*n*

描述业务场景的业务目标，并通过业务服务图体现业务场景与业务服务之间的关系。

业务服务1…*n*

按照业务服务规约的模式编写业务服务。

（1）编号

标记业务服务的唯一编号。

（2）名称

动词短语形式的业务服务名称。

（3）描述

作为<角色>；

我想要<服务功能>；

以便于<服务价值>。

（4）触发事件

角色主动触发的该业务服务的具体事件，可以是点击UI的控件、具体的策略或伴生系统发送的消息。

（5）基本流程

用于表现业务服务的主流程，即执行成功的场景，也可以称之为"主成功场景"。

（6）替代流程

用于表现业务服务的扩展流程，即执行失败的场景。

（7）验收标准

一系列可以接受的条件或业务规则，以要点形式列举。

架构映射战略设计方案

（基于领域驱动设计统一过程）

版本：V1.0

D.3　系统上下文

结合全局分析阶段获得的价值需求（利益相关者、系统愿景、系统范围）确定系统上下文，体现用户、目标系统与伴生系统之间的关系。

D.3.1　概述

绘制系统上下文图，明确解空间的系统边界。

D.3.2　系统协作

业务流程1…*n*

根据全局分析阶段获得的业务流程，为每个业务流程绘制业务序列图，并以文字简要说明彼此之间的协作关系。

D.4　业务架构

结合业务愿景与业务范围，描绘出核心子领域、支撑子领域与通用子领域之间的关系。

D.4.1　业务组件

结合全局分析阶段获得的业务服务，根据V型映射过程从业务相关性识别限界上下文，并将其作为组成业务架构的业务组件，通过业务服务图展现业务服务与业务组件之间的包含关系。为每个业务组件中的业务服务绘制服务序列图，展现前端、业务组件（限界上下文）与伴生系统之间的调用关系。

D.4.2　业务架构视图

确定业务组件与子领域之间的关系，从业务角度绘制整个目标系统的业务架构。

D.5　应用架构

D.5.1　应用组件

在限界上下文的指导与约束下，将业务架构的业务组件映射为应用架构的应用组件。应用组件的粒度对应于限界上下文，但需要从团队维度和技术维度进一步梳理限界上下文的边界，同时根据质量属性的要求确定进程边界。应用组件以库或服务的形式呈现，除共享内核外，应用组件的内部架构遵循菱形对称架构的要求。

D.5.2　应用架构视图

在业务架构视图的指导下，通过系统分层架构体现应用架构视图。其中，系统分层架构的业务价值层与基础层由具有限界上下文特征的应用组件组成。

D.6　子领域架构

根据各个不同的子领域，设计各自的架构。

D.6.1　核心子领域1…*n*

1．概述

描述核心子领域提供的业务能力，并以列表方式给出每个应用组件的说明，为其绘制上下文映射图，体现该子领域内各个应用组件的协作关系。

2．应用组件1…*n*

描述应用组件的基本信息，包括组件名、组件描述与组件类型。

全局分析阶段输出的业务服务对应于解空间的服务契约，而服务契约又属于应用组件。为当前应用组件编写服务契约定义，包括服务功能、服务功能描述、服务方法、生产者、消费者、模式、业务服务与服务操作类型，以表D-1的形式给出。

表D-1　　服务契约列表

服务功能	服务功能描述	服务方法	生产者	消费者	模式	业务服务	服务操作类型
×××	×××	×××	×××	×××	×××	×××	×××

服务契约1…*n*

详细描述每一个服务契约定义，内容包括服务功能、服务功能描述、服务方法、生产者、消费者、模式、业务服务与服务操作类型，并给出与服务质量相关的要素，包括幂等性、安全性、同步或异步及其他设计要素，如性能、兼容性、环境等。

D.6.2　支撑子领域

同D.6.1核心子领域。

D.6.3　通用子领域

同D.6.1核心子领域。

参 考 文 献

[1] 米歇尔. 复杂[M]. 唐璐,译. 长沙:湖南科学技术出版社,2018.

[2] 阿佩罗. 管理3.0:培养和提升敏捷领导力[M]. 李忠利,任发科,徐毅,译. 北京:清华大学出版社,2012.

[3] NEWMAN S. 微服务设计[M]. 崔力强,张骏,译. 北京:人民邮电出版社,2016.

[4] 托马斯,亨特. 程序员修炼之道:通向务实的最高境界[M]. 云风,译. 2版. 北京:电子工业出版社,2011.

[5] SPINELLIS D, GOUSIOS G. 架构之美:顶级业界专家揭秘软件设计之美[M]. 王海鹏,蔡黄辉,徐锋,等译. 北京:机械工业出版社,2010.

[6] 福勒. 重构:改善既有代码的设计[M]. 熊节,译. 2版. 北京:人民邮电出版社,2015.

[7] 沙洛维,特罗特. 设计模式解析[M]. 徐言声,译. 北京:人民邮电出版社,2006.

[8] EVANS E. 领域驱动设计:软件核心复杂性应对之道[M]. 赵俐,盛海艳,等译. 北京:人民邮电出版社,2010.

[9] NEWELL A, SIMON H A. Human Problem Solving[M]. Englewood Cliffs, N.J.: Prentice-Hall, 1972.

[10] 徐锋. 有效需求分析[M]. 北京:电子工业出版社,2017.

[11] MILLETT S, TUNE N. 领域驱动设计模式、原理与实践[M].蒲成,译. 北京:清华大学出版社,2016.

[12] 福勒. 企业应用架构模式[M]. 北京: 中国电力出版社, 2004.

[13] 迪马可,利斯特. 人件:原书第3版[M]. 肖然,张逸,滕云,译. 北京:机械工业出版社,2014.

[14] 帕顿. 用户故事地图[M]. 李涛,向振东,译. 北京:清华大学出版社,2016.

[15] SIBBET D. 视觉会议:应用视觉思维工具提高团队生产力[M]. 臧贤凯,译. 北京:电子工业出版社,2012.

[16] BOOCH G, RUMBAUGH J, JACOBSON I. UML用户指南[M]. 北京: 机械工业出版社, 2006.

[17] 潘加宇. 软件方法:业务建模和需求:上册[M]. 北京:清华大学出版社,2013.

[18] WIEGERS K E. 软件需求[M]. 刘伟琴,刘洪涛,译. 北京:清华大学出版社,2004.

[19] 克劳利,卡梅隆,塞尔瓦. 系统架构:复杂系统的产品设计与开发[M]. 爱飞翔,译. 北京:机械工业出版社,2017.

[20] COCKBURN A. 编写有效用例[M]. 北京:电子工业出版社,2012.

[21] 侯世达. 哥德尔、艾舍尔、巴赫:集异璧之大成[M]. 北京:商务印书馆,1997.

[22] 付晓岩. 企业级业务架构设计:方法论与实践[M]. 北京:机械工业出版社,2019.

[23] HIGHSMITH J. Adaptive Software Development:A Collaborative Approach to Managing Complex Systems[M]. [S.l]: [s.n.], 1999.

[24] SHASHA D E, LAZERE C A. 奇思妙想:15位计算机天才及其重大发现[M]. 向怡宁,译. 北京:人民邮电出版社,2012.

[25] 福特,帕森斯,柯. 演进式架构[M]. 周训杰,译. 北京:人民邮电出版社,2019.

[26] 马丁. 敏捷软件开发:原则、模式与实践[M]. 邓辉,译 北京:清华大学出版社,2003.

[27] HUNT A. 程序员的思维修炼:开发认知潜能的九堂课[M]. 崔康,译. 北京:人民邮电出版社,2011.

[28] BECK K. Smalltalk Best Practice Patterns[M] [S.l.]:Prentice Hall,1997.

[29] FORD N. 卓有成效的程序员[M]. ThoughtWorks中国公司,译. 北京:机械工业出版社,2009.

[30] 周濂. 打开:周濂的100堂西方哲学课[M]. 上海:上海三联书店,2019.

[31] GAMMA E. 设计模式:可复用面向对象软件的基础[M]. 李英军,译. 北京:机械工业出版社,2000.

[32] Philippe K. The Rational Unified Process: An Introduction[M]. 2rd Edition. Addison-Wesley, 2000

[33] Len B, Paul C, Rick K. 软件架构实践[M]. 3版影印版. 北京: 清华大学出版社, 2013

[34] BUSCHMANN F, HENNEY K, SCHMIDT D C. 面向模式的软件架构:卷4 分布式计算的模式语言[M]. 肖鹏,陈立,译. 北京:人民邮电出版社,2010.

[35] FOWLER M. 分析模式可复用的对象模型[M]. 樊东平,张路,等译. 北京:机械工业出版社,2004.

[36] COAD P, LEFEBVRE E, DE LUCA J. 彩色UML建模[M]. 王海鹏,等译. 北京:机械工业出版社,2008.

[37] VERNON V. 实现领域驱动设计[M]. 滕云,译. 北京:电子工业出版社,2014.

[38] HOHPE G, WOOLF B. 企业集成模式:设计、构建及部署消息传递解决方案[M]. 荆涛,王宇,

杜枝秀,译. 北京:中国电力出版社,2006.

[39] WIRFS-BROCK R, MCKEAN A. 对象设计:角色、责任和协作[M]. 倪硕,陈师,译. 北京:人民邮电出版社,2006.

[40] RIEL A J. OOD启思录[M]. 鲍志云,译. 北京:人民邮电出版社,2004.

[41] LARMAN C. UML和模式应用[M]. 方梁,等译. 北京:机械工业出版社,2005.

[42] BOSWELL D, FOUCHER T. 编写可读代码的艺术[M]. 尹哲,郑秀雯,译. 北京:机械工业出版社,2012.

[43] MARTIN R C. 架构整洁之道[M]. 孙宇聪,译. 北京:电子工业出版社,2018.

[44] WEBBER J, PARASTATIDIS S, ROBINSON L. REST实战[M]. 李锟,等译. 南京:东南大学出版社,2011.

[45] SHALLOWAY A,等. 敏捷技能修炼:敏捷软件开发与设计的最佳实践[M]. 郑立,邹骏,黄灵,译. 北京:机械工业出版社,2012.

[46] 布希曼,等. 面向模式的软件体系结构:卷1 模式系统[M]. 贲可荣,译. 北京:机械工业出版社,2003.

[47] BROOKS F P, Jr. 设计原本:计算机科学巨匠Frederick P. Brooks的思考[M]. 北京:电子工业出版社,2012.

[48] 库恩. 科学革命的结构[M]. 金吾伦,胡新和,译. 4版. 北京:北京大学出版社,2012.

[49] MCCONNELL S. 代码大全[M]. 金戈,等译. 2版. 北京:电子工业出版社,2011.

[50] ALUR D,等. J2EE核心模式[M]. 牛志奇,等译. 北京:机械工业出版社,2002.

[51] ThoughtWorks公司. 软件开发沉思录:ThoughtWorks文集[M]. ThoughtWorks中国公司,译. 北京:人民邮电出版社,2009.

[52] CHIUSANO P, BJARNASON R. Scala函数式编程[M]. 王宏江,钟伦甫,曹静静,译. 北京:电子工业出版社,2016.

[53] GHOSH D. 函数响应式领域建模[M]. 李源,译. 北京:电子工业出版社,2018.

[54] SILVERSTON L. 数据模型资源手册:卷1[M]. 林友芳,等译. 北京:机械工业出版社,2004.

[55] GOETZ B, PEIERLS T, BLOCH J,等 JAVA并发编程实践[M]. 北京:电子工业出版社,2007.

[56] BOOCH G, MAKSIMCHUK R A,等. 面向对象分析与设计[M]. 王海鹏,潘加宇,译. 3版. 北京:人民邮电出版社,2009.

[57] BLOCH J. Effective Java中文版[M].杨春花,俞黎敏,译. 北京:机械工业出版社,2009.

[58] ABELSON H, SUSSMAN G J,等. 计算机程序的构造和解释[M]. 裘宗燕,译. 北京:机械工业出版社,2004.

[59] FEATHERS M C. 修改代码的艺术[M]. 刘未鹏,译. 北京:人民邮电出版社,2007.

[60] BECK K. 实现模式[M]. 李剑,熊节,郭晓刚译. 北京:人民邮电出版社,2009.

[61] RICHARDSON C. 微服务架构设计模式[M]. 喻勇,译. 北京:机械工业出版社,2019.

[62] NILSSON J. 领域驱动设计与模式实战[M]. 赵俐,马燕新,等译. 北京:人民邮电出版社, 2009.